Matthias Pätzold

Mobilfunkkanäle

Aus dem Programm ________
Nachrichtentechnik

**Berechnungs- und Entwurfsverfahren
der Hochfrequenztechnik, Band 1 und 2**
von R. Geißler, W. Kammerloher und W. Schneider

Übertragungstechnik
von O. Mildenberger

Nachrichtentechnik
von M. Werner

Signalverarbeitung
von M. Meyer

Mikrowellentechnik
von Werner Bächtold

Handbuch Radar und Radarsignalverarbeitung
von A. Ludloff

Kanalcodierung
von H. Schneider-Obermann

Informationstechnik kompakt
von O. Mildenberger (Hrsg.)

Mobilfunkkanäle
von M. Pätzold

vieweg ________

Matthias Pätzold

Mobilfunkkanäle

Mit 165 Abbildungen und 14 Tabellen

Herausgegeben von Otto Mildenberger

Herausgeber:
Prof. Dr.-Ing. Otto Mildenberger lehrt an der Fachhochschule Wiesbaden in den Fachbereichen
Elektrotechnik und Informatik.

Der Verlag Vieweg ist ein Unternehmen der Bertelsmann Fachinformation GmbH.

http://www.vieweg.de

Konzeption und Layout des Umschlags: Ulrike Weigel, www.CorporateDesignGroup.de

Gedruckt auf säurefreiem Papier

ISBN 978-3-663-05656-0   ISBN 978-3-663-05655-3 (eBook)
DOI 10.1007/978-3-663-05655-3

Vorwort

Das vorliegende Buch entstand während meiner Tätigkeit als Oberingenieur des Arbeitsbereiches Digitale Kommunikationssysteme der Technischen Universität Hamburg-Harburg. Es beruht auf meinem Skript zu der Vorlesung *Moderne Methoden zur Modellierung von Netzen*, die ich seit dem Wintersemester 1996/97 für Studierende höherer Semester halte.

Das Buch richtet sich vorrangig an Ingenieure, Informatiker und Physiker, die in der Industrie oder an Forschungsinstituten auf dem Gebiet der Mobilkommunikation tätig sind und daher dem behandelten Stoff ein besonderes Interesse entgegenbringen. Darüber hinaus ist das Werk für Wissenschaftler geeignet, die an aktuellen Problemen der statistischen und deterministischen Kanalmodellierung arbeiten. Nicht zuletzt richtet es sich auch an Studenten der Fachrichtung Elektrotechnik im Hauptstudium.

Zur Lektüre des Buches werden Kenntnisse über Stochastik und Systemtheorie vorausgesetzt, wie sie üblicherweise den Studenten in ingenieurwissenschaftlichen Studiengängen bis spätestens zum 6. Semester vermittelt werden. Zur Erleichterung des Verständnisses wurden aus diesen Gebieten die für die Zielsetzung des Buches relevanten Grundlagen zunächst rekapituliert. Aufbauend auf diesem Basiswissen werden von wenigen Ausnahmen abgesehen alle Aussagen dieses Buches ausführlich hergeleitet, wodurch ein hoher Grad an mathematischer Geschlossenheit vermittelt wird. Durch ausreichende Hinweise und Hilfestellungen wird sichergestellt, dass dem interessierten Leser die Verifikation der Ergebnisse mit angemessenem Aufwand gelingt. Längere Herleitungen, die den Fluss des Textes beeinträchtigen, wurden in den Anhang verlegt. Dort befindet sich auch eine Auswahl von MATLAB-Programmen, welche dem Anwender praktische Hilfestellung bei der Anwendung der im Buch beschriebenen Verfahren leisten sollen. Zur Veranschaulichung der Ergebnisse dienen zahlreiche Bilder, deren Aussagen im Text erläutert sind. Die Verwendung von Abkürzungen wurde weitgehend vermieden, was erfahrungsgemäß die Lesbarkeit des Textes erheblich erleichtert. Außerdem wurden in der Regel für alle Fachausdrücke deutsche Bezeichnungen verwendet bzw. eingeführt, falls diese bisher nicht existierten. Der Bezug zur englischen Terminologie wird dadurch hergestellt, dass den wichtigsten deutschen Fachausdrücken die entsprechenden gängigen englischen Bezeichnungen mindestens einmal in Klammern nachgestellt wurden. Ferner wird der Leser durch zahlreiche Literaturhinweise zu weiteren Quellen des nahezu unerschöpflichen Themas Kanalmodellierung hingeführt. Schließlich sei noch erwähnt, dass der Text in der neuen deutschen Rechtschreibung abgefasst wurde.

Ein Schwerpunkt des Buches ist die Behandlung deterministischer Prozesse. Diese bilden die Basis für die Entwicklung von effizienten Kanalsimulatoren. Fast alle in der Fachliteratur bisher bekannten Verfahren zum Entwurf deterministischer Prozesse mit bestimmten Korrelationseigenschaften werden in diesem Buch vorgestellt, analysiert und bezüglich ihrer Leistungsfähigkeit bewertet. Weitere Schwerpunkte sind die Herleitung und Analyse von stochastischen Kanalmodellen sowie die Entwicklung von hochpräzisen Kanalsimulatoren für diverse Klassen von frequenzselektiven und nichtfrequenzselektiven Mobilfunkkanälen. Außerdem steht die Anpassung der statistischen Eigenschaften der entworfenen Kanalmodelle an die Statistik von realen bzw. gemessenen Kanälen im Vordergrund.

An dieser Stelle möchte ich denjenigen Personen danken, ohne die dieses Buch in der vorliegenden Fassung niemals erschienen wäre. Mein Dank richtet sich zunächst an die Professoren U. Killat, W. Rupprecht und K.D. Kammeyer, die mir in Diskussionen wertvolle Hinweise zur Verbesserung der Darstellung gegeben haben. Ganz besonders danke ich Herrn Frank Laue für die Durchführung sämtlicher Simulationen mit MATLAB. Ihm danke ich auch für die Anfertigung der Bilder, welche entscheidend zur Anschaulichkeit sowie zum leichteren Verständnis des Stoffes beitragen. Für einen großen Teil der Reinschrift meines handschriftlichen Manuskriptes habe ich Herrn Arkadius Szczepanski zu danken. Aus ihm ist nicht nur innerhalb erstaunlich kurzer Zeit ein LaTeX-Experte sondern auch ein Fachmann auf dem Gebiet der Kanalmodellierung geworden. Ganz herzlich danke ich Frau I. Düring, Frau M. Winzer, Herrn W. Casas und Herrn E. Turan für ihre Mitarbeit an der Erstellung der Reinschrift des Manuskriptes.

Hamburg-Harburg, im April 1999 *Matthias Pätzold*

Inhaltsverzeichnis

Kapitel 1

Einführung

1.1 Die Evolution der Mobilfunksysteme

Schon seit mehreren Jahren ist die Mobilkommunikation eindeutig das am schnellsten wachsende Marktsegment im Bereich der Telekommunikation. Dabei sind sich Kenner dieses Marktes einig, dass wir heute erst am Anfang einer globalen Entwicklung stehen, die sich in den kommenden Jahren noch erheblich beschleunigen wird. Sucht man nach den auslösenden Faktoren dieser Entwicklung, so lassen sich schnell vielschichtige Ursachen ausfindig machen. Dazu beigetragen haben sicherlich unter anderem die Liberalisierung der Telekommunikationsdienste, die Deregulierung und Öffnung der Märkte in Europa, die Erschließung der Frequenzbereiche um und über 1 GHz, verbesserte Modulations- und Codierungsverfahren sowie beeindruckende Fortschritte in der Halbleitertechnologie (z. B. höchstintegrierte CMOS- und GaAs-Technologie) und nicht zuletzt eine bessere Kenntnis der Ausbreitungsvorgänge von elektromagnetischen Wellen in einer außerordentlich komplexen geometrischen Umgebung.

Der Beginn dieser stürmischen Entwicklung liegt heute über 40 Jahre zurück. Die damals entwickelten *Mobilfunksysteme der ersten Generation* basierten noch auf rein analoger Technik und waren sowohl in der Teilnehmerkapazität als auch in der Erreichbarkeit sehr begrenzt. So war in Deutschland von 1958 bis 1977 ein noch auf Handvermittlung beruhendes Mobilfunknetz mit der willkürlichen Bezeichnung A-Netz in Betrieb. Selbstwählverkehr war erst mit dem im Jahre 1972 eingeführten B-Netz möglich, wobei allerdings der Anrufer noch wissen musste, wo sich der gesuchte Mobilfunkteilnehmer gerade befand, und außerdem die Kapazitätsgrenze mit 27 000 Teilnehmern schnell erreicht war. Am 31.12.1994 wurde der Betrieb des B-Netzes eingestellt. Die automatische Lokalisierung des Mobilfunkteilnehmers und auch das Weiterreichen in die nächste Zelle war erst mit dem 1986 eingeführten zellularen C-Netz möglich, welches im 450 MHz Frequenzbereich arbeitet und bei einer bundesweiten Erreichbarkeit eine Kapazität von 750 000 Teilnehmern besitzt.

Mobilfunksysteme der zweiten Generation zeichnen sich durch eine Digitalisierung der

Netze aus. Der in Europa entwickelte GSM-Standard (GSM: Groupe Spécial Mobile)[1] gilt allgemein derzeit als der weltweit am weitesten entwickelte. Auf dem GSM-Standard basiert die Technik des im Jahre 1992 in Dienst gestellten D-Netzes, welches im 900 MHz Frequenzbereich arbeitet und den Teilnehmern eine europaweite Reichweite anbietet. Das D-Netz wird seit 1994 durch das im 1800 MHz Frequenzbereich arbeitende E-Netz (Digital Cellular System, DCS 1800) ergänzt. Beide Netze unterscheiden sich im Wesentlichen nur durch die jeweiligen Frequenzbereiche. In Großbritannien wird das DCS 1800 als PCN (Personal Communications Network) bezeichnet. Schätzungen zufolge wird allein in Europa die Anzahl der Mobilfunkteilnehmer von derzeit 92 Millionen auf 215 Millionen bis zum Ende des Jahres 2005 ansteigen. In der Folge wird erwartet, dass in Europa die in dieser Branche Beschäftigten von gegenwärtig 115 000 auf 1.89 Millionen ansteigen wird (Quelle: Lehman Brothers Telecom Research estimates). Mittlerweile ist aus dem ursprünglich europäischen GSM ein weltweit verbreiteter Standard geworden, der bis Ende 1998 (1997) von 129 (110) Ländern als Mobilfunkstandard akzeptiert wurde. Die Netzbetreiber betrieben bis zum Ende des Jahres 1997 weltweit insgesamt 256 GSM-Netze mit 70.3 Millionen Teilnehmern. Aber schon ein Jahr später (Ende 1998) hatte sich die Anzahl auf 324 GSM-Netze mit 135 Millionen Teilnehmern erhöht. Als Ergänzung zum GSM-Standard wurde zu Beginn dieses Jahrzehnts von dem European Telecommunications Standard Institute (ETSI) ein ebenfalls europaweiter Standard, der DECT-Standard (DECT: Digital European Cordless Telecommunications) für schnurlose Telefone, geschaffen. Der DECT-Standard erlaubt Teilnehmern, die sich mit mäßiger Geschwindigkeit bewegen, bei einer auf etwa 300 m begrenzten Reichweite schnurlos zu telefonieren.

Mobilfunksysteme der dritten Generation werden in Europa voraussichtlich zu Beginn des nächsten Jahrtausends mit der Einführung des Universal Mobile Telecommunications System's (UMTS) und des Mobile Broadband System's (MBS) einsatzbereit sein. Mit UMTS wird in Europa das Ziel verfolgt, die vielen verschiedenen von Mobilfunksystemen der zweiten Generation angebotenen Dienste in einem einzigen universalen System zu integrieren [Nie92]. Ein individueller Teilnehmer soll dann jederzeit von einem beliebigen Ort (Auto, Zug, Flugzeug, etc.) erreichbar sein bzw. jeden Dienst über ein universelles Endgerät in Anspruch nehmen können. Mit der gleichen Zielsetzung wird weltweit an dem System IMT 2000 (International Mobile Telecommunications 2000)[2] gearbeitet. Außerdem sollen den Teilnehmern durch UMTS/IMT 2000 Multimediadienste und andere Breitbanddienste bis zu einer maximalen Datenrate von 2 Mbit/s im 2 GHz Frequenzbereich zur Verfügung gestellt werden. MBS sieht mobile Breitbanddienste bis hinauf zu einer Datenrate von 155 Mbit/s im Frequenzbereich zwischen 60 und 70 GHz vor. Dieses Konzept soll den gesamten Bereich vom optischen Festnetz über die faseroptische Verbindung der Basisstationen bis zum Innenhausbereich mit mobilen Endgeräten abdecken. Sowohl für UMTS/IMT 2000 als auch für MBS wird die Kommunikation über Satelliten von entscheidender Bedeutung sein.

---

[1]Inzwischen steht GSM für „Global System for Mobile Communications".
[2]IMT 2000 war früher unter dem Namen FPLMTS (Future Public Land Mobile Telecommunications System) bekannt.

Von der zukünftigen Satellitenkommunikation wird neben der Versorgung von Gebieten mit schwacher Infrastruktur auch die Verwirklichung einer globalen Nutzung von Mobilkommunikationssystemen erwartet. Das gegenwärtig noch auf vier geostationären Satelliten (35 786 km Flughöhe) basierende INMARSAT-M-System soll um die Jahrhundertwende nach und nach durch mittelhoch fliegende (Medium Earth Orbit, MEO) Satelliten und niedrig fliegende (Low Earth Orbit, LEO) Satelliten auf nicht geostationären Umlaufbahnen abgelöst werden. Dem MEO-Satellitensystem wird ICO mit 12 Satelliten in einer Flughöhe von 10 354 km zugeordnet, und als Vertreter des LEO-Satellitsystems seien IRIDIUM (66 Satelliten, 780 km Flughöhe), GLOBAL-STAR (48 Satelliten, 1414 km Flughöhe) und TELEDESIC (288 Satelliten, 1400 km Flughöhe)[3] genannt [Pad95]. Angestrebt wird jeweils eine Funkausleuchtung bei 1.6 GHz für handportable Endgeräte, die ungefähr die Größe und das Gewicht von heutigen GSM-Handys haben sollen. Am 1. November 1998 hat IRIDIUM das erste Satelliten-Telefonnetz in Betrieb genommen. Die Kosten für ein Iridium-Handy lagen im April 1999 noch bei 5 999 DM, und für eine Gesprächsminute mussten je nach Aufenthaltsort zwischen fünf und 20 DM bezahlt werden. Trotz der zurzeit noch hohen Gerätepreise und der stattlichen Verbindungsgebühren sagen Schätzungen voraus, dass sich in den nächsten zehn Jahren weltweit 60 Millionen Kunden Satellitentelefone zulegen werden.

Am Ende dieser im technischen Sinne gemeinten evolutionären Entwicklung steht jenseits des Jahres 2000 aus heutiger Sicht die Entwicklung von *Mobilfunksystemen der vierten Generation*. Das damit verbundene Ziel einer Integration breitbandiger mobiler Dienste wird die Ausdehnung der Mobilkommunikation in Frequenzbereiche bis hinauf in den 100 GHz Bereich erforderlich machen.

Vor jeder Einführung von neuartigen Mobilkommunikationssystemen steht eine Vielzahl von theoretischen und experimentellen Untersuchungen an. Diese dienen der Klärung von offenen Fragen, wie zum Beispiel bei einer wachsenden Anzahl von Teilnehmern die bestehenden Ressourcen (Energie, Frequenzbandbreite, Arbeit, Boden, Kapital) ökonomisch genutzt werden können, und wie die Datenübertragung zuverlässig, sicher und nicht zuletzt für den Anwender einfach und kostengünstig gestaltet werden kann. Nicht zu vergessen sind Abschätzungen der umwelttechnischen und gesundheitlichen Risiken, die bei der Einführung von neuen Massenmarkttechnologien fast zwangsläufig vorhanden sind, und von einer immer kritischer werdenden Öffentlichkeit nur bis zu einer gewissen Toleranzgrenze akzeptiert werden. Eine weitere Randbedingung, die bei der Entwicklung von neuen Übertragungstechniken zunehmend wichtiger wird, ist oftmals die Forderung nach Kompatibilität mit bereits bestehenden Systemen. Zur Klärung der damit verbundenen technischen Probleme ist eine genaue Kenntnis der spezifischen Eigenschaften des Mobilfunkkanals unerlässlich. Unter dem Begriff Mobilfunkkanal, dessen grundlegende Eigenschaften nachfolgend erläutert werden, wird in diesem Zusammenhang immer die Übertragungsstrecke inklusive die Sende- und Empfangsantenne verstanden. Das stets vorhandene Rauschen bleibt im Folgenden unberücksichtigt und muss gegebenenfalls gesondert dem Ausgangssignal des Mobilfunkkanals hinzugefügt werden.

---

[3]Ursprünglich waren bei TELEDESIC 924 Satelliten in Flughöhen zwischen 695 und 705 km geplant.

1.2   Grundlagen des Mobilfunkkanals

Beim Mobilfunk gelangen die vom Sender abgestrahlten elektromagnetischen Wellen aufgrund von Hindernissen häufig nicht über den direkten Weg zur Empfangsantenne. Vielmehr setzen sich die empfangenen Wellen vorwiegend aus einer Vielzahl von an Gebäuden, Bäumen und anderen Hindernissen reflektierten, gebeugten und gestreuten Wellen zusammen. Ein typisches Beispiel für diese so genannte *Mehrwegeausbreitung* ist im Bild 1.1 für den terrestrischen Mobilfunkkanal dargestellt. Bedingt durch die Mehrwegeausbreitung besteht das Empfangssignal aus einer Überlagerung von unterschiedlich stark gedämpften, verzögerten und phasenverschobenen Versionen des Sendesignals, welche sich gegenseitig beeinflussen. Je nach Phasenlage der einzelnen Teilwellen kann dabei die Überlagerung konstruktiv oder destruktiv erfolgen. Außerdem kommt es durch die Mehrwegeausbreitung bei der digitalen Datenübertragung zu einer Verzerrung der Impulsform bis hin zu mehreren einzeln auflösbaren Impulsen. Dieser Effekt wird als *Impulsdispersion* bezeichnet. Die Größe der Impulsdispersion hängt von den Laufzeitdifferenzen und den Amplitudenverhältnissen der Teilwellen ab. Wir werden an späterer Stelle noch sehen, dass sich die Mehrwegeausbreitung im Frequenzbereich durch einen nicht idealen Frequenzgang der Übertragungsfunktion des Mobilfunkkanals äußert. Im relevanten Übertragungsbereich können dadurch tiefe Einbrüche entstehen, die im Empfänger zum Beispiel durch den Einsatz eines Entzerrers kompensiert werden müssen.

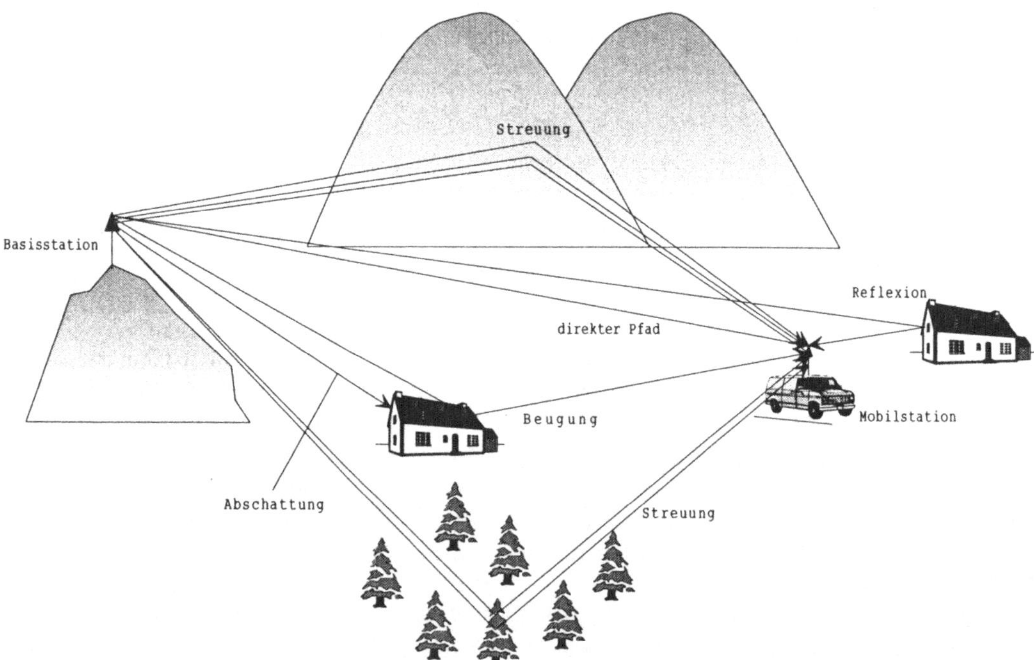

Bild 1.1:   Typisches Mobilfunkszenario zur Erläuterung der Mehrwegeausbreitung im terrestrischen Mobilfunk.

Neben der Mehrwegeausbreitung wirkt sich auch der *Dopplereffekt* negativ auf die Übertragungseigenschaften des Mobilfunkkanals aus. Durch die Bewegung der Mobilstation kommt es auf Grund des Dopplereffektes zu einer Frequenzverschiebung der einzelnen Teilwellen. Der *Einfallswinkel* α_n, der durch die Einfallsrichtung der n-ten Teilwelle und die Bewegungsrichtung der Mobilstation wie im Bild 1.2 definiert ist, bestimmt die *Dopplerfrequenz* (*Frequenzverschiebung*) dieser Teilwelle gemäß der Beziehung

$$f_n := f_{max} \cos \alpha_n. \tag{1.1}$$

Dabei bedeutet f_{max} die *maximale Dopplerfrequenz*, welche mit der Fahrzeuggeschwindigkeit v, der Lichtgeschwindigkeit c_0 und der Trägerfrequenz f_0 über die Gleichung

$$f_{max} = \frac{v}{c_0} f_0 \tag{1.2}$$

zusammenhängt. Die maximale (minimale) Dopplerfrequenz, d. h. $f_n = f_{max}$ ($f_n = -f_{max}$), wird erreicht für $\alpha_n = 0$ ($\alpha_n = \pi$). Dagegen ist $f_n = 0$ für $\alpha_n = \pi/2$ und $\alpha_n = 3\pi/2$. Bedingt durch den Dopplereffekt erfährt das Spektrum eines Sendesignals auf dem Übertragungsweg eine Frequenzverbreiterung. Dieser Effekt wird als *Frequenzdispersion* bezeichnet. Die Größe der Frequenzdispersion hängt im Wesentlichen von der maximalen Dopplerfrequenz und den Amplituden der einzelnen empfangenen Teilwellen ab. Im Zeitbereich äußert sich der Dopplereffekt dadurch, dass die Impulsantwort des Kanals zeitvariant wird. Man kann leicht zeigen, dass Mobilfunkkanäle den Superpositionssatz [Lue90] erfüllen und somit lineare Systeme sind. In Verbindung mit der Zeitvarianz der Impulsantwort gehören Mobilfunkkanäle daher allgemein zur Klasse der linearen zeitvarianten Systeme.

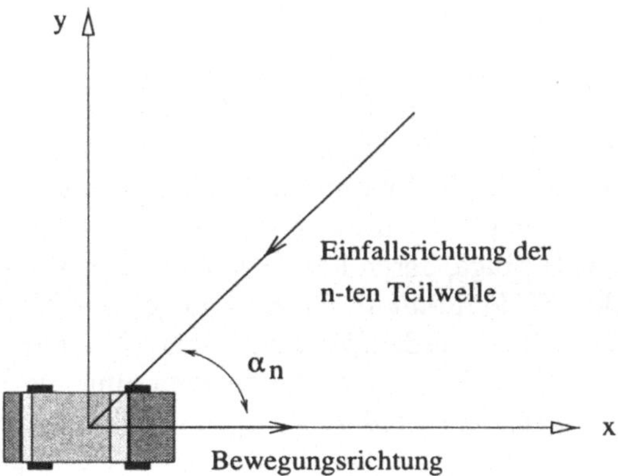

Bild 1.2:   Einfallswinkel α_n der n-ten Teilwelle zur Erläuterung des Dopplereffektes.

Die Mehrwegeausbreitung führt in Verbindung mit der Bewegung des Empfängers und/oder des Senders dazu, dass der Empfangspegel drastischen und zufälligen Schwankungen unterliegt, welche bezüglich des Mittelwertes 30 bis 40 dB betragen können und in Abhängigkeit von der Fahrzeuggeschwindigkeit und der Trägerfrequenz mehrmals pro

Sekunde auftreten [Ald82]. Ein typisches Beispiel für den Verlauf des Empfangspegels im Mobilfunk ist im Bild 1.3 gezeigt. In diesem Fall beträgt die Fahrzeuggeschwindigkeit $v = 110$ km/h und die Trägerfrequenz $f_0 = 900$ MHz, was nach (1.2) einer maximalen Dopplerfrequenz von $f_{max} = 91$ Hz entspricht. Die Wegstrecke, welche von der Mobilstation in dem gewählten Zeitraum von 0 bis 0.327 s zurückgelegt wird, beträgt hierbei 10 m.

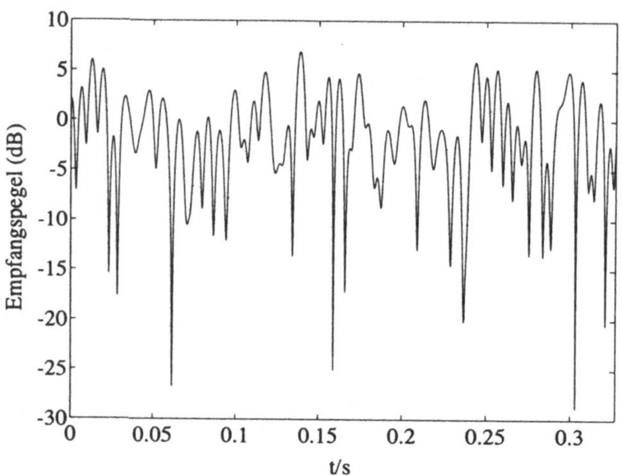

Bild 1.3:   Typischer Verlauf des Empfangspegels im Mobilfunk.

Bei der digitalen Datenübertragung führt das momentane Absinken des Empfangspegels (*Fading*) zu *Bündelfehlern*, d.h. zu Fehlern, die untereinander starke statistische Bindungen aufweisen [Kit82]. Ein Fadingintervall erzeugt also Bündelfehler, wobei die Bündellänge durch die Dauer des Fadingintervalls bestimmt wird, für die in [Kuc82] die Bezeichnung *Fadingdauer* eingeführt wurde. Entsprechend erzeugt ein Verbindungsintervall eine nahezu fehlerfreie Bitfolge, deren Länge von der Dauer des Verbindungsintervalls abhängt, für die der Begriff *Verbindungsdauer* geprägt wurde [Kuc82]. Als geeignete Maßnahme zur Fehlersicherung werden leistungsfähige Verfahren zur Kanalcodierung herangezogen, zu deren Entwicklung und Dimensionierung die statistische Verteilung der Fading- und Verbindungsdauern möglichst genau bekannt sein muss. Die Aufgabe der Kanalmodellierung besteht nun in der Erfassung der wesentlichen Einflüsse auf die Signalübertragung, um so eine Basis für den Entwurf von Übertragungssystemen zu gewinnen [Kit82].

Moderne Methoden zur Modellierung von Mobilfunkkanälen zeichnen sich insbesondere dadurch aus, dass sie in der Lage sind, die statistischen Eigenschaften von realen (gemessenen) Kanälen nicht nur bezüglich der Wahrscheinlichkeitsdichte der Kanalamplitude (Statistik erster Ordnung) sondern auch darüber hinaus bezüglich der Pegelunterschreitungsrate (Statistik zweiter Ordnung) und der mittleren Fadingdauer (Statistik zweiter

Ordnung) hinreichend genau nachzubilden. Zu den damit verbundenen Fragen wird in diesem Buch ausführlich Stellung bezogen. Dabei werden vorrangig zwei Ziele verfolgt. Das erste Ziel ist das Ausfindigmachen von stochastischen Prozessen, welche für die Modellierung von nichtfrequenzselektiven und frequenzselektiven Mobilfunkkanälen besonders gut geeignet sind. In diesem Zusammenhang werden wir ein Kanalmodell, das durch ideale (nicht realisierbare) stochastische Prozesse beschrieben wird, auch als *analytisches Kanalmodell* oder als *Referenzmodell* bezeichnen. Das zweite Ziel ist die Herleitung von effizienten und flexiblen Simulationsmodellen für typische Mobilfunkszenarien. Bei der Verfolgung dieser beiden Ziele wird uns das im Bild 1.4 veranschaulichte Zusammenspiel zwischen dem physikalischen Kanal, dem stochastischen analytischen Kanalmodell sowie dem daraus ableitbaren deterministischen Simulationsmodell ständig begleiten. Die Güte eines analytischen Kanalmodells und die des zugehörigen Simulationsmodells wird letztendlich daran gemessen, wie gut deren jeweilige Statistik an die statistischen Eigenschaften von gemessenen oder spezifizierten Kanälen angepasst werden kann.

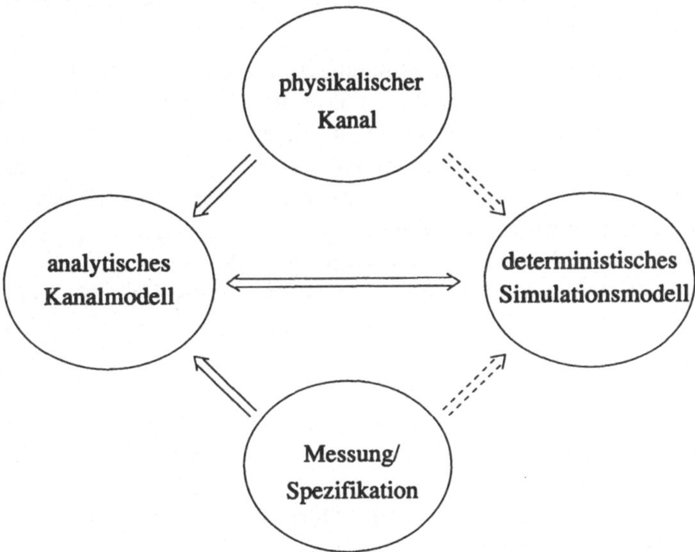

Bild 1.4:   Zusammenspiel zwischen dem physikalischen Kanal, dem stochastischen analytischen Kanalmodell, dem deterministischen Simulationsmodell und der Messung bzw. Spezifikation.

1.3   Gliederung des Buches

Gute Kenntnisse in Statistik und Systemtheorie gehören für den in der Praxis tätigen Ingenieur wie für den in der Forschung arbeitenden Wissenschaftler gewissermaßen zum Handwerkszeug, das den Zugang zum tieferen Verständnis der Kanalmodellierung erst möglich macht. Im **Kapitel 2** werden daher zunächst aus diesen beiden Gebieten einige wichtige Begriffe, Definitionen und Formeln rekapituliert, auf welche in späteren Kapiteln häufig zurückgegriffen wird. Nebenbei macht das Kapitel 2 den Leser mit der verwendeten Nomenklatur vertraut.

Aufbauend auf die im Kapitel 2 vorgestellten Begriffe werden dann im **Kapitel 3** Rayleigh- und Riceprozesse als analytische Modelle zur Beschreibung von nichtfrequenzselektiven Mobilfunkkanälen behandelt. Diese werden zunächst allgemein beschrieben (Abschnitt 3.1). Es folgt dann eine Darstellung der am häufigsten verwendeten Dopplerleistungsdichtespektren (Jakesleistungsdichtespektrum und Gaußleistungsdichtespektrum) sowie der wichtigsten zugehörigen charakteristischen Kenngrößen wie mittlere Dopplerverschiebung und Dopplerverbreiterung (Abschnitt 3.2). Anschließend werden im Abschnitt 3.3 die statistischen Eigenschaften sowohl erster Ordnung (Wahrscheinlichkeitsdichte von Amplitude und Phase) als auch zweiter Ordnung (Pegelunterschreitungsrate und mittlere Fadingdauer) untersucht. Am Ende vom Kapitel 3 folgt noch eine Analyse der Statistik der Fadingdauern von Rayleighprozessen.

Im **Kapitel 4** wird zunächst deutlich gemacht, dass aus der Sicht des Entwicklers von Simulationsmodellen analytische Modelle gewissermaßen Referenzmodelle repräsentieren, deren relevante statistische Eigenschaften mit kleinstmöglichem Realisierungsaufwand hinreichend genau nachgebildet werden sollen. Zur Lösung dieses Problems gibt es in der Literatur diverse deterministische und statistische Ansätze. Der Kern vieler Verfahren zur Kanalmodellierung beruht auf dem Prinzip, dass gefilterte gaußsche Rauschprozesse durch eine Vielzahl von überlagerten, gewichteten harmonischen Funktionen approximiert werden können. An und für sich ist dieses Prinzip nicht neu, sondern kann historisch zurückverfolgt werden bis hin zu grundlegenden Arbeiten von Rice [Ric44, Ric45]. Zwar können prinzipiell sämtliche Ansätze zur Berechnung der Parameter des Simulationsmodells klassifiziert werden in statistische, deterministische oder eine Kombination von beiden. Tatsache ist jedoch, dass das resultierende Simulationsmodell auf jeden Fall rein deterministischer Natur ist, was im Abschnitt 4.1 deutlich gemacht wird. Die Analyse der elementaren Eigenschaften von deterministischen Simulationssystemen erfolgt daher grundsätzlich mit Methoden der System- und Signaltheorie (Abschnitt 4.2). Zur Untersuchung der statistischen Eigenschaften erster und zweiter Ordnung werden wir jedoch wieder von Methoden der Wahrscheinlichkeitstheorie und Statistik Gebrauch machen (Abschnitt 4.3).

Kapitel 5 enthält eine umfassende Darstellung der wichtigsten zurzeit bekannten Verfahren zur Berechnung der Modellparameter von deterministischen Simulationsmodellen (Abschnitte 5.1 und 5.2). Jedes Verfahren wird in seiner Leistungsfähigkeit anhand von Gütekriterien bewertet. Häufig werden auch die einzelnen Methoden in ihrer Leistungsfähigkeit miteinander verglichen, um so die Vor- und Nachteile bestimmter Ansätze deutlicher hervortreten zu lassen. Das Kapitel 5 schließt mit einer Analyse der Fadingdauern von deterministischen Rayleighprozessen (Abschnitt 5.3).

Bekanntlich ist die Statistik (erster und zweiter Ordnung) von Rayleigh- und Riceprozessen nur durch eine geringe Anzahl von Parametern beeinflussbar. Das erleichtert zwar ganz erheblich die mathematische Modellbeschreibung, engt aber stark die statistische Flexibilität dieser stochastischen Prozesse ein. Eine Folge davon ist, dass sich mit Rayleigh- und Riceprozessen die statistischen Eigenschaften von realen Kanälen in der Regel nur grob modellieren lassen. Zur feineren Anpassung an die Realität sind daher komplexere Modellprozesse erforderlich. **Kapitel 6** befasst sich mit der Beschreibung von stochastischen und deterministische Prozessen zur Modellierung von nichtfrequenzselektiven Mobilfunkkanälen. Dort werden so genannte erweiterte Suzukiprozesse vom Typ I (Abschnitt 6.1) und vom Typ II (Abschnitt 6.2) sowie verallgemeinerte Rice- und Suzukiprozesse (Abschnitt 6.3) hergeleitet und deren statistische Eigenschaften analysiert. Außerdem wird im Abschnitt 6.4 eine modifizierte Version des Loo-Modells vorgestellt, die das häufig verwendete klassische Loo-Modell als Sonderfall enthält. Zur Demonstration der Brauchbarkeit aller in diesem Kapitel vorgeschlagenen Kanalmodelle werden für jedes Modell die statistischen Eigenschaften (Wahrscheinlichkeitsdichte der Kanalamplitude, Pegelunterschreitungsrate und mittlere Fadingdauer) an Messergebnisse aus der Literatur angepasst und mit den erhaltenen jeweiligen Simulationsergebnissen verglichen.

Kapitel 7 ist der Beschreibung von frequenzselektiven stochastischen und deterministischen Kanalmodellen gewidmet. Ausgangspunkt ist das von Parsons und Bajwa eingeführte Ellipsen-Modell, das zur Veranschaulichung der Pfadgeometrie bei Einzelausbreitung dient (Abschnitt 7.1). Im Abschnitt 7.2 erfolgt eine Beschreibung von linearen zeitvarianten Systemen mit systemtheoretischen Methoden. Dabei werden vier Systemfunktionen eingeführt, mit deren Hilfe das Eingangs-Ausgangsverhalten dieser Systeme auf unterschiedliche Weise dargestellt werden kann. Der Abschnitt 7.3 erläutert eine auf Bello [Bel63] zurückgehende Theorie über lineare zeitvariante stochastische Systeme. In diesem Zusammenhang werden stochastische Systemfunktionen sowie daraus ableitbare Kenngrößen definiert. Außerdem wird der Bezug zu frequenzselektiven stochastischen Kanalmodellen hergestellt und die in der europäischen Arbeitsgruppe COST 207 [COS89] für typische Ausbreitungsgebiete spezifizierten Kanalmodelle vorgestellt. Der Abschnitt 7.4 dient der Herleitung und Analyse von frequenzselektiven deterministischen Kanalmodellen. Das Kapitel 7 endet mit dem Entwurf von deterministischen Simulationsmodellen für die Kanalmodelle nach COST 207.

Kapitel 8 befasst sich mit der Herleitung, Analyse und Realisierung von schnellen Kanalsimulatoren (fast channel simulators). Bei der Herleitung von schnellen Kanalsimulatoren wird die Periodizitätseigenschaft von harmonischen Funktionen ausgenutzt. Es wird gezeigt, wie alternative Strukturen zur Simulation von deterministischen Prozessen hergeleitet werden können. Insbesondere für komplexe Gaußprozesse gelingt es auf erstaunlich einfache Weise Simulationsmodelle herzuleiten, die nur aus Addierern, Speicherelementen und einfachen Adressgeneratoren bestehen. Während der eigentlichen Simulation der komplexen Kanalamplitude müssen dann zeitaufwendige trigonometrische Operationen ebenso wenig durchgeführt werden wie Multiplikationen. Die Folge sind hochgeschwindigkeits Kanalsimulatoren, die für alle in den vorhergehenden Kapiteln behandelten nichtfrequenzselektiven und frequenzselektiven Kanalmodelle geeignet sind. Wegen der leicht durchzuführenden Verallgemeinerung des Verfahrens, werden wir uns im Kapitel 8 auf die Herleitung von schnellen Kanalsimulatoren für Rayleighkanäle beschränken. Dazu verwenden wir ausschließlich die zeitdiskrete Darstellungsform und führen zunächst im Abschnitt 8.1 so genannte zeitdiskrete deterministische Prozesse ein. Mit diesen Prozessen eröffnen sich neue Möglichkeiten zur indirekten Realisierung, von denen die drei wichtigsten im Abschnitt 8.2 vorgestellt werden. Im darauf folgenden Abschnitt 8.3 werden dann die elementaren und statistischen Eigenschaften von diskreten deterministischen Prozessen untersucht. Abschnitt 8.4 befasst sich mit der Analyse des erforderlichen Realisierungsaufwandes sowie mit der Messung der Simulationsgeschwindigkeit von schnellen Kanalsimulatoren. Das Kapitel 8 endet mit einem Vergleich zwischen der Rice-Methode und der Filter-Methode (Abschnitt 8.5).

Kapitel 2

Zufallsvariablen, stochastische Prozesse und deterministische Signale

Neben der Klärung der verwendeten Nomenklatur werden in diesem Kapitel einige der später im Zusammenhang mit der Beschreibung von stochastischen und deterministischen Kanalmodellen besonders häufig verwendeten Begriffe eingeführt. Das vorrangige Ziel wird jedoch sein, den Leser mit den Grundlagen der Wahrscheinlichkeitstheorie und der Systemtheorie soweit vertraut zu machen, wie dies für das Verständnis des vorliegenden Buches erforderlich ist. Dabei wird auf eine vollständige, detaillierte Beschreibung verzichtet und zum weiteren Studium auf die einschlägige Fachliteratur verwiesen. Als Fachliteratur zum Thema Wahrscheinlichkeitsrechnung und Statistik seien hierzu die Bücher von Papoulis [Pap91], Therrien [The92] sowie Shanmugan and Breipohl [Sha88] empfohlen. Auch die klassischen Werke von Middleton [Mid60], Davenport [Dav70] sowie das Buch von Davenport and Root [Dav58] sind heutzutage immer noch lesenswert. Eine moderne deutschsprachige Einführung in die Grundlagen der Wahrscheinlichkeitsrechnung und der stochastischen Prozesse findet man in [Boe98, Bei97, Hae97]. Tiefe Einblicke sowohl in die Systemtheorie als auch in die Theorie der deterministischen Signale vermitteln die Bücher von Papoulis [Pap77], Kailath [Kai80], Unbehauen [Unb90], Schüßler [Sch91] und Fettweis [Fet96].

2.1 Zufallsvariablen

Im Rahmen dieses Buches nehmen Zufallsvariablen nicht nur bei der statistischen sondern auch bei der deterministischen Modellierung von Mobilfunkkanälen eine zentrale Stellung ein. Wir werden daher zunächst auf einige im Zusammenhang mit Zufallsvariablen häufig verwendete Begriffe näher eingehen.

Sei Q eine nicht leere Menge von *Elementarereignissen s*. Teilmengen A der Menge Q

heißen *Ereignisse*. Ein System $\mathcal{A}$ von Ereignissen wird mit *Ereignisalgebra* (σ-Algebra) bezeichnet, falls die folgenden Bedingungen erfüllt sind:

(i) $Q \in \mathcal{A}$,

(ii) wenn $A \in \mathcal{A}$ und $B \in \mathcal{A}$, dann auch $A \cup B \in \mathcal{A}$ und $Q - A \in \mathcal{A}$,

(iii) wenn $A_n \in \mathcal{A}$ ($n = 1, 2, \ldots$), dann auch $\cup_{n=1}^{\infty} A_n \in \mathcal{A}$, d. h., $\mathcal{A}$ ist abgeschlossen gegen abzählbare Vereinigungen.

Eine Abbildung $P : \mathcal{A} \to \mathbb{R}$ heißt *Wahrscheinlichkeitsmaß* oder kurz *Wahrscheinlichkeit* genau dann, falls gilt:

(i) wenn $A \in \mathcal{A}$, so $0 \leq P(A) \leq 1$,

(ii) $P(Q) = 1$,

(iii) wenn $A_n \in \mathcal{A}$ ($n = 1, 2, \ldots$) mit $\cup_{n=1}^{\infty} A_n \in \mathcal{A}$ und $A_n \cap A_k = \emptyset$ ($n \neq k$), dann auch $P(\cup_{n=1}^{\infty} A_n) = \sum_{n=1}^{\infty} P(A_n)$.

Ein *Wahrscheinlichkeitsraum* ist eine Konfiguration $(Q, \mathcal{A}, P)$.

Eine *Zufallsvariable* $\mu \in Q$ ist eine Abbildung

$$\mu : Q \to \mathbb{R}, \quad s \longmapsto \mu(s) \tag{2.1}$$

mit der Eigenschaft, dass für alle $x \in \mathbb{R}$ die Menge $\{s | \mu(s) \leq x\}$ ein Ereignis der betrachteten Ereignisalgebra ist, d. h. $\{s | \mu(s) \leq x\} \in \mathcal{A}$.

Für die Wahrscheinlichkeit, dass die Zufallsvariable μ einen Wert annimmt, der kleiner gleich x ist, verwenden wir im Folgenden die vereinfachte Schreibweise

$$P(\mu \leq x) := P(\{s | \mu(s) \leq x\}) \,. \tag{2.2}$$

Verteilungsfunktion: Die Funktion F_μ

$$F_\mu : \mathbb{R} \to [0, 1], \quad x \longmapsto F_\mu(x) = P(\mu \leq x) \tag{2.3}$$

heißt *Verteilungsfunktion* der Zufallsvariable μ.

Wahrscheinlichkeitsdichte: Die Funktion p_μ

$$p_\mu : \mathbb{R} \to \mathbb{R}, \quad x \longmapsto p_\mu(x) = \frac{d\,F_\mu(x)}{dx} \tag{2.4}$$

heißt *Wahrscheinlichkeitsdichte* (Dichtefunktion oder Dichte) der Zufallsvariable μ, falls $F_\mu(x)$ differenzierbar nach x ist.

Verbundverteilungsfunktion: Die Funktion $F_{\mu_1 \mu_2}$

$$F_{\mu_1 \mu_2} : \mathbb{R}^2 \to [0, 1], \quad (x_1, x_2) \longmapsto F_{\mu_1 \mu_2}(x_1, x_2) = P(\mu_1 \leq x_1, \mu_2 \leq x_2) \,. \tag{2.5}$$

heißt *Verbundverteilungsfunktion* (bivariate Verteilungsfunktion) der Zufallsvariablen μ_1 und μ_2.

Verbundwahrscheinlichkeitsdichte: Die Funktion $p_{\mu_1\mu_2}$

$$p_{\mu_1\mu_2} : \mathbb{R}^2 \to \mathbb{R}, \quad (x_1, x_2) \longmapsto p_{\mu_1\mu_2}(x_1, x_2) = \frac{\partial^2 F_{\mu_1\mu_2}(x_1, x_2)}{\partial x_1 \partial x_2} \tag{2.6}$$

heißt *Verbundwahrscheinlichkeitsdichte* (bivariate Dichtefunktion oder bivariate Dichte) der Zufallsvariablen μ_1 und μ_2, falls $F_{\mu_1\mu_2}(x_1, x_2)$ partiell differenzierbar nach x_1 und x_2 ist.

Die Zufallsvariablen μ_1 und μ_2 sind *statistisch unabhängig* genau dann, wenn für alle $x_1, x_2 \in \mathbb{R}$ die Ereignisse $\{s|\mu_1(s) \leq x_1\}$ und $\{s|\mu_2(s) \leq x_2\}$ unabhängig sind, d.h. $F_{\mu_1\mu_2}(x_1, x_2) = F_{\mu_1}(x_1) \cdot F_{\mu_2}(x_2)$ und $p_{\mu_1\mu_2}(x_1, x_2) = p_{\mu_1}(x_1) \cdot p_{\mu_2}(x_2)$.

Die *Randverteilungen* (Marginaldichten) der Verbundwahrscheinlichkeitsdichte $p_{\mu_1\mu_2}(x_1, x_2)$ erhält man über

$$p_{\mu_1}(x_1) = \int_{-\infty}^{\infty} p_{\mu_1\mu_2}(x_1, x_2)\, dx_2 \,, \tag{2.7a}$$

$$p_{\mu_2}(x_2) = \int_{-\infty}^{\infty} p_{\mu_1\mu_2}(x_1, x_2)\, dx_1 \,. \tag{2.7b}$$

Erwartungswert: Der Wert

$$E\{\mu\} = \int_{-\infty}^{\infty} x\, p_\mu(x)\, dx \tag{2.8}$$

heißt *Erwartungswert* der Zufallsvariable μ, wobei $E\{\cdot\}$ als *Erwartungswertoperator* bezeichnet wird. Der Erwartungswertoperator $E\{\cdot\}$ ist linear, d.h., es gilt $E\{\alpha\mu\} = \alpha E\{\mu\}$ ($\alpha \in \mathbb{R}$) und $E\{\mu_1 + \mu_2\} = E\{\mu_1\} + E\{\mu_2\}$. Ist $f(\mu)$ eine Funktion der Zufallsvariable μ, dann gilt der Fundamentalsatz

$$E\{f(\mu)\} = \int_{-\infty}^{\infty} f(x)\, p_\mu(x)\, dx \,. \tag{2.9}$$

Die Verallgemeinerung auf zwei Zufallsvariablen μ_1 und μ_2 liefert

$$E\{f(\mu_1, \mu_2)\} = \int_{-\infty}^{\infty} \int_{-\infty}^{\infty} f(x_1, x_2)\, p_{\mu_1\mu_2}(x_1, x_2)\, dx_1\, dx_2 \,. \tag{2.10}$$

Varianz: Der Wert

$$\mathrm{Var}\{\mu\} = E\left\{(\mu - E\{\mu\})^2\right\} = E\{\mu^2\} - (E\{\mu\})^2 \tag{2.11}$$

heißt *Varianz* der Zufallsvariable μ, wobei $\mathrm{Var}\{\cdot\}$ als *Varianzoperator* bezeichnet wird.

Kovarianz: Die *Kovarianz* von zwei Zufallsvariablen μ_1 und μ_2 ist

$$\begin{aligned}
\text{Cov}\{\mu_1, \mu_2\} &= E\{(\mu_1 - E\{\mu_1\})(\mu_2 - E\{\mu_2\})\} & (2.12\text{a})\\
&= E\{\mu_1\mu_2\} - E\{\mu_1\} \cdot E\{\mu_2\}. & (2.12\text{b})
\end{aligned}$$

Momente: Das *k-te Moment* der Zufallsvariable μ ist

$$E\{\mu^k\} = \int_{-\infty}^{\infty} x^k\, p_\mu(x)\, dx. \tag{2.13}$$

Charakteristische Funktion: Die charakteristische Funktion der Zufallsvariable μ ist der Erwartungswert

$$\Psi_\mu(\nu) = E\left\{e^{j2\pi\nu\mu}\right\} = \int_{-\infty}^{\infty} p_\mu(x)\, e^{j2\pi\nu x}\, dx, \tag{2.14}$$

wobei ν eine reelle Variable ist. Man beachte, dass $\Psi_\mu(-\nu)$ die Fouriertransformierte der Wahrscheinlichkeitsdichte $p_\mu(x)$ ist.

Tschebyscheffsche Ungleichung: Sei μ eine Zufallsvariable, die eine endliche Varianz besitzt, dann gilt für jedes $\epsilon > 0$ die *tschebyscheffsche Ungleichung*

$$P(|\mu - E\{\mu\}| \geq \epsilon) \leq \frac{\text{Var}\{\mu\}}{\epsilon^2}. \tag{2.15}$$

Zentraler Grenzwertsatz: Seien μ_n $(n = 1, 2, \dots, N)$ unabhängige Zufallsvariablen mit $E\{\mu_n\} = m_{\mu_n}$ und $\text{Var}\{\mu_n\} = \sigma_{\mu_n}^2$, so ist die Zufallsvariable

$$\mu = \lim_{N\to\infty} \frac{1}{\sqrt{N}} \sum_{n=1}^{N} (\mu_n - m_{\mu_n}) \tag{2.16}$$

asymptotisch normalverteilt mit dem Erwartungswert $E\{\mu\} = 0$ und der Varianz $\text{Var}\{\mu\} = \sigma_\mu^2 = \lim_{N\to\infty} \frac{1}{N} \sum_{n=1}^{N} \sigma_{\mu_n}^2$.

Häufig liegt durch die Verteilung der Summe (2.16) von lediglich sieben unabhängigen Zufallsvariablen mit ungefähr gleicher Varianz schon eine gute Approximation der Normalverteilung vor.

2.1.1 Wahrscheinlichkeitsdichten

Nachfolgend wird eine Zusammenstellung aller im weiteren für die Kanalmodellierung benötigten Wahrscheinlichkeitsdichten präsentiert. Dabei werden auch die Verteilungseigenschaften wie Mittelwert und Varianz angesprochen. Am Ende dieses Abschnitts werden wir noch kurz auf einige Rechenregeln eingehen, die bei der Addition, Multiplikation und Transformation von Zufallsvariablen von Wichtigkeit sind.

Gleichverteilung: Sei θ eine reelle Zufallsvariable mit der Wahrscheinlichkeitsdichte

$$p_\theta(x) = \begin{cases} \dfrac{1}{2\pi}\,, & x \in [-\pi, \pi)\,, \\ 0\,, & \text{sonst}\,, \end{cases} \tag{2.17}$$

dann heißt $p_\theta(x)$ *Gleichverteilung*, bzw. wir sagen θ ist *gleichverteilt* in dem Intervall $[-\pi, \pi)$. Der Erwartungswert und die Varianz einer gleichverteilten Zufallsvariable θ ist $E\{\theta\} = 0$ bzw. $\text{Var}\{\theta\} = \pi^2/3$.

Gaußverteilung (Normalverteilung): Sei μ eine reelle Zufallsvariable, dann heißt μ *gaußverteilt (normalverteilt)*, wenn gilt

$$p_\mu(x) = \frac{1}{\sqrt{2\pi}\sigma_\mu}\, e^{-\frac{(x-m_\mu)^2}{2\sigma_\mu^2}}\,, \quad x \in \mathbb{R}\,, \tag{2.18}$$

wobei $m_\mu \in \mathbb{R}$ der Erwartungswert und $\sigma_\mu^2 \in (0, \infty)$ die Varianz von μ bezeichnet, d. h.

$$E\{\mu\} = m_\mu \tag{2.19a}$$

bzw.

$$\text{Var}\{\mu\} = E\{\mu^2\} - m_\mu^2 = \sigma_\mu^2\,. \tag{2.19b}$$

Zur Beschreibung der Verteilungseigenschaften einer gaußverteilten Zufallsvariable μ wird oft auch statt der Angabe des Formelausdrucks (2.18) die Kurzschreibweise $\mu \sim N(m_\mu, \sigma_\mu^2)$ verwendet. Speziell für $m_\mu = 0$ und $\sigma_\mu^2 = 1$ heißt $N(0,1)$ *Standard-Normalverteilung*.

Multivariate Gaußverteilung: Gegeben seien n reelle Zufallsvariablen $\mu_1, \mu_2, \ldots, \mu_n$, dann heißen diese *multivariat gaußverteilt (normalverteilt)*, wenn gilt

$$p_{\mu_1\mu_2\ldots\mu_n}(x_1, x_2, \ldots, x_n) = \frac{1}{\left(\sqrt{2\pi}\right)^n \sqrt{\det C_\mu}}\, e^{-\frac{1}{2}(x-m_\mu)^T C_\mu^{-1}(x-m_\mu)}\,, \tag{2.20}$$

wobei T die Transponierung eines Vektors bedeutet. Hierbei sind x und m_μ die durch

$$x = \begin{pmatrix} x_1 \\ x_2 \\ \vdots \\ x_n \end{pmatrix} \in \mathbb{R}^{n\times 1} \quad \text{bzw.}\quad m_\mu = \begin{pmatrix} E\{\mu_1\} \\ E\{\mu_2\} \\ \vdots \\ E\{\mu_n\} \end{pmatrix} = \begin{pmatrix} m_{\mu_1} \\ m_{\mu_2} \\ \vdots \\ m_{\mu_n} \end{pmatrix} \in \mathbb{R}^{n\times 1} \tag{2.21a,b}$$

definierten Spaltenvektoren, und $\det C_\mu$ (C_μ^{-1}) kennzeichnet die Determinante (Inverse) der *Kovarianzmatrix*

$$C_\mu = \begin{pmatrix} C_{\mu_1\mu_1} & C_{\mu_1\mu_2} & \cdots & C_{\mu_1\mu_n} \\ C_{\mu_2\mu_1} & C_{\mu_2\mu_2} & \cdots & C_{\mu_2\mu_n} \\ \vdots & \vdots & \ddots & \vdots \\ C_{\mu_n\mu_1} & C_{\mu_n\mu_2} & \cdots & C_{\mu_n\mu_n} \end{pmatrix} \in \mathbb{R}^{n\times n}\,. \tag{2.22}$$

Die Elemente der Kovarianzmatrix $\boldsymbol{C}_\mu$ sind durch

$$C_{\mu_i\mu_j} = \text{Cov}\,\{\mu_i,\mu_j\} = E\{(\mu_i - m_{\mu_i})(\mu_j - m_{\mu_j})\}\,, \quad \forall i,j = 1,2,\ldots,n\,, \tag{2.23}$$

gegeben. Falls die n Zufallsvariablen μ_i normalverteilt und paarweise unkorreliert vorliegen, so ist die Kovarianzmatrix $\boldsymbol{C}_\mu$ eine Diagonalmatrix mit den Diagonalelementen $\sigma^2_{\mu_i}$. In diesem Fall zerfällt die Wahrscheinlichkeitsdichte (2.20) in ein Produkt von n Gaußverteilungen der normalverteilten Zufallsvariablen $\mu_i \sim N(m_{\mu_i},\sigma^2_{\mu_i})$, woraus folgt, dass diese für alle $i = 1,2,\ldots,n$ statistisch unabhängig sind.

Rayleighverteilung: Gegeben seien zwei statistisch unabhängige, erwartungswertfreie, normalverteilte Zufallsvariablen μ_1 und μ_2 mit identischer Varianz $\sigma^2_0 = \sigma^2_{\mu_1} = \sigma^2_{\mu_2}$, d.h $\mu_i \sim N(0,\sigma^2_0)$, dann heißt die daraus abgeleitete Zufallsvariable $\zeta = \sqrt{\mu^2_1 + \mu^2_2}$ *rayleighverteilt*, wenn gilt

$$p_\zeta(x) = \begin{cases} \dfrac{x}{\sigma^2_0} e^{-\frac{x^2}{2\sigma^2_0}}\,, & x \geq 0\,, \\ 0\,, & x < 0\,. \end{cases} \tag{2.24}$$

Rayleighverteilte Zufallsvariablen ζ besitzen den Erwartungswert

$$E\{\zeta\} = \sigma_0 \sqrt{\frac{\pi}{2}} \tag{2.25a}$$

und die Varianz

$$\text{Var}\,\{\zeta\} = \sigma^2_0 \left(2 - \frac{\pi}{2}\right)\,. \tag{2.25b}$$

Riceverteilung: Seien $\mu_1,\mu_2 \sim N(0,\sigma^2_0)$ und $\rho \in \mathbb{R}$, dann heißt die Zufallsvariable $\xi = \sqrt{(\mu_1 + \rho)^2 + \mu^2_2}$ *riceverteilt*, wenn gilt

$$p_\xi(x) = \begin{cases} \dfrac{x}{\sigma^2_0} e^{-\frac{x^2+\rho^2}{2\sigma^2_0}} I_0\left(\dfrac{x\rho}{\sigma^2_0}\right)\,, & x \geq 0\,, \\ 0\,, & x < 0\,, \end{cases} \tag{2.26}$$

wobei $I_0(\cdot)$ die modifizierte Besselfunktion 0-ter Ordnung ist. Für $\rho = 0$ folgt aus der Riceverteilung $p_\xi(x)$ die zuvor beschriebene Rayleighverteilung $p_\zeta(x)$. Das erste und zweite Moment einer riceverteilten Zufallsvariable ξ lautet [Wol83a]

$$E\{\xi\} = \sigma_0\sqrt{\frac{\pi}{2}}\, e^{-\frac{\rho^2}{4\sigma^2_0}}\left\{\left(1 + \frac{\rho^2}{2\sigma^2_0}\right) I_0\left(\frac{\rho^2}{4\sigma^2_0}\right) + \frac{\rho^2}{2\sigma^2_0} I_1\left(\frac{\rho^2}{4\sigma^2_0}\right)\right\} \tag{2.27a}$$

bzw.

$$E\{\xi^2\} = 2\sigma^2_0 + \rho^2\,, \tag{2.27b}$$

wobei $I_n(\cdot)$ die modifizierte Besselfunktion n-ter Ordnung ist. Mit (2.27a) und (2.27b) kann unter Verwendung von (2.11) die Varianz einer riceverteilten Zufallsvariable ξ leicht berechnet werden.

Lognormalverteilung: Sei $\mu \sim N(m_\mu, \sigma_\mu^2)$, dann wird die zur Zufallsvariable $\lambda = e^\mu$ gehörende Wahrscheinlichkeitsdichte

$$p_\lambda(x) = \begin{cases} \dfrac{1}{\sqrt{2\pi}\sigma_\mu x}\, e^{-\frac{(\ln x - m_\mu)^2}{2\sigma_\mu^2}}\,, & x \geq 0\,, \\[2mm] 0\,, & x < 0\,, \end{cases} \tag{2.28}$$

Lognormalverteilung genannt. Erwartungswert und Varianz von lognormalverteilten Zufallsvariablen λ ergeben sich zu

$$E\{\lambda\} = e^{m_\mu + \frac{\sigma_\mu^2}{2}} \tag{2.29a}$$

bzw.

$$\mathrm{Var}\,\{\lambda\} = e^{2m_\mu + \sigma_\mu^2} \left(e^{\sigma_\mu^2} - 1 \right)\,. \tag{2.29b}$$

Suzukiverteilung: Gegeben seien eine rayleighverteilte Zufallsvariable ζ mit der Wahrscheinlichkeitsdichte $p_\zeta(x)$ nach (2.24) und eine von ζ statistisch unabhängige, lognormalverteilte Zufallsvariable λ mit der Wahrscheinlichkeitsdichte $p_\lambda(x)$ gemäß (2.28). Ferner sei η eine Zufallsvariable, die durch das Produkt $\eta = \zeta \cdot \lambda$ definiert ist, dann wird die zugehörige Wahrscheinlichkeitsdichte [Suz77]

$$p_\eta(z) = \begin{cases} \dfrac{z}{\sqrt{2\pi}\sigma_0^2\sigma_\mu} \displaystyle\int\limits_0^\infty \dfrac{1}{y^3} \cdot e^{-\frac{z^2}{2y^2\sigma_0^2}} \cdot e^{-\frac{(\ln y - m_\mu)^2}{2\sigma_\mu^2}}\, dy\,, & z \geq 0\,, \\[2mm] 0\,, & z < 0\,, \end{cases} \tag{2.30}$$

Suzukiverteilung genannt. Suzukiverteilte Zufallsvariablen η besitzen den Erwartungswert

$$E\{\eta\} = \sigma_0 \sqrt{\frac{\pi}{2}}\, e^{m_\mu + \frac{\sigma_\mu^2}{2}} \tag{2.31}$$

und die Varianz

$$\mathrm{Var}\,\{\eta\} = \sigma_0^2 \cdot e^{2m_\mu + \sigma_\mu^2} \cdot \left(2e^{\sigma_\mu^2} - \frac{\pi}{2} \right)\,. \tag{2.32}$$

Nakagamiverteilung: Gegeben sei eine Zufallsvariable ω, die gemäß der Wahrscheinlichkeitsdichte [Nak60]

$$p_\omega(x) = \begin{cases} \dfrac{2m^m x^{2m-1} e^{-(m/\Omega)x^2}}{\Gamma(m)\Omega^m}\,, & m \geq 1/2\,, \quad x \geq 0\,, \\[2mm] 0\,, & x < 0\,, \end{cases} \tag{2.33}$$

verteilt ist, dann wird $p_\omega(x)$ *Nakagamiverteilung* oder auch *m-Verteilung* genannt. Dabei kennzeichnet $\Gamma(\cdot)$ die Gammafunktion, das zweite Moment der Zufallsvariable ω wird mit $\Omega = E\{\omega^2\}$ abgekürzt, und der Parameter m gibt den reziproken Wert der auf Ω^2 normierten Varianz von ω^2 an, d. h. $m = \Omega^2/E\{(\omega^2 - \Omega)^2\}$. Für $m = 1/2$ und $m = 1$ folgt aus der Nakagamiverteilung die einseitige Gaußverteilung bzw. die Rayleighverteilung. Ferner kann durch die Nakagamiverteilung in gewissen Grenzen auch die Riceverteilung und die Lognormalverteilung approximiert werden [Nak60, Cha79].

2.1.2 Funktionen von Zufallsvariablen

An einigen Stellen des vorliegenden Buches werden Funktionen von zwei und mehr Zufallsvariablen betrachtet. Insbesondere werden wir von den der Addition, Multiplikation und verschiedenen Variablentransformationen von Zufallsvariablen zugrunde liegenden Gesetzmäßigkeiten häufig Gebrauch machen. Die hierzu erforderlichen Rechenregeln werden im Folgenden kurz zusammengestellt.

Addition von zwei Zufallsvariablen: Gegeben seien die Zufallsvariablen μ_1 und μ_2 sowie die Verbundwahrscheinlichkeitsdichte $p_{\mu_1\mu_2}(x_1, x_2)$, dann gilt für die Wahrscheinlichkeitsdichte von $\mu = \mu_1 + \mu_2$ die Beziehung

$$p_\mu(y) = \int_{-\infty}^{\infty} p_{\mu_1\mu_2}(x_1, y - x_1)\, dx_1 = \int_{-\infty}^{\infty} p_{\mu_1\mu_2}(y - x_2, x_2)\, dx_2\,. \tag{2.34}$$

Falls die Zufallsvariablen μ_1, μ_2 statistisch unabhängig sind, so ist die Wahrscheinlichkeitsdichte von μ gegeben durch die Faltung der Wahrscheinlichkeitsdichten von μ_1 und μ_2:

$$\begin{aligned}
p_\mu(y) &= p_{\mu_1}(y) * p_{\mu_2}(y) \\
&= \int_{-\infty}^{\infty} p_{\mu_1}(x_1)p_{\mu_2}(y - x_1)\, dx_1 = \int_{-\infty}^{\infty} p_{\mu_1}(y - x_2)p_{\mu_2}(x_2)\, dx_2\,,
\end{aligned} \tag{2.35}$$

wobei $*$ den Faltungsoperator kennzeichnet.

Multiplikation von zwei Zufallsvariablen: Gegeben seien die Zufallsvariablen ζ, λ und die Verbundwahrscheinlichkeitsdichte $p_{\zeta\lambda}(x, y)$, dann ist die Wahrscheinlichkeitsdichte der Zufallsvariable $\eta = \zeta \cdot \lambda$ durch

$$p_\eta(z) = \int_{-\infty}^{\infty} \frac{1}{|y|} p_{\zeta\lambda}\left(\frac{z}{y}, y\right) dy \tag{2.36}$$

bestimmt. Für statistisch unabhängige Zufallsvariablen ζ, λ erhält man aus dieser Beziehung den Ausdruck

$$p_\eta(z) = \int_{-\infty}^{\infty} \frac{1}{|y|} p_\zeta\left(\frac{z}{y}\right) \cdot p_\lambda(y)\, dy\,. \tag{2.37}$$

Funktionen von Zufallsvariablen: Gegeben seien die Zufallsvariablen $\mu_1, \mu_2, \ldots, \mu_n$, die Verbundwahrscheinlichkeitsdichte $p_{\mu_1\mu_2\ldots\mu_n}(x_1, x_2, \ldots, x_n)$ und die Funktionen $f_1, f_2, \ldots, f_n$. Falls das Gleichungssystem $f_i(x_1, x_2, \ldots, x_n) = y_i$ $(i = 1, 2, \ldots, n)$ die reellen Lösungen $x_{1\nu}, x_{2\nu}, \ldots, x_{n\nu}$ $(\nu = 1, 2, \ldots, m)$ besitzt, so ist die Verbundwahrscheinlichkeitsdichte der Zufallsvariablen $\xi_1 = f_1(\mu_1, \mu_2, \ldots, \mu_n)$, $\xi_2 = f_2(\mu_1, \mu_2, \ldots, \mu_n)$, $\ldots$, $\xi_n = f_n(\mu_1, \mu_2, \ldots, \mu_n)$ gegeben durch

$$p_{\xi_1\xi_2\ldots\xi_n}(y_1, y_2, \ldots, y_n) = \sum_{\nu=1}^{m} \frac{p_{\mu_1\mu_2\ldots\mu_n}(x_{1\nu}, x_{2\nu}, \ldots, x_{n\nu})}{|J(x_{1\nu}, x_{2\nu}, \ldots, x_{n\nu})|}\,, \tag{2.38}$$

wobei

$$J(x_1, x_2, \ldots, x_n) = \begin{vmatrix} \frac{\partial f_1}{\partial x_1} & \frac{\partial f_1}{\partial x_2} & \cdots & \frac{\partial f_1}{\partial x_n} \\ \frac{\partial f_2}{\partial x_1} & \frac{\partial f_2}{\partial x_2} & \cdots & \frac{\partial f_2}{\partial x_n} \\ \vdots & \vdots & \ddots & \vdots \\ \frac{\partial f_n}{\partial x_1} & \frac{\partial f_n}{\partial x_2} & \cdots & \frac{\partial f_n}{\partial x_n} \end{vmatrix} \tag{2.39}$$

die *jacobische Determinante* bezeichnet.

Ferner kann unter Verwendung von (2.38) die Verbundwahrscheinlichkeitsdichte der Zufallsvariablen $\xi_1, \xi_2, \ldots, \xi_k$ für $k < n$ wie folgt berechnet werden:

$$p_{\xi_1 \xi_2 \ldots \xi_k}(y_1, y_2, \ldots, y_k) = \int\limits_{-\infty}^{\infty} \int\limits_{-\infty}^{\infty} \cdots \int\limits_{-\infty}^{\infty} p_{\xi_1 \xi_2 \ldots \xi_n}(y_1, y_2, \ldots, y_n) \, dy_{k+1} \, dy_{k+2} \ldots dy_n \,. \tag{2.40}$$

2.2 Stochastische Prozesse

Gegeben sei ein Wahrscheinlichkeitsraum $(Q, \mathcal{A}, P)$. Jedem bestimmten Elementarereignis $s = s_i \in Q$ wird nach einer Vorschrift eine bestimmte Zeitfunktion $\mu(t, s_i)$ zugeordnet, d. h., für ein bestimmtes $s_i \in Q$ ist $\mu(t, s_i)$ eine Abbildung von $\mathbb{R}$ nach $\mathbb{R}$ bzw. $\mathbb{C}$ gemäß

$$\mu(\cdot, s_i) : \ \mathbb{R} \to \mathbb{R} \text{ bzw. } \mathbb{C}, \quad t \mapsto \mu(t, s_i)\,. \tag{2.41}$$

Die einzelnen Zeitfunktionen $\mu(t, s_i)$ heißen *Realisierung* oder *Musterfunktion*. Ein *stochastischer Prozess* $\mu(t, s)$ ist eine Familie (Ensemble) von Musterfunktionen $\mu(t, s_i)$, d. h. $\mu(t, s) = \{\mu(t, s_i) | s_i \in Q\} = \{\mu(t, s_1), \mu(t, s_2), \ldots\}$.

Andererseits hängt zu einem bestimmten Zeitpunkt $t = t_0 \in \mathbb{R}$ der stochastische Prozess $\mu(t_0, s)$ nur noch von dem Elementarereignis s ab und stellt somit eine Zufallsvariable dar, d. h., für ein bestimmtes $t_0 \in \mathbb{R}$ ist $\mu(t_0, s)$ eine Abbildung von Q nach $\mathbb{R}$ bzw. C gemäß

$$\mu(t_0, \cdot) : \ Q \to \mathbb{R} \text{ bzw. } \mathbb{C}, \quad s \mapsto \mu(t_0, s)\,. \tag{2.42}$$

Zu der Zufallsvariable $\mu(t_0, s)$ gehört eine Wahrscheinlichkeitsdichte, die durch die Auftrittswahrscheinlichkeit der Elementarereignisse festliegt.

Ein stochastischer Prozess ist also eine Funktion von zwei Variablen $t \in \mathbb{R}$ und $s \in Q$, so dass die korrekte Schreibweise lautet $\mu(t, s)$. Im weiteren werden wir aber wie allgemein üblich das zweite Argument weglassen und nur $\mu(t)$ schreiben.

Somit erlaubt ein stochastischer Prozess $\mu(t)$ folgende Interpretationen [Pap91]:

(i) Falls t eine Variable und s eine Zufallsvariable ist, so wird durch $\mu(t)$ eine Familie oder ein Ensemble von Musterfunktionen $\mu(t, s)$ repräsentiert.

(ii) Falls t eine Variable und $s = s_0$ eine Konstante ist, so ist $\mu(t) = \mu(t, s_0)$ eine Realisierung oder Musterfunktion des stochastischen Prozesses.

(iii) Falls $t = t_0$ eine Konstante und s eine Zufallsvariable ist, so ist $\mu(t_0)$ ebenfalls eine Zufallsvariable.

(iv) Falls $t = t_0$ und $s = s_0$ Konstanten sind, so ist $\mu(t_0)$ eine reelle (komplexe) Zahl.

Die aus den oben gemachten Aussagen (i)–(iv) folgenden Zusammenhänge sind zur Veranschaulichung im Bild 2.1 dargestellt.

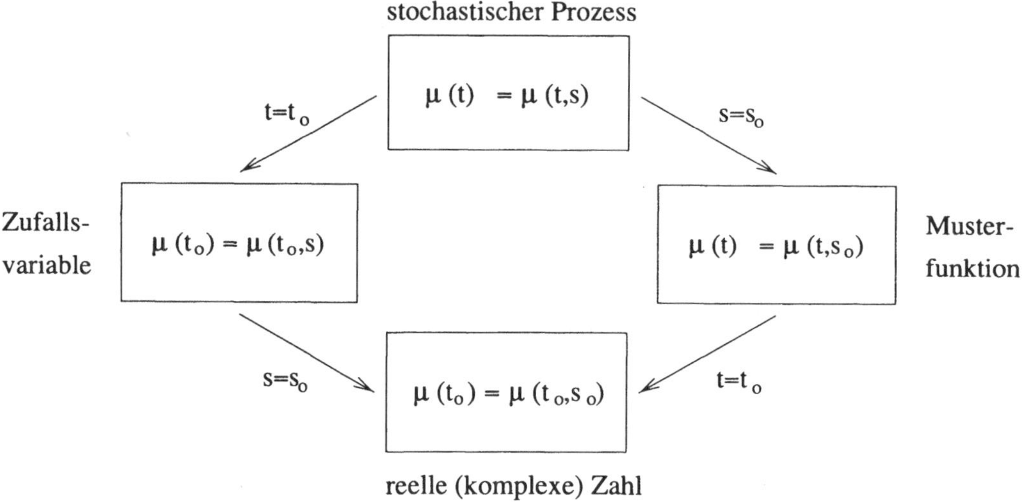

Bild 2.1:   Zusammenhänge zwischen stochastischen Prozessen, Zufallsvariablen, Musterfunktionen und reellen (komplexen) Zahlen.

Komplexer stochastischer Prozess: Seien $\mu'(t)$ und $\mu''(t)$ zwei reelle stochastische Prozesse, dann wird durch $\mu(t) = \mu'(t) + j\mu''(t)$ ein *(komplexer) stochastischer Prozess* definiert.

Wir haben oben festgestellt, dass ein stochastischer Prozess $\mu(t)$ für ein bestimmtes $t \in \mathrm{I\!R}$ als Zufallsvariable interpretiert werden kann. Diese Zufallsvariable lässt sich wieder durch eine Verteilungsfunktion $F_\mu(x; t) = P(\mu(t) \leq x)$ bzw. durch eine Wahrscheinlichkeitsdichte $p_\mu(x; t) = dF_\mu(x; t)/dx$ beschreiben. Die Erweiterung des für Zufallsvariablen eingeführten Begriffs Erwartungswert auf stochastische Prozesse führt auf die *Erwartungsfunktion*

$$m_\mu(t) = E\{\mu(t)\} \,. \tag{2.43}$$

Betrachtet man die dem stochastischen Prozess $\mu(t)$ zu den Zeitpunkten t_1 und t_2 zugeordneten Zufallsvariablen $\mu(t_1)$ und $\mu(t_2)$, so wird die Größe

$$r_{\mu\mu}(t_1, t_2) = E\{\mu^*(t_1)\mu(t_2)\} \tag{2.44}$$

als *Autokorrelationsfunktion* von $\mu(t)$ bezeichnet, wobei der konjugiert komplexe Term im Zusammenhang mit der ersten Variable in $r_{\mu\mu}(t_1, t_2)$ steht[1]. Für die so genannte *Varianzfunktion* eines komplexen stochastischen Prozesses $\mu(t)$ gilt

$$
\begin{aligned}
\sigma_\mu^2(t) &= \operatorname{Var}\{\mu(t)\} = E\{|\mu(t) - E\{\mu(t)\}|^2\} \\
&= E\{\mu^*(t)\mu(t)\} - E\{\mu^*(t)\}E\{\mu(t)\} \\
&= r_{\mu\mu}(t, t) - |m_\mu(t)|^2 \,,
\end{aligned}
\tag{2.45}
$$

wobei $r_{\mu\mu}(t, t)$ die Autokorrelationsfunktion (2.44) an der Stelle $t_1 = t_2 = t$ ist, und $m_\mu(t)$ die Erwartungsfunktion gemäß (2.43) darstellt. Schließlich beschreibt der Ausdruck

$$
r_{\mu_1\mu_2}(t_1, t_2) = E\{\mu_1^*(t_1)\mu_2(t_2)\}
\tag{2.46}
$$

die *Kreuzkorrelationsfunktion* der stochastischen Prozesse $\mu_1(t)$ und $\mu_2(t)$ zu den Zeitpunkten t_1 bzw. t_2.

2.2.1 Stationäre Prozesse

Stationäre Prozesse spielen bei der Modellierung von Mobilfunkkanälen eine besondere Rolle und sollen daher hier kurz behandelt werden. Häufig wird unterschieden zwischen Stationarität im strengen Sinne und Stationarität im weiten Sinne.

Ein stochastischer Prozess $\mu(t)$ heißt *stationär im strengen Sinne*, wenn für alle $t_1, t_2 \in \mathrm{I\!R}$ gilt, dass $\mu(t_1)$ und $\mu(t_1 + t_2)$ die gleiche Verteilungsfunktion besitzt. Daraus ergeben sich die Folgerungen:

$$
\begin{aligned}
&\text{(i)} && p_\mu(x; t) = p_\mu(x)\,, && \text{(2.47a)} \\
&\text{(ii)} && E\{\mu(t)\} = m_\mu = const.\,, && \text{(2.47b)} \\
&\text{(iii)} && r_{\mu\mu}(t_1, t_2) = r_{\mu\mu}(|t_1 - t_2|)\,. && \text{(2.47c)}
\end{aligned}
$$

Ein stochastischer Prozess $\mu(t)$ heißt *stationär im weiten Sinne*, wenn die Beziehungen (2.47b) und (2.47c) erfüllt sind. In diesem Falle ist also die Erwartungsfunktion $E\{\mu(t)\}$ unabhängig von t und wird daher mit Erwartungswert bezeichnet. Ferner ist die Autokorrelationsfunktion $r_{\mu\mu}(t_1, t_2)$ nur vom Betrag der Zeitdifferenz $t_1 - t_2$ abhängig. Mit $t_1 = t$ und $t_2 = t + \tau$ folgt dann für $\tau > 0$ aus (2.44) und (2.47c)

$$
r_{\mu\mu}(\tau) = r_{\mu\mu}(t, t + \tau) = E\{\mu^*(t)\mu(t + \tau)\}\,,
\tag{2.48}
$$

wobei $r_{\mu\mu}(0)$ auch als *mittlere Leistung* von $\mu(t)$ bezeichnet wird. Analog erhält man für die Kreuzkorrelationsfunktion (2.46) zweier im weiten Sinne stationärer Prozesse $\mu_1(t)$ und $\mu_2(t)$

$$
r_{\mu_1\mu_2}(\tau) = E\{\mu_1^*(t)\mu_2(t + \tau)\} = r_{\mu_2\mu_1}^*(-\tau)\,.
\tag{2.49}
$$

---

[1]Es sei bemerkt, dass in der Literatur oftmals auch der konjugiert komplexe Term in Verbindung mit der zweiten Variable der Autokorrelationsfunktion $r_{\mu\mu}(t_1, t_2)$ gebracht wird, d.h. $r_{\mu\mu}(t_1, t_2) = E\{\mu(t_1)\mu^*(t_2)\}$.

Seien $\mu_1(t)$, $\mu_2(t)$ und $\mu(t)$ drei im weiten Sinne stationäre stochastische Prozesse, dann heißt die Fouriertransformierte der Autokorrelationsfunktion $r_{\mu\mu}(\tau)$

$$S_{\mu\mu}(f) = \int_{-\infty}^{\infty} r_{\mu\mu}(\tau)\, e^{-j2\pi f\tau}\, d\tau \qquad (2.50)$$

Leistungsdichtespektrum (spektrale Leistungsdichte). Der durch (2.50) beschriebene allgemeine Zusammenhang zwischen Leistungsdichtespektrum und Autokorrelationsfunktion ist auch als *Wiener-Khinchin-Theorem* bekannt. Die Fouriertransformierte der Kreuzkorrelationsfunktion $r_{\mu_1\mu_2}(\tau)$

$$S_{\mu_1\mu_2}(f) = \int_{-\infty}^{\infty} r_{\mu_1\mu_2}(\tau)\, e^{-j2\pi f\tau}\, d\tau \qquad (2.51)$$

wird *Kreuzleistungsdichtespektrum* (spektrale Kreuzleistungsdichte) genannt, wobei $S_{\mu_1\mu_2}(f) = S^*_{\mu_2\mu_1}(f)$ gilt.

Sei $\nu(t)$ der Eingangsprozess und $\mu(t)$ der Ausgangsprozess eines linearen, zeitinvarianten, stabilen Systems mit der Übertragungsfunktion $H(f)$, so gelten die Zusammenhänge:

$$
\begin{aligned}
r_{\nu\mu}(\tau) &= r_{\nu\nu}(\tau) * h(\tau) \quad \circ\!\!-\!\!\bullet \quad S_{\nu\mu}(f) = S_{\nu\nu}(f) \cdot H(f)\,, && (2.52\text{a,b}) \\
r_{\mu\nu}(\tau) &= r_{\nu\nu}(\tau) * h^*(-\tau) \quad \circ\!\!-\!\!\bullet \quad S_{\mu\nu}(f) = S_{\nu\nu}(f) \cdot H^*(f)\,, && (2.52\text{c,d}) \\
r_{\mu\mu}(\tau) &= r_{\nu\nu}(\tau) * h(\tau) * h^*(-\tau) \quad \circ\!\!-\!\!\bullet \quad S_{\mu\mu}(f) = S_{\nu\nu}(f) \cdot |H(f)|^2\,, && (2.52\text{e,f})
\end{aligned}
$$

wobei das Symbol $\circ\!\!-\!\!\bullet$ die Fouriertransformation kennzeichnet.

Es sei hier bemerkt, dass es streng genommen keinen stationären Prozess geben kann. Stationäre Prozesse dienen lediglich als Modell für Vorgänge, die über relativ lange Zeit ihre statistischen Eigenschaften beibehalten.

Wir werden im Folgenden unter einem stochastischen Prozess stets einen im strengen Sinne stationären stochastischen Prozess verstehen, sofern nicht ausdrücklich etwas anderes gesagt wird.

Ein System mit der Übertragungsfunktion

$$\check{H}(f) = -j\,\text{sgn}\,(f) \qquad (2.53)$$

wird *Hilberttransformator* genannt. Dieses System bewirkt für $f > 0$ eine Phasenverschiebung um $-\pi/2$ und für $f < 0$ eine Phasenverschiebung um $+\pi/2$. Die inverse Fouriertransformation von $\check{H}(f)$ ergibt die Impulsantwort des Hilberttransformators

$$\check{h}(t) = \frac{1}{\pi t}\,. \qquad (2.54)$$

Da $\check{h}(t) \neq 0$ für $t < 0$ gilt, ist der Hilberttransformator nicht kausal. Sei $\nu(t)$ mit $E\{\nu(t)\} = 0$ ein reeller Eingangsprozess des Hilberttransformators, dann wird der Ausgangsprozess

$$\check{\nu}(t) = \nu(t) * \check{h}(t) = \frac{1}{\pi} \int_{-\infty}^{\infty} \frac{\nu(t')}{t - t'}\, dt' \tag{2.55}$$

als *Hilberttransformierte* von $\nu(t)$ bezeichnet. Bei der Berechnung des Integrals (2.55) beachte man, dass dieses im Sinne des cauchyschen Hauptwertes bestimmt werden muss.

Mit (2.52) und (2.54) folgen die Beziehungen:

$$r_{\nu\check{\nu}}(\tau) = \check{r}_{\nu\nu}(\tau) \quad \circ\!\!-\!\!\bullet \quad S_{\nu\check{\nu}}(f) = -j\,\mathrm{sgn}\,(f) \cdot S_{\nu\nu}(f)\,, \tag{2.56a,b}$$

$$r_{\nu\check{\nu}}(\tau) = -r_{\check{\nu}\nu}(\tau) \quad \circ\!\!-\!\!\bullet \quad S_{\nu\check{\nu}}(f) = -S_{\check{\nu}\nu}(f)\,, \tag{2.56c,d}$$

$$r_{\check{\nu}\check{\nu}}(\tau) = r_{\nu\nu}(\tau) \quad \circ\!\!-\!\!\bullet \quad S_{\check{\nu}\check{\nu}}(f) = S_{\nu\nu}(f)\,. \tag{2.56e,f}$$

2.2.2 Ergodische Prozesse

Zur Beschreibung der statistischen Eigenschaften eines stochastischen Prozesses muss genau genommen eine Mittelung über alle Musterfunktionen durchgeführt werden. In der Praxis sind jedoch fast immer nur einige wenige Musterfunktionen (häufig sogar nur eine einzige Musterfunktion) bekannt. Um trotzdem Aussagen über die statistischen Eigenschaften des Prozesses machen zu können, greift man auf die Ergodenhypothese zurück.

Die Ergodenhypothese befasst sich mit der Frage, ob bei einem stationären Prozess eine Mittelung zu einem bzw. mehreren bestimmten Zeitpunkten über die gesamte Familie von Musterfunktionen nicht ersetzt werden kann durch eine entsprechende Auswertung einer einzelnen beliebigen Musterfunktion aus der entsprechenden Familie. Dabei geht es insbesondere um die Frage, ob sich der Erwartungswert und die Autokorrelationsfunktion eines stochastischen Prozesses $\mu(t)$ nicht bei der entsprechenden Zeitmittelung bezüglich einer beliebig ausgewählten Musterfunktion $\mu(t, s_i)$ einstellen. Dem Erwartungswert $E\{\mu(t)\} = m_\mu$ wird so der zeitliche Mittelwert

$$m_\mu = \tilde{m}_\mu := \lim_{T \to \infty} \frac{1}{2T} \int_{-T}^{+T} \mu(t, s_i)\, dt \tag{2.57}$$

und der Autokorrelationsfunktion $r_{\mu\mu}(\tau) = E\{\mu^*(t)\mu(t + \tau)\}$ der zeitliche Mittelwert

$$r_{\mu\mu}(\tau) = \tilde{r}_{\mu\mu}(\tau) := \lim_{T \to \infty} \frac{1}{2T} \int_{-T}^{+T} \mu^*(t, s_i)\, \mu(t + \tau, s_i)\, dt \tag{2.58}$$

zugewiesen.

Ein stationärer stochastischer Prozess $\mu(t)$ heißt *ergodisch im strengen Sinne*, wenn alle über die Familie von Musterfunktionen gebildeten Erwartungswerte übereinstimmen mit den entsprechenden Zeitmittelwerten der einzelnen Musterfunktionen. Gilt diese Übereinstimmung nur für den Erwartungswert und die Autokorrelationsfunktion, d.h, wenn nur die Beziehungen (2.57) und (2.58) erfüllt sind, dann heißt der stochastische Prozess $\mu(t)$ *ergodisch im weiten Sinne*. Ein im strengen Sinne ergodischer Prozess ist immer stationär. Die Umkehrung gilt nicht immer, wird aber häufig angenommen.

2.2.3   Pegelunterschreitungsrate und mittlere Fadingdauer

Die statistischen Eigenschaften von stochastischen Prozessen lassen sich mit der zugehörigen Wahrscheinlichkeitsdichte und der Autokorrelationsfunktion im Allgemeinen nur unvollständig beschreiben. Für eine genauere Beschreibung sind daher weitere statistische Kenngrößen erforderlich.

Bekanntlich unterliegt das Empfangssignal im Mobilfunk starken statistischen Schwankungen, welche 30 dB und mehr betragen können. Bei der digitalen Datenübertragung ist ein starkes Absinken des Empfangssignals häufig mit einem drastischen Anstieg der Bitfehlerrate verbunden. Für die Optimierung von Systemen zur Fehlerkorrektur ist es daher nicht nur wichtig zu wissen, wie oft das Empfangssignal einen vorgegebenen Pegel pro Zeiteinheit unterschreitet sondern auch, wie lange dieser Pegel im Mittel unterschritten wird. Hierfür geeignete Kenngrößen sind die *Pegelunterschreitungsrate*, die im Englischen mit *"level-crossing rate"* bezeichnet wird, und die *mittlere Fadingdauer* (englische Bezeichnung: *"average duration of fades"*).

Pegelunterschreitungsrate: Die *Pegelunterschreitungsrate*, $N_\zeta(r)$, beschreibt, wie oft der stochastische Prozess $\zeta(t)$ einen vorgegebenen Pegel r pro Sekunde unterschreitet. Nach [Ric44, Ric45] berechnet sich die Pegelunterschreitungsrate $N_\zeta(r)$ gemäß

$$N_\zeta(r) = \int_0^\infty \dot{x}\, p_{\zeta\dot{\zeta}}(r,\dot{x})\, d\dot{x}\,, \quad r \geq 0\,, \tag{2.59}$$

wobei $p_{\zeta\dot{\zeta}}(x,\dot{x})$ die Verbundwahrscheinlichkeitsdichte des Prozesses $\zeta(t)$ und dessen zeitlicher Ableitung $\dot{\zeta}(t) = d\zeta(t)/dt$ zum gleichen Zeitpunkt darstellt. Für Rayleigh- und Riceprozesse können die zugehörigen Pegelunterschreitungsraten leicht berechnet werden.

Gegeben seien zwei unkorrelierte, reelle, mittelwertfreie Gaußprozesse $\mu_1(t)$ und $\mu_2(t)$ mit identischen Autokorrelationsfunktionen, d. h. $r_{\mu_1\mu_1}(\tau) = r_{\mu_2\mu_2}(\tau)$, dann gilt für die Pegelunterschreitungsrate des Rayleighprozesses $\zeta(t) = \sqrt{\mu_1^2(t) + \mu_2^2(t)}$ der Ausdruck [Jak93]

$$N_\zeta(r) = \sqrt{\frac{\beta}{2\pi}} \cdot \frac{r}{\sigma_0^2} e^{-\frac{r^2}{2\sigma_0^2}} = \sqrt{\frac{\beta}{2\pi}} \cdot p_\zeta(r)\,, \quad r \geq 0\,, \tag{2.60}$$

wobei $\sigma_0^2 = r_{\mu_i\mu_i}(0)$ (i=1,2) die mittlere Leistung der beiden Gaußprozesse angibt, und mit β die negative Krümmung der Autokorrelationsfunktionen $r_{\mu_1\mu_1}(\tau)$ und $r_{\mu_2\mu_2}(\tau)$ im

Nullpunkt abgekürzt wird, d. h.

$$\beta = -\left.\frac{d^2}{d\tau^2} r_{\mu_i \mu_i}(\tau)\right|_{\tau=0} = -\ddot{r}_{\mu_i \mu_i}(0)\,, \quad i = 1, 2\,. \tag{2.61}$$

Für den Riceprozess $\xi(t) = \sqrt{(\mu_1(t) + \rho)^2 + \mu_2^2(t)}$ findet man folgenden Ausdruck für die Pegelunterschreitungsrate [Ric48]

$$N_\xi(r) = \sqrt{\frac{\beta}{2\pi}} \cdot \frac{r}{\sigma_0^2} e^{-\frac{r^2 + \rho^2}{2\sigma_0^2}} I_0\left(\frac{r\rho}{\sigma_0^2}\right) = \sqrt{\frac{\beta}{2\pi}} \cdot p_\xi(r)\,, \quad r \geq 0\,. \tag{2.62}$$

Mittlere Fadingdauer: Die *mittlere Fadingdauer*, $T_{\zeta_-}(r)$, gibt den Erwartungswert der Zeiträume an, in denen sich der stochastische Prozess $\zeta(t)$ unterhalb eines vorgegebenen Pegels r befindet. Die Berechnung der mittleren Fadingdauer $T_{\zeta_-}(r)$ erfolgt mittels [Jak93]

$$T_{\zeta_-}(r) = \frac{F_{\zeta_-}(r)}{N_\zeta(r)}\,, \tag{2.63}$$

wobei $F_{\zeta_-}(r)$ die Wahrscheinlichkeit angibt, dass der stochastische Prozess $\zeta(t)$ einen Wert annimmt, der kleiner gleich dem Pegel r ist, d. h.

$$F_{\zeta_-}(r) = P(\zeta(t) \leq r) = \int_0^r p_\zeta(x)\,dx\,. \tag{2.64}$$

Für Rayleighprozesse $\zeta(t)$ beträgt die mittlere Fadingdauer

$$T_{\zeta_-}(r) = \sqrt{\frac{2\pi}{\beta}} \cdot \frac{\sigma_0^2}{r} \left(e^{\frac{r^2}{2\sigma_0^2}} - 1\right)\,, \quad r \geq 0\,, \tag{2.65}$$

wobei die Größe β wieder durch (2.61) definiert ist.

Für Riceprozesse $\xi(t)$ folgt aus (2.63) unter Verwendung der Gleichungen (2.26), (2.64) und (2.62) ein Integralausdruck

$$T_{\xi_-}(r) = \sqrt{\frac{2\pi}{\beta}} \cdot \frac{e^{\frac{r^2}{2\sigma_0^2}}}{r\, I_0\left(\frac{r\rho}{\sigma_0^2}\right)} \int_0^r x\, e^{-\frac{x^2}{2\sigma_0^2}} I_0\left(\frac{x\rho}{\sigma_0^2}\right) dx\,, \quad r \geq 0\,, \tag{2.66}$$

der leicht numerisch ausgewertet werden kann.

Analog lässt sich die *mittlere Verbindungsdauer*, $T_{\zeta_+}(r)$, einführen, welche den Erwartungswert der Zeiträume angibt, in denen sich der stochastische Prozess $\zeta(t)$ oberhalb eines vorgegebenen Pegels r befindet:

$$T_{\zeta_+}(r) = \frac{F_{\zeta_+}(r)}{N_\zeta(r)}\,, \tag{2.67}$$

wobei $F_{\zeta_+}(r) = 1 - F_{\zeta_-}(r)$, d. h., $F_{\zeta_+}(r)$ bezeichnet die Wahrscheinlichkeit, dass $\zeta(t)$ einen Wert größer als r annimmt.

2.3 Deterministische zeitkontinuierliche Signale

Prinzipiell unterscheidet man zwischen zeitkontinuierlichen und zeitdiskreten Signalen. Im hier vorliegenden Buch wurde, wo immer es möglich war, eine zeitkontinuierliche Beschreibungsform für deterministische Signale gewählt. Nur an den Stellen, wo numerische Simulationen von Kanalmodellen eine Rolle spielen, wurde auf eine zeitdiskrete Beschreibung der Signale zurückgegriffen. *Deterministische (zeitkontinuierliche) Signale* lassen sich durch Funktionen beschreiben, bei denen jedem Zeitpunkt aus dem Definitionsbereich des Signals in eindeutiger Weise ein reeller (bzw. komplexer) Zahlenwert zugewiesen werden kann [Unb90]. Der Definitionsbereich der im Folgenden betrachteten deterministischen Signale wird ausschließlich aus den der Zeitvariable t zugeordneten reellen Zahlen bestehen. Ferner werden wir, um deterministische Signale von stochastischen Prozessen besser unterscheiden zu können, die für deterministische Signale gewählten Symbole mit dem Tilde-Akzent versehen. Unter einem deterministischen Signal $\tilde{\mu}(t)$ wird also eine Abbildung (Funktion) der Art

$$\tilde{\mu} : \mathbb{R} \to \mathbb{R} \quad (\text{bzw. } \mathbb{C}), \quad t \longmapsto \tilde{\mu}(t), \tag{2.68}$$

verstanden.

Im Zusammenhang mit deterministischen Signalen sind für uns folgende Begriffe von Interesse.

Mittelwert: Der *Mittelwert (Gleichanteil)* eines deterministischen Signals $\tilde{\mu}(t)$ ist definiert durch

$$\tilde{m}_\mu := \lim_{T \to \infty} \frac{1}{2T} \int_{-T}^{T} \tilde{\mu}(t)dt. \tag{2.69}$$

Mittlere Leistung: Die *mittlere Leistung* eines deterministischen Signals $\tilde{\mu}(t)$ ist definiert durch

$$\tilde{\sigma}_\mu^2 := \lim_{T \to \infty} \frac{1}{2T} \int_{-T}^{T} |\tilde{\mu}(t)|^2 dt. \tag{2.70}$$

Im weiteren wird immer davon ausgegangen, dass die Leistung von deterministischen Signalen endlich ist.

Autokorrelationsfunktion: Sei $\tilde{\mu}(t)$ ein deterministisches Signal, dann ist die zugehörige *Autokorrelationsfunktion* definiert durch

$$\tilde{r}_{\mu\mu}(\tau) := \lim_{T \to \infty} \frac{1}{2T} \int_{-T}^{T} \tilde{\mu}^*(t)\,\tilde{\mu}(t+\tau)dt, \quad \tau \in \mathbb{R}. \tag{2.71}$$

Man beachte, dass $\tilde{r}_{\mu\mu}(\tau)$ an der Stelle $\tau = 0$ identisch ist mit der mittleren Leistung, d. h. $\tilde{r}_{\mu\mu}(0) = \tilde{\sigma}_\mu^2$.

Kreuzkorrelationsfunktion: Seien $\tilde{\mu}_1(t)$ und $\tilde{\mu}_2(t)$ deterministische Signale, dann ist die *Kreuzkorrelationsfunktion* definiert durch

$$\tilde{r}_{\mu_1\mu_2}(\tau) := \lim_{T\to\infty} \frac{1}{2T} \int\limits_{-T}^{T} \tilde{\mu}_1^*(t)\,\tilde{\mu}_2(t+\tau)\,dt\,, \quad \tau \in \mathbb{R}\,. \tag{2.72}$$

Es gilt der Zusammenhang $\tilde{r}_{\mu_1\mu_2}(\tau) = \tilde{r}_{\mu_2\mu_1}^*(-\tau)$.

Leistungsdichtespektrum: Sei $\tilde{\mu}(t)$ ein deterministisches Signal, dann heißt die *Fouriertransformierte* der Autokorrelationsfunktion $\tilde{r}_{\mu\mu}(\tau)$

$$\tilde{S}_{\mu\mu}(f) := \int\limits_{-\infty}^{\infty} \tilde{r}_{\mu\mu}(\tau)e^{-j2\pi f\tau}d\tau\,, \quad f \in \mathbb{R}\,, \tag{2.73}$$

Leistungsdichtespektrum oder *spektrale Leistungsdichte* von $\tilde{\mu}(t)$.

Kreuzleistungsdichtespektrum: Seien $\tilde{\mu}_1(t)$ und $\tilde{\mu}_2(t)$ deterministische Signale, dann wird die Fouriertransformierte der Kreuzkorrelationsfunktion $\tilde{r}_{\mu_1\mu_2}(\tau)$

$$\tilde{S}_{\mu_1\mu_2}(f) := \int\limits_{-\infty}^{\infty} \tilde{r}_{\mu_1\mu_2}(\tau)e^{-j2\pi f\tau}d\tau\,, \quad f \in \mathbb{R}\,, \tag{2.74}$$

Kreuzleistungsdichtespektrum oder *spektrale Kreuzleistungsdichte* genannt. Hierbei gilt der Zusammenhang $\tilde{S}_{\mu_1\mu_2}(f) = \tilde{S}_{\mu_2\mu_1}^*(f)$.

Seien $\tilde{\nu}(t)$ und $\tilde{\mu}(t)$ deterministische Eingangs- bzw. Ausgangssignale eines reellen, linearen, zeitinvarianten, stabilen Systems mit der Übertragungsfunktion $H(f)$, so gilt

$$\tilde{S}_{\mu\mu}(f) = |H(f)|^2 \tilde{S}_{\nu\nu}(f)\,. \tag{2.75}$$

2.4 Deterministische zeitdiskrete Signale

Durch äquidistante Abtastung eines zeitkontinuierlichen Signals $\tilde{\mu}(t)$ zu den diskreten Zeitpunkten $t = t_k = kT_A$, wobei $k \in \mathbb{Z}$ und T_A die Länge des *Abtastintervalls* symbolisiert, entsteht die Zahlenfolge $\{\tilde{\mu}(kT_A)\} = \{\ldots, \tilde{\mu}(-T_A), \tilde{\mu}(0), \tilde{\mu}(T_A), \ldots\}$. Bei speziellen Fragestellungen in den ingenieurwissenschaftlichen Aufgabengebieten wird gelegentlich zwischen der Folge $\{\tilde{\mu}(kT_A)\}$, die dann als zeitdiskretes Signal bezeichnet wird, und dem k-ten Element $\tilde{\mu}(kT_A)$ der Folge streng unterschieden. Für unsere Zwecke ist diese Unterscheidung jedoch mit keinen nennenswerten Vorteilen verbunden. Wir werden daher in dem Folgenden vereinfachend $\tilde{\mu}(kT_A)$ als zeitdiskretes Signal bzw. als Folge bezeichnen und dafür auch die Schreibweise $\tilde{\mu}[k] := \tilde{\mu}(kT_A) = \tilde{\mu}(t)|_{t=kT_A}$ verwenden.

Es ist klar, dass durch Abtastung eines deterministischen zeitkontinuierlichen Signals $\tilde{\mu}(t)$ ein zeitdiskretes Signal $\tilde{\mu}[k]$ hervorgeht, welches ebenfalls deterministisch ist. Unter einem deterministischen zeitdiskreten Signal $\bar{\mu}[k]$ verstehen wir demnach eine Abbildung der Art

$$\bar{\mu} : \mathbb{Z} \to \mathbb{R} \quad (\text{bzw. } \mathbb{C}), \quad k \longmapsto \bar{\mu}[k] \,. \tag{2.76}$$

Die zuvor für deterministische zeitkontinuierliche Signale eingeführten Begriffe wie Mittelwert, Autokorrelationsfunktion und Leistungsdichtespektrum lassen sich leicht auf deterministische zeitdiskrete Signale übertragen. Die wichtigsten Definitionen und Beziehungen sollen hier nur soweit vorgestellt werden, wie diese insbesondere im Kapitel 8 auch tatsächlich gebraucht werden. Eine ausführliche Darstellung der Zusammenhänge findet der Leser beispielsweise in [Kam98, Unb90, Fli91].

Mittelwert: Der *Mittelwert (Gleichanteil)* einer deterministischen Folge $\bar{\mu}[k]$ ist definiert durch

$$\bar{m}_\mu := \lim_{K \to \infty} \frac{1}{2K+1} \sum_{k=-K}^{K} \bar{\mu}[k] \,. \tag{2.77}$$

Mittlere Leistung: Die *mittlere Leistung* einer deterministischen Folge $\bar{\mu}[k]$ ist definiert durch

$$\bar{\sigma}_\mu^2 := \lim_{K \to \infty} \frac{1}{2K+1} \sum_{k=-K}^{K} |\bar{\mu}[k]|^2 \,. \tag{2.78}$$

Autokorrelationsfolge: Sei $\bar{\mu}[k]$ eine deterministische Folge, dann ist die zugehörige *Autokorrelationsfolge* definiert durch

$$\bar{r}_{\mu\mu}[\kappa] := \lim_{K \to \infty} \frac{1}{2K+1} \sum_{k=-K}^{K} \bar{\mu}^*[k]\,\bar{\mu}[k+\kappa]\,, \quad \kappa \in \mathbb{Z}\,. \tag{2.79}$$

Hieraus folgt in Verbindung mit (2.78) die Beziehung $\bar{\sigma}_\mu^2 = \bar{r}_{\mu\mu}[0]$.

Kreuzkorrelationsfolge: Seien $\bar{\mu}_1[k]$ und $\bar{\mu}_2[k]$ deterministische Folgen, dann ist die *Kreuzkorrelationsfolge* definiert durch

$$\bar{r}_{\mu_1\mu_2}[\kappa] := \lim_{K \to \infty} \frac{1}{2K+1} \sum_{k=-K}^{K} \bar{\mu}_1^*[k]\,\bar{\mu}_2[k+\kappa]\,, \quad \kappa \in \mathbb{Z}\,. \tag{2.80}$$

Es gilt der Zusammenhang $\bar{r}_{\mu_1\mu_2}[\kappa] = \bar{r}_{\mu_2\mu_1}^*[-\kappa]$.

Leistungsdichtespektrum: Sei $\bar{\mu}[k]$ eine deterministische Folge, dann heißt die *zeitdiskrete Fouriertransformierte* der Autokorrelationsfolge $\bar{r}_{\mu\mu}[\kappa]$

$$\bar{S}_{\mu\mu}(f) := \sum_{\kappa=-\infty}^{\infty} \bar{r}_{\mu\mu}[\kappa]\,e^{-j2\pi f T_A \kappa}\,, \quad f \in \mathbb{R}\,, \tag{2.81}$$

Leistungsdichtespektrum oder *spektrale Leistungsdichte* von $\bar{\mu}[k]$.

Zwischen (2.81) und (2.73) besteht die Beziehung

$$\bar{S}_{\mu\mu}(f) := \frac{1}{T_A} \sum_{m=-\infty}^{\infty} \tilde{S}_{\mu\mu}(f - mf_A)\,, \tag{2.82}$$

wobei $f_A = 1/T_A$ als *Abtastfrequenz* oder *Abtastrate* bezeichnet wird. Offensichtlich ist das Leistungsdichtespektrum $\bar{S}_{\mu\mu}(f)$ periodisch in f mit der Periode f_A, denn es gilt $\bar{S}_{\mu\mu}(f) = \bar{S}_{\mu\mu}(f - mf_A)$ für alle $m \in \mathbb{Z}$. Der Zusammenhang (2.82) besagt, dass das Leistungsdichtespektrum $\bar{S}_{\mu\mu}(f)$ von $\bar{\mu}[k]$ aus dem Leistungsdichtespektrum $\tilde{S}_{\mu\mu}(f)$ von $\tilde{\mu}(t)$ folgt, wenn Letzteres mit $1/T_A$ gewichtet und anschließend an den Stellen mf_A ($m \in \mathbb{Z}$) periodisch fortgesetzt wird.

Die *inverse zeitdiskrete Fouriertransformierte* des Leistungsdichtespektrums $\bar{S}_{\mu\mu}(f)$ ergibt wieder die Autokorrelationsfolge $\bar{r}_{\mu\mu}[\kappa]$ von $\bar{\mu}[k]$, d. h.

$$\bar{r}_{\mu\mu}[\kappa] := \frac{1}{f_A} \int_{-f_A/2}^{f_A/2} \bar{S}_{\mu\mu}(f)\, e^{j2\pi f T_A \kappa}\, df\,, \quad \kappa \in \mathbb{Z}\,. \tag{2.83}$$

Kreuzleistungsdichtespektrum: Seien $\bar{\mu}_1[k]$ und $\bar{\mu}_2[k]$ deterministische Folgen, dann wird die diskrete Fouriertransformierte der Kreuzkorrelationsfolge $\bar{r}_{\mu_1\mu_2}[\kappa]$

$$\bar{S}_{\mu_1\mu_2}(f) := \sum_{\kappa=-\infty}^{\infty} \bar{r}_{\mu_1\mu_2}[\kappa]\, e^{-j2\pi f T_A \kappa}\,, \quad f \in \mathbb{R}\,, \tag{2.84}$$

Kreuzleistungsdichtespektrum oder *spektrale Kreuzleistungsdichte* genannt. Es gilt der Zusammenhang $\bar{S}_{\mu_1\mu_2}(f) = \bar{S}_{\mu_2\mu_1}^{*}(f)$.

Abtasttheorem: Sei $\tilde{\mu}(t)$ ein tiefpassbegrenztes, zeitkontinuierliches Signal mit der Grenzfrequenz f_g. Falls dieses Signal mit einer Abtastfrequenz abgetastet wird, die größer ist als das Doppelte seiner Grenzfrequenz, d. h.

$$f_A > 2f_g\,, \tag{2.85}$$

so ist $\tilde{\mu}(t)$ vollständig durch die zugehörigen Abtastwerte $\bar{\mu}[k]$ festgelegt. Insbesondere lässt sich das zeitkontinuierliche Signal $\tilde{\mu}(t)$ aus der Folge $\bar{\mu}[k]$ durch die Beziehung

$$\tilde{\mu}(t) = \sum_{k=-\infty}^{\infty} \bar{\mu}[k]\, \text{si}\left(\pi \frac{t - kT_A}{T_A}\right) \tag{2.86}$$

rekonstruieren [Fet96].

Ergänzend sei darauf hingewiesen, dass die Abtastbedingung (2.85) auch durch die leicht weniger restriktive Bedingung $f_A \geq 2f_g$ ersetzt werden kann, falls das Leistungsdichtespektrum $\tilde{S}_{\mu\mu}(f)$ keine δ-Anteile an den Grenzen $f = \pm f_g$ hat [Fet96]. In diesem Fall ist die Gültigkeit des Abtasttheorems auch unter der Bedingung $f_A \geq 2f_g$ uneingeschränkt gesichert.

Kapitel 3

Rayleigh- und Riceprozesse als analytische Modelle

Die von einem im weiteren als feststehend angenommenen Sender abgestrahlten elektromagnetischen Wellen gelangen zumindest in städtischen Gebieten häufig nicht über den direkten Verbindungsweg zur Fahrzeugantenne des Empfängers. Dagegen bewirken Reflexionen an Gebäuden, am Boden und an anderen großflächigen Hindernissen sowie Streuungen an Bäumen und sonstigen Streuobjekten, dass eine Vielzahl von Teilwellen aus unterschiedlichen Richtungen zur Empfangsantenne gelangen und sich dort je nach Phasenlage verstärken oder gegenseitig schwächen. Bedingt durch diese so genannte *Mehrwegeausbreitung* ist daher die empfangene Feldstärke und folglich auch das Empfangssignal eine stark schwankende Funktion des Ortes [Lor85] bzw. bei einem sich bewegenden Empfänger eine stark schwankende Funktion der Zeit. Außerdem führt die Bewegung des Empfängers infolge des Dopplereffektes zu einer *Frequenzverschiebung (Dopplerverschiebung)*[1] der auf die Antenne treffenden Teilwellen. Je nach Einfallsrichtung dieser Teilwellen ergeben sich unterschiedliche Dopplerverschiebungen, so dass schließlich für die Summe der gestreuten (und reflektierten) Komponenten ein kontinuierliches Spektrum von Dopplerfrequenzen auftritt, welches sinngemäß als *Dopplerleistungsdichtespektrum* bezeichnet wird.

Sind die Laufzeitunterschiede zwischen den gestreuten Signalkomponenten am Empfänger gegenüber der Symboldauer vernachlässigbar, was wir im Folgenden voraussetzen, so ist der Kanal *nichtfrequenzselektiv.* In diesem Fall lassen sich die Schwankungen des Empfangssignals durch Multiplikation des Sendesignals mit einem geeigneten stochastischen Modellprozess nachbilden. Nach umfangreichen Messungen der Einhüllenden des Empfangssignals [You52, NyL68, Oku68] in Städten und Vororten, also in Regionen, wo die direkte Komponente häufig einer Abschattung unterliegt, wurde der Rayleighprozess als geeigneter stochastischer Modellprozess vorgeschlagen. In ländlichen Regionen dage-

---

[1] Die Dopplerverschiebung (Dopplerfrequenz) einer unter dem horizontalen Einfallswinkel α eintreffenden Elementarwelle beträgt $f = f_{max} \cos \alpha$, wo $f_{max} = v f_0 / c_0$ die maximale Dopplerfrequenz bedeutet (v: Fahrzeuggeschwindigkeit, f_0: Trägerfrequenz, c_0: Lichtgeschwindigkeit) [Jak93].

gen ist die direkte Komponente häufig Bestandteil des Empfangssignals, was dazu führt, dass für diese Kanäle der Riceprozess das geeignetere stochastische Modell ist.

Die Gültigkeit dieser Modelle ist allerdings auf relativ kleine Gebiete begrenzt, deren Abmessungen in der Größenordnung von etwa einigen 10 Wellenlängen liegen, so dass der lokale Mittelwert der Einhüllenden als näherungsweise konstant angesehen werden kann [Jak93]. In größeren Gebieten schwankt dagegen der lokale Mittelwert aufgrund von Abschattungseffekten näherungsweise gemäß einer Lognormalverteilung [Oku68, Par92].

Die Kenntnis der statistischen Eigenschaften der Einhüllenden des Empfangssignals ist für die Entwicklung von digitalen Datenübertragungssystemen und die Planung von Funknetzen notwendig. In der Regel werden Rayleigh- und Riceprozesse zur Modellierung der *Kurzzeitstatistik* (fast-term fading) herangezogen, während mit einem Lognormalprozess die *Langzeitstatistik* (slow-term fading) modelliert wird [Par92]. Die Langzeitstatistik hat nicht nur einen starken Einfluss auf die Kanalverfügbarkeit, Wahl der Sendefrequenz, Handover, usw., sondern ist auch wichtig für die Funknetzplanung. Hingegen sind für die Wahl des Übertragungsverfahrens und den Entwurf digitaler Empfänger vor allem die Eigenschaften der Kurzzeitstatistik entscheidend [Fec93b], auf die wir uns in diesem Kapitel konzentrieren wollen.

Um das Verhalten von deterministischen Prozessen und den daraus ableitbaren deterministischen Simulationsmodellen besser beurteilen zu können, werden wir auf stochastische Referenzmodelle zurückgreifen. Als Referenzmodelle sollen uns dazu — je nach Zielsetzung — die jeweiligen analytischen Modelle für Gauß-, Rayleigh- bzw. Riceprozesse dienen. Die Beschreibung dieser Referenzmodelle ist das Ziel dieses Kapitels. Im Abschnitt 3.1 folgt zunächst eine einführende Beschreibung der analytischen Modelle. Nachdem dann im Abschnitt 3.2 einige elementare Eigenschaften dieser Modelle näher erläutert worden sind, werden schließlich im Abschnitt 3.3 die statistischen Eigenschaften erster Ordnung (Unterabschnitt 3.3.1) und zweiter Ordnung (Unterabschnitt 3.3.2) soweit untersucht, wie dies für die weitere Zielsetzung dieses Buches notwendig ist. Das Kapitel 3 schließt mit einer Analyse der Fadingdauern von Rayleighprozessen (Unterabschnitt 3.3.3).

3.1   Allgemeine Beschreibung der analytischen Modelle

Die Summe aller gestreuten Komponenten des Empfangssignals wird bei der Übertragung eines unmodulierten Trägers über einen nichtfrequenzselektiven Mobilfunkkanal im äquivalenten Basisband häufig beschrieben durch einen mittelwertfreien komplexen Gaußprozess

$$\mu(t) = \mu_1(t) + j\mu_2(t)\,. \tag{3.1}$$

In der Regel wird dabei angenommen, dass die beiden reellen Gaußprozesse $\mu_1(t)$ und $\mu_2(t)$ unkorreliert sind. Die Varianz der Prozesse $\mu_i(t)$ $(i = 1, 2)$ sei Var $\{\mu_i(t)\} = \sigma_0^2$, so dass die Varianz von $\mu(t)$ durch Var $\{\mu(t)\} = 2\sigma_0^2$ gegeben ist.

Die direkte Komponente des Empfangssignals soll nachfolgend durch einen im Allgemeinen zeitvarianten Anteil

$$m(t) = m_1(t) + jm_2(t) = \rho e^{j(2\pi f_\rho t + \theta_\rho)} \tag{3.2}$$

beschrieben werden. Dabei kennzeichnen ρ, f_ρ und θ_ρ jeweils die Amplitude, Dopplerfrequenz und Phase der direkten Komponente. Man beachte hierbei, dass aufgrund des Dopplereffektes lediglich bei einer Orthogonalität zwischen der Ausbreitungsrichtung der direkten Welle und der Bewegungsrichtung des mobilen Teilnehmers $f_\rho = 0$ ist, und somit (3.2) zu einer zeitinvarianten Komponente wird, d. h.

$$m = m_1 + jm_2 = \rho e^{j\theta_\rho} \,. \tag{3.3}$$

An der Antenne des Empfängers findet eine Überlagerung der Summe der gestreuten Komponenten mit der direkten Komponente statt, was in dem hier gewählten Modell einer Addition von (3.1) und (3.2) gleichkommt und uns zur Einführung eines weiteren komplexen Gaußprozesses

$$\mu_\rho(t) = \mu_{\rho_1}(t) + j\mu_{\rho_2}(t) = \mu(t) + m(t) \tag{3.4}$$

mit zeitvariantem Mittelwert $m(t)$ Anlass gibt.

Die Bildung der Beträge von (3.1) und (3.4) führt bekanntlich auf Rayleigh- bzw. Riceprozesse [Ric48]. Damit diese Prozesse deutlicher voneinander unterschieden werden können, werden im Folgenden Rayleighprozesse mit

$$\zeta(t) = |\mu(t)| = |\mu_1(t) + j\mu_2(t)| \tag{3.5}$$

und Riceprozesse mit

$$\xi(t) = |\mu_\rho(t)| = |\mu(t) + m(t)| \tag{3.6}$$

bezeichnet.

3.2 Elementare Eigenschaften der analytischen Modelle

Die Form der spektralen Leistungsdichte des komplexen Gaußprozesses (3.4) ist identisch mit dem Dopplerleistungsdichtespektrum, welches sich aus der Leistung sowie der Verteilung der Einfallswinkel aller auf die Empfangsantenne treffenden elektromagnetischen Wellen ergibt. Darüber hinaus bestimmt die Richtcharakteristik der Empfangsantenne ganz entscheidend die Form des Dopplerleistungsdichtespektrums.
Bei der Modellierung von Mobilfunkkanälen geht man häufig von der vereinfachenden Annahme aus, dass die Ausbreitung der elektromagnetischen Wellen in der zweidimensionalen Ebene stattfindet, also horizontal erfolgt. Ferner wird meist die idealisierte Annahme gemacht, dass die Einfallswinkel der auf die Antenne des mobilen Teilnehmers (Empfängers) treffenden Wellen von 0 bis 2π gleichverteilt sind. Für Rundstrahlantennen

lässt sich dann die spektrale Leistungsdichte (Dopplerleistungsdichtespektrum), $S_{\mu\mu}(f)$, der gestreuten Komponenten $\mu(t) = \mu_1(t) + j\mu_2(t)$ leicht berechnen. Man findet hierfür den folgenden Ausdruck [Cla68, Jak93]

$$S_{\mu\mu}(f) = S_{\mu_1\mu_1}(f) + S_{\mu_2\mu_2}(f)\,, \tag{3.7}$$

wobei für $i = 1, 2$ gilt

$$S_{\mu_i\mu_i}(f) = \begin{cases} \dfrac{\sigma_0^2}{\pi f_{max}\sqrt{1 - (f/f_{max})^2}}\,, & |f| \le f_{max}\,, \\ 0\,, & |f| > f_{max}\,, \end{cases} \tag{3.8}$$

und f_{max} die maximale Dopplerfrequenz bezeichnet. In der Literatur wird (3.8) häufig als *Jakesleistungsdichtespektrum (Jakes LDS)* bezeichnet. Eine ausführliche Herleitung des Jakesleistungsdichtespektrums findet der Leser im Anhang A.

Grundsätzlich besitzen die am Empfänger eintreffenden elektromagnetischen Wellen neben der vertikalen Komponente auch eine horizontale. Letztere findet in dem in [Aul79] hergeleiteten dreidimensionalen Ausbreitungsmodell Berücksichtigung. Das resultierende Leistungsdichtespektrum unterscheidet sich von (3.8) im Wesentlichen nur dadurch, dass bei $f = \pm f_{max}$ keine Polstellen auftreten. Der Kurvenverlauf ist ansonsten ähnlich.

Ein stochastisches Modell für einen Landmobilfunkkanal bei einer Kommunikation zwischen zwei sich bewegenden Fahrzeugen (Mobile-to-Mobile Communication) wurde in [Akk86] vorgestellt. Dort wurde gezeigt, dass der Kanal wieder durch einen schmalbandigen komplexen Gaußprozess mit einem symmetrischen Dopplerleistungsdichtespektrum darstellbar ist, welches allerdings Pole an den Stellen $f = \pm(f_{max_1} - f_{max_2})$ besitzt, wobei f_{max_1} (f_{max_2}) die maximale Dopplerfrequenz infolge der Bewegung des Empfängers (Senders) bezeichnet. Der Kurvenverlauf unterscheidet sich erheblich vom Jakesleistungsdichtespektrum (3.8), enthält dieses aber als Sonderfall für $f_{max_1} = 0$ bzw. $f_{max_2} = 0$. In einer weiteren Arbeit [Akk94] wurden zu diesem Kanalmodell die statistischen Eigenschaften (zweiter Ordnung) analysiert.

Bei der Betrachtung von (3.7) und (3.8) fällt auf, dass $S_{\mu\mu}(f)$ eine gerade Funktion ist. Diese Eigenschaft liegt jedoch nicht mehr vor, sobald durch eine räumlich begrenzte Abschattung eine isotrope Verteilung der empfangenen Wellen verhindert wird, oder Sektorantennen mit einer ausgeprägten Richtcharakteristik im Empfänger verwendet werden [Cla68, Gan72]. Ebenfalls können die elektromagnetischen Eigenschaften der Umgebung so beschaffen sein, dass Wellen aus bestimmten Raumbereichen unterschiedlich stark reflektiert werden. Auch in diesem Fall ist das Dopplerleistungsdichtespektrum $S_{\mu\mu}(f)$ des komplexen Gaußprozesses (3.1) unsymmetrisch [Kra90b]. Wir werden auf dieses Thema im Kapitel 5 zurückkommen.

Die inverse Fouriertransformation von $S_{\mu\mu}(f)$ ergibt für das Jakesleistungsdichtespektrum (3.8) die im Anhang A berechnete Autokorrelationsfunktion

$$r_{\mu\mu}(\tau) = r_{\mu_1\mu_1}(\tau) + r_{\mu_2\mu_2}(\tau)\,, \tag{3.9}$$

wobei für $i = 1, 2$ gilt

$$r_{\mu_i \mu_i}(\tau) = \sigma_0^2 J_0(2\pi f_{max}\tau)\,, \tag{3.10}$$

und $J_0(\cdot)$ die Besselfunktion erster Gattung 0-ter Ordnung bezeichnet.

Zur Veranschaulichung ist das Jakesleistungsdichtespektrum (3.8) mit der zugehörigen Autokorrelationsfunktion (3.10) im Bild 3.1(a) bzw. 3.1(b) dargestellt.

(a)   (b)

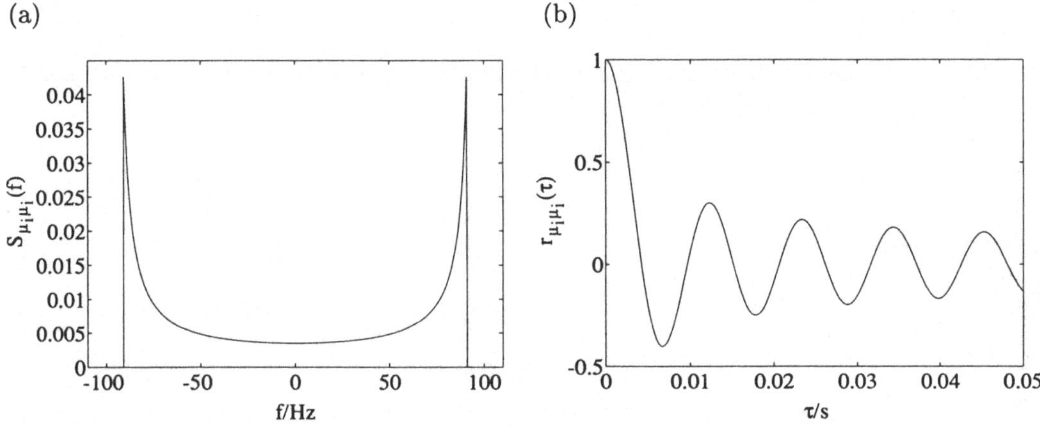

Bild 3.1: (a) Jakesleistungsdichtespektrum $S_{\mu_i \mu_i}(f)$ und (b) zugehörige Autokorrelationsfunktion $r_{\mu_i \mu_i}(\tau)$ ($f_{max} = 91\,\mathrm{Hz}$, $\sigma_0^2 = 1$).

Neben dem Jakesleistungsdichtespektrum (3.8) wird im weiteren das *Gaußleistungsdichtespektrum (Gauß LDS)*

$$S_{\mu_i \mu_i}(f) = \frac{\sigma_0^2}{f_c}\sqrt{\frac{\ln 2}{\pi}}\, e^{-\ln 2 \left(\frac{f}{f_c}\right)^2} \tag{3.11}$$

für $i = 1, 2$ betrachtet, wobei f_c die 3-dB-Grenzfrequenz angibt.

Theoretische Untersuchungen in [Bel73] haben gezeigt, dass das Dopplerleistungsdichtespektrum von aeronautischen Kanälen einen gaußförmigen Verlauf aufweist. Über Messungen der Übertragungseigenschaften von aeronautischen Satellitenkanälen wird beispielsweise in [Neu87] berichtet. Obwohl mit den vorliegenden Messungen keine absolute Übereinstimmung nachgewiesen werden konnte, kann (3.11) sehr wohl als erste Näherung verwendet werden [Neu89]. Der aeronautische Satellitenkanal fällt für Signalbandbreiten bis zu einigen 10 kHz in die Klasse der nichtfrequenzselektiven Mobilfunkkanäle [Neu89].

Insbesondere bei frequenzselektiven Mobilfunkkanälen hat sich gezeigt [Cox73], dass das Dopplerleistungsdichtespektrum der späten Echos von der Form des Jakesleistungsdichtespektrums stark abweicht. Das Dopplerleistungsdichtespektrum ist dann näherungsweise gaußförmig und i. allg. aus dem Zentrum verschoben, weil die späten Echos meist aus einer bestimmten Vorzugsrichtung dominieren. Spezifikationen von frequenzverschobenen Gaußleistungsdichtespektren finden sich für das paneuropäische, terrestrische, zellulare GSM System in [COS86].

Die inverse Fouriertransformation ergibt für das Gaußleistungsdichtespektrum (3.11) die Autokorrelationsfunktion

$$r_{\mu_i\mu_i}(\tau) = \sigma_0^2\, e^{-\left(\pi\frac{f_c}{\sqrt{\ln 2}}\tau\right)^2}.\tag{3.12}$$

Im Bild 3.2 ist das Gaußleistungsdichtespektrum (3.11) mit der zugehörigen Autokorrelationsfunktion (3.12) dargestellt.

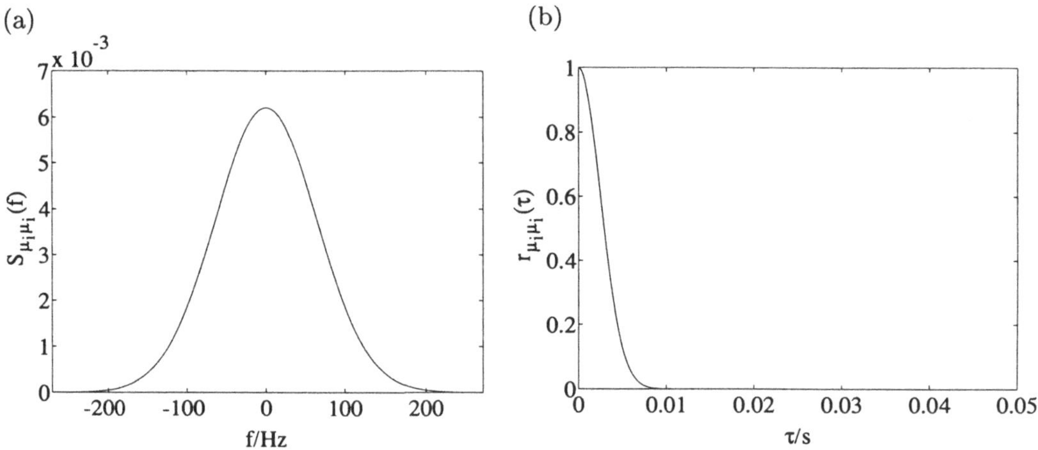

Bild 3.2:   (a) Gaußleistungsdichtespektrum $S_{\mu_i\mu_i}(f)$ und (b) zugehörige Autokorrelationsfunktion $r_{\mu_i\mu_i}(\tau)$ ($f_c = \sqrt{\ln 2}\,f_{max}$, $f_{max} = 91\,\mathrm{Hz}$, $\sigma_0^2 = 1$).

Charakteristische Kenngrößen für das Dopplerleistungsdichtespektrum $S_{\mu_i\mu_i}(f)$ sind die *mittlere Dopplerverschiebung* $B^{(1)}_{\mu_i\mu_i}$ und die *Dopplerverbreiterung* $B^{(2)}_{\mu_i\mu_i}$ [Bel63]. Die mittlere Dopplerverschiebung (Dopplerverbreiterung) beschreibt die mittlere Frequenzverschiebung (Frequenzverbreiterung), die ein Trägersignal bei der Übertragung erfährt. Die mittlere Dopplerverschiebung $B^{(1)}_{\mu_i\mu_i}$ ist das erste Moment von $S_{\mu_i\mu_i}(f)$, und die Dopplerverbreiterung $B^{(2)}_{\mu_i\mu_i}$ ist die Wurzel aus dem zweiten Zentralmoment von $S_{\mu_i\mu_i}(f)$. Demnach sind $B^{(1)}_{\mu_i\mu_i}$ und $B^{(2)}_{\mu_i\mu_i}$ definiert durch

$$B^{(1)}_{\mu_i\mu_i} := \frac{\int_{-\infty}^{\infty} f S_{\mu_i\mu_i}(f)df}{\int_{-\infty}^{\infty} S_{\mu_i\mu_i}(f)df}\tag{3.13a}$$

bzw.

$$B^{(2)}_{\mu_i\mu_i} := \sqrt{\frac{\int_{-\infty}^{\infty} (f - B^{(1)}_{\mu_i\mu_i})^2 S_{\mu_i\mu_i}(f)df}{\int_{-\infty}^{\infty} S_{\mu_i\mu_i}(f)df}} \qquad (3.13b)$$

für $i = 1, 2$. Äquivalente aber häufig leichter zu berechnende Ausdrücke für (3.13a) und (3.13b) lassen sich angeben unter Verwendung der Autokorrelationsfunktion $r_{\mu_i\mu_i}(\tau)$ sowie deren erste und zweite zeitliche Ableitung im Ursprung, d. h.

$$B^{(1)}_{\mu_i\mu_i} := \frac{1}{2\pi j} \cdot \frac{\dot{r}_{\mu_i\mu_i}(0)}{r_{\mu_i\mu_i}(0)} \quad \text{bzw.} \quad B^{(2)}_{\mu_i\mu_i} = \frac{1}{2\pi} \sqrt{\left(\frac{\dot{r}_{\mu_i\mu_i}(0)}{r_{\mu_i\mu_i}(0)}\right)^2 - \frac{\ddot{r}_{\mu_i\mu_i}(0)}{r_{\mu_i\mu_i}(0)}} \qquad (3.14a,b)$$

für $i = 1, 2$.

Für den wichtigen Sonderfall, dass die Dopplerleistungsdichtespektren $S_{\mu_1\mu_1}(f)$ und $S_{\mu_2\mu_2}(f)$ identisch und symmetrisch sind, gilt $\dot{r}_{\mu_i\mu_i}(0) = 0$ ($i = 1, 2$), und wir erhalten mit (3.7) für die entsprechenden Kenngrößen des Dopplerleistungsdichtespektrums $S_{\mu\mu}(f)$ die Ausdrücke

$$B^{(1)}_{\mu\mu} = B^{(1)}_{\mu_i\mu_i} = 0 \quad \text{bzw.} \quad B^{(2)}_{\mu\mu} = B^{(2)}_{\mu_i\mu_i} = \frac{\sqrt{\beta}}{2\pi\sigma_0}, \qquad (3.15a,b)$$

wobei $\sigma_0^2 = r_{\mu_i\mu_i}(0) \geq 0$ und $\beta = -\ddot{r}_{\mu_i\mu_i}(0) \geq 0$.

Speziell für das Jakes- und Gaußleistungsdichtespektrum [siehe (3.8) bzw. (3.11)] folgen mittels (3.15a,b) für die mittlere Dopplerverschiebung $B^{(1)}_{\mu_i\mu_i}$ und die Dopplerverbreiterung $B^{(2)}_{\mu_i\mu_i}$ die Ausdrücke

$$B^{(1)}_{\mu_i\mu_i} = B^{(1)}_{\mu\mu} = 0 \quad \text{bzw.} \quad B^{(2)}_{\mu_i\mu_i} = B^{(2)}_{\mu\mu} = \begin{cases} \dfrac{f_{max}}{\sqrt{2}}, & \text{Jakes LDS}, \\[2ex] \dfrac{f_c}{\sqrt{2\ln 2}}, & \text{Gauß LDS}, \end{cases} \qquad (3.16a,b)$$

für $i = 1, 2$. Aus (3.16b) geht hervor, dass die Dopplerverbreiterung $B^{(2)}_{\mu_i\mu_i}$ des Jakes- und Gaußleistungsdichtespektrums identisch ist, falls für die 3-dB-Grenzfrequenz f_c gilt $f_c = \sqrt{\ln 2} f_{max}$.

3.3 Statistische Eigenschaften der analytischen Modelle

In diesem Abschnitt analysieren wir neben der Wahrscheinlichkeitsdichte von Amplitude und Phase auch die Pegelunterschreitungsrate sowie die mittlere Fadingdauer des durch

(3.6) eingeführten Riceprozesses $\xi(t) = |\mu(t) + m(t)|$ mit zeitvarianter direkter Komponente $m(t)$. Bei der Untersuchung des Einflusses der spektralen Leistungsdichte $S_{\mu\mu}(f)$ des komplexen Gaußprozesses $\mu(t)$ auf die statistischen Eigenschaften von $\xi(t)$ werden wir uns auf die zuvor eingeführten Jakes- und Gaußleistungsdichtespektren beschränken.

3.3.1   Wahrscheinlichkeitsdichte der Amplitude und Phase

Die Wahrscheinlichkeitsdichte des Riceprozesses $\xi(t)$, $p_\xi(x)$, wird beschrieben durch die so genannte Riceverteilung [Ric48]

$$p_\xi(x) = \begin{cases} \dfrac{x}{\sigma_0^2} \, e^{-\frac{x^2+\rho^2}{2\sigma_0^2}} \, I_0\left(\dfrac{x\rho}{\sigma_0^2}\right), & x \geq 0, \\[3mm] 0, & x < 0, \end{cases} \qquad (3.17)$$

wobei $\sigma_0^2 = r_{\mu_i\mu_i}(0) = r_{\mu\mu}(0)/2$ wieder die Leistung der reellen Gaußprozesse $\mu_i(t)$ ($i = 1, 2$) bezeichnet. Offensichtlich haben weder die durch die Dopplerfrequenz der direkten Komponente verursachte Zeitvarianz des Mittelwertes (3.2) noch die exakte Form des Dopplerleistungsdichtespektrums $S_{\mu\mu}(f)$ einen Einfluss auf die Wahrscheinlichkeitsdichte $p_\xi(x)$. Lediglich die Amplitude der direkten Komponente ρ und die Leistung σ_0^2 des Real- bzw. Imaginärteils der gestreuten Komponente bestimmen das Verhalten von $p_\xi(x)$.

In diesem Zusammenhang interessiert man sich häufig für den *Ricefaktor*, c_R, der das Verhältnis der Leistung der direkten Komponente zur Summe der Leistungen aller gestreuten Komponenten beschreibt, und somit durch

$$c_R := \frac{\rho^2}{2\sigma_0^2} \qquad (3.18)$$

definiert ist.

Durch den Grenzübergang $\rho \to 0$, d. h. $c_R \to 0$, geht bekanntlich der Riceprozess $\xi(t)$ in den Rayleighprozess $\zeta(t)$ über, dessen statistische Amplitudenschwankungen durch die Rayleighverteilung [Pap91]

$$p_\zeta(x) = \begin{cases} \dfrac{x}{\sigma_0^2} \, e^{-\frac{x^2}{2\sigma_0^2}}, & x \geq 0, \\[3mm] 0, & x < 0, \end{cases} \qquad (3.19)$$

beschrieben werden.

Die Wahrscheinlichkeitsdichten $p_\xi(x)$ und $p_\zeta(x)$ gemäß (3.17) bzw. (3.19) sind jeweils in den Bildern 3.3(a) und 3.3(b) veranschaulicht.

Die exakte Form des Dopplerleistungsdichtespektrums $S_{\mu\mu}(f)$ hat, wie bereits erwähnt wurde, keinen Einfluss auf die Wahrscheinlichkeitsdichte des Betrages des komplexen

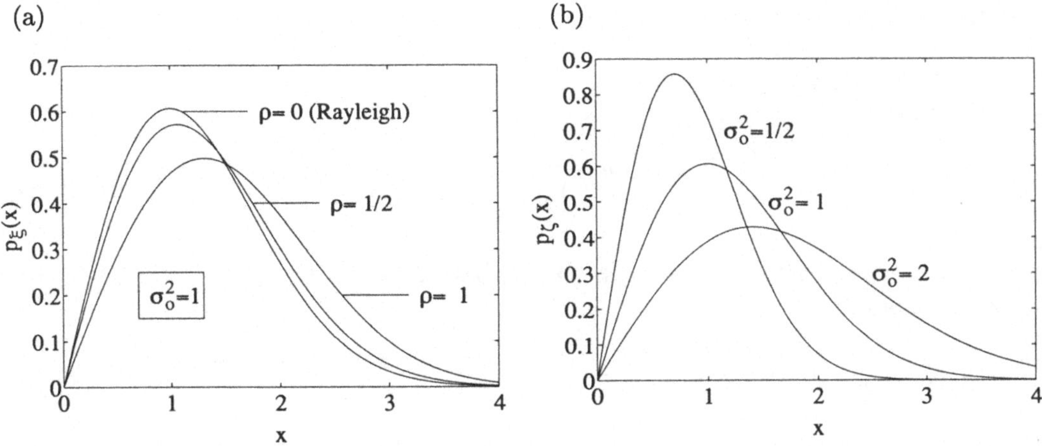

Bild 3.3:   Die Wahrscheinlichkeitsdichte von (a) Rice- und (b) Rayleighprozessen.

Gaußprozesses $\xi(t) = |\mu_\rho(t)|$. Sinngemäß gilt diese Aussage auch für die Wahrscheinlichkeitsdichte der Phase $\vartheta(t) = \arg\{\mu_\rho(t)\}$, wobei $\vartheta(t)$ mit (3.1), (3.2) und (3.4) ausgedrückt werden kann durch

$$\vartheta(t) = \arctan\left\{\frac{\mu_2(t) + \rho\sin\left(2\pi f_\rho t + \theta_\rho\right)}{\mu_1(t) + \rho\cos\left(2\pi f_\rho t + \theta_\rho\right)}\right\}. \tag{3.20}$$

Zur Bestätigung dieser Aussage betrachten wir die Wahrscheinlichkeitsdichte der Phase $\vartheta(t)$, $p_\vartheta(\theta; t)$, welche durch folgende Beziehung gegeben ist [Pae98d]

$$p_\vartheta(\theta; t) = \frac{e^{-\frac{\rho^2}{2\sigma_0^2}}}{2\pi}\left\{1 + \frac{\rho}{\sigma_0}\sqrt{\frac{\pi}{2}}\cos(\theta - 2\pi f_\rho t - \theta_\rho)e^{\frac{\rho^2\cos^2(\theta - 2\pi f_\rho t - \theta_\rho)}{2\sigma_0^2}}\right.$$
$$\left.\left[1 + \mathrm{erf}\left(\frac{\rho\cos(\theta - 2\pi f_\rho t - \theta_\rho)}{\sigma_0\sqrt{2}}\right)\right]\right\}, \quad -\pi < \theta \le \pi, \tag{3.21}$$

wobei $\mathrm{erf}(\cdot)$ als *gaußsches Fehlerintegral* oder als *gaußsche Fehlerfunktion*[2] bezeichnet wird. Die Abhängigkeit der Wahrscheinlichkeitsdichte $p_\vartheta(\theta; t)$ von der Zeit t ist bedingt durch die Dopplerfrequenz f_ρ der direkten Komponente $m(t)$. Nach Unterabschnitt 2.2.1 ist der stochastische Prozess $\vartheta(t)$ nicht stationär im strengen Sinne, da die Bedingung (2.47a) verletzt wird. Lediglich für den Sonderfall $f_\rho = 0$ ($\rho \neq 0$) ist die Phase $\vartheta(t)$ ein im strengen Sinne stationärer Prozess, der dann durch die in [Par92] aufgeführte Wahrscheinlichkeitsdichte

---

[2]Die gaußsche Fehlerfunktion, die im Englischen mit *"error function"* bezeichnet wird, ist definiert durch $\mathrm{erf}(x) = \frac{2}{\sqrt{\pi}}\int_0^x e^{-t^2}\, dt$.

$$p_\vartheta(\theta) = \frac{e^{-\frac{\rho^2}{2\sigma_0^2}}}{2\pi}\left\{1 + \frac{\rho}{\sigma_0}\sqrt{\frac{\pi}{2}}\cos(\theta - \theta_\rho)e^{\frac{\rho^2\cos^2(\theta-\theta_\rho)}{2\sigma_0^2}}\right.$$

$$\left.\left[1 + \mathrm{erf}\left(\frac{\rho\cos(\theta - \theta_\rho)}{\sigma_0\sqrt{2}}\right)\right]\right\},\quad -\pi < \theta \leq \pi, \tag{3.22}$$

beschrieben wird. Für $\rho \to 0$ gilt $\mu_\rho(t) \to \mu(t)$ bzw. $\xi(t) \to \zeta(t)$ und aus (3.22) folgt die Gleichverteilung

$$p_\vartheta(\theta) = \frac{1}{2\pi},\quad -\pi < \theta \leq \pi. \tag{3.23}$$

Demnach ist die Phase von mittelwertfreien komplexen Gaußprozessen mit unkorrelierten Real- und Imaginärteilen stets gleichverteilt. Für $\rho \to \infty$ konvergiert (3.22) gegen den Grenzwert $p_\vartheta(\theta) = \delta(\theta - \theta_\rho)$.

Zur Veranschaulichung ist die Wahrscheinlichkeitsdichte $p_\vartheta(\theta)$ im Bild 3.4 für verschiedene Werte von ρ dargestellt.

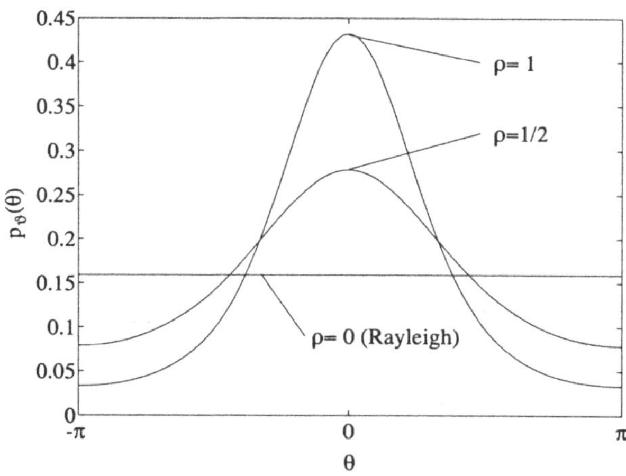

Bild 3.4:　Die Wahrscheinlichkeitsdichte der Phase $p_\vartheta(\theta)$ ($f_\rho = 0$, $\theta_\rho = 0$, $\sigma_0^2 = 1$).

3.3.2　Pegelunterschreitungsrate und mittlere Fadingdauer

Als weitere statistische Kenngrößen betrachten wir in diesem Unterabschnitt die Pegelunterschreitungsrate und die mittlere Fadingdauer.

Dazu wenden wir uns zunächst wieder dem durch (3.6) eingeführten Riceprozess $\xi(t)$ zu, wobei den erzeugenden, reellen, mittelwertfreien Gaußprozessen $\mu_1(t)$ und $\mu_2(t)$ unterstellt wird, dass diese unkorreliert sind und identische Autokorrelationsfunktionen haben, d. h. $r_{\mu_1\mu_2}(\tau) = 0$ und $r_{\mu_1\mu_1}(\tau) = r_{\mu_2\mu_2}(\tau)$. Nun muss allerdings bei der Berechnung der Pegelunterschreitungsrate $N_\xi(r)$ des Riceprozesses $\xi(t) = |\mu_\rho(t)|$ berücksichtigt werden, dass wegen der zeitvarianten direkten Komponente (3.2) eine Korrelation zwischen dem Real- und Imaginärteil des komplexen Gaußprozesses $\mu_\rho(t)$ [siehe (3.4)] besteht.

Für die Pegelunterschreitungsrate $N_\xi(r)$ gilt dann [Pae98d]

$$N_\xi(r) = \frac{r\sqrt{2\beta}}{\pi^{3/2}\sigma_0^2} \, e^{-\frac{r^2+\rho^2}{2\sigma_0^2}} \int\limits_0^{\pi/2} \cosh\left(\frac{r\rho}{\sigma_0^2}\cos\theta\right)$$

$$\left\{e^{-(\alpha\rho\sin\theta)^2} + \sqrt{\pi}\alpha\rho\sin(\theta)\cdot \operatorname{erf}(\alpha\rho\sin\theta)\right\} d\theta\,, \quad r \geq 0\,, \tag{3.24}$$

wobei die Größen α und β durch

$$\alpha = 2\pi f_\rho / \sqrt{2\beta} \tag{3.25}$$

bzw.

$$\beta = \beta_i = -\ddot{r}_{\mu_i\mu_i}(0)\,, \quad i = 1, 2\,, \tag{3.26}$$

gegeben sind. Hierbei fällt auf, dass die Dopplerfrequenz f_ρ der direkten Komponente $m(t)$ einen Einfluss auf die Pegelunterschreitungsrate $N_\xi(r)$ hat. Falls $f_\rho = 0$ ist, dann ist wegen (3.25) auch $\alpha = 0$, und aus (3.24) folgt die Beziehung (2.62), welche zur Vollständigkeit an dieser Stelle nochmals angegeben werden soll, d. h.

$$N_\xi(r) = \sqrt{\frac{\beta}{2\pi}} \cdot p_\xi(r)\,, \quad r \geq 0\,. \tag{3.27}$$

Demnach beschreibt (3.27) die Pegelunterschreitungsrate von Riceprozessen mit einer zeitinvarianten direkten Komponente. Für $\rho \to 0$ folgt $p_\xi(r) \to p_\zeta(r)$, und wir erhalten für die Pegelunterschreitungsrate $N_\zeta(r)$ von Rayleighprozessen $\zeta(t)$ die Beziehung

$$N_\zeta(r) = \sqrt{\frac{\beta}{2\pi}} \cdot p_\zeta(r)\,, \quad r \geq 0\,. \tag{3.28}$$

Die Gleichungen (3.27) und (3.28) machen für Rice- und Rayleighprozesse den proportionalen Zusammenhang zwischen der Pegelunterschreitungsrate und der jeweils zugehörigen Wahrscheinlichkeitsdichte der Amplitude deutlich. Dabei hängt der Wert der Proportionalitätskonstante $\sqrt{\beta/(2\pi)}$ über (3.26) lediglich von der negativen Krümmung der Autokorrelationsfunktion der erzeugenden reellen Gaußprozesse im Ursprung ab. Speziell für das Jakes- und Gaußleistungsdichtespektrum erhalten wir für die Größe β unter Verwendung von (3.10), (3.12) und (3.26) als Ergebnis

$$\beta = \begin{cases} 2(\pi f_{max}\sigma_0)^2\,, & \text{Jakes LDS}\,, \\ 2(\pi f_c\sigma_0)^2/\ln 2\,, & \text{Gauß LDS}\,. \end{cases} \tag{3.29}$$

Trotz der großen Unterschiede, die zwischen dem Jakes- und dem Gaußleistungsdichtespektrum bestehen, ermöglichen beide Dopplerleistungsdichtespektren die Modellierung von Rice- oder Rayleighprozessen mit identischen Pegelunterschreitungsraten, sofern zwischen f_{max} und f_c die Beziehung $f_c = \sqrt{\ln 2}\, f_{max}$ besteht.

Der Einfluss der Parameter f_ρ und ρ auf die normierte Pegelunterschreitungsrate $N_\xi(r)/f_{max}$ ist in dem Bild 3.5(a) bzw. 3.5(b) veranschaulicht. Dabei fällt im Bild 3.5(a) auf, dass eine Zunahme von $|f_\rho|$ eine Vergrößerung der Pegelunterschreitungsrate $N_\xi(r)$ zur Folge hat.

(a)   (b)

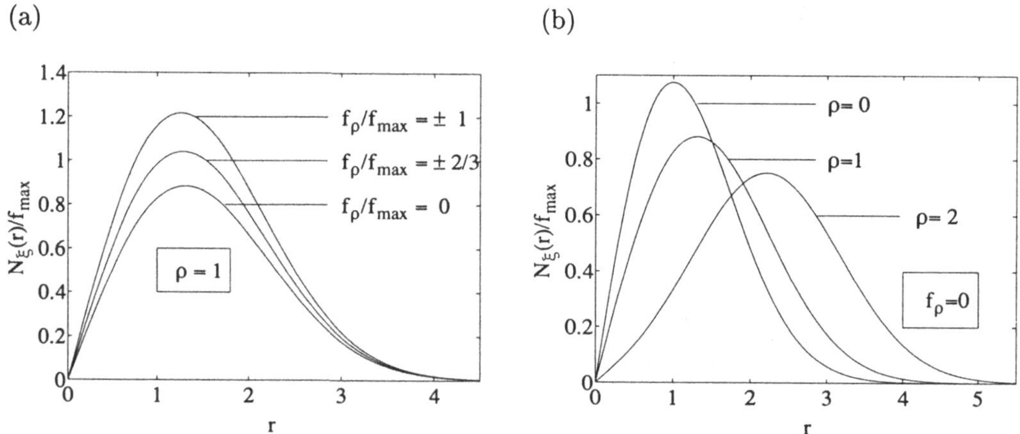

Bild 3.5:   Normierte Pegelunterschreitungsrate $N_\xi(r)/f_{max}$ von Riceprozessen in Abhängigkeit von (a) f_ρ und (b) ρ (Jakes LDS, $f_{max} = 91\,\mathrm{Hz}$, $\sigma_0^2 = 1$).

An einigen Stellen dieses Buches wird für uns der Fall $r_{\mu_1\mu_1}(0) = r_{\mu_2\mu_2}(0)$ aber $\beta_1 = -\ddot{r}_{\mu_1\mu_1}(0) \neq -\ddot{r}_{\mu_2\mu_2}(0) = \beta_2$ relevant. Unter dieser Bedingung erhält man für die Pegelunterschreitungsrate $N_\xi(r)$ des Riceprozesses $\xi(t)$ den im Anhang B hergeleiteten Ausdruck (B.13)

$$N_\xi(r) = \sqrt{\frac{\beta_1}{2\pi}}\, \frac{r}{\sigma_0^2}\, e^{-\frac{r^2+\rho^2}{2\sigma_0^2}}\, \frac{1}{\pi} \int\limits_0^\pi \cosh\left[\frac{r\rho}{\sigma_0^2}\cos(\theta - \theta_\rho)\right] \sqrt{1 - k^2 \sin^2\theta}\, d\theta,\ r \geq 0,\quad (3.30)$$

wobei $k = \sqrt{(\beta_1 - \beta_2)/\beta_1}$, $\beta_1 \geq \beta_2$. In diesem Fall ist die Pegelunterschreitungsrate i. allg. nicht mehr proportional zur Wahrscheinlichkeitsdichte der Riceverteilung.

Dagegen erhalten wir wieder die gewohnten Verhältnisse für Rayleighprozesse $\zeta(t)$, deren Pegelunterschreitungsrate $N_\zeta(r)$ wir aus (3.30) nach Bildung des Grenzübergangs $\rho \to 0$ erhalten, d. h.

$$N_\zeta(r) = \sqrt{\frac{\beta_1}{2\pi}} \cdot \frac{r}{\sigma_0^2}\, e^{-\frac{r^2}{2\sigma_0^2}} \cdot \frac{1}{\pi} \int_0^\pi \sqrt{1 - k^2 \sin^2\theta}\, d\theta,\quad r \geq 0.\quad (3.31)$$

Das obige Integral mit der Gestalt

$$E(\varphi, k) = \int_0^{\varphi} \sqrt{1 - k^2 \sin^2 \theta}\, d\theta \tag{3.32}$$

wird in der Literatur (siehe [Gra81, Bd. II, Gl. (8.111.3)]) als *elliptisches Integral zweiter Gattung* bezeichnet. Dabei ist die Zahl k der Modul des Integrals. Für $\varphi = \pi/2$ werden diese Integrale auch *vollständige elliptische Integrale zweiter Gattung* genannt, und man schreibt $E(k) = E(\frac{\pi}{2}, k)$.

Verwenden wir noch (3.19), so kann jetzt die Pegelunterschreitungsrate für Rayleighprozesse auf die Form

$$N_\zeta(r) = \sqrt{\frac{\beta_1}{2\pi}}\, p_\zeta(r) \cdot \frac{2}{\pi} E(k)\,, \quad r \geq 0\,, \tag{3.33}$$

gebracht werden, wobei für k wieder gilt $k = \sqrt{(\beta_1 - \beta_2)/\beta_1}$, $\beta_1 \geq \beta_2$. Folglich ist für Rayleighprozesse auch für den Fall $\beta_1 \neq \beta_2$ die Pegelunterschreitungsrate proportional zur Wahrscheinlichkeitsdichte der Amplitude. Die Proportionalitätskonstante wird hierbei neben der Größe β_1 auch durch die Differenz $\beta_1 - \beta_2$ bestimmt.

Wir interessieren uns noch für die Pegelunterschreitungsrate $N_\zeta(r)$ für den Fall, dass die relative Abweichung zwischen β_1 und β_2 sehr gering ist. Es soll also eine positive Zahl $\varepsilon = \beta_1 - \beta_2$ mit $\varepsilon/\beta_1 << 1$ existieren, so dass gilt:

$$k = \sqrt{\frac{\beta_1 - \beta_2}{\beta_1}} = \sqrt{\frac{\varepsilon}{\beta_1}} << 1\,. \tag{3.34}$$

Wir verwenden die Beziehung (siehe [Gra81, Bd. II, Gl. (8.114.1)])

$$\begin{aligned}
E(k) &= \frac{\pi}{2} F\left(-\frac{1}{2}, \frac{1}{2}; 1; k^2\right) \\
&= \frac{\pi}{2}\left\{1 - \sum_{n=1}^{\infty}\left[\frac{1 \cdot 3 \cdot 5 \cdot \ldots \cdot (2n-1)}{2^n\ n!}\right]^2 \frac{k^{2n}}{2n-1}\right\},
\end{aligned} \tag{3.35}$$

wobei $F(.,.;.;.)$ die *hypergeometrische Funktion* bezeichnet, und erhalten bei Verwendung der ersten beiden Glieder von $E(k)$ die folgende Näherungsformel

$$E(k) \approx \frac{\pi}{2}\left(1 - \frac{k^2}{4}\right) \approx \frac{\pi}{2}\sqrt{1 - \frac{k^2}{2}}\,, \quad k << 1\,. \tag{3.36}$$

Einsetzen von (3.34) in (3.36) liefert schließlich mit (3.32) für die Pegelunterschreitungsrate $N_\zeta(r)$ die für $(\beta_1 - \beta_2)/\beta_1 << 1$ gültige Approximation

$$N_\zeta(r) \approx \sqrt{\frac{\beta}{2\pi}} \cdot p_\zeta(r)\,, \quad r \geq 0\,, \tag{3.37}$$

wobei in diesem Fall β durch $\beta = (\beta_1 + \beta_2)/2$ gegeben ist. Also behält die Gleichung (3.28) näherungsweise auch für kleine relative Abweichungen zwischen β_1 und β_2 ihre Gültigkeit bei, wenn dort $\beta = \beta_1 = \beta_2$ durch das arithmetische Mittel $\beta = (\beta_1 + \beta_2)/2$ ersetzt wird.

Die mittlere Fadingdauer, d. h., die mittlere Verweildauer während der sich die Kanalamplitude unterhalb eines Pegels r befindet, ist gemäß (2.63) definiert durch den Quotienten aus der Verteilungsfunktion der Kanalamplitude und der Pegelunterschreitungsrate. Die Wahrscheinlichkeitsdichte und die Pegelunterschreitungsrate der hier betrachteten Rice- und Rayleighprozesse wurden zuvor hinreichend genau untersucht, so dass durch die Analyse der jeweiligen mittleren Fadingdauer prinzipiell keine neuen Erkenntnisse zu erwarten sind. Zur Vollständigkeit werden hier aber nochmals die entsprechenden Beziehungen angegeben. Für Riceprozesse mit $f_\rho = 0$ und Rayleighprozesse findet man für die mittlere Fadingdauer [siehe auch (2.66) bzw. (2.65)]:

$$T_{\xi_-}(r) = \frac{F_{\xi_-}(r)}{N_\xi(r)} = \sqrt{\frac{2\pi}{\beta}} \cdot \frac{e^{\frac{r^2}{2\sigma_0^2}}}{r\, I_0\left(\frac{r\rho}{\sigma_0^2}\right)} \int\limits_0^r x\, e^{-\frac{x^2}{2\sigma_0^2}} I_0\left(\frac{x\rho}{\sigma_0^2}\right) dx\,, \quad r \geq 0, \qquad (3.38a)$$

bzw.

$$T_{\zeta_-}(r) = \frac{F_{\zeta_-}(r)}{N_\zeta(r)} = \sqrt{\frac{2\pi}{\beta}} \cdot \frac{\sigma_0^2}{r}\left(e^{\frac{r^2}{2\sigma_0^2}} - 1\right)\,, \quad r \geq 0, \qquad (3.38b)$$

wobei $F_{\xi_-}(r) = P(\xi(t) \leq r)$ und $F_{\zeta_-}(r) = P(\zeta(t) \leq r)$ jeweils die Verteilungsfunktion des Rice- bzw. Rayleighprozesses kennzeichnet.

Bei der Kanalmodellierung interessiert das Verhalten der mittleren Fadingdauer bei kleinen Pegeln r besonders. Wir wollen daher diesen Fall gesondert untersuchen. Es soll also $r << 1$ sein, so dass für moderate Ricefaktoren dann auch $r\rho/\sigma_0^2 << 1$ gilt, und folglich in (3.38a) $I_0(r\rho/\sigma_0^2)$ sowie $I_0(x\rho/\sigma_0^2)$ im Intervall $x \in [0, r]$ jeweils durch eins angenähert werden können. Nach einer Reihenentwicklung des Integranden in (3.38a) kann dann $T_{\xi_-}(r)$ geschlossen angegeben werden. Auf diese Weise stellt sich schnell heraus, dass $T_{\xi_-}(r)$ für kleine Pegel r gegen $T_{\zeta_-}(r)$ gemäß (3.38b) konvergiert. Weiterhin kann unter Verwendung von $e^x \approx 1 + x$ $(x << 1)$ die Beziehung (3.38b) weiter vereinfacht werden, so dass wir schließlich die Näherungen

$$T_{\xi_-}(r) \approx T_{\zeta_-}(r) \approx r\sqrt{\frac{\pi}{2\beta}}\,, \quad r << 1, \qquad (3.39)$$

erhalten, wobei $r\rho/\sigma_0^2 << 1$ vorausgesetzt wurde.

Eine Darstellung der Ergebnisse ist im Bild 3.6 gezeigt. Im Bild 3.6(a) erkennt man, dass mit Zunahme von $|f_\rho|$ die mittlere Fadingdauer $T_{\xi_-}(r)$ abnimmt.

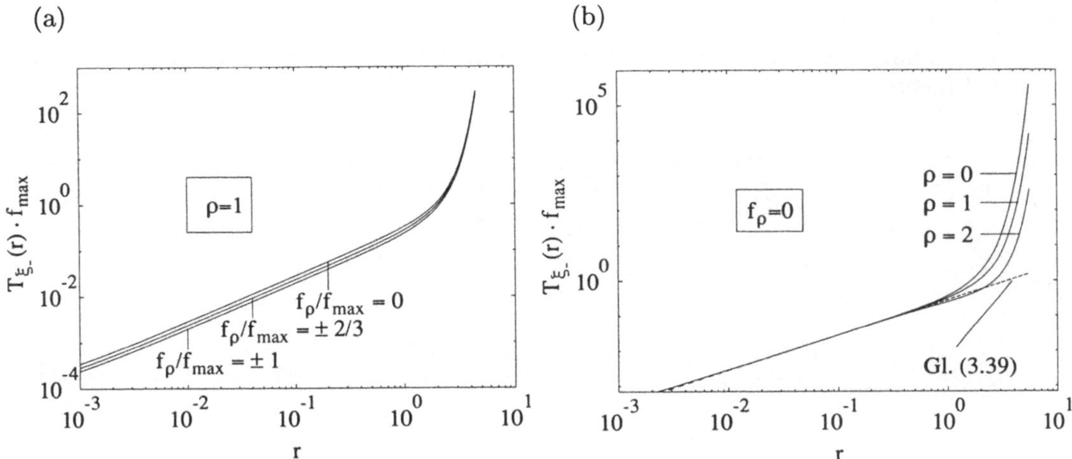

Bild 3.6: Normierte mittlere Fadingdauer $T_{\xi_-}(r) \cdot f_{max}$ von Riceprozessen in Abhängigkeit von (a) f_ρ und (b) ρ (Jakes LDS, $f_{max} = 91\,\text{Hz}$, $\sigma_0^2 = 1$).

3.3.3 Die Statistik der Fadingdauern von Rayleighprozessen

Die bisher untersuchten statistischen Eigenschaften der mit (komplexen) Gaußprozessen erzeugten Rayleigh- und Riceprozesse sind unabhängig vom Verhalten der Autokorrelationsfunktion $r_{\mu_i\mu_i}(\tau)$ $(i = 1,2)$ für $\tau > 0$. Beispielsweise haben wir gesehen, dass die Wahrscheinlichkeitsdichte der Amplitude $\zeta(t) = |\mu(t)|$ vollständig durch das Verhalten der Autokorrelationsfunktion $r_{\mu_i\mu_i}(\tau)$ im Ursprung, d. h. der Varianz $\sigma_0^2 = r_{\mu_i\mu_i}(0)$, bestimmt ist. Das Verhalten von $r_{\mu_i\mu_i}(\tau)$ im Ursprung bestimmt ebenfalls die Pegelunterschreitungsrate $N_\zeta(r)$ und die mittlere Fadingdauer $T_{\zeta_-}(r)$, wobei diese Größen neben der Varianz $\sigma_0^2 = r_{\mu_i\mu_i}(0)$ auch von der negativen Krümmung der Autokorrelationsfunktion im Ursprung $\beta = -\ddot{r}_{\mu_i\mu_i}(0)$ abhängig sind. Geht man nun der Frage nach, welche relevanten statistischen Eigenschaften überhaupt vom Verhalten der Autokorrelationsfunktion $r_{\mu_i\mu_i}(\tau)$ $(i = 1,2)$ für $\tau > 0$ betroffen sind, so führt dies auf die statistische Verteilung der Fadingdauern.

Die bedingte Wahrscheinlichkeitsdichte dafür, dass ein Rayleighprozess $\zeta(t)$ einen vorgegebenen Pegel r im infinitesimalen Zeitintervall $(t + \tau_-, t + \tau_- + d\tau_-)$ erstmalig überschreitet, sofern die letzte Unterschreitung im Zeitintervall $(t, t + dt)$ erfolgte, wird mit $p_{0_-}(\tau_-; r)$ bezeichnet. Eine exakte theoretische Herleitung für $p_{0_-}(\tau_-; r)$ ist selbst für Rayleighprozesse ein bis heute noch ungelöstes Problem. Rice gelang es jedoch in [Ric58], die Wahrscheinlichkeitsdichte $p_{1_-}(\tau_-; r)$ dafür anzugeben, dass der Rayleighprozess $\zeta(t)$ den Pegel r in entsprechender Weise kreuzt, wobei allerdings keinerlei Angaben gemacht werden über das Verhalten von $\zeta(t)$ zwischen t und $t + \tau_-$. Für kleine τ_--Werte, bei denen die Wahrscheinlichkeit, dass zwischen t und $t + \tau_-$ weitere Pegelkreuzungen auftreten, sehr gering ist, bildet $p_{1_-}(\tau_-; r)$ eine sehr gute Approximation der gesuchten Wahrscheinlichkeitsdichte $p_{0_-}(\tau_-; r)$. Dagegen kann für große τ_--Werte $p_{1_-}(\tau_-; r)$ nicht mehr als Näherung für $p_{0_-}(\tau_-; r)$ verwendet werden.

Die Bestimmung von $p_{1_-}(\tau_-;r)$ erfordert die numerische Berechnung des dreifachen Integrals [Ric58]

$$p_{1_-}(\tau_-;r) = \frac{rM_{22}\,e^{\frac{r^2}{2}}}{\sqrt{2\pi}\beta(1-r_{\mu_i\mu_i}^2(\tau_-))^2} \int_0^{2\pi} J(a,b)\,e^{-r^2\frac{1-r_{\mu_i\mu_i}(\tau_-)\cdot\cos\varphi}{1-r_{\mu_i\mu_i}^2(\tau_-)}}\,d\varphi\,, \tag{3.40}$$

wobei

$$J(a,b) = \frac{1}{2\pi\sqrt{1-a^2}} \int_b^\infty \int_b^\infty (x-b)(y-b)\,e^{-\frac{x^2+y^2-2axy}{2(1-a^2)}}\,dx\,dy\,, \tag{3.41}$$

$$a = \cos\varphi \cdot \frac{M_{23}}{M_{22}}\,, \tag{3.42}$$

$$b = \frac{r\,\dot{r}_{\mu_i\mu_i}(\tau_-)\cdot(r_{\mu_i\mu_i}(\tau_-)-\cos\varphi)}{1-r_{\mu_i\mu_i}^2(\tau_-)} \cdot \sqrt{\frac{1-r_{\mu_i\mu_i}^2(\tau_-)}{M_{22}}}\,, \tag{3.43}$$

$$M_{22} = \beta(1-r_{\mu_i\mu_i}^2(\tau_-)) - \dot{r}_{\mu_i\mu_i}^2(\tau_-)\,, \tag{3.44}$$

$$M_{23} = \ddot{r}_{\mu_i\mu_i}(\tau_-)(1-r_{\mu_i\mu_i}^2(\tau_-)) + r_{\mu_i\mu_i}(\tau_-)\dot{r}_{\mu_i\mu_i}^2(\tau_-)\,, \tag{3.45}$$

und β wieder die durch (3.26) eingeführte Größe bezeichnet.

Die Bilder 3.7 und 3.8 zeigen jeweils die Auswertung der Wahrscheinlichkeitsdichte $p_{1_-}(\tau_-;r)$ unter Verwendung des Jakes- und Gaußleistungsdichtespektrums. Für die 3-dB-Grenzfrequenz des Gaußleistungsdichtespektrums wurde der Wert $f_c = \sqrt{\ln 2}\,f_{max}$ gewählt. Wegen (3.29) ergeben sich hierdurch für das Jakes- und Gaußleistungsdichtespektrum identische Werte für die Größe β. Bei der Betrachtung der Bilder 3.7(a) und 3.8(a) fällt auf, dass bei kleinen Pegeln ($r = 0.1$) zunächst identische Verläufe für die Wahrscheinlichkeitsdichten $p_{1_-}(\tau_-;r)$ vorliegen, diese jedoch mit zunehmendem Pegel r mehr und mehr voneinander abweichen (vgl. hierzu die Bilder 3.7(b) und 3.8(b) für mittlere Pegel ($r = 1$) sowie die Bilder 3.7(c) und 3.8(c) für hohe Pegel ($r = 2.5$)).

Man beachte in diesen Bildern die mangelnde Konvergenzeigenschaft von $p_{1_-}(\tau_-;r)$, falls der Pegel r mittlere und hohe Werte annimmt. Offenbar gilt dann $p_{1_-}(\tau_-;r) \neq 0$ falls $\tau_- \to \infty$, was die Genauigkeit von (3.40) zumindest im Bereich mittlerer und hoher Pegel r in Verbindung mit langen Fadingdauern τ_- sehr in Frage stellt.

Die Gültigkeit der Näherungslösung (3.40) kann letztlich nur durch Simulation des Pegelkreuzungsverhaltens bestimmt werden. Hierzu werden Simulationsmodelle benötigt, die die Gaußprozesse des analytischen Modells $\mu_i(t)$ bezüglich der Wahrscheinlichkeitsdichte $p_{\mu_i}(x)$ und der Autokorrelationsfunktion $r_{\mu_i\mu_i}(\tau)$ äußerst genau nachbilden. Wir werden auf dieses Thema im Abschnitt 5.3 zurückkommen. Für unsere Zwecke ist zunächst nur

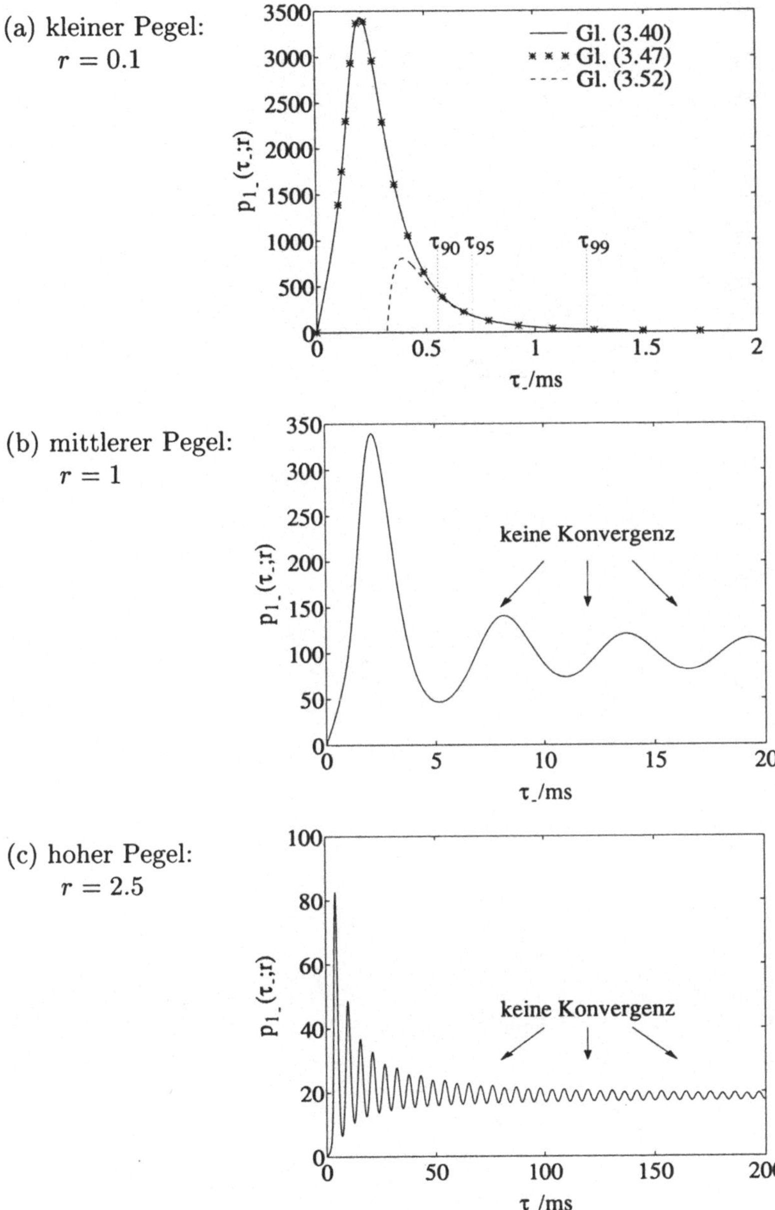

Bild 3.7: Die Wahrscheinlichkeitsdichte $p_{1_-}(\tau_-;r)$ bei Verwendung des Jakesleistungsdichtespektrums ($f_{max} = 91\,\text{Hz}$, $\sigma_0^2 = 1$).

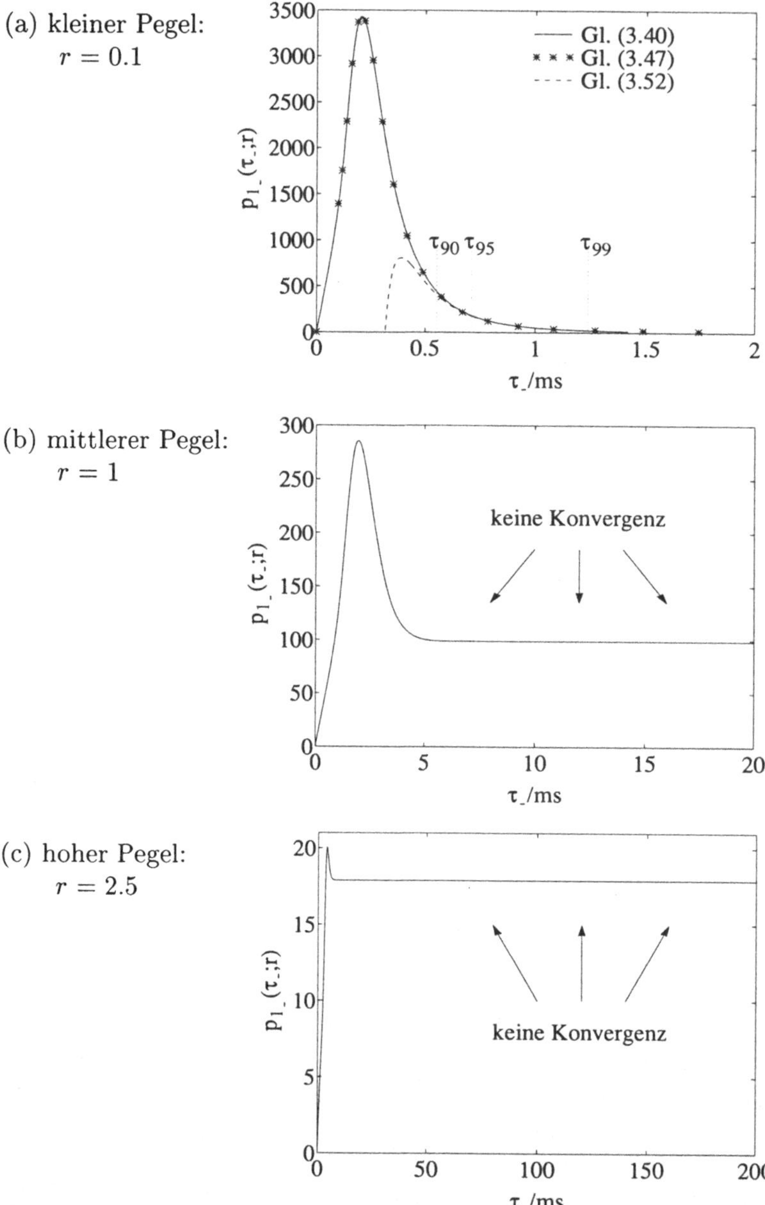

Bild 3.8: Die Wahrscheinlichkeitsdichte $p_{1_-}(\tau_-; r)$ bei Verwendung des Gaußleistungsdichtespektrums ($f_c = \sqrt{\ln 2}\, f_{max}$, $f_{max} = 91\,\text{Hz}$, $\sigma_0^2 = 1$).

die Erkenntnis wichtig, dass die Wahrscheinlichkeitsdichte der Fadingdauern von Rayleighkanälen bei mittleren und hohen Pegeln r ganz entscheidend vom Verhalten der Autokorrelationsfunktion $r_{\mu_i \mu_i}(\tau)$ für $\tau \geq 0$ abhängt.

Im Folgenden betrachten wir den Spezialfall tiefer Signaleinbrüche, welchem bei Mobilfunksystemen eine ganz besondere Bedeutung zukommt, da hierdurch maßgeblich die Bit- bzw. Symbolfehlerwahrscheinlichkeit bestimmt wird. Es sei also $r \ll 1$. In diesem Fall sind die Fadingdauern τ_- kurz. Folglich ist die Wahrscheinlichkeit, dass zwischen t und $t + \tau_-$ weitere Pegelkreuzungen auftreten, sehr gering und die Approximation $p_{0_-}(\tau_-; r) \approx p_{1_-}(\tau_-; r)$ sehr gut. In [Ric58] wird gezeigt, dass für $r \to 0$ die Wahrscheinlichkeitsdichte (3.40) gegen

$$p_{1_-}(\tau_-; r) = -\frac{1}{T_{\zeta_-}(r)} \frac{d}{du} \left[\frac{2}{u} I_1(z) e^{-z} \right] \tag{3.46}$$

konvergiert, wobei $z = 2/(\pi u^2)$ und $u = \tau_-/T_{\zeta_-}(r)$. Nach einigen Umformungen finden wir hierfür den Ausdruck

$$p_{1_-}(\tau_-; r) = \frac{2\pi z^2 e^{-z}}{T_{\zeta_-}(r)} \left[I_0(z) - \left(1 + \frac{1}{2z} \right) I_1(z) \right], \quad r \to 0, \tag{3.47}$$

wobei $z = 2\left[T_{\zeta_-}(r)/\tau_- \right]^2 / \pi$. Bei der Betrachtung von (3.46) bzw. (3.47) fällt auf, dass $p_{1_-}(\tau_-; r)$ außer vom Pegel r nur von der mittleren Fadingdauer $T_{\zeta_-}(r)$ und somit von $\sigma_0^2 = r_{\mu_i \mu_i}(0)$ und $\beta = -\ddot{r}_{\mu_i \mu_i}(0)$ abhängig ist. Folglich ist die Wahrscheinlichkeitsdichte der Fadingdauern bei kleinen Pegeln ($r \ll 1$) unabhängig von der Form der Autokorrelationsfunktion $r_{\mu_i \mu_i}(\tau)$ für $\tau > 0$. Die numerische Auswertung der Wahrscheinlichkeitsdichte (3.47) ist für den Pegel $r = 0.1$ ebenfalls in den Bildern 3.7(a) und 3.8(a) dargestellt. Diese Bilder zeigen deutlich, dass die Abweichungen zwischen (3.40) und (3.47) für kleine Pegel r vernachlässigbar sind.

Für die Grenzübergänge $\tau_- \to 0$ und $\tau_- \to \infty$ konvergiert (3.47) gegen $p_{1_-}(0; r) = p_{1_-}(\infty; r) = 0$. Schließlich sei erwähnt, dass man mit (3.47) nach einer kurzen Nebenrechnung für den Erwartungswert der Fadingdauern τ_- das Ergebnis

$$E\{\tau_-\} = \int_0^\infty \tau_- \, p_{1_-}(\tau_-; r) \, d\tau_- = T_{\zeta_-}(r) \tag{3.48}$$

findet.

Im Folgenden bezeichnen wir mit τ_q das Zeitintervall derjenigen Fadingdauern, welches q Prozent aller Fadingdauern einschließt. Dann ist durch τ_q die untere Integrationsgrenze des Integrals

$$\int_{\tau_q}^\infty p_{0_-}(\tau_-; r) \, d\tau_- = 1 - \frac{q}{100} \tag{3.49}$$

festgelegt. Die Kenntnis der Größen τ_{90}, τ_{95} und τ_{99} ist von großer Wichtigkeit für den (optimalen) Entwurf des Interleavers/Deinterleavers sowie des Kanalcodierers/Kanaldecodierers. Mit der Approximation $p_{0_-}(\tau_-;r) \approx p_{1_-}(\tau_-;r)$ sind wir jetzt in der Lage, eine Näherungslösung für τ_q in expliziter Form herzuleiten. Wir gehen dabei so vor, dass wir zunächst (3.47) in eine Potenzreihe entwickeln, wobei wir von den Darstellungen [Abr72, Gl. (4.2.1)]

$$e^{-z} = \sum_{n=0}^{\infty} \frac{(-z)^n}{n!} \tag{3.50}$$

und [Abr72, Gl. (9.6.10)]

$$I_\nu(z) = \left(\frac{z}{2}\right)^\nu \sum_{n=0}^{\infty} \frac{(z^2/4)^n}{n!\,\Gamma(\nu+n+1)}\,, \quad \nu = 0,1,2,\ldots \tag{3.51}$$

Gebrauch machen. In dem letzten Ausdruck bezeichnet $\Gamma(\cdot)$ die Gammafunktion[3]. Der Abbruch der resultierenden Reihe nach dem 2-ten Glied liefert für den rechten Schwanz der Verteilung $p_{1_-}(\tau_-;r)$ die für unsere Zwecke brauchbare Näherung

$$p_{1_-}(\tau_-;r) \approx \frac{\pi z^2}{2}\,(3-5z)/T_{\zeta_-}(r)\,, \tag{3.52}$$

wobei z wieder für $z = 2\left[T_{\zeta_-}(r)/\tau_-\right]^2/\pi$ steht. Ersetzen wir jetzt in (3.49) die Wahrscheinlichkeitsdichte $p_{0_-}(\tau_-;r)$ durch (3.52), so lässt sich aus dem Ergebnis der Integration ein expliziter Ausdruck für die Größe $\tau_q = \tau_q(r)$ herleiten. Wir finden schließlich die für $75 \le q \le 100$ gültige Approximation [Pae96e]

$$\tau_q(r) \approx \frac{T_{\zeta_-}(r)}{\{\frac{\pi}{4}[1 - \sqrt{1 - 4(1 - \frac{q}{100})}]\}^{\frac{1}{3}}}\,, \quad r << 1\,. \tag{3.53}$$

Diese Gleichung macht anschaulich klar, dass bei tiefen Fadingeinbrüchen die Größe $\tau_q(r)$ proportional zur mittleren Fadingdauer ist. Insbesondere für $\tau_{90}(r)$, $\tau_{95}(r)$ und $\tau_{99}(r)$ erhalten wir aus (3.53):

$$\tau_{90}(r) \approx 1.78 \cdot T_{\zeta_-}(r)\,, \tag{3.54}$$

$$\tau_{95}(r) \approx 2.29 \cdot T_{\zeta_-}(r)\,, \tag{3.55}$$

$$\tau_{99}(r) \approx 3.98 \cdot T_{\zeta_-}(r)\,. \tag{3.56}$$

Weitere Vereinfachungen sind möglich, wenn wir die mittlere Fadingdauer $T_{\zeta_-}(r)$ für $r << 1$ durch $T_{\zeta_-}(r) \approx r\sqrt{\pi/(2\beta)}$ [vgl. (3.39)] approximieren. Ersetzen wir in dieser

---

[3]Nach Euler ist die Gammafunktion $\Gamma(x)$ für reelle Zahlen $x > 0$ definiert durch $\Gamma(x) := \int_0^\infty e^{-t} t^{x-1}\,dt$. Falls x eine natürliche Zahl ist, dann gilt $\Gamma(x) = (x-1)!$.

Beziehung noch β durch die für das Jakes- bzw. Gaußleistungsdichtespektrum gefundene Gleichung (3.29), so erhalten wir beispielsweise für die Größe $\tau_{90}(r)$

$$\tau_{90}(r) \approx \begin{cases} \dfrac{r}{2\,\sigma_0\,f_{max}}\,, & \text{Jakes LDS}\,, \\[2ex] \dfrac{r\sqrt{\ln 2}}{2\,\sigma_0\,f_c}\,, & \text{Gauß LDS}\,, \end{cases} \tag{3.57}$$

falls $r \ll 1$. Anhand dieses Ergebnisses sehen wir also, dass sich die Größe $\tau_{90}(r)$ und damit auch die allgemeine Beziehung $\tau_q(r)$ ($75 \leq q \leq 100$) für kleine Pegel r proportional zu r und umgekehrt proportional zu f_{max} bzw. f_c verhält. Von besonderer Bedeutung ist hierbei, dass die exakte Form der spektralen Leistungsdichte der den Rayleighprozess erzeugenden Gaußprozesse keinen Einfluss auf das Verhalten von $\tau_q(r)$ ausübt. So ergeben sich auch hier wieder für das Jakes- und Gaußleistungsdichtespektrum bei der Wahl $f_c = \sqrt{\ln 2}\, f_{max}$ identische Werte für $\tau_q(r)$. Man vergleiche hierzu auch die Bilder 3.7(a) und 3.8(a), wo die Näherung (3.52) und die daraus gewonnenen Größen $\tau_{90}(r)$, $\tau_{95}(r)$ und $\tau_{99}(r)$ gemäß (3.54)–(3.56) veranschaulicht sind. Es sei noch bemerkt, dass die relativen Abweichungen der Näherungen (3.54)–(3.56) von den entsprechenden über (3.49) auf numerischem Wege berechneten Größen $\tau_q(r)$ an der Stelle $r = 0.1$ weniger als ein Promille betragen. Die Gültigkeit all dieser Näherungslösungen für $\tau_q(r)$ kann letztlich wieder nur durch Simulation des Pegelkreuzungsverhaltens beurteilt werden. Im Abschnitt 5.3 werden wir sehen, dass die hier vorgestellten Approximationen sehr gut mit den dort erhaltenen Simulationsergebnissen übereinstimmen.

In [Wol83a] wurden Rechnersimulationen der Wahrscheinlichkeitsdichten $p_{0_-}(\tau_-;r)$ auch für Riceprozesse durchgeführt. Dabei zeigte sich, dass ein Riceprozess praktisch die gleiche Wahrscheinlichkeitsdichte der Fadingdauern besitzt wie der entsprechende Rayleighprozess. Diese Ergebnisse sind zumindest für kleine Pegel jetzt nicht mehr überraschend, da aus (3.47) hervorgeht, dass $p_{1_-}(\tau_-;r)$ nur von $T_{\zeta_-}(r)$ abhängt, und wir andererseits im Unterabschnitt 3.3.2 gesehen haben, dass $T_{\xi_-}(r) \approx T_{\zeta_-}(r)$ gilt, falls $r \ll 1$ und $r\rho/\sigma_0^2 \ll 1$. Die für Rayleighprozesse gewonnenen analytischen Näherungen für $p_{0_-}(\tau_-;r)$ und $\tau_q(r)$ können daher in solchen Fällen unmittelbar für Riceprozesse übernommen werden.

An dieser Stelle sei erwähnt, dass die von Rice [Ric58] durchgeführte Berechnung der Wahrscheinlichkeitsdichte der Fadingdauern zu zahlreichen weiteren Untersuchungen (z. B. [McF56, McF58, Lon62, Rai65, Bre70]) Anlass gab. Diese verfolgten jeweils das Ziel, neue und genauere Approximationen als die von Rice angegebenen Näherungslösungen (3.40) herzuleiten. Die mathematische Behandlung dieses Pegelkreuzungsproblems ist selbst für Rayleighkanäle mit erheblichen Schwierigkeiten verbunden, und eine exakte allgemeine Lösung steht bis heute noch aus. Besondere Beachtung auf diesem Gebiet verdienen hierbei die am Institut für Angewandte Physik der Universität Frankfurt unter Leitung von Prof. Wolf durchgeführten Arbeiten [Bre78, Mun82, Mun83, Wol83a, Wol83b, Mun86, Tez87]. In [Mun82] wird über ein 4-Zustandsmodell berichtet, das über einem viel größeren Bereich als (3.40) eine gültige Approximation für die Wahrscheinlichkeitsdichte $p_{0_-}(\tau_-;r)$ liefert [Wol83a].

Die damit erhaltenen Näherungslösungen konnten durch die Erweiterung auf 6- und 8-Zustandsmodelle [Mun83, Wol83b, Mun86, Tez87] nochmals deutlich verbessert werden. Untersuchungen an verallgemeinerten Gaußprozessen, den so genannten sphärisch invarianten stochastischen Prozessen [Bre78], haben allerdings gezeigt [Bre89], dass bei dieser Prozessklasse die 4- und 6-Zustandsmodelle — insbesondere bei negativen Pegeln — oft keine befriedigenden Resultate liefern, wohingegen die in [Bre70] vorgeschlagene Näherung recht gut abschneidet. Trotz aller Fortschritte auf diesem Gebiet ist der anfallende mathematische und numerische Rechenaufwand beträchtlich. Außerdem ist die Vertrauenswürdigkeit aller theoretisch erhaltenen Näherungen nicht von vornherein sichergestellt, so dass auf eine experimentelle Verifikation der Ergebnisse nicht verzichtet werden kann.

So gesehen, erscheint es fast sinnvoller, die aufwendigen numerischen Rechnungen zu unterlassen, und stattdessen nur noch Simulationen an (allerdings präzise) erzeugten Musterprozessen durchzuführen [Bre89]. Dieser Hintergrund wird in den beiden nachfolgenden Kapiteln Berücksichtigung finden, wo Methoden zur effizienten Realisierung von hochpräzisen Musterprozessen vorgestellt und untersucht werden.

Kapitel 4

Einführung in die Theorie der deterministischen Prozesse

Sämtliche Kanalmodelle, die im Verlauf dieses Buches betrachtet werden, basieren auf der Verwendung von mindestens zwei reellen, farbigen Gaußprozessen. Beispielsweise haben wir im vorhergehenden Kapitel gesehen, dass die Modellierung der klassischen Rayleigh- oder Riceprozesse jeweils eine Realisierung von zwei reellen, farbigen Gaußprozessen erforderlich macht. Dagegen werden für einen Suzukiprozess [Suz77], welcher unmittelbar aus einem Produktprozess von einem Rayleighprozess und einem Lognormalprozess hervorgeht, drei reelle, farbige Gaußprozesse benötigt. Bei der digitalen Datenübertragung über einen Landmobilfunkkanal werden solche Prozesse (Rayleigh, Rice, Suzuki) häufig als geeignete stochastische Modelle zur Beschreibung der zufälligen Amplitudenschwankungen des Empfangssignals im äquivalenten Basisband herangezogen. Mobilfunkkanäle, deren statistisches Amplitudenverhalten durch Rayleigh-, Rice- oder Suzukiprozesse beschreibbar ist, werden sinngemäß als Rayleigh-, Rice- bzw. Suzukikanäle bezeichnet. Diese lassen sich in die Klasse der nichtfrequenzselektiven Kanäle [Pro95] einordnen. Ein weiteres Beispiel sei durch die Modellierung von frequenzselektiven Kanälen [Pro95] unter Verwendung eines nichtrekursiven Filters mit $\mathcal{L}$ zeitvarianten, komplexen Koeffizienten gegeben. Dies erfordert eine Realisierung von $2\mathcal{L}$ reellen, farbigen Gaußprozessen. Anhand dieser wenigen Beispiele wird bereits deutlich, dass für die Modellierung von sowohl nichtfrequenzselektiven als auch frequenzselektiven Mobilfunkkanälen die Entwicklung von effizienten Methoden zur Realisierung von farbigen Gaußprozessen von zentraler Bedeutung ist.

In diesem Kapitel wird hierzu ein grundlegendes Verfahren vorgestellt, das auf einer Überlagerung von endlich vielen harmonischen Funktionen beruht und im Kern auf einen Ansatz von Rice [Ric44, Ric45] zurückgeht. Im Abschnitt 4.1 wird zunächst das Prinzip der deterministischen Kanalmodellierung erläutert. Der darauf folgende Abschnitt 4.2 befasst sich mit den elementaren Eigenschaften deterministischer Prozesse wie Autokorrelationsfunktion, Leistungsdichtespektrum, Dopplerverbreiterung, etc. Die statistischen Eigenschaften dieser Prozesse sind Gegenstand der im Abschnitt 4.3 geführten Diskussionen. In diesem Zusammenhang werden auch geeignete Gütekriterien vorgestellt, auf deren Basis eine faire Leistungsbewertung aller im Kapitel 5 vorgestellten Entwurfsverfahren durchgeführt werden kann. Die Anwendung dieser Kriterien ermöglicht dann, für bestimmte Entwurfsverfahren Empfehlungen auszusprechen. Andererseits können auch so die bei der Verwendung von weniger geeigneten Verfahren auftretenden Probleme deutlich gemacht werden.

4.1   Prinzip der deterministischen Kanalmodellierung

In der Literatur findet man im Wesentlichen zwei fundamentale Methoden zur Modellierung von farbigen Gaußprozessen: die *Filter-Methode* und die *Rice-Methode.*

Bei der Filter-Methode wird, wie im Bild 4.1(a) dargestellt ist, weißes gaußsches Rauschen (WGR) $\nu_i(t)$ auf den Eingang eines im Folgenden als ideal vorausgesetzten linearen, zeitinvarianten Filters mit der Übertragungsfunktion $H_i(f)$ gegeben. Falls $\nu_i(t) \sim N(0,1)$ ist, so liegt am Filterausgang ein mittelwertfreier stochastischer Gaußprozess $\mu_i(t)$ vor, dessen spektrale Leistungsdichte $S_{\mu_i\mu_i}(f)$ nach (2.52e,f) übereinstimmt mit dem Betragsquadrat der Übertragungsfunktion, d. h. $S_{\mu_i\mu_i}(f) = |H_i(f)|^2$. Durch die Filterung von weißem gaußschem Rauschen $\nu_i(t)$ entsteht also farbiges gaußsches Rauschen $\mu_i(t)$.

Das Prinzip der Rice-Methode [Ric44, Ric45] ist im Bild 4.1(b) veranschaulicht. Es beruht auf einer Überlagerung von unendlich vielen gewichteten harmonischen Funktionen mit äquidistanten Frequenzen und zufälligen Phasen. Gemäß diesem Prinzip kann ein stochastischer Gaußprozess $\mu_i(t)$ mathematisch dargestellt werden durch

$$\mu_i(t) = \lim_{N_i \to \infty} \sum_{n=1}^{N_i} c_{i,n} \cos\left(2\pi f_{i,n} t + \theta_{i,n}\right), \tag{4.1}$$

wobei

$$c_{i,n} = 2\sqrt{\Delta f_i S_{\mu_i\mu_i}(f_{i,n})}, \tag{4.2a}$$

$$f_{i,n} = n \cdot \Delta f_i. \tag{4.2b}$$

Die Phasen $\theta_{i,n}$ $(n = 1, 2, \ldots, N_i)$ bezeichnen hierbei Zufallsvariablen, welche über das Intervall $(0, 2\pi]$ gleichverteilt sind, und die Größe Δf_i wird hierbei so gewählt, dass (4.2b) den gesamten relevanten Frequenzbereich abdeckt, wobei ferner gelten soll: $\Delta f_i \to 0$ falls $N_i \to \infty$.

Bekanntlich ist ein stochastischer Gaußprozess vollständig charakterisiert durch seinen Gleichanteil und seine Färbung, welche entweder durch die spektrale Leistungsdichte oder durch die Autokorrelationsfunktion beschrieben werden kann. Nach Rice [Ric44, Ric45] liegt durch (4.1) ein mittelwertfreier Gaußprozess mit der spektralen Leistungsdichte $S_{\mu_i\mu_i}(f)$ vor. Folglich sind die in den Bildern 4.1(a) und 4.1(b) dargestellten analytischen Modelle äquivalent, d. h., die soeben eingeführten Methoden — die Filter-Methode und die Rice-Methode — ergeben identische stochastische Prozesse. Bei beiden Methoden gilt jedoch zu berücksichtigen, dass diese Prozesse nicht exakt realisierbar sind. Eine exakte Realisierung wird bei der Verwendung der Filter-Methode durch die Voraussetzung, dass

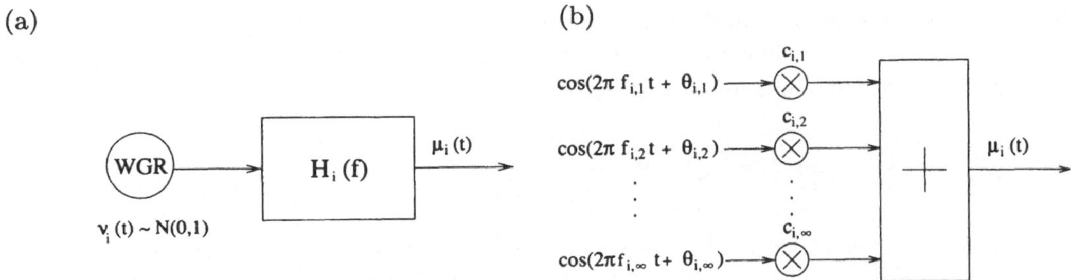

Bild 4.1:   Stochastische analytische Modelle für farbige Gaußprozesse: (a) Filter-Methode und (b) Rice-Methode.

das Filter ideal sein soll, verhindert. Streng genommen kann das Filtereingangssignal, weißes gaußsches Rauschen, auch nicht beliebig genau realisiert werden. Bei der Verwendung der Rice-Methode wird eine Realisierung durch den Grenzübergang $N_i \to \infty$ ausgeschlossen. Die Filter- und Rice-Methode liefern somit für einen farbigen Gaußprozess lediglich ein stochastisches analytisches (ideales) Modell, welches bei den nachfolgenden Untersuchungen oft als Referenzmodel herangezogen wird.

Bei der Filter-Methode wird die Erstellung eines stochastischen Simulationsmodells bekanntlich durch die Verwendung nichtidealer aber dafür realisierbarer Filter ermöglicht. Hierbei gilt es zu berücksichtigen, dass je nach betriebenem Realisierungsaufwand die Statistik des Filterausgangssignals mehr oder weniger von der des gewünschten idealen Gaußprozesses abweicht. In zahlreichen Publikationen (z. B. [Bre86a, Sch89, Fec93a, Mar94b, Lau94]) wurde dieses Verfahren bei dem Entwurf von Simulationsmodellen für Mobilfunkkanäle angewandt. Wir werden im Abschnitt 8.5 erneut auf die Filter-Methode zurückkommen. Zunächst werden wir uns jedoch in den folgenden Kapiteln eingehend mit einer detaillierten Analyse der Rice-Methode befassen. Es bleibt festzuhalten, dass viele der für die Rice-Methode gefundenen Ergebnisse unmittelbar auf die Filter-Methode übertragen werden können.

Falls bei der Rice-Methode nur endlich viele harmonische Funktionen N_i verwendet werden, so erhalten wir den stochastischen Prozess

$$\hat{\mu}_i(t) = \sum_{n=1}^{N_i} c_{i,n} \cos(2\pi f_{i,n} t + \theta_{i,n}), \tag{4.3}$$

wobei zunächst für die Parameter $c_{i,n}$ und $f_{i,n}$ weiterhin (4.2a) und (4.2b) gelten sollen, und $\theta_{i,n}$ immer noch gleichverteilte Zufallsvariablen sind. Jetzt kann auch dieses Verfahren zur Realisierung eines Simulationsmodells herangezogen werden, dessen allgemeine Struktur im Bild 4.2(a) dargestellt ist. Es ist klar, dass gilt: $\hat{\mu}_i(t) \to \mu_i(t)$ falls $N_i \to \infty$. An dieser Stelle sei ausdrücklich betont, dass das Simulationsmodell nach wie vor stochastischer Natur ist, da die Phasen $\theta_{i,n}$ $(n = 1, 2, \ldots, N_i)$ immer noch gleichverteilte Zufallsvariablen sind.

Erst nachdem ein Satz von Phasen $\{\theta_{i,n}\,|\,n = 1, 2, \ldots, N_i\}$ aus einer Gleichverteilung im Intervall $(0, 2\pi]$ gezogen ist, stellen die Phasen $\theta_{i,n}$ keine Zufallsvariablen mehr dar, sondern Konstanten. Zusammen mit (4.2a), (4.2b) und (4.3) wird jetzt deutlich, dass

$$\tilde{\mu}_i(t) = \sum_{n=1}^{N_i} c_{i,n} \cos(2\pi f_{i,n} t + \theta_{i,n}) \tag{4.4}$$

ein *deterministischer Prozess* bzw. eine *deterministische Funktion* ist. Aus dem stochastischen Simulationsmodell des Bildes 4.2(a) geht somit die im Bild 4.2(b) gezeigte Struktur eines deterministischen Simulationsmodells in der zeitkontinuierlichen Darstellung hervor.

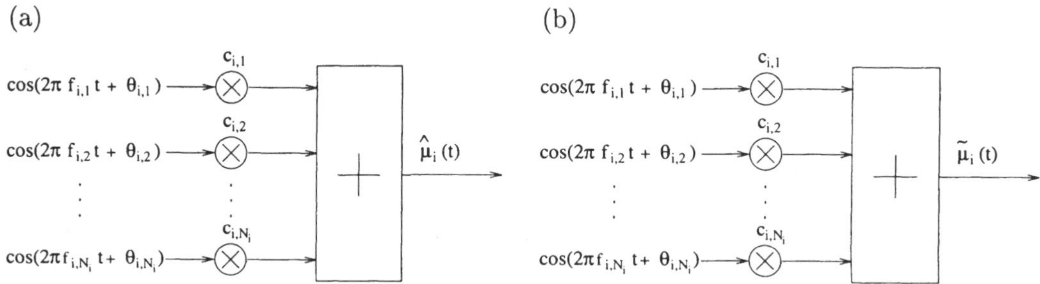

Bild 4.2:   Simulationsmodelle für farbige Gaußprozesse: (a) stochastisches Simulationsmodell (zufällige Phasen $\theta_{i,n}$), (b) deterministisches Simulationsmodell (konstante Phasen $\theta_{i,n}$).

Im Abschnitt 4.3 und Kapitel 5 wird gezeigt, dass durch geeignete Wahl der den deterministischen Prozess (4.4) beschreibenden Parameter erreicht werden kann, dass die statistischen Eigenschaften dieses Prozesses in sehr guter Näherung mit denen von reellen (mittelwertfreien, gefärbten) Gaußprozessen übereinstimmen. Aus diesem Grund werden wir $\tilde{\mu}_i(t)$ auch als *reellen deterministischen Gaußprozess* bzw.

$$\tilde{\mu}(t) = \tilde{\mu}_1(t) + j\tilde{\mu}_2(t) \tag{4.5}$$

als *komplexen deterministischen Gaußprozess* bezeichnen. In Anlehnung an (3.5) folgt aus dem Betrag von (4.5) ein *deterministischer Rayleighprozess*

$$\tilde{\zeta}(t) = |\tilde{\mu}(t)| = |\tilde{\mu}_1(t) + j\tilde{\mu}_2(t)|\,. \tag{4.6}$$

Sinngemäß lässt sich durch die Bildung des Betrages von $\tilde{\mu}_\rho(t) = \tilde{\mu}(t) + m(t)$ ein *deterministischer Riceprozess*

$$\tilde{\xi}(t) = |\tilde{\mu}_\rho(t)| = |\tilde{\mu}(t) + m(t)| \tag{4.7}$$

einführen, wobei $m(t)$ wieder die durch (3.2) definierte direkte Komponente des Empfangssignals beschreibt. Die zu diesem deterministischen Prozess gehörende Struktur ist im Bild 4.3 dargestellt.

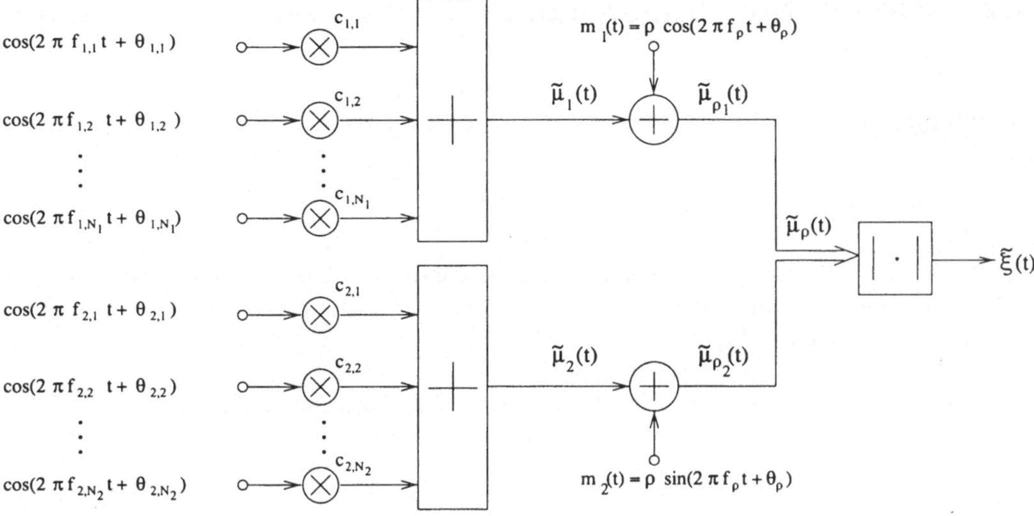

Bild 4.3:   Ein deterministisches Simulationsmodell für Riceprozesse.

Das für Rechnersimulationen erforderliche zeitdiskrete Simulationsmodell erhält man hieraus unmittelbar nach Substitution der Zeitvariable t durch $t = kT_A$, wobei T_A das Abtastintervall kennzeichnet, und k eine ganze Zahl ist. Bei der Durchführung von Rechnersimulationen wird generell so vorgegangen, dass die Parameter des Simulationsmodells $c_{i,n}$, $f_{i,n}$ und $\theta_{i,n}$ für $n = 1, 2, \ldots, N_i$ während der Initialisierungsphase zu bestimmen sind. In der sich anschließenden Simulationsphase werden diese Parameter während der gesamten Simulationsdauer nicht mehr geändert.

Da für unsere Zwecke die deterministischen Prozesse ausschließlich im Zusammenhang mit der Nachbildung des durch den Dopplereffekt verursachten zeitvarianten Kanalschwundes betrachtet werden, wollen wir im Folgenden die den deterministischen Prozess (4.4) beschreibenden Parameter $c_{i,n}$, $f_{i,n}$ und $\theta_{i,n}$ jeweils als *Dopplerkoeffizienten, diskrete Dopplerfrequenzen* bzw. *Dopplerphasen* bezeichnen.

Ein Ziel dieses Buches wird sein, Methoden ausfindig zu machen, mit denen die Modellparameter $(c_{i,n}, f_{i,n}, \theta_{i,n})$ so bestimmt werden können, dass die statistischen Eigenschaften des deterministischen Prozesses $\tilde{\mu}_i(t)$ bzw. $\tilde{\mu}_i(kT)$ möglichst gut mit denen des (idealen) stochastischen Prozesses $\mu_i(t)$ übereinstimmen. Natürlich wird dieses Ziel auch unter der Randbedingung verfolgt, den Realisierungsaufwand, der maßgeblich durch die Anzahl der verwendeten harmonischen Funktionen N_i bestimmt wird, so gering wie möglich zu halten. Bevor wir uns diesem Ziel zuwenden, sollen jedoch vorab einige grundlegende Eigenschaften der uns interessierenden deterministischen Prozesse vorgestellt werden.

4.2 Elementare Eigenschaften von deterministischen Prozessen

Die Interpretation von $\tilde{\mu}_i(t)$ als deterministischen Prozess, d. h. als eine Abbildung der Art

$$\tilde{\mu}_i : \mathbb{R} \to \mathbb{R}, \quad t \mapsto \tilde{\mu}_i(t), \tag{4.8}$$

ermöglicht uns, für die grundlegenden charakteristischen Größen dieser Prozesse wie Autokorrelationsfunktion, Leistungsdichtespektrum und Dopplerverbreiterung einfache analytische Lösungen anzugeben.

Zunächst erfolgt eine Diskussion der im Abschnitt 2.3 eingeführten Begriffe, die wir jetzt auf die durch (4.4) definierten deterministischen Prozesse $\tilde{\mu}_i(t)$ $(i = 1, 2)$ anwenden.

Mittelwert: Sei $\tilde{\mu}_i(t)$ ein deterministischer Prozess mit $f_{i,n} \neq 0$ $(n = 1, 2, \ldots, N_i)$, dann folgt aus (2.69) für dessen Mittelwert

$$\tilde{m}_{\mu_i} = 0\,. \tag{4.9}$$

Im weiteren wird stets davon ausgegangen, dass $f_{i,n} \neq 0$ für alle $n = 1, 2, \ldots, N_i$ und $i = 1, 2$ gilt.

Mittlere Leistung: Sei $\tilde{\mu}_i(t)$ ein deterministischer Prozess, dann folgt aus (2.70) für dessen mittlere Leistung

$$\tilde{\sigma}_{\mu_i}^2 = \sum_{n=1}^{N_i} \frac{c_{i,n}^2}{2}\,. \tag{4.10}$$

Autokorrelationsfunktion: Für die Autokorrelationsfunktion eines deterministischen Prozesses $\tilde{\mu}_i(t)$ folgt aus (2.71)

$$\tilde{r}_{\mu_i\mu_i}(\tau) = \sum_{n=1}^{N_i} \frac{c_{i,n}^2}{2} \cos(2\pi f_{i,n}\tau)\,. \tag{4.11}$$

Man beachte, dass $\tilde{r}_{\mu_i\mu_i}(\tau)$ nur von den Dopplerkoeffizienten $c_{i,n}$ und den diskreten Dopplerfrequenzen $f_{i,n}$ aber nicht von den Dopplerphasen $\theta_{i,n}$ abhängt. Es gilt wieder $\tilde{\sigma}_{\mu_i}^2 = \tilde{r}_{\mu_i\mu_i}(0)$.

Kreuzkorrelationsfunktion: Seien $\tilde{\mu}_1(t)$ und $\tilde{\mu}_2(t)$ deterministische Prozesse, dann folgt aus (2.72) für die Kreuzkorrelationsfunktion

$$\tilde{r}_{\mu_1\mu_2}(\tau) = 0\,, \quad \text{falls } f_{1,n} \neq \pm f_{2,m}\,, \tag{4.12}$$

für alle $n = 1, 2, \ldots, N_1$ und $m = 1, 2, \ldots, N_2$. Die deterministischen Prozesse $\tilde{\mu}_1(t)$ und $\tilde{\mu}_2(t)$ sind also unkorreliert, falls die Beträge der jeweiligen diskreten Dopplerfrequenzen verschieden voneinander sind. Gilt hingegen $f_{1,n} = \pm f_{2,m}$ für einige oder alle n, m, so sind $\tilde{\mu}_1(t)$ und $\tilde{\mu}_2(t)$ korreliert, und es folgt für die Kreuzkorrelationsfunktion der Ausdruck

$$\tilde{r}_{\mu_1\mu_2}(\tau) = \sum_{\substack{n=1 \\ f_{1,n}=\pm f_{2,m}}}^{N} \frac{c_{1,n}c_{2,m}}{2} \cos(2\pi f_{1,n}\tau - \theta_{1,n} \pm \theta_{2,m})\,, \tag{4.13}$$

wo N den minimalen Wert von N_1 und N_2 bezeichnet, d.h. $N = \min\{N_1, N_2\}$. Man beachte, dass $\tilde{r}_{\mu_1\mu_2}(\tau)$ in diesem Fall auch von den Dopplerphasen $\theta_{i,n}$ abhängt. Die Kreuzkorrelationsfunktion $\tilde{r}_{\mu_2\mu_1}(\tau)$ erhalten wir aus dem Zusammenhang $\tilde{r}_{\mu_2\mu_1}(\tau) = \tilde{r}_{\mu_1\mu_2}^{*}(-\tau) = \tilde{r}_{\mu_1\mu_2}(-\tau)$.

Leistungsdichtespektrum: Sei $\tilde{\mu}_i(t)$ ein deterministischer Prozess, dann folgt aus (2.73) mit (4.11) für das Leistungsdichtespektrum

$$\tilde{S}_{\mu_i\mu_i}(f) = \sum_{n=1}^{N_i} \frac{c_{i,n}^2}{4}[\delta(f - f_{i,n}) + \delta(f + f_{i,n})]\,. \tag{4.14}$$

Das Leistungsdichtespektrum von $\tilde{\mu}_i(t)$ ist also ein symmetrisches Linienspektrum, d.h., es gilt $\tilde{S}_{\mu_i\mu_i}(f) = \tilde{S}_{\mu_i\mu_i}(-f)$. Die Spektrallinien treten an den diskreten Stellen $f = \pm f_{i,n}$ auf und werden mit dem Faktor $c_{i,n}^2/4$ gewichtet.

Kreuzleistungsdichtespektrum: Seien $\tilde{\mu}_1(t)$ und $\tilde{\mu}_2(t)$ deterministische Prozesse, dann folgt aus (2.74) mit (4.12) und (4.13) für das Kreuzleistungsdichtespektrum

$$\tilde{S}_{\mu_1\mu_2}(f) = 0\,, \quad \text{falls } f_{1,n} \neq \pm f_{2,m}\,, \tag{4.15}$$

bzw.

$$\tilde{S}_{\mu_1\mu_2}(f) = \sum_{\substack{n=1 \\ f_{1,n}=\pm f_{2,m}}}^{N} \frac{c_{1,n}c_{2,m}}{4}\left[\delta(f - f_{1,n}) \cdot e^{-j(\theta_{1,n}\mp\theta_{2,m})} + \delta(f + f_{1,n}) \cdot e^{j(\theta_{1,n}\mp\theta_{2,m})}\right]\,, \tag{4.16}$$

für alle $n = 1, 2, \ldots, N_1$ und $m = 1, 2, \ldots, N_2$, wobei $N = \min\{N_1, N_2\}$. Das Kreuzleistungsdichtespektrum $\tilde{S}_{\mu_2\mu_1}(f)$ erhalten wir unmittelbar aus dem Zusammenhang $\tilde{S}_{\mu_2\mu_1}(f) = \tilde{S}_{\mu_1\mu_2}^{*}(f)$.

Mittlere Dopplerverschiebung: Sei $\tilde{\mu}_i(t)$ ein deterministischer Prozess mit der spektralen Leistungsdichte $\tilde{S}_{\mu_i\mu_i}(f)$, dann ist analog nach (3.13a) die zugehörige mittlere Dopplerverschiebung, $\tilde{B}_{\mu_i\mu_i}^{(1)}$, definiert durch

$$\tilde{B}_{\mu_i\mu_i}^{(1)} := \frac{\int_{-\infty}^{\infty} f\,\tilde{S}_{\mu_i\mu_i}(f)\,df}{\int_{-\infty}^{\infty} \tilde{S}_{\mu_i\mu_i}(f)\,df} = \frac{1}{2\pi j} \cdot \frac{\dot{\tilde{r}}_{\mu_i\mu_i}(0)}{\tilde{r}_{\mu_i\mu_i}(0)}\,. \tag{4.17}$$

Bedingt durch die Symmetrieeigenschaft $\tilde{S}_{\mu_i\mu_i}(f) = \tilde{S}_{\mu_i\mu_i}(-f)$ folgt hieraus

$$\tilde{B}_{\mu_i\mu_i}^{(1)} = 0\,. \tag{4.18}$$

Analog erhält man für den komplexen deterministischen Prozess $\tilde{\mu}(t) = \tilde{\mu}_1(t) + j\tilde{\mu}_2(t)$ unter der Voraussetzung unkorrelierter Real- und Imaginärteile, die folgende Beziehung zwischen den jeweiligen mittleren Dopplerverschiebungen

$$\tilde{B}_{\mu\mu}^{(1)} = \tilde{B}_{\mu_i\mu_i}^{(1)} = 0, \quad i = 1, 2. \tag{4.19}$$

Ein Vergleich der Beziehung (3.15a) mit (4.19) zeigt, dass die zum deterministischen Simulationsmodell gehörende mittlere Dopplerverschiebung mit der des analytischen Modells genau übereinstimmt.

Dopplerverbreiterung: Sei $\tilde{\mu}_i(t)$ ein deterministischer Prozess mit der spektralen Leistungsdichte $\tilde{S}_{\mu_i\mu_i}(f)$, dann ist analog nach (3.13b) die zugehörige Dopplerverbreiterung, $\tilde{B}_{\mu_i\mu_i}^{(2)}$, definiert durch

$$\tilde{B}_{\mu_i\mu_i}^{(2)} := \sqrt{\frac{\int_{-\infty}^{\infty} (f - \tilde{B}_{\mu_i\mu_i}^{(1)})^2 \, \tilde{S}_{\mu_i\mu_i}(f) \, df}{\int_{-\infty}^{\infty} \tilde{S}_{\mu_i\mu_i}(f) \, df}}$$

$$= \frac{1}{2\pi} \sqrt{\left(\frac{\dot{\tilde{r}}_{\mu_i\mu_i}(0)}{\tilde{r}_{\mu_i\mu_i}(0)}\right)^2 - \frac{\ddot{\tilde{r}}_{\mu_i\mu_i}(0)}{\tilde{r}_{\mu_i\mu_i}(0)}}. \tag{4.20}$$

Die letzte Beziehung lässt sich mit (4.10) und (4.11) auch wie folgt formulieren

$$\tilde{B}_{\mu_i\mu_i}^{(2)} = \frac{\sqrt{\tilde{\beta}_i}}{2\pi\tilde{\sigma}_{\mu_i}}, \tag{4.21}$$

wobei

$$\tilde{\beta}_i = -\ddot{\tilde{r}}_{\mu_i\mu_i}(0) = 2\pi^2 \sum_{n=1}^{N_i} (c_{i,n} f_{i,n})^2. \tag{4.22}$$

Ein Vergleich der Gleichung (3.15b) mit (4.21) zeigt, dass die Dopplerverbreiterungen $B_{\mu_i\mu_i}^{(2)}$ und $\tilde{B}_{\mu_i\mu_i}^{(2)}$ immer dann identisch sind, wenn die Dopplerkoeffizienten $c_{i,n}$ und die diskreten Dopplerfrequenzen $f_{i,n}$ so bestimmt werden, dass $\tilde{\sigma}_{\mu_i}^2 = \sigma_0^2$ und $\tilde{\beta}_i = \beta$ gelten. (Allgemeiner genügt auch die Einhaltung der Bedingung $\tilde{\beta}_i/\tilde{\sigma}_0^2 = \beta/\sigma_0^2$.)

Analog lässt sich die zur spektralen Leistungsdichte $\tilde{S}_{\mu\mu}(f)$ des komplexen deterministischen Prozesses $\tilde{\mu}(t) = \tilde{\mu}_1(t) + j\tilde{\mu}_2(t)$ gehörende Dopplerverbreiterung $\tilde{B}_{\mu\mu}^{(2)}$ angeben. Diese kann unter der Voraussetzung, dass $\tilde{\mu}_1(t)$ und $\tilde{\mu}_2(t)$ unkorreliert sind, ausgedrückt werden durch

$$\tilde{B}_{\mu\mu}^{(2)} = \frac{\sqrt{\tilde{\beta}}}{2\pi\tilde{\sigma}_\mu}, \tag{4.23}$$

wobei $\tilde{\sigma}_\mu^2 = \tilde{\sigma}_{\mu_1}^2 + \tilde{\sigma}_{\mu_2}^2 > 0$ und $\tilde{\beta} = \tilde{\beta}_1 + \tilde{\beta}_2 > 0$. Im Kapitel 5 werden wir Methoden zum Entwurf der deterministischen Prozesse $\tilde{\mu}_1(t)$ und $\tilde{\mu}_2(t)$ kennen lernen, die die

Eigenschaften $\tilde{\sigma}_{\mu_1}^2 = \tilde{\sigma}_{\mu_2}^2$ und $\tilde{\beta}_1 \neq \tilde{\beta}_2$ haben. Speziell für diesen Sonderfall kann die Dopplerverbreiterung $\tilde{B}_{\mu\mu}^{(2)}$ aus dem quadratischen Mittel von $\tilde{B}_{\mu_1\mu_1}^{(2)}$ und $\tilde{B}_{\mu_2\mu_2}^{(2)}$ berechnet werden, d. h.

$$\tilde{B}_{\mu\mu}^{(2)} = \sqrt{\frac{\left(\tilde{B}_{\mu_1\mu_1}^{(2)}\right)^2 + \left(\tilde{B}_{\mu_2\mu_2}^{(2)}\right)^2}{2}} \, . \tag{4.24}$$

Schließlich sei noch erwähnt, dass man lediglich für $\tilde{\sigma}_0^2 = \tilde{\sigma}_{\mu_1}^2 = \tilde{\sigma}_{\mu_2}^2$ und $\tilde{\beta} = \tilde{\beta}_1 = \tilde{\beta}_2$ die mit (3.15b) verwandte Beziehung

$$\tilde{B}_{\mu\mu}^{(2)} = \tilde{B}_{\mu_i\mu_i}^{(2)} = \frac{\sqrt{\tilde{\beta}}}{2\pi\tilde{\sigma}_0} \, , \quad i = 1, 2 \, , \tag{4.25}$$

erhält. Sind die Abweichungen zwischen $\tilde{\beta}_1$ und $\tilde{\beta}_2$ gering, was häufig zutreffen wird, so ist der obige Ausdruck eine sehr gute Näherung für $\tilde{B}_{\mu\mu}^{(2)}$, falls $\tilde{\beta} = \tilde{\beta}_1 \approx \tilde{\beta}_2$ gesetzt wird.

Periodizität: Gegeben sei ein deterministischer Prozess $\tilde{\mu}_i(t)$ mit beliebigen, aber von null verschiedenen, Parametern $c_{i,n}$, $f_{i,n}$ (und $\theta_{i,n}$). Existiert der größte gemeinsame Teiler der diskreten Dopplerfrequenzen

$$F_i = \mathrm{ggT}\left\{f_{i,1}, f_{i,2}, \ldots, f_{i,N_i}\right\} \neq 0 \, , \tag{4.26}$$

so ist $\tilde{\mu}_i(t)$ periodisch mit der Periode $T_i = 1/F_i$, d. h., es gilt $\tilde{\mu}_i(t + T_i) = \tilde{\mu}_i(t)$ bzw. $\tilde{r}_{\mu_i\mu_i}(\tau + T_i) = \tilde{r}_{\mu_i\mu_i}(\tau)$.

Der Beweis dieses Satzes ist sehr einfach und soll daher nur kurz angedeutet werden. Da F_i der größte gemeinsame Teiler von $f_{i,1}, f_{i,2}, \ldots, f_{i,N_i}$ ist, gibt es ganze Zahlen $q_{i,n} \in \mathbb{Z}$ für die gilt $f_{i,n} = q_{i,n} \cdot F_i$, $\forall\, n = 1, 2, \ldots, N_i$ und $i = 1, 2$. Nach Einsetzen von $f_{i,n} = q_{i,n} \cdot F_i = q_{i,n}/T_i$ in (4.4) bzw. (4.11) folgt unmittelbar die Behauptung.

4.3 Statistische Eigenschaften von deterministischen Prozessen

Nachdem eine Diskussion der elementaren Eigenschaften deterministischer Prozesse im vorhergehenden Abschnitt problemlos durchgeführt werden konnte, scheint zunächst eine Analyse der statistischen Eigenschaften widersinnig zu sein, da sich statistische Verfahren doch nur auf Zufallsvariablen bzw. stochastische Prozesse sinnvoll anwenden lassen. Ihre Anwendung auf deterministische Prozesse (4.4) macht dagegen keinen Sinn. Um trotzdem Zugang zu statistischen Kenngrößen wie Wahrscheinlichkeitsdichte, Pegelunterschreitungsrate und mittlere Fadingdauer bekommen zu können, werden wir den deterministischen Prozess $\tilde{\mu}_i(t)$ an zufälligen Zeitpunkten t betrachten. Falls nicht ausdrücklich etwas anderes gesagt wird, nehmen wir daher in diesem Abschnitt an, dass die Zeitvariable t eine über dem Intervall $\mathbb{R}$ gleichverteilte Zufallsvariable ist. Dazu sei noch bemerkt, dass sowohl die Zeitvariable t als auch die Dopplerphasen $\theta_{i,n}$ im Argument der

Kosinusfunktionen von (4.4) stehen. Wir könnten daher alternativ annehmen, dass $t = t_0$ eine Konstante und $\theta_{i,n}$ gleichverteilte Zufallsvariablen sind. In beiden Fällen würden wir für die nachfolgenden Rechnungen exakt die gleichen Resultate erhalten.

4.3.1 Wahrscheinlichkeitsdichte der Amplitude und Phase

In diesem Unterabschnitt werden wir die Wahrscheinlichkeitsdichte der Amplitude und Phase von komplexen deterministischen Prozessen $\tilde{\mu}(t) = \tilde{\mu}_1(t) + j\tilde{\mu}_2(t)$ berechnen. Es wird gezeigt, dass diese Dichten vollständig durch die Anzahl der harmonischen Funktionen N_i und die Wahl der Dopplerkoeffizienten $c_{i,n}$ bestimmt sind.

Dazu betrachten wir zunächst eine einzige gewichtete harmonische Elementarfunktion der Form

$$\tilde{\mu}_{i,n}(t) = c_{i,n} \cos(2\pi f_{i,n} t + \theta_{i,n}) \,, \tag{4.27}$$

wobei $c_{i,n}$, $f_{i,n}$, $\theta_{i,n}$ beliebige, aber von null verschiedene, konstante Parameter sind, und t eine gleichverteilte Zufallsvariable ist. Wegen der Periodizität von $\tilde{\mu}_{i,n}(t)$ genügt die Betrachtung von t über dem offenen Intervall $(0, f_{i,n}^{-1})$ mit $f_{i,n} \neq 0$. Da nun t als gleichverteilte Zufallsvariable angenommen wurde, ist $\tilde{\mu}_{i,n}(t)$ keine deterministische Funktion mehr, sondern ebenfalls eine Zufallsvariable, deren Wahrscheinlichkeitsdichte durch [Pap91, S. 98]

$$\tilde{p}_{\mu_{i,n}}(x) = \begin{cases} \dfrac{1}{\pi\, c_{i,n} \sqrt{1 - (x/c_{i,n})^2}}\,, & |x| < c_{i,n}\,, \\[2mm] 0\,, & |x| \geq c_{i,n}\,, \end{cases} \tag{4.28}$$

gegeben ist. Der Erwartungswert und die Varianz von $\tilde{\mu}_{i,n}(t)$ betragen 0 bzw. $c_{i,n}^2/2$. Falls die Zufallsvariablen $\tilde{\mu}_{i,n}(t)$ statistisch unabhängig sind, kann die Wahrscheinlichkeitsdichte $\tilde{p}_{\mu_i}(x)$ der Summe

$$\tilde{\mu}_i(t) = \tilde{\mu}_{i,1}(t) + \tilde{\mu}_{i,2}(t) + \ldots + \tilde{\mu}_{i,N_i}(t) \tag{4.29}$$

aus der Faltung der einzelnen Dichten

$$\tilde{p}_{\mu_i}(x) = \tilde{p}_{\mu_{i,1}}(x) * \tilde{p}_{\mu_{i,2}}(x) * \ldots * \tilde{p}_{\mu_{i,N_i}}(x) \tag{4.30}$$

bestimmt werden. Der Erwartungswert $\tilde{m}_{\mu_i}$ und die Varianz $\tilde{\sigma}_{\mu_i}^2$ von $\tilde{\mu}_i(t)$ lauten dann

$$\tilde{m}_{\mu_i} = 0 \tag{4.31a}$$

bzw.

$$\tilde{\sigma}_{\mu_i}^2 = \sum_{n=1}^{N_i} \frac{c_{i,n}^2}{2} \,. \tag{4.31b}$$

Prinzipiell liegt durch (4.30) eine Regel zur Berechnung von $\tilde{p}_{\mu_i}(x)$ vor. Es ist aber vorteilhafter für das weitere Vorgehen, von dem Konzept der charakteristischen Funktion [siehe (2.14)] Gebrauch zu machen. Für die charakteristische Funktion $\tilde{\Psi}_{\mu_{i,n}}(\nu)$ der Zufallsvariablen $\tilde{\mu}_{i,n}(t)$ erhalten wir nach Einsetzen von (4.28) in (2.14) das Ergebnis

$$\tilde{\Psi}_{\mu_{i,n}}(\nu) = J_0(2\pi c_{i,n}\nu)\,. \tag{4.32}$$

Die N_i-fache Faltung (4.30) der Wahrscheinlichkeitsdichten $\tilde{p}_{\mu_{i,n}}(x)$ kann jetzt als N_i-faches Produkt der jeweiligen charakteristischen Funktionen $\tilde{\Psi}_{\mu_{i,n}}(\nu)$ formuliert werden

$$\begin{aligned}
\tilde{\Psi}_{\mu_i}(\nu) &= \tilde{\Psi}_{\mu_{i,1}}(\nu) \cdot \tilde{\Psi}_{\mu_{i,2}}(\nu) \cdot \ \ldots \ \cdot \tilde{\Psi}_{\mu_{i,N_i}}(\nu) \\
&= \prod_{n=1}^{N_i} J_0(2\pi c_{i,n}\nu)\,. \tag{4.33}
\end{aligned}$$

Die Fourierrücktransformation von $\tilde{\Psi}_{\mu_i}(-\nu) = \tilde{\Psi}_{\mu_i}(\nu)$ ergibt dann den zu (4.30) alternativen Ausdruck für die Wahrscheinlichkeitsdichte [Ben48]

$$\begin{aligned}
\tilde{p}_{\mu_i}(x) &= \int_{-\infty}^{\infty} \tilde{\Psi}_{\mu_i}(\nu)\, e^{j2\pi\nu x}\, d\nu \\
&= 2\int_0^\infty \left[\prod_{n=1}^{N_i} J_0(2\pi c_{i,n}\nu)\right] \cos(2\pi\nu x)\, d\nu\,, \quad i = 1,2\,. \tag{4.34}
\end{aligned}$$

Wichtig ist hierbei zu erkennen, dass die Wahrscheinlichkeitsdichte $\tilde{p}_{\mu_i}(x)$ von $\tilde{\mu}_i(t)$ vollständig durch die Anzahl der harmonischen Funktionen N_i und die Dopplerkoeffizienten $c_{i,n}$ bestimmt ist, und damit unabhängig von der Wahl der diskreten Dopplerfrequenzen $f_{i,n}$ und der Dopplerphasen $\theta_{i,n}$ ist.

Im Folgenden sei $c_{i,n} = \sigma_0\sqrt{2/N_i}$ und $f_{i,n} \neq 0$ für alle $n = 1, 2, \ldots, N_i$ und $i = 1, 2$, dann ist wegen (4.31a) und (4.31b) die durch (4.29) definierte Summe $\tilde{\mu}_i(t)$ eine Zufallsvariable mit dem Erwartungswert 0 und der Varianz

$$\tilde{\sigma}_0^2 = \tilde{\sigma}_{\mu_1}^2 = \tilde{\sigma}_{\mu_2}^2 = \sigma_0^2\,. \tag{4.35}$$

Durch den zentralen Grenzwertsatz wissen wir bereits [siehe (2.16)], dass dann $\tilde{\mu}_i(t)$ für $N_i \to \infty$ eine normalverteilte Zufallsvariable mit dem Erwartungswert 0 und der Varianz σ_0^2 ist, d.h.

$$\lim_{N_i \to \infty} \tilde{p}_{\mu_i}(x) = p_{\mu_i}(x) = \frac{1}{\sqrt{2\pi}\sigma_0}\, e^{-\frac{x^2}{2\sigma_0^2}}\,. \tag{4.36}$$

Entsprechend erhält man nach der Fouriertransformation dieser Gleichung für die zugehörigen charakteristischen Funktionen die Beziehung

$$\lim_{N_i \to \infty} \tilde{\Psi}_{\mu_i}(\nu) = \Psi_{\mu_i}(\nu) = e^{-2(\pi\sigma_0\nu)^2}\,, \tag{4.37}$$

woraus unter Verwendung von (4.33) schließlich die bemerkenswerte Eigenschaft

$$\lim_{N_i \to \infty} \left[J_0 \left(2\pi\sigma_0 \sqrt{\frac{2}{N_i}}\, \nu \right) \right]^{N_i} = e^{-2(\pi\sigma_0\nu)^2} \tag{4.38}$$

folgt.

Natürlich müssen wir für eine endliche Anzahl harmonischer Funktionen N_i schreiben: $\tilde{p}_{\mu_i}(x) \approx p_{\mu_i}(x)$ bzw. $\tilde{\Psi}_{\mu_i}(\nu) \approx \Psi_{\mu_i}(\nu)$. Aus Bild 4.4(a), wo $\tilde{p}_{\mu_i}(x)$ gemäß (4.34) mit $c_{i,n} = \sigma_0\sqrt{2/N_i}$ für $N_i \in \{3, 5, 7, \infty\}$ veranschaulicht ist, geht aber hervor, dass die Näherung $\tilde{p}_{\mu_i}(x) \approx p_{\mu_i}(x)$ bereits für $N_i \geq 7$ ausgesprochen gut ist. Genauer lässt sich der Approximationsfehler durch den mittleren quadratischen Fehler der Wahrscheinlichkeitsdichte $\tilde{p}_{\mu_i}(x)$ gemäß

$$E_{p_{\mu_i}} := \int_{-\infty}^{\infty} \left(p_{\mu_i}(x) - \tilde{p}_{\mu_i}(x) \right)^2 dx \tag{4.39}$$

erfassen. Die berechneten Ergebnisse sind in Abhängigkeit von der Anzahl der harmonischen Funktionen N_i im Bild 4.4(b) dargestellt.

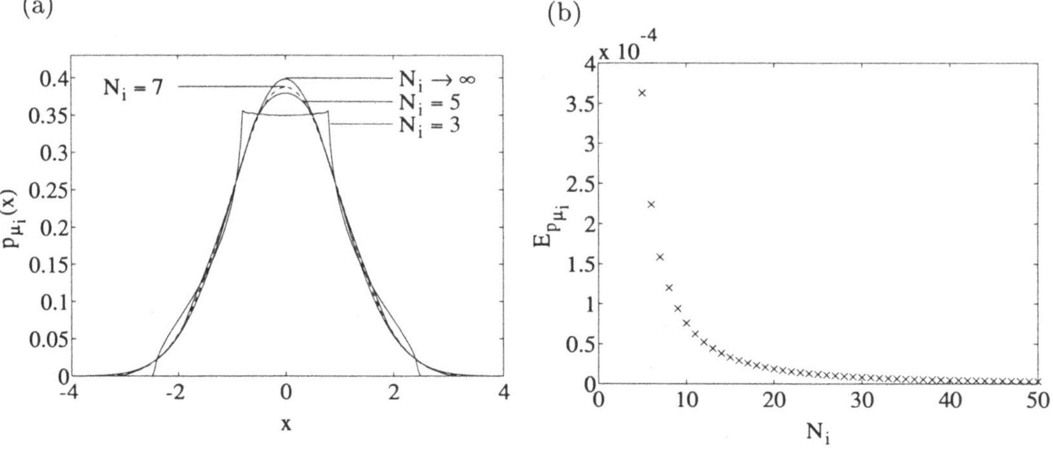

Bild 4.4:   (a) Wahrscheinlichkeitsdichte $\tilde{p}_{\mu_i}(x)$ für $N_i \in \{3, 5, 7, \infty\}$, (b) mittlerer quadratischer Fehler $E_{p_{\mu_i}}$ als Funktion von N_i. (Analytische Ergebnisse für $c_{i,n} = \sigma_0\sqrt{2/N_i}$, $\sigma_0^2 = 1$).

Ohne einen allzu großen Fehler zu begehen, werden wir aufgrund des guten Konvergenzverhaltens von $\tilde{p}_{\mu_i}(x)$ für $c_{i,n} = \sigma_0\sqrt{2/N_i}$ gelegentlich

$$\tilde{p}_{\mu_i}(x) = p_{\mu_i}(x), \quad \text{falls } N_i \geq 7, \tag{4.40}$$

verwenden. Viele Rechnungen, die sonst nur äußerst mühselig zu bewältigen sind, lassen sich dann wesentlich einfacher durchführen.

Als Nächstes berechnen wir die Wahrscheinlichkeitsdichte des Betrages und der Phase der komplexen Zufallsvariable

$$\tilde{\mu}_\rho(t) = \tilde{\mu}_{\rho_1}(t) + j\tilde{\mu}_{\rho_2}(t)\,, \tag{4.41}$$

wobei $\tilde{\mu}_{\rho_i}(t) = \tilde{\mu}_i(t) + m_i(t)$ $(i = 1, 2)$. Hierbei sind für $m_i(t)$ gemäß (3.2) die Fälle $f_\rho = 0$ und $f_\rho \neq 0$ gesondert zu betrachten.

Es sei zunächst $f_\rho = 0$. Dadurch ist m_i unabhängig von der Zufallsvariable t geworden. Folglich ist m_i eine Konstante, deren Wahrscheinlichkeitsdichte durch $p_{m_i}(x) = \delta(x - m_i)$ beschrieben wird. Weiterhin folgt für die Dichte von $\tilde{\mu}_{\rho_i}(t)$, $\tilde{p}_{\mu_{\rho_i}}(x)$, dass diese jetzt auf einfache Weise durch $\tilde{p}_{\mu_i}(x)$ ausgedrückt werden kann

$$\tilde{p}_{\mu_{\rho_i}}(x) = \tilde{p}_{\mu_i}(x) \, * \, p_{m_i}(x) = \tilde{p}_{\mu_i}(x - m_i)\,. \tag{4.42}$$

Nehmen wir an, dass $\tilde{\mu}_{\rho_1}(t)$ und $\tilde{\mu}_{\rho_2}(t)$ statistisch unabhängig sind, also $f_{1,n} \neq f_{2,m}$ gelten soll für alle $n = 1, 2, \dots, N_1$ und $m = 1, 2, \dots, N_2$, dann lässt sich die Verbundwahrscheinlichkeitsdichte der Zufallsvariablen $\tilde{\mu}_{\rho_1}(t)$ und $\tilde{\mu}_{\rho_2}(t)$, $\tilde{p}_{\mu_{\rho_1}\mu_{\rho_2}}(x_1, x_2)$, ausdrücken durch

$$\tilde{p}_{\mu_{\rho_1}\mu_{\rho_2}}(x_1, x_2) = \tilde{p}_{\mu_{\rho_1}}(x_1) \cdot \tilde{p}_{\mu_{\rho_2}}(x_2)\,. \tag{4.43}$$

Die Transformation der kartesischen Koordinaten (x_1, x_2) in Polarkoordinaten (z, θ) mittels

$$x_1 = z\cos\theta\,, \quad x_2 = z\sin\theta \tag{4.44a,b}$$

erlaubt uns, die Verbundwahrscheinlichkeitsdichte $\tilde{p}_{\xi\vartheta}(z, \theta)$ des Betrages $\tilde{\xi}(t) = |\tilde{\mu}_\rho(t)|$ und der Phase $\tilde{\vartheta}(t) = \arg\{\tilde{\mu}_\rho(t)\}$ wie folgt zu berechnen:

$$\begin{aligned}
\tilde{p}_{\xi\vartheta}(z, \theta) &= z\,\tilde{p}_{\mu_{\rho_1}\mu_{\rho_2}}(z\cos\theta, z\sin\theta) & \text{(4.45a)}\\
&= z\,\tilde{p}_{\mu_{\rho_1}}(z\cos\theta) \cdot \tilde{p}_{\mu_{\rho_2}}(z\sin\theta) & \text{(4.45b)}\\
&= z\,\tilde{p}_{\mu_1}(z\cos\theta - \rho\cos\theta_\rho) \cdot \tilde{p}_{\mu_2}(z\sin\theta - \rho\sin\theta_\rho)\,. & \text{(4.45c)}
\end{aligned}$$

Unter Verwendung von (2.40) gewinnen wir aus der letzten Gleichung die gesuchten Wahrscheinlichkeitsdichten für die Amplitude, $\tilde{p}_\xi(z)$, und Phase, $\tilde{p}_\vartheta(\theta)$, in der Form:

$$\begin{aligned}
\tilde{p}_\xi(z) &= z\int_{-\pi}^{\pi} \tilde{p}_{\mu_1}(z\cos\theta - \rho\cos\theta_\rho) \cdot \tilde{p}_{\mu_2}(z\sin\theta - \rho\sin\theta_\rho)\, d\theta\,, & \text{(4.46a)}\\
\tilde{p}_\vartheta(\theta) &= \int_{0}^{\infty} z\,\tilde{p}_{\mu_1}(z\cos\theta - \rho\cos\theta_\rho) \cdot \tilde{p}_{\mu_2}(z\sin\theta - \rho\sin\theta_\rho)\, dz\,. & \text{(4.46b)}
\end{aligned}$$

Nach Einsetzen von (4.34) in die letzten beiden Ausdrücke erhalten wir für die gesuchten Dichten die folgenden Dreifachintegrale:

$$\tilde{p}_\xi(z) \;=\; 4z \int_{-\pi}^{\pi} \left\{ \int_0^\infty \left[\prod_{n=1}^{N_1} J_0(2\pi c_{1,n}\nu_1) \right] g_1(z,\theta,\nu_1)\, d\nu_1 \right\}$$

$$\left\{ \int_0^\infty \left[\prod_{m=1}^{N_2} J_0(2\pi c_{2,m}\nu_2) \right] g_2(z,\theta,\nu_2)\, d\nu_2 \right\} d\theta\,, \tag{4.47a}$$

$$\tilde{p}_\vartheta(\theta) \;=\; 4 \int_0^\infty z \left\{ \int_0^\infty \left[\prod_{n=1}^{N_1} J_0(2\pi c_{1,n}\nu_1) \right] g_1(z,\theta,\nu_1)\, d\nu_1 \right\}$$

$$\left\{ \int_0^\infty \left[\prod_{m=1}^{N_2} J_0(2\pi c_{2,m}\nu_2) \right] g_2(z,\theta,\nu_2)\, d\nu_2 \right\} dz\,, \tag{4.47b}$$

wobei

$$g_1(z,\theta,\nu_1) = \cos[2\pi\nu_1(z\cos\theta - \rho\cos\theta_\rho)]\,, \tag{4.48a}$$

$$g_2(z,\theta,\nu_2) = \cos[2\pi\nu_2(z\sin\theta - \rho\sin\theta_\rho)]\,. \tag{4.48b}$$

Weitere Vereinfachungen sind für (4.47b) bislang nicht bekannt, so dass die verbleibenden drei Integrale numerisch gelöst werden müssen. Dagegen besteht die Möglichkeit, das Dreifachintegral in (4.47a) auf ein Doppelintegral zu reduzieren, wenn wir von dem Ausdruck [Gra81, Gl. (3.876.7)]

$$\int_0^1 \frac{\cos\left(2\pi\nu_2 z\sqrt{1-x^2}\right)}{\sqrt{1-x^2}} \cos(2\pi\nu_1 zx)\, dx = \frac{\pi}{2} J_0\left(2\pi z\sqrt{\nu_1^2 + \nu_2^2}\right) \tag{4.49}$$

Gebrauch machen. Nach einer nicht allzu langen Rechnung kommen wir dann zu dem Ergebnis

$$\tilde{p}_\xi(z) \;=\; 4\pi z \int_0^\pi \int_0^\infty \left[\prod_{n=1}^{N_1} J_0(2\pi c_{1,n}y\cos\theta) \right] \left[\prod_{m=1}^{N_2} J_0(2\pi c_{2,m}y\sin\theta) \right]$$

$$\cdot\, J_0(2\pi zy) \cos\left[2\pi\rho y\cos(\theta - \theta_\rho)\right] y\, dy\, d\theta\,. \tag{4.50}$$

Die Ergebnisse der numerischen Auswertungen von $\tilde{p}_\xi(z)$ und $\tilde{p}_\vartheta(\theta)$ sind für den Sonderfall $c_{i,n} = \sigma_0\sqrt{2/N_i}$ ($\sigma_0^2 = 1$) im Bild 4.5(a) bzw. 4.5(b) veranschaulicht. Diese Darstellungen machen wieder plausibel, dass der Approximationsfehler für $N_i \geq 7$ vernachlässigbar ist.

Wir wollen noch zeigen, dass aus (4.47a) und (4.47b) für $N_i \to \infty$ erwartungsgemäß $\tilde{p}_\xi(z) \to p_\xi(z)$ bzw. $\tilde{p}_\vartheta(\theta) \to p_\vartheta(\theta)$ folgen, falls die Dopplerkoeffizienten $c_{i,n}$ wieder durch $c_{i,n} = \sigma_0\sqrt{2/N_i}$ gegeben sind. Mit der Eigenschaft (4.38) erhalten wir aus (4.47a) und (4.47b)

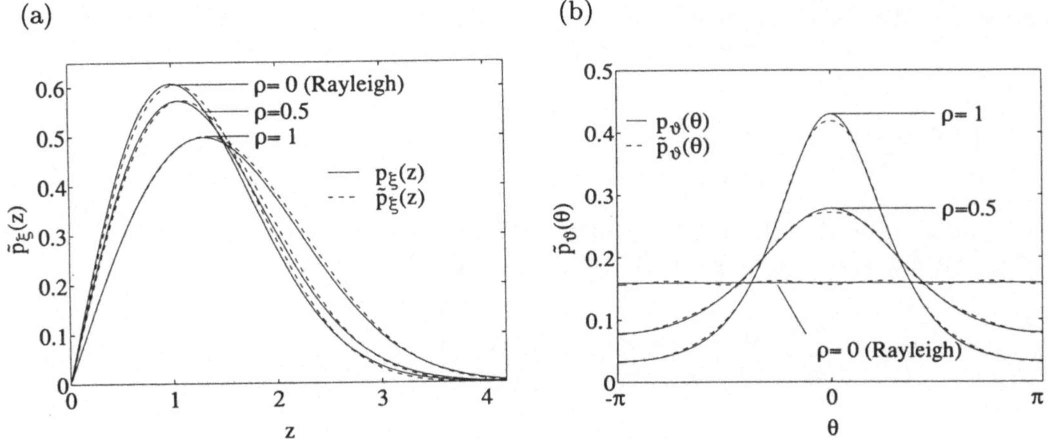

Bild 4.5: (a) Wahrscheinlichkeitsdichte $\tilde{p}_\xi(z)$ der Amplitude $\tilde{\xi}(t) = |\tilde{\mu}_\rho(t)|$ und (b) Wahrscheinlichkeitsdichte $\tilde{p}_\vartheta(\theta)$ der Phase $\tilde{\vartheta}(t) = \arg\{\tilde{\mu}_\rho(t)\}$ für $N_1 = N_2 = 7$. (Analytische Ergebnisse für $c_{i,n} = \sigma_0\sqrt{2/N_i}$ und $\sigma_0^2 = 1$.)

$$\lim_{N_i \to \infty} \tilde{p}_\xi(z) = 4z \int_{-\pi}^{\pi} \left[\int_0^\infty e^{-2(\pi\sigma_0\nu_1)^2} g_1(z,\theta,\nu_1)\, d\nu_1 \right]$$
$$\left[\int_0^\infty e^{-2(\pi\sigma_0\nu_2)^2} g_2(z,\theta,\nu_2)\, d\nu_2 \right] d\theta \tag{4.51}$$

bzw.

$$\lim_{N_i \to \infty} \tilde{p}_\vartheta(\theta) = 4 \int_0^z z \left[\int_0^\infty e^{-2(\pi\sigma_0\nu_1)^2} g_1(z,\theta,\nu_1)\, d\nu_1 \right]$$
$$\left[\int_0^\infty e^{-2(\pi\sigma_0\nu_2)^2} g_2(z,\theta,\nu_2)\, d\nu_2 \right] dz\,. \tag{4.52}$$

Die Verwendung des Integrals [Gra81, Gl. (3.896.2)]

$$\int_{-\infty}^{\infty} e^{-q^2 x^2} \cos(px)\, dx = \frac{\sqrt{\pi}}{q} e^{-\frac{p^2}{4q^2}} \tag{4.53}$$

ermöglicht uns, die Ausdrücke (4.51) und (4.52) in der Form

$$\lim_{N_i \to \infty} \tilde{p}_\xi(z) = \frac{z}{\sigma_0^2} e^{-\frac{z^2+\rho^2}{2\sigma_0^2}} \cdot \frac{1}{\pi} \int_0^\pi e^{\frac{z\rho}{\sigma_0^2}\cos(\theta-\theta_\rho)}\, d\theta \tag{4.54}$$

bzw.

$$\lim_{N_i \to \infty} \tilde{p}_\vartheta(\theta) = \frac{1}{2\pi\sigma_0^2} e^{-\frac{\rho^2}{2\sigma_0^2}} \int_0^\infty z\, e^{-\frac{z^2}{2\sigma_0^2}+\frac{z\rho}{\sigma_0^2}\cos(\theta-\theta_\rho)}\, dz \tag{4.55}$$

anzugeben. Aus (4.54) kann nun mit der Integraldarstellung der modifizierten Bessel-funktion 0-ter Ordnung [Abr72, Gl. (9.6.16)]

$$I_0(z) = \frac{1}{\pi} \int\limits_0^\pi e^{\pm z \cos \theta} \, d\theta \tag{4.56}$$

sofort auf die Riceverteilung $p_\xi(z)$ gemäß (3.17) geschlossen werden, und aus (4.55) erhalten wir unter Verwendung von [Gra81, Gl. (3.462.5)]

$$\int\limits_0^\infty z \, e^{-qz^2 - 2pz} dz = \frac{1}{2q} - \frac{p}{2q} \sqrt{\frac{\pi}{q}} \, e^{\frac{p^2}{q}} \left[1 - \operatorname{erf}\left(\frac{p}{\sqrt{q}}\right) \right], \ |\arg\{p\}| < \frac{\pi}{2}, \ \operatorname{Re}\{q\} > 0, \tag{4.57}$$

nach elementarer Rechnung die Wahrscheinlichkeitsdichte $p_\vartheta(\theta)$ gemäß (3.22).

Des Weiteren gehört unsere Aufmerksamkeit dem allgemeinen Fall, wo $f_\rho \neq 0$ ist. Die direkte Komponente $m(t) = m_1(t) + j m_2(t)$ [siehe (3.2)] betrachten wir jetzt als zeitvarianten Mittelwert, dessen Real- und Imaginärteil folglich durch die Wahrscheinlichkeitsdichten

$$p_{m_1}(x_1 \, ; t) = \delta(x_1 - m_1(t)) = \delta(x_1 - \rho \cos(2\pi f_\rho t + \theta_\rho)) \tag{4.58}$$

bzw.

$$p_{m_2}(x_2 \, ; t) = \delta(x_2 - m_2(t)) = \delta(x_2 - \rho \sin(2\pi f_\rho t + \theta_\rho)) \tag{4.59}$$

beschrieben werden. Die Herleitung der Dichten $\tilde{p}_\xi(z;t)$ und $\tilde{p}_\vartheta(\theta;t)$ erfolgt analog zum Fall $f_\rho = 0$. Man erhält für diese Größen Ausdrücke, die jeweils mit der rechten Seite von (4.47a) bzw. (4.47b) übereinstimmen, falls dort die Funktionen $g_i(z, \theta, \nu_i)$ für $i = 1, 2$ durch

$$g_1(z, \theta, \nu_1) = \cos\{2\pi\nu_1[z \cos \theta - \rho \cos(2\pi f_\rho t + \theta_\rho)]\} \tag{4.60a}$$

und

$$g_2(z, \theta, \nu_2) = \cos\{2\pi\nu_2[z \sin \theta - \rho \sin(2\pi f_\rho t + \theta_\rho)]\} \tag{4.60b}$$

ersetzt werden. Bezüglich des Konvergenzverhaltens kann man leicht zeigen, dass für $N_i \to \infty$ mit $c_{i,n} = \sigma_0 \sqrt{2/N_i}$ erwartungsgemäß $\tilde{p}_\xi(z;t) \to p_\xi(z)$ und $\tilde{p}_\vartheta(\theta;t) \to p_\vartheta(\theta;t)$ folgen, wobei $p_\xi(z)$ und $p_\vartheta(\theta;t)$ die durch (3.17) bzw. (3.21) beschriebenen Wahrscheinlichkeitsdichten sind.

Abschließend soll eine Verifikation der in diesem Unterabschnitt hergeleiteten analytischen Ausdrücke für die Wahrscheinlichkeitsdichten $\tilde{p}_\xi(z)$ und $\tilde{p}_\vartheta(\theta)$ mit Simulationsergebnissen durchgeführt werden. Prinzipiell können wir dabei so vorgehen, dass wir das im Bild 4.3 gezeigte Simulationsmodell heranziehen und dort die Zeitvariable t durch eine gleichverteilte Zufallsvariable ersetzen, was uns auch bei der Herleitung der analytischen

Ausdrücke zum Ziel führte. Im weiteren werden wir aber die konventionelle Vorgehensweise beibehalten und t durch $t = kT_A$ ersetzen, wobei T_A wieder das Abtastintervall bezeichnet und $k = 1, 2, \ldots, K$. Hierbei gilt es zu beachten, dass das Abtastintervall T_A klein genug gewählt wird, damit die statistische Auswertung der deterministischen Folgen $\tilde{\xi}(kT_A) = |\tilde{\mu}_\rho(kT_A)|$ und $\tilde{\vartheta}(kT_A) = \arg\{\tilde{\mu}_\rho(kT_A)\}$ möglichst genau vorgenommen werden kann. Es genügt z. B. nicht, wenn für die Abtastfrequenz $f_A = 1/T_A$ lediglich der Wert $f_A = 2 \cdot \max\{f_{i,n}\}_{n=1}^{N_i}$ gewählt wird, was zur Erfüllung des Abtasttheorems völlig ausreichend wäre. Vielmehr muss für unsere Zwecke $f_A \gg \max\{f_{i,n}\}_{n=1}^{N_i}$ sein. Erfahrungsgemäß liegt ein guter Kompromiss zwischen Rechenaufwand und erreichbarer Genauigkeit vor, wenn je nach Anwendungsfall $f_A \approx 20 \cdot \max\{f_{i,n}\}_{n=1}^{N_i}$ bis $f_A \approx 100 \cdot \max\{f_{i,n}\}_{n=1}^{N_i}$ gilt, und für die Anzahl der Iterationen K der Wert $K = 10^6$ gewählt wird. Aus der Simulation der zeitdiskreten Signale $\tilde{\xi}(kT_A)$ und $\tilde{\vartheta}(kT_A)$ lassen sich dann über die jeweiligen Histogramme die Wahrscheinlichkeitsdichten $\tilde{p}_\xi(z)$ bzw. $\tilde{p}_\vartheta(\theta)$ bestimmen. Dabei ist die Wahl der diskreten Dopplerfrequenzen $f_{i,n}$ nicht entscheidend. Diesen wird nur auferlegt, dass sie alle ungleich und von null verschieden sein sollen. Außerdem müssen wegen des periodischen Verhaltens von $\tilde{\mu}_i(t)$ die diskreten Dopplerfrequenzen $f_{i,n}$ so bestimmt sein, dass die Periode $T_i = 1/\operatorname{ggT}\{f_{i,n}\}_{n=1}^{N_i}$ größer gleich der Simulationsdauer T_{Sim} wird, d. h. $T_i \geq T_{Sim} = KT_A$.

Exemplarisch sind im Bild 4.6 die Simulationsergebnisse der Wahrscheinlichkeitsdichten $\tilde{p}_\xi(z)$ und $\tilde{p}_\vartheta(\theta)$ für den Fall $c_{i,n} = \sigma_0\sqrt{2/N_i}$ mit $N_i = 7$ $(i = 1, 2)$ und $\sigma_0^2 = 1$ dargestellt.

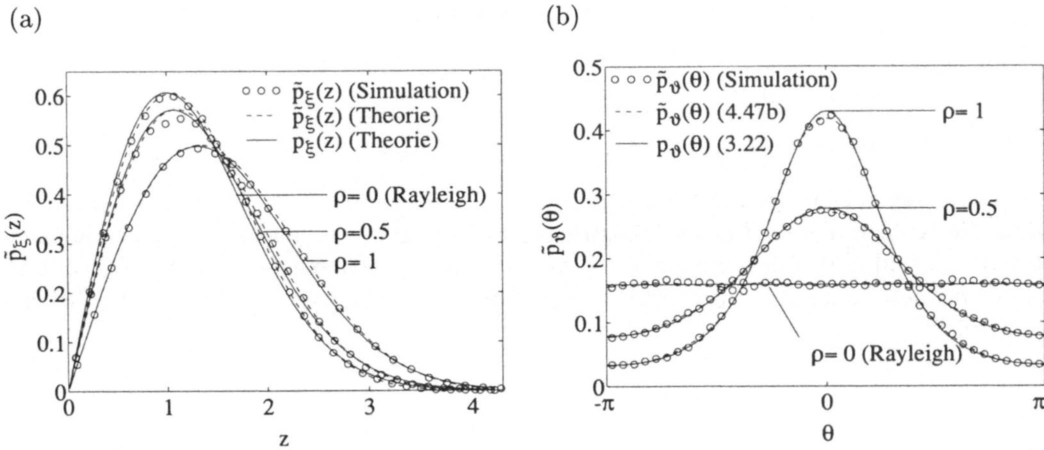

Bild 4.6: (a) Wahrscheinlichkeitsdichte der Amplitude $\tilde{p}_\xi(z)$ und (b) Wahrscheinlichkeitsdichte der Phase $\tilde{p}_\vartheta(\theta)$ für $N_1 = N_2 = 7$ ($c_{i,n} = \sigma_0\sqrt{2/N_i}$, $\sigma_0^2 = 1$, $f_\rho = 0$, $\theta_\rho = 0$).

Die Bilder 4.6(a) und 4.6(b) bestätigen uns, dass die aus der Simulation von deterministischen Prozessen ermittelten Wahrscheinlichkeitsdichten identisch sind mit den zu den entsprechenden Zufallsvariablen gefundenen analytischen Ausdrücken. Wir werden daher im weiteren Verlauf dieses Buches $\tilde{p}_{\mu_i}(x)$ [siehe (4.34)] als Wahrscheinlichkeitsdichte des deterministischen Prozesses $\tilde{\mu}_i(t)$ bezeichnen. Folglich beschreiben dann $\tilde{p}_\xi(z)$ und $\tilde{p}_\vartheta(\theta)$ [siehe (4.47a) und (4.47b)] die Wahrscheinlichkeitsdichten der Amplitude $\tilde{\xi}(t)$ und Phase $\tilde{\vartheta}(t)$ des komplexen deterministischen Prozesses $\tilde{\mu}_\rho(t) = \tilde{\mu}_{\rho_1}(t) + j\tilde{\mu}_{\rho_2}(t)$ bzw. des zugehörigen deterministischen Simulationsmodells.

4.3.2   Pegelunterschreitungsrate und mittlere Fadingdauer

In diesem Unterabschnitt berechnen wir allgemeine analytische Ausdrücke für die Pegelunterschreitungsrate, $\tilde{N}_\xi(r)$, und die mittlere Fadingdauer, $\tilde{T}_{\xi_-}(r)$, des im Bild 4.3 dargestellten deterministischen Simulationsmodells für Riceprozesse. Die hergeleiteten analytischen Lösungen machen letztlich die Bestimmung von $\tilde{N}_\xi(r)$ und $\tilde{T}_{\xi_-}(r)$ aus zeitaufwendigen Simulationen überflüssig. Ferner ermöglichen sie einen tieferen Einblick in die Ursachen und Auswirkungen von statistischen Degradationen, welche einerseits auf die endliche Anzahl der verwendeten harmonischen Funktion N_i und andererseits aber auch auf die herangezogene Methode zur Bestimmung der Modellparameter zurückzuführen sind.

Im vorhergehenden Unterabschnitt 4.3.1 haben wir gesehen, dass die Wahrscheinlichkeitsdichte des deterministischen Prozesses $\tilde{\mu}_i(t)$, $\tilde{p}_{\mu_i}(x)$, nahezu identisch ist mit der Wahrscheinlichkeitsdichte des (idealen) stochastischen Prozesses $\mu_i(t)$, $p_{\mu_i}(x)$, falls die Anzahl der verwendeten harmonischen Funktionen N_i hinreichend groß ist, sagen wir $N_i \geq 7$. Unter der Voraussetzung, dass die Beziehungen:

$$\text{(i)} \qquad \tilde{p}_{\mu_i}(x) = p_{\mu_i}(x)\,, \tag{4.61a}$$

$$\text{(ii)} \qquad \tilde{\beta} = \tilde{\beta}_1 = \tilde{\beta}_2 \tag{4.61b}$$

gelten, ist die Pegelunterschreitungsrate $\tilde{N}_\xi(r)$ auch weiterhin durch (3.24) gegeben, wenn dort die Größen α und β des stochastischen Referenzmodells durch die entsprechenden Größen $\tilde{\alpha}$ und $\tilde{\beta}$ des deterministischen Simulationsmodells ersetzt werden. Man erhält somit für deterministische Riceprozesse $\tilde{\xi}(t)$ mit $f_\rho \neq 0$ den folgenden für $r \geq 0$ gültigen Ausdruck:

$$\tilde{N}_\xi(r) = \frac{r\sqrt{2\tilde{\beta}}}{\pi^{3/2}\sigma_0^2} e^{-\frac{r^2+\rho^2}{2\sigma_0^2}} \int\limits_0^{\pi/2} \cosh\left(\frac{r\rho}{\sigma_0^2}\cos\theta\right)$$
$$\left\{ e^{-(\tilde{\alpha}\rho\sin\theta)^2} + \sqrt{\pi}\,\tilde{\alpha}\rho\sin(\theta)\,\mathrm{erf}\,(\tilde{\alpha}\rho\sin\theta) \right\} d\theta\,, \tag{4.62}$$

wobei

$$\tilde{\alpha} = 2\pi f_\rho \Big/ \sqrt{2\tilde{\beta}}\,, \tag{4.63a}$$

$$\tilde{\beta} = \tilde{\beta}_i = -\ddot{\tilde{r}}_{\mu_i \mu_i}(0) = 2\pi^2 \sum_{n=1}^{N_i} (c_{i,n} f_{i,n})^2 \,. \tag{4.63b}$$

Für den Sonderfall $f_\rho = 0$ folgt aus (4.63a) $\tilde{\alpha} = 0$, so dass wir jetzt für (4.62) den wesentlich einfacheren Ausdruck

$$\tilde{N}_\xi(r) = \sqrt{\frac{\tilde{\beta}}{2\pi}} \cdot p_\xi(r)\,, \quad r \ge 0\,, \tag{4.64}$$

bekommen, der mit (3.27) übereinstimmt, falls wir dort β durch $\tilde{\beta}$ ersetzen. Offenbar bestimmt die Güte der Approximation $\tilde{\beta} \approx \beta$ ganz entscheidend die Abweichung der Pegelunterschreitungsrate des deterministischen Simulationsmodells von der des zugrunde liegenden stochastischen analytischen Modells.

Zur weiteren Analyse schreiben wir

$$\tilde{\beta} = \beta + \Delta\beta\,, \tag{4.65}$$

wobei $\Delta\beta$ den durch ein ausgewähltes Parameterbestimmungsverfahren hervorgerufenen *wahren Fehler von* $\tilde{\beta}$ beschreibt, welchen wir im Folgenden kurz *Modellfehler* nennen werden. Nehmen wir an, dass der *wahre relative Fehler von* $\tilde{\beta}$, also der *relative Modellfehler* $\Delta\beta/\beta$, klein ist, so kann mit der Näherung $\sqrt{\beta + \Delta\beta} \approx \sqrt{\beta}(1 + \frac{\Delta\beta}{2\beta})$ die Pegelunterschreitungsrate (4.64) durch

$$\tilde{N}_\xi(r) \approx N_\xi(r) \left(1 + \frac{\Delta\beta}{2\beta}\right) = N_\xi(r) + \Delta N_\xi(r)\,, \quad r \ge 0\,, \tag{4.66}$$

approximiert werden, wobei

$$\Delta N_\xi(r) = \frac{\Delta\beta}{2\beta} N_\xi(r) = \frac{\Delta\beta}{2\sqrt{2\pi\beta}} p_\xi(r) \tag{4.67}$$

den *wahren Fehler von* $\tilde{N}_\xi(r)$ beschreibt. In diesem Fall verhält sich also $\Delta N_\xi(r)$ proportional zu $\Delta\beta$ oder anders gesagt: Für einen gegebenen Pegel r ist das Verhältnis $\Delta N_\xi(r)/\Delta\beta = const.$ und somit unabhängig von dem Modellfehler $\Delta\beta$ des Simulationsmodells.

Für $\rho \to 0$ folgt $\tilde{\xi}(t) \to \tilde{\zeta}(t)$ und somit auch $\tilde{p}_\xi(r) \to \tilde{p}_\zeta(r)$. Folglich erhalten wir mit den vereinbarten Annahmen (4.61a) und (4.61b) für die Pegelunterschreitungsrate des deterministischen Rayleighprozesses $\tilde{\zeta}(t)$, $\tilde{N}_\zeta(r)$, die Beziehung

$$\tilde{N}_\zeta(r) = \sqrt{\frac{\tilde{\beta}}{2\pi}} \cdot p_\zeta(r)\,, \quad r \ge 0\,. \tag{4.68}$$

Es ist klar, dass auch für $\tilde{N}_\zeta(r)$ die Näherung (4.66) in Verbindung mit (4.67) gilt, wenn dort jeweils der Index ξ durch ζ ersetzt wird.

Zur Veranschaulichung der Ergebnisse ist in dem Bild 4.7 der analytische Ausdruck für $\tilde{N}_\xi(r)$ gemäß (4.64) bei einem relativen Modellfehler $\Delta\beta/\beta$ in Höhe von $\pm 10\,\%$ dargestellt. Dieses Bild zeigt auch die idealen Verhältnisse, d.h. $\tilde{\beta} = \beta$, wie wir sie bereits im Bild 3.5(b) kennen gelernt haben.

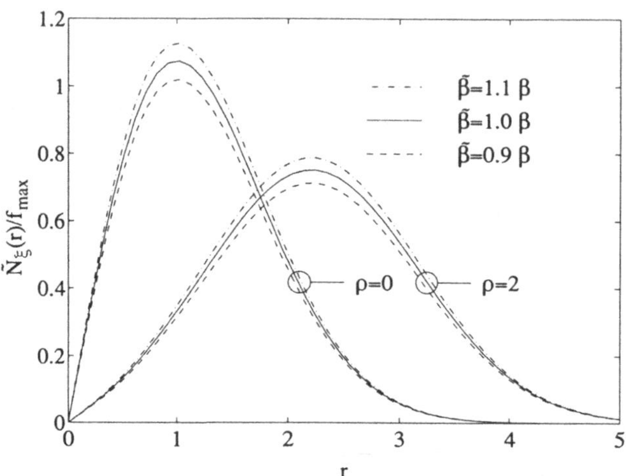

Bild 4.7: Normierte Pegelunterschreitungsrate von deterministischen Riceprozessen $\tilde{N}_\xi(r)/f_{max}$ für verschiedene Werte von $\tilde{\beta} = \beta + \Delta\beta$ (Jakes LDS, $f_{max} = 91\,\mathrm{Hz}$, $f_\rho = 0$).

Wir wollen uns nun der Berechnung der mittleren Fadingdauer von deterministischen Riceprozessen zuwenden, wobei wir auch hier an den Annahmen (4.61a) und (4.61b) festhalten. Aus (4.61a) folgt somit für die Verteilungsfunktion des deterministischen Riceprozesses, $\tilde{F}_{\xi_-}(r)$, dass diese identisch ist mit der des stochastischen Riceprozesses. Es gilt also $\tilde{F}_{\xi_-}(r) = F_{\xi_-}(r)$, so dass wir unter Verwendung der Definition (2.63) die mittlere Fadingdauer von deterministischen Riceprozessen, $\tilde{T}_{\xi_-}(r)$, allgemein durch

$$\tilde{T}_{\xi_-}(r) = \frac{F_{\xi_-}(r)}{\tilde{N}_\xi(r)} \tag{4.69}$$

ausdrücken können, wobei $\tilde{N}_\xi(r)$ durch (4.62) gegeben ist.

Für den Sonderfall $f_\rho = 0$ lassen sich wieder einfache Näherungslösungen angeben, falls der relative Modellfehler $\Delta\beta/\beta$ klein ist. Dazu setzen wir (4.66) in (4.69) ein und erhalten unter Verwendung der Näherungsformel $1\left/\left(1 + \frac{\Delta\beta}{2\beta}\right)\right. \approx 1 - \frac{\Delta\beta}{2\beta}$ den Ausdruck

$$\tilde{T}_{\xi_-}(r) \approx T_{\xi_-}(r)\left(1 - \frac{\Delta\beta}{2\beta}\right) = T_{\xi_-}(r) + \Delta T_{\xi_-}(r), \quad r \geq 0, \tag{4.70}$$

wobei

$$\Delta T_{\xi_-}(r) = -\frac{\Delta\beta}{2\beta} T_{\xi_-}(r) \tag{4.71}$$

den *wahren Fehler von* $\tilde{T}_{\xi_-}(r)$ kennzeichnet. Die Gleichung (4.70) besagt also, dass mit einem zunehmenden (abnehmenden) Modellfehler $\Delta\beta$ die mittlere Fadingdauer des deterministischen Riceprozesses näherungsweise linear abnimmt (zunimmt).

Für kleine Pegel r und moderate Ricefaktoren $c_R = \rho^2/(2\sigma_0^2)$ folgt nach einer kurzen Rechnung aus (4.70) in Verbindung mit (3.39) die Approximation

$$\tilde{T}_{\xi_-}(r) \approx \tilde{T}_{\zeta_-}(r) \approx r\sqrt{\frac{\pi}{2\beta}}\left(1 - \frac{\Delta\beta}{2\beta}\right), \tag{4.72}$$

falls $r \ll 1$ und $r\rho/\sigma_0^2 \ll 1$. Hierdurch wird ersichtlich, dass bei kleinen Signalpegeln die mittlere Fadingdauern von deterministischen Rice- und Rayleighprozessen näherungsweise identisch sind, falls der Einfluss der direkten Komponente nicht allzu schwer ins Gewicht fällt. Durch den Vergleich von (3.39) mit (4.72) wird auch deutlich, dass der relative Modellfehler wieder die Abweichungen von den Vorgaben des zugehörigen Referenzmodells bestimmt.

Eine interessante Aussage lässt sich auch über das Produkt $\tilde{N}_\xi(r) \cdot \tilde{T}_{\xi_-}(r)$ machen. Aus (2.63) und (4.69) folgt nämlich das Modellfehlergesetz der deterministischen Kanalmodellierung

$$\tilde{N}_\xi(r) \cdot \tilde{T}_{\xi_-}(r) = N_\xi(r) \cdot T_{\xi_-}(r), \tag{4.73}$$

welches besagt, dass das Produkt aus der Pegelunterschreitungsrate und der mittleren Fadingdauer von deterministischen Riceprozessen unabhängig von dem Modellfehler $\Delta\beta$ ist. Mit zunehmendem Modellfehler $\Delta\beta$ erhöht sich zwar die Pegelunterschreitungsrate $\tilde{N}_\xi(r)$, jedoch nimmt im gleichen Maße die mittlere Fadingdauer $\tilde{T}_{\xi_-}(r)$ ab, so dass bei einem vorgegebenen Pegel $r = $ const. das Produkt $\tilde{N}_\xi(r) \cdot \tilde{T}_{\xi_-}(r)$ konstant bleibt. Näherungsweise erhält man dieses Ergebnis auch, wenn wir (4.66) mit (4.70) multiplizieren und den entstehenden quadratischen Term $[\Delta\beta/(2\beta)]^2$ vernachlässigen.

Da Rayleighprozesse naturgemäß als Riceprozesse für den Sonderfall $\rho = 0$ betrachtet werden können, gelten die Beziehungen (4.69)–(4.71) und (4.73) grundsätzlich auch für Rayleighprozesse. Es sind lediglich die Indizes ξ und ξ_- durch ζ bzw. ζ_- zu ersetzen.

Die Auswertung des analytischen Ausdrucks für $\tilde{T}_{\xi_-}(r)$ [siehe (4.69)] ist im Bild 4.8 für $\Delta\beta/\beta \in \{-0.1, 0, +0.1\}$ dargestellt.

Im Kapitel 5 werden wir bei der Analyse der einzelnen Methoden zur Bestimmung der Parameter des Simulationsmodells sehen, dass die Forderung (4.61b) häufig nicht exakt erfüllt werden kann. In den meisten Fällen ist aber die relative Abweichung zwischen $\tilde{\beta}_1$

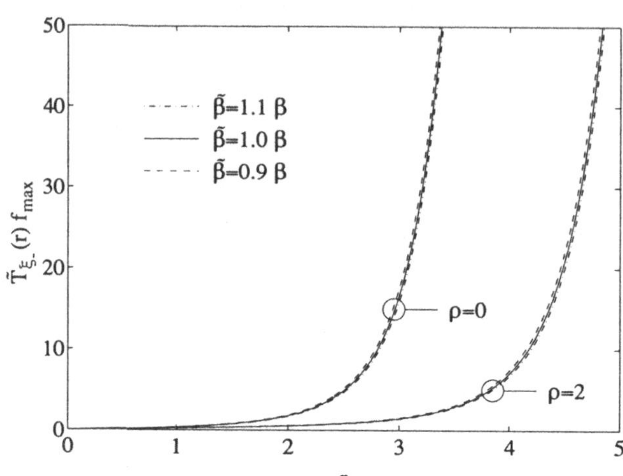

Bild 4.8: Normierte mittlere Fadingdauer von deterministischen Riceprozessen $\tilde{T}_{\xi_-}(r) \cdot f_{max}$ für verschiedene Werte von $\tilde{\beta} = \beta + \Delta\beta$ (Jakes LDS, $f_{max} = 91\,\mathrm{Hz}$, $f_\rho = 0$).

und $\tilde{\beta}_2$ sehr gering. Durch die im Unterabschnitt 3.3.2 behandelte Analyse der Pegel-unterschreitungsrate und der mittleren Fadingdauer von Rice- und Rayleighprozessen, wissen wir bereits, dass bei kleinen relativen Abweichungen zwischen β_1 und β_2 die für $\beta = \beta_1 = \beta_2$ hergeleiteten idealen Beziehungen auch dann noch in sehr guter Näherung ihre Gültigkeit beibehalten, wenn wir in den entsprechenden Ausdrücken die Größe $\beta = \beta_1 = \beta_2$ durch das arithmetische Mittel $\beta = (\beta_1 + \beta_2)/2$ ersetzen [siehe (3.37)], bzw. β direkt mit β_1 identifizieren, d. h. $\beta = \beta_1 \approx \beta_2$ [siehe auch Anhang B, Gl. (B.17)]. Analoge Ergebnisse erhält man ebenfalls für das deterministische Modell. Im Folgenden werden wir daher zur weiteren Vereinfachung $\tilde{\beta} = \tilde{\beta}_1 \approx \tilde{\beta}_2$ setzen, falls die relativen Abweichungen zwischen $\tilde{\beta}_1$ und $\tilde{\beta}_2$ klein sind.

Abschließend sei zu diesem Thema noch erwähnt, dass auch ohne die getroffenen Voraus-setzungen (4.61a) und (4.61b) die Pegelunterschreitungsrate und somit auch die mittlere Fadingdauer von deterministischen Riceprozessen exakt berechnet werden kann. Der nu-merische Aufwand zur Lösung der erhaltenen Integralgleichungen ist jedoch beträchtlich. Außerdem sind die erzielbaren Verbesserungen selbst für eine kleine Anzahl harmoni-scher Funktionen N_i häufig nur gering, so dass der erhöhte numerische Aufwand nicht gerechtfertigt erscheint. Nicht zuletzt vor diesem Hintergrund stellt sich insbesondere die Voraussetzung (4.61a) als sinnvoll heraus, obwohl diese genau genommen nur für $N_i \to \infty$ erfüllt ist.

Zur Vollständigkeit ist sowohl die exakte Berechnung der Pegelunterschreitungsrate als auch die der mittleren Fadingdauer von deterministischen Riceprozessen für eine be-liebige Anzahl harmonischer Funktionen N_i im Anhang C aufgeführt, wo die beiden

Voraussetzungen (4.61a) und (4.61b) fallen gelassen werden. Man findet dort für die Pegelunterschreitungsrate $\tilde{N}_\xi(r)$ den analytischen Ausdruck

$$\tilde{N}_\xi(r) = 2r \int\limits_0^\infty \int\limits_{-\pi}^\pi w_1(r,\theta)\, w_2(r,\theta) \int\limits_0^\infty j_1(z,\theta)\, j_2(z,\theta)\, \dot{z}\cos(2\pi z\dot{z})\, dz\, d\theta\, d\dot{z}\,, \qquad (4.74)$$

wobei

$$w_1(r,\theta) = \tilde{p}_{\mu_1}(r\cos\theta - \rho\cos\theta_\rho)\,, \qquad (4.75a)$$

$$w_2(r,\theta) = \tilde{p}_{\mu_2}(r\sin\theta - \rho\sin\theta_\rho)\,, \qquad (4.75b)$$

$$j_1(z,\theta) = \prod_{n=1}^{N_1} J_0(4\pi^2 c_{1,n} f_{1,n} z\cos\theta)\,, \qquad (4.75c)$$

$$j_2(z,\theta) = \prod_{n=1}^{N_2} J_0(4\pi^2 c_{2,n} f_{2,n} z\sin\theta)\,. \qquad (4.75d)$$

Wenn wir jetzt noch (4.74) in (4.69) einsetzen und dort die Verteilungsfunktion $F_{\xi_-}(r)$ durch $\tilde{F}_{\xi_-}(r)$ ersetzen, wobei wir für $\tilde{F}_{\xi_-}(r)$ die ebenfalls im Anhang C hergeleitete Beziehung (C.40) verwenden wollen, dann haben wir auch einen exakten analytischen Ausdruck für die mittlere Fadingdauer $\tilde{T}_{\xi_-}(r)$ von deterministischen Riceprozessen $\tilde{\xi}(t)$ gefunden.

4.3.3 Statistik der Fadingdauern bei kleinen Pegeln

In diesem Unterabschnitt erfolgt eine Diskussion der statistischen Eigenschaften der Fadingdauern von deterministischen Rayleighprozessen. Wir werden uns hier auf kleine Pegel beschränken, da dann auf analytischem Wege sehr genaue Näherungslösungen hergeleitet werden können. Bei mittleren und hohen Pegeln sind wir auf Simulationen angewiesen, auf die wir im Abschnitt 5.3 zurückkommen werden.

Zunächst betrachten wir die Wahrscheinlichkeitsdichte der Fadingdauern von deterministischen Rayleighprozessen $\tilde{p}_{0_-}(\tau_-;r)$. Diese Dichte kennzeichnet die bedingte Wahrscheinlichkeitsdichte dafür, dass ein deterministischer Rayleighprozess $\tilde{\zeta}(t)$ einen Pegel r zum Zeitpunkt $t_2 = t_1 + \tau_-$ erstmalig überschreitet, sofern die letzte Unterschreitung zum Zeitpunkt t_1 erfolgte. Falls keine Angaben über das Pegelkreuzungsverhalten von $\tilde{\zeta}(t)$ zwischen t_1 und t_2 gemacht werden, wird die zugehörige Wahrscheinlichkeitsdichte mit $\tilde{p}_{1_-}(\tau_-;r)$ bezeichnet. Bei der im Unterabschnitt 3.3.3 für das stochastische Referenzmodell durchgeführten Analyse wurde darauf hingewiesen, dass $p_{1_-}(\tau_-;r)$ gemäß (3.47) als sehr gute Approximation für $p_{0_-}(\tau_-;r)$ betrachtet werden kann, falls der Pegel r klein ist. Folglich gilt somit auch für das deterministische Modell: $\tilde{p}_{0_-}(\tau_-;r) \to \tilde{p}_{1_-}(\tau_-;r)$ falls $r \to 0$, wobei $\tilde{p}_{1_-}(\tau_-;r)$ unmittelbar aus (3.47) folgt, wenn dort $T_{\zeta_-}(r)$ durch $\tilde{T}_{\zeta_-}(r)$ substituiert wird [Pae96e], d. h.

$$\tilde{p}_{1_-}(\tau_-;r) = \frac{2\pi\tilde{z}^2\, e^{-\tilde{z}}}{\tilde{T}_{\zeta_-}(r)} \left[I_0(\tilde{z}) - \left(1 + \frac{1}{2\tilde{z}}\right) I_1(\tilde{z}) \right]\,, \qquad 0 \le r \ll 1\,, \qquad (4.76)$$

wobei $\tilde{z} = 2 \left[\tilde{T}_{\zeta_-}(r)/\tau_- \right]^2 / \pi$. Die Verwendung des Ergebnisses (4.70) verschafft uns nun den Zugang zur analytischen Untersuchung des Einflusses des Modellfehlers $\Delta\beta$ auf die Wahrscheinlichkeitsdichte der Fadingdauern von deterministischen Rayleighprozessen bei tiefen Signaleinbrüchen. Die Auswertung von $\tilde{p}_{1_-}(\tau_-; r)$ gemäß (4.76) für verschiedene Werte von $\tilde{\beta} = \beta + \Delta\beta$ ist im Bild 4.9 für einen Pegel r von $r = 0.1$ dargestellt. Man erkennt in diesem Bild, dass ein positiver Modellfehler $\Delta\beta > 0$ stets mit einer deutlichen Verkleinerung (Vergrößerung) der Wahrscheinlichkeitsdichte $\tilde{p}_{1_-}(\tau_-; r)$ im Bereich von relativ großen (kleinen) Fadingdauern τ_- verbunden ist. Bei einem negativen Modellfehler $\Delta\beta < 0$ stellen sich sinngemäß die umgekehrten Verhältnisse ein.

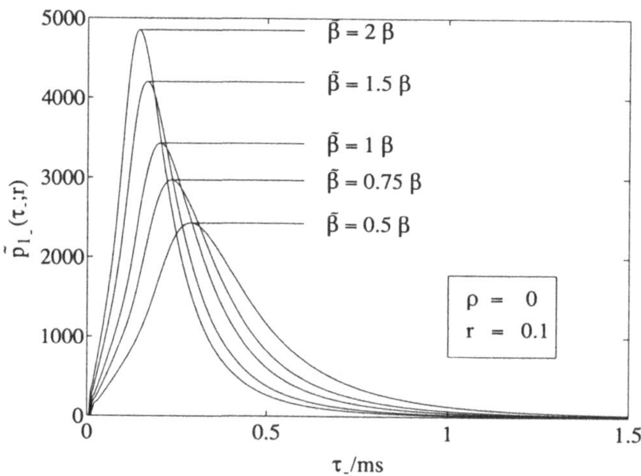

Bild 4.9:   Der Einfluss von $\tilde{\beta} = \beta + \Delta\beta$ auf die Wahrscheinlichkeitsdichte $\tilde{p}_{1_-}(\tau_-; r)$ (Jakes LDS, $f_{max} = 91\,\mathrm{Hz}$, $\sigma_0^2 = 1$).

Auf ähnliche Weise finden wir einen Ausdruck für $\tilde{\tau}_q$, worunter wir hier die Zeitintervalle derjenigen Fadingdauern von deterministischen Rayleighprozessen $\tilde{\zeta}(t)$ verstehen wollen, die q Prozent aller Fadingdauern einschließen. Die Größe $\tilde{\tau}_q = \tilde{\tau}_q(r)$ folgt unmittelbar aus (3.53), wenn wir dort wieder $T_{\zeta_-}(r)$ durch $\tilde{T}_{\zeta_-}(r)$ ersetzen, d.h. für $75 \leq q \leq 100$ gilt

$$\tilde{\tau}_q(r) \approx \frac{\tilde{T}_{\zeta_-}(r)}{\left\{ \frac{\pi}{4} \left[1 - \sqrt{1 - 4\left(1 - \frac{q}{100}\right)} \right] \right\}^{1/3}}, \quad r << 1. \tag{4.77}$$

Um den Einfluss des Modellfehlers $\Delta\beta$ kenntlich zu machen, verwenden wir $\tilde{T}_{\zeta_-}(r) = T_{\zeta_-}(r)[1 - \Delta\beta/(2\beta)]$ und bringen die oben angegebene Beziehung in Verbindung mit

(3.53) auf die Form

$$\tilde{\tau}_q(r) \approx \tau_q(r) \left(1 - \frac{\Delta\beta}{2\beta}\right) , \quad r << 1 . \tag{4.78}$$

Dieser Zusammenhang macht deutlich, dass ein relativer Fehler von β in Höhe von $\pm\varepsilon$ näherungsweise einen relativen Fehler von $\tau_q(r)$ in Höhe von $\mp(\varepsilon/2)$ verursacht.

Insbesondere lassen sich die Größen $\tilde{\tau}_{90}(r)$, $\tilde{\tau}_{95}(r)$ und $\tilde{\tau}_{99}(\tau)$ nach Einsetzen von (3.54)–(3.56) in (4.78) nun näherungsweise darstellen durch:

$$\tilde{\tau}_{90}(r) \approx 1.78 \cdot T_{\zeta_-}(r)[1 - \Delta\beta/(2\beta)] , \tag{4.79a}$$

$$\tilde{\tau}_{95}(r) \approx 2.29 \cdot T_{\zeta_-}(r)[1 - \Delta\beta/(2\beta)] , \tag{4.79b}$$

$$\tilde{\tau}_{99}(r) \approx 3.98 \cdot T_{\zeta_-}(r)[1 - \Delta\beta/(2\beta)] . \tag{4.79c}$$

Es sei an dieser Stelle ausdrücklich betont, dass alle in diesem Unterabschnitt speziell für deterministische Rayleighprozesse hergeleiteten Approximationen für $\tilde{p}_{0_-}(\tau_-;r)$ und $\tilde{\tau}_q(r)$ auch für deterministische Riceprozesse mit moderaten Ricefaktoren gültig sind. Dieser Sachverhalt wird unmittelbar klar, wenn man bedenkt, dass $\tilde{p}_{1_-}(\tau_-;r)$ und $\tilde{\tau}_q(r)$ gemäß (4.76) bzw. (4.77) nur von der mittleren Fadingdauer $\tilde{T}_{\zeta_-}(r)$ abhängig sind, und $\tilde{T}_{\zeta_-}(r)$ wegen (4.72) bei kleinen Signalpegeln r näherungsweise durch die mittlere Fadingdauer $\tilde{T}_{\xi_-}(r)$ von Riceprozessen ersetzt werden kann.

4.3.4 Ergodizität und Kriterien zur Leistungsbewertung

Wie bereits gesagt wurde, ist ein durch (4.4) definierter deterministischer Prozess $\tilde{\mu}_i(t)$ eine Musterfunktion des zugehörigen stochastischen Prozesses $\hat{\mu}_i(t)$. In diesem Unterabschnitt wollen wir die ergodischen Eigenschaften des stochastischen Prozesses $\hat{\mu}_i(t)$ diskutieren. Dabei unterscheiden wir zunächst zwischen der Ergodizität bezüglich des Mittelwertes und der Ergodizität bezüglich der Autokorrelationsfunktion [Pap91]. Daran anschließend betrachten wir noch einige Kriterien zur Leistungsbewertung, die im folgenden Kapitel eine wichtige Rolle spielen.

Ergodizität bezüglich des Mittelwertes: Ein stochastischer Prozess $\hat{\mu}_i(t)$ ist *ergodisch bezüglich des Mittelwertes*, falls der über das Intervall [-T,T] gebildete zeitliche Mittelwert von $\tilde{\mu}_i(t)$ für $T \to \infty$ gegen den statistischen Mittelwert $\hat{m}_{\mu_i} := E\{\hat{\mu}_i(t)\}$ konvergiert, d.h.

$$\hat{m}_{\mu_i} = \tilde{m}_{\mu_i} := \lim_{T\to\infty} \frac{1}{2T} \int_{-T}^{T} \tilde{\mu}_i(t)\,dt . \tag{4.80}$$

Da die Dopplerphasen $\theta_{i,n}$ des stochastischen Prozesses $\hat{\mu}_i(t)$ gleichverteilte Zufallsvariablen über das Intervall $(0, 2\pi]$ sind, ist die linke Seite der oben genannten Gleichung null. Die rechte Seite ergibt ebenfalls null, falls für die diskreten Dopplerfrequenzen $f_{i,n}$

gilt: $f_{i,n} \neq 0$ für alle $n = 1, 2, \ldots, N_i$ und $i = 1, 2$. Diese Forderung ($f_{i,n} \neq 0$) kann problemlos von allen im nächsten Kapitel vorgestellten Parameterbestimmungsverfahren erfüllt werden. Folglich ist der stochastische Prozess $\hat{\mu}_i(t)$ ergodisch bezüglich des Mittelwertes, denn es gilt $\hat{m}_{\mu_i} = \tilde{m}_{\mu_i} = 0$.

Ergodizität bezüglich der Autokorrelationsfunktion: Ein stochastischer Prozess $\hat{\mu}_i(t)$ ist *ergodisch bezüglich der Autokorrelationsfunktion*, falls der über das Intervall $[-T, T]$ gebildete zeitliche Mittelwert von $\tilde{\mu}_i(t)\tilde{\mu}_i(t+\tau)$ für $T \to \infty$ gegen den statistischen Mittelwert $\hat{r}_{\mu_i\mu_i}(\tau) := E\{\hat{\mu}_i(t)\hat{\mu}_i(t + \tau)\}$ konvergiert, d. h.

$$\hat{r}_{\mu_i\mu_i}(\tau) = \tilde{r}_{\mu_i\mu_i}(\tau) := \lim_{T\to\infty} \frac{1}{2T} \int_{-T}^{T} \tilde{\mu}_i(t)\,\tilde{\mu}_i(t + \tau)\, dt\,. \tag{4.81}$$

Falls die diskreten Dopplerfrequenzen $f_{i,n}$ und die Dopplerkoeffizienten $c_{i,n}$ des stochastischen Prozesses $\hat{\mu}_i(t)$ konstante Größen und lediglich die Dopplerphasen $\theta_{i,n} \in (0, 2\pi]$ gleichverteilte Zufallsvariablen sind, so führt die linke Seite der oben genannten Gleichung auf

$$\hat{r}_{\mu_i\mu_i}(\tau) = \sum_{n=1}^{N_i} \frac{c_{i,n}^2}{2} \cos(2\pi f_{i,n}\tau)\,. \tag{4.82}$$

Die Lösung der rechten Seite von (4.81) ist uns bereits durch (4.11) geläufig. Der Vergleich von (4.11) mit (4.82) zeigt uns, dass $\hat{r}_{\mu_i\mu_i}(\tau) = \tilde{r}_{\mu_i\mu_i}(\tau)$ gilt, und folglich ist der stochastische Prozess $\hat{\mu}_i(t)$ ergodisch bezüglich der Autokorrelationsfunktion.

Ohne vorgreifen zu wollen, soll an dieser Stelle noch erwähnt werden, dass bei der im Unterabschnitt 5.1.4 beschriebenen Monte-Carlo-Methode die diskreten Dopplerfrequenzen $f_{i,n}$ des stochastischen Prozesses $\hat{\mu}_i(t)$ keine Konstanten, sondern ebenfalls Zufallsvariablen sind. Für diesen Fall gilt $\hat{r}_{\mu_i\mu_i}(\tau) \neq \tilde{r}_{\mu_i\mu_i}(\tau)$, und somit ist der stochastische Prozess $\hat{\mu}_i(t)$ nicht ergodisch bezüglich der Autokorrelationsfunktion.

In der Tat ist es für die Kanalmodellierung nicht sehr ausschlaggebend, ob der stochastische Prozess $\hat{\mu}_i(t)$ ergodisch bezüglich des Mittelwertes oder der Autokorrelationsfunktion ist. Die Abweichungen der statistischen Eigenschaften des deterministischen Prozesses $\tilde{\mu}_i(t)$ von denen des zugrunde liegenden idealen stochastischen Prozesses $\mu_i(t)$ sind entscheidend. Aus diesen Abweichungen lassen sich Kriterien zur Leistungsbewertung der im nächsten Kapitel aufgeführten Methoden zur Bestimmung der Modellparameter gewinnen.

Da der stochastische Prozess $\mu_i(t)$ als $N(0, \sigma_0^2)$ normalverteilt vorausgesetzt wurde, liegt uns bereits durch den mittleren quadratischen Fehler der Wahrscheinlichkeitsdichte $\tilde{p}_{\mu_i}(x)$ [vgl. (4.39)]

$$E_{p_{\mu_i}} := \int_{-\infty}^{\infty} \left(p_{\mu_i}(x) - \tilde{p}_{\mu_i}(x)\right)^2 dx \tag{4.83}$$

ein erstes wichtiges Kriterium zur Leistungsbewertung vor [Pae98b].

Bekanntlich sind Gaußprozesse durch ihre Dichte und Färbung vollständig beschrieben. Es ist daher sinnvoll, über den mittleren quadratischen Fehler der Autokorrelationsfunktion $\tilde{r}_{\mu_i\mu_i}(\tau)$

$$E_{r_{\mu_i\mu_i}} := \frac{1}{\tau_{\max}} \int_0^{\tau_{\max}} \left(r_{\mu_i\mu_i}(\tau) - \tilde{r}_{\mu_i\mu_i}(\tau)\right)^2 d\tau \tag{4.84}$$

ein weiteres wichtiges Kriterium zur Leistungsbewertung einzuführen [Pae96d]. Für den Parameter $\tau_{\max}$ hat sich insbesondere für das Jakesleistungsdichtespektrum der Wert $\tau_{\max} = N_i/(2f_{max})$ als günstig erwiesen, wie wir im nächsten Kapitel noch sehen werden.

Inzwischen wurde schon mehrfach angedeutet, dass die statistischen Eigenschaften von deterministischen Simulationsmodellen ganz erheblich von denen des zugrunde liegenden idealen stochastischen Referenzmodells abweichen können. Für viele wichtige statistische Kenngrößen konnte hierfür der Modellfehler $\Delta\beta$ verantwortlich gemacht werden. Ein gutes Parameterbestimmungsverfahren darf daher auch bei geringem Aufwand, d. h. bei einer geringen Anzahl von harmonischen Funktionen N_i, nur einen kleinen relativen Modellfehler $\Delta\beta/\beta$ verursachen. Der Modellfehler $\Delta\beta$ und dessen Konvergenzeigenschaften $\Delta\beta \to 0$ bzw. $\tilde{\beta} \to \beta$ für $N_i \to \infty$ sollen daher in den Unterabschnitten des folgenden Kapitels ebenfalls Beachtung finden.

Kapitel 5

Methoden zur Berechnung der Modellparameter von deterministischen Prozessen

Mittlerweile gibt es eine Vielzahl verschiedener Methoden zur Berechnung der relevanten Parameter des Simulationsmodells (Dopplerkoeffizienten $c_{i,n}$ und diskrete Dopplerfrequenzen $f_{i,n}$). Die ursprüngliche Rice-Methode [Ric44, Ric45] ist genau wie die Methode der gleichen Abstände [Pae94b, Pae96d] und die Methode des mittleren quadratischen Fehlers [Pae96d] dadurch charakterisiert, dass die Abstände zwischen zwei benachbarten diskreten Dopplerfrequenzen äquidistant sind. Diese Verfahren unterscheiden sich lediglich in der spezifischen Art der Anpassung der Dopplerkoeffizienten an das gewünschte Dopplerleistungsdichtespektrum. Bedingt durch den äquidistanten Abstand paarweiser benachbarter diskreter Dopplerfrequenzen besteht der entscheidene Nachteil dieser drei Verfahren in dem periodischen Verhalten der so entworfenen deterministischen Gaußprozesse und damit auch der resultierenden Simulationsmodelle. Dieser Nachteil kann zwar vermieden werden durch die Verwendung der Methode der gleichen Flächen [Pae94b, Pae96d], welche auch bei der Anwendung auf das Jakesleistungsdichtespektrum recht akzeptable Ergebnisse liefert, jedoch versagt diese Methode, bzw. führt zu einem vergleichsweise sehr hohen Realisierungsaufwand, wenn sie im Zusammenhang mit dem Gaußleistungsdichtespektrum benutzt wird. Zu einiger Popularität hat es im deutschsprachigen Raum die Monte-Carlo-Methode [Schu89, Hoe92] gebracht. Allerdings ist die Leistungsfähigkeit dieses Verfahrens im Vergleich mit anderen Methoden stark zu bemängeln [Pae96d, Pae96e], wenn die Approximationsgenauigkeit der Autokorrelationsfunktion der resultierenden deterministischen Gaußprozesse als Gütekriterium herangezogen wird. Bei der Monte-Carlo-Methode werden die diskreten Dopplerfrequenzen des stochastischen Simulationssystems aus einer Abbildung einer gleichverteilten Zufallsvariable gewonnen. Folglich sind die diskreten Dopplerfrequenzen selbst Zufallsvariablen. Die Realisierung eines Satzes von diskreten Dopplerfrequenzen $\{f_{i,n}\}$ kann dann durchaus einen deterministischen Gaußprozess $\tilde{\mu}_i(t)$ ergeben, dessen statistische Eigenschaften stark von denen des (idealen) stochastischen Gaußprozesses $\mu_i(t)$ abweichen können. Dies gilt selbst dann noch, wenn die Anzahl der harmonischen Funktionen N_i sehr hoch gewählt wird, sagen wir $N_i = 100$ [Pae96e]. Ein quasi-optimales Verfahren ist die Methode der exakten Dopplerverbreiterung [Pae98b, Pae96c]. Für jakesförmige Leistungsdichtespektren ist diese nahezu ideal geeignet. Die Leistungsfähigkeit der Methode der exakten Dopplerverbreiterung kann nur noch von der L_p-Norm-Methode [Pae98b, Pae96c] übertroffen werden. Leider ist der bei dieser Methode anfallende numerische Rechenaufwand relativ groß, so dass sich eine Anwendung insbesondere in Verbindung mit dem Jakes- und Gaußleistungsdichtespektrum häufig nicht lohnt. Die volle Leistungsfähigkeit entfaltet die L_p-Norm-Methode erst dann, wenn die Aufgabe besteht, die statistischen Eigenschaften des deterministischen Simulationsmodells an Schnappschussmessungen von realen Mobilfunkkanälen anzupassen. Ein weiteres Entwurfsverfahren ist die Jakes-Methode [Jak93], welche aber der häufig getroffenen Annahme, dass die beiden den Riceprozess beschreibenden reellen Gaußprozesse unkorreliert sein sollen, nicht nachkommt.

Bei einer unendlichen Anzahl harmonischer Funktionen erzeugen all diese Methoden deterministische Prozesse mit identischen statistischen Eigenschaften, die sogar exakt mit denen des Referenzmodells übereinstimmen. Sobald jedoch nur endlich viele harmonische Funktionen verwendet werden, ergeben sich deterministische Prozesse mit stark unterschiedlichen statistischen Eigenschaften, die im Einzelfall erheblich von denen des Referenzmodells abweichen können. Die Diskussion dieser Eigenschaften wird ein Ziel des folgenden Abschnittes 5.1 sein. Dabei werden wir konsequent so vorgehen, dass wir die sieben soeben erwähnten Entwurfsverfahren zur Berechnung der Modellparameter $\{c_{i,n}\}$ und $\{f_{i,n}\}$ ganz allgemein herleiten. Anschließend erfolgt jeweils eine Anwendung auf die häufig verwendeten Jakes- und Gaußleistungsdichtespektren. Meistens ergeben sich hierfür einfache Gleichungen, mit denen die gesuchten Größen für praktische Anwendungsfälle schnell bestimmt werden können. Zu jeder Methode werden die charakteristischen Eigenschaften sowie die Vor- und Nachteile erörtert. Dabei werden die im vorhergehenden Unterabschnitt 4.3.4 eingeführten Gütekriterien zur fairen Beurteilung der Leistungsfähigkeit herangezogen. Dort, wo Zusammenhänge zwischen den einzelnen Verfahren bestehen, werden diese deutlich gemacht.

Die Berechnung der Dopplerphasen $\{\theta_{i,n}\}$ kann von diesen Verfahren unabhängig durchgeführt werden. Ohne Einschränkung der Allgemeinheit nehmen wir zunächst an, dass $\{\theta_{i,n}\}$ aus N_i statistisch unabhängigen Realisierungen einer über das Intervall $[0, 2\pi)$ gleichverteilten Zufallsvariable hervorgegangen ist. Im Abschnitt 5.2 werden wir anschließend noch ein deterministisches Entwurfsverfahren zur Berechnung von $\{\theta_{i,n}\}$ kennen lernen. Dort soll auch die Relevanz der Dopplerphasen $\{\theta_{i,n}\}$ hinsichtlich der statistischen Eigenschaften von $\tilde{\mu}_i(t)$ genauer analysiert werden.

Schließlich befassen wir uns im Abschnitt 5.3 noch einmal mit der Untersuchung der Wahrscheinlichkeitsdichte der Fadingdauern von deterministischen Rayleighprozessen.

5.1 Methoden zur Berechnung der diskreten Dopplerfrequenzen und der Dopplerkoeffizienten

5.1.1 Methode der gleichen Abstände (MED)

Bei der Methode der gleichen Abstände (MED, Method of Equal Distances) [Pae94b, Pae96d] haben paarweise benachbarte diskrete Dopplerfrequenzen den gleichen Abstand. Diese Eigenschaft wird erreicht, indem die diskreten Dopplerfrequenzen $f_{i,n}$ wie folgt definiert werden

$$f_{i,n} := \frac{\Delta f_i}{2}(2n-1)\,, \quad n = 1,2,\ldots,N_i\,, \tag{5.1}$$

wobei

$$\Delta f_i = f_{i,n} - f_{i,n-1}\,, \quad n = 2,3,\ldots,N_i\,, \tag{5.2}$$

die Differenz zwischen zwei benachbarten diskreten Dopplerfrequenzen des i-ten deterministischen Prozesses $\tilde{\mu}_i(t)$ ($i = 1,2$) bezeichnet.

Zur Berechnung der Dopplerkoeffizienten $c_{i,n}$ betrachten wir das Intervall

$$I_{i,n} := \left[f_{i,n} - \frac{\Delta f_i}{2}, f_{i,n} + \frac{\Delta f_i}{2}\right)\,, \quad n = 1,2,\ldots,N_i, \tag{5.3}$$

und fordern, dass die in diesem Intervall enthaltene mittlere Leistung der spektralen Leistungsdichte $S_{\mu_i\mu_i}(f)$ des stochastischen analytischen Modells identisch ist mit der spektralen Leistungsdichte $\tilde{S}_{\mu_i\mu_i}(f)$ des deterministischen Simulationsmodells, d. h.

$$\int_{f\in I_{i,n}} S_{\mu_i\mu_i}(f)\,df = \int_{f\in I_{i,n}} \tilde{S}_{\mu_i\mu_i}(f)\,df \tag{5.4}$$

für alle $n = 1,2,\ldots,N_i$ und $i = 1,2$. Nach Einsetzen von (4.14) in die obige Gleichung sind somit die Dopplerkoeffizienten $c_{i,n}$ durch den Ausdruck

$$c_{i,n} = 2\sqrt{\int_{f\in I_{i,n}} S_{\mu_i\mu_i}(f)\,df} \tag{5.5}$$

festgelegt. Nach Einsetzen von (5.5) in (4.11) kann man mühelos nachweisen, dass $\tilde{r}_{\mu_i\mu_i}(\tau) \to r_{\mu_i\mu_i}(\tau)$ tendiert, falls $N_i \to \infty$. Ferner folgt für $N_i \to \infty$ nach dem zentralen Grenzwertsatz die Konvergenzeigenschaft $\tilde{p}_{\mu_i}(x) \to p_{\mu_i}(x)$. Also können für eine unendliche Anzahl harmonischer Funktionen die nach der Methode der gleichen Abstände entworfenen deterministischen Prozesse als Musterfunktionen des zugrunde liegenden idealen Gaußprozesses interpretiert werden.

Der Hauptnachteil dieser Methode ist die resultierende schlechte Periodizitätseigenschaft von $\tilde{\mu}_i(t)$. Aus (4.26) folgt nämlich in Verbindung mit (5.1), dass der größte gemeinsame Teiler der diskreten Dopplerfrequenzen

$$F_i = \mathrm{ggT}\,\{f_{i,n}\}_{n=1}^{N_i} = \frac{\Delta f_i}{2} \tag{5.6}$$

beträgt. Folglich ist $\tilde{\mu}_i(t)$ periodisch mit der Periode $T_i = 1/F_i = 2/\Delta f_i$.

Jakesleistungsdichtespektrum: Der Frequenzbereich des Jakesleistungsdichtespektrums [siehe (3.8)] ist auf den Bereich $|f| \leq f_{max}$ beschränkt, so dass für eine vorgegebene Anzahl harmonischer Funktionen N_i ein sinnvoller Wert für die Differenz zwischen zwei benachbarten diskreten Dopplerfrequenzen Δf_i durch $\Delta f_i = f_{max}/N_i$ gegeben ist. Folglich erhalten wir aus (5.1) für die diskreten Dopplerfrequenzen $f_{i,n}$ die Beziehung

$$f_{i,n} = \frac{f_{max}}{2N_i}(2n - 1) \tag{5.7}$$

für alle $n = 1, 2, \ldots, N_i$ und $i = 1, 2$. Die zugehörigen Dopplerkoeffizienten $c_{i,n}$ lassen sich jetzt leicht mit (3.8), (5.3), (5.5) und (5.7) berechnen. Nach elementarer Rechnung finden wir hierfür

$$c_{i,n} = \frac{2\sigma_0}{\sqrt{\pi}} \left[\arcsin\left(\frac{n}{N_i}\right) - \arcsin\left(\frac{n-1}{N_i}\right) \right]^{1/2} \tag{5.8}$$

für alle $n = 1, 2, \ldots, N_i$ und $i = 1, 2$.

Die so mit (5.7) und (5.8) entworfenen deterministischen Prozesse $\tilde{\mu}_i(t)$ besitzen dann den Mittelwert $\tilde{m}_{\mu_i} = 0$ und die mittlere Leistung

$$\tilde{\sigma}_{\mu_i}^2 = \tilde{r}_{\mu_i\mu_i}(0) = \sum_{n=1}^{N_i} \frac{c_{i,n}^2}{2} = \sigma_0^2 \,. \tag{5.9}$$

Demnach stimmen der Mittelwert und die mittlere Leistung des deterministischen Prozesses $\tilde{\mu}_i(t)$ exakt mit den entsprechenden Größen des stochastischen Prozesses $\mu_i(t)$, also Erwartungswert und Varianz, überein.

Bei dem Entwurf von komplexen deterministischen Prozessen $\tilde{\mu}(t) = \tilde{\mu}_1(t) + j\tilde{\mu}_2(t)$, muss die Unkorreliertheit von $\tilde{\mu}_1(t)$ und $\tilde{\mu}_2(t)$ gewährleistet sein. Diese kann hier problemlos sichergestellt werden durch die Wahl von N_2 gemäß $N_2 = N_1 + 1$, so dass dann wegen (5.7) gilt: $f_{1,n} \neq f_{2,m}$ ($n = 1, 2, \ldots, N_1$ und $m = 1, 2, \ldots, N_2$), was wiederum zur Folge hat, dass $\tilde{\mu}_1(t)$ und $\tilde{\mu}_2(t)$ unkorreliert sind [vgl. hierzu (4.12)].

Exemplarisch sind im Bild 5.1 die spektrale Leistungsdichte $\tilde{S}_{\mu_i\mu_i}(f)$ und die zugehörige Autokorrelationsfunktion $\tilde{r}_{\mu_i\mu_i}(\tau)$ für $N_i = 25$ dargestellt.

Zum Vergleich ist im Bild 5.1(b) ebenfalls die Autokorrelationsfunktion $r_{\mu_i\mu_i}(\tau)$ des analytischen Modells dargestellt. Der in diesem Bild gezeigte Verlauf von $\tilde{r}_{\mu_i\mu_i}(\tau)$ lässt deutlich das periodische Verhalten erkennen. Allgemein gilt hier folgende Beziehung

$$\tilde{r}_{\mu_i\mu_i}(\tau + mT_i/2) = \begin{cases} \tilde{r}_{\mu_i\mu_i}(\tau)\,, & m \text{ gerade}\,, \\ -\tilde{r}_{\mu_i\mu_i}(\tau)\,, & m \text{ ungerade}\,, \end{cases} \tag{5.10}$$

wobei $T_i = 1/F_i = 2/\Delta f_i = 2N_i/f_{max}$. Wählt man jetzt für die obere Grenze des Integrals (4.84) den Wert $\tau_{max} = T_i/4 = N_i/(2f_{max})$, so kann der mittlere quadratische

(a)   (b)

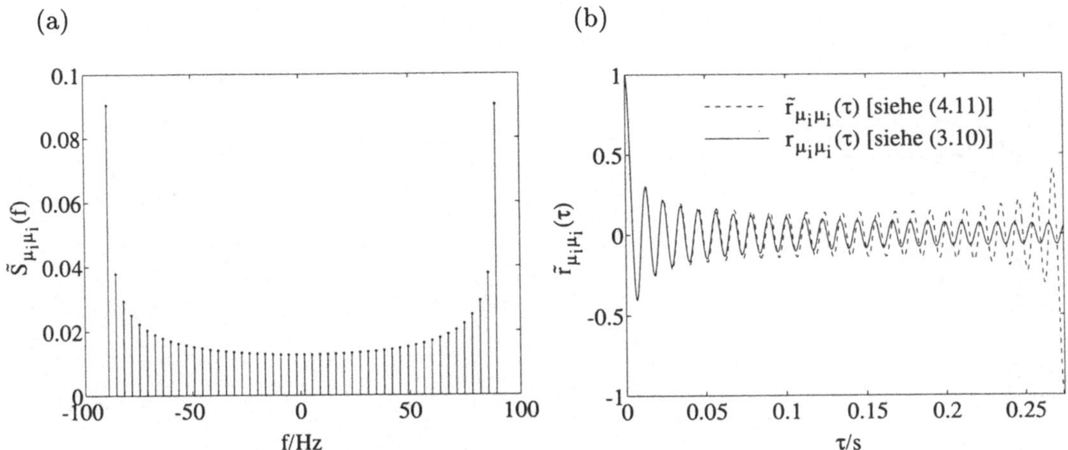

Bild 5.1:   (a) Leistungsdichtespektrum $\tilde{S}_{\mu_i\mu_i}(f)$ und (b) Autokorrelationsfunktion $\tilde{r}_{\mu_i\mu_i}(\tau)$ für $N_i = 25$ (MED, Jakes LDS, $f_{max} = 91\,\text{Hz}$, $\sigma_0^2 = 1$).

Fehler $E_{r_{\mu_i\mu_i}}$ [siehe (4.84)] in Abhängigkeit vom Realisierungsaufwand sinnvoll ausgewertet werden [Pae96d]. Die Auswertung der Gütekriterien $E_{r_{\mu_i\mu_i}}$ und $E_{p_{\mu_i}}$ gemäß (4.84) bzw. (4.83) wurde auf Basis der Methode der gleichen Abstände vorgenommen. Die Ergebnisse sind in Abhängigkeit von der verwendeten Anzahl der harmonischen Funktionen N_i in den Bildern 5.2(a) und 5.2(b) dargestellt. Um die Leistungsfähigkeit dieser Methode besser einordnen zu können, sind im Bild 5.2(b) ebenfalls die für $c_{i,n} = \sigma_0\sqrt{2/N_i}$ gefundenen Ergebnisse dargestellt. Man erkennt so, dass die Approximation der Gaußverteilung unter Verwendung der Dopplerkoeffizienten $c_{i,n}$ gemäß (5.8) im Vergleich mit $c_{i,n} = \sigma_0\sqrt{2/N_i}$ etwas schlechter ist.

Schließlich betrachten wir noch den Modellfehler $\Delta\beta_i = \tilde{\beta}_i - \beta$. Mit (5.7), (5.8), (3.29) und (4.22) finden wir hierfür den geschlossenen Ausdruck

$$\Delta\beta_i = \beta\left[1 + \frac{1 - 4N_i}{2N_i^2} - \frac{8}{\pi N_i^2}\sum_{n=1}^{N_i-1} n\cdot\arcsin\left(\frac{n}{N_i}\right)\right], \tag{5.11}$$

dessen Grenzwert null ist, d. h. $\lim_{N_i\to\infty}\Delta\beta_i = 0$. Der relative Modellfehler $\Delta\beta_i/\beta$ ist im Bild 5.3 dargestellt. Man beachte, dass dieser lediglich von N_i abhängig ist.

Gaußleistungsdichtespektrum: Der Frequenzbereich des Gaußleistungsdichtespektrums (3.11) muss zunächst auf einen relevanten Bereich begrenzt werden. Wir führen dazu die Größe κ_c ein und wählen diese so, dass die im Frequenzbereich $|f| \leq \kappa_c f_c$ enthaltene mittlere Leistung des Gaußleistungsdichtespektrums mindestens 99.99 % von dessen mittlerer Gesamtleistung ausmacht. Mit $\kappa_c = 2\sqrt{2/\ln 2}$ wird diese Anforderung erfüllt. In Abhängigkeit von der Anzahl der harmonischen Funktionen N_i lässt sich dann die Differenz zwischen zwei benachbarten diskreten Dopplerfrequenzen Δf_i

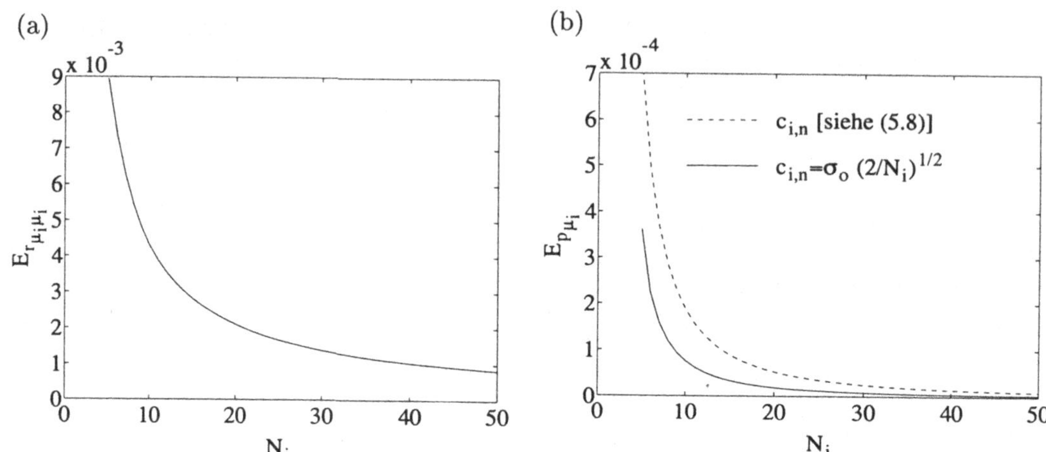

Bild 5.2:   Mittlere quadratische Fehler: (a) $E_{r_{\mu_i \mu_i}}$ und (b) $E_{p_{\mu_i}}$ (MED, Jakes LDS, $f_{max} = 91\,\mathrm{Hz}$, $\sigma_0^2 = 1$, $\tau_{max} = N_i/(2f_{max})$).

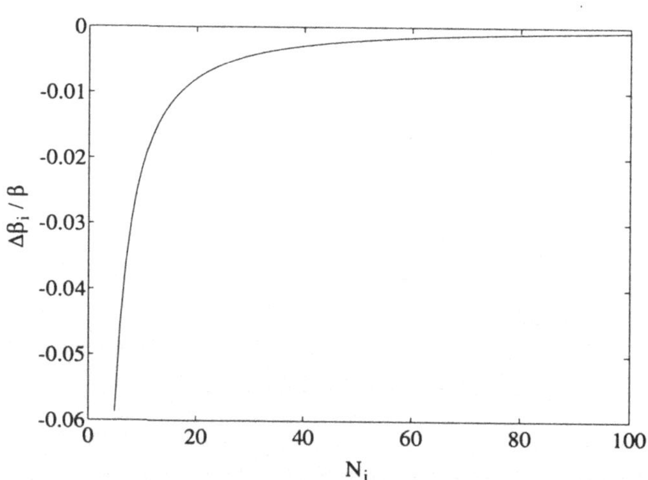

Bild 5.3:   Relativer Modellfehler $\Delta\beta_i/\beta$ (MED, Jakes LDS).

durch $\Delta f_i = \kappa_c f_c / N_i$ spezifizieren. Mit (5.1) erhalten wir dann für die diskreten Dopplerfrequenzen $f_{i,n}$ den Ausdruck

$$f_{i,n} = \frac{\kappa_c f_c}{2 N_i}(2n - 1)\,, \tag{5.12}$$

für alle $n = 1, 2, \ldots, N_i$ und $i = 1, 2$. Die Verwendung von (3.11), (5.3) und (5.5) ermöglicht nun die Berechnung der Dopplerkoeffizienten $c_{i,n}$. Als Ergebnis finden wir die Formel

$$c_{i,n} = \sigma_0 \sqrt{2}\left[\mathrm{erf}\left(\frac{n\kappa_c \sqrt{\ln 2}}{N_i}\right) - \mathrm{erf}\left(\frac{(n-1)\kappa_c \sqrt{\ln 2}}{N_i}\right)\right]^{\frac{1}{2}} \tag{5.13}$$

für alle $n = 1, 2, \ldots, N_i$ und $i = 1, 2$. Die mit (5.12) und (5.13) entworfenen deterministischen Prozesse $\tilde{\mu}_i(t)$ besitzen den Mittelwert null und die mittlere Leistung

$$\tilde{\sigma}_{\mu_i}^2 = \tilde{r}_{\mu_i\mu_i}(0) = \sum_{n=1}^{N_i} \frac{c_{i,n}^2}{2} = \sigma_0^2\,\mathrm{erf}\left(\kappa_c \sqrt{\ln 2}\right) = 0.9999366 \cdot \sigma_0^2 \approx \sigma_0^2\,, \tag{5.14}$$

falls $\kappa_c = 2\sqrt{2/\ln 2}$ wie vorgeschlagen gewählt wird. Die Periode von $\tilde{\mu}_i(t)$ beträgt in diesem Fall $T_i = 2/\Delta f_i = 2 N_i/(\kappa_c f_c)$.

Für $N_i = 25$ ist im Bild 5.4(a) das Leistungsdichtespektrum $\tilde{S}_{\mu_i\mu_i}(f)$ und im Bild 5.4(b) die zugehörige Autokorrelationsfunktion $\tilde{r}_{\mu_i\mu_i}(\tau)$ im Bereich $0 \leq \tau \leq T_i/2$ dargestellt.

Ein geeigneter Wert für die obere Grenze des Integrals (4.84) ist wieder ein Viertel der Periode T_i, d. h. $\tau_{max} = T_i/4 = N_i/(2\kappa_c f_c)$. Wird mit der so festgelegten oberen Grenze τ_{max} der mittlere quadratische Fehler $E_{r_{\mu_i\mu_i}}$ [siehe (4.84)] ausgewertet, so ergeben sich in Abhängigkeit von der Anzahl der harmonischen Funktionen N_i die im Bild 5.5(a) dargestellten Verhältnisse. Das Bild 5.5(b) zeigt die Ergebnisse der Auswertung des Gütekriteriums $E_{p_{\mu_i}}$ gemäß (4.83). Zum Vergleich sind in diesem Bild auch die für $c_{i,n} = \sigma_0 \sqrt{2/N_i}$ gefundenen Ergebnisse dargestellt.

Abschließend untersuchen wir noch den Modellfehler $\Delta\beta_i$. Unter Verwendung von (4.22), (5.12), (5.13) und (3.29) finden wir für $\Delta\beta_i = \tilde{\beta}_i - \beta$ die Beziehung

$$\Delta\beta_i = \beta\left\{ 2\ln 2\kappa_c^2\left[\left(1 - \frac{1}{2N_i}\right)^2 \mathrm{erf}\left(\kappa_c \sqrt{\ln 2}\right) - \frac{2}{N_i^2}\sum_{n=1}^{N_i-1} n\,\mathrm{erf}\left(\frac{n\kappa_c \sqrt{\ln 2}}{N_i}\right)\right] - 1\right\}. \tag{5.15}$$

Wählen wir wieder $\kappa_c = 2\sqrt{2/\ln 2}$, so folgt aus obiger Gleichung für den relativen Modellfehler $\Delta\beta_i/\beta$ der Ausdruck

$$\frac{\Delta\beta_i}{\beta} = 16\left[\left(1 - \frac{1}{2N_i}\right)^2 \mathrm{erf}\left(2\sqrt{2}\right) - \frac{2}{N_i^2}\sum_{n=1}^{N_i-1} n \cdot \mathrm{erf}\left(\frac{n2\sqrt{2}}{N_i}\right)\right] - 1\,, \tag{5.16}$$

dessen Verlauf in Abhängigkeit von N_i im Bild 5.6 dargestellt ist. Neben den recht kleinen Werten für $\Delta\beta_i/\beta$ ist auch das schnelle Konvergenzverhalten positiv zu bewerten.

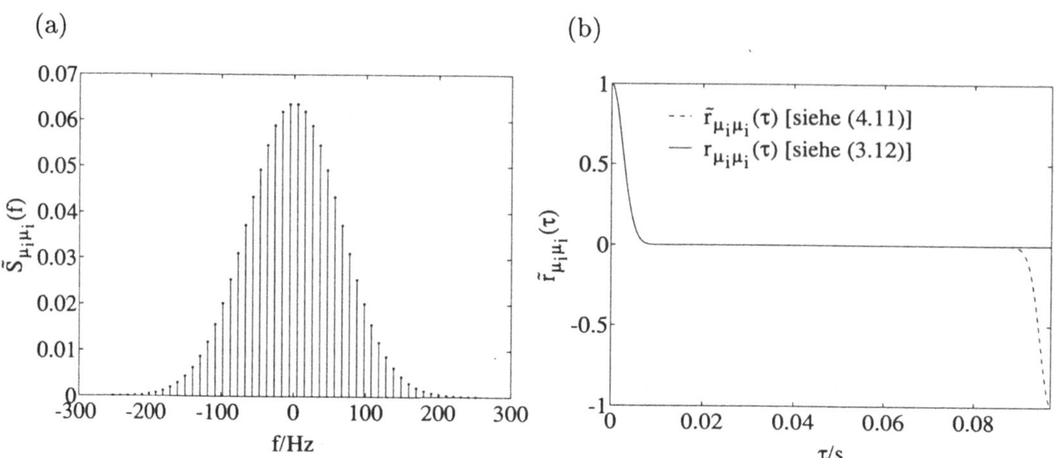

Bild 5.4:   (a) Leistungsdichtespektrum $\tilde{S}_{\mu_i\mu_i}(f)$ und (b) Autokorrelationsfunktion $\tilde{r}_{\mu_i\mu_i}(\tau)$ für $N_i = 25$ (MED, Gauß LDS, $f_c = \sqrt{\ln 2}\,f_{max}$, $f_{max} = 91\,\text{Hz}$, $\sigma_0^2 = 1, \kappa_c = 2\sqrt{2/\ln 2}$).

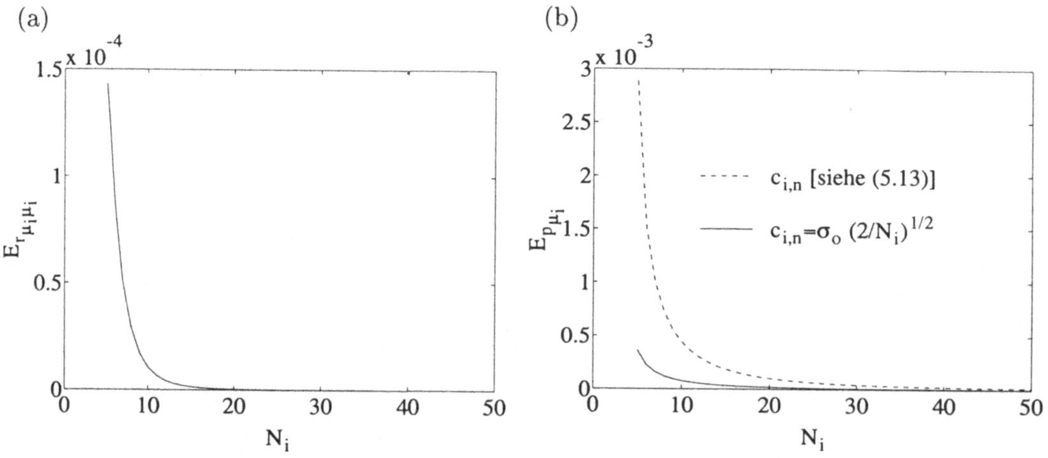

Bild 5.5:   Mittlere quadratische Fehler: (a) $E_{r_{\mu_i\mu_i}}$ und (b) $E_{p_{\mu_i}}$ (MED, Gauß LDS, $f_c = \sqrt{\ln 2}\,f_{max}$, $f_{max} = 91\,\text{Hz}$, $\sigma_0^2 = 1$, $\tau_{max} = N_i/(2\kappa_c f_c)$, $\kappa_c = 2\sqrt{2/\ln 2}$).

Leider ist nach dem Grenzübergang $N_i \to \infty$ der Modellfehler $\Delta\beta_i \neq 0$, da wegen des endlichen Wertes für κ_c von den diskreten Dopplerfrequenzen der Frequenzbereich des Gaußleistungsdichtespektrums (3.11) nicht vollständig abgedeckt wird.

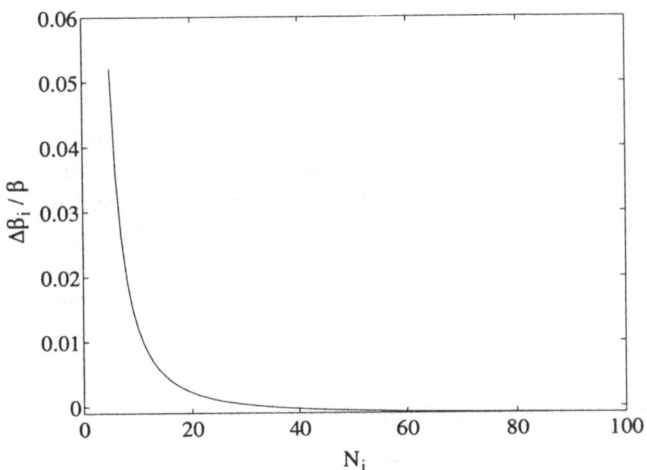

Bild 5.6:   Relativer Modellfehler $\Delta\beta_i/\beta$ (MED, Gauß LDS, $\kappa_c = 2\sqrt{2/\ln 2}$).

Um Korrelationen zwischen $\tilde{\mu}_1(t)$ und $\tilde{\mu}_2(t)$ zu vermeiden, wird N_2 wieder durch $N_2 = N_1 + 1$ festgelegt. Dann gilt $\Delta\beta = \Delta\beta_1 \approx \Delta\beta_2$, und wir können die durch (4.66), (4.70) und (4.78) beschriebenen Kenngrößen $\tilde{N}_\xi(r)$, $\tilde{T}_{\xi_-}(r)$ und $\tilde{\tau}_q(r)$ von deterministischen Riceprozessen leicht berechnen. Bei der Simulation von $\tilde{\xi}(t)$ muss darauf geachtet werden, dass die Simulationsdauer T_{Sim} die Periodendauer T_i nicht überschreitet, d. h. $T_{Sim} \leq T_i = 2N_i/f_{max}$ (Jakes LDS). Daraus ergibt sich beispielsweise für $N_i = 25$ und $f_{max} = 91\,\mathrm{Hz}$ ($v = 110\,\mathrm{km/h}$, $f_0 = 900\,\mathrm{MHz}$) eine maximale Simulationsdauer von $T_{Sim} = 0.549\,\mathrm{s}$. In dieser Zeit legt das Fahrzeug eine Distanz von $16.775\,\mathrm{m}$ zurück, so dass das Modell des zugrunde liegenden Mobilfunkkanals als stationär im weiteren Sinne angesehen werden kann[1]. Trotzdem reicht diese Simulationsdauer bei weitem nicht aus, um Kenngrößen wie $\tilde{N}_\xi(r), \tilde{T}_{\xi_-}(r)$ und $\tilde{\tau}_q(r)$ auch nur annähernd genau zu bestimmen. Eine genauere Messung dieser Größen bei gleichen Parametersätzen $\{f_{i,n}\}$ und $\{c_{i,n}\}$ muss dann über eine Scharmittelung erfolgen. Hierzu werden verschiedene Realisierungen von $\tilde{\xi}(t)$ benötigt, die mit verschiedenen Sätzen für die Dopplerphasen $\{\theta_{i,n}\}$ erzeugt werden können. Wegen der nur linear mit N_i zunehmenden Periodendauer T_i ist die Methode der gleichen Abstände für Langzeitsimulationen ungeeignet und soll aus diesem Grunde im weiteren nicht weiter durchleuchtet werden. Weitere Ergebnisse zu diesem Verfahren findet man in [Pae96d].

---

[1]Messungen haben gezeigt [Cox73], dass Mobilfunkkanäle in städtischen Gebieten für Signalbandbreiten bis zu $10\,\mathrm{MHz}$ und zurückgelegte Entfernungen bis zu $30\,\mathrm{m}$ durch so genannte GWSSUS-Kanäle ("Gaussian Wide-Sense-Stationary Uncorrelated Scattering") angemessen modelliert werden können.

5.1.2 Methode des mittleren quadratischen Fehlers (MSEM)

Der Methode des mittleren quadratischen Fehlers (MSEM, Mean Square Error Method)
liegt die Idee zugrunde, die Modellparameter $\{c_{i,n}\}$ und $\{f_{i,n}\}$ so zu dimensionieren, dass
der mittlere quadratische Fehler (4.84)

$$E_{r_{\mu_i\mu_i}} = \frac{1}{\tau_{\max}} \int_0^{\tau_{max}} \left(r_{\mu_i\mu_i}(\tau) - \tilde{r}_{\mu_i\mu_i}(\tau)\right)^2 d\tau \tag{5.17}$$

minimal wird [Pae96d]. Dabei kann $r_{\mu_i\mu_i}(\tau)$ eine beliebige Autokorrelationsfunktion des
Prozesses $\mu_i(t)$ sein, die z. B. auch aus Messdaten von realen Kanälen hervorgegangen
sein kann. Die Autokorrelationsfunktion des deterministischen Modells $\tilde{r}_{\mu_i\mu_i}(\tau)$ sei wieder
durch (4.11) gegeben, und τ_{max} beschreibt ein angemessenes Zeitintervall, über das die
Approximation der Autokorrelationsfunktion $r_{\mu_i\mu_i}(\tau)$ von Interesse ist. Leider existiert
eine einfache und geschlossene Lösung dieses Problems nur dann, wenn die diskreten
Dopplerfrequenzen $f_{i,n}$ wieder durch (5.1) definiert und somit äquidistant sind.

Nach Einsetzen von (4.11) in (5.17) und Nullsetzen der nach den Dopplerkoeffizienten
$c_{i,n}$ gebildeten partiellen Ableitungen von $E_{r_{\mu_i\mu_i}}$, d. h. $\partial E_{r_{\mu_i\mu_i}}/\partial c_{i,n} = 0$, ergibt sich in
Verbindung mit (5.1) die folgende Formel für $c_{i,n}$ [Pae96d]:

$$c_{i,n} = 2\sqrt{\frac{1}{\tau_{max}} \int_0^{\tau_{max}} r_{\mu_i\mu_i}(\tau) \cos(2\pi f_{i,n}\tau) \, d\tau} \tag{5.18}$$

für alle $n = 1, 2, \ldots, N_i$ $(i = 1, 2)$, wobei τ_{max} wieder durch $\tau_{max} = T_i/4 = 1/(2\Delta f_i)$
gegeben sein soll.

Man kann leicht zeigen, dass aus (5.18) im Falle des Grenzübergangs $\Delta f_i \to 0$ der
Ausdruck

$$c_{i,n} = \lim_{\Delta f_i \to 0} 2\sqrt{\Delta f_i S_{\mu_i\mu_i}(f_{i,n})} \tag{5.19}$$

folgt, welcher mit der von Rice [Ric44, Ric45] angegebenen Beziehung (4.2a) übereinstimmt. Numerische Untersuchungen haben gezeigt, dass für $\Delta f_i > 0$ die einfach auszu-
wertende Formel

$$c_{i,n} = 2\sqrt{\Delta f_i S_{\mu_i\mu_i}(f_{i,n})} \tag{5.20}$$

selbst dann eine brauchbare Approximation der exakten Lösung (5.18) darstellt, wenn
die Anzahl der verwendeten harmonischen Funktionen N_i moderat ist.

Wir wollen noch zeigen, dass für $N_i \to \infty$ $(\Delta f_i \to 0)$ auch $\tilde{r}_{\mu_i\mu_i}(\tau) \to r_{\mu_i\mu_i}(\tau)$ folgt.
Einsetzen von (5.18) in(4.11) ergibt mit $\tau_{max} = 1/(2\Delta f_i)$

$$\lim_{N_i \to \infty} \tilde{r}_{\mu_i\mu_i}(\tau) = \lim_{N_i \to \infty} \sum_{n=1}^{N_i} \frac{c_{i,n}^2}{2} \cos(2\pi f_{i,n}\tau)$$

$$
\begin{aligned}
&= \lim_{N_i \to \infty} 4 \sum_{n=1}^{N_i} \int_0^{\frac{1}{2\Delta f_i}} r_{\mu_i \mu_i}(\tau') \cos(2\pi f_{i,n}\tau') \cos(2\pi f_{i,n}\tau)\, d\tau'\, \Delta f_i \\
&= 4 \int_0^\infty \int_0^\infty r_{\mu_i \mu_i}(\tau') \cos(2\pi f\tau') \cos(2\pi f\tau)\, d\tau'\, df \\
&= 2 \int_0^\infty S_{\mu_i \mu_i}(f) \cos(2\pi f\tau)\, df \\
&= r_{\mu_i \mu_i}(\tau).
\end{aligned}
\tag{5.21}
$$

Als Nächstes betrachten wir die Anwendung der Methode des mittleren quadratischen Fehlers (MSEM) auf das Jakes- und Gaußleistungsdichtespektrum.

Jakesleistungsdichtespektrum: Die Formel zur Berechnung der diskreten Dopplerfrequenzen $f_{i,n}$ ist bei Verwendung der MSEM identisch mit der für die MED gültigen Beziehung (5.7). Für die zugehörigen Dopplerkoeffizienten $c_{i,n}$ erhält man jedoch stark unterschiedliche Ausdrücke. Nach Einsetzen von (3.10) in (5.18) finden wir hier

$$
c_{i,n} = 2\sigma_0 \sqrt{\frac{1}{\tau_{max}} \int_0^{\tau_{max}} J_0(2\pi f_{max}\tau) \cos(2\pi f_{i,n}\tau)\, d\tau} \,,
\tag{5.22}
$$

wobei $\tau_{max} = 1/(2\Delta f_i) = N_i/(2f_{max})$. Für das bestimmte Integral in (5.22) gibt es keine geschlossene Lösung, so dass zur Berechnung der Dopplerkoeffizienten $c_{i,n}$ in diesem Fall ein numerisches Integrationsverfahren herangezogen werden muss.

Exemplarisch sind im Bild 5.7 für $N_i = 25$ das Leistungsdichtespektrum $\tilde{S}_{\mu_i \mu_i}(f)$ und die zugehörige Autokorrelationsfunktion $\tilde{r}_{\mu_i \mu_i}(\tau)$ dargestellt. Zum Vergleich ist im Bild 5.7(b) ebenfalls die Autokorrelationsfunktion $r_{\mu_i \mu_i}(\tau)$ des analytischen Modells [siehe (3.10)] dargestellt. Man erkennt wieder das unerwünschte periodische Verhalten von $\tilde{r}_{\mu_i \mu_i}(\tau)$.

Die Auswertung der Gütekriterien $E_{r_{\mu_i \mu_i}}$ und $E_{p_{\mu_i}}$ [siehe (4.84) bzw. (4.83)] wurde für die MSEM vorgenommen. In Abhängigkeit von der Anzahl der harmonischen Funktionen N_i sind die Ergebnisse in den Bildern 5.8(a) und 5.8(b) dargestellt. Zur besseren Einordnung der Leistungsfähigkeit dieser Methode sind in den Bildern 5.8(a) und 5.8(b) ebenfalls die zuvor für die MED gefundenen Resultate sowie die der Näherungslösung (5.20) enthalten.

Für den Modellfehler $\Delta\beta_i$ existiert in diesem Fall keine einfache Lösung. Mittels (5.7), (5.22), (3.29) und (4.22) finden wir nach einer kurzen Rechnung für $\tilde{\beta}_i$ die Formel

$$
\tilde{\beta}_i = \beta \frac{1}{N_i} \sum_{n=1}^{N_i} (2n-1)^2 \int_0^1 J_0(\pi N_i u) \cos\left[\frac{\pi}{2}(2n-1)u\right] du \,,
\tag{5.23}
$$

mit der dann unter Verwendung von $\beta = 2(\pi f_{max}\sigma_0)^2$ der Modellfehler $\Delta\beta_i = \tilde{\beta}_i - \beta$ berechnet werden kann. Der so erhaltene relative Modellfehler $\Delta\beta_i/\beta$ ist im Bild 5.9 dargestellt. Dieses Bild zeigt auch die Resultate, welche man für die Näherungslösung (5.20) findet. Zur Eingruppierung der Leistungsfähigkeit sind dort auch noch einmal die Ergebnisse der MED wiedergegeben.

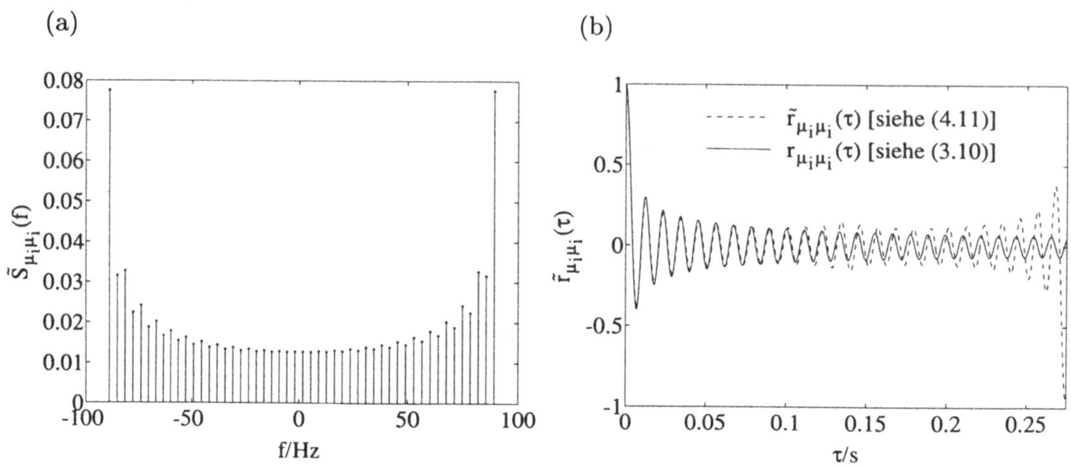

Bild 5.7: (a) Leistungsdichtespektrum $\tilde{S}_{\mu_i\mu_i}(f)$ und (b) Autokorrelationsfunktion $\tilde{r}_{\mu_i\mu_i}(\tau)$ für $N_i = 25$ (MSEM, Jakes LDS, $f_{max} = 91\,\text{Hz}$, $\sigma_0^2 = 1$).

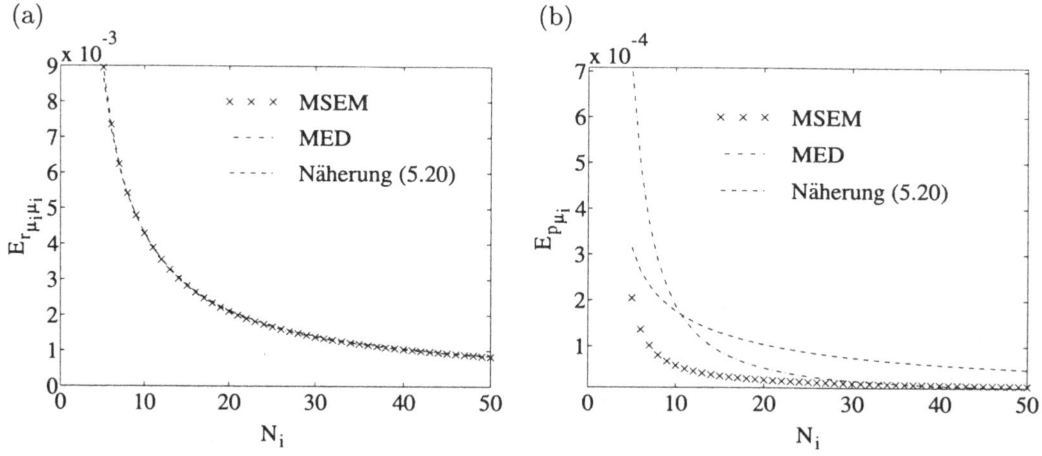

Bild 5.8: Mittlere quadratische Fehler : (a) $E_{r_{\mu_i\mu_i}}$ und (b) $E_{p_{\mu_i}}$ (MSEM, Jakes LDS, $f_{max} = 91\,\text{Hz}$, $\sigma_0^2 = 1$, $\tau_{max} = N_i/(2f_{max})$).

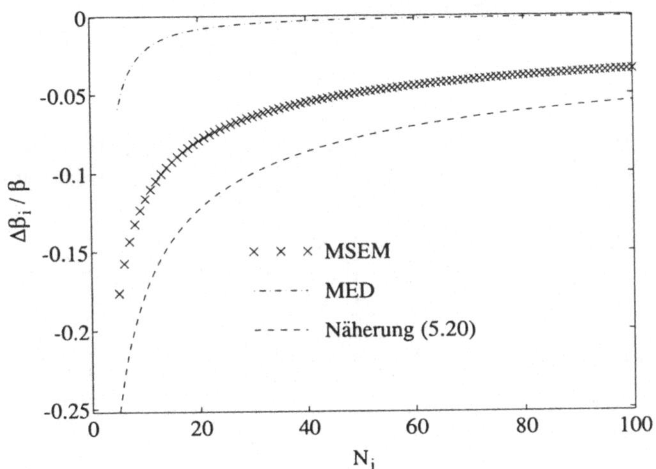

Bild 5.9:   Relativer Modellfehler $\Delta\beta_i/\beta$ (MSEM, Jakes LDS).

Gaußleistungsdichtespektrum: Die diskreten Dopplerfrequenzen $f_{i,n}$ sind durch
(5.12) gegeben, und für die Dopplerkoeffizienten $c_{i,n}$ erhalten wir jetzt nach Einsetzen
von (3.12) in (5.18) den Ausdruck

$$c_{i,n} = 2\sigma_0 \sqrt{\frac{1}{\tau_{max}} \int_0^{\tau_{max}} e^{-(\pi f_c \tau)^2/\ln 2} \cos(2\pi f_{i,n}\tau)\, d\tau} \tag{5.24}$$

für alle $n = 1, 2, \ldots, N_i$ $(i = 1, 2)$, wobei $\tau_{max} = 1/(2\Delta f_i) = N_i/(2\kappa_c f_c)$. Hierbei
sei die Größe κ_c wieder durch $\kappa_c = 2\sqrt{2/\ln 2}$ festgelegt, so dass die Periode T_i durch
$T_i = N_i/(\sqrt{2/\ln 2}f_c)$ gegeben ist. Das bestimmte Integral unter der Wurzel von (5.24)
muss numerisch ausgewertet werden.

Exemplarisch ist im Bild 5.10(a) das Leistungsdichtespektrum $\tilde{S}_{\mu_i\mu_i}(f)$ für $N_i = 25$ ab-
gebildet. Bild 5.10(b) zeigt die zugehörige Autokorrelationsfunktion $\tilde{r}_{\mu_i\mu_i}(\tau)$ im Bereich
$0 \leq \tau \leq T_i/2$.

Die mittleren quadratischen Fehler $E_{r_{\mu_i\mu_i}}$ und $E_{p_{\mu_i}}$ [siehe (4.84) bzw. (4.83)], die sich bei
Verwendung der MSEM einstellen, sind in den Bildern 5.11(a) bzw. 5.11(b) veranschau-
licht. Zum Vergleich sind die zuvor für die MED gefundenen Ergebnisse mit dargestellt
worden.

Wir wenden uns noch kurz dem Modellfehler $\Delta\beta_i$ zu. Einsetzen von (5.12) und (5.24) in
die Formel für $\tilde{\beta}_i$ [siehe (4.22)] ergibt unter Verwendung von (3.29) den Ausdruck

$$\tilde{\beta}_i = \beta \frac{\kappa_c^2 \ln 2}{N_i^2} \sum_{n=1}^{N_i} (2n-1)^2 \int_0^1 e^{-\left(\frac{\pi N_i}{2\kappa_c\sqrt{\ln 2}}u\right)^2} \cos\left[\frac{\pi}{2}(2n-1)u\right] du, \tag{5.25}$$

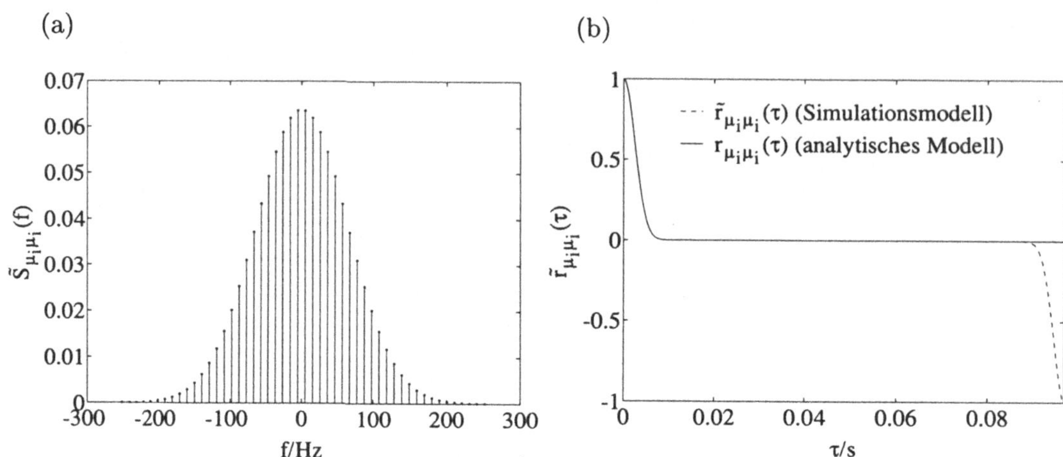

Bild 5.10:   (a) Leistungsdichtespektrum $\tilde{S}_{\mu_i\mu_i}(f)$ und (b) Autokorrelationsfunktion $\tilde{r}_{\mu_i\mu_i}(\tau)$ für $N_i = 25$ (MSEM, Gauß LDS, $f_c = \sqrt{\ln 2}\, f_{max}$, $f_{max} = 91\,\text{Hz}$, $\sigma_0^2 = 1$, $\kappa_c = 2\sqrt{2/\ln 2}$).

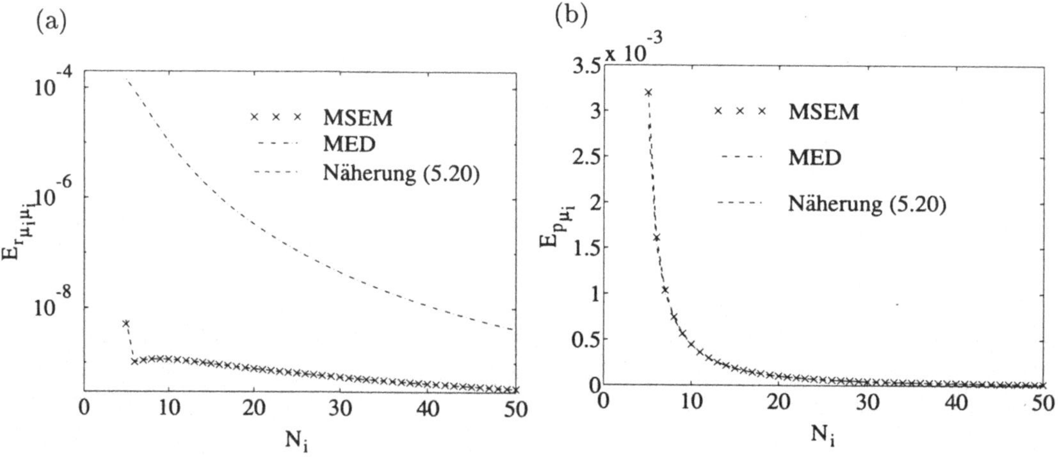

Bild 5.11:   Mittlere quadratische Fehler: (a) $E_{r_{\mu_i\mu_i}}$ und (b) $E_{p_{\mu_i}}$ (MSEM, Gauß LDS, $f_c = \sqrt{\ln 2}\, f_{max}$, $f_{max} = 91\,\text{Hz}$, $\sigma_0^2 = 1$, $\tau_{max} = N_i/(2\kappa_c f_c)$, $\kappa_c = 2\sqrt{2/\ln 2}$).

der die Berechnung des Modellfehlers $\Delta\beta_i = \tilde{\beta}_i - \beta$ möglich macht. Im Bild 5.12 ist der sich ergebende relative Modellfehler $\Delta\beta_i/\beta$ als Funktion von N_i dargestellt. Dieses Bild veranschaulicht auch die Ergebnisse, welche man bei Verwendung der für die Dopplerkoeffizienten $c_{i,n}$ angegebenen Näherungslösung (5.20) findet. Zum Vergleich ist in diesem Bild auch die Kurve enthalten, welche wir zuvor für die MED gefunden haben.

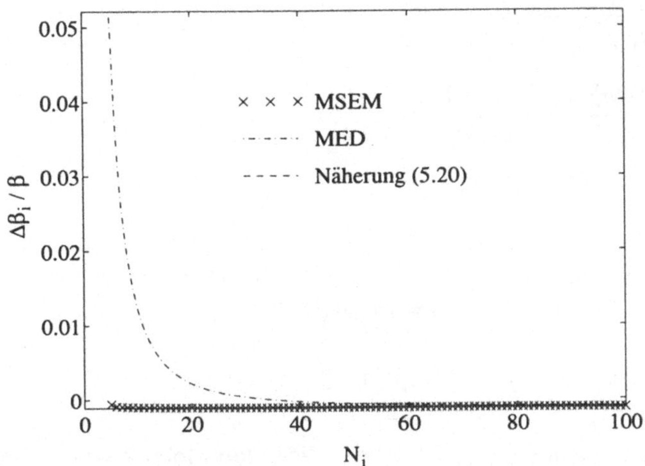

Bild 5.12:   Relativer Modellfehler $\Delta\beta_i/\beta$ (MSEM, Gauß LDS, $\kappa_c = 2\sqrt{2/\ln 2}$).

5.1.3   Methode der gleichen Flächen (MEA)

Die Methode der gleichen Flächen (MEA, Method of Equal Areas) [Pae94b] ist dadurch charakterisiert, dass die Menge der diskreten Dopplerfrequenzen $\{f_{i,n}\}$ so bestimmt wird, dass die Fläche unter dem Dopplerleistungsdichtespektrum $S_{\mu_i\mu_i}(f)$ im Frequenzbereich $f_{i,n-1} < f \le f_{i,n}$ gleich $\sigma_0^2/(2N_i)$ ist, d. h.

$$\int_{f_{i,n-1}}^{f_{i,n}} S_{\mu_i\mu_i}(f)\,df = \frac{\sigma_0^2}{2N_i} \tag{5.26}$$

für alle $n = 1, 2, \ldots, N_i$ und $i = 1, 2$, wobei $f_{i,0} = 0$. Zur expliziten Berechnung der diskreten Dopplerfrequenzen $f_{i,n}$ wird sich die Einführung der Funktion

$$G_{\mu_i}(f_{i,n}) := \int_{-\infty}^{f_{i,n}} S_{\mu_i\mu_i}(f)\,df \tag{5.27}$$

als hilfreich erweisen. Im Falle symmetrischer Dopplerleistungsdichtespektren, d. h. $S_{\mu_i\mu_i}(f) = S_{\mu_i\mu_i}(-f)$, kann $G_{\mu_i}(f_{i,n})$ unter Verwendung von (5.26) auf folgende Form gebracht werden

$$
\begin{aligned}
G_{\mu_i}(f_{i,n}) &= \frac{\sigma_0^2}{2} + \sum_{\nu=1}^{n} \int_{f_{i,\nu-1}}^{f_{i,\nu}} S_{\mu_i\mu_i}(f)\, df \\
&= \frac{\sigma_0^2}{2}\left(1 + \frac{n}{N_i}\right) .
\end{aligned}
\tag{5.28}
$$

Falls die inverse Funktion $G_{\mu_i}^{-1}$ von G_{μ_i} existiert, sind die diskreten Dopplerfrequenzen $f_{i,n}$ gegeben durch

$$
f_{i,n} = G_{\mu_i}^{-1}\left[\frac{\sigma_0^2}{2}\left(1 + \frac{n}{N_i}\right)\right]
\tag{5.29}
$$

für alle $n = 1, 2, \ldots, N_i$ und $i = 1, 2$.

Die Dopplerkoeffizienten $c_{i,n}$ werden nun so bestimmt, dass die im Frequenzbereich $I_{i,n} = (f_{i,n-1}, f_{i,n}]$ enthaltene mittlere Leistung des stochastischen Prozesses $\mu_i(t)$ identisch ist mit der des deterministischen Prozesses $\tilde{\mu}_i(t)$, d. h.

$$
\int_{f\in I_{i,n}} S_{\mu_i\mu_i}(f)\, df = \int_{f\in I_{i,n}} \tilde{S}_{\mu_i\mu_i}(f)\, df .
\tag{5.30}
$$

Benutzen wir die Beziehungen (4.14) und (5.26), dann folgt aus der obigen Gleichung für die Dopplerkoeffizienten die einfache Formel

$$
c_{i,n} = \sigma_0 \sqrt{\frac{2}{N_i}}
\tag{5.31}
$$

für alle $n = 1, 2, \ldots, N_i$ und $i = 1, 2$. Wie bei den vorhergehenden Methoden wenden wir auch dieses Verfahren auf das Jakes- und Gaußleistungsdichtespektrum an.

Jakesleistungsdichtespektrum: Mit dem Jakesleistungsdichtespektrum (3.8) erhalten wir für (5.27) den Ausdruck

$$
G_{\mu_i}(f_{i,n}) = \frac{\sigma_0^2}{2}\left[1 + \frac{2}{\pi} \arcsin\left(\frac{f_{i,n}}{f_{max}}\right)\right] ,
\tag{5.32}
$$

wobei $0 < f_{i,n} \leq f_{max}$, $\forall n = 1, 2, \ldots, N_i$ und $i = 1, 2$. Setzen wir diesen Ausdruck mit der Beziehung (5.28) gleich, so lassen sich die diskreten Dopplerfrequenzen $f_{i,n}$ explizit berechnen. Als Ergebnis finden wir die Gleichung

$$
f_{i,n} = f_{max} \sin\left(\frac{\pi n}{2N_i}\right)
\tag{5.33}
$$

für alle $n = 1, 2, \ldots, N_i$ und $i = 1, 2$. Die zugehörigen Dopplerkoeffizienten $c_{i,n}$ sind weiterhin durch (5.31) gegeben. Theoretisch ist für alle relevanten Werte N_i, sagen wir $N_i \geq 5$, der größte gemeinsame Teiler $F_i := \mathrm{ggT}\,\{f_{i,n}\}_{n=1}^{N_i}$ gleich null, bzw. die Periode $T_i = 1/F_i$ unendlich. Also ist in diesem Fall der deterministische Prozess $\tilde{\mu}_i(t)$ nichtperiodisch. In praktischen Anwendungsfällen können die diskreten Dopplerfrequenzen

$f_{i,n}$ aber nur mit einer endlichen Genauigkeit berechnet werden. Nehmen wir einmal an, dass die $f_{i,n}$ gemäß (5.33) bis zur l-ten Nachkommastelle darstellbar sind, dann beträgt der größte gemeinsame Teiler $F_i = \mathrm{ggT}\{f_{i,n}\}_{n=1}^{N_i} = 10^{-l}\mathrm{s}^{-1}$. Die Periode T_i des deterministischen Prozesses $\tilde{\mu}_i(t)$ ist dann $T_i = 1/F_i = 10^l\mathrm{s}$, so dass $\tilde{\mu}_i(t)$ für $l \geq 10$ als *quasi-nichtperiodisch* betrachtet werden kann.

Die mit (5.31) und (5.33) entworfenen deterministischen Prozesse $\tilde{\mu}_i(t)$ besitzen den Mittelwert $\tilde{m}_{\mu_i} = 0$ und die mittlere Leistung

$$\tilde{\sigma}_{\mu_i}^2 = \tilde{r}_{\mu_i\mu_i}(0) = \sum_{n=1}^{N_i} \frac{c_{i,n}^2}{2} = \sigma_0^2 \,. \tag{5.34}$$

Beim Entwurf von komplexen deterministischen Prozessen $\tilde{\mu}(t) = \tilde{\mu}_1(t) + j\tilde{\mu}_2(t)$ kann die Forderung nach Unkorreliertheit des Real- und Imaginärteils ausreichend erfüllt werden, wenn die Anzahl der harmonischen Funktionen N_2 durch $N_2 := N_1 + 1$ definiert wird. Die Tatsache, dass für beliebige Werte N_1 und N_2 stets $f_{1,N_1} = f_{2,N_2} = f_{max}$ gilt, hat zur Folge, dass $\tilde{\mu}_1(t)$ und $\tilde{\mu}_2(t)$ nicht vollständig unkorreliert sind. Allerdings sind diese Auswirkungen selbst für moderate N_i–Werte gering und können für unsere Zwecke durchaus vernachlässigt werden.

Exemplarisch für $N_i = 25$ ergeben sich für das Leistungsdichtespektrum $\tilde{S}_{\mu_i\mu_i}(f)$ sowie für die Autokorrelationsfunktion $\tilde{r}_{\mu_i\mu_i}(\tau)$ die in den Bildern 5.13(a) bzw. 5.13(b) gezeigten Darstellungen.

(a)   (b)

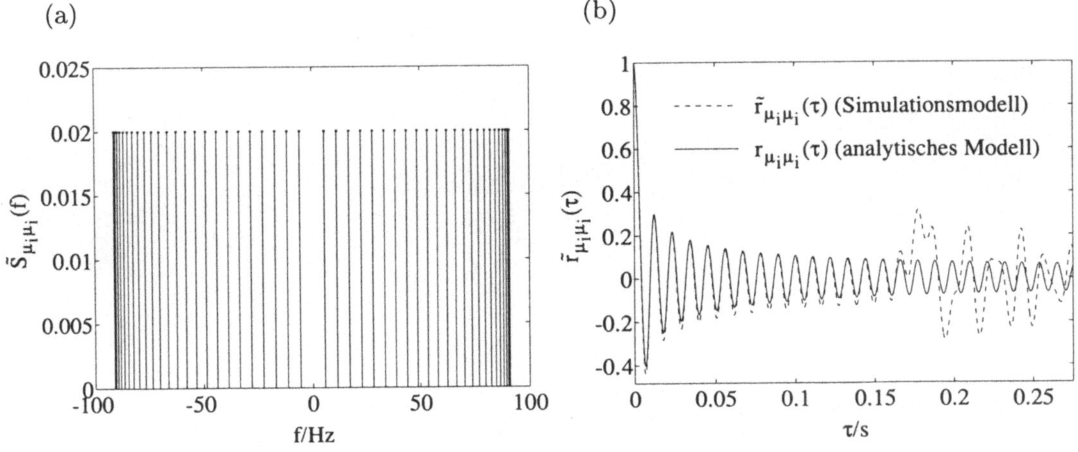

Bild 5.13:   (a) Leistungsdichtespektrum $\tilde{S}_{\mu_i\mu_i}(f)$ und (b) Autokorrelationsfunktion $\tilde{r}_{\mu_i\mu_i}(\tau)$ für $N_i = 25$ (MEA, Jakes LDS, $f_{max} = 91\,\mathrm{Hz}$, $\sigma_0^2 = 1$).

Man kann ohne großen Aufwand nachweisen, dass $\tilde{r}_{\mu_i\mu_i}(\tau) \to r_{\mu_i\mu_i}(\tau)$ falls $N_i \to \infty$. Wir setzen dazu (5.31) und (5.33) in (4.11) ein und erhalten

$$
\begin{aligned}
\lim_{N_i \to \infty} \tilde{r}_{\mu_i\mu_i}(\tau) &= \lim_{N_i \to \infty} \sum_{n=1}^{N_i} \frac{c_{i,n}^2}{2} \cos(2\pi f_{i,n}\tau) \\
&= \lim_{N_i \to \infty} \sigma_0^2 \frac{1}{N_i} \sum_{n=1}^{N_i} \cos\left[2\pi f_{max}\tau \sin\left(\frac{\pi n}{2N_i}\right)\right] \\
&= \sigma_0^2 \frac{2}{\pi} \int_0^{\pi/2} \cos(2\pi f_{max}\tau \sin\alpha)\, d\alpha \\
&= \sigma_0^2 J_0(2\pi f_{max}\tau) \\
&= r_{\mu_i\mu_i}(\tau) .
\end{aligned}
\tag{5.35}
$$

Ferner haben wir in dem Unterabschnitt 4.3.1 für $c_{i,n} = \sigma_0\sqrt{2/N_i}$ nachgewiesen, dass gilt: $\tilde{p}_{\mu_i}(x) \to p_{\mu_i}(x)$ falls $N_i \to \infty$. Folglich ist für eine unendliche Anzahl harmonischer Funktionen der deterministische Gaußprozess $\tilde{\mu}_i(t)$ eine Musterfunktion des stochastischen Gaußprozesses $\mu_i(t)$. Derselbe Zusammenhang besteht dann auch zwischen den beiden Riceprozessen $\tilde{\xi}(t)$ und $\xi(t)$.

Einen tieferen Einblick in die Leistungsfähigkeit der MEA bekommen wir wieder durch die Auswertung der Gütekriterien (4.83) und (4.84). Die resultierenden mittleren quadratischen Fehler $E_{r_{\mu_i\mu_i}}$ sowie $E_{p_{\mu_i}}$ sind in den Bildern 5.14(a) und 5.14(b) gezeigt.

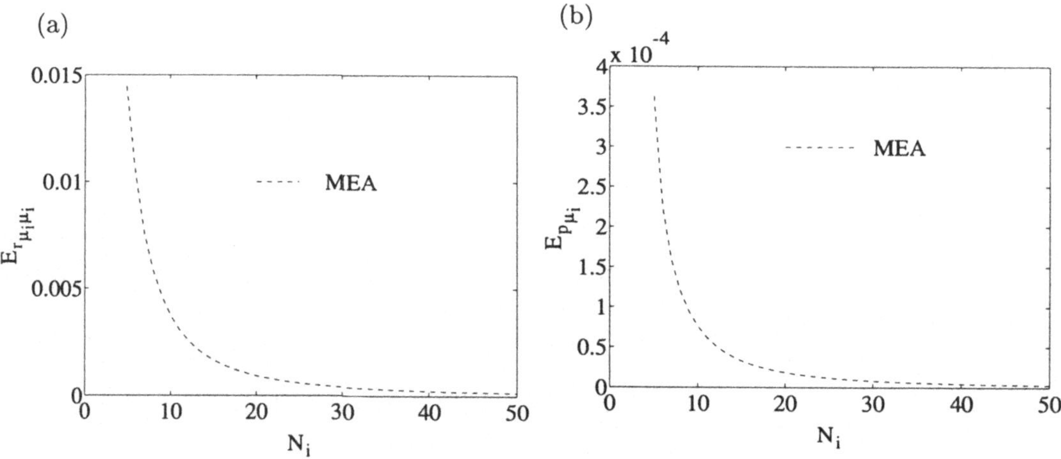

Bild 5.14:   Mittlere quadratische Fehler: (a) $E_{r_{\mu_i\mu_i}}$ und (b) $E_{p_{\mu_i}}$ (MEA, Jakes LDS, $f_{max} = 91\,\text{Hz}$, $\sigma_0^2 = 1$, $\tau_{max} = N_i/(2f_{max})$).

Wir wollen jetzt noch den Modellfehler $\Delta\beta_i$ analysieren. Mit (5.31), (5.33) und (3.29) finden wie zunächst für $\tilde{\beta}_i$ [siehe (4.22)] den Ausdruck

$$\tilde{\beta}_i = \beta \frac{2}{N_i} \sum_{n=1}^{N_i} \sin^2 \left(\frac{\pi n}{2N_i} \right) = \beta \left(1 + \frac{1}{N_i} \right) . \tag{5.36}$$

Da $\tilde{\beta}_i$ durch $\tilde{\beta}_i = \beta + \Delta\beta_i$ eingeführt wurde, ergibt sich somit eine besonders einfache Formel zur Berechnung des Modellfehlers:

$$\Delta\beta_i = \beta/N_i . \tag{5.37}$$

Man beachte, dass $\Delta\beta_i \to 0$ falls $N_i \to \infty$. Der Verlauf des relativen Modellfehlers $\Delta\beta_i/\beta$ ist dem Bild 5.15 zu entnehmen.

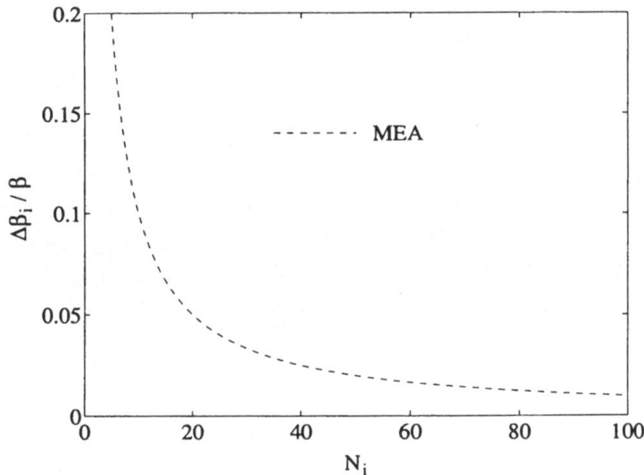

Bild 5.15:   Relativer Modellfehler $\Delta\beta_i/\beta$ (MEA, Jakes LDS).

Wir betrachten noch den relativen Fehler der Pegelunterschreitungsrate $\tilde{N}_\xi(r)$, den wir im Folgenden mit ϵ_{N_ξ} bezeichnen wollen, d. h.

$$\epsilon_{N_\xi} = \frac{N_\xi(r) - \tilde{N}_\xi(r)}{N_\xi(r)} . \tag{5.38}$$

Für ϵ_{N_ξ} lässt sich mit (4.66) und (5.37) die sehr einfache Näherung

$$\epsilon_{N_\xi} \approx -\frac{\Delta\beta}{2\beta} \approx -\frac{\Delta\beta_i}{2\beta} = -\frac{1}{2N_i} \tag{5.39}$$

herleiten, welche uns verdeutlicht, dass für endliche N_i die Pegelunterschreitungsrate des mit der MEA entworfenen Simulationsmodells stets größer als die des Referenzmodells ist. Offensichtlich gilt $\epsilon_{N_\xi} \to 0$ falls $N_i \to \infty$.

Analog findet man für den relativen Fehler von der mittleren Fadingdauer $\tilde{T}_{\xi_-}(r)$ die Näherungslösung

$$\epsilon_{T_{\xi_-}} \approx \frac{\Delta\beta}{2\beta} \approx \frac{\Delta\beta_i}{2\beta} = \frac{1}{2N_i} \, . \tag{5.40}$$

Die quasi-nichtperiodische Eigenschaft von $\tilde{\mu}_i(t)$ gestattet uns jetzt, die Pegelunterschreitungsrate sowie die mittlere Fadingdauer von deterministischen Riceprozessen mittels Simulation zu bestimmen. Dazu wurden die Parameter des Simulationsmodells $\{c_{i,n}\}$ und $\{f_{i,n}\}$ nach der Methode der gleichen Flächen für das ausgewählte Wertepaar $(N_1, N_2) = (10, 11)$ bestimmt. Für die Dopplerphasen $\{\theta_{i,n}\}$ gilt das eingangs Gesagte. Das Jakesleistungsdichtespektrum (3.8) war wieder wie bisher durch $f_{max} = 91\,\text{Hz}$ und $\sigma_0^2 = 1$ charakterisiert. Für das Abtastintervall T_A des deterministischen Riceprozesses $\tilde{\xi}(kT_A)$ wurde der Wert $T_A = 10^{-4}\text{s}$ gewählt. Die Simulationsdauer T_{Sim} wurde für jeden einzelnen Signalpegel r so bestimmt, dass stets 10^6 Fadingintervalle bzw. Pegelkreuzungen mit negativer Steigung ausgewertet werden konnten. Die unter diesen Vorgaben gefundenen Ergebnisse sind in den Bildern 5.16(a) und 5.16(b) dargestellt.

(a) $N_1 = 10$, $N_2 = 11$ (b) $N_1 = 10$, $N_2 = 11$

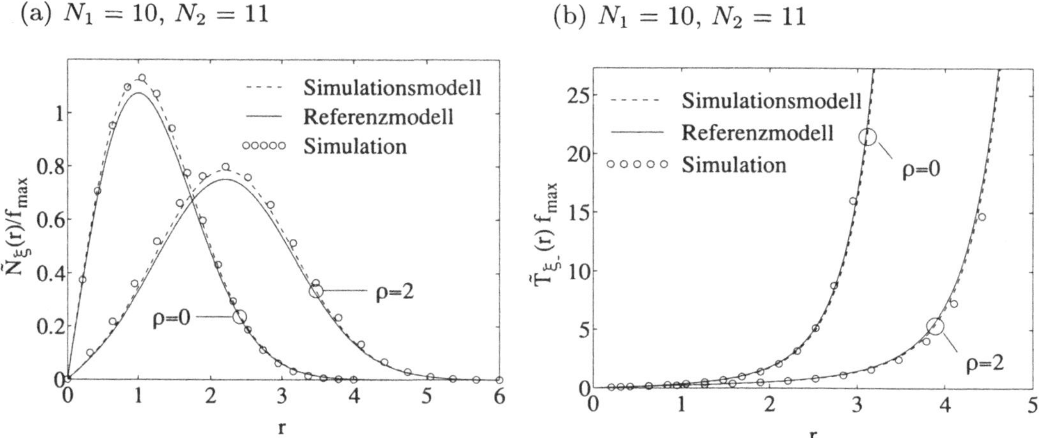

Bild 5.16:   (a) Normierte Pegelunterschreitungsrate $\tilde{N}_\xi(r)/f_{max}$ und (b) normierte mittlere Fadingdauer $\tilde{T}_{\xi_-}(r) \cdot f_{max}$ (MEA, Jakes LDS, $f_{max} = 91\,\text{Hz}$, $\sigma_0^2 = 1$).

Diese Bilder stellen auch anschaulich die zuvor für das Referenzmodell und das Simulationsmodell gefundenen analytischen Lösungen dar. Dabei sind die Größen $\tilde{N}_\xi(r)$ und $\tilde{T}_{\xi_-}(r)$ mittels (4.64) bzw. (4.69) unter Verwendung von $\tilde{\beta} = \tilde{\beta}_1 = \beta(1 + 1/N_1)$ berechnet worden. Die Bilder demonstrieren auch sehr schön die sehr gute Übereinstimmung zwischen den für das Simulationsmodell hergeleiteten analytischen Ausdrücken und den zugehörigen aus der Messung des simulierten Amplitudenverhaltens bestimmten Größen. Leider sind die statistischen Abweichungen zwischen dem Referenzmodell und dem Simulationsmodell relativ groß, was uns Anlass zur Suche nach besseren Verfahren gibt. Beispielsweise beträgt bei den hier vorliegenden Verhältnissen ($N_1 = 10$, $N_2 = 11$) der relative, prozentuale Fehler der Pegelunterschreitungsrate $\tilde{N}_\xi(r)$ (mittlere Fadingdauer $\tilde{T}_{\xi_-}(r)$) etwa $\epsilon_{N_\xi} \approx -5$ ($\epsilon_{T_{\xi_-}} \approx +5$).

Gaußleistungsdichtespektrum: Mit dem Gaußleistungsdichtespektrum (3.11) erhalten wir für (5.27) den Ausdruck

$$G_{\mu_i}(f_{i,n}) = \frac{\sigma_0^2}{2}\left[1 + \mathrm{erf}\left(\frac{f_{i,n}}{f_c}\sqrt{\ln 2}\right)\right] \tag{5.41}$$

für alle $n = 1, 2, \ldots, N_i$ und $i = 1, 2$. Da die inverse Funktion des gaußschen Fehlerintegrals $\mathrm{erf}^{-1}(\cdot)$ nicht existiert, lassen sich in diesem Fall die diskreten Dopplerfrequenzen $f_{i,n}$ nicht explizit berechnen. Hier erhalten wir aus der Differenz der beiden Beziehungen (5.28) und (5.41) eine Bestimmungsgleichung

$$\frac{n}{N_i} - \mathrm{erf}\left(\frac{f_{i,n}}{f_c}\sqrt{\ln 2}\right) = 0\,, \quad \forall n = 1, 2, \ldots, N_i \quad (i = 1, 2)\,, \tag{5.42}$$

aus welcher die diskreten Dopplerfrequenzen $f_{i,n}$ mittels eines numerischen Nullstellensuchverfahrens ermittelt werden können.

Da die Differenz zwischen zwei benachbarten diskreten Dopplerfrequenzen $\Delta f_{i,n} = f_{i,n} - f_{i,n-1}$ über eine stark nichtlineare Beziehung vom Index n abhängig ist, kann davon ausgegangen werden, dass der größte gemeinsame Teiler $F_i = \mathrm{ggT}\{f_{i,n}\}_{n=1}^{N_i}$ von $f_{i,n}$ sehr klein bzw. die Periode $T_i = 1/F_i$ von $\tilde{\mu}_i(t)$ sehr groß ist. Wir können daher annehmen, dass $\tilde{\mu}_i(t)$ quasi-nichtperiodisch ist.

Für die zugehörigen Dopplerkoeffizienten $c_{i,n}$ gilt weiterhin (5.31). Die so entworfenen deterministischen Prozesse $\tilde{\mu}_i(t)$ besitzen dann die mittlere Leistung $\tilde{\sigma}_{\mu_i}^2 = \sigma_0^2$. Auf die gleiche Art wie beim Jakesleistungsdichtespektrum kann auch hier die Unkorreliertheit der deterministischen Prozesse $\tilde{\mu}_1(t)$ und $\tilde{\mu}_2(t)$ durch die Wahl von N_2 gemäß $N_2 = N_1 + 1$ ausreichend gewährleistet werden.

Exemplarisch für $N_i = 25$ soll nun wieder das Leistungsdichtespektrum $\tilde{S}_{\mu_i\mu_i}(f)$ [vgl. (4.14)] sowie die zugehörige Autokorrelationsfunktion $\tilde{r}_{\mu_i\mu_i}(\tau)$ [vgl. (4.11)] berechnet werden. Es ergeben sich hierfür die in den Bildern 5.17(a) und 5.17(b) gezeigten Darstellungen.

Zur Beurteilung der Leistungsfähigkeit sollen an dieser Stelle wieder für $N_i = 5, 6, \ldots, 50$ die Gütekriterien (4.84) und (4.83) ausgewertet werden. Die für $E_{r_{\mu_i\mu_i}}$ und $E_{p_{\mu_i}}$ gefundenen Ergebnisse zeigen jeweils die Bilder 5.18(a) und 5.18(b).

Kommen wir nun zur Analyse des Modellfehlers $\Delta\beta_i$. Da die diskreten Dopplerfrequenzen $f_{i,n}$ nicht in expliziter Form vorliegen, kann auch für den Modellfehler $\Delta\beta_i$ keine geschlossene Lösung angegeben werden. Wir verfahren daher wie folgt: Zunächst werden unter Verwendung von (5.31) und (5.42) die Parametersätze $\{c_{i,n}\}$ und $\{f_{i,n}\}$ bestimmt, mit denen dann mittels (4.22) die Berechnung der Größe $\tilde{\beta}_i$ erfolgt. In Verbindung mit $\beta = 2(\pi f_c \sigma_0)^2/\ln 2$ sind wir dann in der Lage, den Modellfehler $\Delta\beta_i = \tilde{\beta}_i - \beta$ auswerten

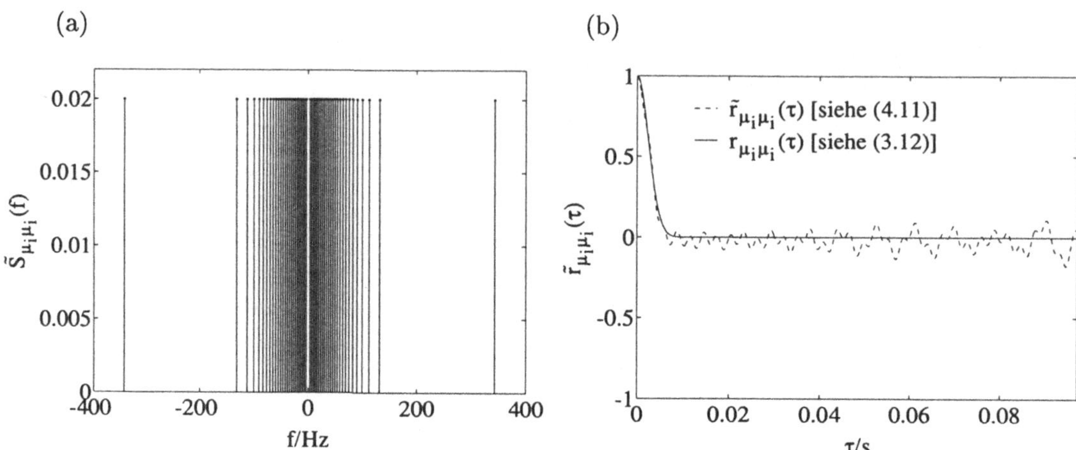

Bild 5.17: (a) Leistungsdichtespektrum $\tilde{S}_{\mu_i\mu_i}(f)$ und (b) Autokorrelationsfunktion $\tilde{r}_{\mu_i\mu_i}(\tau)$ für $N_i = 25$ (MEA, Gauß LDS, $f_c = \sqrt{\ln 2}\,f_{max}$, $f_{max} = 91\,\text{Hz}$, $\sigma_0^2 = 1$).

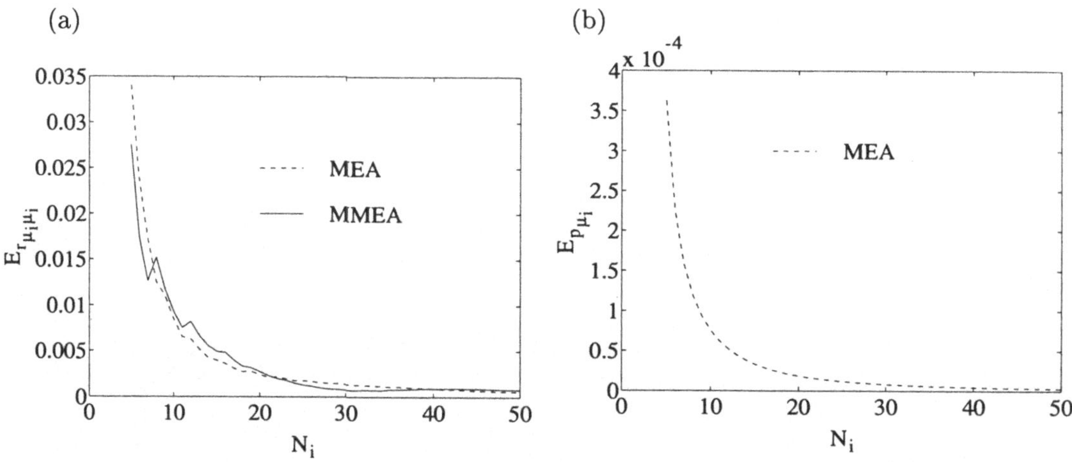

Bild 5.18: Mittlere quadratische Fehler: (a) $E_{r_{\mu_i\mu_i}}$ und (b) $E_{p_{\mu_i}}$ (MEA, Gauß LDS, $f_c = \sqrt{\ln 2}\,f_{max}$, $f_{max} = 91\,\text{Hz}$, $\sigma_0^2 = 1$, $\tau_{max} = N_i/(2\kappa_c f_c)$, $\kappa_c = 2\sqrt{2/\ln 2}$).

zu können. Der so erhaltene relative Modellfehler $\Delta\beta_i/\beta$ ist in Abhängigkeit von N_i im Bild 5.19 dargestellt.

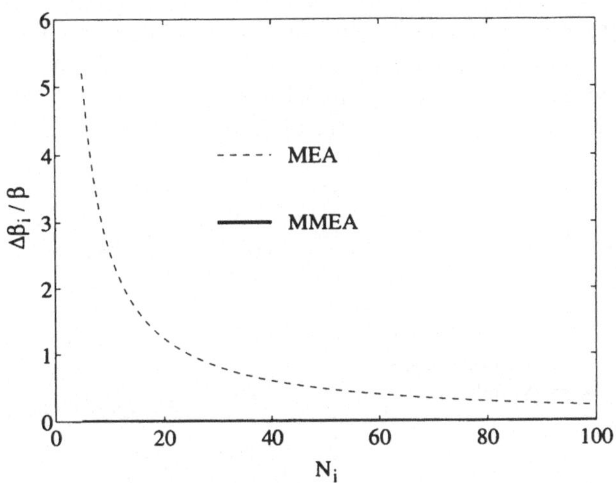

Bild 5.19: Relativer Modellfehler $\Delta\beta_i/\beta$ (MEA, Gauß LDS, $f_c = \sqrt{\ln 2}\, f_{max}$, $f_{max} = 91\,\text{Hz}$, $\sigma_0^2 = 1$).

Das Bild 5.19 lässt erkennen, dass der prozentuale relative Modellfehler erst für $N_i \geq 49$ unterhalb von 50 % liegt. Damit ist die MEA für das Gaußleistungsdichtespektrum gänzlich ungeeignet. Da die eigentliche Ursache hierfür die schlechte Positionierung der diskreten Dopplerfrequenz $f_{i,n}$ an der Stelle $n = N_i$ [siehe auch Bild 5.17(a)] ist, kann allerdings durch eine einfache Modifikation des Verfahrens diese Fehlanpassung vermieden werden. Anstatt wie bisher den vollständigen Satz der diskreten Dopplerfrequenzen $\{f_{i,n}\}_{n=1}^{N_i}$ nach (5.42) zu berechnen, werden wir das Nullstellensuchverfahren nur zur Berechnung von $\{f_{i,n}\}_{n=1}^{N_i-1}$ anwenden und die verbleibende diskrete Dopplerfrequenz f_{i,N_i} so bestimmen, dass $\tilde{\beta}_i = \beta$ gilt.

Für die modifizierte Methode der gleichen Flächen (MMEA, **M**odified **M**ethod of **E**qual **A**reas) erhält man dann die folgenden Bestimmungsgleichungen:

$$\frac{n}{N_i} - \text{erf}\left(\frac{f_{i,n}}{f_c}\sqrt{\ln 2}\right) = 0, \quad \forall n = 1, 2, \ldots, N_i - 1, \tag{5.43a}$$

$$f_{i,N_i} = \sqrt{\frac{\beta N_i}{(2\pi\sigma_0)^2} - \sum_{n=1}^{N_i-1} f_{i,n}^2}. \tag{5.43b}$$

Die zugehörigen Dopplerkoeffizienten $c_{i,n}$ sind natürlich nach wie vor durch (5.31) gegeben. Der Vorteil ist jetzt, dass sich ein relativer Modellfehler $\Delta\beta_i/\beta$ mit dem Wert null ergibt und zwar für alle $N_i = 1, 2, \ldots$ ($i = 1, 2$). Dies ist anschaulich im Bild 5.19 dargestellt. Die Auswirkungen auf den mittleren quadratischen Fehler $E_{r_{\mu_i \mu_i}}$ sind hingegen gering, was dem Bild 5.18(a) zu entnehmen ist.

Die Bestimmung der Pegelunterschreitungsrate $\tilde{N}_\xi(r)$ und der mittleren Fadingdauer $\tilde{T}_{\xi_-}(r)$ erfolgt nach der gleichen Vorgehensweise, wie sie zuvor im Zusammenhang mit dem Jakesleistungsdichtespektrum beschrieben wurde. Die für das Wertepaar $(N_1, N_2) = (10, 11)$ gefundenen Ergebnisse sind in den Bildern 5.20(a) und 5.20(b) veranschaulicht. Dabei wurde die modifizierte Methode der gleichen Flächen zur Berechnung der Modellparameter eingesetzt.

(a) $N_1 = 10$, $N_2 = 11$ (b) $N_1 = 10$, $N_2 = 11$

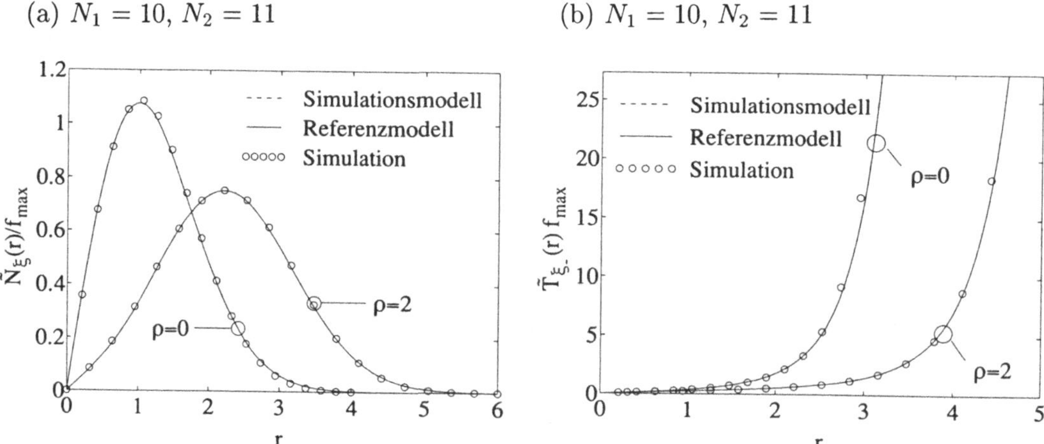

Bild 5.20:   (a) Normierte Pegelunterschreitungsrate $\tilde{N}_\xi(r)/f_{max}$ und (b) normierte mittlere Fadingdauer $\tilde{T}_{\xi_-}(r) \cdot f_{max}$ (MMEA, Gauß LDS, $f_c = \sqrt{\ln 2}\, f_{max}$, $f_{max} = 91\,\mathrm{Hz}$, $\sigma_0^2 = 1$).

Geschlossene analytische Ausdrücke für den relativen Fehler der Pegelunterschreitungsrate $\tilde{N}_\xi(r)$ sowie der mittleren Fadingdauer $\tilde{T}_{\xi_-}(r)$ können für die MEA im Falle des Gaußleistungsdichtespektrums nicht hergeleitet werden. Der Grund hierfür ist letztlich in der impliziten Funktionsgleichung (5.42) zur Berechnung der diskreten Dopplerfrequenzen $f_{i,n}$ zu suchen. Für die MMEA sind die beiden Größen ϵ_{N_ξ} und $\epsilon_{T_{\xi_-}}$ gleich null.

5.1.4 Monte-Carlo-Methode (MCM)

Die Monte-Carlo-Methode wurde erstmalig in [Schu89] zur stochastischen Modellierung und digitalen Simulation von Mobilfunkkanälen herangezogen. Auf diese Arbeit aufbauend wurde in [Hoe90, Hoe92] ein Modell für den äquivalenten zeitdiskreten Kanal [For72] vorgestellt. Im weiteren verwenden wir das Verfahren zum Entwurf von deterministischen Prozessen und untersuchen anschließend deren statistische Eigenschaften.

Das Prinzip der Monte-Carlo-Methode basiert auf der Realisierung der diskreten Dopplerfrequenzen $f_{i,n}$ gemäß einer vorgegebenen Wahrscheinlichkeitsdichtefunktion $p_{\mu_i}(f)$, welche mit der spektralen Leistungsdichte $S_{\mu_i \mu_i}(f)$ eines gefärbten Gaußprozesses $\mu_i(t)$ über die Beziehung

$$p_{\mu_i}(f) = \frac{1}{\sigma_0^2} S_{\mu_i \mu_i}(f) \tag{5.44}$$

zusammen hängt. Dabei kennzeichnet σ_0^2 wieder die mittlere Leistung (Varianz) des Gaußprozesses $\mu_i(t)$.

Zur Berechnung der diskreten Dopplerfrequenzen $f_{i,n}$ orientieren wir uns an dem in [Hoe90, Hoe92] dargestellten Verfahren. Es sei u_n eine über das Intervall (0,1] gleichverteilte Zufallsvariable. Ferner sei $g_{\mu_i}(u_n)$ eine Abbildung, die so gewählt wird, dass die Verteilung der diskreten Dopplerfrequenzen $f_{i,n} = g_{\mu_i}(u_n)$ einer vorgegebenen Verteilungsfunktion

$$F_{\mu_i}(f_{i,n}) = \int_{-\infty}^{f_{i,n}} p_{\mu_i}(f)\, df \tag{5.45}$$

entspricht. Nach [Pap91] ist dann $g_{\mu_i}(u_n)$ die inverse Funktion (Umkehrfunktion) von $F_{\mu_i}(f_{i,n}) = u_n$. Demnach gilt für die diskreten Dopplerfrequenzen $f_{i,n}$ der Zusammenhang

$$f_{i,n} = g_{\mu_i}(u_n) = F_{\mu_i}^{-1}(u_n) \tag{5.46}$$

für alle $n = 1, 2, \ldots, N_i$ ($i = 1, 2$). Im Allgemeinen ergeben sich so für die $f_{i,n}$ positive und negative Werte. In Fällen, wo die Wahrscheinlichkeitsdichte $p_{\mu_i}(f)$ eine gerade Funktion ist, d. h. $p_{\mu_i}(f) = p_{\mu_i}(-f)$, können wir uns jedoch ohne Einschränkung der Allgemeinheit auf positive Werte beschränken. Ermöglicht wird dies, indem die gleichverteilte Zufallsvariable $u_n \in (0, 1]$ in (5.45) durch $(1 + u_n)/2 \in (\frac{1}{2}, 1]$ substituiert wird.

Da $u_n > 0$ ist, ist auch $f_{i,n} > 0$, und folglich ist der zeitliche Mittelwert von $\tilde{\mu}_i(t)$ gleich null, d. h. $\tilde{m}_{\mu_i} = m_{\mu_i} = 0$.

Die Dopplerkoeffizienten $c_{i,n}$ werden so gewählt, dass die mittlere Leistung von $\tilde{\mu}_i(t)$ identisch ist mit der Varianz von $\mu_i(t)$, d. h. $\tilde{\sigma}_0^2 = \tilde{r}_{\mu_i \mu_i}(0) = \sigma_0^2$, was durch die Wahl von $c_{i,n}$ gemäß (5.31) sichergestellt wird. Also gilt wieder

$$c_{i,n} = \sigma_0 \sqrt{\frac{2}{N_i}} \tag{5.47}$$

für alle $n = 1, 2, \ldots, N_i$ ($i = 1, 2$).
Man beachte, dass bei der Monte-Carlo-Methode neben den Dopplerphasen $\theta_{i,n}$ auch die diskreten Dopplerfrequenzen $f_{i,n}$ Zufallsvariablen sind. Prinzipiell besteht kein Unterschied, ob zur Bestimmung der Modellparameter ($c_{i,n}$, $f_{i,n}$, $\theta_{i,n}$) statistische oder deterministische Verfahren herangezogen werden, denn der Prozess $\tilde{\mu}_i(t)$, auf den es hier letztlich ankommt, ist in jedem Fall deterministisch. Schließlich ist dieser im Abschnitt 4.1

als eine Musterfunktion bzw. als eine Realisierung des stochastischen Prozesses $\hat{\mu}_i(t)$ eingeführt worden. Jedoch sind insbesondere für eine geringe Anzahl von harmonischen Funktionen die ergodischen Eigenschaften des stochastischen Prozesses $\hat{\mu}_i(t)$ schlecht, wenn zur Berechnung der diskreten Dopplerfrequenzen $f_{i,n}$ die Monte-Carlo-Methode eingesetzt wird [Pae96e]. Die Folge ist, dass viele wichtige Kenngrößen des deterministischen Prozesses $\tilde{\mu}_i(t)$ wie Dopplerverbreiterung, Pegelunterschreitungsrate und mittlere Fadingdauer Zufallsgrößen sind, welche im Einzelfall beträchtlich von den eigentlich gewünschten Größen abweichen können. Wir wollen dies nachfolgend am Beispiel des Jakes- und Gaußleistungsdichtespektrums konkretisieren.

Jakesleistungsdichtespektrum: Die Anwendung der Monte-Carlo-Methode ergibt im Zusammenhang mit dem Jakesleistungsdichtespektrum (3.8) für die diskreten Dopplerfrequenzen $f_{i,n}$ den Ausdruck

$$f_{i,n} = f_{max} \sin\left(\frac{\pi}{2} u_n\right) \tag{5.48}$$

wobei $u_n \in (0, 1]$ für alle $n = 1, 2, \ldots, N_i$ $(i = 1, 2)$. Für die Dopplerkoeffizienten $c_{i,n}$ gilt weiterhin (5.47). Man beachte, dass die Substitution von u_n in (5.48) durch die deterministische Größe n/N_i genau auf die für die Methode der gleichen Flächen gefundene Beziehung (5.33) führt.

Da die diskreten Dopplerfrequenzen $f_{i,n}$ Zufallsvariablen sind, ist auch der größte gemeinsame Teiler $F_i = \mathrm{ggT}\,\{f_{i,n}\}_{n=1}^{N_i}$ eine Zufallsvariable. Für eine gegebene Stichprobe (Realisierung) $\{f_{i,n}\}$ vom Umfang N_i ist der größte gemeinsame Teiler F_i allerdings eine Konstante, welche mit dem euklidischen Algorithmus quantifizierbar ist. Im Allgemeinen kann man aber davon ausgehen, dass der größte gemeinsame Teiler F_i sehr klein und somit die Periode $T_i = 1/F_i$ sehr groß ist, so dass $\tilde{\mu}_i(t)$ als quasi-nichtperiodische Funktion klassifizierbar ist. Selbstverständlich gilt dies umso mehr, je größer der Stichprobenumfang N_i gewählt wird.

Beim Entwurf von komplexen deterministischen Prozessen $\tilde{\mu}(t) = \tilde{\mu}_1(t) + j\tilde{\mu}_2(t)$ bereitet die Forderung nach Unkorreliertheit des Real- und Imaginärteils im Allgemeinen ebenfalls keine Schwierigkeiten. Denn selbst für $N_1 = N_2$ sind in der Regel die Stichproben $\{f_{1,n}\}$ und $\{f_{2,n}\}$ disjunkt, was zur Folge hat, dass $\tilde{\mu}_1(t)$ und $\tilde{\mu}_2(t)$ unkorreliert sind.

Das Leistungsdichtespektrum $\tilde{S}_{\mu_i\mu_i}(f)$ könnte für $N_i = 25$ beispielsweise so aussehen, wie es im Bild 5.21(a) dargestellt ist. Die nach (4.11) berechnete Autokorrelationsfunktion $\tilde{r}_{\mu_i\mu_i}(\tau)$ ist im Bild 5.21(b) für zwei verschiedene Stichproben $\{f_{i,n}\}$ wiedergegeben.

Bei der Betrachtung des Bildes 5.21(b) fällt auf, dass die Autokorrelationsfunktion $\tilde{r}_{\mu_i\mu_i}(\tau)$ des deterministischen Prozesses $\tilde{\mu}_i(t)$ sogar im Bereich $0 \leq \tau \leq \tau_{max}$ ganz erheblich von der idealen Autokorrelationsfunktion $r_{\mu_i\mu_i}(\tau)$ des stochastischen Prozesses $\mu_i(t)$ abweichen kann[2].

Untersuchen wir dagegen die Autokorrelationsfunktion $\hat{r}_{\mu_i\mu_i}(\tau)$ des stochastischen Pro-

---

[2]Bei Verwendung des Jakesleistungsdichtespektrums sei auch weiterhin $\tau_{max} = N_i/(2f_{max})$.

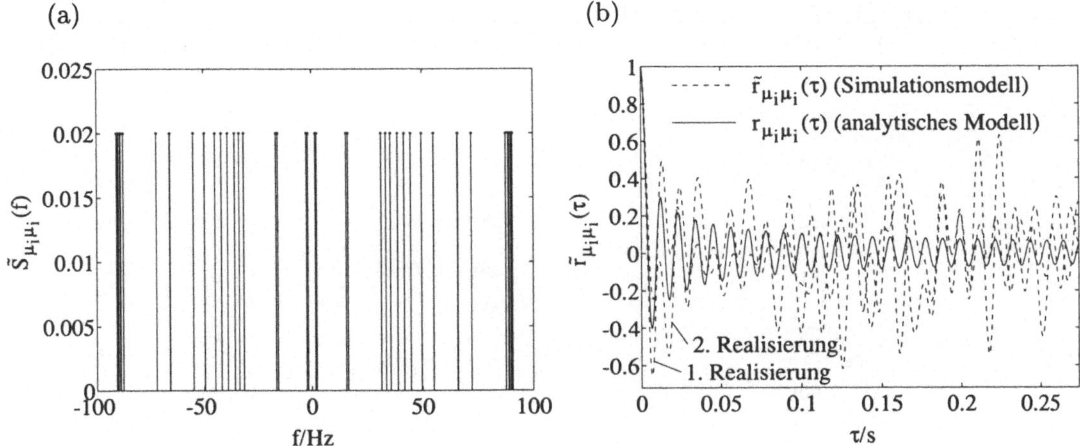

Bild 5.21: (a) Leistungsdichtespektrum $\tilde{S}_{\mu_i\mu_i}(f)$ und (b) Autokorrelationsfunktion $\tilde{r}_{\mu_i\mu_i}(\tau)$ für $N_i = 25$ (MCM, Jakes LDS, $f_{max} = 91\,\mathrm{Hz}$, $\sigma_0^2 = 1$).

zesses $\hat{\mu}_i(t)$, so erhalten wir unter Verwendung von (4.82)

$$
\begin{aligned}
\hat{r}_{\mu_i\mu_i}(\tau) \quad &:= \quad E\{\hat{\mu}_i(t)\hat{\mu}_i(t+\tau)\} \\
&= \quad \sum_{n=1}^{N_i} \frac{c_{i,n}^2}{2} E\{\cos(2\pi f_{i,n}\tau)\} \\
&= \quad \sum_{n=1}^{N_i} \frac{c_{i,n}^2}{2} J_0(2\pi f_{max}\tau) \\
&= \quad \sigma_0^2 J_0(2\pi f_{max}\tau) \\
&= \quad r_{\mu_i\mu_i}(\tau).
\end{aligned}
\tag{5.49}
$$

Zusammenfassend lässt sich sagen, dass die Autokorrelationsfunktion $\hat{r}_{\mu_i\mu_i}(\tau)$ des stochastischen Simulationsmodells gleich der idealen Autokorrelationsfunktion $r_{\mu_i\mu_i}(\tau)$ des Referenzmodells ist, während die Autokorrelationsfunktion $\tilde{r}_{\mu_i\mu_i}(\tau)$ des deterministischen Simulationsmodells von beiden verschieden ist, d. h. $r_{\mu_i\mu_i}(\tau) = \hat{r}_{\mu_i\mu_i}(\tau) \neq \tilde{r}_{\mu_i\mu_i}(\tau)$ [Pae96e]. Wegen $\hat{r}_{\mu_i\mu_i}(\tau) \neq \tilde{r}_{\mu_i\mu_i}(\tau)$ ist der stochastische Prozess $\hat{\mu}_i(t)$ somit nicht ergodisch bezüglich der Autokorrelationsfunktion [vgl. Unterabschnitt 4.3.4].

Genauer lässt sich die Leistungsfähigkeit der Monte-Carlo-Methode wieder anhand des mittleren quadratischen Fehlers $E_{r_{\mu_i\mu_i}}$ [siehe (4.84)] beurteilen. Bild 5.22 zeigt die Auswertung von $E_{r_{\mu_i\mu_i}}$ in Abhängigkeit von N_i sowohl für jeweils eine Realisierung der Autokorrelationsfunktion $\tilde{r}_{\mu_i\mu_i}(\tau)$ als auch den über jeweils tausend Realisierungen gebildeten Scharmittelwert von $E_{r_{\mu_i\mu_i}}$.

Das Bild 5.22 zeigt auch nochmals die für die Methode der gleichen Flächen gefundenen Resultate, welche im Vergleich mit denen für die Monte-Carlo-Methode erhaltenen deutlich besser sind. Die Vorschrift (5.47) zur Berechnung der Dopplerkoeffizienten $c_{i,n}$

stimmt genau mit (5.31) überein. Daher stellen sich für den mittleren quadratischen Fehler $E_{p_{\mu_i}}$ [vgl. (4.83)] wieder die im Bild 5.14(b) präsentierten Verhältnisse ein.

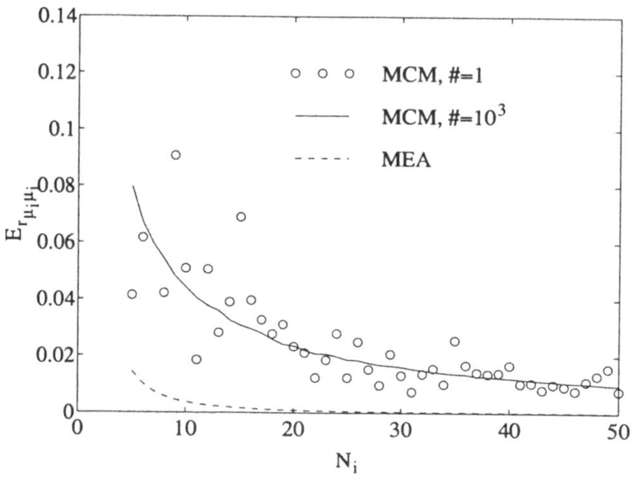

Bild 5.22:   Mittlerer quadratischer Fehler $E_{r_{\mu_i\mu_i}}$ (MCM, Jakes LDS, $f_{max} = 91\,\mathrm{Hz}$, $\sigma_0^2 = 1$, $\tau_{max} = N_i/(2f_{max})$).

Es folgt die Diskussion des Modellfehlers $\Delta\beta_i$. Beginnen wir mit (4.22) und verwenden (3.29) sowie (5.47), dann kann die Größe $\tilde{\beta}_i = \beta + \Delta\beta_i$ in Abhängigkeit von den diskreten Dopplerfrequenzen $f_{i,n}$ gemäß

$$\tilde{\beta}_i = \frac{2\beta}{f_{max}^2 N_i} \sum_{n=1}^{N_i} f_{i,n}^2 \tag{5.50}$$

ausgedrückt werden. Bei der Monte-Carlo-Methode sind die diskreten Dopplerfrequenzen $f_{i,n}$ Zufallsvariablen, so dass $\tilde{\beta}_i$ ebenfalls eine Zufallsvariable ist, dessen Wahrscheinlichkeitsdichte wir nachfolgend bestimmen wollen.

Aus der Gleichverteilung von $u_n \in (0, 1]$ folgt für die Wahrscheinlichkeitsdichte von $f_{i,n}$, $p_{f_{i,n}}(f_{i,n})$, der Ausdruck

$$p_{f_{i,n}}(f_{i,n}) = \begin{cases} \dfrac{2}{\pi f_{max}\sqrt{1 - \left(\frac{f_{i,n}}{f_{max}}\right)^2}}, & 0 < f \le f_{max}, \\[2ex] 0, & \text{sonst}. \end{cases} \tag{5.51}$$

Nun kann mit der Wahrscheinlichkeitsdichte von $f_{i,n}$ leicht die Dichte von $f_{i,n}^2$ berechnet werden, und zur Berechnung der Dichte der Summe dieser Quadrate greift man vorzugsweise wieder auf das Konzept der charakteristischen Funktion zurück. Nach einigen elementaren Rechnungen findet man dann für die Wahrscheinlichkeitsdichte von $\tilde{\beta}_i$ das Ergebnis [Pae96e]

$$p_{\tilde{\beta}_i}(\tilde{\beta}_i) = \begin{cases} 2\displaystyle\int_0^\infty \left[J_0\left(\frac{2\pi\beta\nu}{N_i}\right)\right]^{N_i} \cos[2\pi(\tilde{\beta}_i - \beta)\nu]\,d\nu\,, & \text{falls } \tilde{\beta}_i \in (0, 2\beta]\,, \\ 0\,, & \text{falls } \tilde{\beta}_i \notin (0, 2\beta]\,. \end{cases} \tag{5.52}$$

Zur Veranschaulichung ist diese Wahrscheinlichkeitsdichte für verschiedene N_i im Bild 5.23 dargestellt.

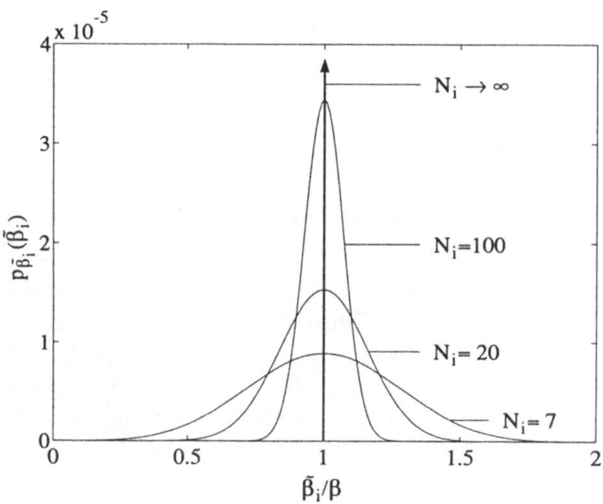

Bild 5.23:   Wahrscheinlichkeitsdichte von $\tilde{\beta}_i$, $p_{\tilde{\beta}_i}(\tilde{\beta}_i)$, bei Verwendung der Monte-Carlo-Methode (Jakes LDS, $f_{max} = 91\,\text{Hz}$, $\sigma_0^2 = 1$).

Der Erwartungswert und die Varianz von $\tilde{\beta}_i$ betragen:

$$E\{\tilde{\beta}_i\} = \beta\,, \tag{5.53a}$$

$$\text{Var}\{\tilde{\beta}_i\} = \frac{\beta^2}{2N_i}\,. \tag{5.53b}$$

Es soll noch gezeigt werden, dass die Zufallsvariable $\tilde{\beta}_i$ für große N_i näherungsweise normalverteilt ist mit dem Mittelwert und der Varianz nach (5.53a) bzw. (5.53b). Mit der Näherung für die Besselfunktion 0-ter Ordnung [Abr72, Gl. (9.1.12)]

$$J_0(x) \approx 1 - \frac{x^2}{4} \tag{5.54}$$

und der Beziehung [Abr72, Gl. (4.2.21)]

$$e^{-x} = \lim_{N_i \to \infty} \left(1 - \frac{x}{N_i}\right)^{N_i} \tag{5.55}$$

bzw. $e^{-x} \approx (1 - x/N_i)$, falls N_i groß ist, können wir für (5.52) näherungsweise schreiben

$$p_{\tilde{\beta}_i}(\tilde{\beta}_i) \approx \int_{-\infty}^{\infty} e^{-\frac{(\pi\beta\nu)^2}{N_i}} e^{-j2\pi(\tilde{\beta}_i-\beta)\nu}\, d\nu\,, \quad \tilde{\beta}_i \in (0, 2\beta]\,. \tag{5.56}$$

Daraus folgt unmittelbar unter Verwendung des Integrals [Gra81, Bd. I, Gl. (3.323.2)]

$$\int_{-\infty}^{\infty} e^{-(ax)^2 \pm bx}\, dx = \frac{\sqrt{\pi}}{a} e^{\left(\frac{b}{2a}\right)^2}\,, \quad a > 0\,, \tag{5.57}$$

die gesuchte Näherung

$$p_{\tilde{\beta}_i}(\tilde{\beta}_i) \approx \frac{1}{\sqrt{2\pi}\beta/\sqrt{2N_i}} e^{-\frac{(\tilde{\beta}_i-\beta)^2}{2\beta^2/(2N_i)}}\,, \quad \tilde{\beta}_i \in (0, 2\beta]\,. \tag{5.58}$$

Also ist $\tilde{\beta}_i$ für große N_i näherungsweise normalverteilt, d. h. $N(\beta, \beta^2/(2N_i))$, und für den Grenzübergang $N_i \to \infty$ folgt $p_{\tilde{\beta}_i}(\tilde{\beta}_i) \to \delta(\tilde{\beta}_i - \beta)$. Demnach ist der Modellfehler $\Delta\beta_i = \tilde{\beta}_i - \beta$ näherungsweise $\Delta\beta_i \sim N(0, \beta^2/(2N_i))$ normalverteilt, so dass zwar die Zufallsvariable $\Delta\beta_i$ mittelwertfrei ist, sich aber leider deren Varianz lediglich umgekehrt proportional zur Anzahl der harmonischen Funktionen N_i verhält. Schließlich betrachten wir noch den relativen Modellfehler $\Delta\beta_i/\beta$, für den dann näherungsweise gilt: $\Delta\beta_i/\beta \sim N(0, 1/(2N_i))$. Die Standardabweichung von $\Delta\beta_i/\beta$ beträgt also $1/\sqrt{2N_i}$ und ist für $N_i > 2$ stets größer als der bei der Methode der gleichen Flächen gefundene relative Modellfehler $\Delta\beta_i/\beta = 1/N_i$ [vgl. (5.37)]. Bild 5.24 demonstriert den zufälligen Charakter des relativen Modellfehlers $\Delta\beta_i/\beta$ in Abhängigkeit von der Anzahl der harmonischen Funktionen N_i. Die Auswertung von $\Delta\beta_i/\beta$ erfolgte dabei mittels (5.50), wobei für jedes $N_i \in \{5, 6, \ldots, 100\}$ stets fünf Stichproben der Menge $\{f_{i,n}\}_{n=1}^{N_i}$ herangezogen wurden.

Durch (4.66), (4.70) und (4.78) wird jetzt deutlich, dass die Pegelunterschreitungsrate $\tilde{N}_\xi(r)$, mittlere Fadingdauer $\tilde{T}_{\xi_-}(r)$ und die Zeitintervalle $\tilde{\tau}_q(r)$ ebenfalls in zufälligerweise von den entsprechenden Größen des Referenzmodells abweichen. Betrachten wir beispielsweise das Wertepaar $(N_1, N_2) = (10, 11)$, so könnten sich für je zwei Stichproben der Mengen $\{f_{1,n}\}_{n=1}^{N_1}$ und $\{f_{2,n}\}_{n=1}^{N_2}$ die in den Bildern 5.25(a) und 5.25(b) gezeigten Verhältnisse für $\tilde{N}_\xi(r)$ bzw. $\tilde{T}_{\xi_-}(r)$ einstellen.

Die Simulationen wurden dabei genauso durchgeführt, wie sie zuvor im Unterabschnitt 5.1.3 beschrieben worden sind.

Mit der tschebyscheffschen Ungleichung (2.15) kann man zeigen [Anhang C], dass die Wahrscheinlichkeit dafür, dass der Betrag des relativen Modellfehlers $|\Delta\beta_i/\beta|$ einen Wert von 2 % überschreitet, selbst bei Verwendung von $N_i = 2500$ harmonischen Funktionen lediglich kleiner gleich 50 % ist.

Gaußleistungsdichtespektrum: Wenden wir die Monte-Carlo-Methode im Zusammenhang mit dem Gaußleistungsdichtespektrum (3.11) zur Berechnung der diskreten

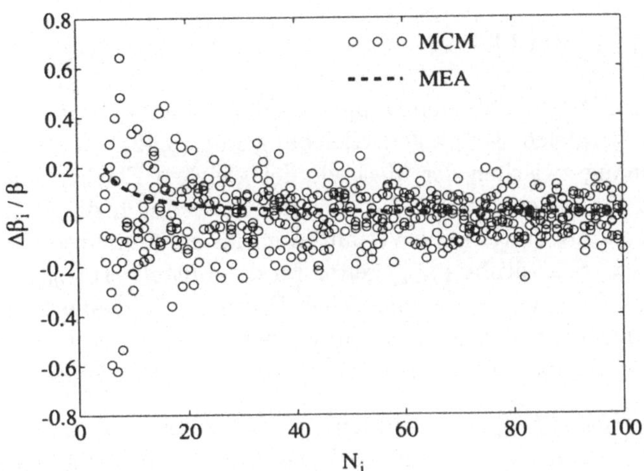

Bild 5.24: Relativer Modellfehler $\Delta\tilde{\beta}_i/\beta$ (MCM, Jakes LDS).

(a) $N_1 = 10$, $N_2 = 11$ (b) $N_1 = 10$, $N_2 = 11$

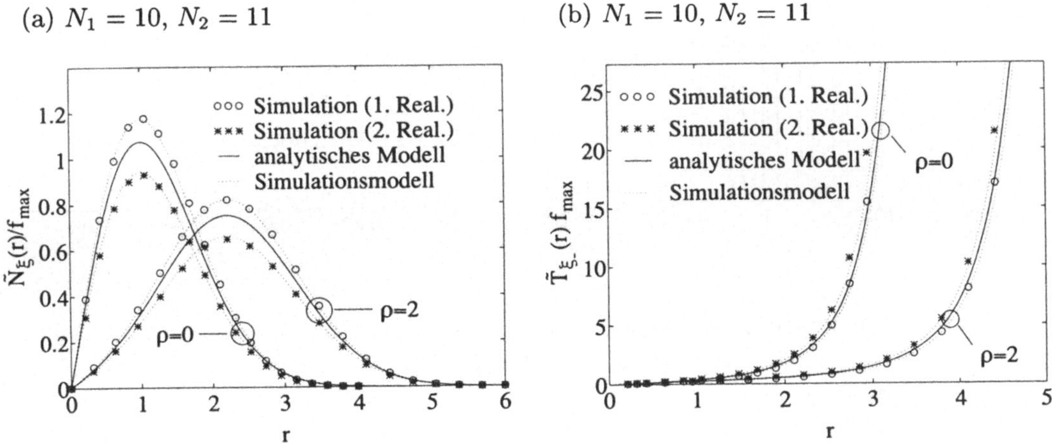

Bild 5.25: (a) Normierte Pegelunterschreitungsrate $\tilde{N}_\xi(r)/f_{max}$ und (b) normierte mittlere Fadingdauer $\tilde{T}_{\xi_-}(r) \cdot f_{max}$ (MCM, Jakes LDS, $f_{max} = 91\,\text{Hz}$, $\sigma_0^2 = 1$).

Dopplerfrequenzen an, so finden wir für Letztere keinen geschlossenen Ausdruck. Stattdessen müssen zur Bestimmung der diskreten Dopplerfrequenzen $f_{i,n}$ die Nullstellen der Gleichung

$$u_n - \mathrm{erf}\left(\frac{f_{i,n}}{f_c}\sqrt{\ln 2}\right) = 0\,, \quad \forall n = 1, 2, \ldots, N_i \quad (i = 1, 2)\,, \tag{5.59}$$

bestimmt werden. Die zugehörigen Dopplerkoeffizienten $c_{i,n}$ liegen auch hier in der Form (5.47) vor. Ein Vergleich der obigen Gleichung mit (5.42) verdeutlicht wieder den engen Zusammenhang zwischen der Methode der gleichen Flächen und der Monte-Carlo-Methode. Wird die gleichverteilte Zufallsvariable u_n durch die Größe n/N_i ersetzt, so geht das letztgenannte statistische Verfahren in das erstgenannte deterministische über. Für eine (beliebige) Stichprobe $\{f_{i,n}\}$ gelten für den Mittelwert $\tilde{m}_{\mu_i}$, die mittlere Leistung $\tilde{\sigma}_{\mu_i}^2$ und die Periode T_i des deterministischen Prozesses $\tilde{\mu}_i(t)$ alle im Zusammenhang mit dem Jakesleistungsdichtespektrum beschriebenen Eigenschaften. Gleiches gilt auch für die Kreuzkorrelationseigenschaften der deterministischen Prozesse $\tilde{\mu}_1(t)$ und $\tilde{\mu}_2(t)$.

Für eine Stichprobe $\{f_{i,n}\}$ vom Umfang $N_i = 25$ ist das Leistungsdichtespektrum $\tilde{S}_{\mu_i\mu_i}(f)$ im Bild 5.26(a) veranschaulicht. Das Bild 5.26(b) zeigt ebenfalls für $N_i = 25$ zwei Realisierungen der Autokorrelationsfunktion $\tilde{r}_{\mu_i\mu_i}(\tau)$.

(a)   (b)

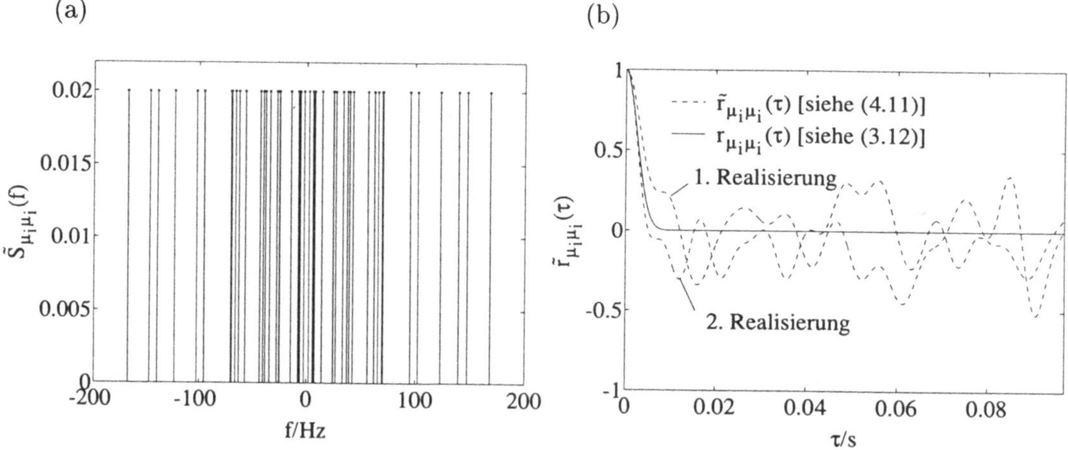

Bild 5.26:   (a) Leistungsdichtespektrum $\tilde{S}_{\mu_i\mu_i}(f)$ und (b) Autokorrelationsfunktion $\tilde{r}_{\mu_i\mu_i}(\tau)$ für $N_i = 25$ (MCM, Gauß LDS, $f_c = \sqrt{\ln 2}\,f_{max}$, $f_{max} = 91\,\mathrm{Hz}$, $\sigma_0^2 = 1$).

Die großen Abweichungen zwischen $\tilde{r}_{\mu_i\mu_i}(\tau)$ und $r_{\mu_i\mu_i}(\tau)$ im Bereich $0 \leq \tau \leq \tau_{max}$ ($\tau_{max} = N_i/(2\kappa_c f_c)$) sind typisch für die Monte-Carlo-Methode, was durch die Auswertung des mittleren quadratischen Fehlers $E_{r_{\mu_i\mu_i}}$ [siehe (4.84)] bestätigt wird. Bild 5.27 zeigt die gefundenen Ergebnisse. Dort sind $E_{r_{\mu_i\mu_i}}$ in Abhängigkeit von N_i sowohl für eine einzelne Realisierung der Autokorrelationsfunktion $\tilde{r}_{\mu_i\mu_i}(\tau)$ als auch der über tausend Realisierungen gebildete Scharmittelwert von $E_{r_{\mu_i\mu_i}}$ dargestellt.

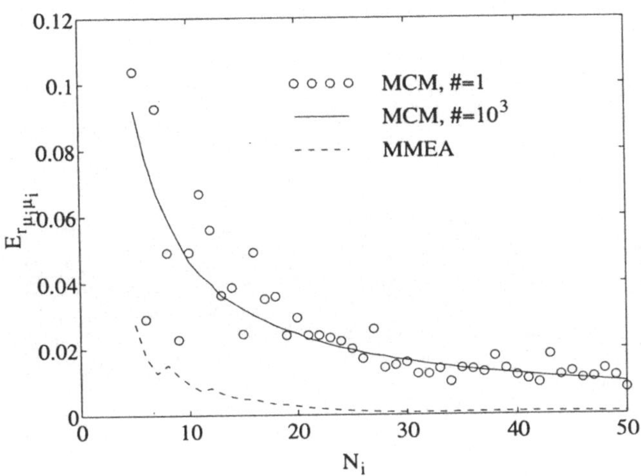

Bild 5.27: Mittlerer quadratischer Fehler $E_{r_{\mu_i \mu_i}}$ (MCM, Gauß LDS, $f_c = \sqrt{\ln 2}\, f_{max}$, $f_{max} = 91\,\mathrm{Hz}$, $\sigma_0^2 = 1$, $\tau_{max} = N_i/(2\kappa_c f_c)$, $\kappa_c = 2\sqrt{2/\ln 2}$).

Die Analyse des Modellfehlers $\Delta\beta_i$ kann in diesem Fall nicht analytisch durchgeführt werden. Wir verfahren daher so, dass für eine gegebene Stichprobe $\{f_{i,n}\}$ zunächst das zugehörige Elementarereignis der Zufallsvariable $\tilde{\beta}_i$ mittels (4.22) bestimmt wird. Anschließend erfolgt dann mit $\beta = 2(\pi f_c \sigma_0)^2/\ln 2$ die Berechnung des Modellfehlers $\Delta\beta_i = \tilde{\beta}_i - \beta$. Bild 5.28 veranschaulicht die Auswertung des relativen Modellfehlers $\Delta\beta_i/\beta$, wobei für jedes $N_i \in \{5, 6, \ldots, 100\}$ die erhaltenen Ergebnisse auf Basis von fünf Stichproben der Menge $\{f_{i,n}\}$ dargestellt sind.

Die Ermittlung der Eigenschaften und die Bestimmung der Pegelunterschreitungsrate $\tilde{N}_\xi(r)$ wie der mittleren Fadingdauer $\tilde{T}_{\xi_-}(r)$ erfolgt ebenfalls auf Basis von Stichproben der Menge $\{f_{i,n}\}$. Zur Veranschaulichung der Verhältnisse sind in den Bildern 5.29(a) und 5.29(b) jeweils zwei Realisierungen von $\tilde{N}_\xi(r)$ bzw. $\tilde{T}_{\xi_-}(r)$ für das Wertepaar $(N_1, N_2) = (10, 11)$ dargestellt.

5.1.5 L_p-Norm-Methode (LPNM)

Der L_p-Norm-Methode liegt die Idee zugrunde, die Mengen $\{c_{i,n}\}$ und $\{f_{i,n}\}$ so zu bestimmen, dass für eine gegebene Anzahl von harmonischen Funktionen N_i folgende Forderungen erfüllt werden [Pae98b, Pae96c]:

(i) Die Wahrscheinlichkeitsdichte $\tilde{p}_{\mu_i}(x)$ des deterministischen Prozesses $\tilde{\mu}_i(t)$ soll bezüglich der L_p-Norm

$$E_{p_{\mu_i}}^{(p)} := \left\{ \int_{-\infty}^{\infty} |p_{\mu_i}(x) - \tilde{p}_{\mu_i}(x)|^p \, dx \right\}^{1/p}, \quad p = 1, 2, \ldots, \tag{5.60}$$

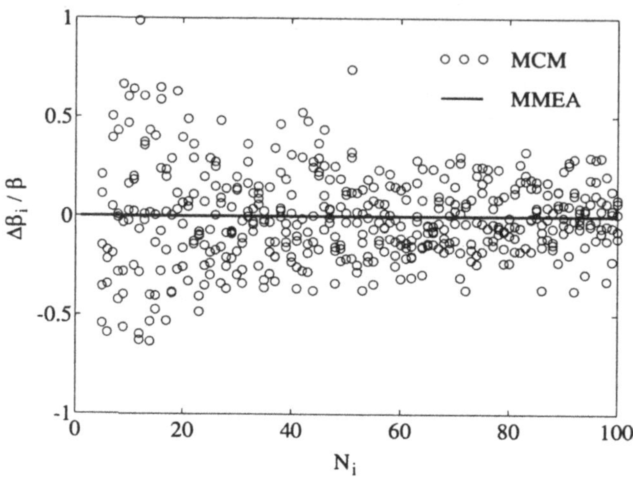

Bild 5.28:   Relativer Modellfehler $\tilde{\beta}_i/\beta$ (MCM, Gauß LDS, $f_c = \sqrt{\ln 2}\,f_{max}$, $f_{max} = 91\,\mathrm{Hz}$, $\sigma_0^2 = 1$).

(a) $N_1 = 10$, $N_2 = 11$ (b) $N_1 = 10$, $N_2 = 11$

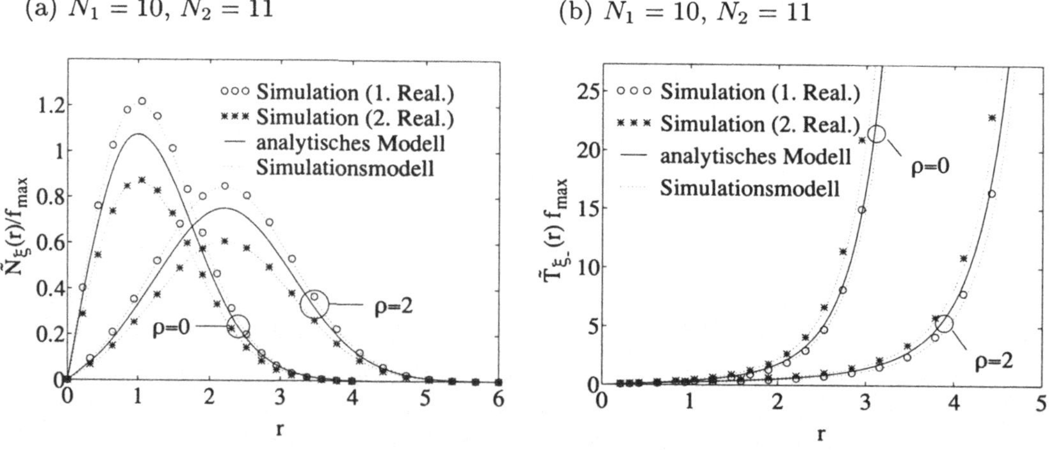

Bild 5.29:   (a) Normierte Pegelunterschreitungsrate $\tilde{N}_\xi(r)/f_{max}$ und (b) normierte mittlere Fadingdauer $\tilde{T}_{\xi_-}(r) \cdot f_{max}$ (MCM, Gauß LDS, $f_c = \sqrt{\ln 2}\,f_{max}$, $f_{max} = 91\,\mathrm{Hz}$, $\sigma_0^2 = 1$).

eine optimale Approximation der Gaußverteilung $p_{\mu_i}(x)$ des stochastischen Prozesses $\mu_i(t)$ sein.

(ii) Die Autokorrelationsfunktion $\tilde{r}_{\mu_i\mu_i}(\tau)$ des deterministischen Prozesses $\tilde{\mu}_i(t)$ soll bezüglich der L_p-Norm

$$E^{(p)}_{r_{\mu_i\mu_i}} := \left\{ \frac{1}{\tau_{max}} \int_0^{\tau_{max}} |r_{\mu_i\mu_i}(\tau) - \tilde{r}_{\mu_i\mu_i}(\tau)|^p \, d\tau \right\}^{1/p}, \quad p = 1, 2, \ldots, \quad (5.61)$$

optimal an eine vorgegebene (gewünschte) Autokorrelationsfunktion $r_{\mu_i\mu_i}(\tau)$ des stochastischen Prozesses $\mu_i(t)$ angepasst sein. Dabei definiert τ_{max} wieder ein angemessenes Zeitintervall $[0, \tau_{max}]$, über das die Approximation von $r_{\mu_i\mu_i}(\tau)$ von Interesse ist.

Zunächst widmen wir unsere Aufmerksamkeit der Forderung (i). Da nach (4.34) $\tilde{p}_{\mu_i}(x)$ nur von den Dopplerkoeffizienten $c_{i,n}$ abhängig ist, stellen wir uns die Frage: Existiert für die Menge der Dopplerkoeffizienten $\{c_{i,n}\}$ eine optimale Lösung, für die die L_p-Norm $E^{(p)}_{p_{\mu_i}}$ minimal wird? Zur Beantwortung dieser Frage setzen wir (4.34) und (4.36) in (5.60) ein und führen anschließend eine numerische Optimierung der Dopplerkoeffizienten $c_{i,n}$ durch, so dass $E^{(p)}_{p_{\mu_i}}$ minimal wird. Als numerisches Optimierungsverfahren eignet sich für dieses Problem beispielsweise der Fletcher-Powell-Algorithmus [Fle63]. Nach der Minimierung von (5.60) stehen dann optimierte Dopplerkoeffizienten $c_{i,n} = c^{(opt)}_{i,n}$ zur Realisierung von deterministischen Simulationsmodellen zur Verfügung. Bild 5.30(a) zeigt die resultierende Wahrscheinlichkeitsdichte $\tilde{p}_{\mu_i}(x)$ bei Verwendung der optimierten Größen $c^{(opt)}_{i,n}$. Zur Wahl von geeigneten Startwerten für die Dopplerkoeffizienten greift man zweckmäßigerweise auf die Größen $c_{i,n} = \sigma_0\sqrt{2/N_i}$ zurück. Zum besseren Vergleich der gefundenen Ergebnisse ist im Bild 5.30(b) nochmals die Wahrscheinlichkeitsdichte $\tilde{p}_{\mu_i}(x)$ präsentiert, die man bei Verwendung der Startwerte $c_{i,n} = \sigma_0\sqrt{2/N_i}$ erhält [vgl. auch Bild 4.4(a)].

Aussagekräftiger als der Vergleich der Bilder 5.30(a) und 5.30(b) sind die Ergebnisse des Bildes 5.31, wo der mittlere quadratische Fehler $E_{p_{\mu_i}}$ [siehe Gl. (4.39)] sowohl für $c_{i,n} = c^{(opt)}_{i,n}$ als auch für $c_{i,n} = \sigma_0\sqrt{2/N_i}$ dargestellt ist. Man erkennt deutlich, dass der Optimierungsgewinn mit zunehmendem N_i streng monoton abnimmt.

Erwähnenswert ist auch, dass nach der Minimierung von (5.60) alle optimierten Dopplerkoeffizienten $c^{(opt)}_{i,n}$ zwar identisch (zentraler Grenzwertsatz), aber für eine endliche Anzahl von harmonischen Funktionen N_i stets kleiner als die vorgegebenen Startwerte sind, d.h. $c^{(opt)}_{i,n} < \sigma_0\sqrt{2/N_i}$, $\forall N_i = 1, 2, \ldots$ Da die optimierten Dopplerkoeffizienten $c^{(opt)}_{i,n}$ auch dann noch identisch sind, wenn beliebige Startwerte vorgegeben werden, liegt die Vermutung nahe, dass die L_p-Norm (5.60) an der Stelle $c_{i,n} = c^{(opt)}_{i,n}$ ein globales Minimum aufweist, und daher die Dopplerkoeffizienten $c_{i,n} = c^{(opt)}_{i,n}$ optimal sind. Man

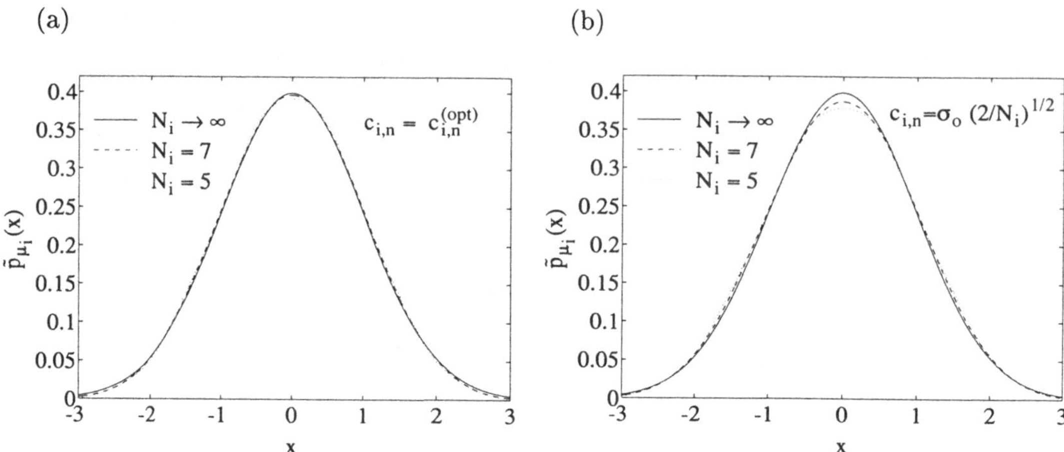

Bild 5.30: Wahrscheinlichkeitsdichte $\tilde{p}_{\mu_i}(x)$ für $N_i \in \{5, 7, \infty\}$ bei Verwendung von: (a) $c_{i,n} = c_{i,n}^{(opt)}$ und (b) $c_{i,n} = \sigma_0\sqrt{2/N_i}$ ($\sigma_0^2 = 1$).

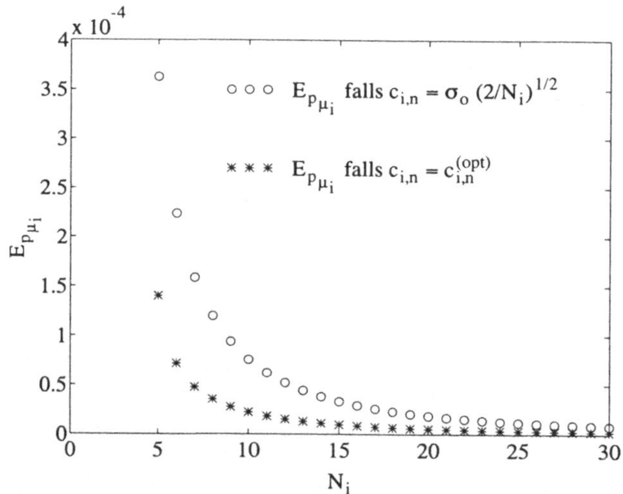

Bild 5.31: Mittlerer quadratischer Fehler $E_{p_{\mu_i}}$, falls $c_{i,n} = c_{i,n}^{(opt)}$ ($* * *$) und $c_{i,n} = \sigma_0\sqrt{2/N_i}$ ($\circ \circ \circ$) mit $\sigma_0^2 = 1$.

beachte auch, dass für $c_{i,n} = c_{i,n}^{(opt)} < \sigma_0\sqrt{2/N_i}$ (N_i endlich) die mittlere Leistung des deterministischen Prozesses $\tilde{\mu}_i(t)$ stets kleiner als die Varianz des stochastischen Prozesses $\mu_i(t)$ ist, d. h. $\tilde{\sigma}_0^2 < \sigma_0^2$, wie dem Bild 5.32 zu entnehmen ist.

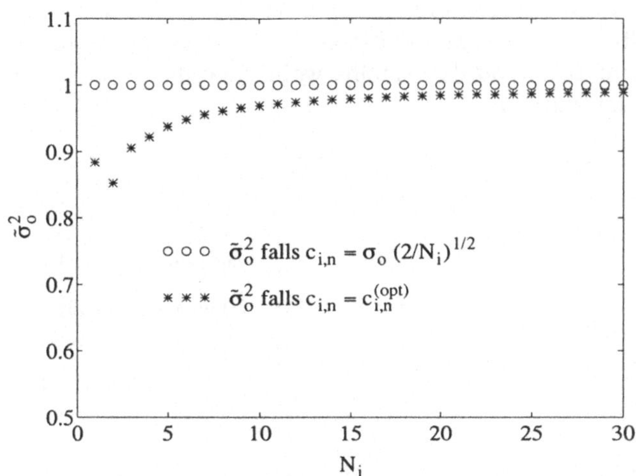

Bild 5.32:   Mittlere Leistung $\tilde{\sigma}_0^2$ des deterministischen Prozesses $\tilde{\mu}_i(t)$, falls $c_{i,n} = c_{i,n}^{(opt)}$ ($* * *$) und $c_{i,n} = \sigma_0\sqrt{2/N_i}$ ($\circ \circ \circ$) mit $\sigma_0^2 = 1$.

Offensichtlich muss hier ein Kompromiss zwischen der erreichbaren Approximationsgenauigkeit von $\tilde{p}_{\mu_i}(x) \approx p_{\mu_i}(x)$ und $\tilde{\sigma}_0^2 \approx \sigma_0^2$ ausgehandelt werden. Versucht man diesen Kompromiss durch Einbeziehung der Randbedingung $\tilde{\sigma}_0^2 = \sigma_0^2$ zu vermeiden, indem man beispielsweise die ersten $N_i - 1$ Dopplerkoeffizienten $c_{i,1}, c_{i,2}, \ldots, c_{i,N_i-1}$ optimiert und den verbleibenden Parameter c_{i,N_i} so bestimmt, dass vom Modell auch die zusätzliche Forderung $\tilde{\sigma}_0^2 = \sigma_0^2$ stets erfüllt wird, so erhält man als Optimierungsergebnis $c_{i,n}^{(opt)} = \sigma_0\sqrt{2/N_i}$, $\forall n = 1, 2, \ldots, N_i$. Unter Einbeziehung der Leistungsbedingung $\tilde{\sigma}_0^2 = \sigma_0^2$ ist also für eine beliebige Anzahl harmonischer Funktionen N_i eine optimale Approximation der Gaußverteilung $p_{\mu_i}(x)$ nur mit den Dopplerkoeffizienten $c_{i,n} = c_{i,n}^{(opt)} = \sigma_0\sqrt{2/N_i}$ möglich. Daher werden wir im Folgenden bei der Modellierung von Gaußprozessen und den daraus herleitbaren Prozessen, wie Rayleighprozesse, Riceprozesse und Lognormalprozesse, in der Regel auf die Beziehung $c_{i,n} = \sigma_0\sqrt{2/N_i}$ zurückgreifen.

Trotzdem ist das vorgeschlagene Verfahren durchaus sinnvoll und vorteilhaft bei der Approximation von Wahrscheinlichkeitsdichten, die nicht aus Gaußverteilungen herleitbar sind, wie z. B. die Nakagamiverteilung (2.33). Die Nakagamiverteilung [Nak60] ist flexibler als die wie üblich verwendete Rayleigh- oder Riceverteilung und ermöglicht häufig eine bessere Anpassung an Wahrscheinlichkeitsdichten, die aus experimentellen Messergebnissen hervorgegangen sind [Suz77].

Um die Menge der Dopplerkoeffizienten $\{c_{i,n}\}$ nun so bestimmen zu können, dass die Wahrscheinlichkeitsdichte des deterministischen Simulationsmodells die Nakagamiverteilung approximiert, führen wir die Dopplerkoeffizientenoptimierung in einer analogen Art und Weise durch, wie wir sie zuvor im Zusammenhang mit der Gaußverteilung beschrieben haben. Der einzige Unterschied besteht darin, dass wir in (5.60) die Gaußverteilung $p_{\mu_i}(x)$ durch die Nakagamiverteilung $p_\omega(z)$ [siehe (2.33)] und $\tilde{p}_{\mu_i}(x)$ durch die Dichte $\tilde{p}_\xi(z)$ nach (4.50) ersetzen müssen. Einige Optimierungsergebnisse für verschiedene Parameter m sind im Bild 5.33 dargestellt, wobei jeweils $N_1 = N_2 = 10$ harmonische Funktionen verwendet wurden.

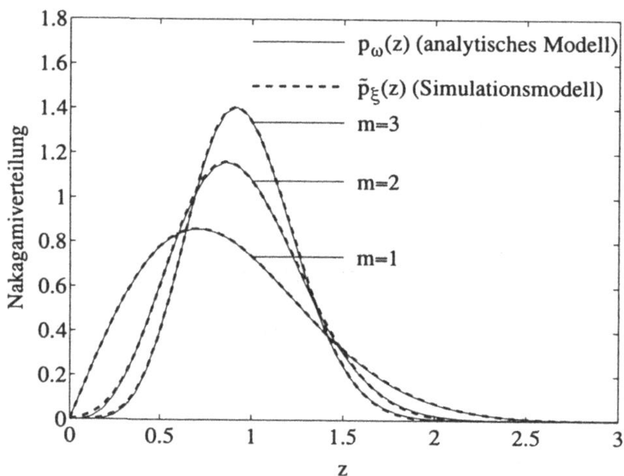

Bild 5.33:   Approximation der Nakagamiverteilung durch $\tilde{p}_\xi(z)$ unter Verwendung von $N_1 = N_2 = 10$ $(\Omega = 1)$.

Weitere Details zur Herleitung und Simulation von Nakagami-Fadingkanälen findet man in [Bra91, Der93]. Über die Herleitung der Pegelunterschreitungsrate sowie der mittleren Fadingdauer von Nakagamiprozessen wurde erstmalig in [You96] berichtet.

In [She77] wurde die Weibullverteilung zur Approximation der Wahrscheinlichkeitsdichte von realen Mobilfunkkanälen im 900 MHz Frequenzbereich vorgeschlagen. Bekanntlich kann die Weibullverteilung mittels nichtlinearer Transformation einer gleichverteilten Zufallsvariable hergeleitet werden [Joh94]. Da sich die Gleichverteilung wiederum aus einer weiteren nichtlinearen Transformation von zwei gaußverteilten Zufallsvariablen bestimmen lässt [Joh94], kann folglich das Problem der Modellierung von Weibullprozessen auf das bereits behandelte Problem der Modellierung von Gaußprozessen zurückgeführt werden, so dass diesbezüglich von weiteren Untersuchungen keine wesentlich neuen Erkenntnisse zu erwarten sind.

Betrachten wir nun die Forderung (ii). Die Autokorrelationsfunktion $\tilde{r}_{\mu_i\mu_i}(\tau)$ hängt nach (4.11) von den Dopplerkoeffizienten $c_{i,n}$ und den diskreten Dopplerfrequenzen $f_{i,n}$ ab. Da die Dopplerkoeffizienten $c_{i,n}$ bereits so bestimmt wurden, dass die Wahrscheinlichkeitsdichte $\tilde{p}_{\mu_i}(x)$ des deterministischen Prozesses $\tilde{\mu}_i(t)$ optimal die Gaußverteilung $p_{\mu_i}(x)$ des stochastischen Prozesses $\tilde{\mu}_i(t)$ approximiert, können zur Minimierung der L_p-Norm $E^{(p)}_{r_{\mu_i\mu_i}}$ nach (5.61) nur noch die diskreten Dopplerfrequenzen $f_{i,n}$ herangezogen werden. Diese werden z. B. wieder mit dem Fletcher-Powell-Algorithmus so optimiert, dass $E^{(p)}_{r_{\mu_i\mu_i}}$ möglichst klein wird, und somit über das Intervall $[0, \tau_{max}]$ die Autokorrelationsfunktion $\tilde{r}_{\mu_i\mu_i}(\tau)$ des deterministischen Prozesses $\tilde{\mu}_i(t)$ die vorgegebene Autokorrelationsfunktion $r_{\mu_i\mu_i}(\tau)$ des stochastischen Prozesses $\mu_i(t)$ approximiert. Im Allgemeinen kann nicht garantiert werden, dass der Fletcher-Powell-Algorithmus wie auch jeder andere für dieses Problem geeignete Optimierungsalgorithmus das globale Minimum von $E^{(p)}_{r_{\mu_i\mu_i}}$ findet, so dass wir uns in den meisten Fällen mit einem lokalen Minimum zufrieden geben müssen. Diese zunächst als nachteilig empfundene Eigenschaft gerät schnell zum Vorteil, wenn man bedenkt, dass verschiedene lokale Minima auch verschiedene Mengen von diskreten Dopplerfrequenzen $\{f_{i,n}\}$ zur Folge haben. Dadurch ist man zur Erzeugung von unkorrelierten deterministischen Prozessen $\tilde{\mu}_1(t)$ und $\tilde{\mu}_2(t)$ nicht mehr an die bisherige Konvention $N_2 = N_1 + 1$ gebunden, sondern kann jetzt auch für $N_1 = N_2$ sicherstellen, dass $\tilde{\mu}_1(t)$ und $\tilde{\mu}_2(t)$ unkorreliert sind. Letztere Eigenschaft kann allerdings auch durch Variation des Parameters p oder durch Vorgabe von unterschiedlichen Anfangswerten für die diskreten Dopplerfrequenzen $f_{i,n}$ erreicht werden.

Nachfolgend wenden wir die L_p-Norm-Methode auf das Jakes- und Gaußleistungsdichtespektrum an, wobei zu berücksichtigen gilt, dass die Forderung (i) in Verbindung mit der Leistungsbedingung $\tilde{\sigma}_0^2 = \sigma_0^2$ durch $c_{i,n} = c_{i,n}^{(opt)} = \sigma_0\sqrt{2/N_i}$ bereits erfüllt ist, und deshalb nur noch die Forderung (ii) einer genaueren Analyse bedarf.

Jakesleistungsdichtespektrum: Einsetzen von (3.10) und (4.11) in (5.61) ergibt nach der numerischen Minimierung der L_p-Norm $E^{(p)}_{r_{\mu_i\mu_i}}$ einen optimierten Satz für die diskreten Dopplerfrequenzen $\{f_{i,n}^{(opt)}\}$. Als Anfangswerte für die $f_{i,n}$ eignen sich beispielsweise die mit der Methode der gleichen Flächen gefundenen Größen $f_{i,n} = f_{max}\sin[n\pi/(2N_i)]$, $\forall\, n = 1,2,\ldots,N_i\,(i = 1,2)$. Beim Jakesleistungsdichtespektrum wird die obere Integrationsgrenze von (5.61) durch die uns bereits bekannte Beziehung $\tau_{max} = N_i/(2f_{max})$ sinnvoll festgelegt. Allen nachfolgenden Optimierungsergebnissen lag jeweils die L_p-Norm $E^{(p)}_{r_{\mu_i\mu_i}}$ für $p = 2$ zugrunde.

Allgemein gültige Aussagen über den größten gemeinsamen Teiler $F_i = \mathrm{ggT}\{f_{i,n}^{(opt)}\}_{n=1}^{N_i}$ lassen sich hierbei nicht machen. Numerische Untersuchungen haben jedoch gezeigt, dass in der Regel F_i null bzw. sehr klein ist. Folglich sind die mit der L_p-Norm-Methode entworfenen deterministischen Prozesse $\tilde{\mu}_i(t)$ nichtperiodisch bzw. quasi-nichtperiodisch. Für den zeitlichen Mittelwert $\tilde{m}_{\mu_i}$ und die mittlere Leistung $\tilde{\sigma}_{\mu_i}^2$ gelten wieder die Beziehungen $\tilde{m}_{\mu_i} = m_{\mu_i} = 0$ und $\tilde{\sigma}_{\mu_i}^2 = \sigma_0^2$.

Wie bei den vorhergehenden Methoden wird auch hier exemplarisch für $N_i = 25$ das Leistungsdichtespektrum $\tilde{S}_{\mu_i\mu_i}(f)$ und die Autokorrelationsfunktion $\tilde{r}_{\mu_i\mu_i}(\tau)$ vorgestellt.

Man betrachte dazu die Bilder 5.34(a) und 5.34(b).

(a)   (b)

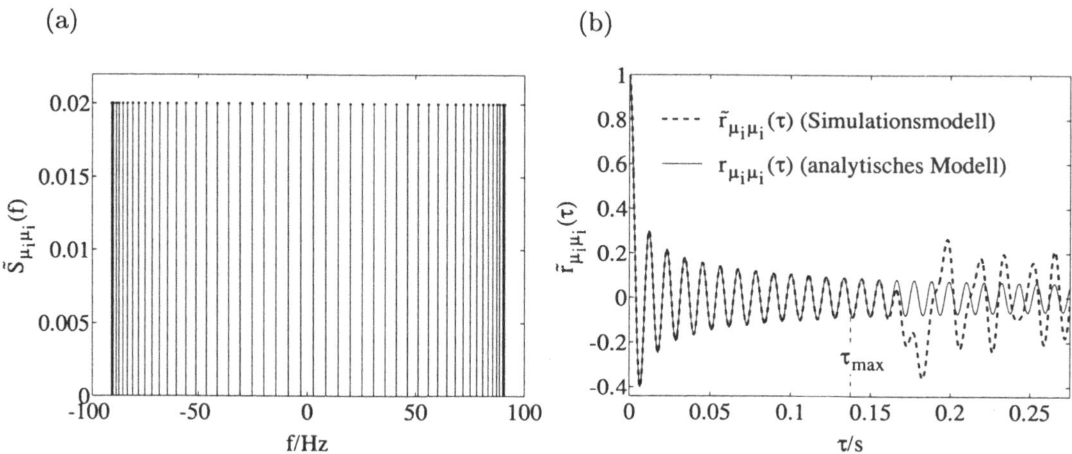

Bild 5.34:   (a) Leistungsdichtespektrum $\tilde{S}_{\mu_i\mu_i}(f)$ und (b) Autokorrelationsfunktion $\tilde{r}_{\mu_i\mu_i}(\tau)$ für $N_i = 25$ (LPNM, Jakes LDS, $f_{max} = 91\,\mathrm{Hz}$, $\sigma_0^2 = 1$).

Wegen $c_{i,n} = \sigma_0\sqrt{2/N_i}$ erhält man für den mittleren quadratischen Fehler $E_{p_{\mu_i}}$ [siehe (4.83)] wieder den im Bild 5.14(b) dargestellten Verlauf. Das Ergebnis der Auswertung von $E_{r_{\mu_i\mu_i}}$ [siehe (4.84)] zeigt das Bild 5.35.

Zur Berechnung des Modellfehlers $\Delta\beta_i = \tilde{\beta}_i - \beta$ muss (4.22) für $c_{i,n} = \sigma_0\sqrt{2/N_i}$ und $f_{i,n} = f_{i,n}^{(opt)}$ ausgewertet werden. Für den relativen Modellfehler $\Delta\beta_i/\beta$ ergeben sich dann im Vergleich mit der Methode der gleichen Flächen die im Bild 5.36 gezeigten Verhältnisse.

Die Simulation der Pegelunterschreitungsrate und der mittleren Fadingdauer wird genauso durchgeführt, wie dies bereits im Unterabschnitt 5.1.3 beschrieben wurde. Aus Gründen der Einheitlichkeit wählen wir auch hier wieder für das Wertepaar (N_1, N_2) das Tupel $(10,11)$. Die Simulationsergebnisse für die normierte Pegelunterschreitungsrate $\tilde{N}_\xi(r)/f_{max}$ und die normierte mittlere Fadingdauer $\tilde{T}_{\xi_-}(r) \cdot f_{max}$ sind in den Bildern 5.37(a) und 5.37(b) enthalten. Ebenfalls enthalten sind die analytischen Ergebnisse, die man für das Referenzmodell und das Simulationsmodell findet. Da die relativen Modellfehler $\Delta\beta_1$ und $\Delta\beta_2$ für $N_1 = 10$ und $N_2 = 11$ in beiden Fällen extrem klein sind, lassen sich in den gezeigten Darstellungen die einzelnen Kurven nicht mehr voneinander unterscheiden.

Gaußleistungsdichtespektrum: Die bisher untersuchten Methoden zur Bestimmung der Modellparameter von deterministischen Prozessen haben deutlich gemacht, dass das Gaußleistungsdichtespektrum erheblich größere Probleme bereitet als das Jakesleistungsdichtespektrum. Wir werden in diesem Unterabschnitt erfahren, wie man mit der L_p-

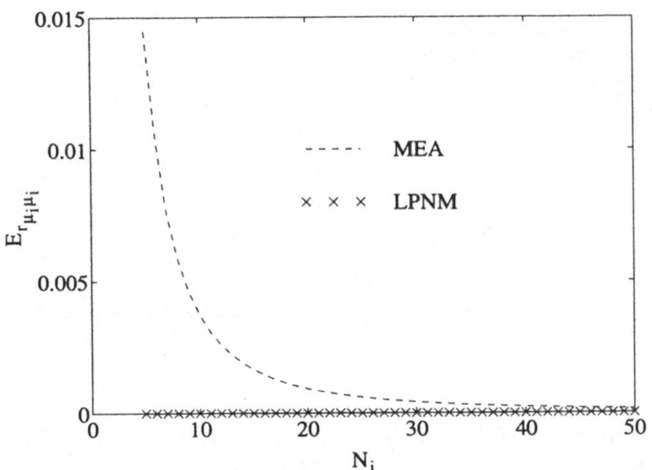

Bild 5.35: Mittlerer quadratischer Fehler $E_{r_{\mu_i\mu_i}}$ (LPNM, Jakes LDS, $f_{max} = 91\,\mathrm{Hz}$, $\sigma_0^2 = 1$, $\tau_{max} = N_i/(2f_{max})$).

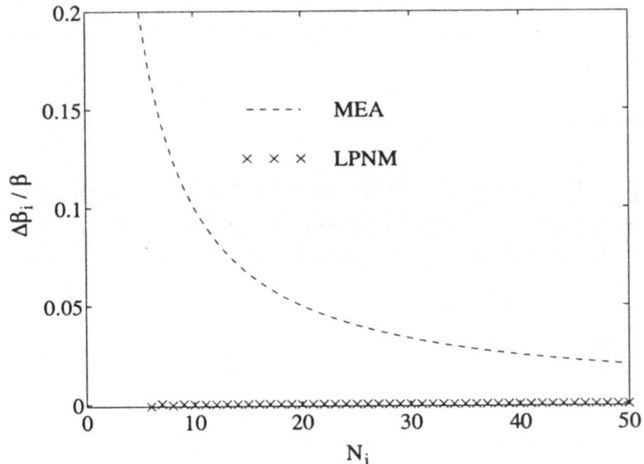

Bild 5.36: Relativer Modellfehler $\Delta\beta_i/\beta$ (LPNM, Jakes LDS).

(a) $N_1 = 10$, $N_2 = 11$ (b) $N_1 = 10$, $N_2 = 11$

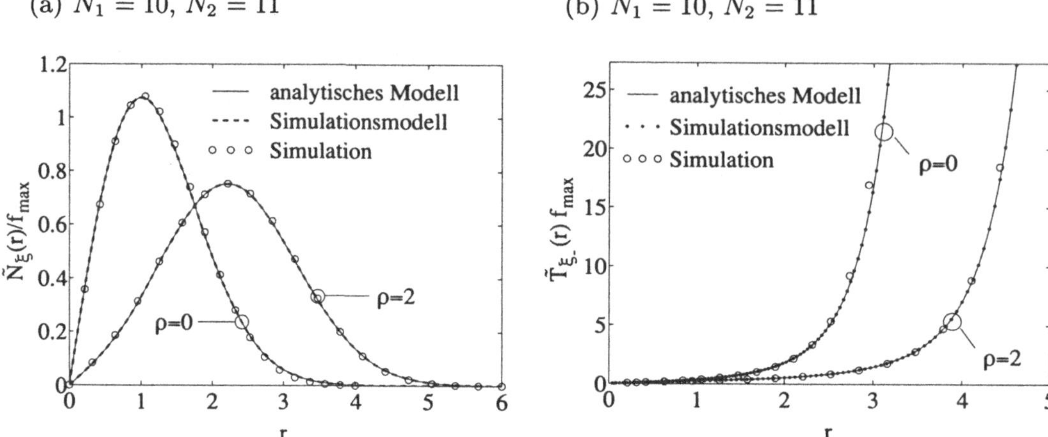

Bild 5.37:   (a) Normierte Pegelunterschreitungsrate $\tilde{N}_\xi(r)/f_{max}$ und (b) normierte mittlere Fadingdauer $\tilde{T}_\xi(r) \cdot f_{max}$ (LPNM, Jakes LDS, $f_{max} = 91\,\text{Hz}$, $\sigma_0^2 = 1$).

Norm-Methode diesen Problemen Herr werden kann. Dazu nutzen wir die Freiheitsgrade, die diese Methode bietet, in ihrem vollen Umfang aus, was uns auf insgesamt drei fundamentale Varianten [Pae97e] führt, welche nachfolgend im Einzelnen kurz beschrieben und anschließend in ihrer Leistungsfähigkeit analysiert werden.

Erste Variante der L_p-Norm-Methode (LPNM I): Bei der ersten Variante werden die Dopplerkoeffizienten $c_{i,n}$ wieder nach der Gleichung $c_{i,n} = \sigma_0\sqrt{2/N_i}$ für alle $n = 1, 2, \ldots, N_i$ berechnet. Die diskreten Dopplerfrequenzen $f_{i,n}$ werden hingegen für $n = 1, 2, \ldots, N_i - 1$ so optimiert, dass die L_p-Norm $E_{r_{\mu_i\mu_i}}^{(p)}$ [siehe (5.61)] ein (lokales) Minimum annimmt, d. h.

$$E_{r_{\mu_i\mu_i}}^{(p)}(\boldsymbol{f}_i) = \text{Min!} \tag{5.62}$$

Dabei ist $\boldsymbol{f}_i = (f_{i,1}, f_{i,2}, \ldots, f_{i,N_i-1})^T \in \mathbb{R}^{N_i-1}$. Nebenbedingungen wie etwa Vorzeichenbedingungen brauchen an die Komponenten des Parametervektors $\boldsymbol{f}_i$ nicht gestellt zu werden. Die verbleibende diskrete Dopplerfrequenz f_{i,N_i} sei durch

$$f_{i,N_i} := \sqrt{\frac{\beta N_i}{(2\pi\sigma_0)^2} - \sum_{n=1}^{N_i-1} f_{i,n}^2} \tag{5.63}$$

festgelegt, wodurch wir auf einfache Weise sichergestellt haben, dass der Modellfehler $\Delta\beta_i$ stets null ist für alle $N_i = 1, 2, \ldots$ ($i = 1, 2$). Mit dem entsprechenden β kann von dieser Möglichkeit natürlich auch bei Vorgabe des Jakesleistungsdichtespektrums (oder einer beliebigen anderen spektralen Leistungsdichte) Gebrauch gemacht werden. Gut geeignete Anfangswerte für die in die Optimierung eingebundenen diskreten Dopplerfrequenzen sind die mit der Methode der gleichen Flächen gefundenen Größen [vgl.

Unterabschnitt 5.1.3]. Bei der Auswertung der L_p-Norm $E^{(p)}_{\tilde{r}_{\mu_i\mu_i}}$ genügt für unsere Zwecke die Beschränkung auf den Fall $p = 2$, wobei wir in diesem Zusammenhang für den Parameter τ_{max} auf die bereits mehrfach verwendete Beziehung $\tau_{max} = N_i/(2\kappa_c f_c)$ mit $\kappa_c = 2\sqrt{2/\ln 2}$ und $f_c = \sqrt{\ln 2} f_{max}$ zurückgreifen werden. Für die Größen F_i, $\tilde{m}_{\mu_i}$ und $\tilde{\sigma}^2_{\mu_i}$ gelten auch weiterhin die für das Jakesleistungsdichtespektrum gemachten Aussagen. Unkorrelierte deterministische Prozesse $\tilde{\mu}_1(t)$ und $\tilde{\mu}_2(t)$ lassen sich auch für $N_1 = N_2$ gewinnen, indem die Parametervektoren $\boldsymbol{f}_1$ und $\boldsymbol{f}_2$ unter unterschiedlichen Bedingungen optimiert werden. Es genügt hierzu beispielsweise τ_{max} oder p geringfügig zu verändern, und dann die Optimierung erneut durchzuführen.

Wir wählen $N_i = 25$ und erhalten mit der ersten Variante der L_p-Norm-Methode das im Bild 5.38(a) dargestellte Leistungsdichtespektrum $\tilde{S}_{\mu_i\mu_i}(f)$. Bild 5.38(b) zeigt die zugehörige Autokorrelationsfunktion $\tilde{r}_{\mu_i\mu_i}(\tau)$.

(a)　　　　　　　　　　　　　　　　　　(b)

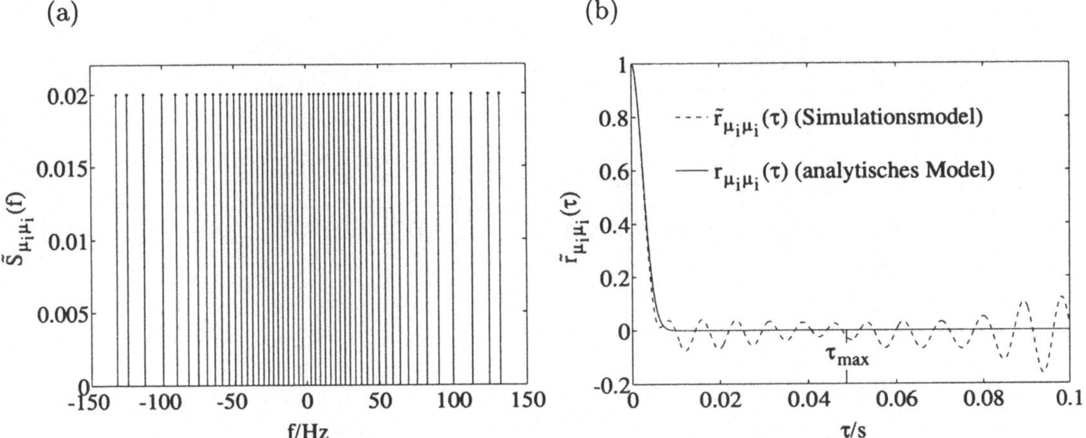

Bild 5.38:　(a) Leistungsdichtespektrum $\tilde{S}_{\mu_i\mu_i}(f)$ und (b) Autokorrelationsfunktion $\tilde{r}_{\mu_i\mu_i}(\tau)$ für $N_i = 25$ (LPNM I, Gauß LDS, $f_c = \sqrt{\ln 2} f_{max}$, $f_{max} = 91\,\text{Hz}$, $\sigma_0^2 = 1$).

Zweite Variante der L_p-Norm-Methode (LPNM II): Mit der zweiten Variante der L_p-Norm-Methode wird das Ziel verfolgt, die Autokorrelationsfunktion $\tilde{r}_{\mu_i\mu_i}(\tau)$ im Bereich $[0, \tau_{max}]$ wesentlich enger an $r_{\mu_i\mu_i}(\tau)$ anzupassen, als dies mit der LPNM I möglich ist. Dazu fassen wir sämtliche Parameter, die das Verhalten von $\tilde{r}_{\mu_i\mu_i}(\tau)$ bestimmen, zu den Parametervektoren $\boldsymbol{c}_i = (c_{i,1}, c_{i,2}, \ldots, c_{i,N_i})^T \in \mathbb{R}^{N_i}$ und $\boldsymbol{f}_i = (f_{i,1}, f_{i,2}, \ldots, f_{i,N_i})^T \in \mathbb{R}^{N_i}$ zusammen. Die eigentliche Aufgabe besteht nun darin, die Parametervektoren $\boldsymbol{c}_i$ und $\boldsymbol{f}_i$ so zu optimieren, dass die L_p-Norm $E^{(p)}_{\tilde{r}_{\mu_i\mu_i}}$ minimal wird, d. h.

$$E^{(p)}_{\tilde{r}_{\mu_i\mu_i}}(\boldsymbol{c}_i, \boldsymbol{f}_i) = \text{Min!} \tag{5.64}$$

Auch in diesem Fall brauchen an die Komponenten der Parametervektoren $\boldsymbol{c}_i$ und $\boldsymbol{f}_i$ keine Nebenbedingungen gestellt zu werden.

Ein Beispiel für das resultierende Leistungsdichtespektrum $\tilde{S}_{\mu_i\mu_i}(f)$ ist im Bild 5.39(a) dargestellt, wobei wir wieder $N_i = 25$ gewählt haben. Daneben zeigt das Bild 5.39(b) den Verlauf der zugehörigen Autokorrelationsfunktion $\tilde{r}_{\mu_i\mu_i}(\tau)$.

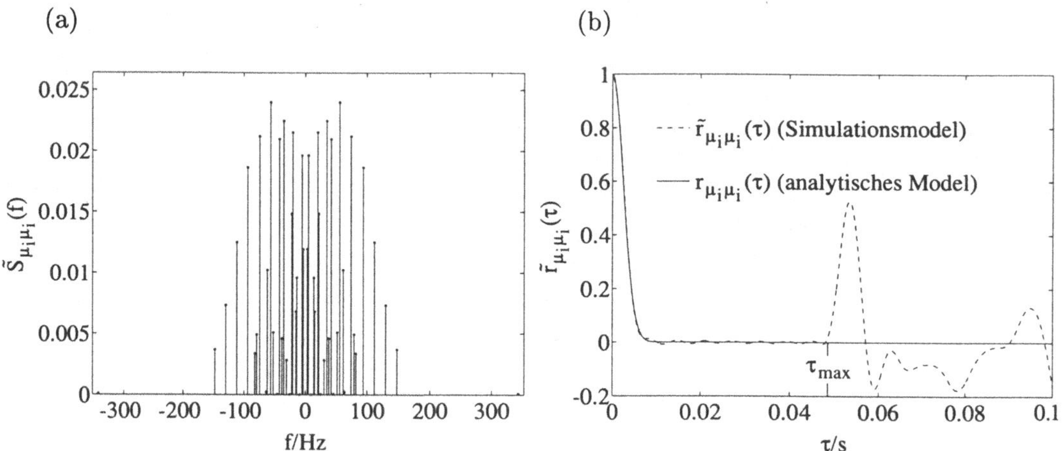

Bild 5.39:   (a) Leistungsdichtespektrum $\tilde{S}_{\mu_i\mu_i}(f)$ und (b) Autokorrelationsfunktion $\tilde{r}_{\mu_i\mu_i}(\tau)$ für $N_i = 25$ (LPNM II, Gauß LDS, $f_c = \sqrt{\ln 2}f_{max}$, $f_{max} = 91$ Hz, $\sigma_0^2 = 1$).

Es ist nicht zu übersehen, dass die Approximation $r_{\mu_i\mu_i}(\tau) \approx \tilde{r}_{\mu_i\mu_i}(\tau)$ für $\tau \in [0, \tau_{max}]$ ausgesprochen gut ist. Um diesen Vorteil zu erlangen müssen jedoch einige Nachteile in Kauf genommen werden. So wird beispielsweise die Leistungsbedingung $\tilde{\sigma}_{\mu_i}^2 = \sigma_0^2$ nur noch näherungsweise erfüllt; außerdem ist der Modellfehler $\Delta\beta_i$ von null verschieden. Im Allgemeinen sind aber die erzielten Approximationen $\tilde{\sigma}_{\mu_i}^2 \approx \sigma_0^2$ und $\tilde{\beta}_i \approx \beta$ bzw. $\Delta\beta_i \approx 0$ sehr gut und für die Praxis völlig ausreichend. Ein ernst zu nehmendes Problem entsteht bei der LPNM II hingegen durch die Optimierung der Dopplerkoeffizienten $c_{i,n}$. Auf die darauf zurückzuführende Degradation der Dichte $\tilde{p}_{\mu_i}(x)$ werden wir weiter unten noch zu sprechen kommen. An dieser Stelle genügt es festzustellen, dass all diese Nachteile mit der dritten Variante vermieden werden können.

Dritte Variante der L_p-Norm-Methode (LPNM III): Die dritte Variante strebt das Ziel an, die Autokorrelationsfunktion $\tilde{r}_{\mu_i\mu_i}(\tau)$ und die Wahrscheinlichkeitsdichte $\tilde{p}_{\mu_i}(x)$ gemeinsam zu optimieren. Eine für diesen Zweck geeignete Fehlerfunktion hat die Form

$$E(\boldsymbol{c}_i, \boldsymbol{f}_i) = W_1 \cdot E_{r_{\mu_i\mu_i}}^{(p)}(\boldsymbol{c}_i, \boldsymbol{f}_i) + W_2 \cdot E_{p_{\mu_i}}^{(p)}(\boldsymbol{c}_i), \tag{5.65}$$

wobei $E_{r_{\mu_i\mu_i}}^{(p)}(\cdot)$ und $E_{p_{\mu_i}}^{(p)}(\cdot)$ die durch (5.61) bzw. (5.60) eingeführten L_p-Normen kennzeichnen. Die Größen W_1 und W_2 sind geeignet zu wählende Gewichtsfaktoren, die wir im Folgenden durch $W_1 = 1/4$ und $W_2 = 3/4$ festlegen. Damit nun die beiden Randbedingungen $\tilde{\sigma}_{\mu_i}^2 = \sigma_0^2$ und $\tilde{\beta}_i = \beta$ exakt erfüllt werden, wollen wir die Parametervektoren

c_i und f_i durch

$$c_i = (c_{i,1}, c_{i,2}, \ldots, c_{i,N_i-1})^T \in \mathbb{R}^{N_i-1} \qquad (5.66a)$$

bzw.

$$f_i = (f_{i,1}, f_{i,2}, \ldots, f_{i,N_i-1})^T \in \mathbb{R}^{N_i-1} \qquad (5.66b)$$

definieren und die verbleibenden Modellparameter c_{i,N_i} und f_{i,N_i} wie folgt berechnen:

$$c_{i,N_i} = \sqrt{2\sigma_0^2 - \sum_{n=1}^{N_i-1} c_{i,n}^2} \,, \qquad (5.67a)$$

$$f_{i,N_i} = \frac{1}{c_{i,N_i}} \sqrt{\frac{\beta}{2\pi^2} - \sum_{n=1}^{N_i-1} (c_{i,n} f_{i,n})^2} \,, \qquad (5.67b)$$

wobei $\beta = -\ddot{r}_{\mu_i\mu_i}(0) = 2(\pi f_c \sigma_0)^2/\ln 2$ $(i = 1, 2)$. Korrelationen zwischen den deterministischen Prozessen $\tilde{\mu}_1(t)$ und $\tilde{\mu}_2(t)$ lassen sich nun für $N_1 = N_2$ auch dadurch vermeiden, dass die Minimierung der Fehlerfunktion (5.65) für $i = 1$ und $i = 2$ mit jeweils unterschiedlicher Gewichtung der einzelnen L_p-Normen $E_{r_{\mu_i\mu_i}}^{(p)}$ und $E_{p_{\mu_i}}^{(p)}$ durchgeführt wird.

Wie in den vorhergehenden Beispielen wählen wir $N_i = 25$ und betrachten das resultierende Leistungsdichtespektrum $\tilde{S}_{\mu_i\mu_i}(f)$ im Bild 5.40(a). Die zugehörige Autokorrelationsfunktion $\tilde{r}_{\mu_i\mu_i}(\tau)$ ist im gegenüberliegenden Bild 5.40(b) dargestellt.

(a) $\qquad\qquad\qquad\qquad\qquad\qquad$ (b)

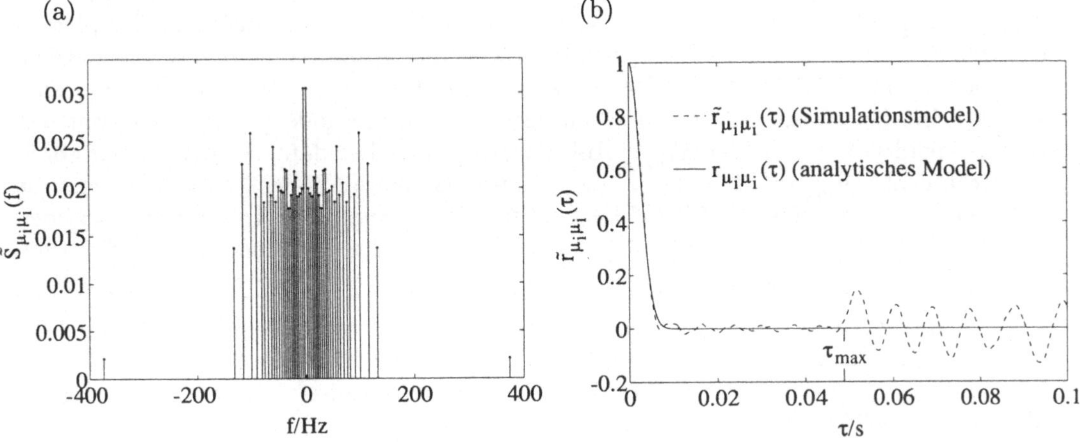

Bild 5.40: (a) Leistungsdichtespektrum $\tilde{S}_{\mu_i\mu_i}(f)$ und (b) Autokorrelationsfunktion $\tilde{r}_{\mu_i\mu_i}(\tau)$ für $N_i = 25$ (LPNM III, Gauß LDS, $f_c = \sqrt{\ln 2}\, f_{max}$, $f_{max} = 91\,\text{Hz}$, $\sigma_0^2 = 1$).

Abschließend analysieren wir noch die Leistungsfähigkeit dieser drei Varianten der L_p-Norm-Methode. Insbesondere interessieren wir uns dabei für die mittleren quadratischen Fehler $E_{r_{\mu_i\mu_i}}$ und $E_{p_{\mu_i}}$ [siehe (4.84) bzw. (4.83)], welche jeweils in den Bildern 5.41(a) und 5.41(b) in Abhängigkeit von N_i dargestellt sind. In allen Fällen wurden die Anfangswerte für die zu optimierenden Parameter nach der Methode der gleichen Flächen berechnet.

(a)   (b)

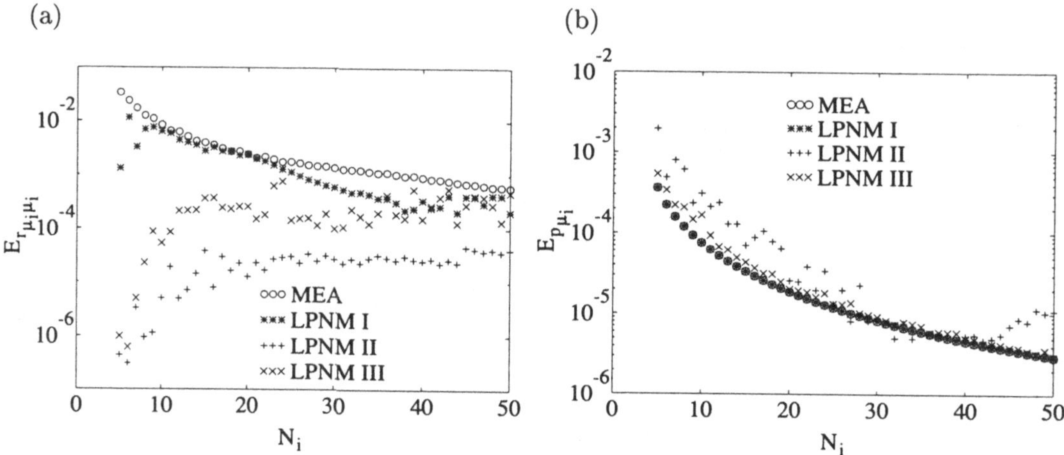

Bild 5.41:   Mittlere quadratische Fehler: (a) $E_{r_{\mu_i\mu_i}}$ und (b) $E_{p_{\mu_i}}$ (LPNM I–III, Gauß LDS, $f_c = \sqrt{\ln 2}\, f_{max}$, $f_{max} = 91\,\mathrm{Hz}$, $\sigma_0^2 = 1$, $\tau_{max} = N_i/(2\kappa_c f_c)$, $\kappa_c = 2\sqrt{2/\ln 2}$).

Bei der Betrachtung des Bildes 5.41(a) wird deutlich, dass die Güte der Approximation $r_{\mu_i\mu_i}(\tau) \approx \tilde{r}_{\mu_i\mu_i}(\tau)$ enorm verbessert werden kann, wenn neben den diskreten Dopplerfrequenzen $f_{i,n}$ auch die Dopplerkoeffizienten $c_{i,n}$ in die Optimierung einbezogen werden, wie dies bei der LPNM II und III vorgesehen ist. Dazu muss bemerkt werden, dass von den drei hier vorgestellten Varianten der L_p-Norm-Methode die LPNM I zwar den größten quadratischen Fehler $E_{r_{\mu_i\mu_i}}$ [Bild 5.41(a)] hat, aber dafür ist der mittlere quadratische Fehler $E_{p_{\mu_i}}$ [Bild 5.41(b)] am kleinsten. Genau die umgekehrte Aussage trifft auf die LPNM II zu. Erst die LPNM III steht für einen gelungenen Kompromiss zwischen der Minimierung von $E_{r_{\mu_i\mu_i}}$ und $E_{p_{\mu_i}}$. Durch eine geschickte Wahl der Gewichtsfaktoren in (5.65) gelingt mit dieser Methode stets die Minimierung von $E_{r_{\mu_i\mu_i}}^{(p)}$, und zwar ohne dass wir uns damit abfinden müssen, dass nennenswerte Degradationen bezüglich $E_{p_{\mu_i}}^{(p)}$ auftreten. Nicht nur wegen dieser Eigenschaft, sondern auch, weil mit der LPNM III die Bedingungen $\tilde{\sigma}_{\mu_i}^2 = \sigma_0^2$ und $\tilde{\beta}_i = \beta$ exakt erfüllt werden, ist diese Variante der L_p-Norm-Methode zweifellos die leistungsfähigste.

Bei der Auswertung des Modellfehlers $\Delta\beta_i = \tilde{\beta}_i - \beta$ für die drei Varianten der L_p-Norm-Methode beachten wir, dass bei der Einführung der LPNM I und III bereits darauf Wert gelegt wurde, dass der Modellfehler $\Delta\beta_i$ stets null ist, was durch (5.63) bzw. (5.67b) sichergestellt ist. Die mit der LPNM II optimierten Dopplerkoeffizienten $c_{i,n} = c_{i,n}^{(opt)}$

und diskreten Dopplerfrequenzen $f_{i,n} = f_{i,n}^{(opt)}$ setzen wir in (4.22) ein und erhalten damit für den relativen Modellfehler $\Delta\beta_i/\beta$ die im Bild 5.42 präsentierten Ergebnisse. Man erkennt, dass bei der LPNM II der Modellfehler $\Delta\beta_i$ von null verschieden ist. Im vorliegenden Fall wurde die Autokorrelationsfunktion $\tilde{r}_{\mu_i\mu_i}(\tau)$ über den Bereich $[0, \tau_{max}]$ mit gleichem Gewicht optimiert. Wird hingegen der Approximationsfehler von $\tilde{r}_{\mu_i\mu_i}(\tau)$ in einer ϵ-Umgebung um $\tau = 0$ stärker gewichtet, so kann der Modellfehler $\Delta\beta_i$ nochmals deutlich verkleinert werden. Da aber dem Bild 5.42 anschaulich entnommen werden kann, dass der relative Modellfehler $\Delta\beta_i/\beta$ hinreichend klein ist, wollen wir uns mit den bisher zu diesem Thema gefundenen Ergebnissen zufrieden geben und mit der Analyse der Pegelunterschreitungsrate sowie der mittleren Fadingdauer fortfahren.

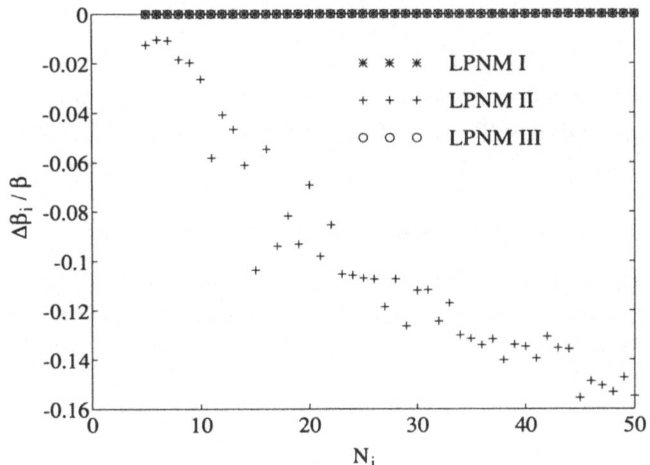

Bild 5.42:   Relativer Modellfehler $\Delta\beta_i/\beta$ (LPNM I–III, Gauß LDS, $f_c = \sqrt{\ln 2}\, f_{max}$, $f_{max} = 91\,\mathrm{Hz}$, $\sigma_0^2 = 1$).

Bei der Analyse der Pegelunterschreitungsrate $\tilde{N}_\xi(r)$ und der mittleren Fadingdauer $\tilde{T}_{\xi_-}(r)$ beschränken wir uns auf die LPNM III. Die Simulation der Größen $\tilde{N}_\xi(r)$ und $\tilde{T}_{\xi_-}(r)$ wird wieder unter den Bedingungen, wie sie im Unterabschnitt 5.1.3 beschrieben wurden, durchgeführt. Für die normierte Pegelunterschreitungsrate $\tilde{N}_\xi(r)/f_{max}$ sind sowohl die Simulationsergebnisse als auch die analytischen Ergebnisse im Bild 5.43(a) dargestellt, wobei die Wahl des Wertepaares (N_1, N_2) genau wie in den vorhergehenden Beispielen auch auf $(10, 11)$ fiel. Daneben zeigt das Bild 5.43(b) die zugehörige normierte mittlere Fadingdauer $\tilde{T}_{\xi_-}(r) f_{max}$.

Wir wollen diesen Unterabschnitt abschließen mit einigen allgemeinen Bemerkungen zur L_p-Norm-Methode. Der entscheidende Vorteil dieses Verfahrens liegt in der Möglichkeit deterministische Prozesse $\tilde{\mu}_i(t)$ bzw. $\tilde{\xi}(t)$ so entwerfen zu können, dass diese in der Lage sind, die statistischen Eigenschaften von Schnappschussmessungen, die an realen Mo-

(a) $N_1 = N_2 = 10$ (b) $N_1 = N_2 = 10$

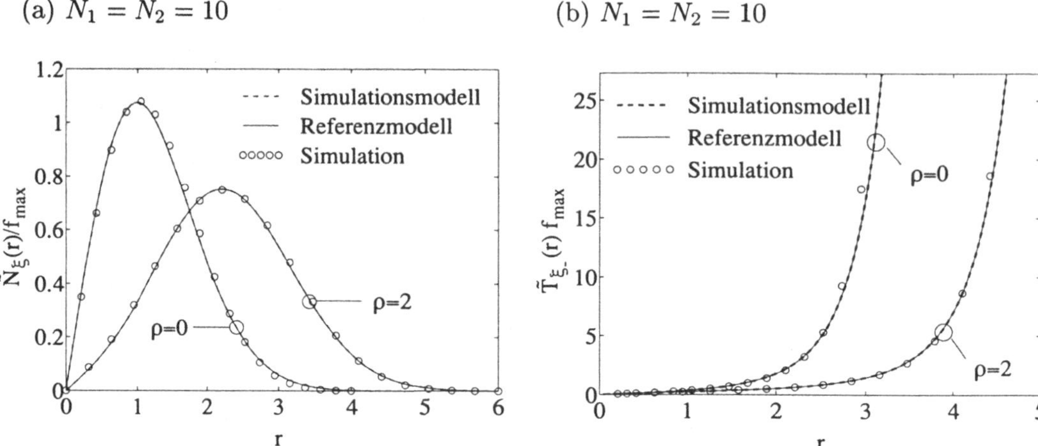

Bild 5.43:   (a) Normierte Pegelunterschreitungsrate $\tilde{N}_\xi(r)/f_{max}$ und (b) normierte mittlere Fadingdauer $\tilde{T}_{\xi_-}(r) \cdot f_{max}$ (LPNM III, Gauß LDS, $f_c = \sqrt{\ln 2}\,f_{max}$, $f_{max} = 91\,\text{Hz}$, $\sigma_0^2 = 1$).

bilfunkkanälen vorgenommen worden sind, zu reproduzieren. Hierzu sind lediglich die Wahrscheinlichkeitsdichte $p_{\mu_i}(x)$ in (5.60) sowie die Autokorrelationsfunktion $r_{\mu_i\mu_i}(\tau)$ in (5.61) durch die entsprechenden gemessenen Größen zu ersetzen. Die Optimierung kann dann wie beschrieben durchgeführt werden. Der einzige Nachteil der L_p-Norm-Methode ist der im Vergleich mit anderen Verfahren verhältnismäßig hohe zu betreibende numerische Rechenaufwand. Dieser stellt zwar mit den heutigen Hochleistungsrechnern kein ernsthaftes Problem mehr dar, trotzdem lohnt sich der Aufwand zumindest nicht im Zusammenhang mit dem Jakesleistungsdichtespektrum, da es hierfür eine sehr einfache, elegante, quasi-optimale Lösung gibt, die wir im nächsten Unterabschnitt kennen lernen werden.

5.1.6   Methode der exakten Dopplerverbreiterung (MEDS)

Die Methode der exakten Dopplerverbreiterung (MEDS, **M**ethod of **E**xact **D**oppler **S**pread) ist speziell für das häufig verwendete Jakesleistungsdichtespektrum entwickelt worden, und wurde erstmalig in [Pae96c] vorgestellt. Das Verfahren zeichnet sich trotz Einfachheit durch eine hohe Leistungsfähigkeit aus und ermöglicht eine quasi-optimale Approximation der Autokorrelationsfunktion, die zum Jakesleistungsdichtespektrum gehört. Im Folgenden leiten wir zunächst die Methode der exakten Dopplerverbreiterung im Zusammenhang mit dem Jakesleistungsdichtespektrum her und untersuchen anschließend, ob das Verfahren auch Vorteile bei der Anwendung auf das Gaußleistungsdichtespektrum bietet.

Jakesleistungsdichtespektrum: Wir betrachten die Integraldarstellung der Besselfunktion 0-ter Ordnung [Abr72, Gl. (9.1.18)]

$$J_0(z) = \frac{2}{\pi} \int_0^{\pi/2} \cos(z \sin \alpha) \, d\alpha \tag{5.68}$$

und entwickeln diese in die unendliche Reihe

$$J_0(z) = \lim_{N_i \to \infty} \frac{2}{\pi} \sum_{n=1}^{N_i} \cos(z \sin \alpha_n) \Delta\alpha \,, \tag{5.69}$$

wobei $\alpha_n = \pi(2n-1)/(4N_i)$ und $\Delta\alpha = \pi/(2N_i)$. Für (3.10) können wir daher auch schreiben

$$r_{\mu_i \mu_i}(\tau) = \lim_{N_i \to \infty} \frac{\sigma_0^2}{N_i} \sum_{n=1}^{N_i} \cos\left\{ 2\pi f_{max} \sin\left[\frac{\pi}{2N_i} \left(n - \frac{1}{2}\right) \right] \cdot \tau \right\}. \tag{5.70}$$

Diese Beziehung beschreibt also die Autokorrelationsfunktion des stochastischen analytischen Modells für einen Gaußprozess $\mu_i(t)$, dessen spektrale Leistungsdichte dem Jakesleistungsdichtespektrum genügt. Wird der Grenzübergang $N_i \to \infty$ nun nicht gebildet, so geht, wie im Abschnitt 4.1 beschrieben wurde, das stochastische analytische Modell in das stochastische Simulationsmodell über. Die Autokorrelationsfunktion des stochastischen Simulationsmodells für den Prozess $\hat{\mu}_i(t)$ lautet demnach

$$\hat{r}_{\mu_i \mu_i}(\tau) = \frac{\sigma_0^2}{N_i} \sum_{n=1}^{N_i} \cos\left\{ 2\pi f_{max} \sin\left[\frac{\pi}{2N_i} \left(n - \frac{1}{2}\right) \right] \cdot \tau \right\}. \tag{5.71}$$

Der stochastische Prozess $\hat{\mu}_i(t)$ soll ergodisch bezüglich der Autokorrelationsfunktion sein, dann gilt nach Unterabschnitt 4.3.4: $\hat{r}_{\mu_i \mu_i}(\tau) = \tilde{r}_{\mu_i \mu_i}(\tau)$. Folglich erhalten wir für die Autokorrelationsfunktion des deterministischen Prozesses $\tilde{\mu}_i(t)$ die Gleichung

$$\tilde{r}_{\mu_i \mu_i}(\tau) = \frac{\sigma_0^2}{N_i} \sum_{n=1}^{N_i} \cos\left\{ 2\pi f_{max} \sin\left[\frac{\pi}{2N_i} \left(n - \frac{1}{2}\right) \right] \cdot \tau \right\}. \tag{5.72}$$

Vergleichen wir jetzt noch die obige Beziehung mit dem allgemeinen Ausdruck (4.11), so lassen sich die Dopplerkoeffizienten $c_{i,n}$ und die diskreten Dopplerfrequenzen $f_{i,n}$ durch die folgenden Gleichungen identifizieren:

$$c_{i,n} = \sigma_0 \sqrt{\frac{2}{N_i}} \,, \tag{5.73}$$

$$f_{i,n} = f_{max} \sin\left[\frac{\pi}{2N_i} \left(n - \frac{1}{2}\right) \right], \tag{5.74}$$

für alle $n = 1, 2, \ldots, N_i$ ($i = 1, 2$). Ein mit diesen Parametern entworfener deterministischer Prozess $\tilde{\mu}_i(t)$ hat den zeitlichen Mittelwert $\tilde{m}_{\mu_i} = m_{\mu_i} = 0$ und die mittlere Leistung $\tilde{\sigma}_{\mu_i}^2 = \sigma_0^2$. Für alle relevanten Werte N_i ist der größte gemeinsame Teiler

$F_i = \mathrm{ggT}\,\{f_{i,n}\}_{n=1}^{N_i}$ gleich null (bzw. sehr klein), so dass die Periode $T_i = 1/F_i$ unendlich (bzw. sehr groß) wird. Die Unkorreliertheit zweier deterministischer Prozesse $\tilde{\mu}_1(t)$ und $\tilde{\mu}_2(t)$ wird wieder durch die Vereinbarung $N_2 = N_1 + 1$ gewährleistet.

Die nach (5.72) berechnete Autokorrelationsfunktion $\tilde{r}_{\mu_i\mu_i}(\tau)$ ist für $N_i = 7$ im Bild 5.44(a) und für $N_i = 21$ im Bild 5.44(b) dargestellt.

(a) $N_i = 7$ (b) $N_i = 21$

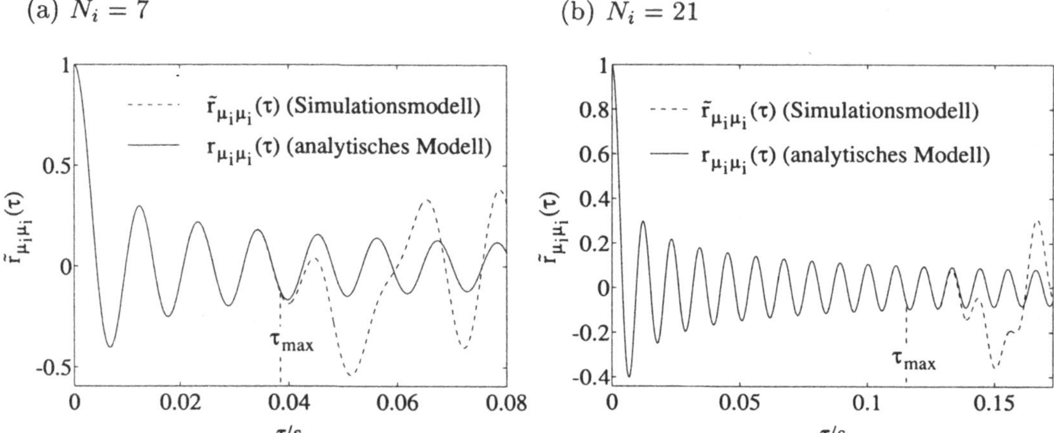

Bild 5.44:   Autokorrelationsfunktion $\tilde{r}_{\mu_i\mu_i}(\tau)$ für (a) $N_i = 7$ und (b) $N_i = 21$ (MEDS, Jakes LDS, $f_{max} = 91\,\mathrm{Hz}$, $\sigma_0^2 = 1$).

Im Zusammenhang mit dem Jakesleistungsdichtespektrum gilt folgende Faustformel: Gegeben seien N_i harmonische Funktionen, dann ist die Approximation $r_{\mu_i\mu_i}(\tau) \approx \tilde{r}_{\mu_i\mu_i}(\tau)$ sehr gut bis zur N_i-ten Nullstelle von $r_{\mu_i\mu_i}(\tau)$.

Da auch hier für die Dopplerkoeffizienten die bereits mehrfach gefundene Beziehung $c_{i,n} = \sigma_0\sqrt{2/N_i}$ gilt, ist der mittlere quadratische Fehler $E_{p_{\mu_i}}$ [siehe (4.83)] wieder identisch mit den im Bild 5.14(b) gezeigten Ergebnissen. Die Auswertung des mittleren quadratischen Fehlers $E_{r_{\mu_i\mu_i}}$ [siehe (4.84)] über N_i ergibt den im Bild 5.45 dargestellten Verlauf. Der in diesem Bild dargestellte Vergleich mit der L_p-Norm-Methode verdeutlicht, dass selbst mittels numerischer Optimierung nur geringfügig bessere Ergebnisse erzielt werden können.

Durch Einsetzen der Gleichungen (5.73) und (5.74) in (4.22) können wir unter Verwendung von (3.29) leicht zeigen, dass gilt: $\tilde{\beta}_i = \beta$, d. h., der Modellfehler $\Delta\beta_i$ ist gleich null für alle $N_i \in \mathbb{N} \setminus \{0\}$. In dem vorliegenden Fall gilt also $\tilde{\sigma}_{\mu_i}^2 = \sigma_0^2$ und $\tilde{\beta}_i = \tilde{\beta} = \beta$, so dass aus (3.15b) und (4.25) folgt

$$\tilde{B}_{\mu\mu}^{(2)} = \tilde{B}_{\mu_i\mu_i}^{(2)} = B_{\mu_i\mu_i}^{(2)} = B_{\mu\mu}^{(2)}\,, \tag{5.75}$$

d. h., die Dopplerverbreiterung des Simulationsmodells ist identisch mit der des analytischen Modells. Genau dieser Eigenschaft verdankt das hier vorgestellte Verfahren seinen Namen.

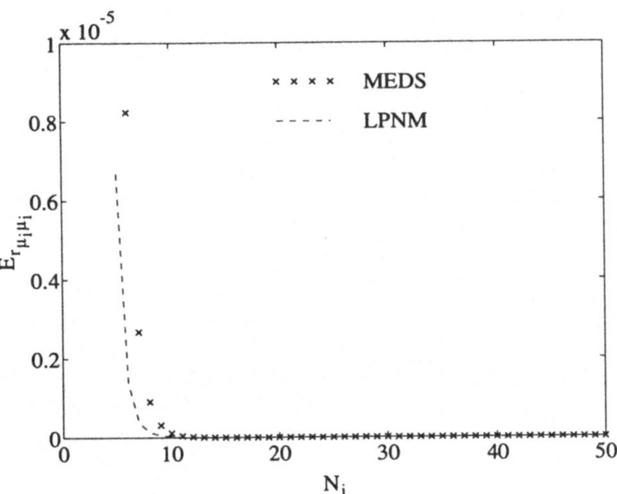

Bild 5.45: Mittlerer quadratischer Fehler $E_{r_{\mu_i\mu_i}}$ (MEDS, Jakes LDS, $f_{max} = 91\,\mathrm{Hz}$, $\sigma_0^2 = 1$, $\tau_{max} = N_i/(2f_{max})$).

Die Simulation soll hier auf die Pegelunterschreitungsrate beschränkt bleiben, wobei wir jetzt das Wertepaar $(N_1, N_2) = (5, 6)$ wählen und sonst genau wie im Unterabschnitt 5.1.3 vorgehen. Selbst für diese geringe Anzahl harmonischer Funktionen stimmen die Simulationsergebnisse sehr gut mit den analytischen Ergebnissen überein, wie anschaulich aus Bild 5.46 hervorgeht.

Gaußleistungsdichtespektrum: Bei der Betrachtung der Gleichungen (5.33) und (5.74) fällt auf, dass man Letztere erhält, wenn in der erstgenannten Gleichung n durch $n - 1/2$ ersetzt wird. Dies deutet auf einen engen Zusammenhang zwischen der Methode der gleichen Flächen und der Methode der exakten Dopplerverbreiterung hin, auf den wir am Ende dieses Unterabschnittes noch kurz eingehen werden. Für uns liegt zunächst der Versuch nahe, die Substitution $n \rightarrow n - 1/2$ auch auf die Gleichungen (5.43a) und (5.43b) anzuwenden, so dass im vorliegenden Fall die diskreten Dopplerfrequenzen $f_{i,n}$ nun über die Beziehungen

$$\frac{2n - 1}{2N_i} - \mathrm{erf}\left(\frac{f_{i,n}}{f_c}\sqrt{\ln 2}\right) = 0, \quad \forall n = 1, 2, \ldots, N_i - 1, \tag{5.76a}$$

und

$$f_{i,N_i} = \sqrt{\frac{\beta N_i}{(2\pi\sigma_0)^2} - \sum_{n=1}^{N_i-1} f_{i,n}^2} \tag{5.76b}$$

berechnet werden. Dabei stellt die letzte Gleichung wieder sicher, dass der Modellfehler $\Delta\beta_i$ gleich null ist für alle $N_i = 1, 2, \ldots$ $(i = 1, 2)$. Für die Dopplerkoeffizienten $c_{i,n}$ bleibt nach wie vor (5.73) gültig.

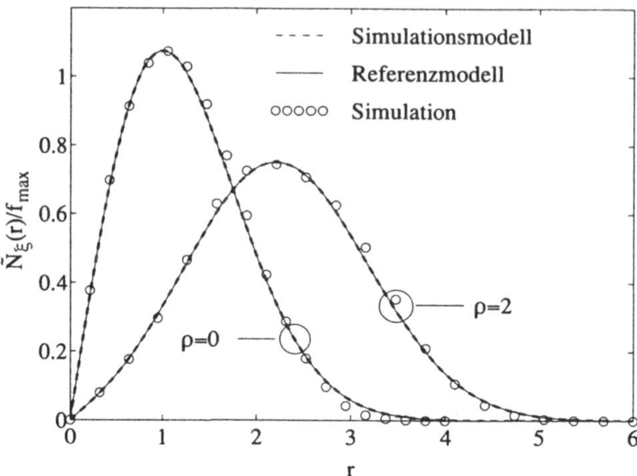

Bild 5.46:   Normierte Pegelunterschreitungsrate $\tilde{N}_\xi(r)/f_{max}$ für $N_1 = 5$ und $N_2 = 6$ (MEDS, Jakes LDS, $f_{max} = 91\,\text{Hz}$, $\sigma_0^2 = 1$).

Die Autokorrelationsfunktion $\tilde{r}_{\mu_i\mu_i}(\tau)$ kann nach (4.11) mit den so gefundenen Modellparametern berechnet werden. Einen Eindruck des Verhaltens von $\tilde{r}_{\mu_i\mu_i}(\tau)$ für $N_i = 7$ und $N_i = 21$ vermitteln die Bilder 5.47(a) und 5.47(b).

Der sich bei diesem Verfahren und der L_p-Norm-Methode einstellende mittlere quadratische Fehler $E_{r_{\mu_i\mu_i}}$ [siehe (4.84)] ist in Abhängigkeit von N_i im nachfolgenden Bild 5.48 dargestellt. Anders als bei der Anwendung auf das Jakesleistungsdichtespektrum liefert die Methode der exakten Dopplerverbreiterung bei einer kleinen Anzahl harmonischer Funktionen N_i deutlich größere Werte für $E_{r_{\mu_i\mu_i}}$ als die L_p-Norm-Methode. Erst für $N_i \geq 25$ sind mittels numerischer Optimierung keine wesentlichen Verbesserungen mehr erreichbar.

Wegen $\tilde{\sigma}_{\mu_i}^2 = \sigma_0^2$ und $\Delta\beta_i = 0$, d. h. $\tilde{\beta}_i = \beta$, gilt auch hier wieder (5.75).

Es bleibt noch festzuhalten, dass die analytischen Ergebnisse der Pegelunterschreitungsrate auch dann noch von der Simulation sehr genau bestätigt werden, wenn N_1 und N_2 sehr klein gewählt werden, z. B. $(N_1, N_2) = (5, 6)$. Man betrachte dazu das nachfolgende Bild 5.49.

Wie schon erwähnt wurde, ist die Methode der gleichen Flächen eng verwandt mit der Methode der exakten Dopplerverbreiterung. In der Tat lassen sich die beiden Verfahren ineinander überführen. Substituieren wir beispielsweise in (5.26) die rechte Seite durch $\sigma_0^2/(4N_i)$ und in (5.27) $f_{i,n}$ durch $f_{i,2n-1}$, so erhalten wir (5.29), falls dort n durch $n - 1/2$ ersetzt wird. Als Konsequenz ergeben sich dann für (5.33) und (5.43) genau die Gleichungen (5.74) und (5.76). Ein analoger Zusammenhang besteht zwischen der Monte-

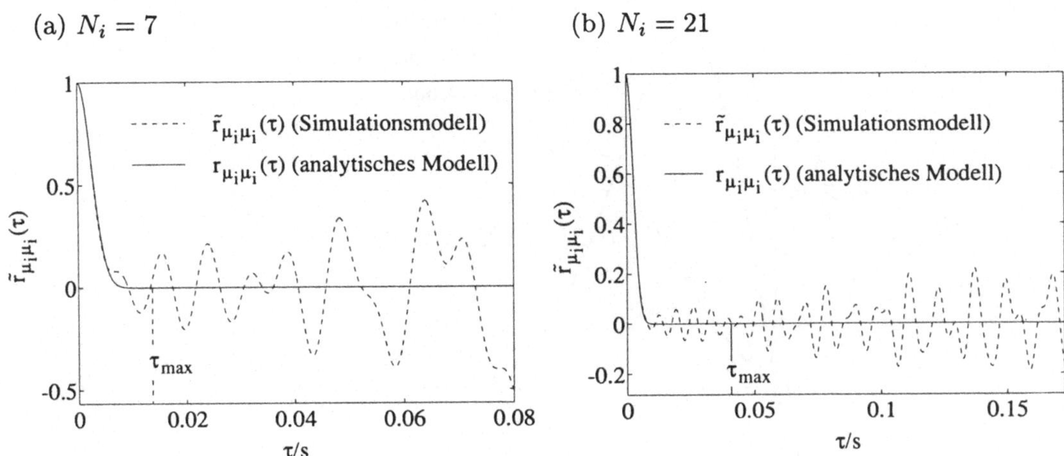

Bild 5.47: Autokorrelationsfunktion $\tilde{r}_{\mu_i\mu_i}(\tau)$ für (a) $N_i = 7$ und (b) $N_i = 21$ (MEDS, Gauß LDS, $f_c = \sqrt{\ln 2}\, f_{max}$, $f_{max} = 91\,\text{Hz}$, $\sigma_0^2 = 1$).

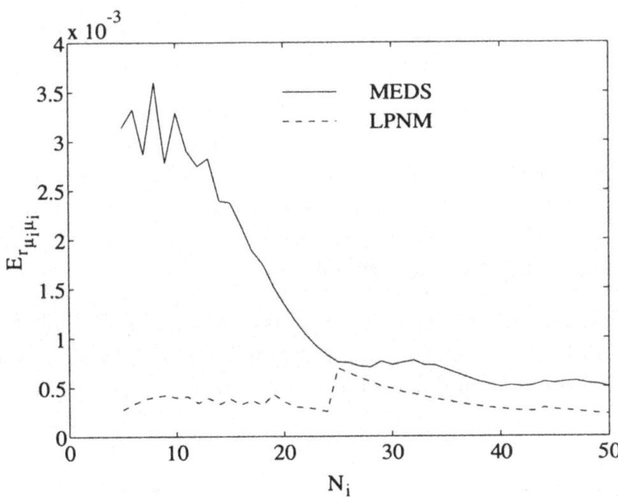

Bild 5.48: Mittlerer quadratischer Fehler $E_{r_{\mu_i\mu_i}}$ (MEDS, Gauß LDS, $f_c = \sqrt{\ln 2}\, f_{max}$, $f_{max} = 91\,\text{Hz}$, $\sigma_0^2 = 1$, $\tau_{max} = N_i/(2\kappa_c f_c)$, $\kappa_c = 2\sqrt{2/\ln 2}$).

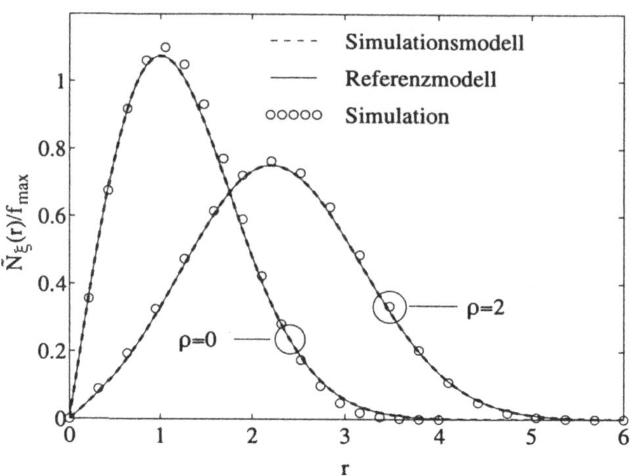

Bild 5.49:   Normierte Pegelunterschreitungsrate $\tilde{N}_\xi(r)/f_{max}$ für $N_1 = 5$ und $N_2 = 6$ (MEDS, Gauß LDS, $f_c = \sqrt{\ln 2}\, f_{max}$, $f_{max} = 91\,\text{Hz}$, $\sigma_0^2 = 1$).

Carlo-Methode und der Methode der exakten Dopplerverbreiterung. Substituieren wir beispielsweise in (5.48) die Zufallsvariable $u_n \in (0, 1]$ durch die deterministische Größe $(n - 1/2)/N_i$ für alle $n = 1, 2, \ldots, N_i$ $(i = 1, 2)$, so erhalten wir wieder (5.74).

5.1.7   Jakes-Methode (JM)

Die Jakes-Methode (JM) [Jak93] ist ausschließlich für das Jakesleistungsdichtespektrum entwickelt worden. Nicht nur der Vollständigkeit halber sonder auch wegen ihrer großen Popularität soll diese mittlerweile als klassisch zu bezeichnende Methode hier ebenfalls vorgestellt werden. Dabei werden wir auf eine ausführliche Herleitung verzichten — diese findet man in [Jak93, S. 67ff] — und uns vorwiegend auf die in [Pae98e] durchgeführte Analyse der Leistungsfähigkeit beschränken.

Jakesleistungsdichtespektrum: Nach Anpassung der in [Jak93, S. 70] angegebenen Parameter des Simulationsmodells an die hier gewählte Notation, gelten für die Doppler- koeffizienten $c_{i,n}$, diskreten Dopplerfrequenzen $f_{i,n}$ und Dopplerphasen $\theta_{i,n}$ die folgenden Beziehungen:

$$c_{i,n} = \begin{cases} \dfrac{2\sigma_0}{\sqrt{N_i - \frac{1}{2}}} \sin\left(\dfrac{\pi n}{N_i - 1}\right), & n = 1, 2, \ldots, N_i - 1, \quad i = 1, \\[3ex] \dfrac{2\sigma_0}{\sqrt{N_i - \frac{1}{2}}} \cos\left(\dfrac{\pi n}{N_i - 1}\right), & n = 1, 2, \ldots, N_i - 1, \quad i = 2, \\[3ex] \dfrac{\sigma_0}{\sqrt{N_i - \frac{1}{2}}}, & n = N_i, \quad i = 1, 2, \end{cases} \qquad (5.77)$$

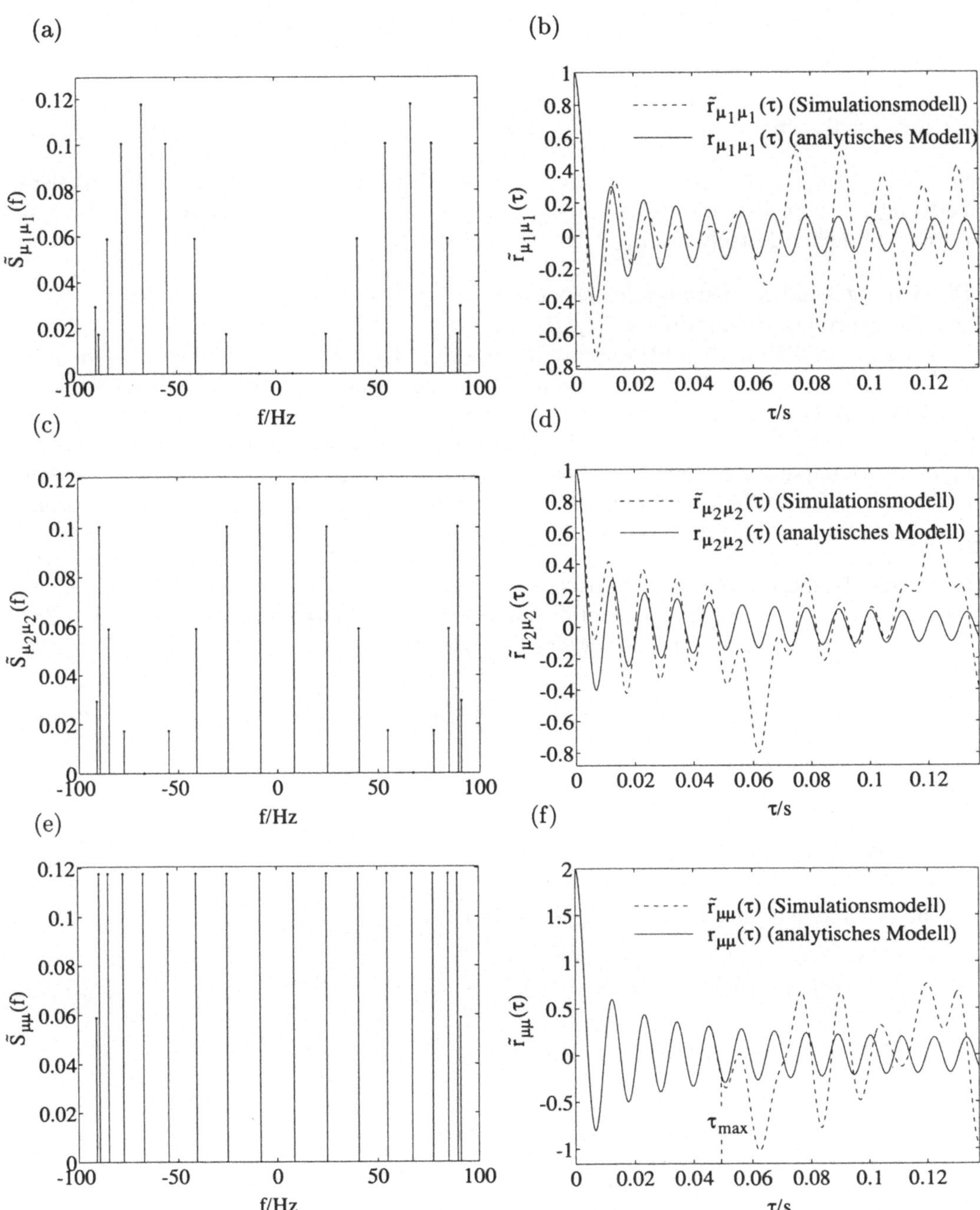

Bild 5.50: Leistungsdichtespektren und zugehörige Autokorrelationsfunktionen für $N_1 = N_2 = 9$: (a) $\tilde{S}_{\mu_1\mu_1}(f)$, (b) $\tilde{r}_{\mu_1\mu_1}(\tau)$, (c) $\tilde{S}_{\mu_2\mu_2}(f)$, (d) $\tilde{r}_{\mu_2\mu_2}(\tau)$, (e) $\tilde{S}_{\mu\mu}(f)$ und (f) $\tilde{r}_{\mu\mu}(\tau)$ (JM, Jakes LDS, $f_{max} = 91\,\text{Hz}$, $\sigma_0^2 = 1$).

$$f_{i,n} = \begin{cases} f_{max} \cos\left(\dfrac{n\pi}{2N_i - 1}\right), & n = 1, 2, \ldots, N_i - 1, \quad i = 1, 2, \\[2mm] f_{max}, & n = N_i, \quad i = 1, 2 \end{cases} \tag{5.78}$$

$$\theta_{i,n} = 0, \quad n = 1, 2, \ldots, N_i, \quad i = 1, 2, \tag{5.79}$$

mit $N_1 = N_2$. Die Dopplerkoeffizienten $c_{i,n}$ wurden hier so skaliert, dass die mittlere Leistung $\tilde{\sigma}^2_{\mu_i}$ von $\tilde{\mu}_i(t)$ die Beziehung $\tilde{\sigma}^2_{\mu_i} = \sigma_0^2$ für $i = 1, 2$ erfüllt. Wegen $f_{i,n} \neq 0$ gilt für den zeitlichen Mittelwert $\tilde{m}_{\mu_i} = m_{\mu_i} = 0$ $(i = 1, 2)$.

Die sich ergebenden Leistungsdichtespektren $\tilde{S}_{\mu_1\mu_1}(f)$ und $\tilde{S}_{\mu_2\mu_2}(f)$ sowie die zugehörigen Autokorrelationsfunktionen $\tilde{r}_{\mu_1\mu_1}(\tau)$ und $\tilde{r}_{\mu_2\mu_2}(\tau)$ sind jeweils für $N_1 = N_2 = 9$ in den Bildern 5.50(a)–5.50(d) dargestellt. Bei der Betrachtung der Bilder 5.50(b) und 5.50(d) fällt auf, dass die Autokorrelationsfunktionen der deterministischen Prozesse $\tilde{\mu}_1(t)$ und $\tilde{\mu}_2(t)$ auch für kleine τ-Werte stark von der idealen Autokorrelationsfunktion $r_{\mu_i\mu_i}(\tau) = \sigma_0^2 J_0(2\pi f_{max}\tau)$ abweichen. Dagegen stimmt die Autokorrelationsfunktion $\tilde{r}_{\mu\mu}(\tau)$ des komplexen deterministischen Prozesses $\tilde{\mu}(t)$ im Intervall $\tau \in [0, \tau_{max}]$ sehr gut mit $r_{\mu\mu}(\tau) = 2\sigma_0^2 J_0(2\pi f_{max}\tau)$ überein, wie im Bild 5.50(f) zu sehen ist. Bild 5.50(e) zeigt das zur Autokorrelationsfunktion $\tilde{r}_{\mu\mu}(\tau)$ gehörende Leistungsdichtespektrum $\tilde{S}_{\mu\mu}(f)$.

Interessant ist hierbei, dass selbst für $N_i \to \infty$ die Autokorrelationsfunktion $\tilde{r}_{\mu_i\mu_i}(\tau)$ nicht gegen $r_{\mu_i\mu_i}(\tau)$ strebt. Vielmehr erhalten wir hierfür nach Einsetzen von (5.77) und (5.78) in (4.11) und anschließender Bildung des Grenzübergangs $N_i \to \infty$ die Grenzfunktionen

$$\lim_{N_1 \to \infty} \tilde{r}_{\mu_1\mu_1}(\tau) = \frac{2\sigma_0^2}{\pi} \int_0^{\pi/2} \left[1 - \cos(4z)\right] \cos(2\pi f_{max}\tau \cos z)\, dz \tag{5.80a}$$

und

$$\lim_{N_2 \to \infty} \tilde{r}_{\mu_2\mu_2}(\tau) = \frac{2\sigma_0^2}{\pi} \int_0^{\pi/2} \left[1 + \cos(4z)\right] \cos(2\pi f_{max}\tau \cos z)\, dz, \tag{5.80b}$$

welche unter Benutzung von [Gra81, Gl. (3.715.19)]

$$\int_0^{\pi/2} \cos(z \cos x) \cos(2nx)\, dx = (-1)^n \cdot \frac{\pi}{2} J_{2n}(z) \tag{5.81}$$

auch auf die in [Pae98e] angegebene Form

$$\lim_{N_1 \to \infty} \tilde{r}_{\mu_1\mu_1}(\tau) = \sigma_0^2 \left[J_0(2\pi f_{max}\tau) - J_4(2\pi f_{max}\tau)\right], \tag{5.82a}$$

$$\lim_{N_2 \to \infty} \tilde{r}_{\mu_2\mu_2}(\tau) = \sigma_0^2 \left[J_0(2\pi f_{max}\tau) + J_4(2\pi f_{max}\tau)\right] \tag{5.82b}$$

gebracht werden können. Es gilt also selbst nach dem Grenzübergang $N_i \to \infty$ die Ungleichung $\tilde{r}_{\mu_i\mu_i}(\tau) \neq r_{\mu_i\mu_i}(\tau)$ $(i = 1, 2)$. Im Gegensatz hierzu konvergiert die Autokorrelationsfunktion $\tilde{r}_{\mu\mu}(\tau)$ des komplexen deterministischen Prozesses $\tilde{\mu}(t) = \tilde{\mu}_1(t) + j\tilde{\mu}_2(t)$ für $N_i \to \infty$ sehr wohl gegen die Autokorrelationsfunktion $r_{\mu\mu}(\tau)$ des Referenzmodells.

Diese Tatsache wird uns unmittelbar einleuchten, wenn wir (5.82a) und (5.82b) in die aus (2.71) folgende allgemein gültige Beziehung

$$\tilde{r}_{\mu\mu}(\tau) = \tilde{r}_{\mu_1\mu_1}(\tau) + \tilde{r}_{\mu_2\mu_2}(\tau) + j\big(\tilde{r}_{\mu_1\mu_2}(\tau) - \tilde{r}_{\mu_2\mu_1}(\tau)\big) \tag{5.83}$$

einsetzen und von dem hier geltenden und weiter unten hergeleiteten Zusammenhang $\tilde{r}_{\mu_1\mu_2}(\tau) = \tilde{r}_{\mu_2\mu_1}(\tau)$ Gebrauch machen. Man kommt dann schnell zu der Erkenntnis, dass

$$\lim_{N_i\to\infty} \tilde{r}_{\mu\mu}(\tau) = r_{\mu\mu}(\tau) = 2\sigma_0^2\, J_0(2\pi f_{max}\tau) \tag{5.84}$$

gilt.

Wir wollen noch untersuchen, gegen welche Funktionen die Leistungsdichtespektren $\tilde{S}_{\mu_1\mu_1}(f)$ und $\tilde{S}_{\mu_2\mu_2}(f)$ im Grenzfall $N_1 \to \infty$ bzw. $N_2 \to \infty$ konvergieren. Dazu transformieren wir (5.82a) und (5.82b) in den Spektralbereich mittels der Fouriertransformation und erhalten

$$\lim_{N_1\to\infty} \tilde{S}_{\mu_1\mu_1}(f) = \begin{cases} \sigma_0^2 \cdot \dfrac{1 - \cos\left[4\arcsin(f/f_{max})\right]}{\pi f_{max}\sqrt{1-(f/f_{max})^2}}, & |f| \le f_{max}, \\ 0, & |f| > f_{max}, \end{cases} \tag{5.85a}$$

$$\lim_{N_2\to\infty} \tilde{S}_{\mu_2\mu_2}(f) = \begin{cases} \sigma_0^2 \cdot \dfrac{1 + \cos\left[4\arcsin(f/f_{max})\right]}{\pi f_{max}\sqrt{1-(f/f_{max})^2}}, & |f| \le f_{max}, \\ 0, & |f| > f_{max}. \end{cases} \tag{5.85b}$$

Natürlich hätten wir an dieser Stelle auch (5.77) und (5.78) in $\tilde{S}_{\mu_i\mu_i}(f)$ gemäß (4.14) einsetzen können. Nach anschließender Bildung des Grenzübergangs $N_i \to \infty$ wären wir dann auf einem alternativen Weg zu den oben angegebenen Ergebnissen (5.85a) und (5.85b) gekommen. Setzen wir nun diese Ergebnisse in die Fouriertransformierte von (5.83) ein, dann erhalten wir wie zu erwarten das Jakesleistungsdichtespektrum, d. h.

$$\lim_{N_i\to\infty} \tilde{S}_{\mu\mu}(f) = S_{\mu\mu}(f) = \begin{cases} \dfrac{2\sigma_0^2}{\pi f_{max}\sqrt{1-(f/f_{max})^2}}, & |f| \le f_{max}, \\ 0, & |f| > f_{max}. \end{cases} \tag{5.86}$$

Für $N_i \to \infty$ gilt infolgedessen $\tilde{S}_{\mu\mu}(f) \to S_{\mu\mu}(f)$, aber nicht $\tilde{S}_{\mu_i\mu_i}(f) \to S_{\mu_i\mu_i}(f)$ ($i = 1, 2$).

Zur Veranschaulichung der oben angegebenen Ergebnisse betrachten wir das Bild 5.51, wo die Leistungsdichtespektren $\tilde{S}_{\mu_1\mu_1}(f)$, $\tilde{S}_{\mu_2\mu_2}(f)$ und $\tilde{S}_{\mu\mu}(f)$ zusammen mit den dazugehörigen Autokorrelationsfunktionen für den Grenzfall $N_i \to \infty$ dargestellt sind.

Bei der Jakes-Methode gilt zu beachten, dass die deterministischen Prozesse $\tilde{\mu}_1(t)$ und $\tilde{\mu}_2(t)$ korreliert sind, weil nach (5.78) $f_{1,n} = f_{2,n}$ $\forall n = 1, 2, \ldots, N_1$ ($N_1 = N_2$) gilt. Für die Kreuzkorrelationsfunktion $\tilde{r}_{\mu_1\mu_2}(\tau)$ finden wir nach Einsetzen von (5.77)–(5.79) in (4.13) den Ausdruck

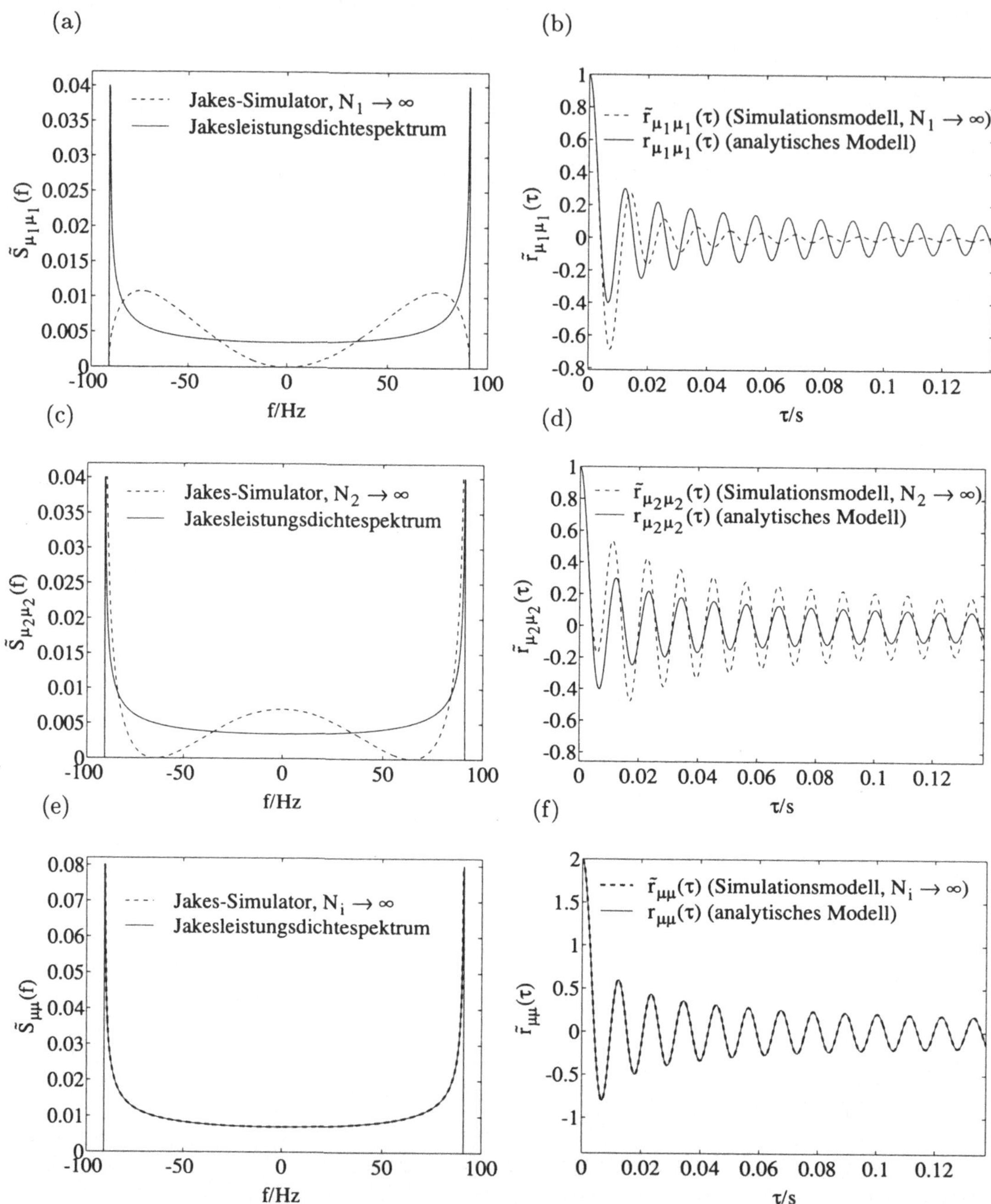

Bild 5.51: Leistungsdichtespektren und zugehörige Autokorrelationsfunktionen für $N_1 \to \infty$ und $N_2 \to \infty$: (a) $\tilde{S}_{\mu_1\mu_1}(f)$, (b) $\tilde{r}_{\mu_1\mu_1}(\tau)$, (c) $\tilde{S}_{\mu_2\mu_2}(f)$, (d) $\tilde{r}_{\mu_2\mu_2}(\tau)$, (e) $\tilde{S}_{\mu\mu}(f)$ und (f) $\tilde{r}_{\mu\mu}(\tau)$ (JM, Jakes LDS, $f_{max} = 91\,\text{Hz}$, $\sigma_0^2 = 1$).

$$\tilde{r}_{\mu_1\mu_2}(\tau) = \frac{\sigma_0^2}{N_i - \frac{1}{2}} \left\{ \sum_{n=1}^{N_i-1} \sin\left(\frac{2\pi n}{N_i - 1}\right) \cos\left[2\pi f_{max} \cos\left(\frac{n\pi}{2N_i - 1}\right)\tau\right] \right.$$
$$\left. + \frac{1}{2}\cos(2\pi f_{max}\tau) \right\}. \tag{5.87}$$

Da $\tilde{r}_{\mu_1\mu_2}(\tau)$ reell und gerade ist, folgt unter Verwendung von (2.49) $\tilde{r}_{\mu_2\mu_1}(\tau) = \tilde{r}_{\mu_1\mu_2}^*(-\tau) = \tilde{r}_{\mu_1\mu_2}(\tau)$. Einen Eindruck vom Verhalten der nach (5.87) berechneten Kreuzkorrelationsfunktion $\tilde{r}_{\mu_1\mu_2}(\tau)$ vermittelt das Bild 5.52(b). Daneben zeigt das Bild 5.52(a) das zugehörige Kreuzleistungsdichtespektrum $\tilde{S}_{\mu_1\mu_2}(f)$, welches nach (4.16) berechnet wurde. Die Ergebnisse in diesen Bildern gelten für $N_1 = N_2 = 9$.

(a)   (b)

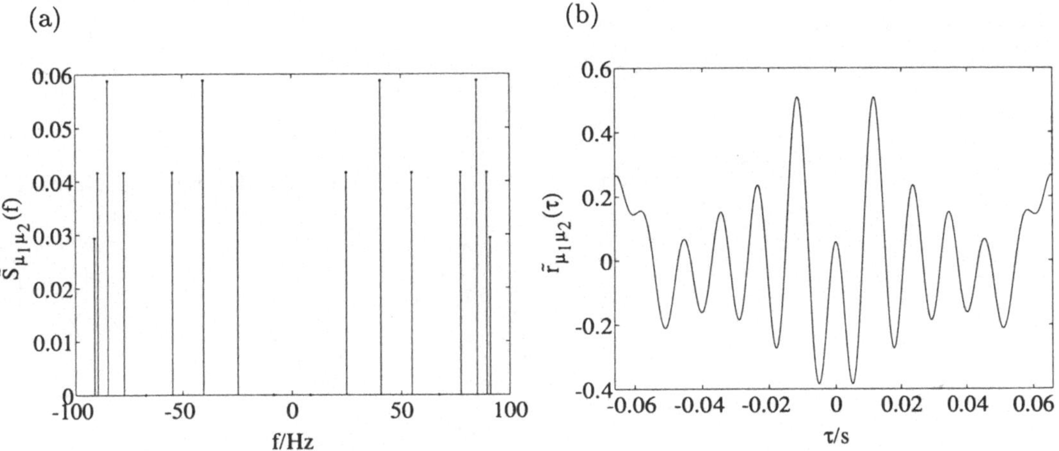

Bild 5.52:   (a) Kreuzleistungsdichtespektrum $\tilde{S}_{\mu_1\mu_2}(f)$ und (b) Kreuzkorrelationsfunktion $\tilde{r}_{\mu_1\mu_2}(\tau)$ für $N_1 = N_2 = 9$ (JM, Jakes LDS, $f_{max} = 91\,\text{Hz}$, $\sigma_0^2 = 1$).

Man erkennt, dass zwischen $\tilde{\mu}_1(t)$ und $\tilde{\mu}_2(t)$ eine starke Korrelation besteht. Dieses Problem wurde in [Den93] aufgegriffen, wo eine Abwandlung für die Jakes-Methode vorgeschlagen wurde, die im Wesentlichen auf einer Modifizierung der Beziehung (5.77) basiert. Allerdings garantiert diese Variante lediglich $\tilde{r}_{\mu_1\mu_2}(\tau) = 0$ an der Stelle $\tau = 0$. Um sicherzustellen, dass $\tilde{r}_{\mu_1\mu_2}(\tau) = 0$ für alle τ gilt, müssen die deterministischen Prozesse $\tilde{\mu}_1(t)$ und $\tilde{\mu}_2(t)$ mit disjunkten Mengen $\{f_{1,n}\}$ und $\{f_{2,n}\}$ realisiert werden.

Die Frage, ob die Kreuzkorrelationsfunktion $\tilde{r}_{\mu_1\mu_2}(\tau)$ für $N_i \to \infty$ verschwindet, soll nachfolgend beantwortet werden. Dazu lassen wir in (5.87) N_i gegen unendlich gehen und finden so das folgende numerisch zu lösende Integral

$$\lim_{N_i \to \infty} \tilde{r}_{\mu_1\mu_2}(\tau) = \frac{2\sigma_0^2}{\pi} \int_0^{\pi/2} \sin(4z)\,\cos(2\pi f_{max}\tau \cos z)\,dz. \tag{5.88}$$

Das Ergebnis der numerischen Integration ist im Bild 5.53(b) gezeigt. Offensichtlich verschwindet die Korrelation zwischen $\tilde{\mu}_1(t)$ und $\tilde{\mu}_2(t)$ auch nicht nach dem vollzogenen Grenzübergang $N_i \to \infty$, d. h., es gilt nicht $\tilde{r}_{\mu_1\mu_2}(\tau) \to r_{\mu_1\mu_2}(\tau)$ für $N_i \to \infty$.

Für das Kreuzleistungsdichtespektrum $\tilde{S}_{\mu_1\mu_2}(f)$ erhalten wir im Fall $N_i \to \infty$ nach der Fouriertransformation von (5.88) den geschlossenen Ausdruck

$$\lim_{N_i \to \infty} \tilde{S}_{\mu_1\mu_2}(f) = \begin{cases} \sigma_0^2 \cdot \dfrac{\sin\left[4\arccos(|f|/f_{max})\right]}{\pi f_{max}\sqrt{1-(f/f_{max})^2}}\,, & |f| \le f_{max}\,, \\ 0\,, & |f| > f_{max}\,, \end{cases} \qquad (5.89)$$

dessen Auswertung im Bild 5.53(a) zur Veranschaulichung dargestellt ist. Im Gegensatz zu dem Jakesleistungsdichtespektrum (3.8), welches an den Stellen $f = \pm f_{max}$ singulär wird, nimmt das Kreuzleistungsdichtespektrum (5.89) an diesen Stellen den endlichen Wert $4/(\pi f_{max})$ an, d. h., es gilt $\tilde{S}_{\mu_1\mu_2}(\pm f_{max}) = 4/(\pi f_{max})$, was mit der Regel von de l'Hospital [Bro91] leicht bewiesen werden kann.

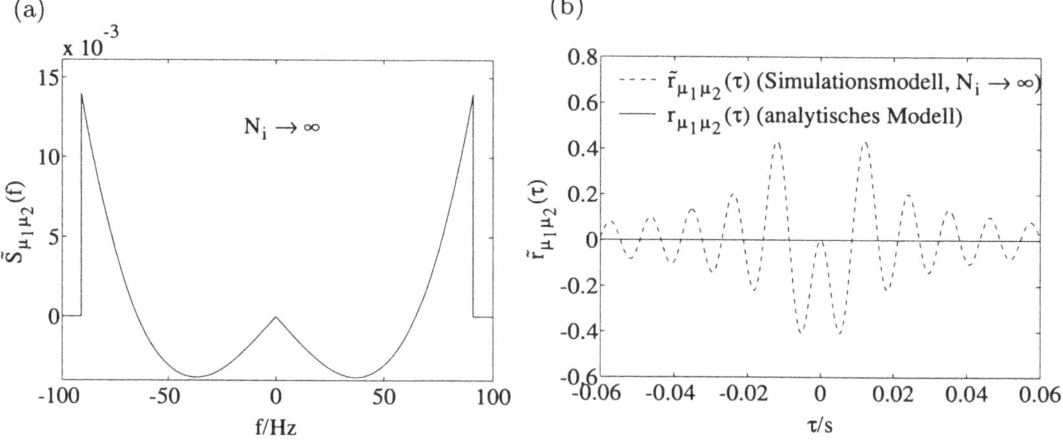

Bild 5.53: (a) Kreuzleistungsdichtespektrum $\tilde{S}_{\mu_1\mu_2}(f)$ und (b) Kreuzkorrelationsfunktion $\tilde{r}_{\mu_1\mu_2}(\tau)$ für $N_i \to \infty$ (JM, Jakes LDS, $f_{max} = 91\,\text{Hz}$, $\sigma_0^2 = 1$).

Zweckmäßigerweise wird der mittlere quadratische Fehler (4.84) der Autokorrelationsfunktion in diesem Fall bezüglich $\tilde{r}_{\mu_1\mu_1}(\tau)$, $\tilde{r}_{\mu_2\mu_2}(\tau)$ und $\tilde{r}_{\mu\mu}(\tau)$ ausgewertet. Die gefundenen Ergebnisse sind im Bild 5.54(a) in Abhängigkeit von N_i dargestellt. Bei der Jakes-Methode weichen die Dopplerkoeffizienten $c_{i,n}$ teilweise beträchtlich von den (quasi-)optimalen Größen $c_{i,n} = \sigma_0\sqrt{2/N_i}$ ab. Zwangsläufig muss dies zu einer Vergrößerung des mittleren quadratischen Fehlers $E_{p_{\mu_i}}$ [siehe (4.83)] führen, was anschaulich dem Bild 5.54(b) zu entnehmen ist.

Für die Jakes-Methode gelten: $N_1 = N_2$ und $f_{1,n} = f_{2,n} \,\forall n = 1, 2, \ldots, N_1\,(N_2)$. Andererseits ist aber $c_{1,n} \ne c_{2,n}$ für fast alle $n = 1, 2, \ldots, N_1\,(N_2)$. Folglich sind für eine

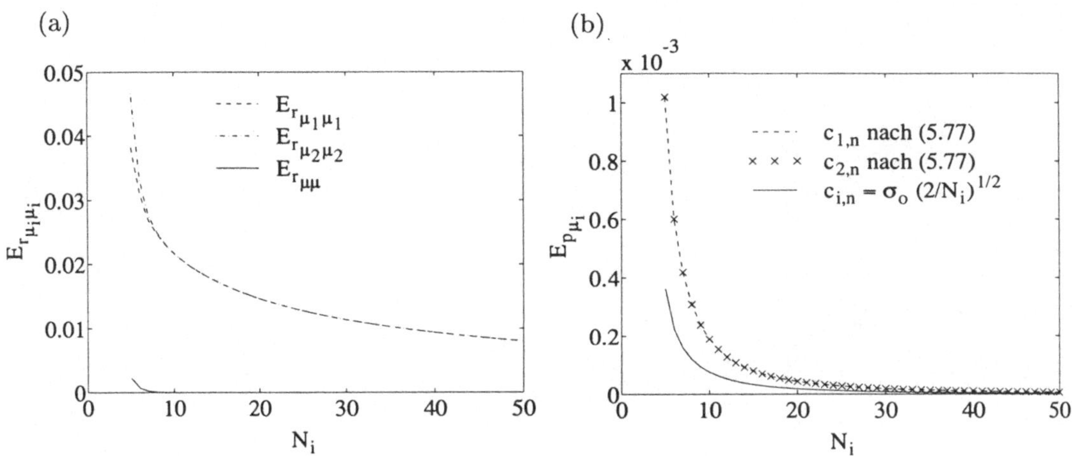

Bild 5.54:   (a) Mittlere quadratische Fehler $E_{r_{\mu_1\mu_1}}$, $E_{r_{\mu_2\mu_2}}$ und $E_{r_{\mu\mu}}$ mit $\tau_{max} = N_i/(2f_{max})$ und (b) mittlerer quadratischer Fehler $E_{p_{\mu_i}}$ (JM, Jakes LDS, $f_{max} = 91\,\mathrm{Hz}$, $\sigma_0^2 = 1$).

vorgegebene Anzahl harmonischer Funktionen N_i die Modellfehler $\Delta\beta_1$ und $\Delta\beta_2$ unterschiedlich. Man betrachte hierzu das Bild 5.55, wo die relativen Modellfehler $\Delta\beta_1/\beta$ und $\Delta\beta_2/\beta$ dargestellt sind.

Wegen $\Delta\beta_1 \neq \Delta\beta_2$ muss zur Berechnung der Pegelunterschreitungsrate $\tilde{N}_\xi(r)$ der Ausdruck (B.13) herangezogen werden, wobei dort β_1 und β_2 durch $\tilde{\beta}_1 = \beta + \Delta\beta_1$ bzw. $\tilde{\beta}_2 = \beta + \Delta\beta_2$ ersetzt werden muss. Im Allgemeinen hängt $\tilde{N}_\xi(r)$ bei einer Korrelation zwischen $\tilde{\mu}_1(t)$ und $\tilde{\mu}_2(t)$ auch von den Größen $\tilde{r}_{\mu_1\mu_2}(0)$ und $\dot{\tilde{r}}_{\mu_1\mu_2}(0)$ ab. Da aber aus (5.87) folgt, dass $\dot{\tilde{r}}_{\mu_1\mu_2}(0) = 0$ ist, und außerdem der Einfluss von $\ddot{\tilde{r}}_{\mu_1\mu_2}(0)$ auf $\tilde{N}_\xi(r)$ sehr gering ist, soll diese Abhängigkeit hier vernachlässigt werden. Im Bild 5.56(a) sind die analytischen Ergebnisse sowohl für $\tilde{N}_\xi(r)/f_{max}$ mit $N_1 = N_2 = 9$ als auch für $N_\xi(r)/f_{max}$ dargestellt. Dieses Bild zeigt auch die zugehörigen Simulationsergebnisse, welche sehr gut mit den analytischen Lösungen für $N_\xi(r)/f_{max}$ und $\tilde{N}_\xi(r)/f_{max}$ übereinstimmen.

Offenbar haben bei der JM die verhältnismäßig großen Abweichungen zwischen den Autokorrelationsfunktionen $\tilde{r}_{\mu_i\mu_i}(\tau)$ und $r_{\mu_i\mu_i}(\tau)$ sowie die von null verschiedene Kreuzkorrelationsfunktion $\tilde{r}_{\mu_1\mu_2}(\tau)$ keinen übermäßig negativen Einfluss auf $\tilde{N}_\xi(r)$. Dies gilt übrigens auch für die mittlere Fadingdauer $\tilde{T}_{\xi_-}(r)$ [siehe Bild 5.56(b)] sowie für die Wahrscheinlichkeitsdichte $\tilde{p}_{0_-}(\tau_-;r)$ der Fadingdauern τ_- bei kleinen Pegeln r [siehe Bild 5.57]. Daraus dürfen wir aber nicht folgern, dass insbesondere der Einfluss der Kreuzkorrelationsfunktion $\tilde{r}_{\mu_1\mu_2}(\tau)$ auf $\tilde{N}_\xi(r)$ und somit auch auf $\tilde{T}_{\xi_-}(r)$ grundsätzlich vernachlässigt werden kann. Vielmehr hängt dies vom speziellen Typ der Kreuzkorrelationsfunktion $\tilde{r}_{\mu_1\mu_2}(\tau)$ ab. Im nachfolgenden Kapitel 6 werden wir sehen, dass es Klassen von Kreuzkorrelationsfunktionen gibt, die nicht nur die statistischen Eigenschaften höherer Ordnung beeinflussen sondern auch Auswirkungen auf die Wahrscheinlichkeitsdichte der Amplitude haben. Dadurch gelingt es, die Flexibilität der statistischen Eigenschaften von Kanal-

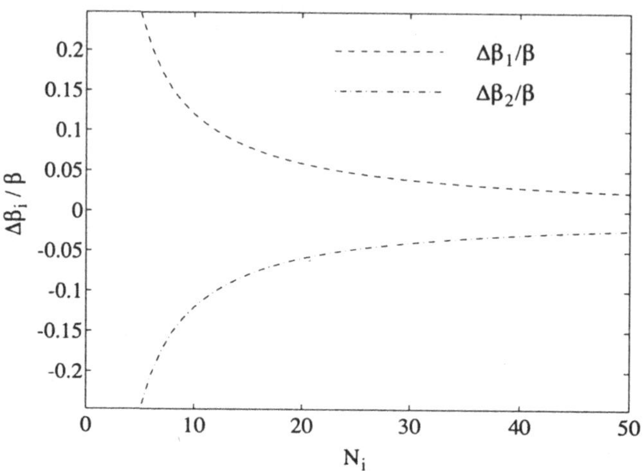

Bild 5.55: Relative Modellfehler $\Delta\beta_1/\beta$ und $\Delta\beta_2/\beta$ (JM, Jakes LDS, $f_{max} = 91\,\mathrm{Hz}$, $\sigma_0^2 = 1$).

(a)   (b)

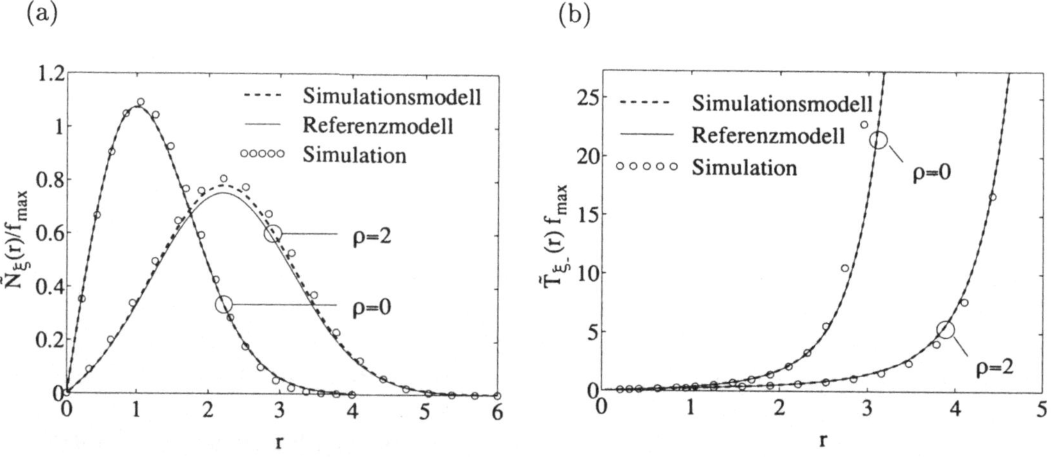

Bild 5.56: (a) Normierte Pegelunterschreitungsrate $\tilde{N}_\xi(r)/f_{max}$ und (b) normierte mittlere Fadingdauer $\tilde{T}_{\xi_-}(r) \cdot f_{max}$ für $N_1 = N_2 = 9$ (JM, Jakes LDS, $f_{max} = 91\,\mathrm{Hz}$, $\sigma_0^2 = 1$).

modellen deutlich zu erhöhen.

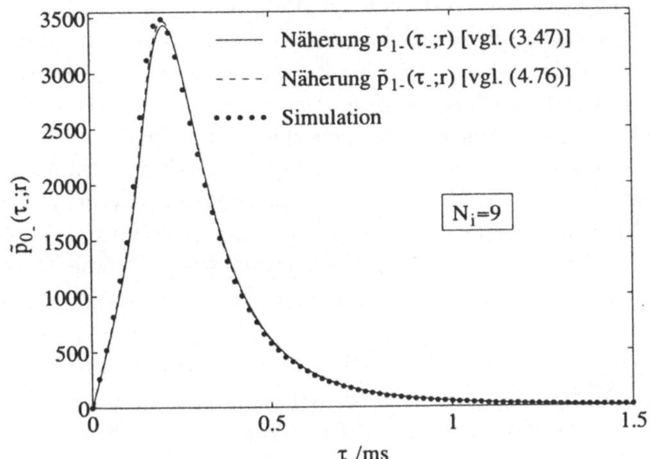

Bild 5.57: Wahrscheinlichkeitsdichte $\tilde{p}_{0_-}(\tau_-;r)$ der Fadingdauern τ_- an der Stelle $r = 0.1$ (JM, Jakes LDS, $f_{max} = 91\,\text{Hz}$, $\sigma_0^2 = 1$).

Zusammenfassend wollen wir festhalten, dass der wesentliche Nachteil der Jakes-Methode nicht in der von null verschiedenen Kreuzkorrelationsfunktion zu sehen ist, sondern darin, dass für eine gegebene Anzahl harmonischer Funktionen N_i die deterministischen Prozesse $\tilde{\mu}_1(t)$ und $\tilde{\mu}_2(t)$ nicht optimal gaußverteilt sind [vgl. Bild 5.54(b)]. Da aber der Verlust an Leistungsfähigkeit nicht sehr groß ist, bzw. durch eine geringfügige Erhöhung der Anzahl der harmonischen Funktionen N_i leicht wieder ausgeglichen werden kann, können wir sagen, dass alles in allem die Jakes-Methode zur Modellierung von Rayleigh- und Riceprozessen mit jakesförmigen Dopplerleistungsdichtespektren gut geeignet ist, falls N_i größer gleich neun gewählt wird [Pae98e]. Abschließend sei noch erwähnt, dass über eine Implementierung der JM auf einem Signalprozessor in [Cas88, Cas90] berichtet wurde.

5.2 Methoden zur Berechnung der Dopplerphasen

In diesem Abschnitt soll noch kurz auf die Bedeutung der Dopplerphasen $\theta_{i,n}$ eingegangen werden. Darüber hinaus wird auch für diese Größe ein Vorschlag zur deterministischen Berechnung gemacht.

Mit Ausnahme der Jakes-Methode, wo die Dopplerphasen $\theta_{i,n}$ null waren, wurde bei allen anderen im Abschnitt 5.1 behandelten Methoden vorausgesetzt, dass die Dopplerphasen $\theta_{i,n}$ Realisierungen einer über das Intervall $(0, 2\pi]$ gleichverteilten Zufallsvariable sind. Nehmen wir im Folgenden an, dass die Menge der Dopplerkoeffizienten $\{c_{i,n}\}$ und die

Menge der diskreten Dopplerfrequenzen $\{f_{i,n}\}$ mit der Methode der exakten Dopplerverbreiterung bestimmt wurden. Dann sieht für zwei bestimmte Stichproben $\{\theta_{1,n}\}_{n=1}^{N_1}$ und $\{\theta_{2,n}\}_{n=1}^{N_2}$ vom Umfang $N_1 = 7$ bzw. $N_2 = 8$ der Verlauf des resultierenden deterministischen Rayleighprozesses $\tilde{\zeta}(t)$ wie im Bild 5.58(a) dargestellt aus. Dabei gilt es zu beachten, dass unterschiedliche Stichproben $\{\theta_{i,n}\}_{n=1}^{N_i}$ stets unterschiedliche Realisierungen für $\tilde{\zeta}(t)$ zur Folge haben. Diese unterschiedlichen Realisierungen haben aber alle die gleichen statistischen Eigenschaften, da die zugrunde liegenden stochastischen Prozesse $\hat{\mu}_1(t)$ und $\hat{\mu}_2(t)$ ergodisch bezüglich der Autokorrelationsfunktion sind, und obendrein die im Allgemeinen von $\theta_{i,n}$ abhängige Kreuzkorrelationsfunktion $\tilde{r}_{\mu_1\mu_2}(\tau)$ [vgl. (4.13)] null ist, da bei der Methode der exakten Dopplerverbreiterung durch die Definition $N_2 := N_1 + 1$ sichergestellt wird, dass die Beziehung $f_{1,n} \neq \pm f_{2,m}$ für alle $n = 1, 2, \ldots, N_1$ und $m = 1, 2, \ldots, N_2$ eingehalten wird. Da die Dopplerphasen $\theta_{i,n}$ keinen Einfluss auf die statistischen Eigenschaften von $\tilde{\zeta}(t)$ haben, falls die zugrunde liegenden deterministischen Gaußprozesse $\tilde{\mu}_1(t)$ und $\tilde{\mu}_2(t)$ unkorreliert sind, liegt der Versuch nahe, die Dopplerphasen $\theta_{i,n}$ gleich null zu setzen. In diesem Fall erhält man jedoch $\tilde{\mu}_i(0) = \sigma_0\sqrt{2N_i}$ $(i = 1, 2)$, so dass der deterministische Rayleighprozess $\tilde{\zeta}(t)$ zum Zeitpunkt $t = 0$ seinen maximalen Wert $\tilde{\zeta}(0) = 2\sigma_0\sqrt{N_1 + 1/2}$ annimmt, was zu dem in Bild 5.58(b) gezeigten, typischen Einschwingverhalten führt. Wie dem Bild 5.58(c) zu entnehmen ist, erhält man einen ähnlichen Effekt auch dann, wenn die Dopplerphasen $\theta_{i,n}$ deterministisch gemäß $\theta_{i,n} = 2\pi n/N_i$ $(n = 1, 2, \ldots, N_i$ und $i = 1, 2)$ berechnet werden. Eine einfache Möglichkeit dieses Einschwingverhalten zu vermeiden, besteht darin, die Zeitvariable t durch $t + T_0$ zu ersetzen, wobei T_0 eine reelle Größe ist, die hinreichend groß gewählt werden muss. Dazu sei bemerkt, dass die Substitution $t \to t + T_0$ äquivalent zur Substitution $\theta_{i,n} \to \theta_{i,n} + 2\pi f_{i,n}T_0$ ist, was zur Folge hat, dass die transformierten Dopplerphasen für unterschiedliche n nun nicht mehr in einem rationalen Verhältnis zueinander stehen.

Eine weitere Möglichkeit besteht darin [Pae98b], einen Standardphasenvektor $\vec{\Theta}_i$ mit N_i deterministischen Komponenten

$$\vec{\Theta}_i = \left(2\pi \frac{1}{N_i + 1}, 2\pi \frac{2}{N_i + 1}, \ldots, 2\pi \frac{N_i}{N_i + 1}\right) \tag{5.90}$$

einzuführen, und die Dopplerphasen $\theta_{i,n}$ als Komponenten des so genannten Dopplerphasenvektors

$$\vec{\theta}_i = (\theta_{i,1}, \theta_{i,2}, \ldots, \theta_{i,N_i}) \tag{5.91}$$

aufzufassen. Durch Identifikation der Komponenten des Dopplerphasenvektors $\vec{\theta}_i$ mit den permutierten Komponenten des Standardphasenvektors $\vec{\Theta}_i$ lassen sich dann die Einschwingvorgänge im Bereich des Zeitursprungs von vornherein vermeiden. Man betrachte dazu den im Bild 5.58(d) dargestellten Verlauf von $\tilde{\zeta}(t)$.

Durch Permutation der Komponenten von (5.90) können $N_i!$ verschiedene Sätze für die Dopplerphasen $\{\theta_{i,n}\}$ konstruiert werden. Folglich lassen sich bei gegebenen Mengen $\{c_{i,n}\}$ und $\{f_{i,n}\}$ insgesamt $N_1! \cdot N_2!$ deterministische Rayleighprozesse $\tilde{\zeta}(t)$ mit unterschiedlichem Zeitverhalten aber identischen statistischen Eigenschaften realisieren.

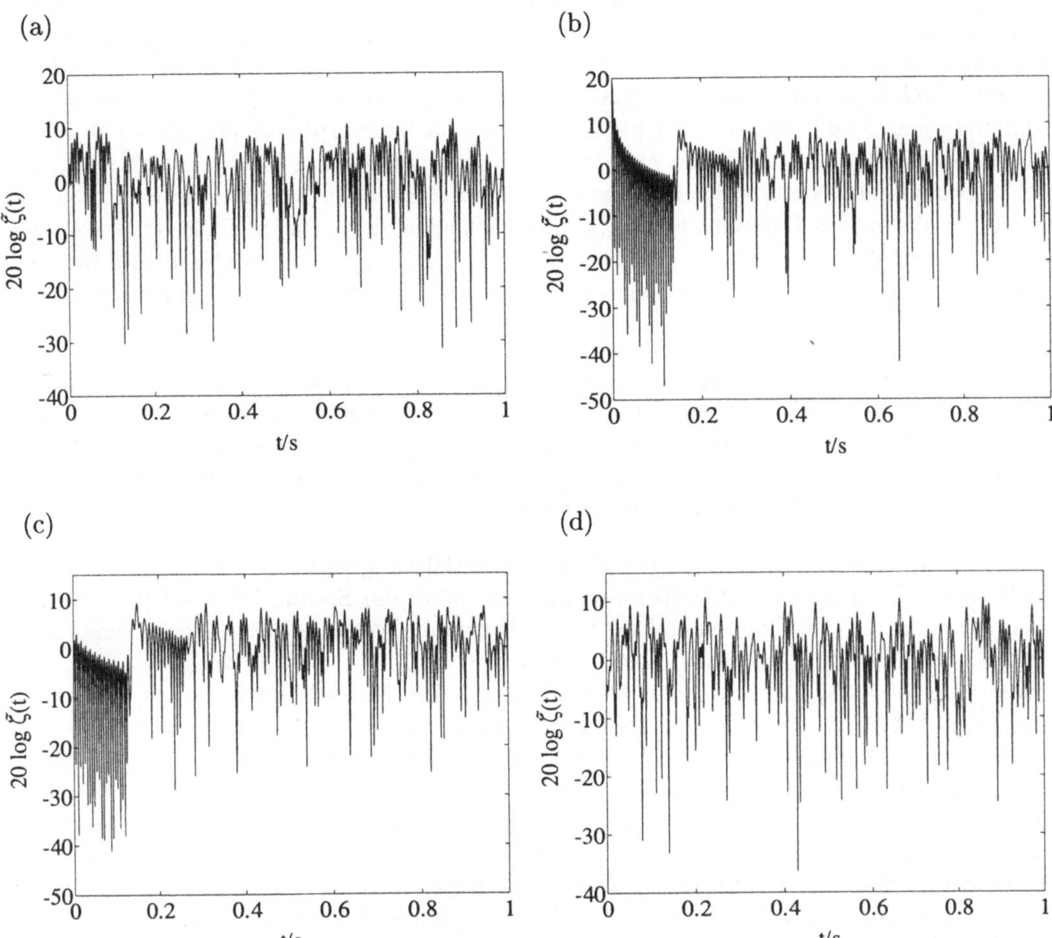

Bild 5.58: Einfluss der Phasen $\theta_{i,n}$ auf das Einschwingverhalten von $\tilde{\zeta}(t)$: (a) zufällige Phasen $\theta_{i,n} \in (0, 2\pi]$, (b) $\theta_{i,n} = 0$, (c) $\theta_{i,n} = 2\pi n/N_i$ $(n = 1, 2, \ldots, N_i)$, (d) permutierte Phasen (MEDS, Jakes LDS, $f_{max} = 91\,\mathrm{Hz}$, $\sigma_0^2 = 1$, $N_1 = 21$, $N_2 = 22$).

5.3 Die Statistik der Fadingdauern von deterministischen Rayleighprozessen

Die bisher untersuchten statistischen Eigenschaften von deterministischen Rayleigh- und Riceprozessen, wie Wahrscheinlichkeitsdichte von Amplitude und Phase, Pegelunterschreitungsrate und mittlere Fadingdauer, sind unabhängig vom Verhalten der Autokorrelationsfunktion $\tilde{r}_{\mu_i\mu_i}(\tau)$ $(i = 1, 2)$ für $\tau > 0$. Im weiteren gehen wir erneut der Frage nach, welche statistischen Eigenschaften überhaupt von $\tilde{r}_{\mu_i\mu_i}(\tau)$ $(i = 1, 2)$ für $\tau > 0$ abhängig sind. Damit verbunden ist auch die Frage nach der Größe des Intervalls $[0, \tau_{max}]$ über das die Approximation von $r_{\mu_i\mu_i}(\tau)$ durch $\tilde{r}_{\mu_i\mu_i}(\tau)$ relevant ist. Es gilt also τ_{max} so zu bestimmen, dass auch weitere statistische Eigenschaften des Simulationssystems kaum noch von denen des Referenzsystems zu unterscheiden sind. Da im Falle des Jakesleistungsdichtespektrums τ_{max} mit N_i über $\tau_{max} = N_i/(2f_{max})$ zusammenhängt, werden wir sehen, dass zumindest für dieses Leistungsdichtespektrum die für das Simulationssystem erforderliche Anzahl der harmonischen Funktionen N_i leicht ermittelt werden kann.

Wir greifen dazu nochmals auf die Wahrscheinlichkeitsdichte der Fadingdauern von deterministischen Rayleighprozessen $\tilde{p}_{0_-}(\tau_-; r)$ zurück. Da bei mittleren und insbesondere bei hohen Pegeln r weder für $\tilde{p}_{0_-}(\tau_-; r)$ noch für $p_{0_-}(\tau_-; r)$ eine ausreichend genaue Näherungslösung existiert, die unserem Zweck dienlich sein könnte, kann die Lösung dieses Problems nur durch Simulation erfolgen.

Die Simulation führen wir zunächst für das Jakesleistungsdichtespektrum mit $f_{max} = 91\,Hz$ und $\sigma_0^2 = 1$ durch und bestimmen die Parameter des Simulationsmodells nach der Methode der exakten Dopplerverbreiterung. Durch die Vorteile dieses Verfahrens (sehr gute Approximation der Autokorrelationsfunktion $r_{\mu_i\mu_i}(\tau) = \sigma_0^2 J_0(2\pi f_{max}\tau)$ von $\tau = 0$ bis $\tau = \tau_{max} = N_i/(2f_{max})$, kein Modellfehler, keine Korrelation zwischen $\tilde{\mu}_1(t)$ und $\tilde{\mu}_2(t)$ und sehr gute Periodizitätseigenschaften), werden von dem resultierenden deterministischen Simulationsmodell alle wesentlichen Anforderungen erfüllt. In diesem Fall bildet das Simulationsmodell für das Wertepaar $(N_1, N_2) = (100, 101)$ das Referenzmodell. Die Simulation des diskreten deterministischen Prozesses $\tilde{\zeta}(kT)$ erfolgt mit dem Abtastintervall $T_A = 0.5 \cdot 10^{-4}\,s$. An dem Verlauf von $\tilde{\zeta}(kT_A)$ wird nun die Messung der Wahrscheinlichkeitsdichte $\tilde{p}_{0_-}(\tau_-; r)$ für kleine Pegel $(r = 0.1)$, mittlere Pegel $(r = 1)$ und hohe Pegel $(r = 2.5)$ durchgeführt. Die gefundenen Ergebnisse sind jeweils in den Bildern 5.59(a)–(c) für unterschiedliche Wertepaare (N_1, N_2) dargestellt, wobei zur Ermittlung von $\tilde{p}_{0_-}(\tau_-; r)$ jeweils 10^7 Fadingdauern τ_- herangezogen worden sind. Wie dem Bild 5.59(a) zu entnehmen ist, liegt bei dem kleinen Pegel $r = 0.1$ eine exzellente Übereinstimmung zwischen den gefundenen Ergebnissen $\tilde{p}_{0_-}(\tau_-; r)$ und der theoretischen Approximation $p_{1_-}(\tau_-; r)$ [vgl. (3.47)] vor. Dies war auch zu erwarten, da bei tiefen Fadingeinbrüchen die Wahrscheinlichkeit, dass die Fadingdauern lang sind, sehr klein ist, folglich ist die Wahrscheinlichkeit, zwischen t_1 und $t_2 = t_1 + \tau_-$ weitere Pegelkreuzungen anzutreffen, vernachlässigbar. Genau für diesen Fall erweist sich die Approximation $p_{0_-}(\tau_-; r) \approx p_{1_-}(\tau_-; r)$ als sehr brauchbar. Die Bilder 5.59(a) und (b) zeigen deutlich, dass mit $N_1 = 7$ und $N_2 = 8$ die Anzahl der harmonischen Funktionen ausreichend hoch gewählt worden ist, so dass zumindest bei kleinen und mittleren Pegeln die ermittelten Wahrscheinlichkeitsdichten $\tilde{p}_{0_-}(\tau_-; r)$ kaum noch von denen des Referenzmodells

$(N_1 = 100, N_2 = 101)$ zu unterscheiden sind. Erst bei hohen Pegeln $(r = 2.5)$ treten mit $N_1 = 7$ und $N_2 = 8$ deutliche Unterschiede im Vergleich zu dem Referenzmodell auf, wie im Bild 5.59(c) gezeigt ist. Sollen auch für diesen Pegel die Unterschiede zum Referenzmodell vernachlässigbar sein, so sind jetzt mindestens $N_1 = 21$ und $N_2 = 22$ harmonische Funktionen erforderlich. Eine weitere Erhöhung von N_i macht keinen Sinn!

An dieser Stelle soll noch bemerkt werden, dass bei der Modellierung von Mobilfunkkanälen, wo Kanalmodelle häufig im Zusammenhang mit der Bestimmung der Bitfehlerwahrscheinlichkeit eines Gesamtübertragungssystems benötigt werden, in der Regel $N_1 = 7$ und $N_2 = 8$ harmonische Funktionen ausreichen. Natürlich nur, falls deren Dimensionierung richtig durchgeführt wird. Denn schließlich wird die Bitfehlerwahrscheinlichkeit ganz wesentlich durch die statistischen Eigenschaften (d. h. Wahrscheinlichkeitsdichte der Amplitude, Pegelunterschreitungsrate, mittlere Fadingdauer und Wahrscheinlichkeitsdichte der Fadingdauern) von $\tilde{\zeta}(t)$ bei kleinen Pegeln r bestimmt. Das Verhalten von $\tilde{\zeta}(t)$ bei hohen Pegeln ist in diesem Fall nicht sonderlich wichtig.

Ein Vergleich der Bilder 3.7(a)–(c) mit den Bildern 5.59(a)–(c) zeigt, dass bei allen Pegeln r eine gute Übereinstimmung der theoretischen Näherung $p_{1_-}(\tau_-; r)$ mit den gemessenen Dichten $\tilde{p}_0(\tau_-; r)$ lediglich bei kleinen Fadingdauern τ_- vorliegt. Man beachte auch, dass für $\tau_- \to \infty$ stets $\tilde{p}_{0_-}(\tau_-; r) \to 0 \ \forall r \in \{0.1, 1, 2.5\}$ gilt, während diese Konvergenzeigenschaft von $p_{1_-}(\tau_-; r)$ für die Pegel $r = 1$ und $r = 2.5$ nicht erfüllt wird [siehe hierzu die Bilder 3.7(b) und 3.7(c)]. Aus dem Konvergenzverhalten von $\tilde{p}_{0_-}(\tau_-; r)$ kann jetzt näherungsweise auf das Intervall $[0, \tau_{max}]$ geschlossen werden, über das die Approximation $r_{\mu_i \mu_i}(\tau) \approx \tilde{r}_{\mu_i \mu_i}(\tau)$ möglichst gut sein muss. Wir benutzen dazu die im Unterabschnitt 3.3.3 eingeführte Größe $\tau_q = \tau_q(r)$, wobei wir in (3.49) $p_{0_-}(\tau_-; r)$ durch die Wahrscheinlichkeitsdichte $\tilde{p}_{0_-}(\tau_-; r)$ der Fadingdauern des Referenzmodells $(N_1 = 100, N_2 = 101)$ ersetzen, und wählen q so groß, dass für alle Fadingdauern $\tau_- \geq \tau_q$ die Wahrscheinlichkeitsdichte $\tilde{p}_{0_-}(\tau_-; r)$ hinreichend klein ist. Sodann fordern wir, dass τ_{max} die Ungleichung $\tau_{max} \geq \tau_q$ erfüllen muss. Wir erinnern uns daran, dass $\tilde{r}_{\mu_i \mu_i}(\tau)$ bei Verwendung der Methode der exakten Dopplerverbreiterung eine sehr gute Näherung für $r_{\mu_i \mu_i}(\tau)$ im Bereich $0 \leq \tau \leq \tau_{max}$ darstellt, wobei τ_{max} mit N_i über die Beziehung $\tau_{max} = N_i/(2f_{max})$ zusammenhängt. Demnach können wir zur Abschätzung der erforderlichen Anzahl harmonischer Funktionen N_i aus $\tau_{max} = N_i/(2f_{max}) \geq \tau_q(r)$ die einfache Formel

$$N_i \geq \lceil 2f_{max}\tau_q(r) \rceil \tag{5.92}$$

gewinnen. Wählen wir beispielsweise $q = 90$, so finden wir bei dem hohen Pegel $r = 2.5$ für $\tau_{90} = \tau_{90}(r)$ den Wert $\tau_{90} = 135.7\,\text{ms}$ [siehe Bild 5.59(c)]. Nach (5.92) folgt dann $N_i \geq 25$. Dieses Ergebnis stimmt gut mit dem zuvor auf experimentellem Wege gefundenen überein. Sei nun umgekehrt N_i vorgegeben, beispielsweise $N_i \geq 7$, so stimmt die resultierende Wahrscheinlichkeitsdichte $\tilde{p}_0(\tau_-; r)$ sehr gut mit der des Referenzmodells im Bereich $0 \leq \tau_- \leq 38.5\,\text{ms}$ überein, was uns ebenfalls durch die Betrachtung des Bildes 5.59(c) bestätigt wird.

Für kleine und mittlere Pegel, wo in der Regel $\tau_{90} < 1/f_{max}$ gilt, liefert (5.92) keine zulässigen Werte, da dann die für eine hinreichende Approximation der Gaußdichte $p_{\mu_i}(x)$

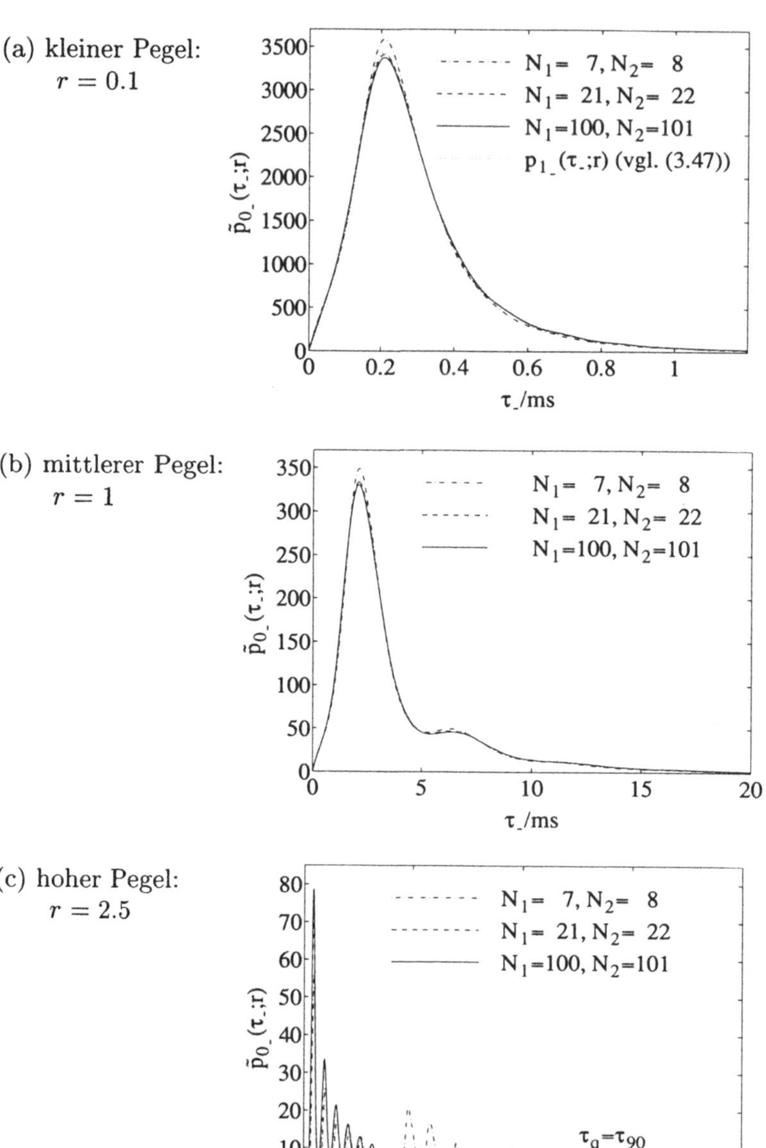

Bild 5.59: Wahrscheinlichkeitsdichte $\tilde{p}_{0_-}(\tau_-;r)$ der Fadingdauern von deterministischen Rayleighprozessen $\tilde{\zeta}(t)$: (a) $r = 0.1$, (b) $r = 1$ und (c) $r = 2.5$ (MEDS, Jakes LDS, $f_{max} = 91\,\mathrm{Hz}$, $\sigma_0^2 = 1$).

als notwendig erachtete Anzahl harmonischer Funktionen von $N_i = 7$ unterschritten wird. Als eine für alle Pegel $r \geq 0$ zulässige Abschätzung wird daher

$$N_i \geq \max\{7, \lceil 2f_{max}\tau_q(r)\rceil\} \tag{5.93}$$

vorgeschlagen.

Als Nächstes betrachten wir einen deterministischen Rayleighprozess $\tilde{\zeta}(t)$ mit gaußförmig gefärbten erzeugenden Prozessen $\tilde{\mu}_1(t)$ und $\tilde{\mu}_2(t)$. Das Gaußleistungsdichtespektrum (3.11) sei durch die Parameter $f_c = \sqrt{\ln 2}f_{max}$, $f_{max} = 91\,\mathrm{Hz}$ und $\sigma_0^2 = 1$ gekennzeichnet. Die Parameter des Simulationsmodells werden wieder nach der Methode der exakten Dopplerverbreiterung bestimmt. Genau wie im vorhergehenden Fall betrachten wir das Simulationsmodell für das Wertepaar $(N_1, N_2) = (100, 101)$ als Referenzmodell. Die Wiederholung der an dem Verlauf von $\tilde{\zeta}(kT_A)$ durchgeführten Messung der Wahrscheinlichkeitsdichte $\tilde{p}_{0_-}(\tau_-; r)$ für kleine, mittlere und hohe Pegel r ergibt nun die in den Bildern 5.60(a)–(c) gezeigten Ergebnisse. Dabei war das Abtastintervall T_A wieder durch die für alle Pegel konstante Größe $T_A = 0.5 \cdot 10^{-4}\,\mathrm{s}$ gegeben, und zur Bestimmung der Dichte $\tilde{p}_{0_-}(\tau_-; r)$ wurden auch hier wieder jeweils 10^7 Fadingdauern τ_- ausgewertet.

Aus dem Vergleich der Bilder 5.60(a) und 5.59(a) geht anschaulich hervor, dass die jeweiligen Dichten $\tilde{p}_{0_-}(\tau_-; r)$ identisch sind. Dies war auch zu erwarten, da ja bei kleinen Pegeln r die exakte Form der spektralen Färbung der Prozesse $\tilde{\mu}_1(t)$ und $\tilde{\mu}_2(t)$ keinen Einfluss auf die Dichte $\tilde{p}_0(\tau_-; r)$ hat. Hier zählen nur die Werte der Größen $\tilde{\sigma}_0^2 = \tilde{r}_{\mu_i\mu_i}(0)$ und $\tilde{\beta}_i = -\ddot{\tilde{r}}_{\mu_i\mu_i}(0)$, welche in diesem Fall für das Jakes- und Gaußleistungsdichtespektrum identisch sind. Erst mit wachsendem Pegel r gewinnt das Verhalten von $\tilde{r}_{\mu_i\mu_i}(\tau)$ für $\tau > 0$ zunehmend Einfluss auf die Dichte $\tilde{p}_{0_-}(\tau_-; r)$. Man vergleiche hierzu die Bilder 5.60(b) und 5.60(c) mit den Bildern 5.59(b) und 5.59(c). Offenbar besteht folgender prinzipieller Zusammenhang zwischen $\tilde{p}_{0_-}(\tau_-; r)$ und $\tilde{r}_{\mu\mu}(\tau)$: Die Wahrscheinlichkeitsdichte $\tilde{p}_{0_-}(\tau_-; r)$ besitzt nur dann mehrere Maxima, falls dies auch für die Autokorrelationsfunktion $\tilde{r}_{\mu\mu}(\tau)$ des erzeugenden komplexen deterministischen Prozesses $\tilde{\mu}(t) = \tilde{\mu}_1(t) + j\tilde{\mu}_2(t)$ gilt.

Zum Schluss dieses Kapitels betrachten wir die zweidimensionale Verbundwahrscheinlichkeitsdichte der Fading- und Verbindungsdauern, die wir mit $\tilde{p}_{0_{-+}}(\tau_-, \tau_+; r)$ bezeichnen. Die Funktion $\tilde{p}_{0_{-+}}(\tau_-, \tau_+; r)$ ist die Dichte der Verbundwahrscheinlichkeit für direkt aufeinander folgende Fadingdauern τ_- und Verbindungsdauern τ_+. Sie gibt also die Wahrscheinlichkeitsdichte dafür an, dass ein deterministischer Rayleighprozess $\tilde{\zeta}(t)$ einen konstanten Pegel r nach der Zeitdauer τ_- im Intervall $(t+\tau_-, t+\tau_-+d\tau_-)$ erstmalig überschreitet und anschließend nach der Zeitdauer τ_+ im Intervall $(t+\tau_-+\tau_+, t+\tau_-+\tau_++d\tau_+)$ erstmalig wieder unterschreitet, sofern schon eine Pegelkreuzung von oben nach unten zum Zeitpunkt t erfolgt ist.

Einige Simulationsergebnisse für die zweidimensionale Verbundwahrscheinlichkeitsdichtefunktion $\tilde{p}_{0_{-+}}(\tau_-, \tau_+; r)$ sind im Falle von jakes- und gaußförmig gefärbten deterministischen Prozessen $\tilde{\mu}_i(t)$ in den Bildern 5.61(a)–(c) bzw. 5.62(a)–(c) dargestellt. Die numerische Integration dieser Dichten über die Verbindungsdauer τ_+, d. h. $\tilde{p}_{0_-}(\tau_-; r) = \int_0^\infty \tilde{p}_{0_{-+}}(\tau_-, \tau_+; r)\, d\tau_+$, ergibt wieder jeweils die zuvor in den Bildern 5.59(a)–(c) bzw. 5.60(a)–(c) gezeigten Verläufe.

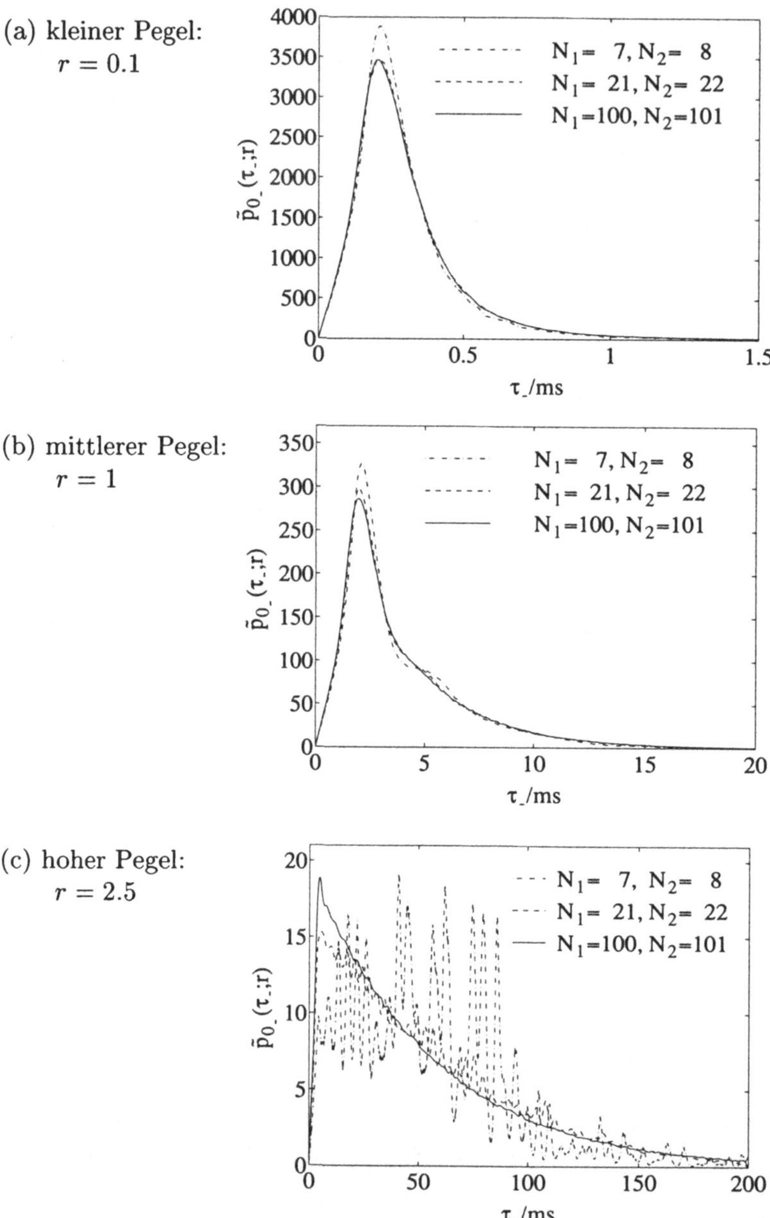

Bild 5.60: Wahrscheinlichkeitsdichte $\tilde{p}_{0-}(\tau_-; r)$ der Fadingdauern von deterministischen Rayleighprozessen $\tilde{\zeta}(t)$: (a) $r = 0.1$, (b) $r = 1$ und (c) $r = 2.5$ (MEDS, Gauß LDS, $f_c = \sqrt{\ln 2}\,f_{max}$, $f_{max} = 91\,\mathrm{Hz}$, $\sigma_0^2 = 1$).

Zum Schluss dieses Abschnittes wollen wir noch einmal auf die Monte-Carlo-Methode und die Jakes-Methode zurückkommen. Dazu wiederholen wir die zuvor beschriebenen Simulationen zur Bestimmung der Wahrscheinlichkeitsdichte $\tilde{p}_{0_-}(\tau_-; r)$, wobei wir jetzt die Parameter des Simulationsmodells zunächst nach der Monte-Carlo-Methode und anschließend nach der Jakes-Methode bestimmen. Beide Methoden werden wir hier jedoch nur auf das durch die Parameter $f_{max} = 91\,\mathrm{Hz}$ und $\sigma_0^2 = 1$ festgelegte Jakesleistungsdichtespektrum (3.8) anwenden. Die auf Basis der Monte-Carlo-Methode gefundenen Dichten $\tilde{p}_{0_-}(\tau_-; r)$ sind für verschiedene Pegel r und für jeweils zwei verschiedene Realisierungen der Menge der diskreten Dopplerfrequenzen $\{f_{i,n}\}$ in den Bildern 5.63(a)–(c) gezeigt. Man erkennt deutlich das zufällige Verhalten der Wahrscheinlichkeitsdichte $\tilde{p}_{0_-}(\tau_-; r)$, welche teilweise beträchtlich von der des Referenzmodells (MEDS mit $N_1 = 100$ und $N_2 = 101$) abweicht, obwohl im vorliegenden Fall die Größen N_1 und N_2 mit $N_1 = 21$ bzw. $N_2 = 22$ relativ groß gewählt worden sind.

Schließlich zeigen die Bilder 5.64(a)–(c) die bei der Anwendung der Jakes-Methode gefundenen Ergebnisse.

(a) kleiner Pegel:
   $r = 0.1$

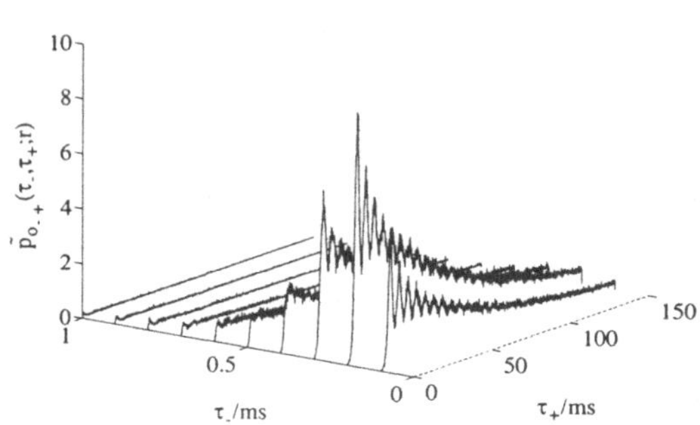

(b) mittlerer Pegel:
   $r = 1$

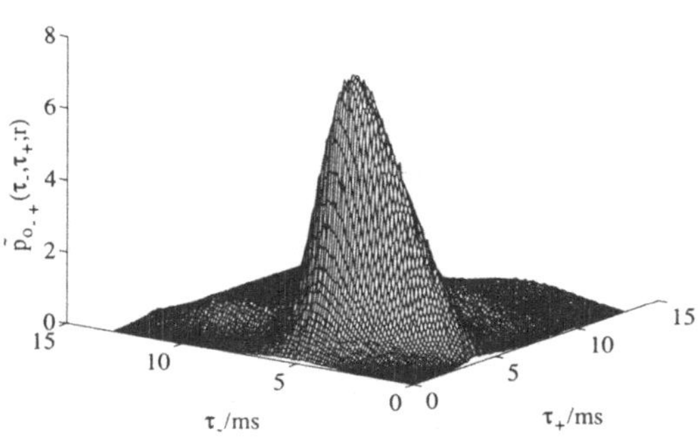

(c) hoher Pegel:
   $r = 2.5$

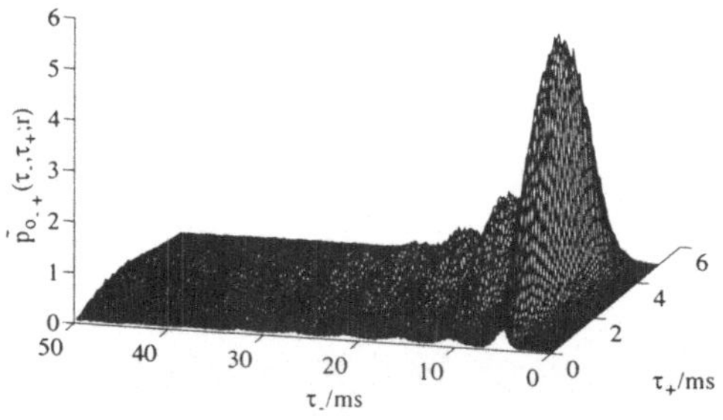

Bild 5.61:   Verbundwahrscheinlichkeitsdichte $\tilde{p}_{0-+}(\tau_-, \tau_+; r)$ der Fading- und Verbindungsdauern von deterministischen Rayleighprozessen $\tilde{\zeta}(t)$: (a) $r = 0.1$, (b) $r = 1$ und (c) $r = 2.5$ (MEDS, Jakes LDS, $f_{max} = 91\,\text{Hz}$, $\sigma_0^2 = 1$).

(a) kleiner Pegel:
$r = 0.1$

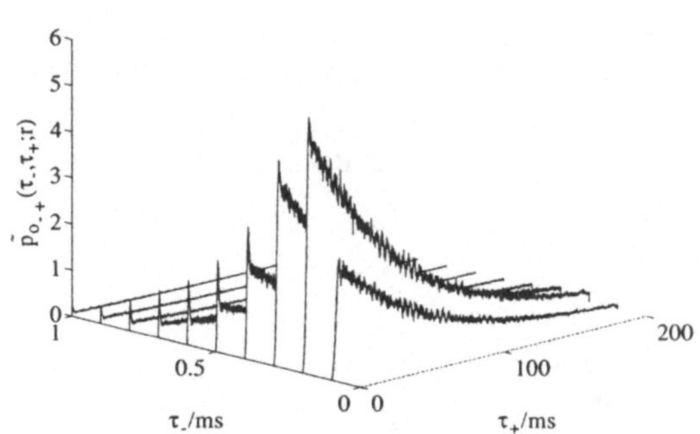

(b) mittlerer Pegel:
$r = 1$

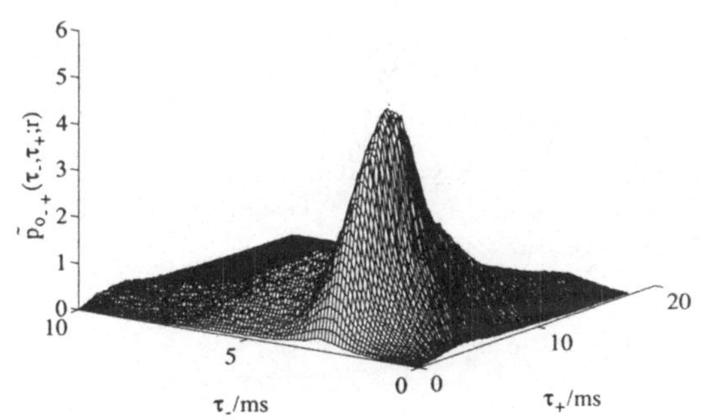

(c) hoher Pegel:
$r = 2.5$

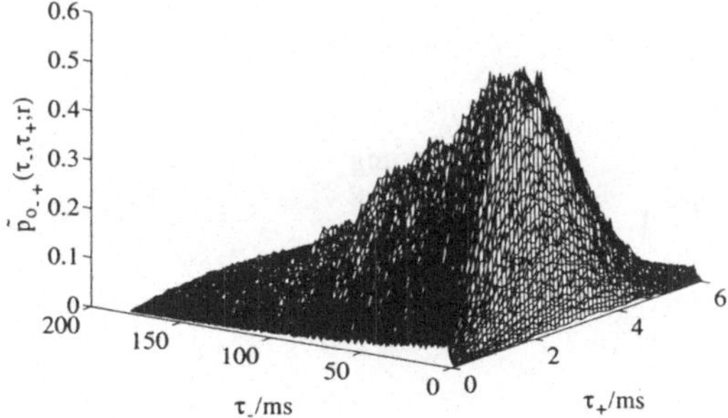

Bild 5.62: Verbundwahrscheinlichkeitsdichte $\tilde{p}_{0-+}(\tau_-, \tau_+; r)$ der Fading- und Verbindungsdauern von deterministischen Rayleighprozessen $\tilde{\zeta}(t)$: (a) $r = 0.1$, (b) $r = 1$ und (c) $r = 2.5$ (MEDS, Gauß LDS, $f_c = \sqrt{\ln 2} f_{max}$, $f_{max} = 91\,\mathrm{Hz}$, $\sigma_0^2 = 1$).

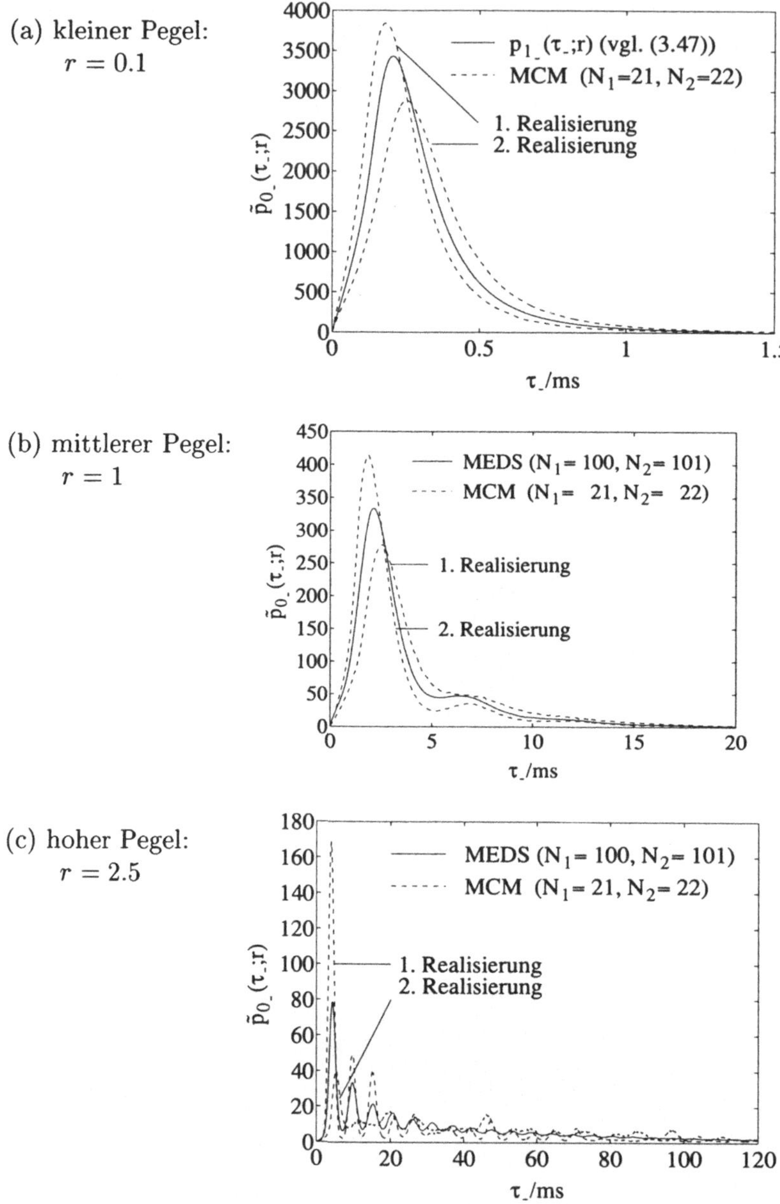

Bild 5.63: Wahrscheinlichkeitsdichte $\tilde{p}_{0_-}(\tau_-; r)$ der Fadingintervalle von deterministischen Rayleighprozessen $\tilde{\zeta}(t)$: (a) $r = 0.1$, (b) $r = 1$ und (c) $r = 2.5$ (MCM, Jakes LDS, $f_{max} = 91\,\mathrm{Hz}$, $\sigma_0^2 = 1$).

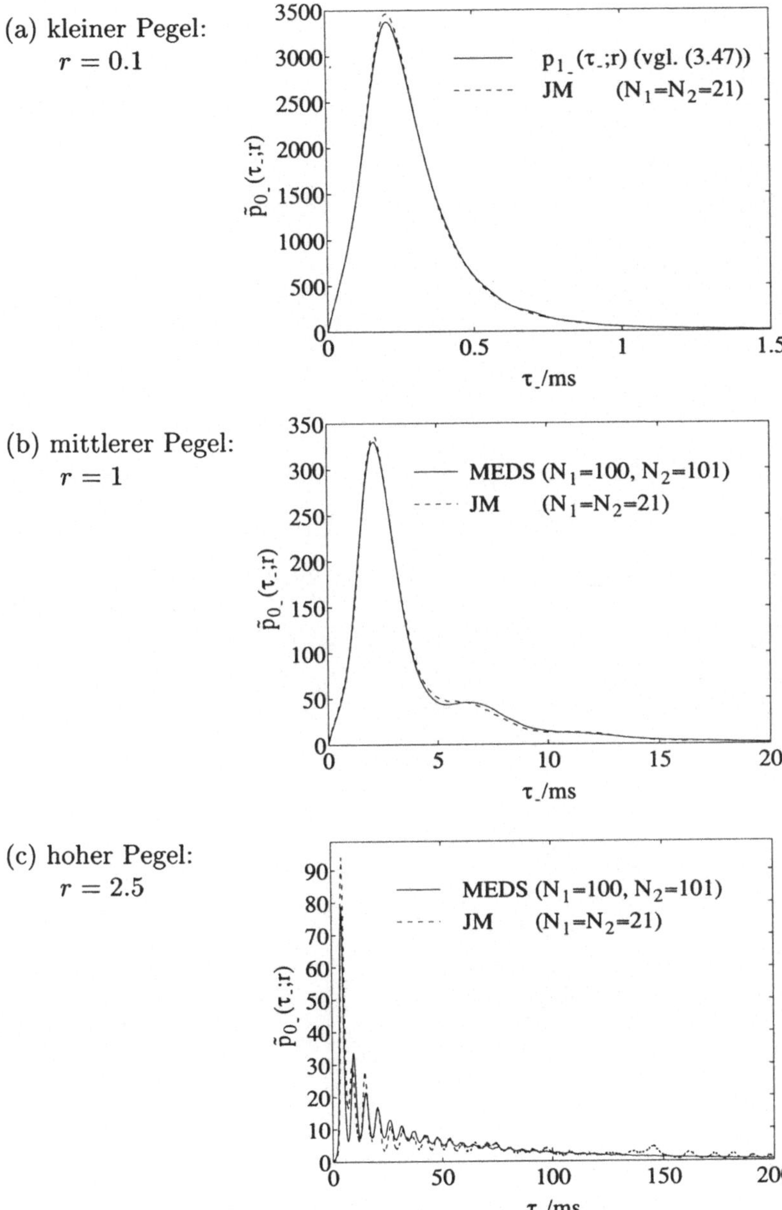

Bild 5.64: Wahrscheinlichkeitsdichte $\tilde{p}_{0_-}(\tau_-; r)$ der Fadingintervalle von deterministischen Rayleighprozessen $\tilde{\zeta}(t)$: (a) $r = 0.1$, (b) $r = 1$ und (c) $r = 2.5$ (JM, Jakes LDS, $f_{max} = 91\,\mathrm{Hz}$, $\sigma_0^2 = 1$).

Kapitel 6

Nichtfrequenzselektive stochastische und deterministische Kanalmodelle

Bei nichtfrequenzselektiven, terrestrischen, zellularen Landmobilfunkkanälen und nichtfrequenzselektiven Satellitenmobilfunkkanälen, also Kanälen, bei denen die Laufzeitunterschiede der reflektierten und gestreuten Signalkomponenten an der Empfangsantenne gegenüber der Symboldauer vernachlässigbar sind, lassen sich die zufälligen Schwankungen des Empfangssignals durch eine Multiplikation des Sendesignals mit einem passenden stochastischen Modellprozess nachbilden. Das Auffinden und Beschreiben von geeigneten stochastischen Modellprozessen und deren Anpassung an reale Kanäle ist seit geraumer Zeit Gegenstand der Forschung [Suz77, Loo85, Loo91, Lut91, Cor94].

Die einfachsten hierzu verwendbaren stochastischen Modellprozesse sind die im dritten Kapitel beschriebenen Rayleigh- und Riceprozesse. Die Flexibilität dieser Modelle ist allerdings sehr eingeschränkt und reicht häufig nicht aus für eine hinreichende Anpassung an die Statistik von realen Kanälen. Als ein in vielen Fällen geeigneteres stochastisches Modell hat sich für den nichtfrequenzselektiven Landmobilfunkkanal der *Suzukiprozess* [Suz77, Han77] erwiesen. Dieser ist ein Produktprozess aus einem Rayleighprozess und einem Lognormalprozess. Dabei wird der bei realen Kanälen festgestellte langsame Signalschwund durch den Lognormalprozess modelliert und somit der langsamen Zeitvariation der mittleren lokalen Empfangsleistung Rechnung getragen. Der Rayleighprozess modelliert hierbei nach wie vor den schnellen Signalschwund. Bei der Modellbildung auf Basis des Suzukiprozesses wird vorausgesetzt, dass durch Abschattung keine direkte Signalkomponente existiert. Üblicherweise wird auch vorausgesetzt, dass die beiden den Rayleighprozess erzeugenden, reellen, schmalbandigen Gaußprozesse unkorreliert sind. Lässt man die letzte Annahme fallen, so führt dies auf den in [Kra90a, Kra90b] untersuchten *modifizierten Suzukiprozess.*

Obgleich der Suzukiprozess und dessen modifizierte Version ursprünglich als Modell für den terrestrischen, zellularen Landmobilfunkkanal vorgeschlagen wurden, sind diese durchaus auch geeignet zur Modellierung von Satellitenmobilfunkkanälen in städtischen Regionen, wo die Annahme, dass die direkte Signalkomponente abgeschattet ist, für die meiste Zeit zutrifft. Vorstädtische und ländliche Regionen oder gar offene Gebiete mit partieller bzw. überhaupt keiner Abschattung der direkten Signalkomponente machen jedoch weitere Modellerweiterungen erforderlich. Ein Beitrag hierzu wurde in der Arbeit [Cor94] geleistet. Das dort vorgestellte stochastische Modell basiert auf einem Produktprozess von einem Riceprozess und einem Lognormalprozess. Es ist geeignet zur Modellierung einer großen Klasse von Umgebungen (städtische, vorstädtische, ländliche, offene). Dabei wurden wieder die beiden den Riceprozess erzeugenden reellen Gaußprozesse als unkorreliert vorausgesetzt. Lässt man diese Annahme fallen, so kann die Flexibilität des Modells bezüglich der Statistik höherer Ordnung bedeutend verbessert werden. Je nach Spezifikation der Kreuzkorrelation unterscheidet man zwischen *erweiterten Suzukiprozessen vom Typ I* [Pae98d] und solchen vom *Typ II* [Pae97a].

Darüber hinaus wurde in [Pae97c] ein so genannter *verallgemeinerter Suzukiprozess* vorgeschlagen, welcher den klassischen Suzukiprozess [Suz77, Han77], den modifizierten Suzukiprozess [Kra90a, Kra90b] sowie die beiden erweiterten Suzukiprozesse [Pae98d, Pae97a] vom Typ I und Typ II als Sonderfälle enthält. Die statistischen Eigenschaften erster und zweiter Ordnung von verallgemeinerten Suzukiprozessen sind sehr flexibel und können daher in der Regel gut an entsprechende Messergebnisse realer Kanäle angepasst werden.

Ein weiteres stochastisches Modell wurde von Loo eingeführt [Loo85, Loo87, Loo90, Loo91]. Loo's Modell ist für einen Satellitenmobilfunkkanal in einer ländlichen Umgebung vorgesehen, wo für die meiste Zeit der Übertragung eine direkte Verbindung zwischen Satellit und Fahrzeug besteht. Das Modell setzt für den Betrag der Summe aller gestreuten und reflektierten Mehrwegekomponenten einen Rayleighprozess mit konstanter mittlerer Leistung an. Für die Amplitude der direkten Komponente wird angenommen, dass diese sich wie ein Lognormalprozess verhält. Auf diese Weise werden die durch Laubwerk (Abschattung) verursachten langsamen Amplitudenschwankungen der direkten Komponente nachgebildet.

All die soeben beschriebenen stochastischen Kanalmodelle haben eins gemeinsam: Sie sind stationär, d.h., sie basieren auf stationären stochastischen Prozessen mit konstanten Parametern. Ein nichtstationäres Modell, das für sehr große Gebiete gültig ist, wurde von Lutz et al. [Lut91] eingeführt. Dieses Modell ist für den nichtfrequenzselektiven, landmobilen Satellitenkanal entwickelt worden und unterscheidet zwischen Gebieten, in denen die direkte Komponente abgeschattet ist (schlechter Kanalzustand) und Gebieten ohne Abschattung (guter Kanalzustand). Es handelt sich hierbei um ein 2-Zustandsmodell, bei dem die Amplitude des Fadingsignals im schlechten Kanalzustand durch den klassischen Suzukiprozess und im guten Kanalzustand durch einen Riceprozess modelliert wird. Das Verfahren lässt sich leicht verallgemeinern und führt auf ein M-Zustandsmodell, wobei jeder Zustand durch einen spezifischen stationären Modellprozess repräsentiert wird. In diesem Sinne kann das Fadingverhalten von nichtstationären Kanälen durch M stationäre Kanalmodelle approximiert werden [Vuc92, Mil95]. Experimentelle Messungen haben gezeigt, dass für die meisten Kanäle ein 4-Zustandsmodell ausreichend ist [Vuc90]. Letztendlich kann, wie in [Pae99a] gezeigt wurde, für jeden Zustand auch ein und dasselbe stationäre Kanalmodell verwendet werden, sofern dieses eine ausreichende Flexibilität besitzt. Jedem Zustand wird dann ein bestimmter Koeffizientensatz zugeordnet. Ein Zustandswechsel ist dann gleichbedeutend mit einer Neukonfiguration eines universellen stationären Kanalmodells.

In diesem Kapitel werden wir uns ausführlich mit der Darstellung der erweiterten Suzukiprozesse vom Typ I (Abschnitt 6.1) und vom Typ II (Abschnitt 6.2) sowie des verallgemeinerten Suzukiprozesses (Abschnitt 6.3) befassen. Außerdem werden wir im Abschnitt 6.4 eine modifizierte Version des Loo-Modells kennen lernen, die das klassische Loo-Modell als Sonderfall enthält. Darüber hinaus werden im Abschnitt 6.5 einige Verfahren zur Modellierung von nichtstationären Mobilfunkkanälen vorgestellt. Wir werden in jedem Abschnitt grundsätzlich immer so vorgehen, dass zunächst eine Beschreibung des jeweiligen analytischen Modells erfolgt. Aus diesem wird anschließend das zugehörige deterministische Simulationsmodell hergeleitet. Zwecks Demonstration der Nützlichkeit der vorgeschlagenen analytischen Modelle, werden stets die statistischen Eigenschaften wie Wahrscheinlichkeitsdichte der Amplitude, Pegelunterschreitungsrate und mittlere Fadingdauer an Messergebnisse aus der Literatur angepasst. Die jeweils gefundenen Übereinstimmungen zwischen dem analytischen Modell, dem Simulationsmodell und den zugrunde liegenden Messungen sind in der Regel erstaunlich gut, was durch diverse Beispiele anschaulich dargestellt wird.

6.1 Der erweiterte Suzukiprozess vom Typ I

Wie eingangs bereits erwähnt wurde, wird der Produktprozess aus einem Rayleighprozess und einem Lognormalprozess als Suzukiprozess bezeichnet. Für diesen Prozess wird nachfolgend eine Erweiterung vorgeschlagen. Dabei wird der Rayleighprozess durch einen Riceprozess ersetzt, wodurch der Einfluss einer direkten Signalkomponente Berücksichtigung findet. Die direkte Komponente kann in diesem Modell durchaus dopplerverschoben sein. Außerdem wird eine Korrelation zwischen den beiden den Riceprozess beschreibenden Gaußprozessen zugelassen. Auf diese Weise wird die Anzahl der Freiheitsgrade erhöht, was zwar den zu betreibenden mathematischen Rechenaufwand erhöht, aber letztlich doch die Flexibilitätseigenschaften des stochastischen Modells deutlich verbessert. Der resultierende Produktprozess aus einem Riceprozess mit korrelierten zugrunde liegenden Gaußprozessen und einem Lognormalprozess wurde als *erweiterter Suzukiprozess (vom Typ I)* eingeführt [Pae95a, Pae98d]. Dieser Prozess eignet sich als stochastisches Modell für eine große Klasse von Satelliten- und Landmobilfunkkanälen in Umgebungen, wo eine Sichtverbindung zwischen Sender und Empfänger nicht vernachlässigt werden kann.

Die Beschreibung des analytischen Modells und die Herleitung der statistischen Eigenschaften erfolgt hier wie üblich im (komplexen) Basisband [Kam96]. Zunächst beschäftigen wir uns mit dem zur Modellierung der Kurzzeitstatistik vorgesehenen Riceprozess.

6.1.1 Modellierung und Analyse der Kurzzeitstatistik

Zur Modellierung der Kurzzeitstatistik, also dem schnellen Signalschwund, betrachten wir den Riceprozess (3.6), d. h.

$$\xi(t) = |\mu_\rho(t)| = |\mu(t) + m(t)|,$$
(6.1)

wo die direkte Komponente $m(t)$ wieder gemäß (3.2) beschrieben sein soll, und $\mu(t)$ der durch (3.1) eingeführte schmalbandige, komplexe Gaußprozess ist, dessen Real- und Imaginärteil mittelwertfrei sind und identische Varianzen $\sigma_{\mu_1}^2 = \sigma_{\mu_2}^2 = \sigma_0^2$ haben.

Bisher wurde angenommen, dass die Einfallsrichtungen der auf die Antenne des Empfängers treffenden elektromagnetischen Wellen über das Intervall $[0, 2\pi)$ gleichverteilt sind, und die Antenne eine zirkularsymmetrische Richtcharakteristik aufweist. Das Dopplerleistungsdichtespektrum $S_{\mu\mu}(f)$ des komplexen Prozesses $\mu(t)$ hat dann eine symmetrische Form (siehe (3.8)), was zur Folge hat, dass die beiden reellen Gaußprozesse $\mu_1(t)$ und $\mu_2(t)$ unkorreliert sind. Im Folgenden wollen wir diese Annahme fallen lassen. Wir nehmen stattdessen an, dass durch räumlich begrenzte Hindernisse oder durch die Verwendung von Richtantennen bzw. Sektorantennen, also Antennen, die eine nichtzirkularsymmetrische Richtcharakteristik besitzen, keine elektromagnetische Wellen mit Einfallswinkeln im Intervall von α_0 bis $\pi - \alpha_0$ zum Empfänger gelangen können, wobei α_0 auf das Intervall $[\pi/2, 3\pi/2]$ beschränkt bleiben soll. Das resultierende unsymmetrische Dopplerleistungsdichtespektrum $S_{\mu\mu}(f)$ wird dann wie folgt beschrieben

$$S_{\mu\mu}(f) = \begin{cases} \dfrac{2\sigma_0^2}{\pi f_{max}\sqrt{1 - (f/f_{max})^2}}, & -f_{min} \leq f \leq f_{max}, \\ 0, & \text{sonst}, \end{cases}$$
(6.2)

wobei f_{max} wieder die maximale Dopplerfrequenz kennzeichnet, und $f_{min} = -f_{max}\cos\alpha_0$ im Bereich $0 \leq f_{min} \leq f_{max}$ liegt. Lediglich für den Sonderfall $\alpha_0 = \pi$, d. h. $f_{min} = f_{max}$, erhalten wir wieder das symmetrische Dopplerleistungsdichtespektrum gemäß Jakes. Im Allgemeinen ist die Form von (6.2) aber unsymmetrisch, was eine Kreuzkorrelation der reellen Gaußprozesse $\mu_1(t)$ und $\mu_2(t)$ bedingt. Das Dopplerleistungsdichtespektrum nach (6.2) bezeichnen wir im Folgenden als *linksseitig eingeschränktes Jakesleistungsdichtespektrum*. Durch geeignete Wahl von f_{min} ermöglicht dieses häufig eine bessere Anpassung an die Dopplerverbreiterung von gemessenen Fadingsignalen als das konventionelle Jakesleistungsdichtespektrum, dessen Dopplerverbreiterung im Vergleich zur Realität oftmals zu groß ist (siehe Unterabschnitt 6.1.5).

Im Bild 6.1 ist das analytische Modell für den Riceprozess $\xi(t)$ dargestellt, dessen erzeugender komplexer Gaußprozess durch das linksseitig eingeschränkte Jakesleistungsdichtespektrum (6.2) charakterisiert ist.

Aus diesem Bild lassen sich die Beziehungen

$$\mu_1(t) = \nu_1(t) + \nu_2(t)$$
(6.3)

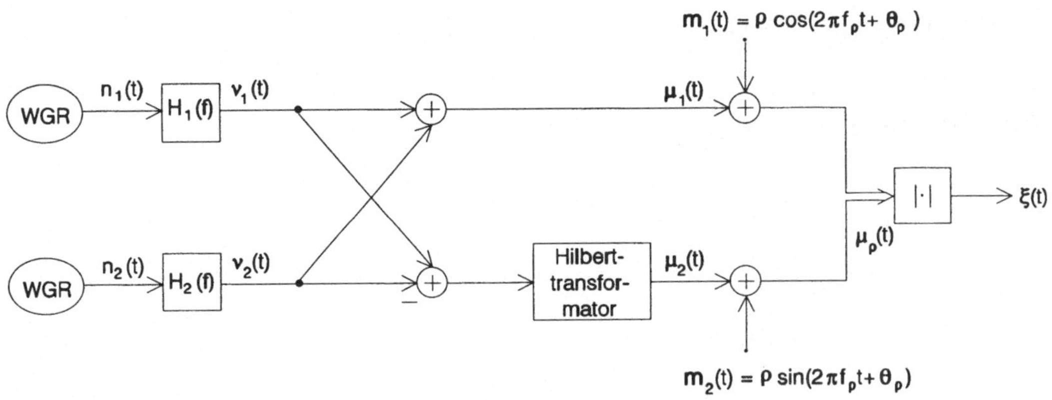

Bild 6.1:   Analytisches Modell für den Riceprozess $\xi(t)$ mit kreuzkorrelierten erzeugenden Gaußprozessen $\mu_1(t)$ und $\mu_2(t)$.

und

$$\mu_2(t) = \check{\nu}_1(t) - \check{\nu}_2(t) \tag{6.4}$$

ablesen, wobei $\nu_i(t)$ einen farbigen Gaußprozess kennzeichnet, und dessen Hilberttransformierte mit $\check{\nu}_i(t)$ bezeichnet wird (i=1,2). Die spektrale Formung von $\nu_i(t)$ basiert dabei auf einer Filterung von weißem gaußschen Rauschen $n_i(t) \sim N(0,1)$ mit einem idealen Filter, dessen Übertragungsfunktion durch $H_i(f) = \sqrt{S_{\nu_i \nu_i}(f)}$ gegeben ist. Im weiteren setzen wir voraus, dass die weißen Gaußprozesse $n_1(t)$ und $n_2(t)$ unkorreliert sind.

Die Autokorrelationsfunktion von $\mu(t) = \mu_1(t) + j\mu_2(t)$, welche allgemein durch (2.48) definiert ist, kann wie folgt durch die Autokorrelations- und Kreuzkorrelationsfunktionen von $\mu_1(t)$ und $\mu_2(t)$ ausgedrückt werden [Kam96]

$$r_{\mu\mu}(\tau) = r_{\mu_1\mu_1}(\tau) + r_{\mu_2\mu_2}(\tau) + j(r_{\mu_1\mu_2}(\tau) - r_{\mu_2\mu_1}(\tau)). \tag{6.5}$$

Unter Verwendung der Beziehungen $r_{\nu_i\nu_i}(\tau) = r_{\check{\nu}_i\check{\nu}_i}(\tau)$ und $r_{\nu_i\check{\nu}_i}(\tau) = r_{\check{\nu}_i\nu_i}(-\tau) = -r_{\check{\nu}_i\nu_i}(\tau)$ (vgl. auch (2.56e) bzw. (2.56c)) können wir schreiben:

$$r_{\mu_1\mu_1}(\tau) = r_{\nu_1\nu_1}(\tau) + r_{\nu_2\nu_2}(\tau) = r_{\mu_2\mu_2}(\tau), \tag{6.6a}$$

$$r_{\mu_1\mu_2}(\tau) = r_{\nu_1\check{\nu}_1}(\tau) - r_{\nu_2\check{\nu}_2}(\tau) = -r_{\mu_2\mu_1}(\tau), \tag{6.6b}$$

so dass (6.5) durch

$$r_{\mu\mu}(\tau) = 2[r_{\nu_1\nu_1}(\tau) + r_{\nu_2\nu_2}(\tau) + j(r_{\nu_1\check{\nu}_1}(\tau) - r_{\nu_2\check{\nu}_2}(\tau))] \tag{6.7}$$

ausgedrückt werden kann. Nach Fouriertransformation von (6.5) und (6.7) erhalten wir die folgenden Ausdrücke für das Dopplerleistungsdichtespektrum

$$S_{\mu\mu}(f) = S_{\mu_1\mu_1}(f) + S_{\mu_2\mu_2}(f) + j(S_{\mu_1\mu_2}(f) - S_{\mu_2\mu_1}(f)), \tag{6.8a}$$

$$S_{\mu\mu}(f) = 2[S_{\nu_1\nu_1}(f) + S_{\nu_2\nu_2}(f) + j(S_{\nu_1\check{\nu}_1}(f) - S_{\nu_2\check{\nu}_2}(f))]\,. \tag{6.8b}$$

Für die Dopplerleistungsdichtespektren $S_{\nu_i\nu_i}(f)$ und $S_{\nu_i\check{\nu}_i}(f)$ sowie für die zugehörigen Autokorrelationsfunktionen $r_{\nu_i\nu_i}(\tau)$ und $r_{\nu_i\check{\nu}_i}(\tau)$ gelten die Beziehungen:

$$S_{\nu_1\nu_1}(f) \;=\; \frac{\sigma_0^2}{2\pi f_{max}\sqrt{1 - (f/f_{max})^2}}\,, \tag{6.9a}$$

$$r_{\nu_1\nu_1}(\tau) \;=\; \frac{\sigma_0^2}{2}J_0(2\pi f_{max}\tau)\,, \tag{6.9b}$$

$$S_{\nu_2\nu_2}(f) \;=\; \mathrm{rect}\,(f/f_{min}) \cdot S_{\nu_1\nu_1}(f)\,, \tag{6.9c}$$

$$r_{\nu_2\nu_2}(\tau) \;=\; f_{min}\sigma_0^2 J_0(2\pi f_{max}\tau) * \mathrm{si}\,(2\pi f_{min}\tau)\,, \tag{6.9d}$$

$$S_{\nu_1\check{\nu}_1}(f) \;=\; -j\,\mathrm{sgn}\,(f) \cdot S_{\nu_1\nu_1}(f)\,, \tag{6.9e}$$

$$r_{\nu_1\check{\nu}_1}(\tau) \;=\; \frac{\sigma_0^2}{2}H_0(2\pi f_{max}\tau)\,, \tag{6.9f}$$

$$S_{\nu_2\check{\nu}_2}(f) \;=\; -j\,\mathrm{sgn}\,(f) \cdot S_{\nu_2\nu_2}(f)\,, \tag{6.9g}$$

$$r_{\nu_2\check{\nu}_2}(\tau) \;=\; f_{min}\sigma_0^2 H_0(2\pi f_{max}\tau) * \mathrm{si}\,(2\pi f_{min}\tau)\,, \tag{6.9h}$$

wo $J_0(\cdot)$ und $H_0(\cdot)$ die Besselfunktion erster Gattung 0-ter Ordnung bzw. die struvesche Funktion 0-ter Ordnung bezeichnen.[1] Setzen wir jetzt noch (6.9e) und (6.9g) in (6.8b) ein, so erhalten wir zwischen $S_{\nu_i\nu_i}(f)$ und $S_{\mu\mu}(f)$ den Zusammenhang

$$S_{\mu\mu}(f) = 2[(1 + \mathrm{sgn}\,(f)) \cdot S_{\nu_1\nu_1}(f) + (1 - \mathrm{sgn}\,(f)) \cdot S_{\nu_2\nu_2}(f)]\,, \tag{6.10}$$

welcher durch die Bilder 6.2(a)–(c) veranschaulicht wird.

Bei der späteren Herleitung der statistischen Eigenschaften von $\xi(t) = |\mu_\rho(t)|$ und $\vartheta(t) = \arg\{\mu_\rho(t)\}$ greifen wir vorteilhaft auf die Abkürzungen

$$\psi_0^{(n)} \;:=\; \frac{d^n}{d\tau^n}r_{\mu_1\mu_1}(\tau)\bigg|_{\tau=0} = \frac{d^n}{d\tau^n}r_{\mu_2\mu_2}(\tau)\bigg|_{\tau=0} \tag{6.11a}$$

---

[1] Die in (6.9c) verwendete Rechteckfunktion sei durch

$$\mathrm{rect}\,(x) = \begin{cases} 1 & \text{für} & |x| < 1 \\ 1/2 & \text{für} & x = \pm 1 \\ 0 & \text{für} & |x| > 1 \end{cases}$$

definiert, und in (6.9d) bezeichnet $\mathrm{si}\,(x) = \sin(x)/x$ die si-Funktion.

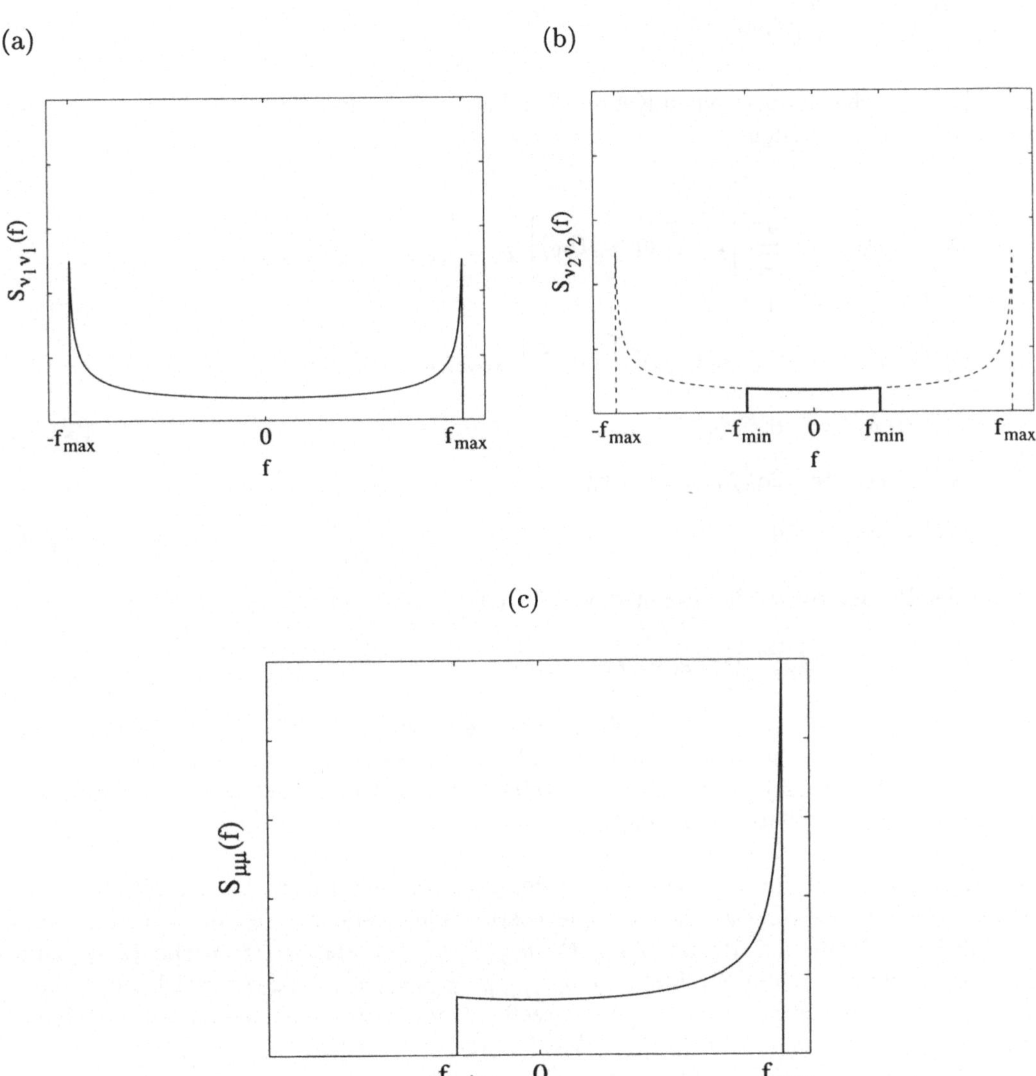

Bild 6.2:   Dopplerleistungsdichtespektren: (a) $S_{\nu_1\nu_1}(f)$ und (b) $S_{\nu_2\nu_2}(f)$ sowie (c) das resultierende linksseitig eingeschränkte Jakes LDS.

und

$$\phi_0^{(n)} := \left. \frac{d^n}{d\tau^n} r_{\mu_1\mu_2}(\tau) \right|_{\tau=0}, \quad n = 0, 1, 2, \tag{6.11b}$$

zurück. Diese charakteristischen Kenngrößen lassen sich unter Verwendung von (6.6) und (6.9) wie folgt darstellen:

$$\psi_0^{(0)} = \psi_0 = \frac{\sigma_0^2}{2}\left[1 + \frac{2}{\pi}\arcsin(\kappa_0)\right], \tag{6.12a}$$

$$\psi_0^{(1)} = \dot{\psi}_0 = 0, \tag{6.12b}$$

$$\psi_0^{(2)} = \ddot{\psi}_0 = -(\pi\sigma_0 f_{max})^2\left\{1 + \frac{2}{\pi}\left[\arcsin(\kappa_0) - \frac{1}{2}\sin(2\arcsin(\kappa_0))\right]\right\}, \tag{6.12c}$$

$$\phi_0^{(0)} = \phi_0 = 0, \tag{6.12d}$$

$$\phi_0^{(1)} = \dot{\phi}_0 = 2\sigma_0^2 f_{max}\sqrt{1 - \kappa_0^2}, \tag{6.12e}$$

$$\phi_0^{(2)} = \ddot{\phi}_0 = 0, \tag{6.12f}$$

wobei der Parameter κ_0 das Frequenzverhältnis

$$\kappa_0 = f_{min}/f_{max}, \quad 0 \leq \kappa_0 \leq 1, \tag{6.13}$$

kennzeichnet. Man beachte, dass lediglich für den speziellen Fall $\kappa_0 = 1$ die Form von $S_{\mu\mu}(f)$ symmetrisch ist. In diesem Fall sind die Prozesse $\mu_1(t)$ und $\mu_2(t)$ unkorreliert, und aus (6.12a)–(6.12f) folgen die uns bereits aus dem Unterabschnitt 3.3.2 bekannten Verhältnisse $\psi_0 = \sigma_0^2$, $\ddot{\psi}_0 = -2(\pi\sigma_0 f_{max})^2$ und $\dot{\phi}_0 = 0$.

Der Ausgangspunkt für die Berechnung der statistischen Eigenschaften von Riceprozessen $\xi(t)$ mit unsymmetrischen Dopplerleistungsdichtespektren ist die Verbundwahrscheinlichkeitsdichte der Prozesse $\mu_{\rho_1}(t)$, $\mu_{\rho_2}(t)$, $\dot{\mu}_{\rho_1}(t)$ und $\dot{\mu}_{\rho_2}(t)$ [siehe (3.4)] zum gleichen Zeitpunkt t, die wir hier mit $p_{\mu_{\rho_1}\mu_{\rho_2}\dot{\mu}_{\rho_1}\dot{\mu}_{\rho_2}}(x_1, x_2, \dot{x}_1, \dot{x}_2)$ bezeichnen wollen. Hierbei gilt zu beachten, dass $\mu_{\rho_i}(t)$ ein reeller Gaußprozess mit zeitvariantem Mittelwert $E\{\mu_{\rho_i}(t)\} = m_i(t)$ und Varianz $\text{Var}\{\mu_{\rho_i}(t)\} = \text{Var}\{\mu_i(t)\} = r_{\mu_i\mu_i}(0) = \psi_0$ ist. Folglich ist dessen zeitliche Ableitung $\dot{\mu}_{\rho_i}(t)$ ebenfalls ein reeller Gaußprozess; allerdings wird dieser durch den Mittelwert $E\{\dot{\mu}_{\rho_i}(t)\} = \dot{m}_i(t)$ und die Varianz $\text{Var}\{\dot{\mu}_{\rho_i}(t)\} = \text{Var}\{\dot{\mu}_i(t)\} = r_{\dot{\mu}_i\dot{\mu}_i}(0) = -\ddot{r}_{\mu_i\mu_i}(0) = -\ddot{\psi}_0$ charakterisiert. Außerdem gilt zu berücksichtigen, dass die Prozesse $\mu_{\rho_i}(t)$ und $\dot{\mu}_{\rho_i}(t)$ zum gleichen Zeitpunkt t paarweise korreliert sind. Die Verbundwahrscheinlichkeitsdichte $p_{\mu_{\rho_1}\mu_{\rho_2}\dot{\mu}_{\rho_1}\dot{\mu}_{\rho_2}}(x_1, x_2, \dot{x}_1, \dot{x}_2)$ kann daher durch die multivariate Gaußverteilung (2.20) ausgedrückt werden, d. h.

$$p_{\mu_{\rho_1}\mu_{\rho_2}\dot{\mu}_{\rho_1}\dot{\mu}_{\rho_2}}(x_1, x_2, \dot{x}_1, \dot{x}_2) = \frac{e^{-\frac{1}{2}(\boldsymbol{x} - \boldsymbol{m})^T \boldsymbol{C}_{\mu_\rho}^{-1}(\boldsymbol{x} - \boldsymbol{m})}}{(2\pi)^2 \sqrt{\det \boldsymbol{C}_{\mu_\rho}}}, \tag{6.14}$$

wobei $\mathbf{x}$ und $\mathbf{m}$ die durch

$$\mathbf{x} = \begin{pmatrix} x_1 \\ x_2 \\ \dot{x}_1 \\ \dot{x}_2 \end{pmatrix} \tag{6.15}$$

bzw.

$$\mathbf{m} = \begin{pmatrix} E\{\mu_{\rho_1}(t)\} \\ E\{\mu_{\rho_2}(t)\} \\ E\{\dot{\mu}_{\rho_1}(t)\} \\ E\{\dot{\mu}_{\rho_2}(t)\} \end{pmatrix} = \begin{pmatrix} m_1(t) \\ m_2(t) \\ \dot{m}_1(t) \\ \dot{m}_2(t) \end{pmatrix} = \begin{pmatrix} \rho\cos(2\pi f_\rho t + \theta_\rho) \\ \rho\sin(2\pi f_\rho t + \theta_\rho) \\ -2\pi f_\rho\rho\sin(2\pi f_\rho t + \theta_\rho) \\ 2\pi f_\rho\rho\cos(2\pi f_\rho t + \theta_\rho) \end{pmatrix} \tag{6.16}$$

festgelegten Spaltenvektoren sind, und det $\mathbf{C}_{\mu_\rho}$ ($\mathbf{C}_{\mu_\rho}^{-1}$) die Determinante (Inverse) der Kovarianzmatrix

$$\mathbf{C}_{\mu_\rho} = \begin{pmatrix} C_{\mu_{\rho_1}\mu_{\rho_1}} & C_{\mu_{\rho_1}\mu_{\rho_2}} & C_{\mu_{\rho_1}\dot{\mu}_{\rho_1}} & C_{\mu_{\rho_1}\dot{\mu}_{\rho_2}} \\ C_{\mu_{\rho_2}\mu_{\rho_1}} & C_{\mu_{\rho_2}\mu_{\rho_2}} & C_{\mu_{\rho_2}\dot{\mu}_{\rho_1}} & C_{\mu_{\rho_2}\dot{\mu}_{\rho_2}} \\ C_{\dot{\mu}_{\rho_1}\mu_{\rho_1}} & C_{\dot{\mu}_{\rho_1}\mu_{\rho_2}} & C_{\dot{\mu}_{\rho_1}\dot{\mu}_{\rho_1}} & C_{\dot{\mu}_{\rho_1}\dot{\mu}_{\rho_2}} \\ C_{\dot{\mu}_{\rho_2}\mu_{\rho_1}} & C_{\dot{\mu}_{\rho_2}\mu_{\rho_2}} & C_{\dot{\mu}_{\rho_2}\dot{\mu}_{\rho_1}} & C_{\dot{\mu}_{\rho_2}\dot{\mu}_{\rho_2}} \end{pmatrix} \tag{6.17}$$

kennzeichnet. Die Elemente der Kovarianzmatrix $\mathbf{C}_{\mu_\rho}$ lassen sich wie folgt berechnen

$$C_{\mu_{\rho_i}^{(k)}\mu_{\rho_j}^{(\ell)}} = C_{\mu_{\rho_i}^{(k)}\mu_{\rho_j}^{(\ell)}}(t_i, t_j) \tag{6.18a}$$

$$= E\{\left(\mu_{\rho_i}^{(k)}(t_i) - m_i^{(k)}(t_i)\right)\left(\mu_{\rho_j}^{(\ell)}(t_j) - m_j^{(\ell)}(t_j)\right)\} \tag{6.18b}$$

$$= E\{\mu_i^{(k)}(t_i)\mu_j^{(\ell)}(t_j)\} \tag{6.18c}$$

$$= r_{\mu_i^{(k)}\mu_j^{(\ell)}}(t_i, t_j) \tag{6.18d}$$

$$= r_{\mu_i^{(k)}\mu_j^{(\ell)}}(\tau) \tag{6.18e}$$

für alle $i, j = 1, 2$ und $k, \ell = 0, 1$. Der Übergang von (6.18d) nach (6.18e) erfolgt unter Berücksichtigung, dass $\mu_i(t)$ und $\dot{\mu}_i(t)$ Gaußprozesse und somit stationär im strengen Sinne sind. Als Konsequenz für die Autokorrelations- und Kreuzkorrelationsfunktionen folgt hieraus, dass diese Funktionen nur vom Betrag der Zeitdifferenz $\tau = t_j - t_i$ abhängig sind, d.h. $r_{\mu_i^{(k)}\mu_j^{(\ell)}}(t_i, t_j) = r_{\mu_i^{(k)}\mu_j^{(\ell)}}(t_i, t_i + \tau) = r_{\mu_i^{(k)}\mu_j^{(\ell)}}(\tau)$. Bei der Betrachtung der Gleichungen (6.17) und (6.18e) wird jetzt ersichtlich, dass die Kovarianzmatrix $\mathbf{C}_{\mu_\rho}$ der Prozesse $\mu_{\rho_1}(t)$, $\mu_{\rho_2}(t)$, $\dot{\mu}_{\rho_1}(t)$ und $\dot{\mu}_{\rho_2}(t)$ identisch ist mit der Korrelationsmatrix $\mathbf{R}_\mu$ der Prozesse $\mu_1(t)$, $\mu_2(t)$, $\dot{\mu}_1(t)$ und $\dot{\mu}_2(t)$, d.h.

$$\mathbf{C}_{\mu_\rho}(\tau) = \mathbf{R}_\mu(\tau) = \begin{pmatrix} r_{\mu_1\mu_1}(\tau) & r_{\mu_1\mu_2}(\tau) & r_{\mu_1\dot{\mu}_1}(\tau) & r_{\mu_1\dot{\mu}_2}(\tau) \\ r_{\mu_2\mu_1}(\tau) & r_{\mu_2\mu_2}(\tau) & r_{\mu_2\dot{\mu}_1}(\tau) & r_{\mu_2\dot{\mu}_2}(\tau) \\ r_{\dot{\mu}_1\mu_1}(\tau) & r_{\dot{\mu}_1\mu_2}(\tau) & r_{\dot{\mu}_1\dot{\mu}_1}(\tau) & r_{\dot{\mu}_1\dot{\mu}_2}(\tau) \\ r_{\dot{\mu}_2\mu_1}(\tau) & r_{\dot{\mu}_2\mu_2}(\tau) & r_{\dot{\mu}_2\dot{\mu}_1}(\tau) & r_{\dot{\mu}_2\dot{\mu}_2}(\tau) \end{pmatrix} . \tag{6.19}$$

Für die Elemente dieser Korrelationsmatrix $\boldsymbol{R}_\mu(\tau)$ gelten die Beziehungen [Pap91]:

$$r_{\mu_j\mu_i}(\tau) = r_{\mu_i\mu_j}(-\tau)\,, \quad r_{\mu_i\dot\mu_j}(\tau) = \dot r_{\mu_i\mu_j}(\tau)\,, \tag{6.20a,b}$$

$$r_{\dot\mu_i\mu_j}(\tau) = -\dot r_{\mu_i\mu_j}(\tau)\,, \quad r_{\dot\mu_i\dot\mu_j}(\tau) = -\ddot r_{\mu_i\mu_j}(\tau)\,, \tag{6.20c,d}$$

für alle $i,j = 1,2$.

Für die Analyse der statistischen Eigenschaften erster und zweiter Ordnung sind nur die Korrelationseigenschaften der Prozesse $\mu_{\rho_i}^{(k)}(t_i)$ und $\mu_{\rho_j}^{(\ell)}(t_j)$ zum gleichen Zeitpunkt, d. h. $t_i = t_j$ bzw. $\tau = 0$, wichtig. Wir können daher die Schreibweise (6.11) in Verbindung mit (6.12a)–(6.12f) vorteilhaft nutzen, um damit die Kovarianz- bzw. Korrelationsmatrix (6.19) wie folgt zu beschreiben

$$\boldsymbol{C}_{\mu_\rho}(0) = \boldsymbol{R}_\mu(0) = \begin{pmatrix} \psi_0 & 0 & 0 & \dot\phi_0 \\ 0 & \psi_0 & -\dot\phi_0 & 0 \\ 0 & -\dot\phi_0 & -\ddot\psi_0 & 0 \\ \dot\phi_0 & 0 & 0 & -\ddot\psi_0 \end{pmatrix}. \tag{6.21}$$

Nach Einsetzen von (6.21) in die Beziehung (6.14) kann jetzt die Verbundwahrscheinlichkeitsdichte $p_{\mu_{\rho_1}\mu_{\rho_2}\dot\mu_{\rho_1}\dot\mu_{\rho_2}}(x_1, x_2, \dot x_1, \dot x_2)$ in Abhängigkeit der Größen (6.12a)–(6.12f) ausgedrückt werden. Für unser Vorhaben ist es jedoch zweckmäßig, zunächst eine Transformation der kartesischen Koordinaten (x_1, x_2) in Polarkoordinaten (z, θ) durchzuführen. Dazu betrachten wir das Gleichungssystem

$$z = \sqrt{x_1^2 + x_2^2}\,, \qquad \dot z = \frac{x_1\dot x_1 + x_2\dot x_2}{\sqrt{x_1^2 + x_2^2}}\,, \tag{6.22a}$$

$$\theta = \arctan\left(\frac{x_2}{x_1}\right)\,, \qquad \dot\theta = \frac{x_1\dot x_2 - x_2\dot x_1}{x_1^2 + x_2^2}\,, \tag{6.22b}$$

welches für $z > 0$, $|\dot z| < \infty$, $|\theta| \le \pi$ und $|\dot\theta| < \infty$ die einzigen reellen Lösungen

$$x_1 = z\cos\theta\,, \qquad \dot x_1 = \dot z\cos\theta - \dot\theta z\sin\theta\,, \tag{6.23a}$$

$$x_2 = z\sin\theta\,, \qquad \dot x_2 = \dot z\sin\theta + \dot\theta z\cos\theta\,, \tag{6.23b}$$

besitzt. Die Anwendung der Transformationsvorschrift (2.38) führt dann auf die Verbundwahrscheinlichkeitsdichte

$$p_{\xi\dot\xi\vartheta\dot\vartheta}(z, \dot z, \theta, \dot\theta) = |J|^{-1} p_{\mu_{\rho_1}\mu_{\rho_2}\dot\mu_{\rho_1}\dot\mu_{\rho_2}}(z\cos\theta, z\sin\theta, \dot z\cos\theta - \dot\theta z\sin\theta, \dot z\sin\theta + \dot\theta z\cos\theta) \tag{6.24}$$

mit der jacobischen Determinante

$$
J = \begin{vmatrix} \frac{\partial z}{\partial x_1} & \frac{\partial z}{\partial x_2} & \frac{\partial z}{\partial \dot{x}_1} & \frac{\partial z}{\partial \dot{x}_2} \\ \frac{\partial \dot{z}}{\partial x_1} & \frac{\partial \dot{z}}{\partial x_2} & \frac{\partial \dot{z}}{\partial \dot{x}_1} & \frac{\partial \dot{z}}{\partial \dot{x}_2} \\ \frac{\partial \theta}{\partial x_1} & \frac{\partial \theta}{\partial x_2} & \frac{\partial \theta}{\partial \dot{x}_1} & \frac{\partial \theta}{\partial \dot{x}_2} \\ \frac{\partial \dot{\theta}}{\partial x_1} & \frac{\partial \dot{\theta}}{\partial x_2} & \frac{\partial \dot{\theta}}{\partial \dot{x}_1} & \frac{\partial \dot{\theta}}{\partial \dot{x}_2} \end{vmatrix} = \begin{vmatrix} \frac{\partial x_1}{\partial z} & \frac{\partial x_1}{\partial \dot{z}} & \frac{\partial x_1}{\partial \theta} & \frac{\partial x_1}{\partial \dot{\theta}} \\ \frac{\partial x_2}{\partial z} & \frac{\partial x_2}{\partial \dot{z}} & \frac{\partial x_2}{\partial \theta} & \frac{\partial x_2}{\partial \dot{\theta}} \\ \frac{\partial \dot{x}_1}{\partial z} & \frac{\partial \dot{x}_1}{\partial \dot{z}} & \frac{\partial \dot{x}_1}{\partial \theta} & \frac{\partial \dot{x}_1}{\partial \dot{\theta}} \\ \frac{\partial \dot{x}_2}{\partial z} & \frac{\partial \dot{x}_2}{\partial \dot{z}} & \frac{\partial \dot{x}_2}{\partial \theta} & \frac{\partial \dot{x}_2}{\partial \dot{\theta}} \end{vmatrix}^{-1} = -\frac{1}{z^2}\,.
\tag{6.25}
$$

Nach einigen weiteren mühseligen algebraischen Umformungen sind wir jetzt in der Lage, die gesuchte Verbundwahrscheinlichkeitsdichte $p_{\xi\dot{\xi}\vartheta\dot{\vartheta}}(z,\dot{z},\theta,\dot{\theta})$ auf folgende Form zu bringen [Pae98d]

$$
\begin{aligned}
p_{\xi\dot{\xi}\vartheta\dot{\vartheta}}(z,\dot{z},\theta,\dot{\theta}) \;=\; & \frac{z^2}{(2\pi)^2\psi_0\beta}\, e^{-\frac{z^2+\rho^2}{2\psi_0}} \cdot e^{\frac{z\rho}{\psi_0}\cos(\theta-2\pi f_\rho t-\theta_\rho)} \\
& \cdot e^{-\frac{1}{2\beta}\left[\dot{z}-\sqrt{2\beta}\,\alpha\rho\sin(\theta-2\pi f_\rho t-\theta_\rho)\right]^2} \\
& \cdot e^{-\frac{z^2}{2\beta}\left\{\dot{\theta}-\frac{\dot{\phi}_0}{\psi_0}-\sqrt{2\beta}\frac{\alpha\rho}{z}\cos(\theta-2\pi f_\rho t-\theta_\rho)\right\}^2}\,,
\end{aligned}
\tag{6.26}
$$

falls $z \geq 0$, $|\dot{z}| < \infty$, $|\theta| \leq \pi$ und $|\dot{\theta}| < \infty$, wobei

$$
\alpha = \left(2\pi f_\rho - \frac{\dot{\phi}_0}{\psi_0}\right) \Big/ \sqrt{2\beta}\,,
\tag{6.27}
$$

$$
\beta = -\ddot{\psi}_0 - \dot{\phi}_0^2/\psi_0\,.
\tag{6.28}
$$

Die Verbundwahrscheinlichkeitsdichte (6.26) stellt eine fundamentale Beziehung dar. Mit dieser werden wir sowohl im folgenden Unterabschnitt die Wahrscheinlichkeitsdichte der Amplitude und Phase des Prozesses $\mu_\rho(t)$ bestimmen als auch im darauf folgenden die Berechnung der Pegelunterschreitungsrate und der mittleren Fadingdauer des daraus abgeleiteten Prozesses $\xi(t) = |\mu_\rho(t)|$ durchführen.

6.1.1.1 Wahrscheinlichkeitsdichte der Amplitude und Phase

Die Anwendung der Regel (2.40) ermöglicht uns jetzt, die Wahrscheinlichkeitsdichte des Prozesses $\xi(t)$, $p_\xi(z)$, aus der Verbundwahrscheinlichkeitsdichte $p_{\xi\dot{\xi}\vartheta\dot{\vartheta}}(z,\dot{z},\theta,\dot{\theta})$ zu berechnen. Dazu betrachten wir das dreifache Integral

$$
p_\xi(z) = \int_{-\infty}^{\infty} \int_{-\pi}^{\pi} \int_{-\infty}^{\infty} p_{\xi\dot{\xi}\vartheta\dot{\vartheta}}(z,\dot{z},\theta,\dot{\theta})\, d\dot{\theta}\, d\theta\, d\dot{z}\,, \quad z \geq 0\,,
\tag{6.29}
$$

für dessen Lösung wir mit (6.26) die Riceverteilung

$$
p_\xi(z) = \begin{cases} \dfrac{z}{\psi_0}\, e^{-\frac{z^2+\rho^2}{2\psi_0}}\, I_0\left(\dfrac{z\rho}{\psi_0}\right)\,, & z \geq 0\,, \\[2ex] 0\,, & z < 0\,, \end{cases}
\tag{6.30}
$$

finden. Wegen der Korrelation der Prozesse $\mu_1(t)$ und $\mu_2(t)$ ist dieses Ergebnis nicht selbstverständlich, wie wir im Abschnitt 6.2 noch sehen werden. Da die Dichte (6.30) unabhängig von der Größe $\dot{\phi}_0$ ist, hat die hier vorliegende Korrelation zwischen den Prozessen $\mu_1(t)$ und $\mu_2(t)$ keinen Einfluss auf die Wahrscheinlichkeitsdichte der Amplitude $\xi(t)$. Man beachte aber, dass der die Dopplerbandbreite bestimmende Parameter κ_0 Einfluss auf die Varianz ψ_0 der Prozesse $\mu_1(t)$ und $\mu_2(t)$ ausübt [vgl. (6.12a)], und somit maßgebend das Verhalten von (6.30) bestimmt.

In einer ähnlichen Weise lässt sich die Wahrscheinlichkeitsdichte der Phase $\vartheta(t)$, $p_\vartheta(\theta)$, berechnen. Einsetzen von (6.26) in

$$
p_\vartheta(\theta) = \int\limits_{0}^{\infty} \int\limits_{-\infty}^{\infty} \int\limits_{-\infty}^{\infty} p_{\xi\dot{\xi}\vartheta\dot{\vartheta}}(z,\dot{z},\theta,\dot{\theta})\, d\dot{\theta}\, d\dot{z}\, dz\,, \quad -\pi \le \theta \le \pi\,, \tag{6.31}
$$

ergibt

$$
p_\vartheta(\theta) = p_\vartheta(\theta;t) \;=\; \frac{e^{-\frac{\rho^2}{2\psi_0}}}{2\pi}\left\{ 1 + \sqrt{\frac{\pi}{2\psi_0}}\,\rho\cos(\theta - 2\pi f_\rho t - \theta_\rho)e^{\frac{\rho^2 \cos^2(\theta - 2\pi f_\rho t - \theta_\rho)}{2\psi_0}} \right.
$$
$$
\left. \left[1 + \mathrm{erf}\left(\frac{\rho\cos(\theta - 2\pi f_\rho t - \theta_\rho)}{\sqrt{2\psi_0}} \right) \right] \right\}\,, \quad -\pi \le \theta \le \pi\,. \tag{6.32}
$$

Man erkennt, dass auch in diesem Fall die Kreuzkorrelationsfunktion $r_{\mu_1\mu_2}(\tau)$ keinen Einfluss auf die Wahrscheinlichkeitsdichte $p_\vartheta(\theta)$ hat, da $p_\vartheta(\theta)$ unabhängig von $\dot{\phi}_0$ ist. Für den Sonderfall $\kappa_0 = 1$ gilt $\psi_0 = \sigma_0^2$ und aus (6.32) folgt (3.21). Die Betrachtung von weiteren Sonderfällen, wie: (i) $f_\rho = 0$, (ii) $\rho \to 0$ und (iii) $\rho \to \infty$, führt auf die unterhalb von Gleichung (3.21) gemachten Aussagen, welche an dieser Stelle nicht nochmals wiederholt werden sollen.

6.1.1.2 Pegelunterschreitungsrate und mittlere Fadingdauer

Die Berechnung der Pegelunterschreitungsrate

$$
N_\xi(r) = \int_{0}^{\infty} \dot{z}\, p_{\xi\dot{\xi}}(r,\dot{z})\, d\dot{z} \tag{6.33}
$$

erfordert die Kenntnis der Verbundwahrscheinlichkeitsdichte $p_{\xi\dot{\xi}}(z,\dot{z})$ der stationären Prozesse $\xi(t)$ und $\dot{\xi}(t)$ zum selben Zeitpunkt t bei dem Pegel $z = r$. Für die Verbundwahrscheinlichkeitsdichte $p_{\xi\dot{\xi}}(z,\dot{z})$ findet man nach Einsetzen von (6.26) in

$$
p_{\xi\dot{\xi}}(z,\dot{z}) = \int\limits_{-\pi}^{\pi} \int\limits_{-\infty}^{\infty} p_{\xi\dot{\xi}\vartheta\dot{\vartheta}}(z,\dot{z},\theta,\dot{\theta})\, d\dot{\theta}\, d\theta\,, \quad z \ge 0\,, \quad |\dot{z}| < \infty\,, \tag{6.34}
$$

das Resultat

$$p_{\xi\dot{\xi}}(z,\dot{z}) \;=\; \frac{z}{\psi_0\sqrt{\beta}(2\pi)^{3/2}} \cdot e^{-\frac{z^2+\rho^2}{2\psi_0}} \int_{-\pi}^{\pi} e^{\frac{z\rho}{\psi_0}\cos\theta}$$

$$\cdot\, e^{-\frac{1}{2\beta}\left[\dot{z}-\sqrt{2\beta}\alpha\rho\sin\theta\right]^2} d\theta\,, \quad z \ge 0\,, \quad |\dot{z}| < \infty\,, \tag{6.35}$$

wobei α, β und ψ_0 die durch (6.27), (6.28) bzw. (6.12a) eingeführten Größen sind. Offenbar sind die Prozesse $\xi(t)$ und $\dot{\xi}(t)$ im Allgemeinen statistisch abhängig, denn es gilt $p_{\xi\dot{\xi}}(z,\dot{z}) \neq p_\xi(z) \cdot p_{\dot{\xi}}(\dot{z})$. Lediglich für den Sonderfall $\alpha = 0$, d.h.: (i) falls die beiden reellen Gaußprozesse $\mu_1(t)$ und $\mu_2(t)$ unkorreliert sind und f_ρ gleich null ist, oder, (ii) falls $f_\rho = \dot{\phi}_0/(2\pi\psi_0)$ gilt, ergeben sich statistisch unabhängige Prozesse $\xi(t)$ und $\dot{\xi}(t)$, denn dann folgt

$$p_{\xi\dot{\xi}}(z,\dot{z}) = p_\xi(z) \cdot p_{\dot{\xi}}(\dot{z}) = \frac{z}{\psi_0} e^{-\frac{z^2+\rho^2}{2\psi_0}} I_0\left(\frac{z\rho}{\psi_0}\right) \cdot \frac{e^{-\frac{\dot{z}^2}{2\beta}}}{\sqrt{2\pi\beta}}\,, \tag{6.36}$$

wobei β in diesem Fall wieder für $\beta = -\ddot{\psi}_0 - \dot{\phi}_0^2/\psi_0 \ge 0$ steht. Also ist für $\alpha = 0$ die Verbundwahrscheinlichkeitsdichte $p_{\xi\dot{\xi}}(z,\dot{z})$ gleich dem Produkt der Wahrscheinlichkeitsdichten der stochastischen Prozesse $\xi(t)$ und $\dot{\xi}(t)$, welche rice- bzw. gaußverteilt sind.

Mit der Verbundwahrscheinlichkeitsdichte (6.35) sind wir jetzt in der Lage, die Pegelunterschreitungsrate von Riceprozessen mit korrelierten erzeugenden Inphase- und Quadraturkomponenten zu berechnen. So erhalten wir nach Einsetzen von (6.35) in die Definition (6.33) und anschließender Durchführung von einigen aufwendigen algebraischen Umformungen das Ergebnis [Pae98d]

$$N_\xi(r) \;=\; \frac{r\sqrt{2\beta}}{\pi^{3/2}\psi_0} e^{-\frac{r^2+\rho^2}{2\psi_0}} \int_0^{\pi/2} \cosh\left(\frac{r\rho}{\psi_0}\cos\theta\right)$$

$$\cdot\left\{ e^{-(\alpha\rho\sin\theta)^2} + \sqrt{\pi}\alpha\rho\sin(\theta) \cdot \mathrm{erf}\left(\alpha\rho\sin\theta\right) \right\} d\theta\,, \quad r \ge 0\,, \tag{6.37}$$

wobei die Kenngrößen α, β und ψ_0 in der Form (6.27), (6.28) bzw. (6.12a) vorliegen. Weitere Vereinfachungen sind nicht möglich; das verbleibende Integral muss numerisch berechnet werden. Betrachten wir nochmals den Sonderfall $\kappa_0 = 1$, so erhalten wir: $\alpha = 2\pi f_\rho/\sqrt{2\beta}$, $\beta = -\ddot{\psi}_0 = -\ddot{r}_{\mu_i\mu_i}(0)$, $\psi_0 = \sigma_0^2$ und für die obige Pegelunterschreitungsrate $N_\xi(r)$ folgt der bereits durch (3.24) beschriebene Ausdruck, was auch zu erwarten war.

Nehmen wir an, dass die direkte Signalkomponente gegen null strebt, d.h. $\rho \to 0$ und so auch $\xi(t) \to \zeta(t)$, dann konvergiert (6.37) gegen

$$N_\xi(r) = \sqrt{\frac{\beta}{2\pi}} \cdot \frac{r}{\psi_0} e^{-\frac{r^2}{2\psi_0}}\,, \quad r \ge 0\,, \tag{6.38}$$

mit β gemäß (6.28). Auf diesen proportionalen Zusammenhang zwischen der Pegelunterschreitungsrate und der Rayleighverteilung wurde auch schon in [Kra90b] aufmerksam gemacht. Wegen (6.28) wird der Proportionalitätsfaktor $\sqrt{\beta/(2\pi)}$ nicht nur bestimmt durch die Krümmung der Autokorrelationsfunktion zum Zeitpunkt $\tau = 0$ ($\ddot{\psi}_0 = \ddot{r}_{\mu_i \mu_i}(0)$) sondern maßgeblich auch durch die Steigung der Kreuzkorrelationsfunktion im Ursprung ($\dot{\phi}_0 = \dot{r}_{\mu_1 \mu_2}(0)$).

Sei nun $\rho \neq 0$ und $f_\rho = \dot{\phi}_0/(2\pi\psi_0)$ so ist $\alpha = 0$ [siehe (6.27)] und aus (6.37) folgt die Pegelunterschreitungsrate $N_\xi(r)$ nach (3.27), falls dort σ_0^2 durch ψ_0 substituiert wird, d. h.

$$N_\xi(r) = \sqrt{\frac{\beta}{2\pi}} \cdot \frac{r}{\psi_0} e^{-\frac{r^2+\rho^2}{2\phi_0}} I_0\left(\frac{r\rho}{\psi_0}\right), \quad r \geq 0, \tag{6.39}$$

mit β gemäß (6.28).

Im Zusammenhang mit dem Jakesleistungsdichtespektrum ist die durch (6.37) beschriebene Pegelunterschreitungsrate $N_\xi(r)$ stets proportional zur maximalen Dopplerfrequenz f_{max}. Die Normierung von $N_\xi(r)$ auf f_{max} beseitigt daher den Einfluss der Fahrzeuggeschwindigkeit. Der Einfluss der Parameter κ_0 und σ_0^2 auf die normierte Pegelunterschreitungsrate $N_\xi(r)/f_{max}$ ist im Bild 6.3(a) bzw. im Bild 6.3(b) dargestellt.

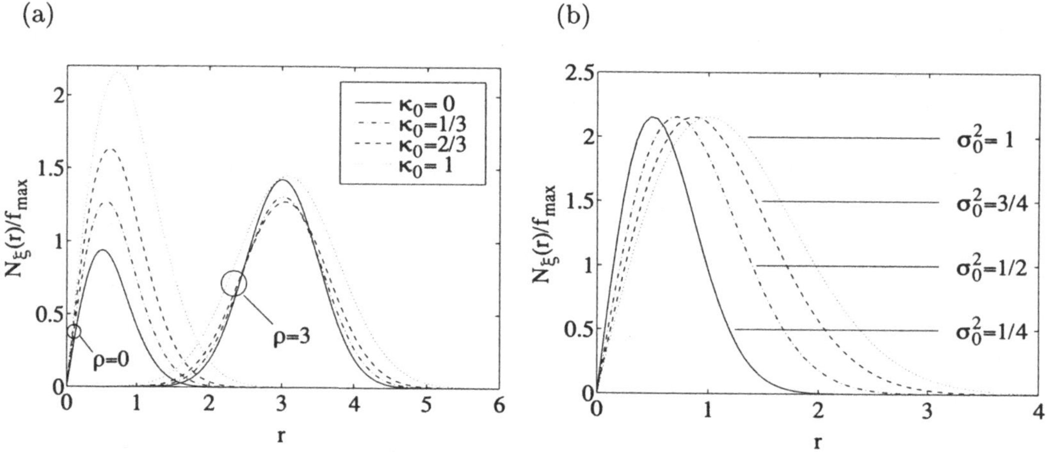

Bild 6.3:   Normierte Pegelunterschreitungsrate $N_\xi(r)/f_{max}$ von Riceprozessen (mit korrelierten erzeugenden Gaußprozessen): (a) $\kappa_0 = f_{min}/f_{max}$ ($\sigma_0^2 = 1$) und (b) σ_0^2 ($\rho = 0$, $\kappa_0 = 1$).

Zur Berechnung der mittleren Fadingdauer $T_{\xi_-}(r)$ orientieren wir uns an der Vorschrift (2.63), d. h.

$$T_{\xi_-}(r) = \frac{F_{\xi_-}(r)}{N_\xi(r)}, \tag{6.40}$$

wobei $F_{\xi_-}(r)$ die Verteilungsfunktion des Riceprozesses $\xi(t)$ kennzeichnet, und daher die Wahrscheinlichkeit dafür angibt, dass $\xi(t)$ einen Wert annimmt, der kleiner gleich dem

Signalpegel r ist. Mit (6.30) folgt für $F_{\xi_-}(r)$ der Integralausdruck

$$F_{\xi_-}(r) = P(\xi(t) \le r) = \int_0^r p_\xi(z)dz = \frac{e^{-\frac{\rho^2}{2\psi_0}}}{\psi_0} \int_0^r z e^{-\frac{z^2}{2\psi_0}} I_0\left(\frac{z\rho}{\psi_0}\right) dz . \tag{6.41}$$

Die mittlere Fadingdauer von Riceprozessen $\xi(t)$ mit korrelierten Inphase- und Quadraturkomponenten $\mu_1(t)$ und $\mu_2(t)$ ist somit der Quotient (6.40) aus den nur numerisch lösbaren Ausdrücken (6.41) und (6.37).

Die Bilder 6.4(a) und 6.4(b) veranschaulichen den Einfluss der Parameter κ_0 bzw. σ_0^2 auf die normierte mittlere Fadingdauer $T_{\xi_-}(r) \cdot f_{max}$.

(a)   (b)

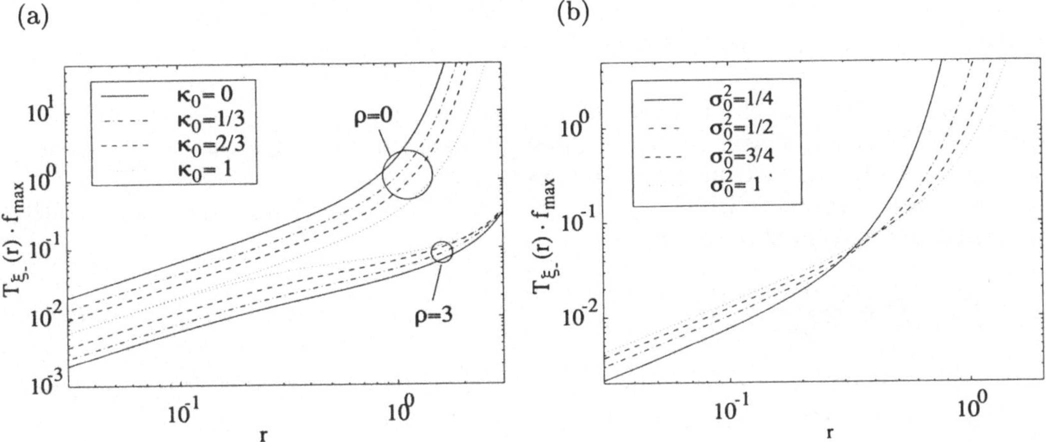

Bild 6.4:   Normierte mittlere Fadingdauer $T_\xi(r) \cdot f_{max}$ von Riceprozessen (mit korrelierten erzeugenden Gaußprozessen): (a) $\kappa_0 = f_{min}/f_{max}$ $(\sigma_0^2 = 1)$ und (b) σ_0^2 $(\rho = 0, \quad \kappa_0 = 1)$.

6.1.2   Modellierung und Analyse der Langzeitstatistik

Messungen haben ergeben, dass sich der langsame Signalschwund in seinen statistischen Eigenschaften sehr ähnlich wie ein Lognormalprozess verhält [Reu72, Bla72, Oku68]. Mit so einem Prozess können also die durch Abschattung bedingten langsamen Schwankungen des lokalen Mittelwertes des empfangenen Signals nachgebildet werden. Wir werden im Folgenden den Lognormalprozess mit $\lambda(t)$ bezeichnen und diesen über die nichtlineare Transformation

$$\lambda(t) = e^{\sigma_3 \nu_3(t) + m_3} \tag{6.42}$$

aus einem dritten reellen Gaußprozess $\nu_3(t)$ mit dem Erwartungswert $E\{\nu_3(t)\} = 0$ und der Varianz $\text{Var}\{\nu_3(t)\} = 1$ herleiten. Die Modellparameter m_3 und σ_3 lassen sich in Verbindung mit den Parametern des Riceprozesses $(\sigma_0^2, f_{max}, f_{min}, \rho, f_\rho)$ zur Anpassung des Modellverhaltens an die Statistik realer Kanäle heranziehen. Dabei setzen wir voraus, dass der stochastische Prozess $\nu_3(t)$ statistisch unabhängig von den Prozessen $\nu_1(t)$ und $\nu_2(t)$ ist. Im Bild 6.5 ist das analytische Modell für den auf diese Weise eingeführten Lognormalprozess $\lambda(t)$ dargestellt.

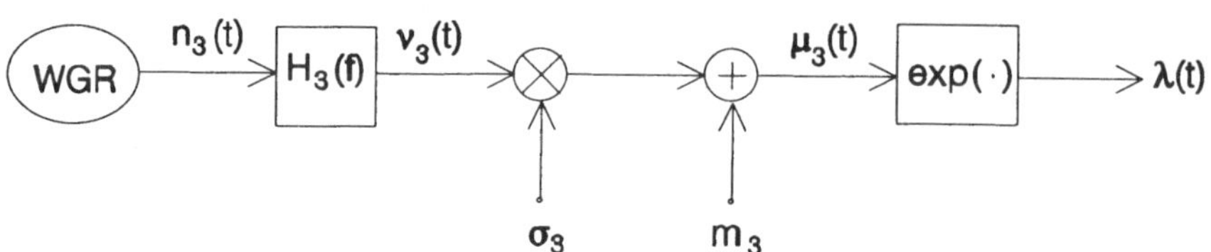

Bild 6.5:   Analytisches Modell für den Lognormalprozess $\lambda(t)$.

Der Prozess $\nu_3(t)$ entsteht hierbei durch Filterung von weißem gaußschen Rauschen $n_3(t) \sim N(0,1)$ mit einem reellen Tiefpass, dessen Übertragungsfunktion $H_3(f)$ mit dem Leistungsdichtespektrum des Prozesses $\nu_3(t)$, $S_{\nu_3\nu_3}(f)$, über die Beziehung (2.52f) im Zusammenhang steht, d. h. $H_3(f) = \sqrt{S_{\nu_3\nu_3}(f)}$. Für $S_{\nu_3\nu_3}(f)$ wird hier das Gaußleistungsdichtespektrum in der Form

$$S_{\nu_3\nu_3}(f) = \frac{1}{\sqrt{2\pi}\sigma_c}\, e^{-\frac{f^2}{2\sigma_c^2}} \tag{6.43}$$

angenommen [vgl. auch (3.11)], wobei die 3-dB-Grenzfrequenz $f_c = \sigma_c\sqrt{2\ln 2}$ im Allgemeinen wesentlich kleiner als die maximale Dopplerfrequenz f_{max} ist. Zur Vereinfachung der Schreibweise führen wir für das Frequenzverhältnis f_{max}/f_c das Symbol κ_c ein, d. h. $\kappa_c = f_{max}/f_c$. Untersuchungen an modifizierten Suzukiprozessen [Kra90b] haben gezeigt, dass sowohl der Parameter κ_c als auch die Form der spektralen Leistungsdichte von $\nu_3(t)$ keinen nennenswerten Einfluss auf die relevanten statistischen Eigenschaften von modifizierten Suzukiprozessen haben, falls $\kappa_c > 10$ ist. Andere Leistungsdichtespektren $S_{\nu_3\nu_3}(f)$ als die hier betrachtete Form (6.43) wurden beispielsweise in [Kra90a, Kra90b] und [Loo91] verwendet, wo RC-Tiefpässe bzw. Butterworthfilter der Ordnung drei zum Einsatz kamen.

Die Autokorrelationsfunktion $r_{\nu_3\nu_3}(\tau)$ des Prozesses $\nu_3(t)$ lässt sich nach Berechnung der inversen Fouriertransformation von (6.43) durch

$$r_{\nu_3\nu_3}(\tau) = e^{-2(\pi\sigma_c\tau)^2} \tag{6.44}$$

beschreiben.

Als Nächstes betrachten wir den Lognormalprozess $\lambda(t)$ [siehe (6.42)] und drücken die Autokorrelationsfunktion $r_{\lambda\lambda}(\tau)$ dieses Prozesses durch $r_{\nu_3\nu_3}(\tau)$ aus. Dazu schreiben wir

$$r_{\lambda\lambda}(\tau) = E\{\lambda(t)\cdot\lambda(t+\tau)\}$$

$$
\begin{aligned}
&= \; E\{e^{2m_3+\sigma_3[\nu_3(t)+\nu_3(t+\tau)]}\} \\[2mm]
&= \; \int_{-\infty}^{\infty}\int_{-\infty}^{\infty} e^{2m_3+\sigma_3(x_1+x_2)} \cdot p_{\nu_3\nu_3'}(x_1,x_2)\; dx_1\; dx_2 \; ,
\end{aligned}
\tag{6.45}
$$

wobei mit

$$
p_{\nu_3\nu_3'}(x_1,x_2) = \frac{1}{2\pi\sqrt{1-r_{\nu_2\nu_3}^2(\tau)}}\, e^{-\frac{x_1^2-2r_{\nu_3\nu_3}(\tau)\,x_1 x_2+x_2^2}{2(1-r_{\nu_3\nu_3}^2(\tau))}}
\tag{6.46}
$$

die Verbundwahrscheinlichkeitsdichte des Gaußprozesses $\nu_3(t)$ zu zwei verschiedenen Zeitpunkten $t_1 = t$ und $t_2 = t+\tau$ gemeint ist. Nach Einsetzen von (6.46) in (6.45) und Lösen des Doppelintegrals kann die Autokorrelationsfunktion $r_{\lambda\lambda}(\tau)$ in die geschlossene Form

$$
r_{\lambda\lambda}(\tau) = e^{2m_3+\sigma_3^2(1+r_{\nu_3\nu_3}(\tau))}
\tag{6.47}
$$

gebracht werden. Mit dieser Beziehung lässt sich die mittlere Leistung des Lognormalprozesses $\lambda(t)$ leicht ermitteln. Es gilt $r_{\lambda\lambda}(0) = e^{2m_3+2\sigma_3^2}$.

Die spektrale Leistungsdichte $S_{\lambda\lambda}(f)$ des Lognormalprozesses $\lambda(t)$ kann nun wie folgt durch das Leistungsdichtespektrum $S_{\nu_3\nu_3}(f)$ von $\nu_3(t)$ ausgedrückt werden [Pae98c]

$$
\begin{aligned}
S_{\lambda\lambda}(f) &= \int_{-\infty}^{\infty} r_{\lambda\lambda}(\tau)e^{-j2\pi f\tau}\,d\tau \\[3mm]
&= e^{2m_3+\sigma_3^2} \cdot \left\{ \delta(f) + \int_{-\infty}^{\infty} \left(e^{\sigma_3^2 r_{\nu_3\nu_3}(\tau)} - 1 \right) e^{-j2\pi f\tau} \right\} d\tau \\[3mm]
&= e^{2m_3+\sigma_3^2} \cdot \left[\delta(f) + \sum_{n=1}^{\infty} \frac{\sigma_3^{2n}}{n!} \cdot \frac{S_{\nu_3\nu_3}\left(\frac{f}{\sqrt{n}}\right)}{\sqrt{n}} \right] .
\end{aligned}
\tag{6.48}
$$

Dieses Ergebnis zeigt uns, dass sich das Leistungsdichtespektrum $S_{\lambda\lambda}(f)$ des Lognormalprozesses $\lambda(t)$ aus einer gewichteten Deltafunktion an der Stelle $f = 0$ und einer unendlichen Summe von streng monoton fallenden Spektren $S_{\nu_3\nu_3}(f/\sqrt{n})/\sqrt{n}$ zusammensetzt. Man beachte dabei, dass $S_{\nu_3\nu_3}(f/\sqrt{n})/\sqrt{n}$ unmittelbar aus (6.43) hervorgeht, falls dort die Größe σ_3 durch $\sqrt{n}\sigma_3$ substituiert wird.

Die Wahrscheinlichkeitsdichte des Lognormalprozesses $\lambda(t)$, $p_\lambda(y)$, wird beschrieben durch die Lognormalverteilung (2.28), d. h.

$$
p_\lambda(y) = \begin{cases} \dfrac{1}{\sqrt{2\pi}\sigma_3 y}\, e^{-\frac{(\ln y-m_3)^2}{2\sigma_3^2}} \;, & y \geq 0\,, \\[4mm] 0\,, & y < 0\,, \end{cases}
\tag{6.49}
$$

mit dem Erwartungswert und der Varianz nach (2.29a) bzw. (2.29b).

Zur Berechnung der Pegelunterschreitungsrate und der mittleren Fadingdauer von (erweiterten) Suzukiprozessen ist die Kenntnis der Verbundwahrscheinlichkeitsdichte des Lognormalprozesses $\lambda(t)$ und seiner zeitlichen Ableitung $\dot{\lambda}(t)$ zur selben Zeit t erforderlich. Diese Verbundwahrscheinlichkeitsdichte wird mit $p_{\lambda\dot{\lambda}}(y,\dot{y})$ bezeichnet und soll im Folgenden kurz hergeleitet werden. Wir gehen aus von dem zugrunde liegenden Gaußprozess $\nu_3(t)$ und seiner zeitlichen Ableitung $\dot{\nu}_3(t)$. Für die Kreuzkorrelationsfunktion dieser Prozesse gilt $r_{\nu_3\dot{\nu}_3}(0) = 0$, d.h., $\nu_3(t_1)$ und $\dot{\nu}_3(t_2)$ sind zum selben Zeitpunkt $t = t_1 = t_2$ unkorreliert. Da $\nu_3(t)$ und somit auch $\dot{\nu}_3(t)$ Gaußprozesse sind, folgt aus der Unkorreliertheit die statistische Unabhängigkeit dieser Prozesse. Für die Verbundwahrscheinlichkeitsdichte $p_{\nu_3\dot{\nu}_3}(x,\dot{x})$ der Prozesse $\nu_3(t)$ und $\dot{\nu}_3(t)$ können wir daher schreiben

$$p_{\nu_3\dot{\nu}_3}(x,\dot{x}) = p_{\nu_3}(x) \cdot p_{\dot{\nu}_3}(\dot{x}) = \frac{e^{-\frac{x^2}{2}}}{\sqrt{2\pi}} \cdot \frac{e^{-\frac{\dot{x}^2}{2\gamma}}}{\sqrt{2\pi\gamma}}\,, \tag{6.50}$$

wobei

$$\gamma = r_{\dot{\nu}_3\dot{\nu}_3}(0) = -\ddot{r}_{\nu_3\nu_3}(0) = (2\pi\sigma_c)^2 \tag{6.51}$$

die Varianz des Prozesses $\dot{\nu}_3(t)$ kennzeichnet.

Analog zu dem in Unterabschnitt 6.1.1 detailliert beschriebenen Schema kann auch hier ausgehend von $p_{\nu_3\dot{\nu}_3}(x,\dot{x})$ die gesuchte Verbundwahrscheinlichkeitsdichte $p_{\lambda\dot{\lambda}}(y,\dot{y})$ bestimmt werden. Die nichtlineare Transformation (6.42) liefert mit der Variablentransformation

$$x = \frac{\ln y - m_3}{\sigma_3}\,, \quad \dot{x} = \frac{\dot{y}}{\sigma_3 y} \tag{6.52a,b}$$

für die jacobische Determinante (6.25) den Ausdruck $J = (\sigma_3 y)^2$. Mit der Transformationsvorschrift (2.38) finden wir dann für Verbundwahrscheinlichkeitsdichte $p_{\lambda\dot{\lambda}}(y,\dot{y})$ das Ergebnis

$$p_{\lambda\dot{\lambda}}(y,\dot{y}) = \frac{e^{-\frac{(\ln y - m_3)^2}{2\sigma_3^2}}}{\sqrt{2\pi}\,\sigma_3 y} \cdot \frac{e^{-\frac{\dot{y}^2}{2\gamma(\sigma_3 y)^2}}}{\sqrt{2\pi\gamma}\,\sigma_3 y}\,. \tag{6.53}$$

Die Prozesse $\lambda(t)$ und $\dot{\lambda}(t)$ sind also statistisch abhängig, obgleich die zugrunde liegenden Gaußprozesse $\nu_3(t)$ und $\dot{\nu}_3(t)$ statistisch unabhängig sind.

6.1.3 Der stochastische erweiterte Suzukiprozess vom Typ I

Der erweiterte Suzukiprozess (Typ I), $\eta(t)$, wurde in [Pae98d] als Produktprozess von einem Riceprozess $\xi(t)$, dessen erzeugende Gaußprozesse $\mu_1(t)$ und $\mu_2(t)$ korreliert sind [siehe (6.1)], und einem Lognormalprozess $\lambda(t)$ [siehe (6.42)] eingeführt, d.h.

$$\eta(t) = \xi(t) \cdot \lambda(t)\,. \tag{6.54}$$

Im Bild 6.6 ist die zu $\eta(t)$ gehörende Struktur des analytischen Modells für einen nicht-frequenzselektiven Mobilfunkkanal dargestellt.

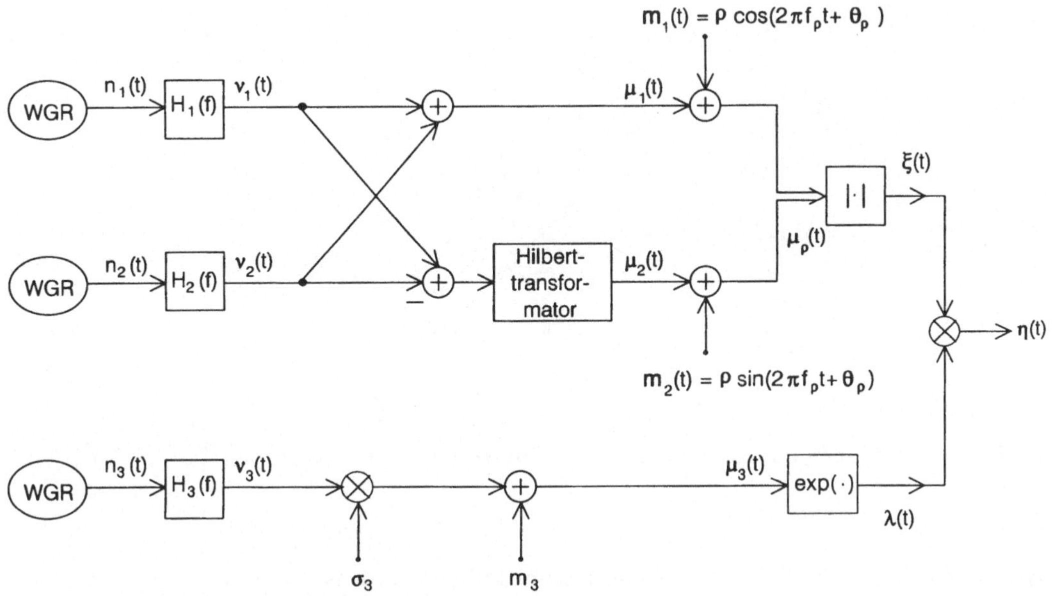

Bild 6.6:   Analytisches Modell für den erweiterten Suzukiprozess (Typ I).

Die Wahrscheinlichkeitsdichte des erweiterten Suzukiprozesses $\eta(t)$, $p_\eta(z)$, kann mittels der Beziehung [Pap91]

$$p_\eta(z) = \int_{-\infty}^{\infty} \frac{1}{|y|}\, p_{\xi\lambda}\left(\frac{z}{y}, y\right)\, dy\,, \tag{6.55}$$

berechnet werden, wobei mit $p_{\xi\lambda}(x,y)$ die Verbundwahrscheinlichkeitsdichte der Prozesse $\xi(t)$ und $\lambda(t)$ zur selben Zeit gemeint ist. Gemäß unserer Voraussetzung sind die gefärbten Gaußprozesse $\nu_1(t)$, $\nu_2(t)$ und $\nu_3(t)$ paarweise statistisch unabhängig. Folglich sind auch der Riceprozess $\xi(t)$ und der Lognormalprozess $\lambda(t)$ statistisch unabhängig, so dass für die Verbundwahrscheinlichkeitsdichte $p_{\xi\lambda}(x,y)$ gilt: $p_{\xi\lambda}(x,y) = p_\xi(x)\cdot p_\lambda(y)$. Damit führt die multiplikative Verknüpfung der Prozesse $\xi(t)$ und $\lambda(t)$ auf die folgende Integralgleichung zur Berechnung der Wahrscheinlichkeitsdichte

$$p_\eta(z) = \frac{z}{\sqrt{2\pi}\psi_0\sigma_3} \int_0^\infty \frac{1}{y^3}\, e^{-\frac{(z/y)^2+\rho^2}{2\psi_0}}\, I_0\left(\frac{z\rho}{y\psi_0}\right)\, e^{-\frac{(\ln y - m_3)^2}{2\sigma_3^2}}\, dy\,, \quad z \geq 0\,. \tag{6.56}$$

Für $\rho = 0$ reduziert sich die Dichte des erweiterten Suzukiprozesses (6.56) auf die in [Suz77] eingeführte (klassische) Suzukiverteilung (2.30). Der Einfluss der Parameter ρ und σ_3 auf das Verhalten von $p_\xi(z)$ kann dem Bild 6.7 entnommen werden.

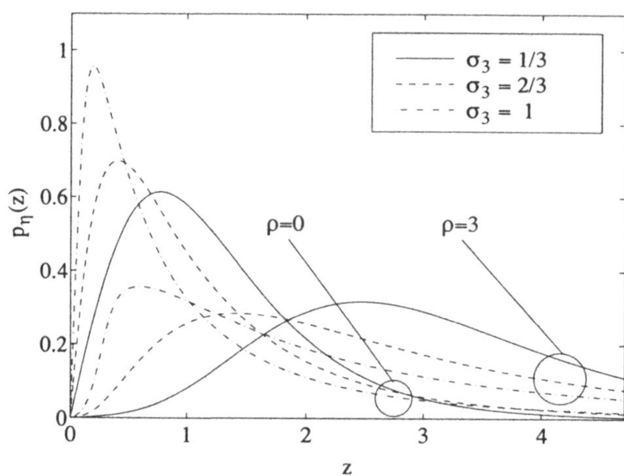

Bild 6.7: Wahrscheinlichkeitsdichte $p_\eta(z)$ für verschiedene Werte der Parameter ρ und σ_3 $(\psi_0 = 1, m_3 = -\sigma_3^2/2)$.

Bei der Betrachtung der Gl. (6.56) fällt unmittelbar auf, dass $p_\eta(z)$ nur von den Größen ψ_0, ρ, σ_3 und m_3 abhängt. Demnach hat der genaue Verlauf der spektralen Form des komplexen Gaußprozesses $\mu(t)$ und insbesondere die Korrelation der Prozesse $\mu_1(t)$ und $\mu_2(t)$ keine Auswirkung auf die Wahrscheinlichkeitsdichte des erweiterten Suzukiprozesses. Bei Anpassung von Gl. (6.56) an eine gemessene Wahrscheinlichkeitsdichte durch Optimierung lediglich dieser Modellparameter besteht somit die Gefahr, dass die Statistik realer Kanäle durch das Kanalmodell nur unzureichend wiedergegeben wird.

Wir betrachten deshalb im Folgenden die Pegelunterschreitungsrate $N_\eta(r)$ des Prozesses $\eta(t)$, d. h.

$$N_\eta(r) = \int_0^\infty \dot{z}\, p_{\eta\dot{\eta}}(r, \dot{z})\, d\dot{z}\,, \tag{6.57}$$

und berechnen zunächst die Verbundwahrscheinlichkeitsdichte $p_{\eta\dot{\eta}}(z, \dot{z})$ des Prozesses $\eta(t)$ und dessen zeitliche Ableitung $\dot{\eta}(t)$ zum gleichen Zeitpunkt t. Hierzu setzen wir die für $p_{\xi\dot{\xi}}(x, \dot{x})$ und $p_{\lambda\dot{\lambda}}(y, \dot{y})$ gefundenen Gleichungen (6.35) und (6.53) in die aus [Kra90a] entnommene Beziehung

$$p_{\eta\dot{\eta}}(z, \dot{z}) = \int_0^\infty \int_{-\infty}^\infty \frac{1}{y^2} p_{\xi\dot{\xi}}\left(\frac{z}{y}, \frac{\dot{z}}{y} - \frac{z}{y^2}\dot{y}\right) p_{\lambda\dot{\lambda}}(y, \dot{y})\, d\dot{y}\, dy\,, \quad z \geq 0\,, \quad |\dot{z}| < \infty\,, \tag{6.58}$$

ein und erhalten hierfür nach einigen rechenintensiven algebraischen Umformungen den Ausdruck

$$
p_{\eta\dot{\eta}}(z,\dot{z}) = \frac{z}{(2\pi)^{\frac{3}{2}}\psi_0\sqrt{\beta}} \int_0^\infty \frac{e^{-\frac{(z/y)^2+\rho^2}{2\psi_0}}}{y^3 K(z,y)} \cdot \frac{e^{-\frac{(\ln y - m_3)^2}{2\sigma_3^2}}}{\sqrt{2\pi}\,\sigma_3 y} \cdot
$$

$$
\int_0^{2\pi} e^{\frac{z\rho}{y\psi_0}\cos\theta} \cdot e^{-\frac{(\dot{z}-\sqrt{2\beta}\alpha y\rho\sin\theta)^2}{2\beta y^2 K^2(z,y)}}\, d\theta\, dy\,, \quad z \geq 0\,, \quad |\dot{z}| < \infty\,, \quad (6.59)
$$

wobei

$$
K(z,y) = \sqrt{1 + \frac{\gamma}{\beta}\left(\frac{z\sigma_3}{y}\right)^2}\,. \tag{6.60}
$$

Nach Einsetzen von (6.59) in (6.57) erhalten wir dann für die Pegelunterschreitungsrate $N_\eta(r)$ des erweiterten Suzukiprozesses vom Typ I das Ergebnis

$$
N_\eta(r) = \frac{r\sqrt{2\beta}}{\pi^{3/2}\psi_0} \cdot \int_0^\infty \frac{K(r,y)}{y} \cdot \frac{e^{-\frac{(\ln y - m_3)^2}{2\sigma_3^2}}}{\sqrt{2\pi}\,\sigma_3 y}\, e^{-\frac{(r/y)^2+\rho^2}{2\psi_0}} \cdot \int_0^{\pi/2} \cosh\left(\frac{r\rho}{y\psi_0}\cos\theta\right)
$$

$$
\left\{ e^{-\left(\alpha\rho\frac{\sin\theta}{K(r,y)}\right)^2} + \sqrt{\pi}\,\alpha\rho\frac{\sin\theta}{K(r,y)}\, \mathrm{erf}\left[\alpha\rho\frac{\sin\theta}{K(r,y)}\right]\right\}\, d\theta\, dy\,, \quad (6.61)
$$

wobei α, β und γ jeweils wieder die durch (6.27), (6.28) bzw. (6.51) eingeführten Größen sind, und ψ_0 durch (6.12a) festliegt. Da α von ϕ_0 abhängt, und β eine Funktion von $\dot{\phi}_0$ und $\ddot{\psi}_0$ ist, findet durch diese Größen die Form des Dopplerleistungsdichtespektrums Berücksichtigung. Eine genaue Untersuchung von (6.61) zeigt auch hier, dass $N_\eta(r)$ wieder proportional zur maximalen Dopplerfrequenz und somit auch proportional zur Fahrzeuggeschwindigkeit ist.

Wir interessieren uns noch für einige Sonderfälle. Im Fall $\sigma_3 \to 0$ konvergiert die Lognormalverteilung (6.49) gegen die Wahrscheinlichkeitsdichte $p_\lambda(y) = \rho(y - e^{m_3})$; und folglich strebt insbesondere für $m_3 = 0$ die Pegelunterschreitungsrate $N_\eta(r)$ gegen $N_\xi(r)$ gemäß (6.37).

Bei einer fehlenden direkten Signalkomponente, d.h. $\rho = 0$, folgt aus (6.61) die in [Kra90a, Kra90b] angegebene Pegelunterschreitungsrate für modifizierte Suzukiprozesse

$$
N_\eta(r)|_{\rho=0} = \sqrt{\frac{\beta}{2\pi}}\,\frac{r}{\psi_0} \int_0^\infty \frac{K(r,y)}{y}\, p_\lambda(y)\, e^{-\frac{r^2}{2\psi_0 y^2}}\, dy
$$

$$
= \sqrt{\frac{\beta}{2\pi}} \int_0^\infty K(r,y)\, p_\zeta(r/y)\, p_\lambda(y)\, dy\,. \tag{6.62}
$$

Erwähnt sei auch, dass für $\rho \neq 0$ die Fälle

$$\text{(i)} \quad f_\rho \;=\; \dot{\phi}_0/(2\pi\psi_0)\,, \tag{6.63a}$$

$$\text{(ii)} \quad f_\rho \;=\; 0 \;\text{und}\; \dot{\phi}_0 = 0\,, \tag{6.63b}$$

bezüglich der Pegelunterschreitungsrate $N_\eta(r)$ äquivalent sind, denn nach (6.27) gilt dann $\alpha = 0$, und aus (6.61) folgt stets der gleiche Ausdruck

$$
\begin{aligned}
N_\eta(r)\big|_{\alpha=0} &= \sqrt{\frac{\beta}{2\pi}}\,\frac{r}{\psi_0} \int_0^\infty \frac{K(r,y)}{y}\, p_\lambda(y)\, e^{-\frac{(r/y)^2+\rho^2}{2\psi_0}}\, I_0\!\left(\frac{r\rho}{y\psi_0}\right)\, dy \\
&= \sqrt{\frac{\beta}{2\pi}} \int_0^\infty K(r,y)\, p_\xi(r/y)\, p_\lambda(y)\, dy\,.
\end{aligned}
\tag{6.64}
$$

Man beachte jedoch, dass die Fälle (i) und (ii) unterschiedliche Werte für β zur Folge haben. Während im Fall (i) für β die allgemeine Beziehung (6.28) gültig ist, reduziert sich diese im Fall (ii) auf $\beta = -\ddot{\psi}_0$.

Am Ende dieses Unterabschnittes geben wir noch die zur Berechnung der mittleren Fadingdauer

$$T_{\eta_-}(r) = \frac{F_{\eta_-}(r)}{N_\eta(r)}\,, \tag{6.65}$$

erforderliche Verteilungsfunktion $F_{\eta_-}(r) = P(\eta(t) \le r)$ des erweiterten Suzukiprozesses vom Typ I an. Unter Verwendung von (6.56) erhalten wir für diese

$$
\begin{aligned}
F_{\eta_-}(r) &= \int_0^r p_\eta(z)\, dz \\
&= \frac{1}{\sqrt{2\pi}\,\psi_0\sigma_3} \int_0^\infty \int_0^r \frac{z}{y^3} e^{-\frac{(z/y)^2+\rho^2}{2\psi_0}}\, I_0\!\left(\frac{z\rho}{y\psi_0}\right) e^{-\frac{(\ln y - m_3)^2}{2\sigma_3^2}}\, dz\, dy \\
&= 1 - \int_0^\infty Q_1\!\left(\frac{\rho}{\sqrt{\psi_0}},\,\frac{r}{y\sqrt{\psi_0}}\right) p_\lambda(y)\, dy\,,
\end{aligned}
\tag{6.66}
$$

wobei $Q_1(.,.)$ (siehe [Pro95, S. 44]) die durch

$$Q_m(a,b) = \int_b^\infty z\left(\frac{z}{a}\right)^{m-1} e^{-\frac{z^2+a^2}{2}}\, I_{m-1}(az)\, dz\,, \quad m = 1,2,\ldots\,, \tag{6.67}$$

definierte *verallgemeinerte marcumsche Q-Funktion* ist.

Zur Veranschaulichung der in diesem Abschnitt gefundenen Ergebnisse betrachten wir die in den Bildern 6.8(a)–6.8(d) dargestellte Parameterstudie. Die Bilder 6.8(a) und 6.8(b) zeigen die nach (6.61) berechnete normierte Pegelunterschreitungsrate $N_\eta(r)/f_{max}$ für diverse Werte von m_3 bzw. σ_3. In den Bildern 6.8(c) und 6.8(d) sind jeweils die Kurven der zugehörigen normierten mittleren Fadingdauer $T_{\eta_-}(r) \cdot f_{max}$ veranschaulicht.

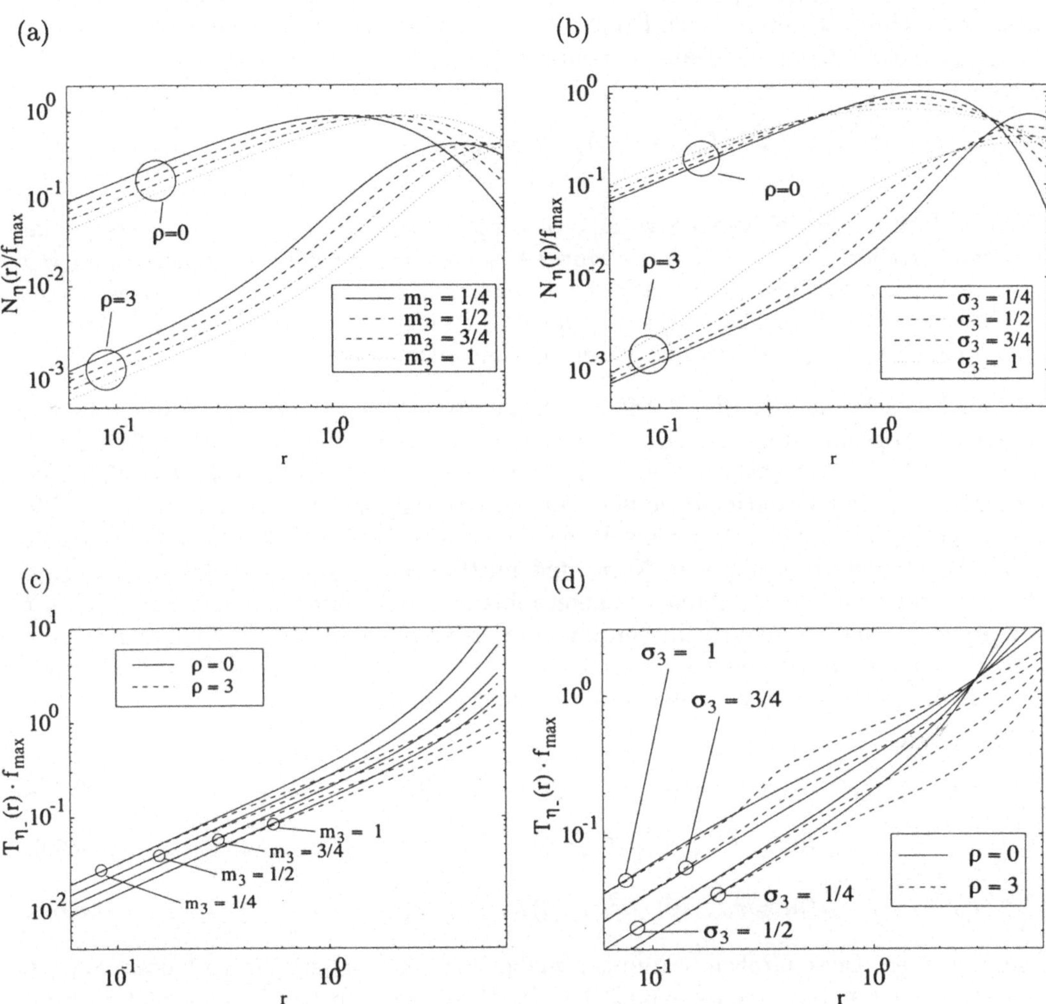

Bild 6.8: Normierte Pegelunterschreitungsrate $N_\eta(r)/f_{max}$ von erweiterten Suzukiprozessen (Typ I) für verschiedene Werte von (a) m_3 ($\sigma_3 = 1/2$) und (b) σ_3 ($m_3 = 1/2$) sowie (c) und (d) die zugehörige normierte mittlere Fadingdauer $T_{\eta_-}(r) \cdot f_{max}$ ($\kappa_0 = 1$, $\psi_0 = 1$).

6.1.4 Der deterministische erweiterte Suzukiprozess vom Typ I

Im vorhergehenden Unterabschnitt haben wir gesehen, dass das analytische Modell für
den erweiterten Suzukiprozess vom Typ I auf der Verwendung von drei reellen, gefärbten
Gaußprozessen $\nu_i(t)$ bzw. $\mu_i(t)$ ($i = 1, 2, 3$) beruht (siehe Bild 6.6). Wir machen jetzt von
dem in Abschnitt 4.1 erläuterten Prinzip der deterministischen Modellbildung Gebrauch
und approximieren die als ideal angenommenen Gaußprozesse $\nu_i(t)$ durch

$$\tilde{\nu}_i(t) = \sum_{n=1}^{N_i} c_{i,n} \cos(2\pi f_{i,n} t + \theta_{i,n}), \quad i = 1, 2, 3. \tag{6.68}$$

Dabei setzen wir im Folgenden voraus, dass die Prozesse $\tilde{\nu}_1(t)$, $\tilde{\nu}_2(t)$ und $\tilde{\nu}_3(t)$ paarweise unkorreliert sind, was beim Entwurf (Abschnitt 6.1) problemlos sichergestellt wer-
den kann. Nach wenigen elementaren Umformungen folgt dann aus dem stochastischen
analytischen Modell (Bild 6.6) die im Bild 6.9 gezeigte zeitkontinuierliche Struktur zur
Simulation von *deterministischen erweiterten Suzukiprozessen vom Typ I*.

Bei der Betrachtung von Bild 6.9 fällt auf, dass sowohl auf den Entwurf der sonst zur
spektralen Formung üblicherweise verwendeten digitalen Filter als auch auf eine Realisierung des Hilberttransformators verzichtet werden kann. Darüber hinaus bieten deterministische Simulationsmodelle den Vorteil, dass alle zuvor für das analytische Modell hergeleiteten Beziehungen wie z. B. die Ausdrücke für die Wahrscheinlichkeitsdichte
$p_\eta(z)$, Pegelunterschreitungsrate $N_\eta(r)$ und mittlere Fadingdauer $T_{\eta_-}(r)$ in sehr guter
Näherung auch zur Beschreibung des deterministischen erweiterten Suzukiprozesses $\tilde{\eta}(t)$
herangezogen werden können. In den uns interessierenden Ausdrücken müssen dazu le-
diglich die charakteristischen Kenngrößen ψ_0, $\ddot{\psi}_0$ und $\dot{\phi}_0$ durch die entsprechenden mit
einer Tilde ($\sim$) versehenen Größen des Simulationsmodells

$$\tilde{\psi}_0 \;=\; \tilde{r}_{\mu_1\mu_1}(0) = \tilde{r}_{\nu_1\nu_1}(0) + \tilde{r}_{\nu_2\nu_2}(0) = \tilde{r}_{\mu_2\mu_2}(0), \tag{6.69a}$$

$$\ddot{\tilde{\psi}}_0 \;=\; \ddot{\tilde{r}}_{\mu_1\mu_1}(0) = \ddot{\tilde{r}}_{\nu_1\nu_1}(0) + \ddot{\tilde{r}}_{\nu_2\nu_2}(0) = \ddot{\tilde{r}}_{\mu_2\mu_2}(0), \tag{6.69b}$$

$$\dot{\tilde{\phi}}_0 \;=\; \dot{\tilde{r}}_{\mu_1\mu_2}(0) = \dot{\tilde{r}}_{\nu_1\tilde{\nu}_1}(0) - \dot{\tilde{r}}_{\nu_2\tilde{\nu}_2}(0) = -\dot{\tilde{r}}_{\mu_2\mu_1}(0), \tag{6.69c}$$

ersetzt werden. Diese Größen bestimmen maßgeblich das statistische Verhalten von $\tilde{\eta}(t)$
und können auf einfache Weise explizit berechnet werden. Mit der Autokorrelationsfunktion

$$\tilde{r}_{\nu_i\nu_i}(\tau) = \sum_{n=1}^{N_i} \frac{c_{i,n}^2}{2} \cos(2\pi f_{i,n} \tau), \quad i = 1, 2, 3, \tag{6.70}$$

und der Eigenschaft (2.56a) folgt dann aus (6.69a)–(6.69c) [Pae95a]:

$$\tilde{\psi}_0 \;=\; \sum_{n=1}^{N_1} \frac{c_{1,n}^2}{2} + \sum_{n=1}^{N_2} \frac{c_{2,n}^2}{2}, \tag{6.71a}$$

Deterministischer Riceprozess mit kreuzkorrelierten Komponenten

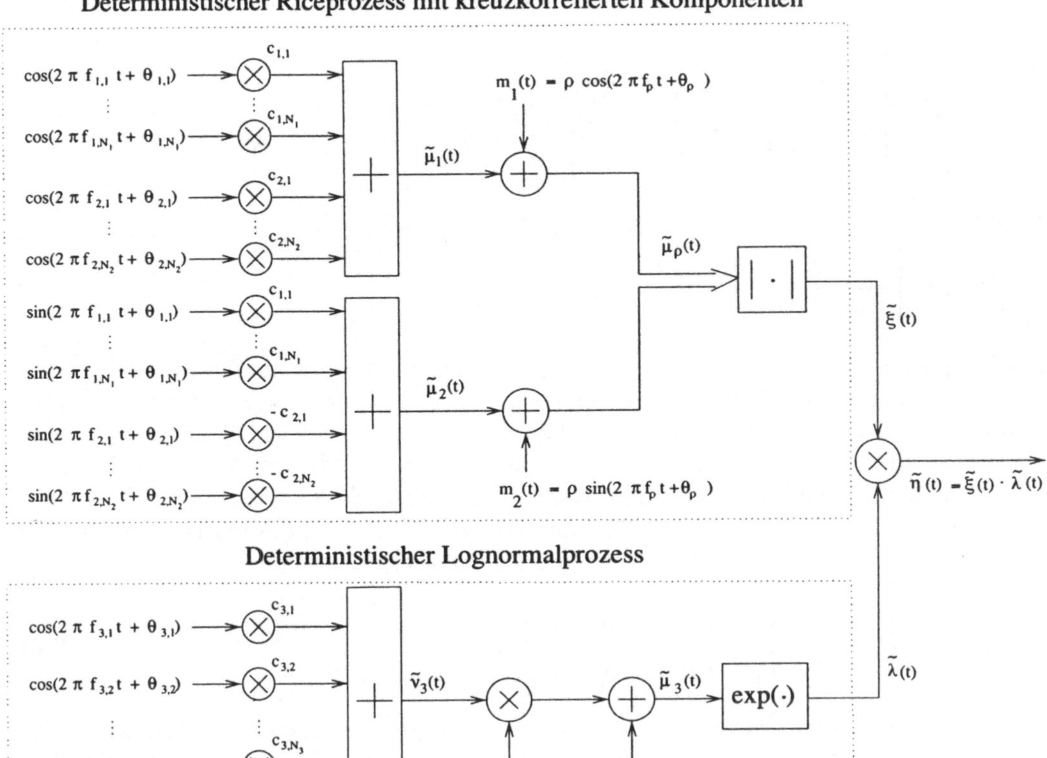

Bild 6.9: Deterministisches Simulationsmodell für den erweiterten Suzukiprozess (Typ I).

$$\ddot{\tilde{\psi}}_0 \;=\; -2\pi^2 \left[\sum_{n=1}^{N_1} (c_{1,n} f_{1,n})^2 + \sum_{n=1}^{N_2} (c_{2,n} f_{2,n})^2 \right], \tag{6.71b}$$

$$\dot{\tilde{\phi}}_0 \;=\; \pi \left[\sum_{n=1}^{N_1} c_{1,n}^2 f_{1,n} - \sum_{n=1}^{N_2} c_{2,n}^2 f_{2,n} \right]. \tag{6.71c}$$

Zur Berechnung der Modellparameter $c_{i,n}$ und $f_{i,n}$ werden wir im Kapitel 6 ausschließlich die Methode der exakten Dopplerverbreiterung (Unterabschnitt 5.1.6) heranziehen. Für die Dopplerphasen $\theta_{i,n} \in (0, 2\pi]$ wird eine Gleichverteilung angenommen. Bei der Methode der exakten Dopplerverbreiterung gilt allerdings zu berücksichtigen, dass diese für das klassische Jakesleistungsdichtespektrum ($\kappa_0 = 1$) hergeleitet wurde. Deren Anwendung auf das eingeschränkte Jakesleistungsdichtespektrum ($\kappa_0 \leq 1$) macht eine geringfügige

Modifikation notwendig. Für die diskreten Dopplerfrequenzen $f_{i,n}$ gilt jetzt [Pae98d]

$$f_{i,n} = \begin{cases} f_{max} \sin \left[\dfrac{\pi}{2N_1} \left(n - \dfrac{1}{2} \right) \right] , & i = 1, \quad n = 1, 2, \ldots, N_1 , \\[3mm] f_{max} \sin \left[\dfrac{\pi}{2N_2'} \left(n - \dfrac{1}{2} \right) \right] , & i = 2, \quad n = 1, 2, \ldots, N_2 , \end{cases} \tag{6.72}$$

wobei

$$N_2' = \left\lceil \frac{N_2}{\frac{2}{\pi} \arcsin(\kappa_0)} \right\rceil \tag{6.73}$$

eine von $\kappa_0 = f_{min}/f_{max}$ abhängige Hilfsvariable ist, welche im Zusammenhang mit (6.72) die diskreten Dopplerfrequenzen $f_{2,n}$ auf den Definitionsbereich $(0, f_{min}]$ beschränkt. Man beachte, dass die zur Realisierung von $\tilde{\nu}_2(t)$ tatsächlich erforderliche Anzahl harmonischer Funktionen $N_2 (\leq N_2')$ nach wie vor durch den Anwender festgelegt wird. Wir bezeichnen daher die Hilfsvariable N_2' als *virtuelle Anzahl harmonischer Funktionen* von $\tilde{\nu}_2(t)$. Die Dopplerkoeffizienten $c_{i,n}$ sind von dieser Modifikation ebenfalls betroffen, zumal auch eine Leistungsanpassung erforderlich ist. Sie lauten jetzt

$$c_{i,n} = \begin{cases} \sigma_0 \sqrt{1/N_1} , & i = 1, \quad n = 1, 2, \ldots, N_1 , \\[2mm] \sigma_0 \sqrt{1/N_2'} , & i = 2, \quad n = 1, 2, \ldots, N_2 . \end{cases} \tag{6.74}$$

Die Berechnung der diskreten Dopplerfrequenzen $f_{3,n}$ des dritten deterministischen Gaußprozesses $\tilde{\nu}_3(t)$, dessen spektrale Leistungsdichte gaußförmig ist, erfolgt mittels (5.76a) und (5.76b). Nach Anpassung dieser Gleichungen an die hier vorliegende Notation erhalten wir die Bestimmungsgleichungen

$$\frac{2n-1}{2N_3} - \operatorname{erf} \left(\frac{f_{3,n}}{\sqrt{2}\sigma_c} \right) = 0 , \quad \forall n = 1, 2, \ldots, N_3 - 1 , \tag{6.75a}$$

und

$$f_{3,N_3} = \sqrt{\frac{\gamma N_3}{(2\pi)^2} - \sum_{n=1}^{N_3-1} f_{3,n}^2} , \tag{6.75b}$$

wobei die Bedeutung von $\sigma_c = f_{max}/(\kappa_c \sqrt{2 \ln 2})$ aus (6.43) hervorgeht, und der Parameter γ wieder wie in (6.51) festliegt. Wegen $\nu_3(t) \sim N(0, 1)$ gilt für $c_{3,n}$ die Formel $c_{3,n} = \sqrt{2/N_3}$ für alle $n = 1, 2, \ldots, N_3$.

Bei der Verwendung der Methode der exakten Dopplerverbreiterung ergeben sich sodann für das Konvergenzverhalten sowie für die Approximationsgüte der normierten charakteristischen Kenngrößen $\ddot{\tilde{\psi}}_0/f_{max}^2$ und $\dot{\tilde{\phi}}_0/f_{max}$ die über $N_1 = N_2 = N_i$ dargestellten Kurven des Bildes 6.10. Dieses Bild zeigt, dass in allen Fällen, wo $N_i \geq 10$ gilt, die Abweichungen zwischen den dargestellten Kenngrößen des Simulationsmodells und denen des analytischen Modells vernachlässigt werden können.

(a)   (b)

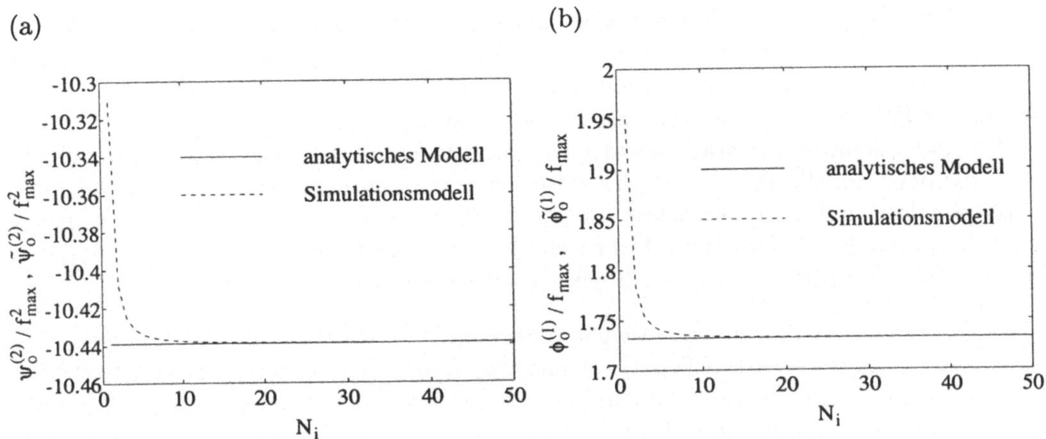

Bild 6.10:   Darstellung von (a) $\ddot{\psi}_0/f_{max}^2$ und $\ddot{\tilde{\psi}}_0/f_{max}^2$ sowie (b) $\dot{\phi}_0/f_{max}$ und $\dot{\tilde{\phi}}_0/f_{max}$ (MEDS, $\sigma_0^2 = 1, \kappa_0 = 1/2$).

Sei $N_i \geq 7$, dann gilt für die Pegelunterschreitungsrate des Simulationsmodells $\tilde{N}_\eta(r)$ weiterhin (6.61), wenn dort die charakteristischen Kenngrößen des analytischen Modells $(\psi_0, \ddot{\psi}_0, \dot{\phi}_0)$ bzw. (α, β, γ) durch die des Simulationsmodells $(\tilde{\psi}_0, \ddot{\tilde{\psi}}_0, \dot{\tilde{\phi}}_0)$ bzw. $(\tilde{\alpha}, \tilde{\beta}, \tilde{\gamma})$ ersetzt werden. Dasselbe gilt natürlich auch für die mittlere Fadingdauer des Simulationsmodells $\tilde{T}_{\eta_-}(r)$. Demnach müssen $\tilde{N}_\eta(r)$ und $\tilde{T}_{\eta_-}(r)$ nicht notwendigerweise aus langwierigen Simulationsläufen bestimmt werden, sondern lassen sich direkt durch Lösen der Integralgleichung (6.61) bzw. (6.65) in Verbindung mit (6.71a)–(6.71c) angeben. Falls im Folgenden $\tilde{N}_\eta(r)$ $(\tilde{T}_{\eta_-}(r))$ doch mittels Simulation aus $\tilde{\eta}(t)$ bestimmt wird, so dient dies lediglich dem Zweck der Ergebnisbestätigung. Wir werden dann sehen, dass die Abweichungen zwischen $\tilde{N}_\eta(r)$ und $N_\eta(r)$ in der Tat äußerst gering sind, so dass an dieser Stelle auf eine weitere Analyse dieses Sachverhaltes verzichtet werden kann.

6.1.5   Anwendungen und Simulationsergebnisse

In diesem Unterabschnitt zeigen wir, wie durch Optimierung der Modellparameter des analytischen Modells dessen Statistik an die Statistik realer Kanäle angepasst werden kann. Dabei geben wir uns nicht mit einer Anpassung der Statistik erster Ordnung zufrieden, sondern beziehen auch die der zweiten Ordnung in den Entwurf mit ein. Ausgehend von dem angepassten analytischen Modell wird anschließend die Dimensionierung des zugehörigen deterministischen Simulationsmodells durchgeführt. Zum Schluss des Unterabschnittes wird dann noch auf die Verifikation des Verfahrens mittels Simulation eingegangen.

Die hier betrachteten Messergebnisse der komplementären Verteilungsfunktion[2] $F_{\eta_+}^\star(r)$ [Bild 6.11(a)] und der Pegelunterschreitungsrate $N_\eta^\star(r)$ [Bild 6.11(b)] wurden der Lite-

---

[2] Wir erwähnen hier, dass allgemein die komplementäre Verteilungsfunktion $F_{\eta_+}(r) = P(\eta(t) > r)$ mit der Verteilungsfunktion $F_{\eta_-}(r) = P(\eta(t) \leq r)$ über die Beziehung $F_{\eta_+}(r) = 1 - F_{\eta_-}(r)$ zusammenhängt.

ratur [But83] entnommen. Bei den dort durchgeführten Messexperimenten wurde zur Nachbildung eines realen Satellitenkanals ein Helikopter eingesetzt, in dem ein 870 MHz Sender installiert worden war. Bezüglich des mobilen Empfängers wurde der Elevationswinkel auf 15° konstant gehalten. Eine Teststrecke führte durch Gebiete, in denen die direkte Signalkomponente stark abgeschattet war; eine andere durch Gebiete mit schwacher Abschattung. Die Messergebnisse dieses so genannten *äquivalenten Satellitenkanals* wurde ebenfalls in [Loo91] betrachtet. Sie bieten daher eine geeignete Grundlage für einen fairen Vergleich der Verfahren an. Über weitere an realen Satellitenkanälen durchgeführte Messungen wird in [Huc83, Vog88, Vog90, Vog95] berichtet.

Alle relevanten Modellparameter, welche maßgeblich die statistischen Eigenschaften des erweiterten Suzukiprozesses (Typ I) bestimmen, fassen wir zu einem Parametervektor $\boldsymbol{\Omega} = (\sigma_0, \kappa_0, \rho, f_\rho, \sigma_3, m_3)$ zusammen. In der Praxis ist in der Regel $\kappa_c = f_{max}/f_c$ größer als 10, so dass dieser Parameter keinen Einfluss auf die Statistik erster und zweiter Ordnung von $\eta(t)$ ausübt. Deshalb ist dieser Parameter auch nicht in dem Parametervektor $\boldsymbol{\Omega}$ enthalten und wird daher im Folgenden willkürlich auf dem Wert $\kappa_c = 20$ fixiert. Ohne weitere Einschränkungen in Kauf nehmen zu müssen, können wir auch a priori $\theta_\rho = 0$ wählen.

Als geeignetes Maß für die Abweichungen zwischen den komplementären Verteilungsfunktionen $F_{\eta_+}(r/\rho)$ und $F_{\eta_+}^\star(r/\rho)$ sowie zwischen den normierten Pegelunterschreitungsraten $N_\eta(r/\rho)/f_{max}$ und $N_\eta^\star(r/\rho)/f_{max}$ wählen wir die folgende Fehlerfunktion

$$
\begin{aligned}
E_2(\boldsymbol{\Omega}) \;:=\; & \left\{ \sum_{m=1}^{M} \left[W_1\left(\frac{r_m}{\rho}\right) \left(F_{\eta_+}^\star\left(\frac{r_m}{\rho}\right) - F_{\eta_+}\left(\frac{r_m}{\rho}\right) \right) \right]^2 \right\}^{1/2} \\
& + \frac{1}{f_{max}} \left\{ \sum_{m=1}^{M} \left[W_2\left(\frac{r_m}{\rho}\right) \left(N_\eta^\star\left(\frac{r_m}{\rho}\right) - N_\eta\left(\frac{r_m}{\rho}\right) \right) \right]^2 \right\}^{1/2} \;, \quad (6.76)
\end{aligned}
$$

wobei M die Anzahl der verschiedenen Pegel r_m ist, bei denen Messungen durchgeführt worden sind. Weiterhin kennzeichnen $W_1(\cdot)$ und $W_2(\cdot)$ zwei Gewichtsfunktionen, die wir hier proportional zum Kehrwert von $F_{\eta_+}^\star(\cdot)$ bzw. $N_\eta^\star(\cdot)$ wählen wollen. Die Optimierung der Elemente des Parametervektors $\boldsymbol{\Omega}$ erfolgt numerisch mit dem Quasi-Newton-Verfahren nach Fletcher-Powell [Fle63].

Als Erstes führen wir die Optimierung unter Verwendung des klassischen Jakesleistungsdichtespektrums durch. Dazu halten wir den Parameter $\kappa_0 = f_{min}/f_{max}$ während der Minimumsuche auf dem Wert $\kappa_0 = 1$ konstant. Ferner fixieren wir auch noch f_ρ auf dem Wert $f_\rho = 0$, so dass jetzt das konventionelle Rice-Lognormal-Modell vorliegt. Daraus folgt das Problem, dass zur Optimierung der normierten Pegelunterschreitungsrate $N_\eta(r/\rho)/f_{max}$ keine freien Parameter zur Verfügung stehen, denn die verbleibenden Modellparameter $(\sigma_0, \rho, \sigma_3, m_3)$ werden ja zur Optimierung der komplementären Verteilungsfunktion $F_{\eta_+}(r/\rho)$ benötigt. Mit anderen Worten: Eine bessere Approximation der Statistik zweiter Ordnung ist nur auf Kosten einer schlechteren Approximation der Statistik erster Ordnung möglich. Diesen Kompromiss werden wir an dieser Stelle noch nicht eingehen. Wir begnügen uns zunächst mit der Approximation von $F_{\eta_+}(r/\rho)$ und setzen vorübergehend $W_2(r/\rho) = 0$. Die Ergebnisse der Parameteroptimierung sind für Gebiete mit leichter und starker Abschattung in der Tabelle 6.1 festgehalten. Bei der Betrachtung von Bild 6.11(a), wo die resultierende komplementäre Verteilungsfunktion $F_{\eta_+}(r/\rho)$ dargestellt ist, fällt auf, dass diese sehr gut an die vorgegebenen Messergebnisse angepasst werden kann.

Abschattung	σ_0	ρ	σ_3	m_3
stark	0.1847	0.0554	0.1860	0.3515
schwach	0.3273	0.9383	0.0205	0.1882

Tabelle 6.1: Die optimierten Parameter des analytischen Modells für Gebiete mit starker und schwacher Abschattung (ohne Optimierung von κ_0 und f_ρ).

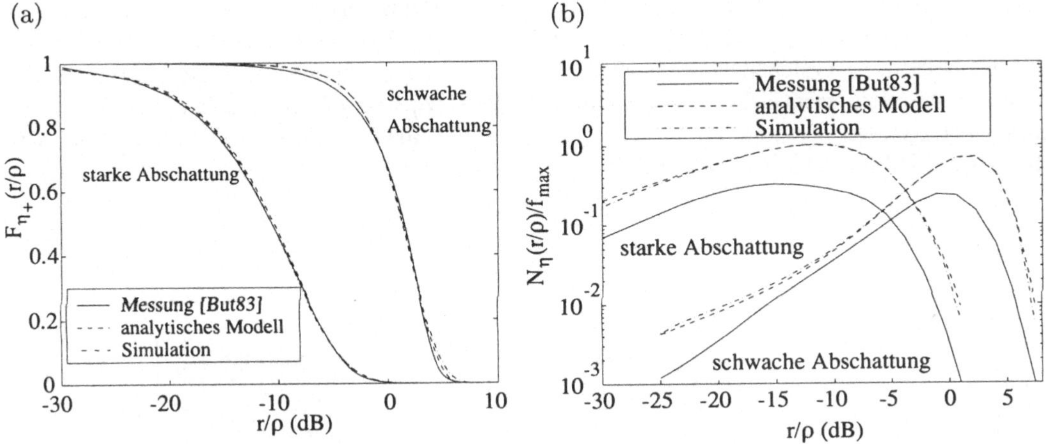

Bild 6.11: (a) Komplementäre Verteilungsfunktion $F_{\eta_+}(r/\rho)$ und (b) normierte Pegelunterschreitungsrate $N_\eta(r/\rho)/f_{max}$ für Gebiete mit starker und schwacher Abschattung (ohne Optimierung von κ_0 und f_ρ).

Zufrieden stellende Ergebnisse für die normierte Pegelunterschreitungsrate $N_\eta(r/\rho)/f_{max}$ erhält man jedoch nicht, wie aus Bild 6.11(b) hervorgeht. Die Abweichungen von den Messergebnissen betragen in diesem Fall teilweise mehr als 300 Prozent. Die tiefere Ursache hierfür ist die zu hohe Dopplerverbreiterung des Jakesleistungsdichtespektrums.

Zum Vergleich und zur Bestätigung der Richtigkeit der gefundenen Ergebnisse enthalten die Bilder 6.11(a) und 6.11(b) ebenfalls die aus einer zeitdiskreten Simulation des erweiterten Suzukiprozesses ermittelten Ergebnisse. Dabei wurden die deterministischen Prozesse $\tilde{\nu}_1(t)$, $\tilde{\nu}_2(t)$ und $\tilde{\nu}_3(t)$ nach dem im vorhergehenden Unterabschnitt 6.1.4 beschriebenen Verfahren entworfen (MEDS mit $N_1 = 15$, $N_2 = 16$ und $N_3 = 15$).

Abschattung	σ_0	κ_0	ρ	σ_3	m_3	f_ρ/f_{max}
stark	0.2022	4.4E-11	0.1118	0.1175	0.4906	0.6366
schwach	0.4497	5.9E-08	0.9856	0.0101	0.0875	0.7326

Tabelle 6.2:   Die optimierten Parameter des analytischen Kanalmodells für Gebiete mit starker und schwacher Abschattung (mit Optimierung von κ_0 und f_ρ).

Im nächsten Schritt ermöglichen wir eine Verkleinerung der Dopplerbandbreite und somit auch der Dopplerverbreiterung, indem wir den Parameter κ_0 mit in die Optimierung einbeziehen. Um die volle Flexibilität des Modells nutzen zu können, soll nun auch die Optimierung des Parameters f_ρ in den Grenzen $-f_{min} \le f_\rho \le f_{max}$ zugelassen werden. Die numerische Minimierung der Fehlerfunktion (6.76) ergibt dann für die Elemente des Parametervektors Ω die in Tabelle 6.2 festgehaltenen Ergebnisse. Mit diesen bezüglich $F_{\eta_+}(r/\rho)$ und $N_\eta(r/\rho)/f_{max}$ optimierten Parametern bleibt der Verlauf von $F_{\eta_+}(r/\rho)$ nahezu unverändert (vgl. hierzu die Bilder 6.11(a) und 6.12(a)). Die eigentlichen Vorteile des erweiterten Suzukimodells vom Typ I werden erst bei der Betrachtung der Statistik zweiter Ordnung ersichtlich; denn durch die Modellerweiterung kann die normierte Pegelunterschreitungsrate des analytischen Modells $N_\eta(r/\rho)/f_{max}$ deutlich besser an die hier vorliegenden Messergebnisse angepasst werden, als im Fall $\kappa_0 = 1$ und $f_\rho = 0$ (vgl. hierzu die Bilder 6.11(b) und 6.12(b)).

(a)   (b)

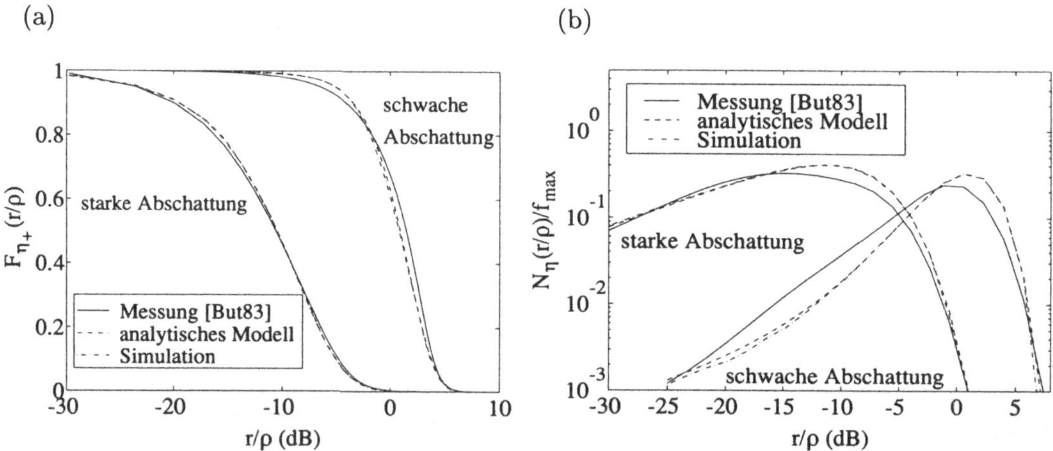

Bild 6.12:   (a) Komplementäre Verteilungsfunktion $F_{\eta_+}(r/\rho)$ und (b) normierte Pegelunterschreitungsrate $N_\eta(r/\rho)/f_{max}$ für Gebiete mit starker und schwacher Abschattung (mit Optimierung von κ_0 und f_ρ).

Es sei noch erwähnt, dass der Ricefaktor (3.18) für das erweiterte Suzukimodell (Typ I) nun lautet

$$c_R = \frac{\rho^2}{2\psi_0} = \frac{\rho^2}{\sigma_0^2[1 + \frac{2}{\pi}\arcsin(\kappa_0)]}.$$ (6.77)

Mit den in Tabelle 6.2 aufgeführten Parametern erhalten wir für den Ricefaktor die Werte $c_R = -5.15\,\text{dB}$ (starke Abschattung) und $c_R = 6.82\,\text{dB}$ (schwache Abschattung).

Die Verifikation der analytischen Ergebnisse erfolgt nun wieder mittels Simulation. Wegen der in beiden Fällen sehr kleinen Werte für $\kappa_0 = f_{min}/f_{max}$ (siehe Tabelle 6.2) kann der Einfluss von $\nu_2(t)$ bzw. $\tilde{\nu}_2(t)$ vernachlässigt und folglich $N_2 = 0$ gesetzt werden, was einer zusätzlichen drastischen Reduzierung des Realisierungsaufwandes gleichkommt. Die Prozesse $\tilde{\nu}_1(t)$ und $\tilde{\nu}_3(t)$ werden wieder mit der Methode der exakten Dopplerverbreiterung unter Verwendung von $N_1 = 15$ und $N_3 = 15$ Kosinusfunktionen realisiert. Die Simulationsergebnisse sind ebenfalls in den Bildern 6.12(a) und 6.12(b) dargestellt. Daraus wird ersichtlich, dass nahezu eine absolute Übereinstimmung zwischen dem analytischen Modell und dem Simulationsmodell besteht.

Zur Veranschaulichung der Resultate ist in den Bildern 6.13(a) und 6.13(b) je ein Ausschnitt aus der Sequenz des simulierten deterministischen erweiterten Suzukiprozesses $\tilde{\eta}(t)$ für Gebiete mit starker bzw. schwacher Abschattung dargestellt. Man erkennt, dass bei einer stark abgeschatteten direkten Signalkomponente (Bild 6.13(a)) der mittlere Signalpegel insgesamt deutlich kleiner ist als bei einer nur schwach abgeschatteten direkten Komponente (Bild 6.13(b)). Außerdem sind die Fadingeinbrüche bei starker Abschattung wesentlich tiefer als bei schwacher Abschattung.

(a)   (b)

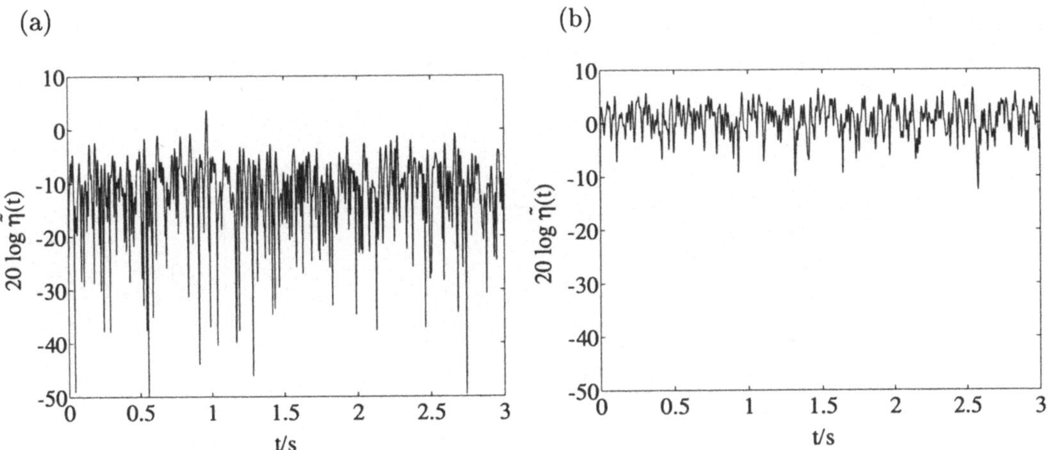

Bild 6.13:   Simulation von deterministischen erweiterten Suzukiprozessen $\tilde{\eta}(t)$ vom Typ I für Gebiete mit (a) starker Abschattung und (b) schwacher Abschattung (MEDS, $N_1 = 15$, $N_2 = 0$, $N_3 = 15$, $f_{max} = 91\,\text{Hz}$, $\kappa_c = 20$).

6.2 Der erweiterte Suzukiprozess vom Typ II

Im vorhergehenden Abschnitt 6.1 wurde gezeigt, wie durch Einführung einer Korrelation zwischen den beiden den Riceprozess erzeugenden Gaußprozessen eine höhere Modellklasse geschaffen wurde. Auf diese Weise konnten die statistischen Eigenschaften zweiter Ordnung flexibler gestaltet werden. Unbeeinflusst blieben dagegen die statistischen Eigenschaften erster Ordnung. Das im Abschnitt 6.1 beschriebene Modell ist jedoch nicht das einzig mögliche bei dem korrelierte erzeugende Gaußprozesse Verwendung finden. Eine weitere Möglichkeit, die erstmalig in [Pae97a] vorgestellt wurde, soll in diesem Abschnitt diskutiert werden. Wir werden sehen, dass sich für die Kreuzkorrelierte des Real- und Imaginärteils eines komplexen Gaußprozesses eine spezielle Form finden lässt, die nicht nur die Flexibilität der statistischen Eigenschaften zweiter Ordnung des stochastischen Modells zur Modellierung der Kurzzeitstatistik erhöht, sondern auch die der ersten Ordnung. In diesem Modell sind Rice-, Rayleigh- und einseitige Gaußprozesse als Sonderfälle enthalten. Die Langzeitstatistik wird wieder wie üblich mittels eines Lognormalprozesses modelliert. Das Produkt der beiden Prozesse, die zur Modellierung der Kurzzeit- und Langzeitstatistik dienen, wird als *erweiterter Suzukiprozess vom Typ II* bezeichnet.

Die Beschreibung des erweiterten Suzukiprozesses (vom Typ II) und die Herleitung dessen statistischer Eigenschaften erster und zweiter Ordnung ist Ziel dieses Abschnitts. Zunächst erfolgt die Modellierung und Analyse der Kurzzeitstatistik.

6.2.1 Modellierung und Analyse der Kurzzeitstatistik

Die Modellierung der Kurzzeitstatistik erfolgt mit dem im Bild 6.14 dargestellten analytischen Modell, welches nachfolgend beschrieben wird.

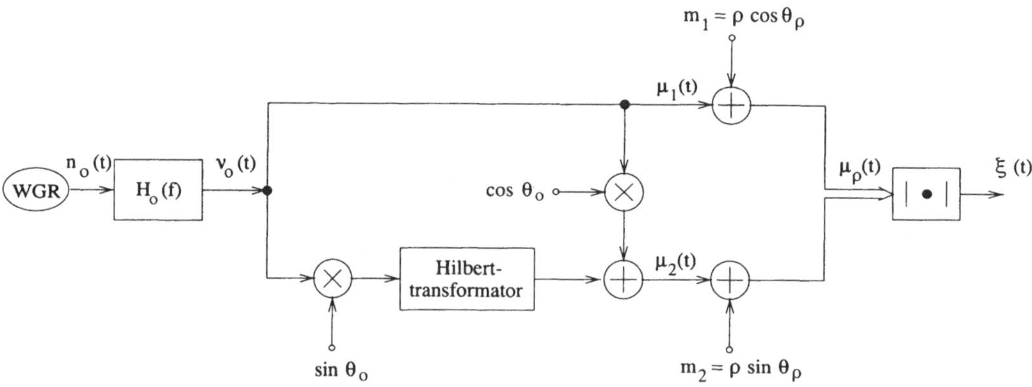

Bild 6.14:   Analytisches Modell für einen stochastischen Prozess $\xi(t)$ mit kreuzkorrelierten erzeugenden Gaußprozessen $\mu_1(t)$ und $\mu_2(t)$.

In diesem Bild fällt zunächst auf, dass der komplexe Gaußprozess

$$\mu(t) = \mu_1(t) + j\mu_2(t) \tag{6.78}$$

mit kreuzkorrelierten Komponenten $\mu_1(t)$ und $\mu_2(t)$ aus einem einzigen reellen, mittelwertfreien Gaußprozess $\nu_0(t)$ hergeleitet wird. Zur Vereinfachung des Modells nehmen wir im weiteren an, dass die Dopplerfrequenz der direkten Komponente gleich null ist, und somit die direkte Komponente durch den zeitinvarianten Ausdruck (3.3), d. h.

$$m = m_1 + jm_2 = \rho e^{j\theta_\rho} \, , \tag{6.79}$$

beschrieben wird. Wie bei den vorhergehenden Modellen wird auch bei diesem aus dem Betrag des komplexen Gaußprozesses $\mu_\rho(t) = \mu(t) + m$ ein weiterer stochastischer Prozess

$$\xi(t) = |\mu_\rho(t)| = \sqrt{(\mu_1(t) + m_1)^2 + (\mu_2(t) + m_2)^2} \tag{6.80}$$

hergeleitet. Im Unterabschnitt 6.2.1.1 werden wir sehen, dass Rice-, Rayleigh- und einseitige Gaußprozesse lediglich Sonderfälle dieses Prozesses sind. Um dieser Eigenschaft gerecht zu werden, bezeichnen wir im Folgenden (6.80) als *erweiterten Riceprozess*.

Das Dopplerleistungsdichtespektrum des Prozesses $\nu_0(t)$, $S_{\nu_0\nu_0}(f)$, wird durch die Funktion

$$S_{\nu_0\nu_0}(f) = \begin{cases} \dfrac{\sigma_0^2}{\pi f_{max}\sqrt{1 - (f/f_{max})^2}} \, , & |f| \le \kappa_0 \cdot f_{max} \, , \\ 0 \, , & |f| > \kappa_0 \cdot f_{max} \, , \end{cases} \tag{6.81}$$

beschrieben (Bild 6.15(a)), wobei $0 < \kappa_0 \le 1$. Das symmetrische Dopplerleistungsdichtespektrum $S_{\nu_0\nu_0}(f)$ nach (6.81) wird als *eingeschränktes Jakesleistungsdichtespektrum* bezeichnet. Wir beachten, dass im Sonderfall $\kappa_0 = 1$ aus dem eingeschränkten Jakesleistungsdichtespektrum (6.81) das (klassische) Jakesleistungsdichtespektrum (3.8) folgt. Das physikalische Modell, welches dem eingeschränkten Jakesleistungsdichtespektrum zugrunde liegt, basiert auf der vereinfachten Annahme, dass durch räumlich begrenzte Hindernisse oder durch Verwendung von Sektorantennen diejenigen elektromagnetischen Wellen, deren Einfallswinkel in den Intervallen $(-\alpha_0, \alpha_0)$ und $(\pi - \alpha_0, \pi + \alpha_0)$ liegen, keinen Beitrag zum Empfangssignal liefern. Hierbei soll α_0 auf den Bereich $\alpha_0 \in (0, \pi/2]$ beschränkt bleiben. Ferner kann α_0 mit dem Parameter κ_0 über die Gleichung $\kappa_0 = f_{min}/f_{max} = \cos \alpha_0$ in Verbindung gebracht werden. Alle Einfallswinkel, die nicht in den soeben genannten beiden Intervallen liegen, werden wieder als gleichverteilt angenommen. Der eigentliche Grund für die Einführung des eingeschränkten Jakesleistungsdichtespektrums ist in unserem Modell aber nicht in der Anpassung des theoretischen Dopplerleistungsdichtespektrums an selten in der Praxis vorkommende Leistungsdichtespektren zu suchen, sondern vielmehr soll uns die Variable κ_0 eine einfache aber wirkungsvolle Möglichkeit verschaffen, die häufig im Vergleich zur Praxis zu hohe Dopplerverbreiterung des Jakesleistungsdichtespektrums zu reduzieren.

Aus dem Bild 6.14 lesen wir die Beziehungen

$$\mu_1(t) = \nu_0(t) \tag{6.82}$$

und

$$\mu_2(t) = \cos\theta_0 \cdot \nu_0(t) + \sin\theta_0 \cdot \breve{\nu}_0(t) \tag{6.83}$$

ab, wobei der Parameter θ_0 auf das Intervall $[-\pi, \pi)$ beschränkt bleiben soll, und $\breve{\nu}_0(t)$ die Hilberttransformierte des farbigen Gaußprozesses $\mu_0(t)$ kennzeichnet. Die spektrale Formgestaltung von $\nu_0(t)$ wird in dem analytischen Modell durch Filterung von weißem gaußschen Rauschen $n_0(t) \sim N(0, 1)$ erzielt, wobei wir wieder annehmen wollen, dass das Filter reell ist, und durch die Übertragungsfunktion $H_0(f) = \sqrt{S_{\nu_0\nu_0}(f)}$ vollständig beschrieben wird.

Die Autokorrelationsfunktionen $r_{\mu_1\mu_1}(\tau)$ und $r_{\mu_2\mu_2}(\tau)$ sowie die Kreuzkorrelationsfunktionen $r_{\mu_1\mu_2}(\tau)$ und $r_{\mu_2\mu_1}(\tau)$ lassen sich durch die Autokorrelationsfunktion $r_{\nu_0\nu_0}(\tau)$ des Prozesses $\nu_0(t)$ und die Kreuzkorrelationsfunktion $r_{\breve{\nu}_0\nu_0}(\tau)$ der Prozesse $\breve{\nu}_0(t)$ und $\nu_0(t)$ wie folgt ausdrücken:

$$r_{\mu_1\mu_1}(\tau) = r_{\mu_2\mu_2}(\tau) = r_{\nu_0\nu_0}(\tau)\,, \tag{6.84a}$$

$$r_{\mu_1\mu_2}(\tau) = \cos\theta_0 \cdot r_{\nu_0\nu_0}(\tau) - \sin\theta_0 \cdot r_{\breve{\nu}_0\nu_0}(\tau)\,, \tag{6.84b}$$

$$r_{\mu_2\mu_1}(\tau) = \cos\theta_0 \cdot r_{\nu_0\nu_0}(\tau) + \sin\theta_0 \cdot r_{\breve{\nu}_0\nu_0}(\tau)\,. \tag{6.84c}$$

Man beachte hierbei den Einfluss des Parameters θ_0. Auf die Autokorrelationsfunktionen $r_{\mu_1\mu_1}(\tau)$ und $r_{\mu_2\mu_2}(\tau)$ wirkt sich dieser Parameter nicht aus, wohl aber auf die Kreuzkorrelationsfunktionen $r_{\mu_1\mu_2}(\tau)$ und $r_{\mu_2\mu_1}(\tau)$.

Einsetzen der Beziehungen (6.84a)–(6.84c) in (6.5) ergibt für die Autokorrelationsfunktion $r_{\mu\mu}(\tau)$ des komplexen Prozesses $\mu(t) = \mu_1(t) + j\mu_2(t)$ den Ausdruck

$$r_{\mu\mu}(\tau) = 2r_{\nu_0\nu_0}(\tau) - j2\sin\theta_0 \cdot r_{\breve{\nu}_0\nu_0}(\tau)\,, \tag{6.85}$$

aus dem nach Fouriertransformation die spektrale Leistungsdichte

$$S_{\mu\mu}(f) = 2S_{\nu_0\nu_0}(f) - j2\sin\theta_0 \cdot S_{\breve{\nu}_0\nu_0}(f) \tag{6.86}$$

folgt. Aus (2.56b) und (2.56d) gewinnen wir die Beziehung $S_{\breve{\nu}_0\nu_0}(f) = j\,\mathrm{sgn}\,(f) \cdot S_{\nu_0\nu_0}(f)$, so dass jetzt $S_{\mu\mu}(f)$ in Abhängigkeit von dem eingeschränkten Jakesleistungsdichtespektrum $S_{\nu_0\nu_0}(f)$ wie folgt ausgedrückt werden kann

$$S_{\mu\mu}(f) = 2[1 + \mathrm{sgn}\,(f)\sin\theta_0] \cdot S_{\nu_0\nu_0}(f)\,. \tag{6.87}$$

Für alle $\theta_0 \in (-\pi, \pi)\backslash\{0\}$ ist $S_{\mu\mu}(f)$ eine unsymmetrische Funktion. Ein Beispiel für das Leistungsdichtespektrum $S_{\mu\mu}(f)$ ist im Bild 6.15(b) dargestellt, wobei für den Parameter θ_0 der Wert $\theta_0 = 19.5°$ gewählt wurde.

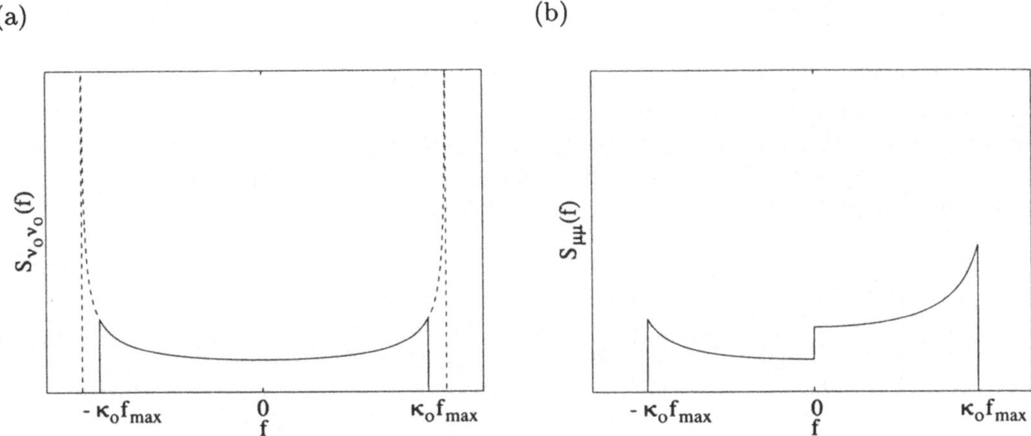

Bild 6.15: Dopplerleistungsdichtespektren: (a) eingeschränktes Jakes LDS $S_{\nu_0\nu_0}(f)$ und (b) $S_{\mu\mu}(f)$ ($\theta_0 = 19.5°$).

Bei der Herleitung der statistischen Eigenschaften von $\xi(t) = |\mu_\rho(t)|$ und $\vartheta(t) = \arg\{\mu_\rho(t)\}$ werden wir wieder die Abkürzungen (6.11a) und (6.11b) verwenden. Wir setzen daher an dieser Stelle (6.84a) in (6.11a) und (6.84b) in (6.11b) ein und erhalten nach einer kurzen Nebenrechnung für die charakteristischen Kenngrößen die folgenden Zusammenhänge:

$$\psi_0^{(0)} = \psi_0 = \frac{2}{\pi}\sigma_0^2 \arcsin(\kappa_0)\,, \tag{6.88a}$$

$$\psi_0^{(1)} = \dot{\psi}_0 = 0\,, \tag{6.88b}$$

$$\psi_0^{(2)} = \ddot{\psi}_0 = -\psi_0 \cdot 2(\pi f_{max})^2 \left\{ 1 - \frac{\sin[2\arcsin(\kappa_0)]}{2\arcsin(\kappa_0)} \right\}\,, \tag{6.88c}$$

$$\phi_0^{(0)} = \phi_0 = \psi_0 \cdot \cos\theta_0\,, \tag{6.88d}$$

$$\phi_0^{(1)} = \dot{\phi}_0 = 4\sigma_0^2 f_{max}(1 - \sqrt{1-\kappa_0^2})\cdot\sin\theta_0\,, \tag{6.88e}$$

$$\phi_0^{(2)} = \ddot{\phi}_0 = \ddot{\psi}_0 \cdot \cos\theta_0\,, \tag{6.88f}$$

wobei $0 < \kappa_0 \leq 1$ und $-\pi \leq \theta_0 < \pi$. Ein Vergleich der Gleichungen (6.88a)–(6.88f) mit (6.12a)–(6.12f) zeigt uns, dass bei dem hier vorliegenden Modell im Allgemeinen auch ϕ_0 und $\ddot{\phi}_0$ von null verschieden sind. Lediglich für $\theta_0 = \pm\pi/2$ gilt $\phi_0 = \ddot{\phi}_0 = 0$. Daher liegt die Vermutung nahe, dass die statistischen Eigenschaften des erweiterten Riceprozesses von denen des klassischen Riceprozesses verschieden sind.

Der Ausgangspunkt, der die Berechnung der statistischen Eigenschaften von erweiterten Riceprozessen ermöglicht, ist wieder die durch (6.14) eingeführte multivariate Gaußverteilung der Prozesse $\mu_{\rho_1}(t)$, $\mu_{\rho_2}(t)$, $\dot{\mu}_{\rho_1}(t)$ und $\dot{\mu}_{\rho_2}(t)$ zum gleichen Zeitpunkt t. Bei dem nun vorliegenden Modell, wo zur Vereinfachung $f_\rho = 0$ angenommen wurde, ist die multivariate Gaußverteilung (6.14) durch die Spaltenvektoren

$$
x = \begin{pmatrix} x_1 \\ x_2 \\ \dot{x}_1 \\ \dot{x}_2 \end{pmatrix} \quad \text{und} \quad m = \begin{pmatrix} m_1 \\ m_2 \\ \dot{m}_1 \\ \dot{m}_2 \end{pmatrix} = \begin{pmatrix} \rho \cos\theta_\rho \\ \rho \sin\theta_\rho \\ 0 \\ 0 \end{pmatrix} \tag{6.89a,b}
$$

sowie durch die Kovarianz- bzw. Korrelationsmatrix

$$
C_{\mu_\rho}(0) = R_\mu(0) = \begin{pmatrix} \psi_0 & \phi_0 & 0 & \dot{\phi}_0 \\ \phi_0 & \psi_0 & -\dot{\phi}_0 & 0 \\ 0 & -\dot{\phi}_0 & -\ddot{\psi}_0 & -\ddot{\phi}_0 \\ \dot{\phi}_0 & 0 & -\ddot{\phi}_0 & -\ddot{\psi}_0 \end{pmatrix} \tag{6.90}
$$

vollständig beschrieben. Wir verwenden noch die Beziehungen (6.88d), (6.88f) und erhalten

$$
C_{\mu_\rho}(0) = R_\mu(0) = \begin{pmatrix} \psi_0 & \psi_0 \cos\theta_0 & 0 & \dot{\phi}_0 \\ \psi_0 \cos\theta_0 & \psi_0 & -\dot{\phi}_0 & 0 \\ 0 & -\dot{\phi}_0 & -\ddot{\psi}_0 & -\ddot{\psi}_0 \cos\theta_0 \\ \dot{\phi}_0 & 0 & -\ddot{\psi}_0 \cos\theta_0 & -\ddot{\psi}_0 \end{pmatrix}. \tag{6.91}
$$

Nach Einsetzen von (6.89a,b) und (6.91) in (6.14) kann nun die gesuchte Verbundwahrscheinlichkeitsdichte $p_{\mu_{\rho_1} \mu_{\rho_2} \dot{\mu}_{\rho_1} \dot{\mu}_{\rho_2}}(x_1, x_2, \dot{x}_1, \dot{x}_2)$ für unser Modell berechnet werden. Die kartesischen Koordinaten (x_1, x_2) dieser Dichte transformieren wir noch in Polarkoordinaten (z, θ) mittels (6.22a,b). Es wird uns dann nach einigen weiteren algebraischen Umformungen gelingen, die Verbundwahrscheinlichkeitsdichte (6.24) auf die folgende Form zu bringen [Pae97a]

$$
p_{\xi\dot{\xi}\vartheta\dot{\vartheta}}(z, \dot{z}, \theta, \dot{\theta}) = \frac{z^2}{(2\pi)^2 \beta \psi_0 \sin^2\theta_0} \cdot e^{-\frac{1}{2\psi_0 \sin^2\theta_0}[z^2 + \rho^2 - 2z\rho \cos(\theta - \theta_\rho)]} \cdot
$$

$$
e^{\frac{\cos\theta_0}{2\psi_0 \sin^2\theta_0}[z^2 \sin 2\theta + \rho^2 \sin 2\theta_\rho - 2z\rho \sin(\theta + \theta_\rho)]} \cdot
$$

$$
e^{-\frac{1}{2\beta(1+\cos\theta_0 \cdot \sin 2\theta)} \cdot \left\{ \dot{z} + \frac{\dot{\phi}_0[\rho \sin(\theta - \theta_\rho) - \cos\theta_0(z \cos 2\theta - \rho \cos(\theta + \theta_\rho))]}{\psi_0 \sin^2\theta_0} \right\}^2} \cdot
$$

$$
e^{-\frac{z^2(1+\cos\theta_0 \cdot \sin 2\theta)}{2\beta \sin^2\theta_0} \cdot \left\{ \dot{\theta} + \frac{\dot{\phi}_0[\rho \cos(\theta - \theta_\rho) - z] - \psi_0 \dot{z} \cos\theta_0 \cdot \cos 2\theta}{\psi_0 z(1 + \cos\theta_0 \cdot \sin 2\theta)} \right\}^2}, \tag{6.92}
$$

falls $z \geq 0$, $|\dot{z}| < \infty$, $|\theta| \leq \pi$ und $|\dot{\theta}| < \infty$. Dabei ist zu beachten, dass in (6.92) die Größe β jetzt nicht mehr durch (6.28) gegeben ist, sondern durch den erweiterten Ausdruck

$$\beta = -\ddot{\psi}_0 - \frac{\dot{\phi}_0^2}{\psi_0 \sin^2 \theta_0} \tag{6.93}$$

beschrieben wird.

Im nächsten Unterabschnitt werden wir aus der Verbundwahrscheinlichkeitsdichte (6.92) die Wahrscheinlichkeitsdichten von Amplitude $\xi(t)$ und Phase $\vartheta(t)$ bestimmen. Anschließend erfolgt dann die Berechnung der Pegelunterschreitungsrate und der mittleren Fadingdauer von $\xi(t)$.

6.2.1.1 Wahrscheinlichkeitsdichte der Amplitude und Phase

Für die Wahrscheinlichkeitsdichte des erweiterten Riceprozesses $\xi(t)$, $p_\xi(z)$, erhalten wir nach Einsetzen von (6.92) in (6.29) das Resultat

$$
\begin{aligned}
p_\xi(z) \;=\; & \frac{z}{2\pi\psi_0 |\sin\theta_0|} e^{-\frac{z^2+\rho^2}{2\psi_0 \sin^2\theta_0}} \\
& \cdot \int_{-\pi}^{\pi} e^{\frac{z\rho\cos(\theta-\theta_\rho)}{\psi_0 \sin^2\theta_0}} \cdot e^{\frac{\cos\theta_0}{2\psi_0 \sin^2\theta_0}[z^2\sin 2\theta + \rho^2\sin 2\theta_\rho - 2z\rho\sin(\theta+\theta_\rho)]} d\theta, \quad z \geq 0.
\end{aligned}
\tag{6.94}
$$

Wie bei konventionellen Riceprozessen ist auch im vorliegenden Fall die Dichte $p_\xi(z)$ abhängig von der mittleren Leistung der Prozesse $\mu_1(t)$ und $\mu_2(t)$, d.h. ψ_0, sowie von der Amplitude der direkten Komponente ρ. Darüber hinaus ist die Dichte des erweiterten Riceprozesses aber auch bestimmt durch den Parameter θ_0 und, was zunächst verwundert, durch die Phase der direkten Komponente θ_ρ. Diese Eigenschaft wird erst verständlich werden, sobald wir das zugehörige Simulationsmodell hergeleitet haben (siehe Unterabschnitt 6.2.3). Zur Veranschaulichung der Ergebnisse betrachten wir die Bilder 6.16(a) und 6.16(b), wo die Wahrscheinlichkeitsdichte (6.94) für verschiedene Werte der Parameter θ_0 bzw. θ_ρ dargestellt ist. Es sei noch darauf hingewiesen, dass auch bei diesem Modell die Dichte $p_\xi(z)$ weder abhängig ist von der ersten und zweiten zeitlichen Ableitung der Autokorrelationsfunktion (6.11a), d.h. $\dot{\psi}_0$ und $\ddot{\psi}_0$, noch von der ersten und zweiten zeitlichen Ableitung der Kreuzkorrelationsfunktion (6.11b), d.h. $\dot{\phi}_0$ und $\ddot{\phi}_0$.

Nachfolgend betrachten wir noch einige Sonderfälle. Ist speziell $\theta_0 = \pm\pi/2$, so kann das Integral in (6.94) explizit gelöst werden, und es ergibt sich wieder die Riceverteilung

$$p_\xi(z) = \frac{z}{\psi_0} e^{-\frac{z^2+\rho^2}{2\psi_0}} I_0\left(\frac{z\rho}{\psi_0}\right), \quad z \geq 0, \tag{6.95}$$

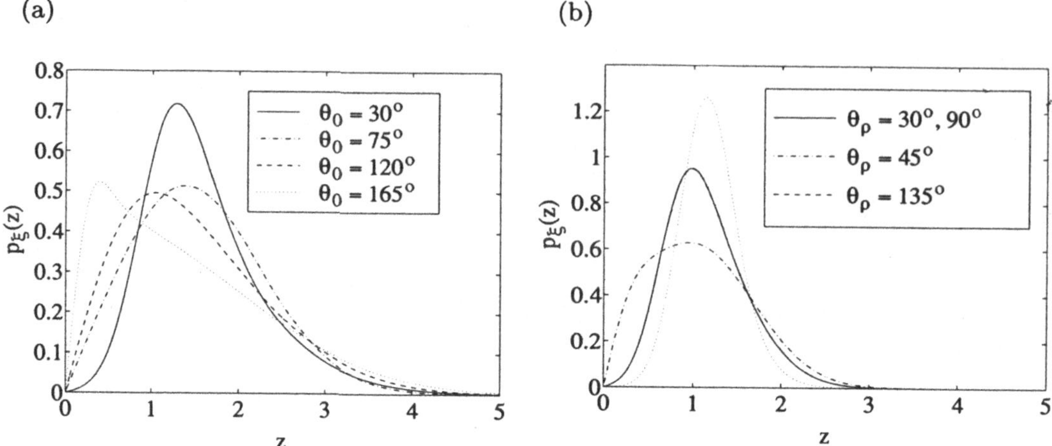

Bild 6.16: Wahrscheinlichkeitsdichte von erweiterten Riceprozessen $\xi(t)$, $p_\xi(z)$, für verschiedene Werte der Parameter (a) θ_0 ($\psi_0 = 1, \rho = 1, \theta_\rho = 127°$) und (b) θ_ρ ($\psi_0 = 1, \rho = 1, \theta_0 = 45°$).

mit ψ_0 gemäß (6.88a). Bei einer abgeschatteten direkten Komponente, d. h. $\rho = 0$, aber zunächst beliebigen Werten für $\theta_0 \in [-\pi, \pi)$, folgt aus (6.94) die Dichte

$$p_\xi(z) = \frac{z}{\psi_0 |\sin \theta_0|} e^{-\frac{z^2}{2\psi_0 \sin^2 \theta_0}} I_0 \left(\frac{z^2 \cos \theta_0}{2\psi_0 \sin^2 \theta_0} \right), \quad z \geq 0, \tag{6.96}$$

aus welcher speziell für $\theta_0 = \pm \pi/2$ die Rayleighverteilung

$$p_\xi(z) = \frac{z}{\psi_0} e^{-\frac{z^2}{2\psi_0}}, \quad z \geq 0, \tag{6.97}$$

bzw. für $\theta_0 \to 0$ die einseitige Gaußverteilung

$$p_\xi(z) = \frac{1}{\sqrt{\pi \psi_0}} e^{-\frac{z^2}{4\psi_0}}, \quad z \geq 0, \tag{6.98}$$

hervorgeht. Folglich sind die Riceverteilung, Rayleighverteilung und einseitige Gaußverteilung Sonderfälle der erweiterten Riceverteilung (6.94).

Für die Wahrscheinlichkeitsdichte der Phase $\vartheta(t)$, $p_\vartheta(\theta)$, erhalten wir nach Einsetzen von (6.92) in (6.31) den Ausdruck

$$p_\vartheta(\theta) = \frac{|\sin \theta_0|}{2\pi(1 - \cos \theta_0 \cdot \sin 2\theta)} \cdot e^{-\frac{\rho^2(1 - \cos \theta_0 \cdot \sin 2\theta_\rho)}{2\psi_0 \sin^2 \theta_0}}$$

$$\cdot \left\{ 1 + \sqrt{\pi} f(\theta) e^{f^2(\theta)} [1 + \mathrm{erf}(f(\theta))] \right\}, \quad -\pi \leq \theta \leq \pi, \tag{6.99}$$

wobei

$$f(\theta) = \frac{\rho[\cos(\theta - \theta_\rho) - \cos\theta_0 \cdot \sin(\theta + \theta_\rho)]}{|\sin\theta_0|\sqrt{2\psi_0(1 - \cos\theta_0 \cdot \sin 2\theta)}} \, . \tag{6.100}$$

Genau wie die Wahrscheinlichkeitsdichte der Amplitude so ist auch die Wahrscheinlichkeitsdichte der Phase nur von den Parametern ψ_0, ρ, θ_0 und θ_ρ abhängig und nicht von den Größen $\dot{\psi}_0$, $\ddot{\psi}_0$, $\dot{\phi}_0$ und $\ddot{\phi}_0$.

Die Wahrscheinlichkeitsdichte der Phase, wie wir sie bei der Analyse von Riceprozessen mit unkorrelierten erzeugenden Gaußprozessen $\mu_1(t)$ und $\mu_2(t)$ im Unterabschnitt 3.3.1 kennen gelernt haben [siehe dort Gl. (3.22)], folgt aus (6.99) für den Sonderfall $\theta_0 = \pm\pi/2$. Falls die Parameter ρ und θ_0 durch $\rho = 0$ bzw. $\theta_0 = \pm\pi/2$ gegeben sind, so ist die Phase $\vartheta(t)$ gleichverteilt über das Intervall $[-\pi, \pi]$.

Abschließend soll uns der Einfluss der Parameter θ_0 und θ_ρ auf das Verhalten der Dichte $p_\vartheta(\theta)$ durch die Bilder 6.17(a) und 6.17(b) verdeutlicht werden.

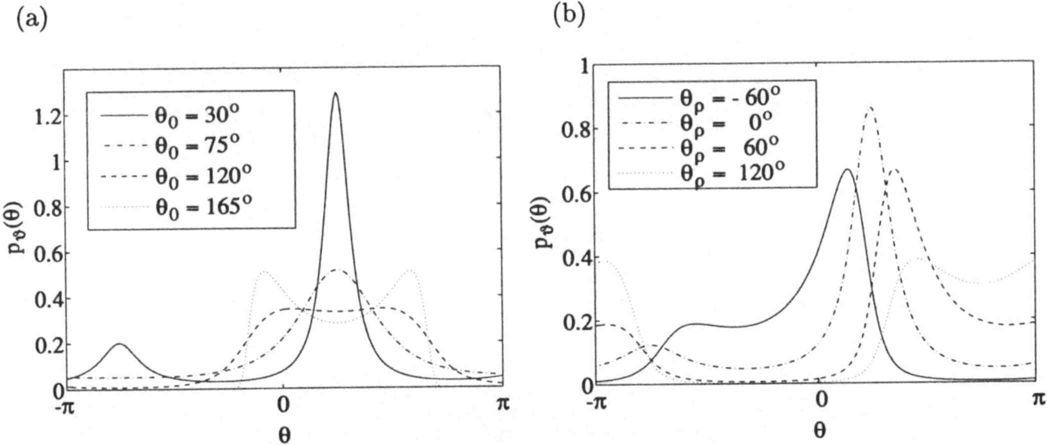

Bild 6.17:   Wahrscheinlichkeitsdichte der Phase $p_\vartheta(\theta)$ für verschiedene Werte der Parameter (a) θ_0 ($\psi_0 = 1$, $\rho = 1$, $\theta_\rho = 45°$) und (b) θ_ρ ($\psi_0 = 1$, $\rho = 1$, $\theta_0 = 45°$).

6.2.1.2 Pegelunterschreitungsrate und mittlere Fadingdauer

Zur Berechnung der Pegelunterschreitungsrate $N_\xi(r)$ muss die Verbundwahrscheinlichkeitsdichte $p_{\xi\dot{\xi}}(z, \dot{z})$ der stochastischen Prozesse $\xi(t)$ und $\dot{\xi}(t)$ zum selben Zeitpunkt t bekannt sein. Für diese finden wir nach Einsetzen von (6.92) in (6.34) den Integralausdruck

$$p_{\xi\dot\xi}(z,\dot z) \;=\; \frac{z}{(2\pi)^{3/2}\psi_0\sqrt{\beta}\,|\sin\theta_0|}\,e^{-\frac{z^2+\rho^2}{2\psi_0\sin^2\theta_0}}\int_{-\pi}^{\pi}\frac{1}{\sqrt{1+\cos\theta_0\cdot\sin 2\theta}}\cdot$$

$$e^{\frac{z\rho\cos(\theta-\theta_\rho)}{\psi_0\sin^2\theta_0}}\cdot e^{\frac{\cos\theta_0}{2\psi_0\sin^2\theta_0}[z^2\sin 2\theta+\rho^2\sin 2\theta_\rho-2z\rho\sin(\theta+\theta_\rho)]}\cdot$$

$$e^{-\frac{1}{2\beta(1+\cos\theta_0\cdot\sin 2\theta)}\left\{\dot z+\frac{\dot\phi_0[\rho\sin(\theta-\theta_\rho)-\cos\theta_0(z\cos 2\theta-\rho\cos(\theta+\theta_\rho))]}{\psi_0\sin^2\theta_0}\right\}^2}\,d\theta\,, \qquad (6.101)$$

falls $z \geq 0$ und $|\dot z| < \infty$. Hier sind wieder ψ_0, $\dot\phi_0$ und β die durch (6.88a), (6.88e) bzw. (6.93) festgelegten Größen. Es existiert kein Wert für den Parameter θ_0 aus dem Intervall $(-\pi,\pi)\backslash\{0\}$, so dass die stochastischen Prozesse $\xi(t)$ und $\dot\xi(t)$ statistisch unabhängig sind, denn es gilt stets $p_{\xi\dot\xi}(z,\dot z) \neq p_\xi(z)\cdot p_{\dot\xi}(\dot z)$. Selbst für den speziellen Fall $\theta_0 = \pm\pi/2$ folgt zwar aus (6.101) die Gleichung (6.35), allerdings muss dabei berücksichtigt werden, dass nun die Beziehungen (6.88a)–(6.88f) gelten, so dass jetzt $\dot\phi_0 \neq 0$ ($\alpha \neq 0$) folgt, und somit (6.101) niemals auf die Form (6.36) gebracht werden kann.

Mit der Verbundwahrscheinlichkeitsdichte (6.101) sind alle Voraussetzungen zur Berechnung der Pegelunterschreitungsrate $N_\xi(r)$ von erweiterten Riceprozessen $\xi(t)$ geschaffen. Wir setzen (6.101) in die Definition (6.33) ein und kommen nach einigen algebraischen Umformungen zu dem Ergebnis

$$N_\xi(r) \;=\; \frac{r\sqrt{\beta}}{(2\pi)^{3/2}\psi_0|\sin\theta_0|}\,e^{-\frac{r^2+\rho^2}{2\psi_0\sin^2\theta_0}}\int_{-\pi}^{\pi}\sqrt{1+\cos\theta_0\cdot\sin 2\theta}\cdot$$

$$e^{\frac{r\rho\cos(\theta-\theta_\rho)}{\psi_0\sin^2\theta_0}}e^{\frac{\cos\theta_0}{2\psi_0\sin^2\theta_0}[r^2\sin 2\theta+\rho^2\sin 2\theta_\rho-2r\rho\sin(\theta+\theta_\rho)]}\cdot$$

$$\left\{e^{-g^2(r,\theta)}+\sqrt{\pi}g(r,\theta)[1+\operatorname{erf}(g(r,\theta))]\right\}d\theta\,, \qquad r\geq 0\,, \qquad (6.102)$$

wobei die Funktion $g(r,\theta)$ für

$$g(r,\theta) = -\frac{\dot\phi_0\{\rho\sin(\theta-\theta_\rho)-\cos\theta_0[r\cos 2\theta-\rho\cos(\theta+\theta_\rho)]\}}{\psi_0\sin^2\theta_0\sqrt{2\beta(1+\cos\theta_0\cdot\sin 2\theta)}} \qquad (6.103)$$

steht. Die Größen ψ_0, $\dot\phi_0$ und β sind wieder durch (6.88a), (6.88e) bzw. (6.93) gegeben. Es sei bemerkt, dass wir bei der Herleitung von (6.102) das Integral [Gra81, Bd. I, Gl. (3.462.5)]

$$\int_0^\infty x\,e^{-ax^2-2bx}\,dx = \frac{1}{2a}\left\{1-b\sqrt{\frac{\pi}{a}}\,e^{\frac{b^2}{a}}\left[1-\operatorname{erf}\left(\frac{b}{\sqrt{a}}\right)\right]\right\}\,, \qquad a>0\,, \qquad (6.104)$$

verwendet haben.

Unter Verwendung von (6.88a)–(6.88f) finden wir leicht heraus, dass (6.102) proportional zur maximalen Dopplerfrequenz f_{max} ist, d. h., die normierte Pegelunterschreitungsrate

$N_\xi(r)/f_{max}$ ist wie bisher unabhängig von der Fahrzeuggeschwindigkeit und der Trägerfrequenz. Eine kleine Parameterstudie, die den Einfluss der Parameter κ_0, ρ, θ_0 und θ_ρ auf die normierte Pegelunterschreitungsrate $N_\xi(r)/f_{max}$ verdeutlicht, ist in den Bildern 6.18(a)–6.18(d) dargestellt. Die Variation von κ_0 (Bild 6.18(a)) und ρ (Bild 6.18 (b)) führt auf Kurven, die prinzipiell ähnlich sind wie die im Bild 6.3(a) bzw. Bild 3.5(b) gezeigten. Durch θ_0 liegt ein weiterer mächtiger Parameter vor, der einen entscheidenden Einfluss auf das Verhalten von $N_\xi(r)/f_{max}$ ausübt (Bild 6.18(c)). Für die dem Bild 6.18(d) zugrunde liegenden Parameter (ψ_0, κ_0, ρ, θ_0) ist der Wert der Größe θ_ρ lediglich von untergeordneter Bedeutung.

Unser Interesse gilt noch einigen Sonderfällen. Mit der Annahme $\theta_0 = \pm\pi/2$ folgt z.B. aus (6.102) die durch (6.37) beschriebene Pegelunterschreitungsrate. Gilt zusätzlich noch $\rho = 0$, so wird $N_\xi(r)$ direkt proportional zur Rayleighverteilung und kann auf die Form (6.38) gebracht werden. Außerdem kann man für den Spezialfall $\rho = 0$ und $\theta_0 \to 0°$ zeigen, dass aus (6.102) die Pegelunterschreitungsrate von einseitigen Gaußprozessen hervorgeht, d. h.

$$N_\xi(r) = \frac{\sqrt{\beta}}{\pi\sqrt{\psi_0}} e^{-\frac{r^2}{4\psi_0}}, \quad r \geq 0, \tag{6.105}$$

wobei β im vorliegenden Fall durch $\beta = -\ddot{\psi}_0 > 0$ gegeben ist. Weitere Sonderfälle, wie z. B. $\rho = 0$ in Verbindung mit beliebigen Werten für $\theta_0 \in [-\pi, \pi)$, lassen sich ebenfalls einfach anhand von (6.102) analysieren.

Zur Berechnung der mittleren Fadingdauer $T_{\xi_-}(r)$ [siehe (6.40)] muss neben der Pegelunterschreitungsrate $N_\xi(r)$ auch die Verteilungsfunktion $F_{\xi_-}(r)$ des erweiterten Riceprozesses $\xi(t)$ bekannt sein. Für Letztere erhalten wir mit der Wahrscheinlichkeitsdichte (6.94) das Doppelintegral

$$\begin{aligned}
F_{\xi_-}(r) &= \int_0^r p_\xi(z)\,dz \\
&= \int_0^r \frac{z}{2\pi\psi_0|\sin\theta_0|} e^{-\frac{z^2+\rho^2}{2\psi_0\sin^2\theta_0}} \cdot \int_{-\pi}^{\pi} e^{\frac{z\rho\cos(\theta-\theta_\rho)}{\psi_0\sin^2\theta_0}} \cdot \\
&\quad e^{\frac{\cos\theta_0}{2\psi_0\sin^2\theta_0}\cdot[z^2\sin2\theta+\rho^2\sin2\theta_\rho-2z\rho\sin(\theta+\theta_\rho)]}\,d\theta\,dz, \quad r \geq 0.
\end{aligned} \tag{6.106}$$

Nach (6.40) ist dann die mittlere Fadingdauer $T_{\xi_-}(r)$ von erweiterten Riceprozessen $\xi(t)$ der Quotient aus (6.106) und (6.102).

Die Bilder 6.19(a) bis 6.19(d) machen deutlich, welchen Einfluss jeweils die Parameter κ_0, ρ, θ_0 bzw. θ_ρ auf die normierte mittlere Fadingdauer $T_{\xi_-}(r) \cdot f_{max}$ haben. Dabei wurden jeweils die den Bildern 6.18(a) bis 6.18(d) zugrunde liegenden Parameter zur Berechnung von $T_{\xi_-}(r) \cdot f_{max}$ verwendet. Die Bilder 6.19(a) und 6.4(a) lassen bei einer Änderung von κ_0 ähnliche Auswirkungen auf $T_{\xi_-}(r) \cdot f_{max}$ erkennen. Bild 6.19(b) zeigt, dass auch bei kleinen Pegeln r eine Vergrößerung von ρ kürzere normierte mittlere

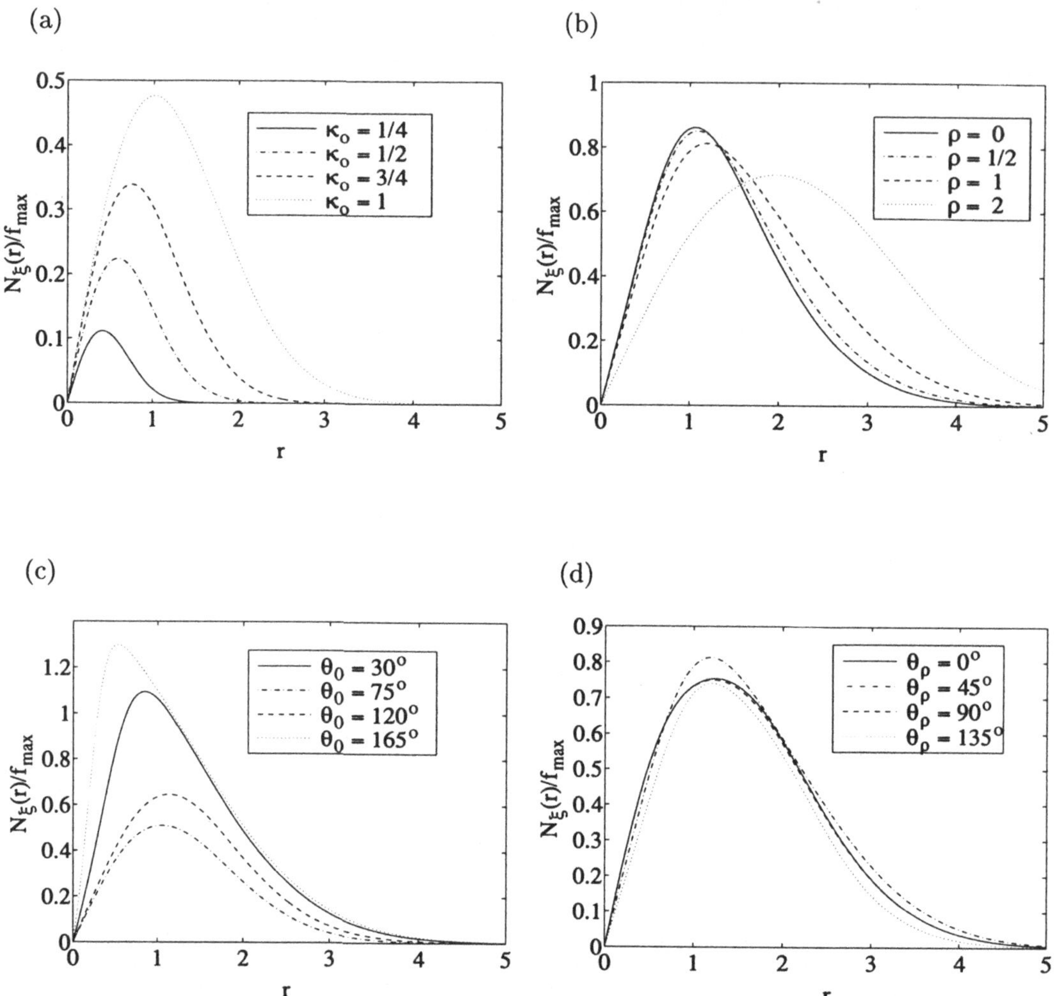

Bild 6.18: Normierte Pegelunterschreitungsrate $N_\xi(r)/f_{max}$ von erweiterten Riceprozessen (Typ II) in Abhängigkeit von: (a) κ_0 ($\sigma_0^2 = 1$, $\rho = 0$, $\theta_0 = 45°$), (b) ρ ($\psi_0 = 1$, $\kappa_0 = 1$, $\theta_\rho = 45°$, $\theta_0 = 45°$), (c) θ_0 ($\psi_0 = 1$, $\kappa_0 = 1$, $\rho = 0$) und (d) θ_ρ ($\psi_0 = 1$, $\kappa_0 = 1$, $\rho = 1$, $\theta_0 = 45°$).

Fadingdauern $T_{\xi_-}(r) \cdot f_{max}$ zur Folge hat, was im Gegensatz zu den im Bild 3.6(b) festgehaltenen Ergebnissen steht, denn dort sind im Bereich kleiner Pegel r bei einer Variation von ρ keine nennenswerten Auswirkungen auf $T_{\xi_-}(r) \cdot f_{max}$ zu verzeichnen. Dem Bild 6.19(c) entnehmen wir, dass der Parameter θ_0 bei mäßig hohen und hohen Pegeln r das Verhalten von $T_{\xi_-}(r) \cdot f_{max}$ beeinflusst, während bei kleinen Pegeln r dessen Einfluss vernachlässigt werden kann (zumindest bei den in diesem Beispiel gewählten Parametern: $\psi_0 = 1$, $\kappa_0 = 1$ und $\rho = 0$). Sinngemäß stellen sich bei Variation des Parameters θ_ρ genau die umgekehrten Verhältnisse ein (Bild 6.19(d)).

6.2.2 Der stochastische erweiterte Suzukiprozess vom Typ II

Der erweiterte Suzukiprozess vom Typ II, $\eta(t)$, wurde in [Pae97a] als Produktprozess von dem zuvor betrachteten erweiterten Riceprozess $\xi(t)$ und dem im Unterabschnitt 6.1.2 beschriebenen Lognormalprozess $\lambda(t)$ eingeführt, d.h. $\eta(t) = \xi(t) \cdot \lambda(t)$. Die hierzu gehörende Struktur des analytischen Modells ist im Bild 6.20 dargestellt.

Im Folgenden berechnen wir zu diesem Modell die Wahrscheinlichkeitsdichte der Amplitude, Pegelunterschreitungsrate und mittlere Fadingdauer.

Wir gehen davon aus, dass die gefärbten Gaußprozesse $\nu_0(t)$ und $\nu_3(t)$ statistisch unabhängig sind, was zur Folge hat, dass der erweiterte Riceprozess $\xi(t)$ und der Lognormalprozess $\lambda(t)$ ebenfalls statistisch unabhängig sind. Bei einer multiplikativen Verknüpfung der Prozesse $\xi(t)$ und $\lambda(t)$ führt dies bei Verwendung von (6.94) und (6.49) auf die nachfolgende Wahrscheinlichkeitsdichte $p_\eta(z)$ von erweiterten Suzukiprozessen vom Typ II

$$p_\eta(z) = \int\limits_{-\infty}^{\infty} \frac{1}{|y|} p_\xi \left(\frac{z}{y}\right) \cdot p_\lambda(y)\, dy\,, \tag{6.107a}$$

$$p_\eta(z) = \int\limits_{-\infty}^{\infty} \frac{1}{|y|} p_\xi(y) \cdot p_\lambda \left(\frac{z}{y}\right) dy\,, \tag{6.107b}$$

$$p_\eta(z) = \frac{1}{2\pi\psi_0 |\sin\theta_0|} \int\limits_0^{\infty} \frac{e^{-\frac{[\ln(z/y)-m_3]^2}{2\sigma_3^2}}}{\sqrt{2\pi}\sigma_3 (z/y)} \cdot e^{-\frac{y^2+\rho^2}{2\psi_0 \sin^2\theta_0}} \cdot$$

$$\int\limits_{-\pi}^{\pi} e^{\frac{y\rho\cos(\theta-\theta_\rho)}{\psi_0 \sin^2\theta_0}} \cdot e^{\frac{\cos\theta_0}{2\psi_0 \sin^2\theta_0}[y^2 \sin 2\theta + \rho^2 \sin 2\theta_\rho - 2y\rho\sin(\theta+\theta_\rho)]}\, d\theta\, dy\,, \quad z \geq 0. \tag{6.107c}$$

Dabei wurde (6.107b) ganz bewusst der Form (6.107a) vorgezogen, weil dann die Berechnung von (6.107c) mittels numerischer Integrationsverfahren vorteilhafter durchgeführt werden kann. Für $\sigma_3 \to 0$ und $m_3 \to 0$ folgt $p_\lambda(z/y) \to |y|\delta(z-y)$ und somit $p_\eta(z) \to p_\xi(z)$, wobei $p_\xi(z)$ durch (6.94) beschrieben wird. Allgemein hängt

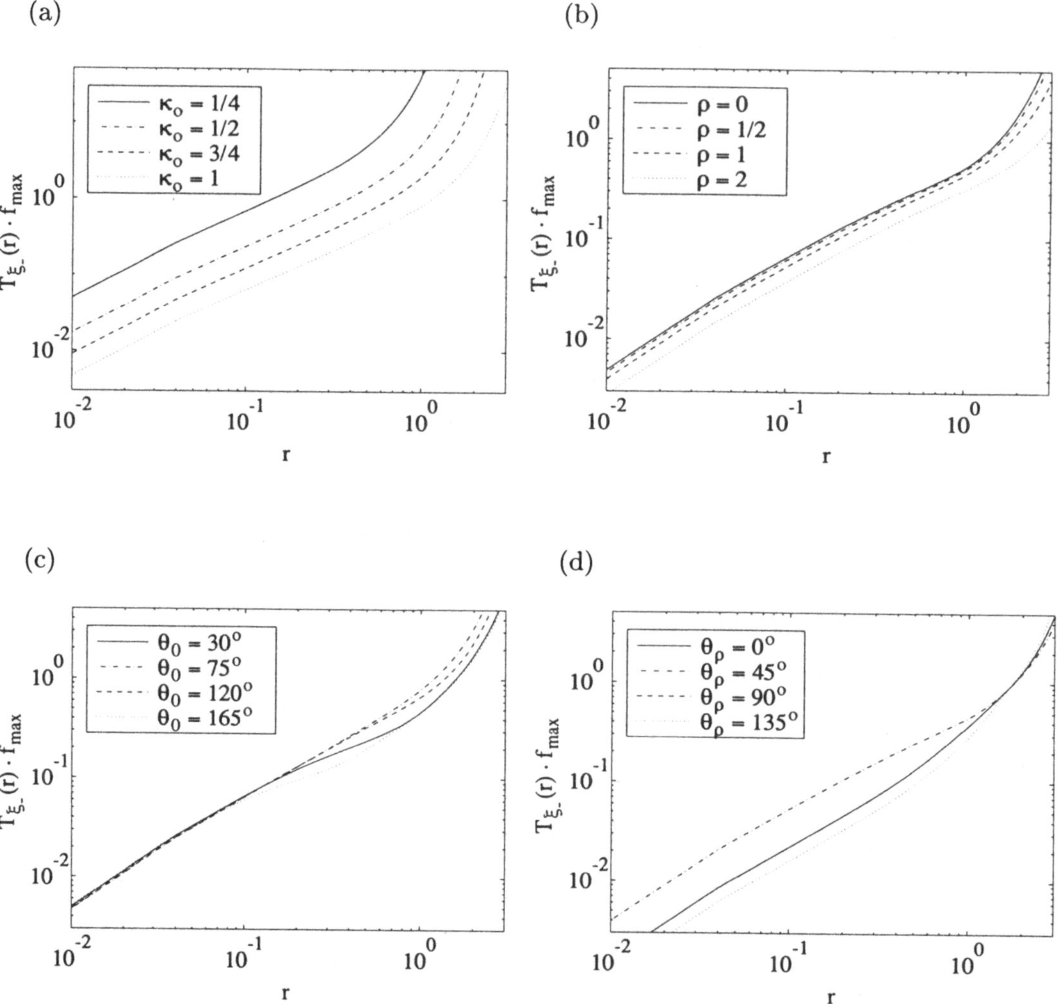

Bild 6.19: Normierte mittlere Fadingdauer $T_{\xi_-}(r) \cdot f_{max}$ von erweiterten Riceprozessen (Typ II) in Abhängigkeit von: (a) κ_0 ($\sigma_0^2 = 1$, $\rho = 0$, $\theta_0 = 45°$), (b) ρ ($\psi_0 = 1$, $\kappa_0 = 1$, $\theta_\rho = 45°$, $\theta_0 = 45°$), (c) θ_0 ($\psi_0 = 1$, $\kappa_0 = 1$, $\rho = 0$) und (d) θ_ρ ($\psi_0 = 1$, $\kappa_0 = 1$, $\rho = 1$, $\theta_0 = 45°$).

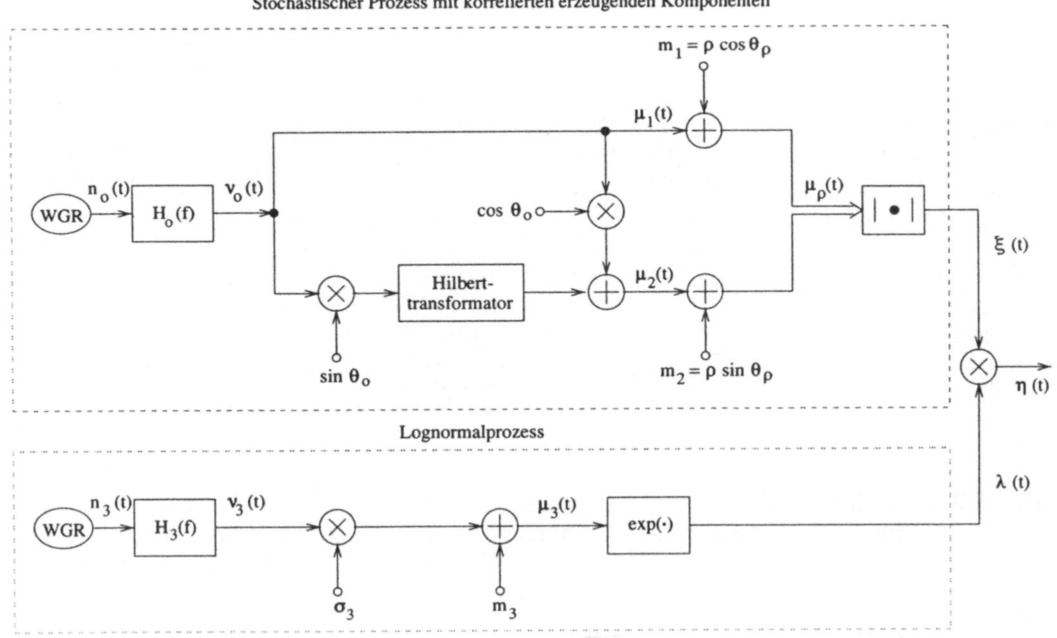

Bild 6.20:   Analytisches Modell für den erweiterten Suzukiprozess (Typ II).

die Wahrscheinlichkeitsdichte (6.107c) von der mittleren Leistung ψ_0, den Parametern σ_3, m_3, ρ, θ_ρ und nicht zuletzt von θ_0 ab. Die Bilder 6.21(a) und 6.21(b) vermitteln eine Vorstellung von dem Einfluss, den die Parameter σ_3 bzw. m_3 auf das Verhalten der Wahrscheinlichkeitsdichte $p_\eta(z)$ ausüben.

Als Nächstes berechnen wir die Pegelunterschreitungsrate $N_\eta(r)$ von erweiterten Suzukiprozessen (Typ II). Da hierzu die Verbundwahrscheinlichkeitsdichte $p_{\eta\dot\eta}(z, \dot z)$ der Prozesse $\eta(t)$ und $\dot\eta(t)$ zum gleichen Zeitpunkt t benötigt wird, setzen wir zunächst einmal die für $p_{\xi\dot\xi}(z, \dot z)$ und $p_{\lambda\dot\lambda}(y, \dot y)$ gefundenen Beziehungen (6.101) und (6.53) in (6.58) ein, und finden

$$
p_{\eta\dot\eta}(z, \dot z) = \frac{1}{(2\pi)^{3/2}\psi_0\sqrt{\beta}|\sin\theta_0|} \int_0^\infty \frac{e^{-\frac{[\ln(z/y)-m_3]^2}{2\sigma_3^2}}}{\sqrt{2\pi}\sigma_3(z/y)^2} \cdot e^{-\frac{y^2+\rho^2}{2\psi_0\sin^2\theta_0}} \cdot
$$

$$
\int_{-\pi}^{\pi} \frac{e^{\frac{y\rho\cos(\theta-\theta_\rho)}{\psi_0\sin^2\theta_0}}\, e^{\frac{\cos\theta_0}{2\psi_0\sin^2\theta_0}[y^2\sin 2\theta+\rho^2\sin 2\theta_\rho-2y\rho\sin(\theta+\theta_\rho)]}}{h(y,\theta)\sqrt{1+\cos\theta_0\cdot\sin 2\theta}} \cdot
$$

$$
e^{-\frac{\left\{\dot z+\frac{\dot\phi_0(z/y)[\rho\sin(\theta-\theta_\rho)-\cos\theta_0(y\cos 2\theta-\rho\cos(\theta+\theta_\rho))]}{\psi_0\sin^2\theta_0}\right\}}{2\beta(z/y)^2 h^2(y,\theta)(1+\cos\theta_0\cdot\sin 2\theta)}}\, d\theta\, dy, \quad z \geq 0, \ |\dot z| < \infty, \quad (6.108)
$$

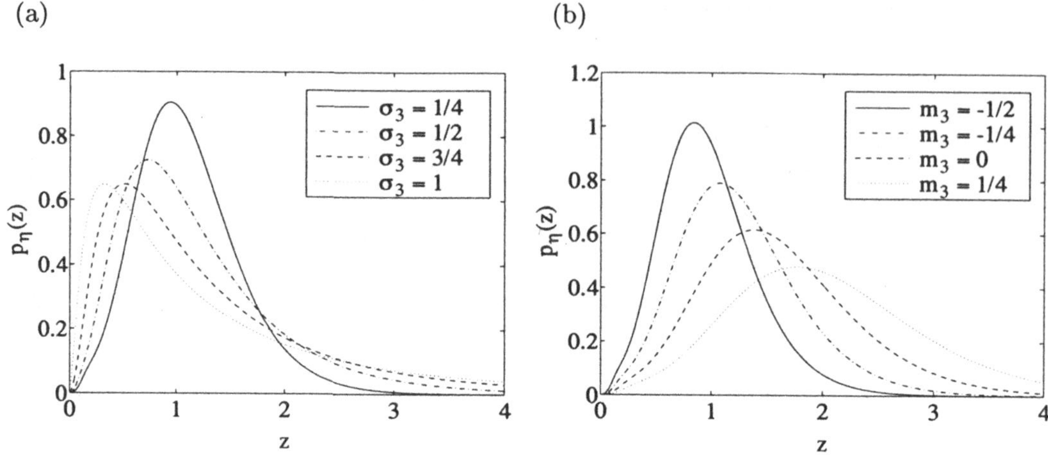

Bild 6.21:   Wahrscheinlichkeitsdichte $p_\eta(z)$ von erweiterten Suzukiprozessen (Typ II) für verschiedene Werte der Parameter (a) σ_3 ($m_3 = 1$, $\psi_0 = 0.0412$, $\rho = 0.918$, $\theta_\rho = 86°$, $\theta_0 = 97°$) und (b) m_3 ($\sigma_3 = 0.5$, $\psi_0 = 0.0412$, $\rho = 0.918$, $\theta_\rho = 86°$, $\theta_0 = 97°$).

wobei

$$h(y,\theta) = \sqrt{1 + \frac{\gamma(\sigma_3 y)^2}{\beta(1 + \cos\theta_0 \cdot \sin 2\theta)}} \; . \tag{6.109}$$

Dabei sind ψ_0, $\dot{\phi}_0$, β und γ wieder die durch (6.88a), (6.88e), (6.93) bzw. (6.51) eingeführten Größen. Setzen wir weiterhin (6.108) in (6.57) ein, so folgt für die Pegelunterschreitungsrate $N_\eta(r)$ von erweiterten Suzukiprozessen vom Typ II das Ergebnis

$$N_\eta(r) = \frac{\sqrt{\beta}}{(2\pi)^2 \sigma_3 \psi_0 |\sin\theta_0|} \int_0^\infty e^{-\frac{[\ln(r/y)-m_3]^2}{2\sigma_3^2}} \cdot e^{-\frac{y^2+\rho^2}{2\psi_0 \sin^2\theta_0}} \cdot$$

$$\int_{-\pi}^{\pi} h(y,\theta)\sqrt{1 + \cos\theta_0 \cdot \sin 2\theta} \cdot$$

$$e^{\frac{y\rho\cos(\theta-\theta_\rho)}{\psi_0\sin^2\theta_0}} \cdot e^{\frac{\cos\theta_0}{2\psi_0\sin^2\theta_0}[y^2\sin 2\theta + \rho^2\sin 2\theta_\rho - 2y\rho\sin(\theta+\theta_\rho)]} \cdot$$

$$\left\{ e^{-\left[\frac{g(y,\theta)}{h(y,\theta)}\right]^2} + \sqrt{\pi}\frac{g(y,\theta)}{h(y,\theta)}\left[1 + \mathrm{erf}\left(\frac{g(y,\theta)}{h(y,\theta)}\right)\right]\right\} d\theta\, dy\,, \quad r \geq 0\,, \tag{6.110}$$

mit den Funktionen $g(y,\theta)$ und $h(y,\theta)$ nach (6.103) bzw. (6.109).

Im Fall $\sigma_3 \to 0$ und $m_3 \to 0$ folgen $p_\lambda(r/y) \to |y|\delta(r-y)$ und $h(y,\theta) \to 1$, so dass $N_\eta(r)$ nach (6.110) gegen den zuvor für den erweiterten Riceprozess hergeleiteten Ausdruck (6.102) konvergiert, was auch zu erwarten war. Ferner ist zu beachten, dass zwar (6.110) für den Sonderfall $\theta_0 = \pm\pi/2$ auf die Form (6.61) gebracht werden kann, jedoch gelten nach wie vor die Definitionen (6.88a)–(6.88f) und nicht (6.12a)–(6.12f), so dass im Allgemeinen die Pegelunterschreitungsrate von erweiterten Suzukiprozessen des Typs II nicht exakt auf die des Typs I abgebildet werden kann. Wieder ist die maximale Dopplerfrequenz f_{max} proportional zur Pegelunterschreitungsrate $N_\eta(r)$, was leicht durch Einsetzen von (6.88a)–(6.88f) in (6.110) gezeigt werden kann.

Zur Berechnung der mittleren Fadingdauer $T_{\eta_-}(r)$ greifen wir erneut die Definition (6.65) auf. Für die dazu erforderliche Verteilungsfunktion $F_{\eta_-}(r) = P(\eta(t) \leq r)$ erhalten wir mittels (6.107c) das Doppelintegral

$$
\begin{aligned}
F_{\eta_-}(r) &= \int_0^r p_\eta(z)\,dz \\[2mm]
&= \frac{1}{2\pi\psi_0|\sin\theta_0|} \int_0^\infty \frac{y}{2} \left\{ 1 + \mathrm{erf}\left[\frac{\ln(r/y) - m_3}{\sigma_3}\right] \right\} \cdot e^{-\frac{y^2+\rho^2}{2\psi_0\sin^2\theta_0}} \cdot \\[2mm]
&\quad \int_{-\pi}^{\pi} e^{\frac{y\rho\cos(\theta-\theta_\rho)}{\psi_0\sin^2\theta_0}} \cdot e^{\frac{\cos\theta_0}{2\psi_0\sin^2\theta_0}[y^2\sin 2\theta + \rho^2\sin 2\theta_\rho - 2y\rho\sin(\theta+\theta_\rho)]}\,d\theta\,dy .
\end{aligned}
\tag{6.111}
$$

Gemäß (6.65) ergibt dann der Quotient aus (6.111) und (6.110) die mittlere Fadingdauer $T_{\eta_-}(r)$ von erweiterten Suzukiprozessen des Typs II.

Einige Beispiele, die zur Veranschaulichung der für $N_\eta(r)$ und $T_{\eta_-}(r)$ gefundenen Gleichungen beitragen sollen, sind in den Bildern 6.22(a) bis 6.22(d) dargestellt. Die Bilder 6.22(a) und 6.22(b) zeigen die nach (6.110) berechnete normierte Pegelunterschreitungsrate $N_\eta(r)/f_{max}$ für unterschiedliche Werte der Parameter m_3 bzw. $\kappa_c = f_{max}/f_c$. Man erkennt in der logarithmischen Darstellung des Bildes 6.22(a), dass eine Änderung des Parameters m_3 im Wesentlichen eine horizontale Verschiebung der normierten Pegelunterschreitungsrate bewirkt. Bild 6.22(b) macht anschaulich klar, dass der Einfluss des Parameters κ_c durchaus vernachlässigbar ist, wenn dieser realistische Werte annimmt, d. h. $\kappa_c > 10$. Die nach (6.65) berechnete normierte mittlere Fadingdauer $T_{\eta_-}(r) \cdot f_{max}$ ist für unterschiedliche Größen m_3 und κ_c in dem Bild 6.22(c) bzw. 6.22(d) dargestellt.

6.2.3 Der deterministische erweiterte Suzukiprozess vom Typ II

Ausgehend von dem im vorhergehenden Unterabschnitt beschriebenen stochastischen Modell für den erweiterten Suzukiprozess vom Typ II erfolgt nun die Herleitung des zugehörigen deterministischen Modells. Dazu machen wir wieder von dem Prinzip der deterministischen Kanalmodellierung (Abschnitt 4.1) Gebrauch und approximieren den als ideal angenommenen gefärbten, mittelwertfreien Gaußprozess $\nu_0(t)$ durch eine endliche Summe von gewichteten harmonischen Funktionen

$$
\tilde{\nu}_0(t) = \sum_{n=1}^{N_1} c_{1,n} \cos(2\pi f_{1,n} t + \theta_{1,n}) .
\tag{6.112}
$$

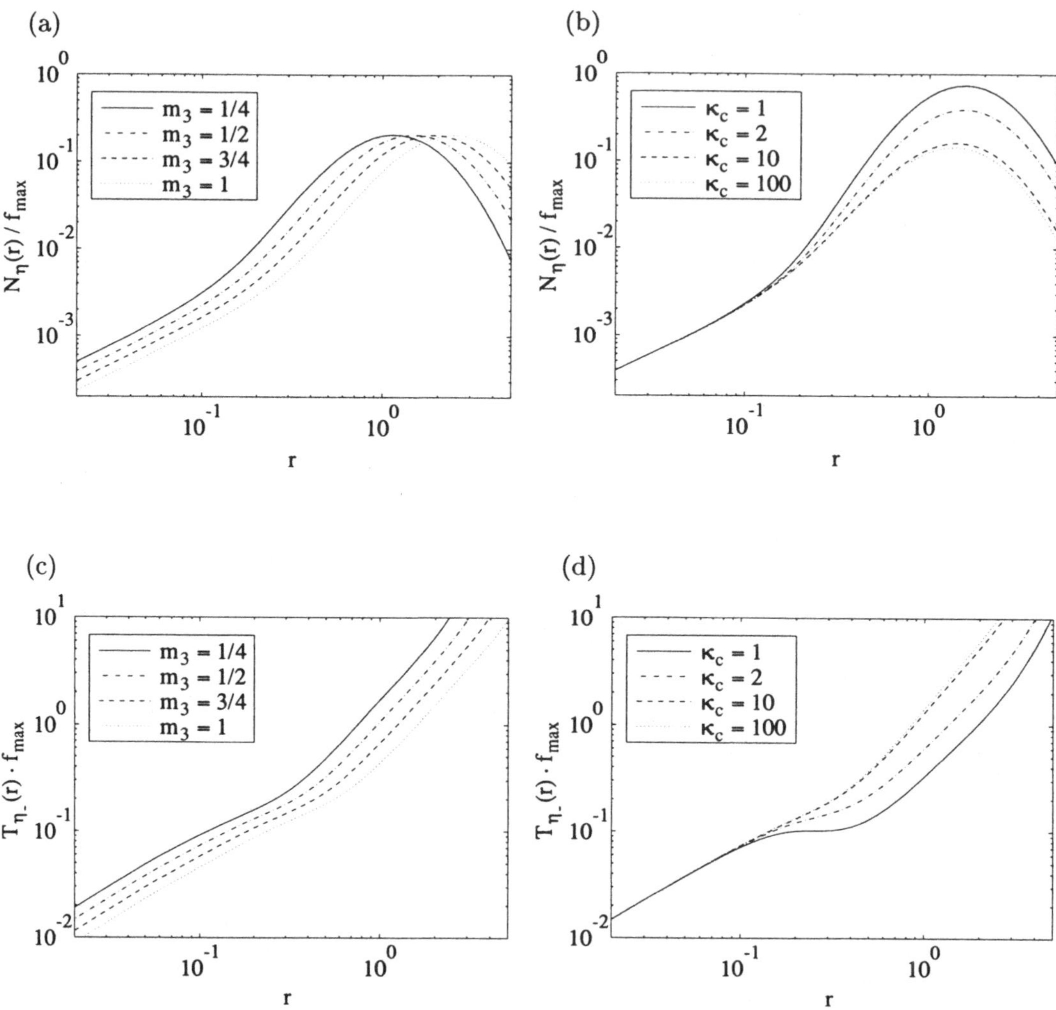

Bild 6.22: Normierte Pegelunterschreitungsrate $N_\eta(r)/f_{max}$ von erweiterten Suzukiprozessen (Typ II) für verschiedene Werte der Parameter: (a) m_3 ($\kappa_c = 5$) und (b) κ_c ($m_3 = 0.5$) sowie (c) und (d) die zugehörige normierte mittlere Fadingdauer $T_{\eta_-}(r) \cdot f_{max}$ ($\psi_0 = 0.0412$, $\kappa_0 = 0.4553$, $\rho = 0.918$, $\theta_\rho = 86°$, $\theta_0 = 97°$, $\sigma_3 = 0.5$).

Mit der Hilberttransformierten des obigen deterministischen Prozesses

$$\check{\tilde{\nu}}_0(t) = \sum_{n=1}^{N_1} c_{1,n} \sin(2\pi f_{1,n} t + \theta_{1,n}) \tag{6.113}$$

können wir die beiden Beziehungen (6.82) und (6.83) in das deterministische Modell überführen. Demzufolge erhalten wir

$$\tilde{\mu}_1(t) = \tilde{\nu}_0(t) \tag{6.114}$$

und

$$\tilde{\mu}_2(t) = \cos\theta_0 \cdot \tilde{\nu}_0(t) + \sin\theta_0 \cdot \check{\tilde{\nu}}_0(t) \,. \tag{6.115}$$

Substituieren wir nun in diesen beiden Gleichungen den deterministischen Prozess $\tilde{\nu}_0(t)$ und dessen Hilberttransformierte $\check{\tilde{\nu}}_0(t)$ durch die jeweils rechte Seite von (6.112) bzw. (6.113), so lassen sich die erzeugenden deterministischen Komponenten wie folgt schreiben:

$$\tilde{\mu}_1(t) = \sum_{n=1}^{N_1} c_{1,n} \cos(2\pi f_{1,n} t + \theta_{1,n}) \,, \tag{6.116}$$

$$\tilde{\mu}_2(t) = \sum_{n=1}^{N_1} c_{1,n} \cos(2\pi f_{1,n} t + \theta_{1,n} - \theta_0) \,. \tag{6.117}$$

An dieser Stelle tritt die Rolle von θ_0 deutlich hervor: Der Parameter θ_0 beschreibt die Phasenverschiebung zwischen den harmonischen Elementarfunktionen $\tilde{\mu}_{1,n}(t)$ und $\tilde{\mu}_{2,n}(t)$ [siehe (4.27)]. Demnach sind die Dopplerphasen $\theta_{2,n}$ des zweiten deterministischen Prozesses $\tilde{\mu}_2(t)$ abhängig von den Dopplerphasen $\theta_{1,n}$ des ersten deterministischen Prozesses $\tilde{\mu}_1(t)$, denn es gilt $\theta_{2,n} = \theta_{1,n} - \theta_0$.

Man beachte auch, dass für die Dopplerkoeffizienten $c_{i,n}$ und diskreten Dopplerfrequenzen $f_{i,n}$ die Beziehungen $c_{1,n} = c_{2,n}$ und $f_{1,n} = f_{2,n}$ gelten. Speziell für den Sonderfall $\theta_0 = \pm 90°$ kann der komplexe deterministische Prozess $\tilde{\mu}(t) = \tilde{\mu}_1(t) + j\tilde{\mu}_2(t)$ auf die Form

$$\tilde{\mu}(t) = \sum_{n=1}^{N_1} c_{1,n} e^{\pm j(2\pi f_{1,n} t + \theta_{1,n})} \tag{6.118}$$

gebracht werden.

Der deterministische Lognormalprozess $\tilde{\lambda}(t)$, der den langsamen Signalschwund nachbildet, wird genau wie im unteren Teil des Bildes 6.9 realisiert. Hierzu ist ein weiterer deterministischer Prozess $\tilde{\nu}_3(t)$ erforderlich, dessen Entwurf so durchgeführt wird, dass dieser nicht mit dem Prozess $\tilde{\nu}_0(t)$ korreliert. Da diese beiden Prozesse (näherungsweise) gaußverteilt sind, folgt aus der Unkorreliertheit die statistische Unabhängigkeit von $\tilde{\nu}_0(t)$

und $\tilde{\nu}_3(t)$. Folglich sind auch die daraus abgeleiteten deterministischen Prozesse $\tilde{\xi}(t)$ und $\tilde{\lambda}(t)$ statistisch unabhängig.

Unter Verwendung von (6.116) und (6.117) kann jetzt leicht das stochastische analytische Modell für den erweiterten Suzukiprozess vom Typ II (Bild 6.20) in das im Bild 6.23 gezeigte deterministische Simulationsmodell überführt werden.

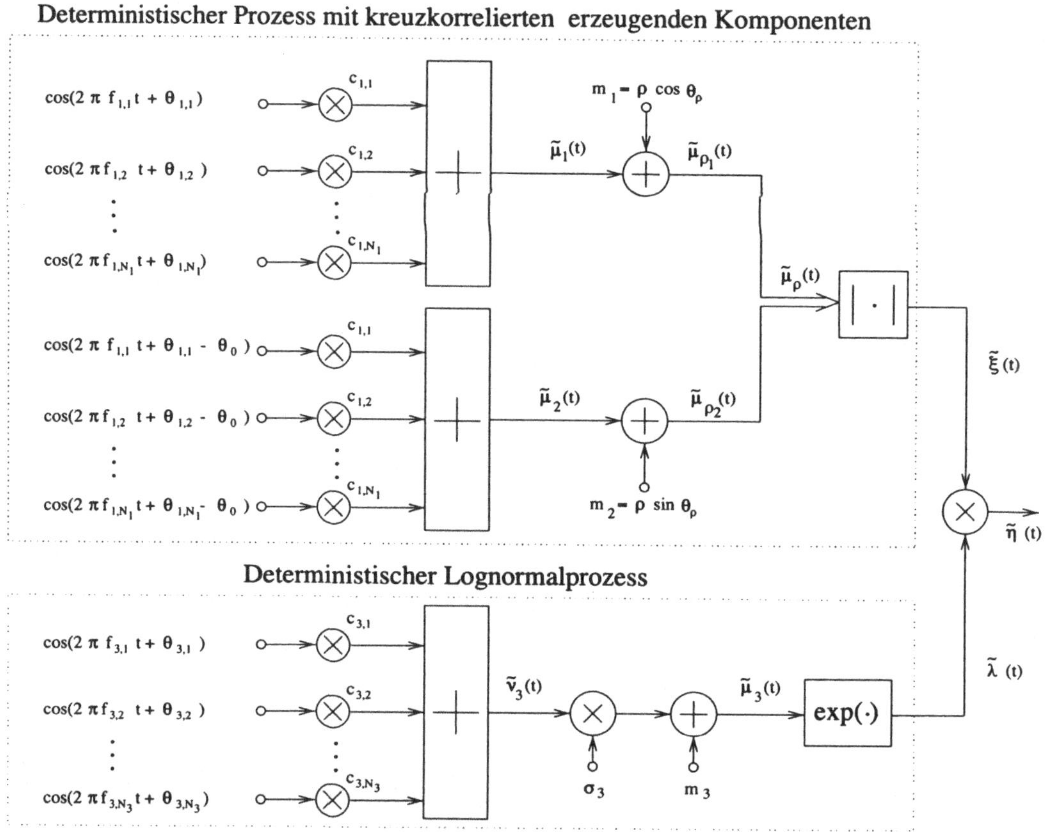

Bild 6.23:   Deterministisches Simulationsmodell für den erweiterten Suzukiprozess (Typ II).

Die statistischen Eigenschaften von deterministischen erweiterten Suzukiprozessen $\tilde{\eta}(t)$ vom Typ II können in sehr guter Näherung durch die zuvor für das analytische Modell hergeleiteten Beziehungen $p_\eta(z)$, $N_\eta(r)$ und $T_{\eta_-}(r)$ beschrieben werden, wenn dort die charakteristischen Kenngrößen (6.88a)–(6.88f) durch die zum Simulationsmodell gehörenden ersetzt werden, welche wir nachfolgend berechnen wollen. Wir benötigen dazu die

Autokorrelationsfunktion der Prozesse $\tilde{\mu}_1(t)$ und $\tilde{\mu}_2(t)$

$$\tilde{r}_{\mu_1\mu_1}(\tau) = \tilde{r}_{\mu_2\mu_2}(\tau) = \sum_{n=1}^{N_1} \frac{c_{1,n}^2}{2} \cos(2\pi f_{1,n}\tau) \tag{6.119}$$

sowie die nach (4.13) berechnete Kreuzkorrelationsfunktion

$$\tilde{r}_{\mu_1\mu_2}(\tau) = \tilde{r}_{\mu_2\mu_1}(-\tau) = \sum_{n=1}^{N_1} \frac{c_{1,n}^2}{2} \cos(2\pi f_{1,n}\tau - \theta_0)\,. \tag{6.120}$$

Mit diesen beiden Funktionen können nun sehr einfach die charakteristischen Kenngrößen des Simulationsmodells $\tilde{\psi}_0^{(n)} = \tilde{r}_{\mu_1\mu_1}^{(n)}(0)$ und $\tilde{\phi}_0^{(n)} = \tilde{r}_{\mu_1\mu_2}^{(n)}(0)$ für $n = 0, 1, 2$ ermittelt werden. Man erhält:

$$\tilde{\psi}_0^{(0)} = \tilde{\psi}_0 = \sum_{n=1}^{N_1} \frac{c_{1,n}^2}{2}\,, \tag{6.121a}$$

$$\tilde{\psi}_0^{(1)} = \dot{\tilde{\psi}}_0 = 0\,, \tag{6.121b}$$

$$\tilde{\psi}_0^{(2)} = \ddot{\tilde{\psi}}_0 = -2\pi^2 \sum_{n=1}^{N_1} (c_{1,n} f_{1,n})^2\,, \tag{6.121c}$$

$$\tilde{\phi}_0^{(0)} = \tilde{\phi}_0 = \tilde{\psi}_0 \cdot \cos\theta_0\,, \tag{6.121d}$$

$$\tilde{\phi}_0^{(1)} = \dot{\tilde{\phi}}_0 = \pi \sum_{n=1}^{N_1} (c_{1,n}^2 f_{1,n}) \cdot \sin\theta_0\,, \tag{6.121e}$$

$$\tilde{\phi}_0^{(2)} = \ddot{\tilde{\phi}}_0 = \ddot{\tilde{\psi}}_0 \cdot \cos\theta_0\,. \tag{6.121f}$$

Da dieses Modell das eingeschränkte Jakesleistungsdichtespektrum ($\kappa_0 \leq 1$) verwendet, greifen wir hier zur Berechnung der diskreten Dopplerfrequenzen $f_{1,n}$ und Dopplerkoeffizienten $c_{1,n}$ zweckmäßigerweise auf die modifizierte Methode der exakten Dopplerverbreiterung (Unterabschnitt 6.1.4) zurück. Nach Anpassung der Gleichungen (6.72)–(6.74) an das vorliegende Modell erhalten wir

$$f_{1,n} = f_{max} \sin\left[\frac{\pi}{2N_1'}\left(n - \frac{1}{2}\right)\right] \quad \text{und} \quad c_{1,n} = \sigma_0 \sqrt{\frac{2}{N_1'}} \tag{6.122a,b}$$

für $n = 1, 2, \ldots, N_1$, wobei N_1 die tatsächliche (vom Anwender festgelegte) und

$$N_1' = \left\lceil \frac{N_1}{\frac{2}{\pi} \arcsin(\kappa_0)} \right\rceil \tag{6.123}$$

die virtuelle Anzahl harmonischer Funktionen kennzeichnen.

Für die Dopplerphasen $\theta_{1,n}$ wird angenommen, dass diese über das Intervall $(0, 2\pi]$ gleichverteilt sind.

Die Berechnung der diskreten Dopplerfrequenzen $f_{3,n}$ des deterministischen Gaußprozesses $\tilde{\nu}_3(t)$ erfolgt genau nach (6.75a) und (6.75b). Ebenso wird für $c_{3,n}$ wieder die Formel $c_{3,n} = \sqrt{2/N_3}$ für alle $n = 1, 2, \ldots, N_3$ verwendet. Die verbleibenden Parameter des Simulationsmodells $(\rho, \theta_\rho, m_3, \sigma_3)$ sind identisch mit denen des analytischen Modells.

Nun können mit (6.122a) und (6.122b) die charakteristischen Kenngrößen des Simulationsmodells (6.121a)–(6.121f) ausgewertet werden. Ein Vergleich mit den entsprechenden Größen des analytischen Modells (6.88a)–(6.88f) gibt dann Auskunft über die Präzision des Simulationsmodells. Exemplarisch ist das Konvergenzverhalten der normierten Größen $\ddot{\tilde{\psi}}_0/f_{max}^2$ und $\dot{\tilde{\phi}}_0/f_{max}$ im Bild 6.24(a) bzw. 6.24(b) dargestellt. Wie in den Bildern 6.10(a) und 6.10(b) so erkennt man auch hier, dass für alle praktisch relevanten Fälle ($N_1 \geq 7$) die Abweichungen der dargestellten Kenngrößen des Simulationsmodells von denen des analytischen Modells vernachlässigbar sind.

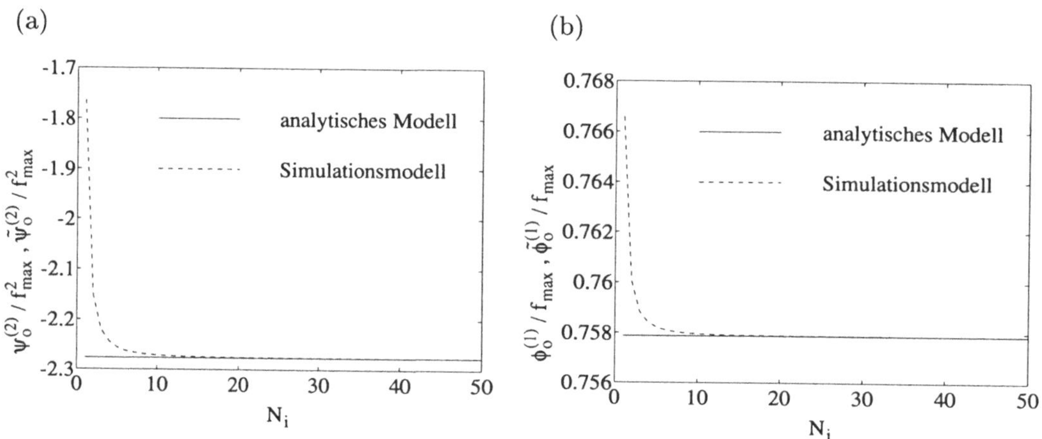

Bild 6.24: Darstellung von (a) $\ddot{\psi}_0/f_{max}^2$ und $\ddot{\tilde{\psi}}_0/f_{max}^2$ sowie (b) $\dot{\phi}_0/f_{max}$ und $\dot{\tilde{\phi}}_0/f_{max}$ (MEDS, $\sigma_0^2 = 2$, $\kappa_0 = 1/2$, $\theta_0 = 45°$).

Für die Pegelunterschreitungsrate $\tilde{N}_\eta(r)$ und mittlere Fadingdauer $\tilde{T}_{\eta_-}(r)$ des Simulationsmodells gelten sinngemäß die im letzten Absatz von Unterabschnitt 6.1.4 gemachten Aussagen.

6.2.4 Anwendungen und Simulationsergebnisse

Dieser Unterabschnitt soll uns zeigen, wie die statistischen Eigenschaften von stochastischen und deterministischen erweiterten Suzukiprozessen vom Typ II mit denen von gemessenen Kanälen in Einklang gebracht werden können. Dies geschieht wieder durch Optimierung der primären Modellparameter. Die Grundlage hierzu bilden die Messergebnisse aus der Literatur [But83] $(F_{\eta_+}^\star(r), N_\eta^\star(r), T_{\eta_-}^\star(r))$, welche wir schon im Un-

Abschattung	σ_0	κ_0	θ_0	ρ	θ_ρ	σ_3	m_3	κ_c
stark	0.2774	0.506	30°	0.269	45°	0.0905	0.0439	119.9
schwach	0.7697	0.4045	164°	1.567	127°	0.0062	-0.3861	1.735

Tabelle 6.3: Die optimierten primären Parameter des analytischen Kanalmodells für Gebiete mit starker und schwacher Abschattung.

terabschnitt 6.1.5 vorgestellt haben. Nur so ist ein fairer Leistungsvergleich zwischen erweiterten Suzukiprozessen vom Typ I und solchen vom Typ II möglich.

Der Parametervektor $\mathbf{\Omega}$ lautet im vorliegenden Fall

$$\mathbf{\Omega} = (\sigma_0, \kappa_0, \theta_0, \rho, \theta_\rho, \sigma_3, m_3, \kappa_c) \,. \tag{6.124}$$

Dieser enthält diesmal alle primären Modellparameter des erweiterten Suzukiprozesses (Typ II), also einschließlich κ_c, obwohl gerade dieser Parameter keinen nennenswerten Einfluss auf die Statistik erster und zweiter Ordnung des Prozesses $\eta(t)$ hat, falls κ_c den Wert 10 überschreitet. Es soll dem Optimierungsalgorithmus überlassen bleiben, hierfür einen geeigneten Wert zu finden.

Da sich die Fehlerfunktion $E_2(\mathbf{\Omega})$ [siehe (6.76)] bei unseren bisherigen Anwendungen gut bewährt hat, führen wir diese auch beim vorliegenden Problem dem Fletcher-Powell-Verfahren [Fle63] zur Minimierung zu. Natürlich muss bei der Auswertung von (6.76) darauf geachtet werden, dass jetzt die komplementäre Verteilungsfunktion $F_{\eta_+}(r/\rho) = 1 - F_{\eta_-}(r/\rho)$ mittels (6.111) zu berechnen und die Pegelunterschreitungsrate $N_\eta(r/\rho)$ durch (6.110) definiert ist. Die Tabelle 6.3 zeigt die Ergebnisse, die sich nach einer numerischen Minimierung der Fehlerfunktion $E_2(\mathbf{\Omega})$ für die Komponenten des Parametervektors $\mathbf{\Omega}$ finden lassen.

Mit den in Tabelle 6.3 eingetragenen Ergebnissen für die Parameter σ_0, κ_0 und ρ nimmt der Ricefaktor c_R [siehe (3.18)]

$$c_R = \frac{\rho^2}{2\psi_0} = \frac{\pi}{4} \cdot \frac{\rho^2}{\sigma_0^2 \arcsin(\kappa_0)} \tag{6.125}$$

beim erweiterten Suzukimodell (Typ II) die Werte $c_R = 1.43\,\mathrm{dB}$ (starke Abschattung) und $c_R = 8.93\,\mathrm{dB}$ (schwache Abschattung) an.

Bild 6.25(a) zeigt die komplementäre Verteilungsfunktion $F_{\eta_+}(r/\rho)$ des analytischen Modells im Vergleich mit der des realen Kanals $F^\star_{\eta_+}(r/\rho)$. Bei starker Abschattung ergeben sich bei kleinen (auf ρ normierten) Pegeln r/ρ geringe Abweichungen, die verschwindend klein werden, sobald r/ρ mittlere oder gar große Werte annimmt. Bei schwacher Abschattung sind die Abweichungen bei mittleren Pegeln am größten, während sie bei kleinen Pegeln vernachlässigt werden können.

Das Bild 6.25(b) zeigt die normierte Pegelunterschreitungsrate $N_\eta(r/\rho)/f_{max}$ des analytischen Modells und die des gemessenen Kanals $N^\star_\eta(r/\rho)/f_{max}$. Man erkennt, dass die beiden Pegelunterschreitungsraten über den gesamten dargestellten Amplitudenbereich erstaunlich gut übereinstimmen.

Ein Vergleich zwischen den zugehörigen normierten mittleren Fadingdauern ist im Bild 6.25(c) dargestellt. Die dort gezeigten Ergebnisse sind zwar schon recht gut, lassen aber noch Raum für weitere Verbesserungen vermuten, welche wir auch in der Tat durch eine weitere Modellerweiterung im nächsten Abschnitt erreichen werden.

An dieser Stelle bietet sich ein Leistungsvergleich zwischen den beiden erweiterten Suzukimodellen (Typ I und Typ II) an. Im Hinblick auf die komplementäre Verteilungsfunktion liefern beide Modelltypen in etwa gleich gute Ergebnisse (vgl. Bild 6.25(a) mit Bild 6.12(a)). Jedoch scheint die Flexibilität der Pegelunterschreitungsrate des erweiterten Suzukimodells vom Typ II höher als die des Typs I zu sein, was die deutlich besseren Ergebnisse des Bildes 6.25(b) gegenüber denen des Bildes 6.12(b) erklären würde. Man muss aber fairerweise dazu sagen, dass die höhere Flexibilität mit einer größeren Komplexität des analytischen Modells einhergeht. Da die erzielbaren Verbesserungen nur durch Erhöhung des numerischen Rechenaufwandes erreichbar sind, muss der Anwender selber von Fall zu Fall, d. h. in unserer Terminologie von "Kanal zu Kanal", entscheiden, ob die erzielbaren Verbesserungen einen erhöhten analytischen und numerischen Aufwand rechtfertigen.

Liegen die Parameter des analytischen Modells erst einmal fest, dann kann allerdings die Bestimmung der Parameter des zugehörigen deterministischen Simulationsmodells mit den hier vorgestellten Gleichungen als trivial bezeichnet werden.

Werfen wir abermals einen Blick auf die in den Bildern 6.9 und 6.23 dargestellten Simulationsmodelle, dann wird deutlich, dass die zum Modelltyp II gehörende Struktur im Allgemeinen die effizientere ist, und die Struktur des Typs I nur dann mithalten kann, wenn $N_2 = 0$ gilt, was $\kappa_0 = 0$ voraussetzt.

Abschließend verbleibt noch die Verifikation der analytischen Ergebnisse mittels Simulation. Dazu entwerfen wir die deterministischen Prozesse $\tilde{\nu}_0(t)$ und $\tilde{\nu}_3(t)$ mit dem im vorhergehenden Unterabschnitt 6.2.3 beschriebenen Verfahren (modifizierte MEDS mit $N_1 = 25$ und $N_3 = 15$). Die Messung der Funktionen $\tilde{F}_{\eta+}(r/\rho)$, $\tilde{N}_\eta(r/\rho)/f_{max}$ und $\tilde{T}_{\eta-}(r/\rho) \cdot f_{max}$ aus einer zeitdiskreten Simulation des deterministischen erweiterten Suzukiprozesses (Typ II) $\tilde{\eta}(t)$ führt auf die ebenfalls in den Bildern 6.25(a)-6.25(c) dargestellten Kurven. In allen Fällen liegt wieder eine nahezu absolute Übereinstimmung zwischen dem analytischen Modell und dem Simulationsmodell vor, so dass die zugehörigen Kurven nur schwer voneinander zu unterscheiden sind.

Ein kleiner Ausschnitt aus der Sequenz des simulierten deterministischen Prozesses $\tilde{\eta}(t)$ ist für das Gebiet mit starker Abschattung im Bild 6.26(a) und für das Gebiet mit schwacher Abschattung im Bild 6.26(b) gezeigt.

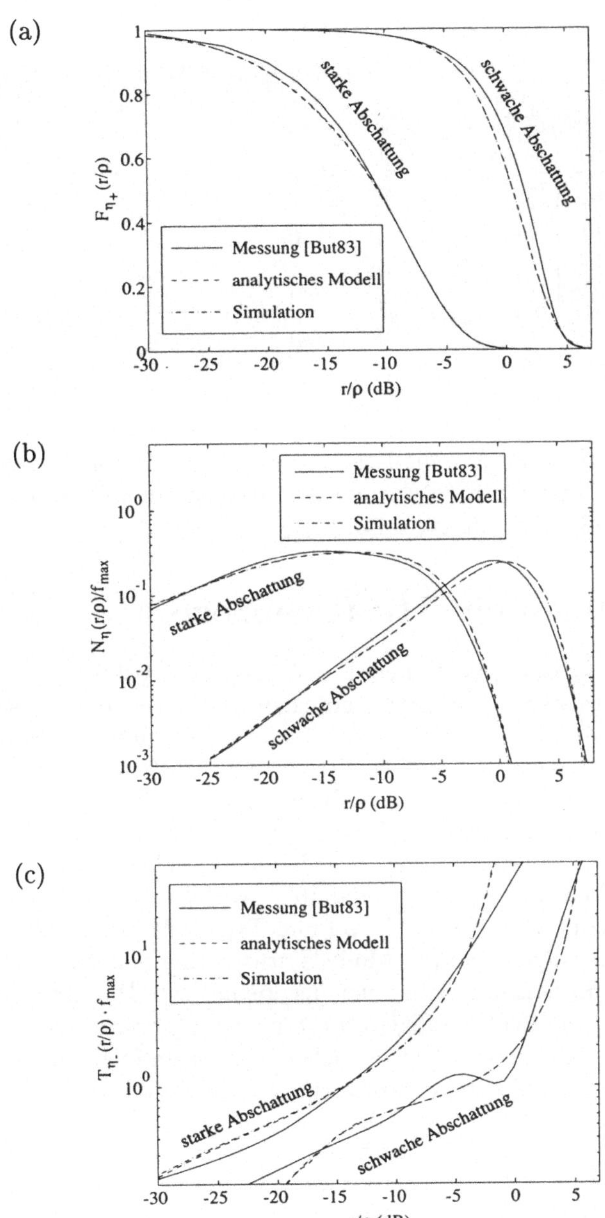

Bild 6.25: (a) Komplementäre Verteilungsfunktion $F_{\eta_+}(r/\rho)$, (b) normierte Pegelunterschreitungsrate $N_\eta(r/\rho)/f_{max}$ und (c) normierte mittlere Fadingdauer $T_{\eta_-}(r/\rho) \cdot f_{max}$ für Gebiete mit starker und schwacher Abschattung.

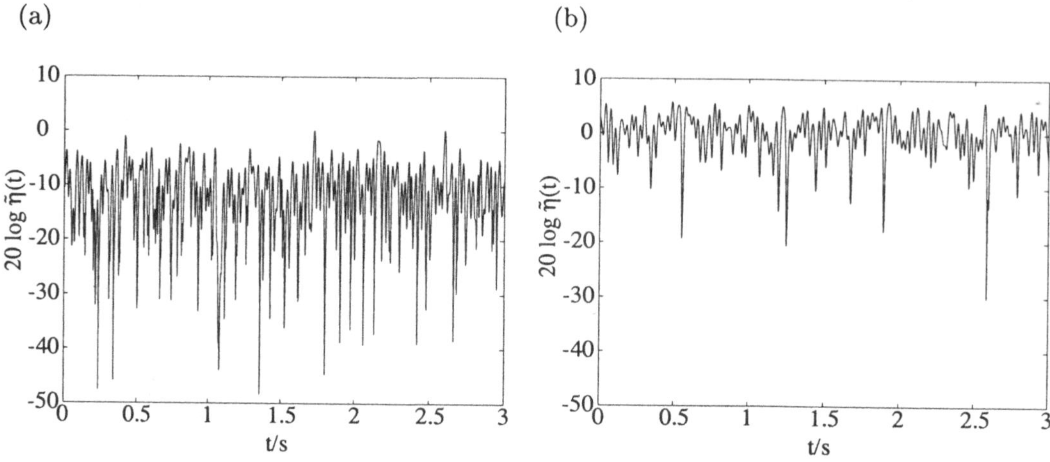

Bild 6.26: Simulation von deterministischen erweiterten Suzukiprozessen $\tilde{\eta}(t)$ vom Typ II für Gebiete mit (a) starker Abschattung und (b) schwacher Abschattung (MEDS, $N_1 = 25$, $N_3 = 15$, $f_{max} = 91\,\text{Hz}$).

6.3 Der verallgemeinerte Riceprozess

Die erweiterten Suzukiprozesse vom Typ I und Typ II repräsentieren zwei Klassen von stochastischen Prozessen mit unterschiedlichen statistischen Eigenschaften. Beide Modelle sind allerdings dann identisch, wenn im erstgenannten $\kappa_0 = 0$ gilt, und im zweitgenannten die Parameter κ_0 und θ_0 durch $\kappa_0 = 1$ bzw. $\theta_0 = \pi/2$ festliegen. Allgemein wird jedoch weder das erweiterte Suzukimodell vom Typ I vollständig durch das vom Typ II abgedeckt noch gilt das Umgekehrte. In [Pae96b] wurde bereits darauf hingewiesen und später in [Pae97c] gezeigt, dass beide Modelle zu einem einzigen zusammengefasst werden können. In diesem so genannten *verallgemeinerten Suzukimodell* sind dann die erweiterten Suzukiprozesse vom Typ I und Typ II als Sonderfälle enthalten. Der zur Beschreibung des verallgemeinerten Modells erforderliche mathematische Aufwand ist zwar beträchtlich, aber kaum höher als der beim Typ II anfallende. Ohne den Lognormalprozess folgt aus dem verallgemeinerten Suzukiprozess der *verallgemeinerte Riceprozess*. Dieser Prozess ist deutlich einfacher zu beschreiben und reicht in vielen Fällen zur Modellierung von nichtfrequenzselektiven Mobilfunkkanälen aus.

Dieser Abschnitt befasst sich mit der Beschreibung und Analyse von stochastischen verallgemeinerten Riceprozessen. Dabei werden wir uns, wie in den vorhergehenden Abschnitten auch, vorwiegend mit der Wahrscheinlichkeitsdichte der Amplitude, der Pegelunterschreitungsrate und der mittleren Fadingdauer auseinander setzen. Da die Herleitung dieser Größen wieder genau nach dem im Unterabschnitt 6.1.1 beschriebenen Schema verläuft, fassen wir uns hier deutlich kürzer. Trotzdem soll für den Leser die Nachvollziehbarkeit der gefundenen Ergebnisse gewährleistet bleiben. Ausgehend von dem stochastischen verallgemeinerten Ricemodell erfolgt dann die Herleitung des zugehörigen deterministischen Simulationsmodells. Der Abschnitt schließt mit der Anpassung des stochastischen und des deterministischen Modells an einen realen Kanal.

6.3.1 Der stochastische verallgemeinerte Riceprozess

Wir betrachten das im Bild 6.27 dargestellte analytische Modell für einen verallgemeinerten Riceprozess $\xi(t)$. Die unmittelbar sichtbaren Parameter dieses Modells $(\theta_0, \rho, \theta_\rho)$ sind uns bereits bekannt. Von den farbigen reellen Gaußprozessen $\nu_1(t)$ und $\nu_2(t)$ fordern wir, dass diese mittelwertfrei und statistisch unabhängig sind. Für das Dopplerleistungsdichtespektrum der Gaußprozesse $\nu_i(t)$ $(i = 1, 2)$ gilt

$$S_{\nu_i \nu_i}(f) = \begin{cases} \dfrac{\sigma_i^2}{2\pi f_{max}\sqrt{1 - (f/f_{max})^2}}\,, & |f| \leq \kappa_i f_{max}\,, \\[2mm] 0\,, & |f| > \kappa_i f_{max}\,, \end{cases} \tag{6.126}$$

wobei f_{max} wieder die maximale Dopplerfrequenz kennzeichnet, und κ_i eine die Dopplerbandbreite bestimmende positive Konstante ist, welche zusammen mit der Größe σ_i^2 die Varianz von $\nu_i(t)$ bestimmt. Damit die Homogenität der bestehenden Notation gewährleistet bleibt, vereinbaren wir in dem Folgenden: $\kappa_1 = 1$ und $\kappa_2 = \kappa_0$ mit $\kappa_0 \in [0, 1]$, so dass $S_{\nu_1 \nu_1}(f)$ dem Jakesleistungsdichtespektrum (6.9a) und $S_{\nu_2 \nu_2}(f)$ dem eingeschränkten Jakesleistungsdichtespektrum (6.9c) entsprechen.

Das analytische Modell (Bild 6.27) schließt zwei wichtige Sonderfälle ein:

$$\text{(i)} \quad \sigma_1^2 = \sigma_2^2 = \sigma_0^2 \quad \text{und} \quad \theta_0 = \pi/2\,, \tag{6.127a}$$

$$\text{(ii)} \quad \sigma_1^2 = 0 \quad \text{und} \quad \sigma_2^2 = 2\sigma_0^2\,. \tag{6.127b}$$

Im Fall (i) folgt aus dem verallgemeinerten Riceprozess genau der im Bild 6.1 dargestellte Riceprozess, dessen erzeugender komplexer Gaußprozess durch das linksseitig eingeschränkte Jakesleistungsdichtespektrum (6.2) beschrieben wird. Wenn wir von dem fehlenden Minuszeichen im unteren Zweig des Bildes 6.14 einmal absehen[3], dann folgt im Fall (ii) aus dem verallgemeinerten Riceprozess (Bild 6.27) der erweiterte Riceprozess (Bild 6.14).

Als Nächstes interessieren wir uns für die Autokorrelationsfunktion $r_{\mu\mu}(\tau)$ und das Dopplerleistungsdichtespektrum $S_{\mu\mu}(f)$ des komplexen Prozesses $\mu(t) = \mu_1(t) + j\mu_2(t)$. Dazu lesen wir aus Bild 6.27 die Zusammenhänge

$$\mu_1(t) = \nu_1(t) + \nu_2(t) \tag{6.128}$$

und

$$\mu_2(t) = [\nu_1(t) + \nu_2(t)]\cos\theta_0 + [\breve{\nu}_1(t) - \breve{\nu}_2(t)]\sin\theta_0 \tag{6.129}$$

---

[3]Es sei bemerkt, dass das Minuszeichen keinen Einfluss auf die Statistik von $\xi(t)$ hat. Außerdem kann dieses leicht durch Substitution von θ_0 durch $-\theta_0$ erzeugt werden.

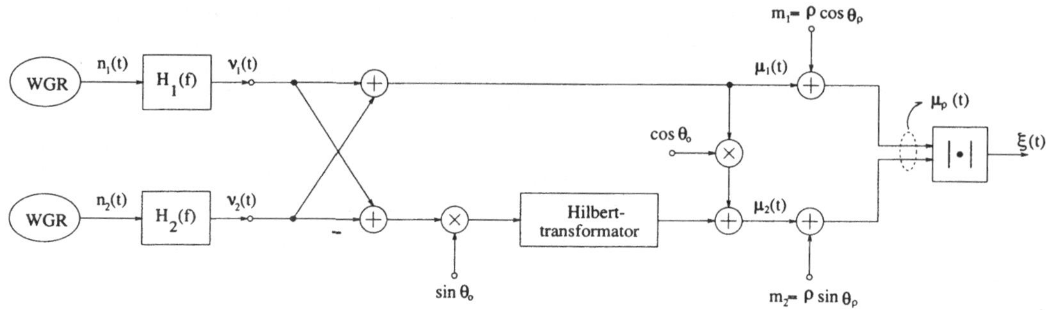

Bild 6.27:   Analytisches Modell für verallgemeinerte Riceprozesse $\xi(t)$.

ab. Hieraus erhalten wir für die Autokorrelationsfunktionen $r_{\mu_1\mu_1}(\tau)$ und $r_{\mu_2\mu_2}(\tau)$ sowie für die Kreuzkorrelationsfunktionen $r_{\mu_1\mu_2}(\tau)$ und $r_{\mu_2\mu_1}(\tau)$ die Beziehungen

$$r_{\mu_1\mu_1}(\tau) = r_{\mu_2\mu_2}(\tau) = r_{\nu_1\nu_1}(\tau) + r_{\nu_2\nu_2}(\tau) \,, \tag{6.130a}$$

$$r_{\mu_1\mu_2}(\tau) = [r_{\nu_1\nu_1}(\tau) + r_{\nu_2\nu_2}(\tau)]\cos\theta_0 + [r_{\nu_1\check{\nu}_1}(\tau) - r_{\nu_2\check{\nu}_2}(\tau)]\sin\theta_0 \,, \tag{6.130b}$$

$$r_{\mu_2\mu_1}(\tau) = [r_{\nu_1\nu_1}(\tau) + r_{\nu_2\nu_2}(\tau)]\cos\theta_0 - [r_{\nu_1\check{\nu}_1}(\tau) - r_{\nu_2\check{\nu}_2}(\tau)]\sin\theta_0 \,, \tag{6.130c}$$

wobei $r_{\nu_i\nu_i}(\tau)$ $(i=1,2)$ die inverse Fouriertransformierte von (6.126) darstellt, d. h.

$$r_{\nu_i\nu_i}(\tau) = \sigma_i^2\frac{2}{\pi}\int_0^{\arcsin(\kappa_i)} \cos(2\pi f_{max}\tau\sin\varphi)\,d\varphi\,, \tag{6.131}$$

und $r_{\nu_i\check{\nu}_i}(\tau)$ wegen (2.56a) die Hilberttransformierte von $r_{\nu_i\nu_i}(\tau)$ beschreibt, so dass gilt

$$r_{\nu_i\check{\nu}_i}(\tau) = \sigma_i^2\frac{2}{\pi}\int_0^{\arcsin(\kappa_i)} \sin(2\pi f_{max}\tau\sin\varphi)\,d\varphi\,. \tag{6.132}$$

Unter Verwendung des Zusammenhangs (6.5) folgt nun unmittelbar für die gesuchte Autokorrelationsfunktion $r_{\mu\mu}(\tau)$ der Ausdruck

$$r_{\mu\mu}(\tau) = 2[r_{\nu_1\nu_1}(\tau) + r_{\nu_2\nu_2}(\tau)] + j2[r_{\nu_1\check{\nu}_1}(\tau) - r_{\nu_2\check{\nu}_2}(\tau)]\sin\theta_0\,. \tag{6.133}$$

Nach der Fouriertransformation von (6.133) können wir dann mit der Beziehung $S_{\nu_i\check{\nu}_i}(f) = -j\,\mathrm{sgn}\,(f)S_{\nu_i\nu_i}(f)$ das Dopplerleistungsdichtespektrum $S_{\mu\mu}(f)$ in Abhängigkeit von $S_{\nu_i\nu_i}(f)$ [vgl. (6.126)] ausdrücken und schreiben

$$S_{\mu\mu}(f) = 2[1 + \mathrm{sgn}\,(f)\sin\theta_0]\cdot S_{\nu_1\nu_1}(f) + 2[1 - \mathrm{sgn}\,(f)\sin\theta_0]\cdot S_{\nu_2\nu_2}(f)\,. \tag{6.134}$$

Ein Beispiel zu diesem im Allgemeinen unsymmetrischen Dopplerleistungsdichtespektrum ist im Bild 6.28 dargestellt.

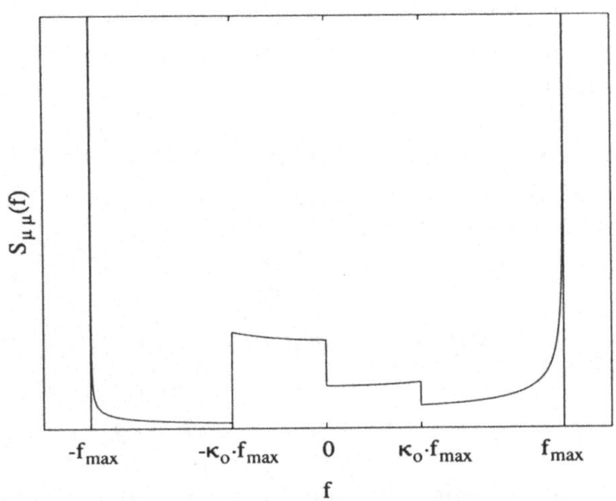

Bild 6.28: Unsymmetrisches Dopplerleistungsdichtespektrum $S_{\mu\mu}(f)$ ($\sigma_1^2 = 0.25$, $\sigma_2^2 = 1$, $\theta_0 = 15°$, $\kappa_0 = 0.4$).

Es ist klar, dass das Bild 6.28 für die beiden Sonderfälle (6.127a) und (6.127b) in das Bild 6.2(c) bzw. 6.15(b) übergeht. Außerdem ist in dem Dopplerleistungsdichtespektrum (6.134) das klassische Jakesleistungsdichtespektrum gemäß (3.7) ebenfalls enthalten, denn Letzteres erhalten wir für die Parameterkonstellation $\sigma_1^2 = \sigma_2^2 = \sigma_0^2$, $\kappa_1 = \kappa_2 = 1$ und $\theta_0 = \pi/2$.

Als Nächstes erfolgt die Berechnung der charakteristischen Kenngrößen $\psi_0^{(n)}$ und $\phi_0^{(n)}$ ($n = 0, 1, 2$). Dazu setzen wir (6.130a) in (6.11a) und (6.130b) in (6.11b) ein, was zu folgenden Ausdrücken führt:

$$\psi_0^{(0)} = \psi_0 = \frac{\sigma_2^2}{2}\left[\left(\frac{\sigma_1}{\sigma_2}\right)^2 + \frac{2}{\pi}\arcsin(\kappa_0)\right], \tag{6.135a}$$

$$\psi_0^{(1)} = \dot{\psi}_0 = 0, \tag{6.135b}$$

$$\psi_0^{(2)} = \ddot{\psi}_0 = -(\pi\sigma_2 f_{max})^2\left\{\left(\frac{\sigma_1}{\sigma_2}\right)^2 + \frac{2}{\pi}\left[\arcsin(\kappa_0) - \frac{1}{2}\sin(2\arcsin(\kappa_0))\right]\right\}, \tag{6.135c}$$

$$\phi_0^{(0)} = \phi_0 = \psi_0 \cdot \cos\theta_0, \tag{6.135d}$$

$$\phi_0^{(1)} = \dot{\phi}_0 = 2\sigma_2^2 f_{max}\left[\left(\frac{\sigma_1}{\sigma_2}\right)^2 - \left(1 - \sqrt{1 - \kappa_0^2}\right)\right] \cdot \sin\theta_0, \tag{6.135e}$$

$$\phi_0^{(2)} = \ddot{\phi}_0 = \ddot{\psi}_0 \cdot \cos\theta_0, \tag{6.135f}$$

wobei $0 \leq \kappa_0 \leq 1$ und $-\pi \leq \theta_0 < \pi$. Man beachte, dass die oben dargestellten Größen in dem durch (6.127a) beschriebenen Sonderfall (i) genau die Gleichungen (6.12a)–(6.12f) ergeben. Andererseits führt der Sonderfall (ii) [vgl. (6.127b)] auf die Formeln[4] (6.88a)–(6.88f).

Mit den charakteristischen Kenngrößen (6.135a)–(6.135f) ist die Kovarianzmatrix $C_{\mu_\rho}(\tau)$ des Vektorprozesses $\boldsymbol{\mu}_\rho(t) = (\mu_{\rho_1}(t),\ \mu_{\rho_2}(t),\ \dot{\mu}_{\rho_1}(t),\ \dot{\mu}_{\rho_2}(t))$ zum gleichen Zeitpunkt t, d. h. $\tau = 0$, vollständig bestimmt. Es gilt

$$C_{\mu_\rho}(0) = \boldsymbol{R}_\mu(0) = \begin{pmatrix} \psi_0 & \psi_0 \cos\theta_0 & 0 & \dot{\phi}_0 \\ \psi_0 \cos\theta_0 & \psi_0 & -\dot{\phi}_0 & 0 \\ 0 & -\dot{\phi}_0 & -\ddot{\psi}_0 & -\ddot{\psi}_0 \cos\theta_0 \\ \dot{\phi}_0 & 0 & -\ddot{\psi}_0 \cos\theta_0 & -\ddot{\psi}_0 \end{pmatrix}. \qquad (6.136)$$

Wichtig ist jetzt, dass wir erkennen, dass die Kovarianzmatrix (6.136) die gleiche Gestalt wie (6.91) hat. Als Konsequenz hieraus erhalten wir wieder die durch (6.92) beschriebene Verbundwahrscheinlichkeitsdichte $p_{\xi\dot{\xi}\vartheta\dot{\vartheta}}(z, \dot{z}, \theta, \dot{\theta})$, wobei wir dort die Größen ψ_0, $\ddot{\psi}_0$ und $\dot{\phi}_0$ durch die oben hergeleiteten Gleichungen (6.135a), (6.135c) bzw. (6.135e) zu substituieren haben. Folglich führen auch alle daraus ableitbaren Beziehungen, wie etwa jene für $p_\xi(z)$, $p_\vartheta(\theta)$, $N_\xi(r)$ und $T_{\xi_-}(r)$, genau auf die bereits im Unterabschnitt 6.2.1 gefundenen Ergebnisse. Wir brauchen in den dort angegebenen Formeln lediglich ψ_0, $\ddot{\psi}_0$ und $\dot{\phi}_0$ durch (6.135a), (6.135c) bzw. (6.135e) zu ersetzen. Damit können alle weiteren Rechnungen zur Beschreibung von verallgemeinerten Riceprozessen an dieser Stelle entfallen.

Diese Tatsache darf uns allerdings nicht zu der Schlussfolgerung verleiten, dass erweiterte Riceprozesse und verallgemeinerte Riceprozesse zwei verschiedene Bezeichnungsweisen für ein und denselben stochastischen Prozess sind. Die Flexibilität von verallgemeinerten Riceprozessen ist eindeutig höher als die von erweiterten Riceprozessen. Die Ursache hierfür liegt in dem zusätzlichen primären Modellparameter σ_1^2, welcher beim erweiterten Riceprozess grundsätzlich null ist, und beim verallgemeinerten Riceprozess zu einer weiteren Entkoppelung der sekundären Modellparameter $(\psi_0, \dot{\psi}_0, \ddot{\psi}_0, \phi_0, \dot{\phi}_0, \ddot{\phi}_0)$ beiträgt. Um dies an einem Beispiel zu verdeutlichen, betrachten wir (6.88e). Dort existiert für den Parameter κ_0 keine reelle Zahl im Intervall $(0, 1]$, so dass $\dot{\phi}_0 = 0$ gilt. Anders verhält sich dagegen die Größe $\dot{\phi}_0$ gemäß (6.135e). Sei dort $\sigma_1^2 \in [\sigma_2^2, 2\sigma_2^2)$, dann gibt es stets eine reelle Zahl

$$\kappa_0 = \frac{\sigma_1}{\sigma_2}\sqrt{2 - \left(\frac{\sigma_1}{\sigma_2}\right)^2} \qquad (6.137)$$

aus dem Intervall $(0, 1]$, so dass gilt $\dot{\phi}_0 = 0$.

---

[4]Bedingt durch das Minuszeichen im unteren Signalpfad des Bildes 6.27 ist dabei zu berücksichtigen, dass die Gleichungen (6.88e) und (6.135e) unterschiedliche Vorzeichen haben.

Die Multiplikation des verallgemeinerten Riceprozesses mit einem Lognormalprozess ergibt den in [Pae97c] vorgeschlagenen *verallgemeinerten Suzukiprozess*. Der verallgemeinerte Suzukiprozess enthält den klassischen Suzukiprozess [Suz77], den modifizierten Suzukiprozess [Kra90b], sowie die beiden erweiterten Suzukiprozesse vom Typ I [Pae98d] und vom Typ II [Pae97a] als Spezialfälle. Dieser Produktprozess wird durch die Wahrscheinlichkeitsdichte (6.107c) beschrieben, wobei wir dort für ψ_0 die Gleichung (6.135a) verwenden müssen. Analog findet man für die Pegelunterschreitungsrate den Ausdruck (6.110), wobei wir jetzt nicht mehr betonen müssen, dass dort die Elemente der Kovarianzmatrix $(\psi_0, \dot{\psi}_0, \ddot{\psi}_0, \phi_0, \dot{\phi}_0, \ddot{\phi}_0)$ durch die Gleichungen (6.135a)–(6.135f) definiert sind.

Eine ausführliche Diskussion von verallgemeinerten Rice- bzw. Suzukiprozessen ist für unsere Zwecke nicht erforderlich. Stattdessen wollen wir mit dem Entwurf von deterministischen verallgemeinerten Riceprozessen fortfahren.

6.3.2   Der deterministische verallgemeinerte Riceprozess

Wir verfahren wieder so, dass zunächst die gefärbten, mittelwertfreien Gaußprozesse $\nu_1(t)$ und $\nu_2(t)$ durch jeweils eine endliche Summe von N_i gewichteten harmonischen Funktionen

$$\tilde{\nu}_i(t) = \sum_{n=1}^{N_i} c_{i,n} \cos(2\pi f_{i,n} t + \theta_{i,n}), \quad i = 1, 2, \tag{6.138}$$

ersetzt werden. Bei dem Entwurf von (6.138) ist darauf zu achten, dass $\tilde{\nu}_1(t)$ und $\tilde{\nu}_2(t)$ unkorreliert sein müssen, d. h., es muss gelten: $f_{1,n} \neq f_{2,m} \; \forall n = 1, 2, \ldots, N_1$ und $m = 1, 2, \ldots, N_2$. Mit den so entworfenen deterministischen Prozessen und den zugehörigen Hilberttransformierten

$$\breve{\tilde{\nu}}_i(t) = \sum_{n=1}^{N_i} c_{i,n} \sin(2\pi f_{i,n} t + \theta_{i,n}), \quad i = 1, 2, \tag{6.139}$$

gelingt es uns auf sehr einfachem Wege, die stochastischen Prozesse $\mu_1(t)$ und $\mu_2(t)$ [vgl. (6.128) bzw. (6.129)] durch die entsprechenden deterministischen Prozesse $\tilde{\mu}_1(t)$ und $\tilde{\mu}_2(t)$ zu ersetzen, welche dann wie folgt ausgedrückt werden können:

$$\tilde{\mu}_1(t) = \sum_{n=1}^{N_1} c_{1,n} \cos(2\pi f_{1,n} t + \theta_{1,n}) + \sum_{n=1}^{N_2} c_{2,n} \cos(2\pi f_{2,n} t + \theta_{2,n}), \tag{6.140}$$

$$\tilde{\mu}_2(t) = \sum_{n=1}^{N_1} c_{1,n} \cos(2\pi f_{1,n} t + \theta_{1,n} - \theta_0) + \sum_{n=1}^{N_2} c_{2,n} \cos(2\pi f_{2,n} t + \theta_{2,n} + \theta_0). \tag{6.141}$$

Dadurch liegt der *deterministische verallgemeinerte Riceprozess* fest, und wir erhalten das im Bild 6.29 gezeigte Simulationssystem in der zeitkontinuierlichen Darstellungsform.

Sei nun $\theta_0 = \pi/2$, dann folgt aus Bild 6.29 die Struktur des deterministischen Riceprozesses mit kreuzkorrelierten Komponenten (vgl. Bild 6.9); und im speziellen Fall

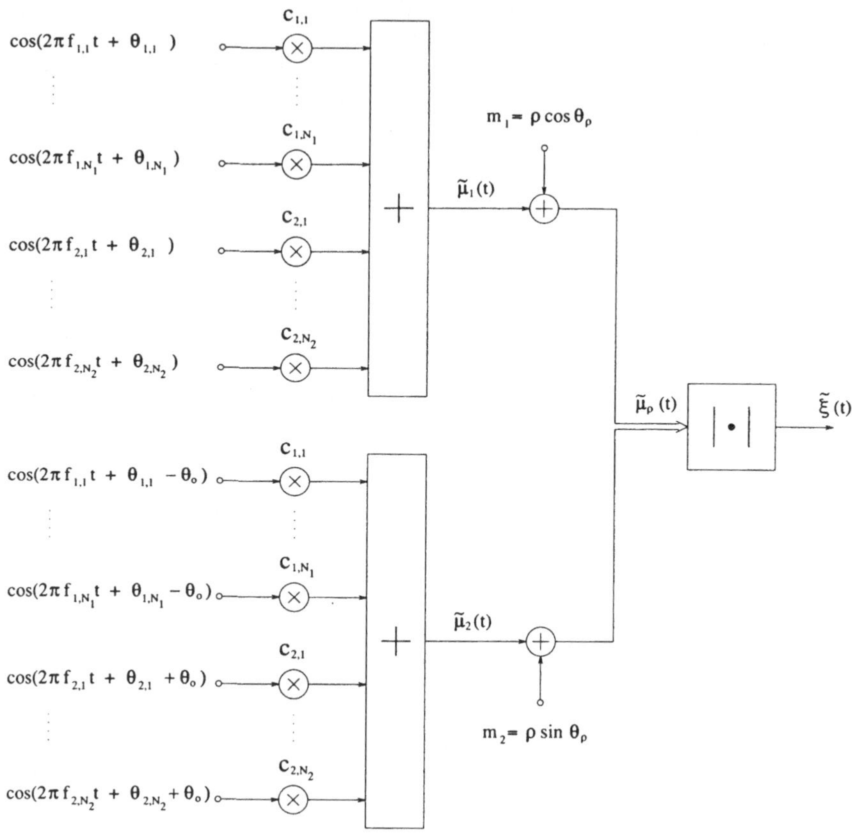

Bild 6.29:   Deterministisches Simulationsmodell für verallgemeinerte Riceprozesse.

$\sigma_2^2 = 0$, d. h. $N_2 = 0$, erhalten wir den im oberen Teil des Bildes 6.23 dargestellten deterministischen erweiterten Riceprozess.

Im weiteren berechnen wir die charakteristischen Kenngrößen des Simulationsmodells $\tilde{\psi}_0^{(n)} = \tilde{r}_{\mu_1\mu_1}^{(n)}(0) = \tilde{r}_{\mu_2\mu_2}^{(n)}(0)$ und $\tilde{\phi}_0^{(n)} = \tilde{r}_{\mu_1\mu_2}^{(n)}(0)$ für $n = 0, 1, 2$. Die hierzu erforderlichen Autokorrelationsfunktionen $\tilde{r}_{\mu_1\mu_1}(\tau)$ und $\tilde{r}_{\mu_2\mu_2}(\tau)$ lauten

$$\tilde{r}_{\mu_1\mu_1}(\tau) = \tilde{r}_{\mu_2\mu_2}(\tau) = \sum_{n=1}^{N_1} \frac{c_{1,n}^2}{2} \cos(2\pi f_{1,n}\tau) + \sum_{n=1}^{N_2} \frac{c_{2,n}^2}{2} \cos(2\pi f_{2,n}\tau)\,, \qquad (6.142)$$

und für die nach (4.13) berechnete Kreuzkorrelationsfunktion $\tilde{r}_{\mu_1\mu_2}(\tau)$ gilt

$$\tilde{r}_{\mu_1\mu_2}(\tau) = \tilde{r}_{\mu_2\mu_1}(-\tau) = \sum_{n=1}^{N_1} \frac{c_{1,n}^2}{2} \cos(2\pi f_{1,n}\tau - \theta_0) + \sum_{n=1}^{N_2} \frac{c_{2,n}^2}{2} \cos(2\pi f_{2,n}\tau + \theta_0)\,. \qquad (6.143)$$

Also erhalten wir für die charakteristischen Kenngrößen des deterministischen Simulationsmodells die Ausdrücke:

$$\tilde{\psi}_0^{(0)} \;=\; \tilde{\psi}_0 = \sum_{n=1}^{N_1} \frac{c_{1,n}^2}{2} + \sum_{n=1}^{N_2} \frac{c_{2,n}^2}{2}\,, \tag{6.144a}$$

$$\tilde{\psi}_0^{(1)} \;=\; \dot{\tilde{\psi}}_0 = 0\,, \tag{6.144b}$$

$$\tilde{\psi}_0^{(2)} \;=\; \ddot{\tilde{\psi}}_0 = -2\pi^2 \left[\sum_{n=1}^{N_1} (c_{1,n} f_{1,n})^2 + \sum_{n=1}^{N_2} (c_{2,n} f_{2,n})^2 \right]\,, \tag{6.144c}$$

$$\tilde{\phi}_0^{(0)} \;=\; \tilde{\phi}_0 = \tilde{\psi}_0 \cdot \cos\theta_0\,, \tag{6.144d}$$

$$\tilde{\phi}_0^{(1)} \;=\; \dot{\tilde{\phi}}_0 = \pi \left[\sum_{n=1}^{N_1} (c_{1,n}^2 f_{1,n}) - \sum_{n=1}^{N_2} (c_{2,n}^2 f_{2,n}) \right] \cdot \sin\theta_0\,, \tag{6.144e}$$

$$\tilde{\phi}_0^{(2)} \;=\; \ddot{\tilde{\phi}}_0 = \ddot{\tilde{\psi}}_0 \cdot \cos\theta_0\,. \tag{6.144f}$$

Mit diesen Größen liegt auch $\tilde{\beta}$ fest, denn es gilt

$$\tilde{\beta} = -\ddot{\tilde{\psi}}_0 - \frac{\dot{\tilde{\phi}}_0^2}{\tilde{\psi}_0 \sin^2\theta_0}\,. \tag{6.145}$$

Die Berechnung der Modellparameter $f_{i,n}$ und $c_{i,n}$ erfolgt nach der Methode der exakten Dopplerverbreiterung. Wie im Unterabschnitt 6.1.4 beschrieben muss diese allerdings wegen $\kappa_2 = \kappa_0 \in (0,1]$ leicht modifiziert werden. Für die diskreten Dopplerfrequenzen $f_{i,n}$ gilt demnach auch im vorliegenden Fall die Formel (6.72), die natürlich in Verbindung mit (6.73) gesehen werden muss. Analog erfolgt die Berechnung der Dopplerkoeffizienten $c_{i,n}$ nach (6.74), wobei dort σ_0 durch σ_i zu ersetzen ist. Für die Dopplerphasen $\theta_{i,n} \in (0,\,2\pi]$ wird wieder eine Gleichverteilung angenommen.

Bei der Analyse der charakteristischen Kenngrößen des Simulationsmodells beschränken wir uns auf $\tilde{\psi}_0$ und $\tilde{\beta}/f_{max}^2$. Werden diese Größen nach (6.144a) bzw. (6.145) mittels (6.72) und(6.74) berechnet, so stellt sich in Abhängigkeit von N_i ($N_1 = N_2$) das in den Bildern 6.30(a) und 6.30(b) gezeigte Konvergenzverhalten ein. Die gezeigten Ergebnisse basieren auf den primären Modellparametern σ_1^2, σ_2^2 und κ_0, wie sie im nächsten Unterabschnitt in der Tabelle 6.4 aufgeführt sind.

Da für alle praktisch relevanten Fälle ($N_i \geq 7$) die Abweichungen zwischen $\tilde{\psi}_0$ und ψ_0 sowie zwischen $\tilde{\beta}/f_{max}^2$ und β/f_{max}^2 vernachlässigbar sind, gelten für die Wahrscheinlichkeitsdichte $\tilde{p}_\xi(z)$, Pegelunterschreitungsrate $\tilde{N}_\xi(r)$ und mittlere Fadingdauer $\tilde{T}_{\xi_-}(r)$ des Simulationsmodells in sehr guter Näherung genau die zuvor für das analytische Modell genannten Zusammenhänge.

6.3.3 Anwendungen und Simulationsergebnisse

In diesem Unterabschnitt soll gezeigt werden, dass die statistischen Eigenschaften von stochastischen und deterministischen verallgemeinerten Riceprozessen auch ohne

(a)   (b)

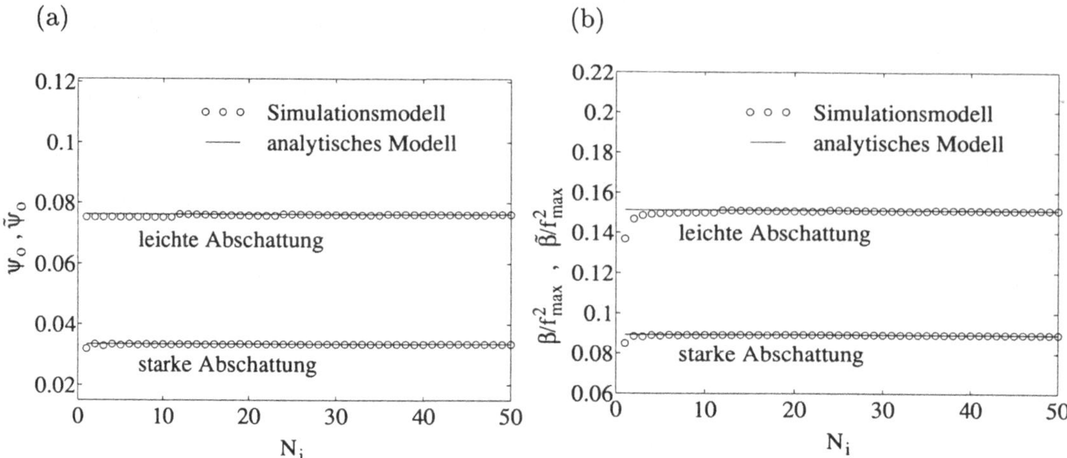

Bild 6.30: Darstellung von (a) ψ_0 und $\tilde{\psi}_0$ sowie (b) β/f_{max}^2 und $\tilde{\beta}/f_{max}^2$ (MEDS, σ_i^2 und κ_2 nach Tabelle 6.4).

Multiplikation mit einem Lognormalprozess in eine erstaunlich gute Übereinstimmung mit realen Messergebnissen gebracht werden können. Da ein fairer Leistungsvergleich zwischen den verschiedenen Modellen beabsichtigt ist, verwenden wir hier nochmals die Messergebnisse für $F_{\xi_+}^\star(r)$, $N_\xi^\star(r)$ und $T_{\xi_-}^\star(r)$ aus [But83], die auch Grundlage der in den Unterabschnitten 6.1.5 und 6.2.4 beschriebenen Versuche waren.

Im vorliegenden Fall enthält der Parametervektor $\boldsymbol{\Omega}$ alle sechs primären Modellparameter, d. h.

$$\boldsymbol{\Omega} = (\sigma_1,\ \sigma_2,\ \kappa_0,\ \theta_0\ \rho,\ \theta_\rho)\,. \tag{6.146}$$

Die Optimierung der Komponenten von $\boldsymbol{\Omega}$ geschieht wie im Unterabschnitt 6.1.5 durch Minimierung der Fehlerfunktion $E_2(\boldsymbol{\Omega})$ [vgl. (6.76)] mittels des Fletcher-Powell-Algorithmus [Fle63]. Die gefundenen Optimierungsergebnisse sind in der Tabelle 6.4 aufgeführt.

Abschattung	σ_1	σ_2	κ_0	θ_0	ρ	θ_ρ
stark	0.0894	0.7468	0.1651	0.3988	0.2626	30.3°
schwach	0.1030	0.9159	0.2624	0.3492	1.057	53.1°

Tabelle 6.4: Die optimierten primären Modellparameter des analytischen Kanalmodells für Gebiete mit starker und schwacher Abschattung.

Der Ricefaktor c_R [siehe (3.18)], d. h.

$$c_R = \frac{\rho^2}{2\psi_0} = \frac{\rho^2}{\sigma_2^2\left[\left(\frac{\sigma_1}{\sigma_2}\right)^2 + \frac{2}{\pi}\arcsin(\kappa_2)\right]}\,, \tag{6.147}$$

nimmt beim vorliegenden Modell die Werte $c_R = 0.134\,\text{dB}$ (starke Abschattung) und $c_R = 8.65\,\text{dB}$ (schwache Abschattung) an, welche in etwa mit den Ricefaktoren vergleichbar sind, die für das erweiterte Suzukimodell vom Typ II ermittelt wurden (vgl. Unterabschnitt 6.2.4).

Bild 6.31(a) zeigt uns die komplementäre Verteilungsfunktion $F_{\xi_+}(r/\rho)$ des analytischen Modells und die des gemessenen Kanals $F^\star_{\xi_+}(r/\rho)$. Deutlich erkennbare Abweichungen von den im Bild 6.25(a) festgehaltenen Ergebnissen liegen offenbar nicht vor.

Insbesondere beim Kanal mit starker Abschattung gelingt es dagegen, eine weitere Verbesserung bei der Anpassung der normierten Pegelunterschreitungsrate des analytischen Modells $N_\xi(r/\rho)/f_{max}$ an die des gemessenen Kanals $N^\star_\xi(r/\rho)/f_{max}$ zu erreichen, was aus einem Vergleich der Bilder 6.31(b) und 6.25(b) sofort ersichtlich wird. Gerade bei der Pegelunterschreitungsrate scheint sich die höhere Flexibilität des verallgemeinerten Ricemodells positiv auszuwirken.

Deutlich erkennbar sind auch die erzielten Verbesserungen bei der Anpassung der normierten mittleren Fadingdauer $T_{\xi_-}(r/\rho) \cdot f_{max}$ an $T^\star_{\xi_-}(r/\rho) \cdot f_{max}$. Man vergleiche hierzu die beiden Bilder 6.31(c) und 6.25(c). Das vorliegende Modell stimmt jetzt auch bei kleinen Pegeln sehr gut mit den Messungen überein.

Abschließend sei noch darauf hingewiesen, dass in den Bildern 6.31(a)–6.31(c) ebenfalls die zugehörigen Simulationsergebnisse dargestellt sind. Zur Realisierung und Simulation des Kanals mit starker (schwacher) Abschattung wurden $N_1 = N_2 = 7$ ($N_1 = N_2 = 15$) harmonische Funktionen verwendet. In beiden Situationen wurde jeweils eine Kanalausgangssequenz $\tilde{\xi}(kT_A)$ ($k = 1, 2, \ldots, N_A$) mit einer Länge von $N_A = 3 \cdot 10^6$ Abtastwerten erzeugt und zur Auswertung der Statistik herangezogen. Bei der hier gewählten maximalen Dopplerfrequenz von $f_{max} = 91$ Hz ist das Abtastintervall T_A auf dem Wert $T_A = 0.3\,\text{ms}$ festgesetzt worden.

6.4 Das modifizierte Loo-Modell

Loo entwickelte auf der Basis von Messungen in [Loo85] ein stochastisches Modell zur Modellierung von nichtfrequenzselektiven Landmobilfunkkanälen. Dieses Modell war auch Gegenstand weiterer Untersuchungen in [Loo87, Loo90, Loo91, Loo96], welche zu einem späteren Zeitpunkt noch einmal in [Loo98] zusammengefasst worden sind. Loo's Modell basiert auf der physikalisch plausibel begründeten Annahme, dass die direkte Komponente langsamen Amplitudenschwankungen unterliegt, die durch Abschattungseffekte verursacht werden. Dabei wird angenommen, dass die langsamen Amplitudenschwankungen der direkten Komponente lognormalverteilt sind, während sich der durch die Mehrwegeausbreitung verursachte schnelle Schwund wie ein Rayleighprozess verhält.

In diesem Abschnitt werden wir das stochastische Modell von Loo und den im Unterabschnitt 6.1.1 vorgestellten Riceprozess mit kreuzkorrelierten erzeugenden Inphase- und Quadraturkomponenten zu einem übergeordneten Modell zusammenfassen. Das resultie-

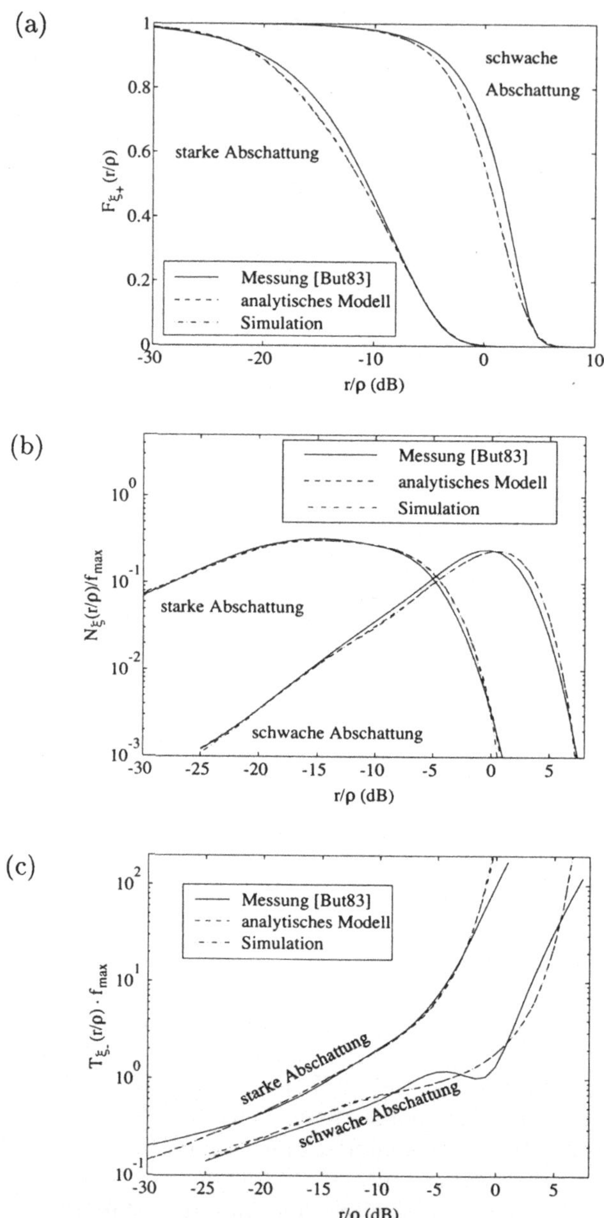

Bild 6.31: (a) Komplementäre Verteilungsfunktion $F_{\xi_+}(r/\rho)$, (b) normierte Pegelunterschreitungsrate $N_\xi(r/\rho)/f_{max}$ und (c) normierte mittlere Fadingdauer $T_{\xi_-}(r/\rho) \cdot f_{max}$ für Gebiete mit starker und schwacher Abschattung.

rende Modell, welches wir als *modifiziertes Loo-Modell* bezeichnen wollen, enthält dann das ursprüngliche von Loo vorgeschlagene Modell und den erweiterten Riceprozess als jeweiligen Sonderfall.

6.4.1 Das stochastische modifizierte Loo-Modell

Das Modell, mit dem wir uns in diesem Unterabschnitt beschäftigen wollen, ist im Bild 6.32 dargestellt. Es handelt sich hierbei um das modifizierte Loo-Modell, bei dem $\nu_1(t)$, $\nu_2(t)$ und $\nu_3(t)$ unkorrelierte, mittelwertfreie reelle Gaußprozesse sind. Das Dopplerleistungsdichtespektrum $S_{\nu_i \nu_i}(f)$ der Gaußprozesse $\nu_i(t)$ sei für $i = 1, 2$ gegeben durch das eingeschränkte Jakesleistungsdichtespektrum (6.126) mit $\kappa_i \in [0, 1]$, wohingegen wir für $S_{\nu_3 \nu_3}(f)$ wieder das Gaußleistungsdichtespektrum gemäß (6.43) verwenden.

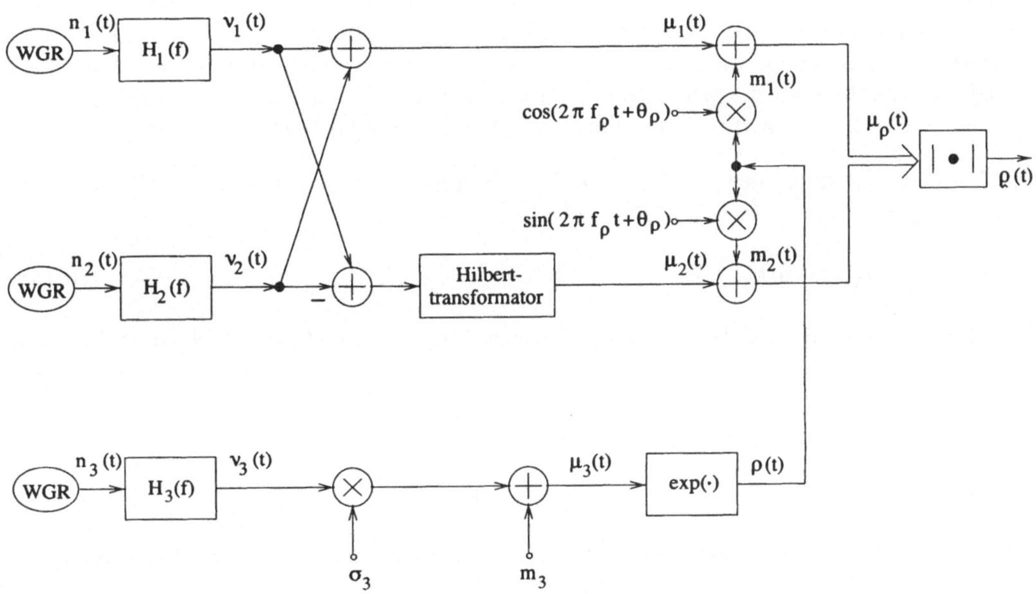

Bild 6.32:   Das modifizierte Loo-Modell (analytisches Modell).

Bei diesem Modell werden die durch die Mehrwegeausbreitung verursachten schnellen Signalschwankungen im äquivalenten komplexen Basisband durch den komplexen Gaußprozess

$$\mu(t) = \mu_1(t) + j\mu_2(t) \tag{6.148}$$

modelliert, wobei dessen Real- und Imaginärteil

$$\mu_1(t) = \nu_1(t) + \nu_2(t) , \tag{6.149a}$$

$$\mu_2(t) = \check{\nu}_1(t) - \check{\nu}_2(t) , \tag{6.149b}$$

statistisch korreliert sind. Dabei bezeichnet $\check{\nu}_i(t)$ $(i = 1, 2)$ wieder die Hilberttransformierte von $\nu_i(t)$.

Für die direkte Komponente $m(t) = m_1(t) + jm_2(t)$ gilt hierbei

$$m(t) = \rho(t) \cdot e^{j(2\pi f_\rho t + \theta_\rho)}\,, \tag{6.150}$$

wobei f_ρ und θ_ρ wieder die Dopplerfrequenz bzw. Dopplerphase der direkten Komponente bedeuten, und

$$\rho(t) = e^{\sigma_3 \nu_3(t) + m_3} \tag{6.151}$$

ein Lognormalprozess ist, mit dem bei diesem Modell die langsamen Amplitudenschwankungen der direkten Komponente nachgebildet werden. Für die spektralen und statistischen Eigenschaften des Lognormalprozesses (6.151) gilt das im Unterabschnitt 6.1.2 Gesagte. Wir nehmen an, dass der Gaußprozess $\nu_3(t)$ im Vergleich zu $\mu(t)$ sehr schmalbandig ist, so dass folglich die Amplitude $\rho(t)$ der direkten Komponente (6.150) gegenüber dem schnellen Signalschwund nur relativ langsam zeitlich variiert.

Die Addition der gestreuten und der direkten Komponente ergibt den komplexen Gaußprozess

$$\mu_\rho(t) = \mu(t) + m(t)\,, \tag{6.152}$$

dessen Real- und Imaginärteil wir unter Verwendung von (6.149a), (6.149b) und (6.150) wie folgt ausdrücken können:

$$\mu_{\rho_1}(t) = \nu_1(t) + \nu_2(t) + \rho(t) \cdot \cos(2\pi f_\rho t + \theta_\rho)\,, \tag{6.153a}$$

$$\mu_{\rho_2}(t) = \check{\nu}_1(t) - \check{\nu}_2(t) + \rho(t) \cdot \sin(2\pi f_\rho t + \theta_\rho)\,. \tag{6.153b}$$

Der Betrag von (6.152) liefert uns schließlich einen neuen stochastischen Prozess

$$\varrho(t) = \sqrt{\left[\mu_1(t) + \rho(t)\cos(2\pi f_\rho t + \theta_\rho)\right]^2 + \left[\mu_2(t) + \rho(t)\sin(2\pi f_\rho t + \theta_\rho)\right]^2}\,, \tag{6.154}$$

den wir im weiteren als *modifizierten Looprozess* bezeichnen und als stochastisches Modell zur Beschreibung des Fadingverhaltens von nichtfrequenzselektiven Satellitenmobilfunkkanälen verwenden werden.

Das hier eingeführte modifizierte Loo-Modell enthält die drei folgenden wichtigen Sonderfälle:

$$\text{(i)} \qquad \sigma_1^2 = \sigma_2^2 = \sigma_0^2\,, \quad \kappa_1 = \kappa_2 = 1 \quad \text{und} \quad f_\rho = 0\,, \tag{6.155a}$$

$$\text{(ii)} \qquad \sigma_2^2 = 0 \quad \text{oder} \quad \kappa_2 = 0\,, \tag{6.155b}$$

$$\text{(iii)} \qquad \sigma_1^2 = \sigma_2^2 = \sigma_0^2\,, \quad \kappa_1 = 1\,, \quad \kappa_2 = \kappa_0 \quad \text{und} \quad \sigma_3^2 = 0\,. \tag{6.155c}$$

Wir werden weiter unten sehen, dass in dem Sonderfall (i) die spektrale Leistungsdichte $S_{\mu\mu}(f)$ des komplexen Gaußprozesses $\mu(t)$ [siehe (6.148)] gleich dem Jakesleistungsdichtespektrum ist. Da infolge der Symmetrie des Jakesleistungsdichtespektrums die Gaußprozesse $\mu_1(t)$ und $\mu_2(t)$ unkorreliert sind, kann das modifizierte Loo-Modell (Bild 6.32) auf das im Bild 6.33 gezeigte klassische Loo-Modell [Loo85, Loo91] reduziert werden. Man beachte, dass außerdem $f_\rho = 0$ gilt, so dass bei diesem Modell die spektrale Leistungsdichte der direkten Komponente keine Frequenz- bzw. Dopplerverschiebung erfährt. Bei dem zweiten Sonderfall (ii), wo σ_2^2 oder κ_2 gleich null ist, kann genauso gut der farbige Gaußprozess $\nu_2(t)$ entfernt werden, und man erhält das in [Pae98c] vorgeschlagene Kanalmodell, das sich von der allgemeinen Variante durch einen deutlich geringeren Realisierungsaufwand abhebt. Schließlich führt der dritte Sonderfall (iii) auf den im Bild 6.1 abgebildeten Riceprozess, bei dem die erzeugenden Gaußprozesse $\mu_1(t)$ und $\mu_2(t)$ zwar ebenfalls korreliert sind, aber der Betrag der direkten Komponente $m(t)$ zeitunabhängig ist, d. h., es gilt dann $|m(t)| = \rho(t) = \rho = e^{m_3}$.

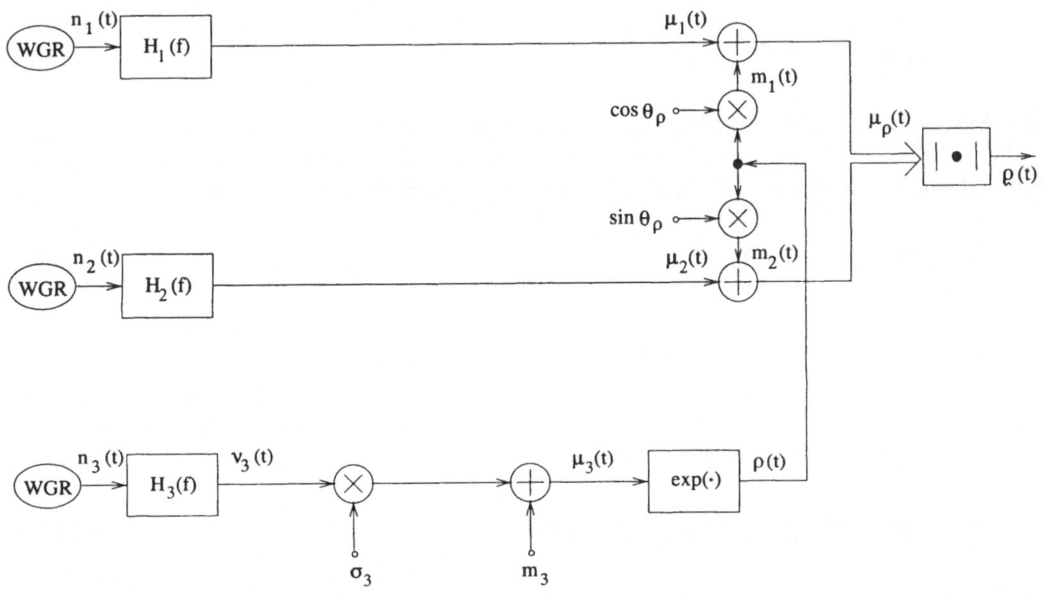

Bild 6.33:   Das klassische Loo-Modell (analytisches Modell).

6.4.1.1 Autokorrelationsfunktion und Dopplerleistungsdichtespektrum

Wir interessieren uns nun für die Autokorrelationsfunktion $r_{\mu_\rho\mu_\rho}(\tau)$ sowie für das zugehörige Dopplerleistungsdichtespektrum $S_{\mu_\rho\mu_\rho}(f)$ des durch (6.152) definierten komplexen Prozesses $\mu_\rho(t)$. Dazu berechnen wir zunächst die Autokorrelationsfunktion $r_{\mu_{\rho_i}\mu_{\rho_i}}(\tau)$ $(i = 1, 2)$ der Prozesse $\mu_{\rho_i}(t)$ sowie die Kreuzkorrelationsfunktion $r_{\mu_{\rho_1}\mu_{\rho_2}}(\tau)$

der Prozesse $\mu_{\rho_1}(t)$ und $\mu_{\rho_2}(t)$. Für diese Größen erhalten wir unter Verwendung von (6.153a) und (6.153b) die Beziehungen

$$r_{\mu_{\rho_1}\mu_{\rho_1}}(\tau) = r_{\mu_{\rho_2}\mu_{\rho_2}}(\tau) = r_{\nu_1\nu_1}(\tau) + r_{\nu_2\nu_2}(\tau) + \frac{1}{2}r_{\rho\rho}(\tau)\cdot\cos(2\pi f_\rho\tau)\,, \qquad (6.156a)$$

$$r_{\mu_{\rho_1}\mu_{\rho_2}}(\tau) = r^*_{\mu_{\rho_2}\mu_{\rho_1}}(-\tau) = r_{\nu_1\check{\nu}_1}(\tau) - r_{\nu_2\check{\nu}_2}(\tau) + \frac{1}{2}r_{\rho\rho}(\tau)\cdot\sin(2\pi f_\rho\tau)\,, \qquad (6.156b)$$

wo $r_{\nu_i\nu_i}(\tau)$ $(i=1,2)$ die uns bereits durch (6.131) bekannte Autokorrelationsfunktion des Gaußprozesses $\nu_i(t)$ beschreibt, und mit $r_{\nu_i\check{\nu}_i}(\tau)$ $(i=1,2)$ genau die Kreuzkorrelationsfunktion von $\nu_i(t)$ und $\check{\nu}_i(t)$ gemäß (6.132) gemeint ist. Ferner beschreibt $r_{\rho\rho}(\tau)$ in (6.156a) und (6.156b) die Autokorrelationsfunktion von $\rho(t)$ [vgl. (6.151)]. Man beachte, dass $\rho(t)$ in diesem Abschnitt als Lognormalprozess eingeführt wurde. Deshalb kann die Autokorrelationsfunktion $r_{\rho\rho}(\tau)$ von $\rho(t)$ direkt mit der rechten Seite von (6.47) identifiziert werden, so dass wir hierfür direkt schreiben können

$$r_{\rho\rho}(\tau) = e^{2m_3 + \sigma_3^2(1 + r_{\nu_3\nu_3}(\tau))}\,. \qquad (6.157)$$

Die Autokorrelationsfunktion $r_{\mu_\rho\mu_\rho}(\tau)$ des komplexen Prozesses $\mu_\rho(t) = \mu_{\rho_1}(t) + j\mu_{\rho_2}(t)$ wollen wir in Anlehnung an (6.5) zunächst durch die Autokorrelations- und Kreuzkorrelationsfunktionen von $\mu_{\rho_1}(t)$ und $\mu_{\rho_2}(t)$ wie folgt ausdrücken

$$r_{\mu_\rho\mu_\rho}(\tau) = r_{\mu_{\rho_1}\mu_{\rho_1}}(\tau) + r_{\mu_{\rho_2}\mu_{\rho_2}}(\tau) + j\big(r_{\mu_{\rho_1}\mu_{\rho_2}}(\tau) - r_{\mu_{\rho_2}\mu_{\rho_1}}(\tau)\big)\,. \qquad (6.158)$$

Bei der Betrachtung von (6.157) fällt auf, dass $r_{\rho\rho}(\tau)$ reell und gerade ist. Dagegen können wir der Beziehung (6.132) unmittelbar entnehmen, dass es sich bei $r_{\nu_i\check{\nu}_i}(\tau)$ um eine reelle und ungerade Funktion handelt, so dass aus (6.156b) der Zusammenhang $r_{\mu_{\rho_1}\mu_{\rho_2}}(\tau) = r^*_{\mu_{\rho_2}\mu_{\rho_1}}(-\tau) = -r_{\mu_{\rho_2}\mu_{\rho_1}}(\tau)$ folgt. Beachten wir außerdem noch, dass $r_{\mu_{\rho_1}\mu_{\rho_1}}(\tau) = r_{\mu_{\rho_2}\mu_{\rho_2}}(\tau)$ gilt, dann können wir für (6.158) auch schreiben

$$r_{\mu_\rho\mu_\rho}(\tau) = 2\big(r_{\mu_{\rho_1}\mu_{\rho_1}}(\tau) + jr_{\mu_{\rho_1}\mu_{\rho_2}}(\tau)\big)\,. \qquad (6.159)$$

In diese Beziehung setzen wir noch (6.156a) und (6.156b) ein, so dass wir schließlich für die gesuchte Autokorrelationsfunktion $r_{\mu_\rho\mu_\rho}(\tau)$ den Ausdruck

$$r_{\mu_\rho\mu_\rho}(\tau) = 2\big(r_{\nu_1\nu_1}(\tau) + jr_{\nu_1\check{\nu}_1}(\tau)\big) + 2\big(r_{\nu_2\nu_2}(\tau) - jr_{\nu_2\check{\nu}_2}(\tau)\big) + r_{\rho\rho}(\tau)e^{j2\pi f_\rho\tau} \qquad (6.160)$$

erhalten.

Nach der Fouriertransformation von (6.160) erhalten wir das Dopplerleistungsdichtespektrum $S_{\mu_\rho\mu_\rho}(f)$, welches wir mit der Beziehung $S_{\nu_i\check{\nu}_i}(f) = -j\,\text{sgn}\,(f)S_{\nu_i\nu_i}(f)$ wie folgt darstellen können

$$S_{\mu_\rho\mu_\rho}(f) = 2\big(1 + \text{sgn}\,(f)\big)S_{\nu_1\nu_1}(f) + 2\big(1 - \text{sgn}\,(f)\big)S_{\nu_2\nu_2}(f) + S_{\rho\rho}(f - f_\rho)\,, \qquad (6.161)$$

wo $S_{\nu_i \nu_i}(f)$ $(i = 1, 2)$ wieder durch (6.126) gegeben ist, und $S_{\rho\rho}(f - f_\rho)$ mit der rechten Seite von (6.48) identifiziert werden kann, wenn dort die Frequenzvariable f durch $f - f_\rho$ substituiert wird, d. h.

$$S_{\rho\rho}(f - f_\rho) = e^{2m_3 + \sigma_3^2} \cdot \left[\delta(f - f_\rho) + \sum_{n=1}^{\infty} \frac{\sigma_3^{2n}}{n!} \cdot \frac{S_{\nu_3\nu_3}\left(\frac{f-f_\rho}{\sqrt{n}}\right)}{\sqrt{n}} \right], \qquad (6.162)$$

wo $S_{\nu_3\nu_3}(f)$ das Gaußleistungsdichtespektrum gemäß (6.43) ist.

Die Bilder 6.34(a)–6.34(f) zeigen symbolisch die Zusammensetzung des im Allgemeinen unsymmetrischen Dopplerleistungsdichtespektrums $S_{\mu_\rho\mu_\rho}(f)$ aus den einzelnen spektralen Leistungsdichten $S_{\nu_1\nu_1}(f)$, $S_{\nu_2\nu_2}(f)$ und $S_{\nu_3\nu_3}(f)$. Die gezeigten Spektren gelten für folgende Parameter: $\sigma_1^2 = \sigma_2^2 = 1$, $\kappa_1 = 0.8$, $\kappa_2 = 0.6$, $\sigma_3^2 = 0.01$, $m_3 = 0$, $f_\rho = 0.4 f_{max}$, $f_c = 0.13 f_{max}$ und $\sigma_c^2 = 100$.

Aus der allgemeinen Darstellung (6.161) lassen sich leicht die spektralen Leistungsdichten für die durch (6.155a)–(6.155c) charakterisierten Sonderfälle (i)–(iii) gewinnen. Beispielsweise lässt sich aus (6.161) unter der Bedingung (6.155a) das Dopplerleistungsdichtespektrum $S_{\mu_\rho\mu_\rho}(f)$ des klassischen Loo-Modells (Bild 6.33) in der Form

$$S_{\mu_\rho\mu_\rho}(f) = S_{\mu\mu}(f) + S_{\rho\rho}(f), \qquad (6.163)$$

herleiten, wobei $S_{\mu\mu}(f)$ das Jakesleistungsdichtespektrum gemäß (3.7) ist, und $S_{\rho\rho}(f)$ das im Bild 6.34(d) gezeigte Leistungsdichtespektrum des Lognormalprozesses $\rho(t)$ darstellt. Für den durch (6.155b) festgelegten Sonderfall (ii) verschwindet im Bild 6.34(f) das Dopplerleistungsdichtespektrum $S_{\mu_\rho\mu_\rho}(f)$ für negative Frequenzen, und im Sonderfall (iii) schließlich liefert $S_{\rho\rho}(f - f_\rho)$ zu $S_{\mu_\rho\mu_\rho}(f)$ gemäß (6.161) nur einen Beitrag, der durch eine gewichtete Deltafunktion an der Stelle $f = f_\rho$ gekennzeichnet ist.

Als Nächstes berechnen wir die für das modifizierte Loo-Modell gültigen charakteristischen Kenngrößen $\psi_0^{(n)}$ und $\phi_0^{(n)}$ $(n = 0, 1, 2)$. Dazu setzen wir $r_{\mu_1\mu_1}(\tau) = r_{\nu_1\nu_1}(\tau) + r_{\nu_2\nu_2}(\tau)$ und $r_{\mu_1\mu_2}(\tau) = r_{\nu_1\tilde{\nu}_1}(\tau) - r_{\nu_2\tilde{\nu}_2}(\tau)$ in (6.11a) bzw. (6.11b) ein und erhalten unter Verwendung von (6.131) sowie (6.132) die folgenden Ausdrücke:

$$\psi_0^{(0)} = \psi_0 \;=\; \frac{1}{\pi} \sum_{i=1}^{2} \sigma_i^2 \arcsin(\kappa_i), \qquad (6.164\text{a})$$

$$\psi_0^{(1)} = \dot{\psi}_0 \;=\; 0, \qquad (6.164\text{b})$$

$$\psi_0^{(2)} = \ddot{\psi}_0 \;=\; -(\pi f_{max})^2 \left[2\psi_0 - \frac{1}{\pi} \sum_{i=1}^{2} \sigma_i^2 \sin\left(2\arcsin(\kappa_i)\right) \right], \qquad (6.164\text{c})$$

$$\phi_0^{(0)} = \phi_0 \;=\; 0, \qquad (6.164\text{d})$$

$$\phi_0^{(1)} = \dot{\phi}_0 \;=\; -2 f_{max} \sum_{i=1}^{2} (-1)^i \sigma_i^2 \left(1 - \sqrt{1 - \kappa_i^2} \right), \qquad (6.164\text{e})$$

$$\phi_0^{(2)} = \ddot{\phi}_0 \;=\; 0, \qquad (6.164\text{f})$$

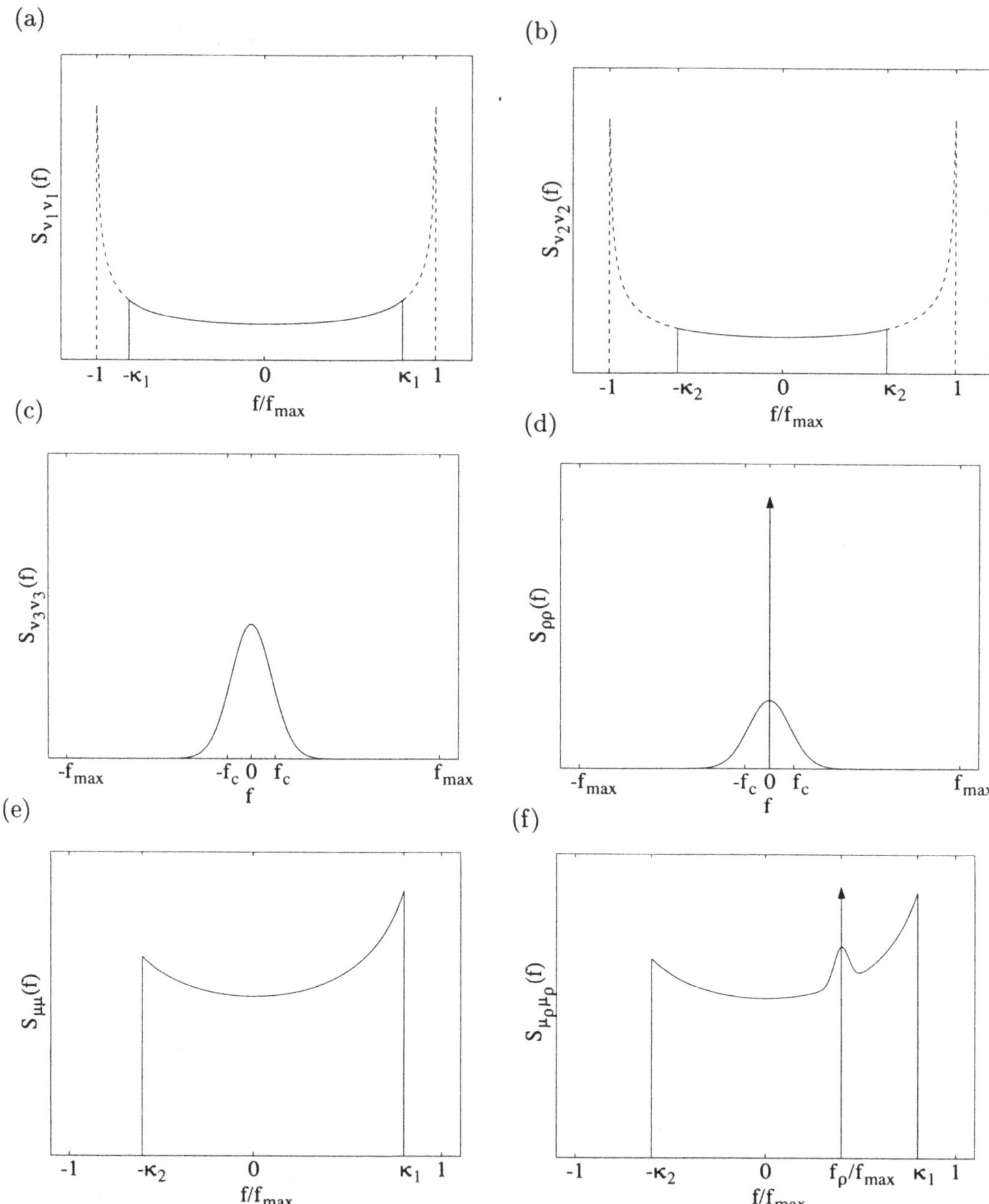

Bild 6.34: Diverse spektrale Leistungsdichten: eingeschränkte Jakesleistungsdichtespektren (a) $S_{\nu_1\nu_1}(f)$ und (b) $S_{\nu_2\nu_2}(f)$, (c) Gaußleistungsdichtespektrum $S_{\nu_3\nu_3}(f)$, (d) spektrale Leistungsdichte $S_{\rho\rho}(f)$ des Lognormalprozesses $\rho(t)$, (e) spektrale Leistungsdichte $S_{\mu\mu}(f)$ und (f) resultierendes unsymmetrisches Dopplerleistungsdichtespektrum $S_{\mu_\rho\mu_\rho}(f)$.

wobei $0 \leq \kappa_i \leq 1$ für $i = 1, 2$ gilt. Man kann sich leicht davon überzeugen, dass in dem durch (6.155c) beschriebenen Sonderfall (iii) die charakteristischen Kenngrößen (6.164a)–(6.164f) identisch sind mit denen, die durch (6.12a)–(6.12f) beschrieben wurden.

6.4.1.2 Wahrscheinlichkeitsdichte der Amplitude und Phase

Prinzipiell können die statistischen Eigenschaften des modifizierten Looprozesses $\varrho(t) = |\mu_\rho(t)|$ wieder genau wie in den vorhergehenden Fällen über die Verbundwahrscheinlichkeitsdichte $p_{\mu_{\rho_1}\mu_{\rho_2}\dot{\mu}_{\rho_1}\dot{\mu}_{\rho_2}}(x_1, x_2, \dot{x}_1, \dot{x}_2)$ bzw. $p_{\varrho\dot{\varrho}\vartheta\dot{\vartheta}}(z, \dot{z}, \theta, \dot{\theta})$ berechnet werden. Bedingt durch die zeitliche Varianz von $\rho(t)$ ist jedoch in diesem Fall der mathematische Rechenaufwand um einiges höher als bei den zuvor analysierten Modellen, wo stets $\rho(t) = \rho = const.$ war. Wir wollen daher einen eleganten alternativen Weg wählen, der wesentlich schneller zum Ziel führt, und der uns darüber hinaus von den im Abschnitt 6.1 gefundenen Ergebnissen profitieren lässt. Wenn man bedenkt, dass das im Bild 6.1 dargestellte analytische Modell im Wesentlichen ein Spezialfall des modifizierten Loo-Modells (Bild 6.32) unter der Bedingung $\rho(t) = \rho$ ist, dann muss die bedingte Wahrscheinlichkeitsdichte $p_\varrho(z|\rho(t) = \rho)$ des durch (6.154) definierten stochastischen Prozesses $\varrho(t)$ identisch mit (6.30) sein. Es muss daher gelten

$$p_\varrho(z|\rho(t) = \rho) = p_\xi(z) = \begin{cases} \dfrac{z}{\psi_0} \, e^{-\frac{z^2+\rho^2}{2\psi_0}} I_0\left(\dfrac{z\rho}{\psi_0}\right), & z \geq 0, \\ 0, & z < 0, \end{cases} \tag{6.165}$$

wobei ψ_0 die mittlere Leistung von $\mu_i(t)$ $(i = 1, 2)$ gemäß (6.164a) beschreibt. Da beim modifizierten Loo-Modell die Amplitude der direkten Komponente $\rho(t)$ lognormalverteilt ist, und somit der Lognormalverteilung [vgl. (2.28)]

$$p_\rho(y) = \begin{cases} \dfrac{1}{\sqrt{2\pi}\sigma_3 y} \, e^{-\frac{(\ln y - m_3)^2}{2\sigma_3^2}}, & y \geq 0, \\ 0, & y < 0, \end{cases} \tag{6.166}$$

genügt, kann die Wahrscheinlichkeitsdichte $p_\varrho(z)$ des modifizierten Looprozesses $\varrho(t)$ aus der Verbundwahrscheinlichkeitsdichte $p_{\varrho\rho}(z, y)$ der Prozesse $\varrho(t)$ und $\rho(t)$ wie folgt berechnet werden:

$$\begin{aligned} p_\varrho(z) &= \int_0^\infty p_{\varrho\rho}(z, y) \, dy \\ &= \int_0^\infty p_\varrho(z|\rho(t) = y) \cdot p_\rho(y) \, dy \\ &= \int_0^\infty p_\xi(z; \rho = y) \cdot p_\rho(y) \, dy, \quad z \geq 0. \end{aligned} \tag{6.167}$$

Setzen wir nun (6.30) bzw. (6.165) und (6.166) in (6.167) ein, dann erhalten wir für Wahrscheinlichkeitsdichte des modifizierten Looprozesses $\varrho(t)$ den Ausdruck

$$p_\varrho(z) = \frac{z}{\sqrt{2\pi}\psi_0\sigma_3} \int_0^\infty \frac{1}{y} e^{-\frac{z^2+y^2}{2\psi_0}} I_0\left(\frac{zy}{\psi_0}\right) e^{-\frac{(\ln y - m_3)^2}{2\sigma_3^2}} \, dy, \quad z \geq 0, \tag{6.168}$$

mit ψ_0 gemäß (6.164a). Man erkennt, dass die Wahrscheinlichkeitsdichte $p_\varrho(z)$ von drei Parametern (ψ_0, σ_3 und m_3) abhängt. Im Zusammenhang mit (6.155a) wird nun deutlich, dass (6.168) auch für das klassische Loo-Modell gilt, wenn man von dem Einfluss, den die Parameter σ_i^2 und κ_i auf ψ_0 ausüben, einmal absieht. Die gleiche Aussage trifft auch auf den mit (6.155b) verbundenen Sonderfall (ii) zu. Es ist daher nicht überraschend, wenn man die Wahrscheinlichkeitsdichte $p_\varrho(z)$ in der Form (6.168) z. B. auch in [Loo85, Loo91, Loo98] und [Pae98c] wieder findet. Unterschiede treten hingegen bei der Pegelunterschreitungsrate und der mittleren Fadingdauer auf, wie wir im nächsten Unterabschnitt 6.4.1.3 noch sehen werden. Zur Vollständigkeit betrachten wir noch kurz die Auswirkungen des Sonderfalls (iii) [siehe (6.155c)]. Im Grenzfall $\sigma_3^2 \to 0$ konvergiert die Lognormalverteilung (6.166) gegen $p_\rho(y) = \delta(y - \rho)$ mit $\rho = e^{m_3}$. Aus (6.167) folgt dann sofort die Riceverteilung (6.165), falls dort ρ an der Stelle $\rho = e^{m_3}$ betrachtet wird.

Zur Veranschaulichung der Wahrscheinlichkeitsdichte $p_\varrho(z)$ des modifizierten Looprozesses $\varrho(t)$ betrachten wir die Bilder 6.35(a) und 6.35(b), welche jeweils den Einfluss der Parameter σ_3 bzw. m_3 deutlich machen.

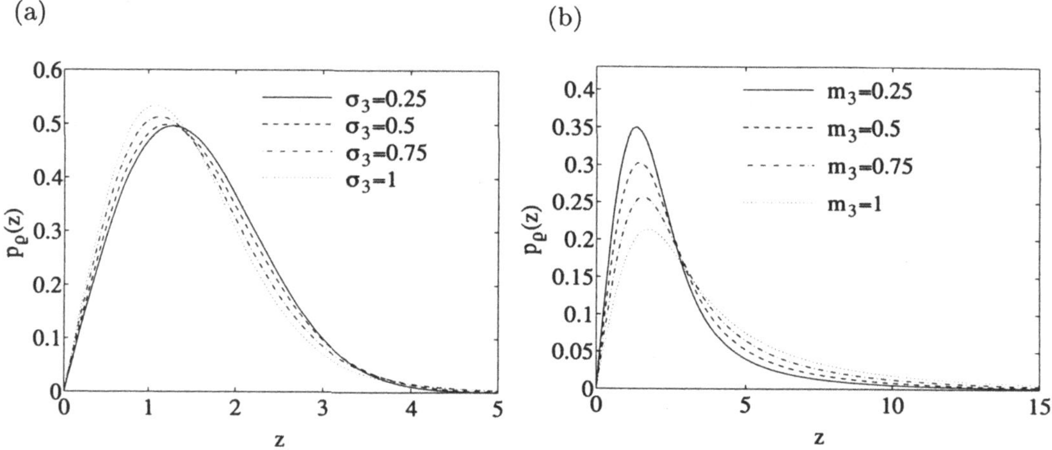

(a)   (b)

Bild 6.35: Wahrscheinlichkeitsdichte $p_\varrho(z)$ der Amplitude des modifizierten und klassischen Looprozesses $\varrho(t)$ in Abhängigkeit von: (a) σ_3 ($\psi_0 = 1, m_3 = -\sigma_3^2$) und (b) m_3 ($\psi_0 = 1, \sigma_3^2 = 1$).

Als Nächstes analysieren wir die Wahrscheinlichkeitsdichte $p_\vartheta(\theta)$ der Phase $\vartheta(t) = \arg\{\mu_\rho(t)\}$ des modifizierten Loo-Modells. Dabei verfahren wir in einer ähnlichen Weise wie zuvor bei der Berechnung von $p_\varrho(z)$. Bezogen auf die vorliegende Situation bedeutet dies, dass wir von der Tatsache Gebrauch machen, dass die Wahrscheinlichkeitsdichte $p_\vartheta(\theta)$ für $\rho(t) = \rho = const.$ mit der rechten Seite von (6.32) identisch ist, und somit gilt

$$p_\vartheta(\theta; t|\rho(t) = \rho) = \frac{e^{-\frac{\rho^2}{2\psi_0}}}{2\pi}\left\{1 + \sqrt{\frac{\pi}{2\psi_0}}\,\rho\cos(\theta - 2\pi f_\rho t - \theta_\rho)\,e^{\frac{\rho^2\cos^2(\theta - 2\pi f_\rho t - \theta_\rho)}{2\psi_0}}\right.$$

$$\left[1 + \text{erf}\left(\frac{\rho\cos(\theta - 2\pi f_\rho t - \theta_\rho)}{\sqrt{2\psi_0}}\right)\right]\right\}, \quad -\pi \le \theta \le \pi. \quad (6.169)$$

Da nach dieser Gleichung die bedingte Wahrscheinlichkeitsdichte der Phase $\vartheta(t)$ für $f_\rho \ne 0$ stets eine Funktion der Zeit t ist, führen wir zunächst eine Mittelung des obigen Ausdrucks über t durch, was auf die Gleichverteilung

$$
\begin{aligned}
p_\vartheta(\theta|\rho(t) = \rho) &= \lim_{T\to\infty} \frac{1}{2T} \int_{-T}^{T} p_\vartheta(\theta; t|\rho(t) = \rho)\, dt \\
&= \frac{1}{2\pi}, \quad -\pi \le \theta \le \pi,
\end{aligned}
\quad (6.170)
$$

führt. Die gesuchte Wahrscheinlichkeitsdichte $p_\vartheta(\theta)$ der Phase $\vartheta(t) = \arg\{\mu_\rho(t)\}$ kann nun mittels der Verbundwahrscheinlichkeitsdichte $p_{\vartheta\rho}(\theta, y)$ von $\vartheta(t)$ und $\rho(t)$ wie folgt bestimmt werden:

$$
\begin{aligned}
p_\vartheta(\theta) &= \int_0^\infty p_{\vartheta\rho}(\theta, y)\, dy \\
&= \int_0^\infty p_\vartheta(\theta|\rho(t) = y) \cdot p_\rho(y)\, dy \\
&= \frac{1}{2\pi} \int_0^\infty p_\rho(y)\, dy \\
&= \frac{1}{2\pi}, \quad -\pi \le \theta \le \pi.
\end{aligned}
\quad (6.171)
$$

Damit ist bewiesen, dass die Phase $\vartheta(t)$ von $\mu_\rho(t)$ über das Intervall $[-\pi, \pi]$ gleichverteilt ist, falls die Dopplerfrequenz f_ρ der direkten Komponente $m(t)$ ungleich null ist. Analog kann man für den Fall $f_\rho = 0$ einen Ausdruck für $p_\vartheta(\theta)$ herleiten, auf dessen Angabe an dieser Stelle aber verzichtet werden soll.

6.4.1.3 Pegelunterschreitungsrate und mittlere Fadingdauer

Die Berechnung der Pegelunterschreitungsrate $N_\varrho(r)$ des modifizierten Looprozesses $\varrho(t)$ erfolgt mittels der grundlegenden Beziehung (6.33). Da hierzu wieder die Kenntnis der Verbundwahrscheinlichkeitsdichte $p_{\varrho\dot\varrho}(z, \dot z)$ der Prozesse $\varrho(t)$ und $\dot\varrho(t)$ zum selben Zeitpunkt t erforderlich ist, wollen wir diese zunächst herleiten und schreiben daher

$$
\begin{aligned}
p_{\varrho\dot\varrho}(z, \dot z) &= \int_0^\infty \int_{-\infty}^\infty p_{\varrho\dot\varrho\rho\dot\rho}(z, \dot z, y, \dot y)\, d\dot y\, dy \\
&= \int_0^\infty \int_{-\infty}^\infty p_{\varrho\dot\varrho}(z, \dot z|\rho(t) = y,\ \dot\rho(t) = \dot y) \cdot p_{\rho\dot\rho}(y, \dot y)\, d\dot y\, dy.
\end{aligned}
\quad (6.172)
$$

In dem letzten Ausdruck bezeichnet $p_{\rho\dot\rho}(y, \dot y)$ die Verbundwahrscheinlichkeitsdichte von $\rho(t)$ und $\dot\rho(t)$ zum selben Zeitpunkt t. Da bei dem modifizierten Loo-Modell der Prozess

$\rho(t)$ lognormalverteilt ist, können wir $p_{\rho\dot\rho}(y,\dot y)$ mit der uns bereits bekannten Beziehung (6.53) identifizieren und erhalten

$$p_{\rho\dot\rho}(y,\dot y) = \frac{e^{-\frac{(\ln y - m_3)^2}{2\sigma_3^2}}}{\sqrt{2\pi}\,\sigma_3 y} \cdot \frac{e^{-\frac{\dot y^2}{2\gamma(\sigma_3 y)^2}}}{\sqrt{2\pi\gamma}\,\sigma_3 y}\,, \qquad (6.173)$$

wobei $\gamma = -\ddot r_{\nu_3\nu_3}(0) = (2\pi\sigma_c)^2$. Zu Beginn des Unterabschnittes 6.4.1 hatten wir vorausgesetzt, dass sich die Amplitude $\rho(t)$ der direkten Komponente nur sehr langsam ändern soll. Demnach muss also näherungsweise $\dot\rho(t) \approx 0$ gelten, so dass die Wahrscheinlichkeitsdichte $p_{\dot\rho}(\dot y)$ von $\dot\rho(t)$ durch $p_{\dot\rho}(\dot y) \approx \delta(\dot y)$ approximiert werden kann. Da dies immer dann gilt, wenn γ hinreichend klein bzw. das Frequenzverhältnis $\kappa_c = f_{max}/f_c$ hinreichend groß ist, können wir in diesen Fällen (6.173) durch die Näherung

$$p_{\rho\dot\rho}(y,\dot y) \approx p_\rho(y) \cdot \delta(\dot y) \qquad (6.174)$$

ersetzen, wobei mit $p_\rho(y)$ wieder die Lognormalverteilung gemäß (6.166) gemeint ist. Wir setzen nun (6.174) in (6.172) ein und erhalten unter Berücksichtigung der Ausblendeigenschaft der Deltafunktion die Näherung

$$\begin{aligned}
p_{\varrho\dot\varrho}(z,\dot z) &\approx \int_0^\infty \int_{-\infty}^\infty p_{\varrho\dot\varrho}(z,\dot z|\rho(t)=y,\ \dot\rho(t)=\dot y) \cdot p_\rho(y)\,\delta(\dot y)\,d\dot y\,dy \\
&= \int_0^\infty p_{\varrho\dot\varrho}(z,\dot z|\rho(t)=y,\dot\rho(t)=0) \cdot p_\rho(y)\,dy\,. \qquad (6.175)
\end{aligned}$$

Mit dieser Beziehung können wir nun die Pegelunterschreitungsrate $N_\varrho(r)$ [vgl. (6.33)] wie folgt annähern:

$$\begin{aligned}
N_\varrho(r) &= \int_0^\infty \dot z\,p_{\varrho\dot\varrho}(r,\dot z)\,d\dot z \\
&\approx \int_0^\infty \int_0^\infty \dot z\,p_{\varrho\dot\varrho}(z,\dot z|\rho(t)=y,\dot\rho(t)=0) \cdot p_\rho(y)\,dy\,d\dot z \\
&= \int_0^\infty N_\varrho(r|\rho(t)=y,\dot\rho(t)=0) \cdot p_\rho(y)\,dy\,. \qquad (6.176)
\end{aligned}$$

Hierbei ist zu beachten, dass die unter dem Integral von (6.176) auftretende Pegelunterschreitungsrate $N_\varrho(r|\rho(t)=\rho,\dot\rho(t)=0)$ genau mit der im Unterabschnitt 6.1.1.2 hergeleiteten Beziehung (6.37) übereinstimmt. Setzen wir nun diese Gleichung in (6.176) ein, dann erhalten wir mit (6.166) für die Pegelunterschreitungsrate des modifizierten Loo-Modells die Approximation

$$\begin{aligned}
N_\varrho(r) &\approx \int_0^\infty \frac{e^{-\frac{(\ln y - m_3)^2}{2\sigma_3^2}}}{\sqrt{2\pi}\sigma_3 y} \cdot \frac{r\sqrt{2\beta}}{\pi^{3/2}\psi_0} e^{-\frac{r^2+y^2}{2\psi_0}} \cdot \int_0^{\pi/2} \cosh\left(\frac{ry}{\psi_0}\cos\theta\right) \\
&\quad \cdot \left[e^{-(\alpha y \sin\theta)^2} + \sqrt{\pi}\alpha y \sin(\theta)\,\mathrm{erf}\,(\alpha y \sin\theta)\right] d\theta\,dy\,, \qquad (6.177)
\end{aligned}$$

wobei für α und β die Beziehungen (6.27) bzw. (6.28) gelten, wenn dort für die charakteristischen Kenngrößen ψ_0, $\ddot{\psi}_0$ und $\dot{\phi}_0$ jeweils die Formeln (6.164a), (6.164c) bzw. (6.164e) verwendet werden.

Die Untersuchung des Sonderfalls (i) [siehe (6.155a)] liefert zunächst $\alpha = 0$. Dadurch vereinfacht sich (6.177) ganz erheblich, was dazu führt, dass die Pegelunterschreitungsrate des modifizierten Loo-Modells übergeht in die des klassischen Loo-Modells, welche wie folgt approximiert werden kann:

$$
\begin{aligned}
N_\varrho(r)|_{\alpha=0} &\approx \sqrt{\frac{\beta}{2\pi}} \cdot \frac{r}{\psi_0} \int_0^\infty \frac{e^{-\frac{(\ln y - m_3)^2}{2\sigma_3^2}}}{\sqrt{2\pi}\sigma_3 y} \cdot e^{-\frac{r^2+y^2}{2\psi_0}} I_0\left(\frac{ry}{\psi_0}\right) dy \\
&= \sqrt{\frac{\beta}{2\pi}} \int_0^\infty p_\xi(r;\rho=y) \cdot p_\rho(y)\, dy\,,
\end{aligned}
\tag{6.178}
$$

wo in diesem speziellen Fall die Größen β und ψ_0 durch $\beta = -2(\pi\sigma_0 f_{max})^2$ bzw. $\psi_0 = \sigma_0^2$ gegeben sind, und mit $p_\xi(r;\rho=y)$ die Riceverteilung (2.26) gemeint ist, falls dort ρ durch y ersetzt wird. Bei der Betrachtung von (6.178) und (6.167) wird deutlich, dass unter der Bedingung $\alpha = 0$ die Pegelunterschreitungsrate $N_\varrho(r)$ wieder proportional zur zugehörigen Wahrscheinlichkeitsdichte $p_\varrho(r)$ ist, was stets bei einem symmetrischen Dopplerleistungsdichtespektrum der Fall ist, aber häufig nicht der Realität entspricht. Der Sonderfall (ii) [siehe (6.155b)] führt nicht zur Vereinfachung von (6.177). Allerdings sind hierbei die charakteristischen Kenngrößen ψ_0, $\ddot{\psi}_0$ und $\dot{\phi}_0$ stärker miteinander verkoppelt, worunter letztlich die Flexibilität von $N_\varrho(r)$ leidet. Schließlich untersuchen wir noch die Auswirkungen des Sonderfalls (iii) [siehe (6.155c)] auf die Pegelunterschreitungsrate $N_\varrho(r)$. Im Grenzfall $\sigma_3^2 \to 0$ erhalten wir $p_\rho(y) = \delta(y - \rho)$ mit $\rho = e^{m_3}$, so dass aus der rechten Seite von (6.176) wieder der Ausdruck (6.37) folgt. Übrigens ist dann (6.174) exakt erfüllt, so dass wir das Ungefährzeichen in (6.176) bedenkenlos durch ein Gleichheitszeichen ersetzen können.

Um die mittlere Fadingdauer

$$
T_{\varrho_-}(r) = \frac{F_{\varrho_-}(r)}{N_\varrho(r)}
\tag{6.179}
$$

des modifizierten Loo-Modells berechnen zu können, benötigen wir noch einen Ausdruck für die Verteilungsfunktion $F_{\varrho_-}(r) = P(\varrho(t) \le r)$ des stochastischen Prozesses $\varrho(t)$. Zur Herleitung von $F_{\varrho_-}(r)$ verwenden wir (6.168) und erhalten

$$
\begin{aligned}
F_{\varrho_-}(r) &= \int_0^r p_\varrho(z)\, dz \\
&= \frac{1}{\sqrt{2\pi}\psi_0\sigma_3} \int_0^r \int_0^\infty \frac{z}{y} e^{-\frac{z^2+y^2}{2\psi_0}} I_0\left(\frac{zy}{\psi_0}\right) e^{-\frac{(\ln y - m_3)^2}{2\sigma_3^2}}\, dy\, dz \\
&= 1 - \int_0^\infty Q_1\left(\frac{y}{\sqrt{\psi_0}}, \frac{r}{\sqrt{\psi_0}}\right) p_\rho(y)\, dy\,,
\end{aligned}
\tag{6.180}
$$

wobei $Q_1(\cdot,\cdot)$ die durch (6.67) definierte verallgemeinerte marcumsche Q-Funktion ist.

Zur Veranschaulichung der für die Pegelunterschreitungsrate $N_\varrho(r)$ und die mittlere Fadingdauer $T_{\varrho_-}(r)$ gefundenen Ergebnisse betrachten wir die in den Bildern 6.36(a)–6.36(d) dargestellten Kurvenverläufe. In den Bildern 6.36(a) und 6.36(b) ist die nach (6.177) berechnete normierte Pegelunterschreitungsrate $N_\varrho(r)/f_{max}$ unter Variation der Parameter m_3 bzw. σ_3 dargestellt. Die darunter liegenden Bilder 6.36(c) und 6.36(d) zeigen jeweils das Verhalten der zugehörigen normierten mittleren Fadingdauer $T_{\varrho_-}(r)\cdot f_{max}$.

6.4.2 Das deterministische modifizierte Loo-Modell

Bei der Herleitung eines Simulationsmodells für modifizierte Looprozesse gehen wir wie im Unterabschnitt 6.1.4 vor. Das heißt, wir ersetzen die drei stochastischen Gaußprozesse $\nu_i(t)$ ($i = 1, 2, 3$) durch deterministische Gaußprozesse $\tilde{\nu}_i(t)$ der Form (6.68). Dabei muss beim Entwurf der Mengen $\{f_{1,n}\}$, $\{f_{2,n}\}$ und $\{f_{3,n}\}$ wieder darauf geachtet werden, dass diese disjunkt sind, was zur Folge hat, dass die deterministischen Gaußprozesse $\tilde{\nu}_1(t)$, $\tilde{\nu}_2(t)$ und $\tilde{\nu}_3(t)$ paarweise unkorreliert sind. Die Substitution $\nu_i(t) \rightarrow \tilde{\nu}_i(t)$ führt auf $\mu_i(t) \rightarrow \tilde{\mu}_i(t)$, wobei wir nach einer kurzen Rechnung die deterministischen Gaußprozesse $\tilde{\mu}_i(t)$ für $i = 1, 2, 3$ wie folgt angeben können:

$$\tilde{\mu}_1(t) \;=\; \sum_{n=1}^{N_1} c_{1,n}\cos(2\pi f_{1,n}t + \theta_{1,n}) + \sum_{n=1}^{N_2} c_{2,n}\cos(2\pi f_{2,n}t + \theta_{2,n})\,, \qquad (6.181a)$$

$$\tilde{\mu}_2(t) \;=\; \sum_{n=1}^{N_1} c_{1,n}\sin(2\pi f_{1,n}t + \theta_{1,n}) - \sum_{n=1}^{N_2} c_{2,n}\sin(2\pi f_{2,n}t + \theta_{2,n})\,, \qquad (6.181b)$$

$$\tilde{\mu}_3(t) \;=\; \sigma_3 \sum_{n=1}^{N_3} c_{3,n}\cos(2\pi f_{3,n}t + \theta_{3,n}) + m_3\,. \qquad (6.181c)$$

Mit diesen Beziehungen kann nun unmittelbar das stochastische analytische Modell (Bild 6.32) in das im Bild 6.37 gezeigte *deterministische modifizierte Loo-Modell* überführt werden. Den Ausgangsprozess $\tilde{\varrho}(t)$ von diesem Modell bezeichnen wir sinngemäß als *deterministischen modifizierten Looprozess*.

Für den durch (6.155a) definierten Spezialfall (i) folgt aus Bild 6.37 die Struktur des so genannten deterministischen klassischen Loo-Modells. Dabei lassen sich die deterministischen Prozesse $\tilde{\mu}_1(t)$ und $\tilde{\mu}_2(t)$ gemäß (6.181a) bzw. (6.181b) jeweils durch den Ansatz (4.4) ersetzen, wodurch der Realisierungsaufwand des Modells deutlich reduziert wird. Ebenfalls führt der Spezialfall (ii) [siehe (6.155b)] zu einer Vereinfachung der Struktur des Simulationsmodells, denn $\sigma_2^2 = 0$ ist gleichbedeutend mit $N_2 = 0$. Es sei bemerkt, dass man für diesen Fall das in [Pae98c] eingeführte Simulationsmodell erhält. Schließlich wollen wir noch darauf hinweisen, dass im speziellen Fall (6.155c) aus Bild 6.37 die Struktur des deterministischen Riceprozesses mit kreuzkorrelierten Komponenten folgt, wie wir sie bereits im oberen Teil des Bildes 6.9 kennen gelernt haben.

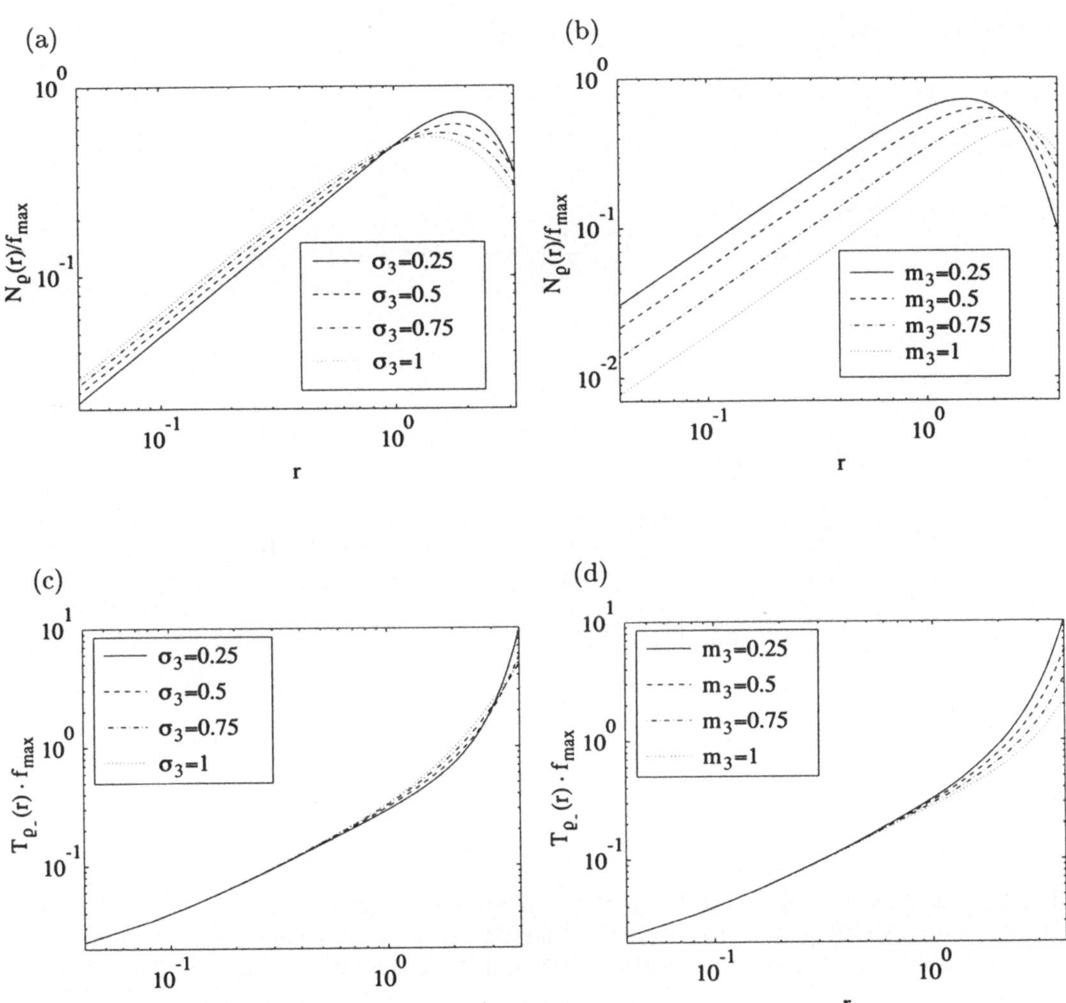

Bild 6.36: Normierte Pegelunterschreitungsrate $N_\varrho(r)/f_{max}$ des modifizierten Loo-Modells für verschiedene Werte von (a) m_3 ($\sigma_3 = 1/2$) und (b) σ_3 ($m_3 = 1/2$) sowie (c) und (d) die zugehörige normierte mittlere Fadingdauer $T_{\varrho_-}(r) \cdot f_{max}$ ($\kappa_1 = \kappa_2 = 1$, $\psi_0 = 1$, $f_\rho = 0$).

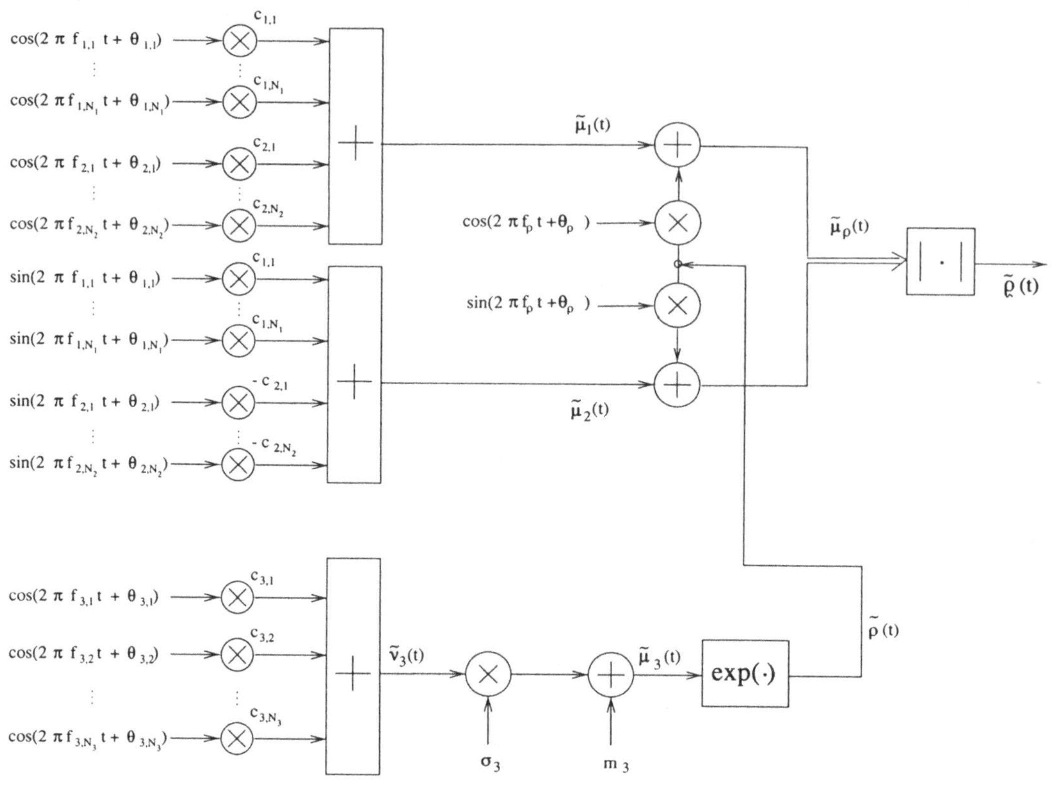

Bild 6.37:   Das deterministische modifizierte Loo-Modell (Simulationsmodell).

Die im Unterabschnitt 6.4.1 für das analytische Modell hergeleiteten Gleichungen (6.168), (6.177) und (6.179) gelten unter der Bedingung $N_i \geq 7$ näherungsweise auch für deterministische modifizierte Looprozesse $\tilde{\varrho}(t)$, falls in den zuvor genannten Formeln die Substitutionen $\psi_0 \to \tilde{\psi}_0$, $\ddot{\psi}_0 \to \ddot{\tilde{\psi}}_0$ und $\dot{\phi}_0 \to \dot{\tilde{\phi}}_0$ durchgeführt werden. Die charakteristischen Kenngrößen $\tilde{\psi}_0$, $\ddot{\tilde{\psi}}_0$ und $\dot{\tilde{\phi}}_0$ des Simulationsmodells sind hierbei jeweils durch die im Unterabschnitt 6.1.4 hergeleiteten Beziehungen (6.71a), (6.71b) bzw. (6.71c) gegeben, was nicht sonderlich überraschend ist, denn hier wie dort liegen den deterministischen Gaußprozessen $\tilde{\mu}_1(t)$ und $\tilde{\mu}_2(t)$ die gleichen Ausdrücke zugrunde. Unterschiede treten hingegen in der Berechnung der Modellparameter $f_{i,n}$ und $c_{i,n}$ für $i = 1, 2$ auf. Im hier vorliegenden Fall haben wir zu berücksichtigen, dass das Jakesleistungsdichtespektrum wegen $\kappa_1 \in [0, 1]$ und $\kappa_2 \in [0, 1]$ im Allgemeinen links- und rechtsseitig eingeschränkt ist. Wenn wir diese Tatsache bei der Berechnung der Modellparameter $f_{i,n}$ und $c_{i,n}$ mittels der Methode der exakten Dopplerverbreiterung (MEDS) berücksichtigen, dann gelten für das deterministische modifizierte Loo-Modell die Ausdrücke:

$$f_{i,n} \;=\; f_{max}\sin\left[\frac{\pi}{2N_i'}\left(n-\frac{1}{2}\right)\right], \qquad n=1,2,\ldots,N_i \quad (i=1,2), \qquad (6.182\text{a})$$

$$c_{i,n} \;=\; \frac{\sigma_i}{\sqrt{N_i'}}, \qquad\qquad\qquad n=1,2,\ldots,N_i \quad (i=1,2), \qquad (6.182\text{b})$$

wobei

$$N_i' = \left\lceil \frac{N_i}{\frac{2}{\pi}\arcsin(\kappa_i)} \right\rceil, \qquad i=1,2, \qquad (6.183)$$

die virtuelle Anzahl harmonischer Funktionen beschreibt, und mit N_i wieder die tatsächliche, d. h., die vom Anwender festgelegte Anzahl harmonischer Funktionen gemeint ist. Für die Dopplerphasen $\theta_{i,n}$ wollen wir wieder annehmen, dass diese über dem Intervall $(0,2\pi]$ einer Gleichverteilung genügen.

Der Entwurf des dritten deterministischen Gaußprozesses $\tilde{\nu}_3(t)$ erfolgt genau nach dem im Unterabschnitt 6.1.4 beschriebenen Verfahren. Insbesondere wird die Berechnung der diskreten Dopplerfrequenzen $f_{3,n}$ über die Bestimmungsgleichung (6.75a) in Verbindung mit (6.75b) durchgeführt, und für die Dopplerkoeffizienten $c_{i,n}$ gilt wieder die Formel $c_{3,n} = \sqrt{2/N_3}$ für alle $n=1,2,\ldots,N_3$. Die verbleibenden Parameter des Simulationsmodells $(f_\rho,\theta_\rho,m_3,\sigma_3)$ entsprechen natürlich denen des analytischen Modells, so dass nun sämtliche Parameter festgelegt sind.

Mit den charakteristischen Kenngrößen $\tilde{\psi}_0$, $\ddot{\tilde{\psi}}_0$ und $\dot{\tilde{\phi}}_0$ lassen sich analog nach (6.27) und (6.28) die für das Simulationsmodell gültigen sekundären Modellparameter

$$\tilde{\alpha} = \left(2\pi f_\rho - \frac{\dot{\tilde{\phi}}_0}{\tilde{\psi}_0}\right)\Big/ \sqrt{2\tilde{\beta}} \qquad (6.184)$$

und

$$\tilde{\beta} = -\ddot{\tilde{\psi}}_0 - \dot{\tilde{\phi}}_0^{\,2}/\tilde{\psi}_0 \qquad (6.185)$$

explizit berechnen. Das Konvergenzverhalten von $\tilde{\alpha}$ und $\tilde{\beta}/f_{max}^2$ ist im Bild 6.38(a) bzw. 6.38(b) anschaulich festgehalten. Die gezeigten Kurven gelten für die in der Tabelle 6.5 aufgeführten primären Modellparameter σ_1, σ_2, κ_1, κ_2 und f_ρ.

Bild 6.39 zeigt beispielhaft den zeitlichen Verlauf des deterministischen Looprozesses $\tilde{\varrho}(t)$ (durchgezogene Linie), wobei für die Anzahl der harmonischer Funktionen N_i $(i=1,2,3)$ die Werte $N_1 = N_2 = N_3 = 13$ gewählt wurden, und die maximale Dopplerfrequenz f_{max} wieder durch $f_{max} = 91\,\text{Hz}$ festlag. Veranschaulicht ist in diesem Bild ebenfalls der deterministische Lognormalprozess $\tilde{\rho}(t)$ (gestrichelte Linie).

Ein Vergleich zwischen den statistischen Eigenschaften des analytischen Modells und denen des Simulationsmodells ist in den Bildern 6.40(a)–6.40(c) gezeigt. Mit Ausnahme

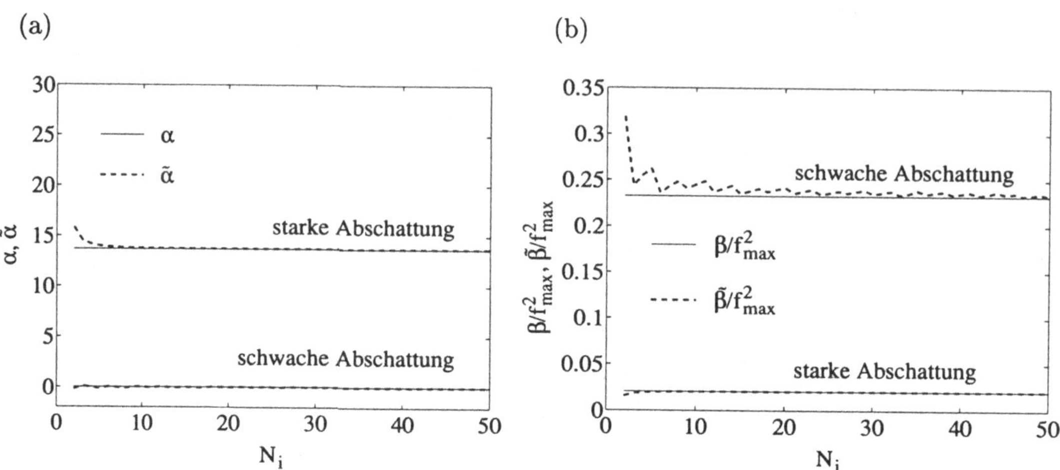

Bild 6.38: Darstellung von (a) α und $\tilde{\alpha}$ sowie (b) β/f_{max}^2 und $\tilde{\beta}/f_{max}^2$ bei Verwendung der MEDS mit $N_1 = N_2$ aber $N_1' \neq N_2'$ (σ_i, κ_i und f_ρ nach Tabelle 6.5).

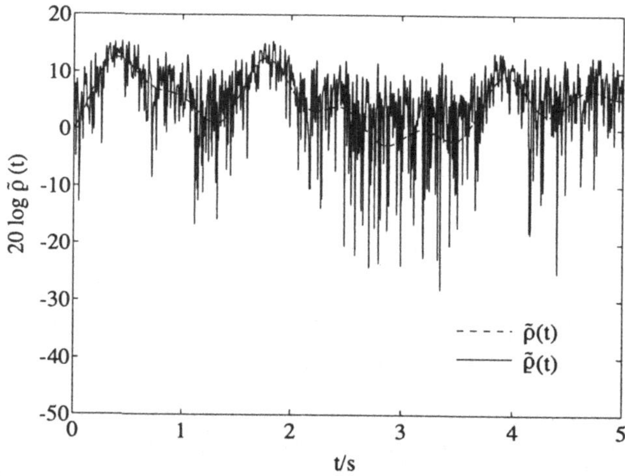

Bild 6.39: Die deterministischen Prozesse $\tilde{\varrho}(t)$ und $\tilde{\rho}(t)$ ($\sigma_1^2 = \sigma_2^2 = 1$, $\kappa_1 = 0.8$, $\kappa_2 = 0.5$, $\sigma_3 = 0.5$, $m_3 = 0.25$, $f_\rho = 0.2 f_{max}$, $\theta_\rho = 0$, $\kappa_c = 50$ und $f_{max} = 91\,\text{Hz}$).

des Parameters $\kappa_c = f_{max}/f_c$, dessen Einfluss hier untersucht werden soll, wurden sämtliche Parameter des Simulationsmodells und des analytischen Modells genauso gewählt wie in dem vorhergehenden Beispiel. Das Abtastintervall T_A des diskreten deterministischen Looprozesses $\tilde{\varrho}(kT_A)$ $(k = 1, 2, \ldots, K)$ betrug $T_A = 1/(36.63 f_{max})$. Insgesamt wurden $K = 3 \cdot 10^7$ Abtastwerte des Prozesses $\tilde{\varrho}(kT_A)$ $(k = 1, 2, \ldots, K)$ simuliert und zur Bestimmung der Wahrscheinlichkeitsdichte $\tilde{p}_\varrho(z)$ [Bild 6.40(a)], der normierten Pegelunterschreitungsrate $\tilde{N}_\varrho(r)/f_{max}$ [Bild 6.40(b)] und der normierten mittleren Fadingdauer $\tilde{T}_{\varrho-}(r) \cdot f_{max}$ [Bild 6.40(c)] des Simulationsmodells verwendet.

Bild 6.40(a) lässt uns erkennen, dass das Verhalten der Wahrscheinlichkeitsdichte $\tilde{p}_\varrho(z)$ nicht durch den Wert κ_c beeinflusst wird. Dieses Ergebnis war zu erwarten, denn $\tilde{p}_\varrho(z)$ ist nach (6.168) unabhängig von der Bandbreite des Prozesses $\nu_3(t)$, was die Einflusslosigkeit des Frequenzverhältnisses $\kappa_c = f_{max}/f_c$ vollständig erklärt. Die zu beobachtenden geringfügigen Differenzen zwischen $p_\varrho(z)$ und $\tilde{p}_\varrho(z)$ sind auf die hier verwendete Anzahl harmonischer Funktionen $N_i = 13$ $(i = 1, 2, 3)$ zurückzuführen. Es muss nicht extra betont werden, dass diese Abweichungen mit Zunahme von N_i kleiner werden und für $N_i \to \infty$ gegen null konvergieren.

Die Ergebnisse des Bildes 6.40(b) zeigen uns, dass nur für unrealistisch kleine Werte von κ_c, d.h. $\kappa_c \leq 5$, die Abweichungen zwischen der Pegelunterschreitungsrate des analytischen Modells und der des Simulationsmodells relativ groß sind. Dagegen sind für $\kappa_c \geq 20$ die Unterschiede zwischen der analytischen Näherungslösung (6.177) und den zugehörigen Simulationsergebnissen vernachlässigbar.

Bei der Betrachtung des Bildes 6.40(c) stellen wir fest, dass die gleichen Aussagen auch auf die mittlere Fadingdauer zutreffen. Folglich sind die für dieses Modell hergeleiteten Näherungslösungen für die Pegelunterschreitungsrate und mittlere Fadingdauer sehr genau, falls das Frequenzverhältnis $\kappa_c = f_{max}/f_c$ größer gleich 20 ist, d.h., falls sich die Amplitude der direkten Komponente im Verhältnis zur gestreuten Komponente nur relativ langsam ändert. Eine mit der Nebenbedingung $\kappa_c \geq 20$ verbundene Einschränkung auf praktisch relevante Fälle ist demnach nicht zu befürchten, denn für reale Kanäle gilt ohnehin $\kappa_c \gg 1$.

6.4.3 Anwendungen und Simulationsergebnisse

In diesem Unterabschnitt wollen wir die statistischen Eigenschaften des modifizierten Loo-Modells an die Statistik von realen Kanälen anpassen. Wie bei den erweiterten Suzukiprozessen vom Typ I und Typ II sowie bei dem verallgemeinerten Riceprozess, so verwenden wir auch hier als Grundlage die in [But83] vorgestellten Messergebnisse für die komplementäre Verteilungsfunktion, Pegelunterschreitungsrate und mittlere Fadingdauer.

Im Folgenden wählen wir für das Frequenzverhältnis $\kappa_c = f_{max}/f_c$ den realistischen Wert $\kappa_c = 20$, so dass die Pegelunterschreitungsrate $N_\varrho(r)$ des analytischen Loo-Modells durch (6.177) sehr gut approximiert wird. Ohne Einschränkung der Allgemeinheit wollen wir auch die Phase θ_ρ der direkten Komponente auf den willkürlich gewählten Wert $\theta_\rho = 0$ festlegen.

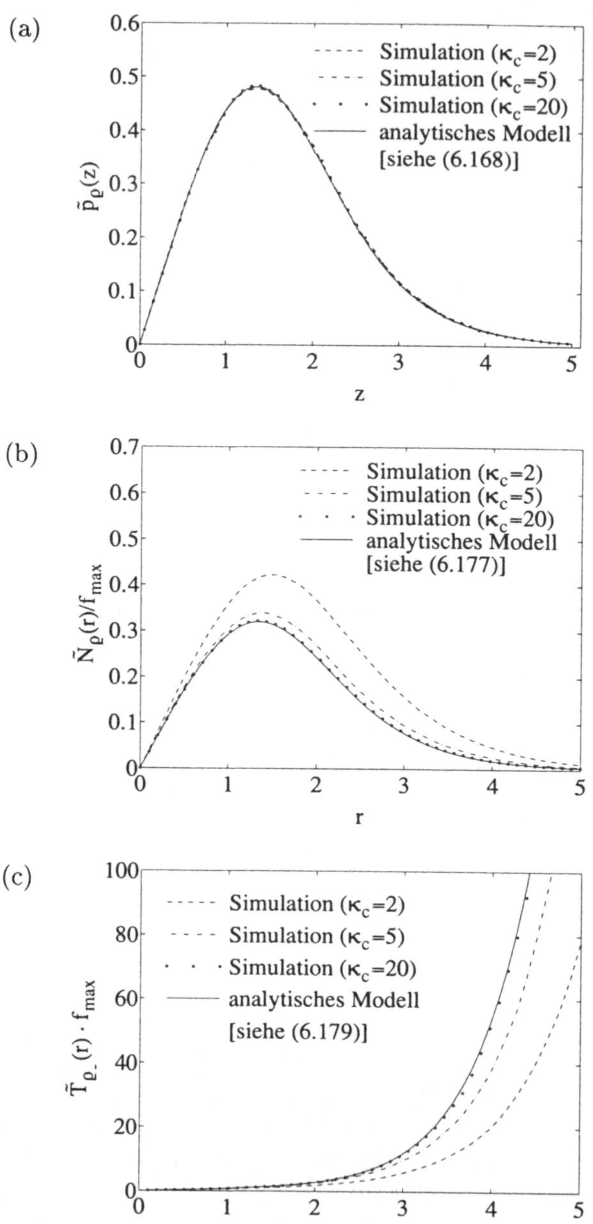

Bild 6.40: Vergleiche zwischen: (a) $p_\varrho(z)$ und $\tilde{p}_\varrho(z)$, (b) $N_\varrho(r)/f_{max}$ und $\tilde{N}_\varrho(r)/f_{max}$ sowie (c) $T_{\varrho-}(r)\cdot f_{max}$ und $\tilde{T}_{\varrho-}(r)\cdot f_{max}$ ($\sigma_1^2 = \sigma_2^2 = 1$, $\kappa_1 = 0.8$, $\kappa_2 = 0.5$, $\sigma_3 = 0.5$, $m_3 = 0.25$, $f_\rho = 0.2 f_{max}$, $\theta_\rho = 0$ und $f_{max} = 91\,\text{Hz}$).

Die verbleibenden freien Modellparameter des modifizierten Loo-Modells sind die zur Modellanpassung zur Verfügung stehenden Größen σ_1, σ_2, κ_1, κ_2, σ_3, m_3 und f_ρ. Mit diesen primären Modellparametern definieren wir den Parametervektor

$$\Omega = \left(\sigma_1,\ \sigma_2,\ \kappa_1,\ \kappa_2,\ \sigma_3,\ m_3,\ f_\rho\right), \tag{6.186}$$

dessen Komponenten nach dem im Unterabschnitt 6.1.5 beschriebenen Schema zu optimieren sind. Zur Minimierung der Fehlerfunktion $E_2(\Omega)$ [vgl. (6.76)] ziehen wir wie zuvor den Fletcher-Powell-Algorithmus [Fle63] heran. Die auf diese Weise erhaltenen optimierten Komponenten des Parametervektors Ω sind in der Tabelle 6.5 für Gebiete mit starker und schwacher Abschattung dargestellt.

Abschattung	σ_1	σ_2	κ_1	κ_2	σ_3	m_3	f_ρ/f_{max}
stark	0	0.3856	0	0.499	0.5349	-1.593	0.1857
schwach	0.404	0.4785	0.6223	0.4007	0.2628	-0.0584	0.0795

Tabelle 6.5: Die optimierten primären Modellparameter des modifizierten Loo-Modells für Gebiete mit starker und schwacher Abschattung.

Der Ricefaktor c_R wird für das modifizierte Loo-Modell wie folgt berechnet:

$$\begin{aligned}
c_R &= \frac{E\left\{|m(t)|^2\right\}}{E\left\{|\mu(t)|^2\right\}} = \frac{E\left\{\varrho^2(t)\right\}}{2E\left\{\mu_i^2(t)\right\}} \qquad (i = 1, 2) \\
&= \frac{r_{\varrho\varrho}(0)}{2\psi_0} = \frac{\pi}{2} \cdot \frac{e^{2(m_3+\sigma_3^2)}}{\sum_{i=1}^{2}\sigma_i^2 \arcsin(\kappa_i)} .
\end{aligned} \tag{6.187}$$

Mit den aus der Tabelle 6.5 entnommenen Parametern beträgt demnach der Ricefaktor c_R bei starker Abschattung $c_R = 1.7\,\text{dB}$ und bei schwacher Abschattung $c_R = 8.96\,\text{dB}$.

Im Bild 6.41(a) ist die komplementäre Verteilungsfunktion $F_{\varrho_+}(r) = 1 - F_{\varrho_-}(r)$ des modifizierten Loo-Modells zusammen mit der des gemessenen Kanals für die beiden Gebiete mit starker und schwacher Abschattung dargestellt. Bild 6.41(b) macht deutlich, dass die Unterschiede zwischen der normierten Pegelunterschreitungsrate $N_\varrho(r)/f_{max}$ des modifizierten Loo-Modells und der hier verwendeten gemessenen normierten Pegelunterschreitungsrate akzeptabel sind.

Schließlich zeigt das Bild 6.41(c) die dazugehörigen normierten mittleren Fadingdauern, wobei auch hier wieder eine gute Übereinstimmung zwischen dem analytischen Modell und dem gemessenen Kanal vorliegt.

Zur Verifikation der analytischen Ergebnisse sind in den Bildern 6.41(a)–6.41(c) auch die zugehörigen Simulationsergebnisse dargestellt. Dazu wurden die deterministischen Gaußprozesse $\tilde{\nu}_1(t)$, $\tilde{\nu}_2(t)$ und $\tilde{\nu}_3(t)$ nach dem im Unterabschnitt 6.4.2 beschriebenen Verfahren unter Verwendung von $N_1 = N_2 = N_3 = 15$ Kosinusfunktionen entworfen.

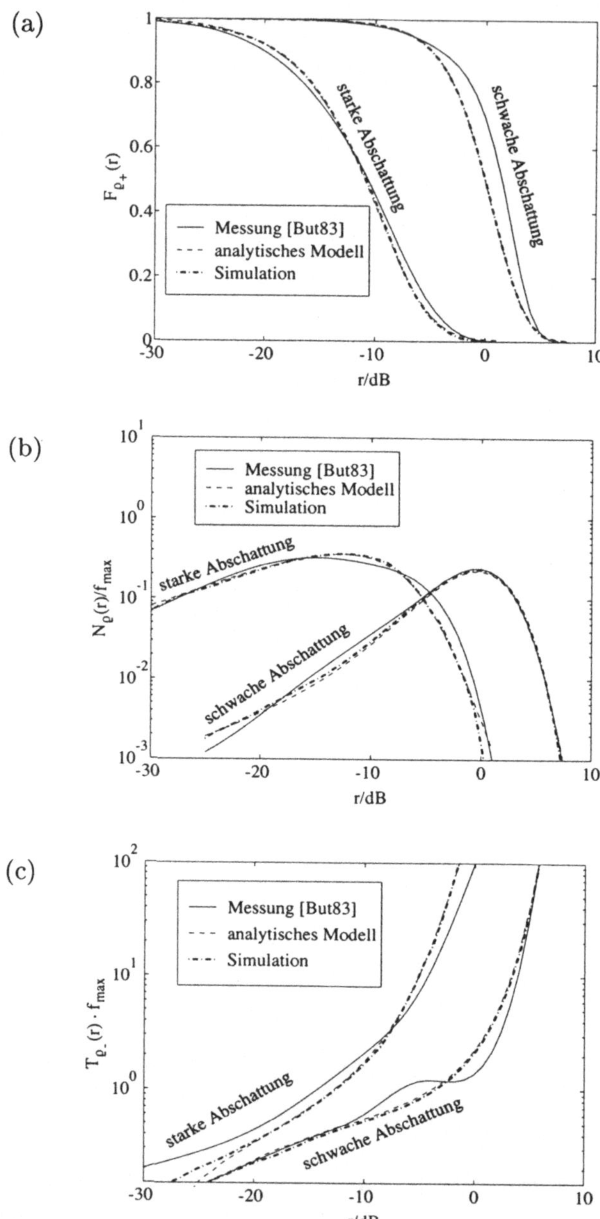

Bild 6.41:   (a) Komplementäre Verteilungsfunktion $F_{\varrho+}(r)$, (b) normierte Pegelunterschreitungsrate $N_\varrho(r)/f_{max}$ und (c) normierte mittlere Fadingdauer $T_{\varrho-}(r/\rho) \cdot f_{max}$ für Gebiete mit starker und schwacher Abschattung.

Abschließend ist in den Bildern 6.42(a) und 6.42(b) der deterministische modifizierte Looprozess $\tilde{\varrho}(t)$ für Gebiete mit starker bzw. schwacher Abschattung dargestellt.

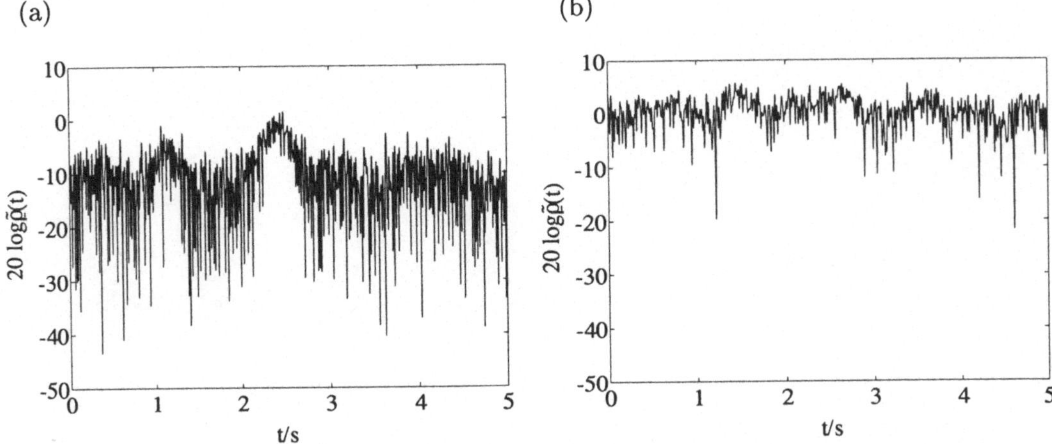

Bild 6.42:   Simulation von deterministischen modifizierten Looprozessen $\tilde{\varrho}(t)$ für Gebiete mit (a) starker Abschattung und (b) schwacher Abschattung (MEDS, $N_1 = N_2 = N_3 = 15$, $f_{max} = 91\,\text{Hz}$, $\kappa_c = 20$).

Kapitel 7

Frequenzselektive stochastische und deterministische Kanalmodelle

Bisher befassten wir uns ausschließlich mit der Beschreibung von nichtfrequenzselektiven Mobilfunkkanälen, welche dadurch charakterisiert sind, dass die Differenzen zwischen den Laufzeiten der empfangenen elektromagnetischen Wellen gegenüber der Symboldauer vernachlässigbar sind. Verständlicherweise ist diese Annahme jedoch immer weniger gerechtfertigt, je kürzer die Symboldauer bzw. je höher die Datenrate wird. Kanäle, bei denen die Laufzeitdifferenzen gegenüber der Symboldauer nicht vernachlässigt werden können, bilden daher eine weitere wichtige Klasse von Kanälen, nämlich die Klasse der *frequenzselektiven Kanäle*, deren statistische und deterministische Modellierung Gegenstand des vorliegenden Kapitels ist.

In der Literatur ist die Anzahl der Veröffentlichungen allein über frequenzselektive Mobilfunkkanäle inzwischen so weit angestiegen, dass selbst Wissenschaftler, die sich vorrangig mit diesem Thema befassen, Gefahr laufen, den Überblick zu verlieren. Es ist daher an dieser Stelle nicht möglich, allen Autoren, die zu diesem Thema einen Beitrag geleistet haben, gerecht zu werden, zumal im Rahmen dieser Einführung nur eine kleine Auswahl an Publikationen vorgestellt werden kann. Um eine gewisse Systematik in diesen Themenkreis zu bringen, bietet sich zunächst eine grobe Einteilung der Publikationen auf Basis der jeweils behandelten Schwerpunkte in die Kategorien Theorie, Messung und Simulation an.

Zur ersten Kategorie zählen Arbeiten, die sich vorwiegend theoretisch mit der Beschreibung und Analyse von Mobilfunkkanälen auseinander setzen. Der wichtigste Artikel, der in diese Kategorie fällt, ist unumstritten [Bel63]. In dieser grundlegenden Arbeit über stochastische zeitvariante lineare Systeme stellt Bello das WSSUS[1]-Modell vor,

---

[1]Der Begriff WSSUS ist die gängige Abkürzung für die englische Bezeichnung "wide-sense stationary uncorrelated scattering".

welches beinahe ausschließlich zur Beschreibung von frequenzselektiven Mobilfunkkanälen verwendet wird. Mit diesem Modell kann das Eingangs-Ausgangsverhalten von Mobilfunkkanälen im äquivalenten Basisband verhältnismäßig einfach beschrieben werden, denn der Kanal wird über den Beobachtungszeitraum als quasi-stationär angenommen. Empirisch begründete Aussagen haben gezeigt [Par82], dass die Annahme der Quasi-Stationarität über Beobachtungszeiträume immer dann gerechtfertigt ist, wenn die Mobilstation eine Wegstrecke zurücklegt, die etwa in der Größenordnung von einigen Zehnfachen der Wellenlänge des Trägersignals liegt. Die Artikel [Par82, Ste87, Lor85] verschaffen einen ersten guten Überblick über die wichtigsten Eigenschaften von zeitvarianten linearen Kanälen, zu denen naturgemäß auch Mobilfunkkanäle zählen. Unter den Büchern, die sich am Rande mit diesem Thema befassen, seien hier [Ste94, Stu96, Pro95, Jun97] genannt. Einen tiefen Einblick in die Theorie der WSSUS-Modelle erhält man durch das Studium von [Fle90]. Eine detaillierte Analyse von WSSUS-Modellen findet man beispielsweise auch in [Sad98], wo Korrelations- und Streufunktionen unter der Annahme nichtgleichverteilter Einfallswinkel hergeleitet werden. Der Artikel [Fle96] vermittelt eine Übersicht über den Stand der Forschung, der bis 1996 im Bereich der Kanalmodellierung in europäischen Forschungsprojekten wie COST 207, RACE CODIT und RACE ATDMA erreicht wurde. Inzwischen wird stark an Kanalmodellen für zukünftige Mobilfunksysteme mit adaptiven Antennen gearbeitet. Ausführliche Übersichtsartikel mit vielen Literaturhinweisen zu diesem Thema sind die Veröffentlichungen [Ert98] und [Mar99].

Zur zweiten Kategorie zählen Publikationen, in denen über experimentelle Messungen an Mobilfunkkanälen berichtet wird, sowie Arbeiten, in denen Verfahren zur Kanalmessung behandelt werden. Zu den Pionierarbeiten auf dem Gebiet der Kanalmessung gehören zweifelsohne die Arbeiten von Young [You52], NyLund [NyL68], Cox [Cox72, Cox73], Nielson [Nie78] sowie Bajwa und Parsons [Baj82]. In dem Übersichtsartikel [And95] wird das Thema Kanalmessung in leicht verständlicher Form behandelt. Dort werden Mobilfunkkanäle in Abhängigkeit von der Umgebung in Klassen eingeteilt, und für unterschiedliche Ausbreitungsszenarien typische gemessene Kenngrößen angegeben. Insbesondere im Zusammenhang mit der Messung von Systemfunktionen von Mobilfunkkanälen sind ferner die Arbeiten [Wer91] und [Kat95] interessant. Zur Messung der Übertragungseigenschaften von Mobilfunkkanälen werden spezielle Messgeräte benötigt. Diese heißen Kanalsonden (channel sounders). Am Lehrstuhl für Nachrichtentechnik der Universität Erlangen–Nürnberg wurden im Rahmen von Forschungsverträgen mit dem Forschungsinstitut der Deutschen Telekom in Darmstadt die drei Kanalsonden RUSK 400, RUSK 5000 und RUSK X entwickelt [Mar94a]. Nähere Informationen zum Prinzip des in diesen Kanalsonden verwendeten Messverfahrens findet man in [Mar92, Mar94a, Mar94b]. Über Ergebnisse von Messreihen, die mit dem Gerätetyp RUSK 5000 durchgeführt wurden, wird beispielsweise in [Kad91, Goe92a, Goe92b] berichtet. Während die Kanalsonden RUSK 400 und RUSK 5000 lediglich als Prototypen gefertigt wurden, können RUSK X sowie dessen Nachfolgemodelle RUSK SX und RUSK WLL seit einiger Zeit von der Firma MEDAV GmbH kommerziell bezogen werden. Zur Familie der RUSK Kanalsonden gehört seit kurzem auch das Gerät RUSK ATM. Dieses Gerät entstand im Rahmen des vom BMFT geförderten Schwerpunktes ATMmobil in einem von der Firma MEDAV getragene Projekt [Tho99]. Mit dieser Vektor-Kanalsonde (vector channel sounder) können speziell richtungsaufgelöste Messungen an Mobilfunkkanälen im Frequenzbereich von 5 bis 6 GHz durchgeführt werden. Eine weitere Kanalsonde mit dem Namen SIMOCS 2000 wurde von der Siemens AG in München realisiert. Das Prinzip der Funktionsweise von SIMOCS 2000 ist in [Fel94] und [Jun97] beschrieben. Ferner sei erwähnt, dass Zollinger [Zol93] an der Eidgenössischen Technischen Hochschule Zürich eine Kanalsonde entwickelt hat. Von dort stammt auch die Kanalsonde ECHO 24 (**ETH Channel Sounder** operating at **24 GHz**), mit der komplexe Kanalimpulsantworten in Gebäuden mit einer zeitlichen Auflösung von 2 ns gemessen werden können [Hed99].

Zur dritten und letzten Kategorie gehören schließlich Arbeiten, bei denen der Schwerpunkt auf der Entwicklung von Simulationsmodellen für frequenzselektive Mobilfunkkanäle liegt. Bei der Realisierung dieser so genannten Kanalsimulatoren unterscheidet man zwischen Hardware- und Software-Realisierung. Hardware-Realisierungen lassen sich weiterhin aufteilen in analoge und digitale Kanalsimulatoren. Analoge Kanalsimulatoren (z. B. [Cap80, Ber86]) modellieren den Kanal im Hoch- oder Zwischenfrequenzbereich, wobei zur Realisierung der unterschiedlichen Laufzeiten akustische Oberflächenwellenfilter (SAW-Filter) eingesetzt werden. Digitale Kanalsimulatoren führen die anfallenden Rechenoperationen in der Regel im komplexen Basisband in Echtzeit durch und verwenden hierzu Signalprozessoren wie in [Sch89] oder Vektorprozessoren (z. B. [Ehr82, Sch90]). In den meisten Anwendungsfällen erfolgt jedoch die Simulation des Kanals nicht unter Echtzeitbedingungen sondern auf einer Workstation oder einem PC. Als Entwurfsverfahren für die dazu erforderlichen Algorithmen kommen prinzipiell wieder die Filter-Methode (z. B. [Fec93a, Lau94]) und die Rice-Methode (z. B. [Schu89, Hoe90, Hoe92, Cre95, Yip95, Pae95b]) in Frage. Übrigens sind diese beiden Verfahren auch für den Entwurf von Kanalsimulatoren für Mobilfunksysteme mit Frequenzhüpfen (frequency-hopping) geeignet, was unter Verwendung der Filter-Methode in [Lam97] und unter Verwendung der Rice-Methode in [Pae97b] gezeigt wurde.

Das vorliegende Kapitel 7 ist wie folgt gegliedert. Zur Veranschaulichung der Pfadgeometrie bei Einzelausbreitung beschreiben wir zunächst im Abschnitt 7.1 das von Parsons und Bajwa eingeführte Ellipsen-Modell [Par82]. Im Abschnitt 7.2 befassen wir uns dann mit der systemtheoretischen Beschreibung von frequenzselektiven Kanälen. In diesem Zusammenhang werden wir vier von Bello [Bel63] eingeführte Systemfunktionen kennen lernen. Es wird deutlich gemacht, wie man mit diesen Systemfunktionen unterschiedliche Einblicke in das Eingangs-Ausgangsverhalten von linearen zeitvarianten Systemen erhält. Der Abschnitt 7.3 enthält eine Darstellung der Theorie frequenzselektiver stochastischer Kanalmodelle, die ebenfalls auf Bello [Bel63] zurückgeht. Eine zentrale Stellung nimmt hierbei das WSSUS-Kanalmodell ein. Insbesondere werden stochastische Systemfunktionen sowie daraus ableitbare Kenngrößen definiert, mit denen sich die statistischen Eigenschaften von WSSUS-Kanalmodellen charakterisieren lassen. Diese Modelle eignen sich auch zur Modellierung der in der europäischen Arbeitsgruppe COST 207 [COS86, COS89] spezifizierten Kanäle, deren Beschreibung Gegenstand des Unterabschnittes 7.3.3 ist. Der Abschnitt 7.4 widmet sich der mathematischen Darstellung von frequenzselektiven deterministischen Kanalmodellen. Die Ausführungen in diesem Abschnitt sind eine Erweiterung der im Kapitel 4 eingeführten Theorie der deterministischen Prozesse. Das Kapitel 7 endet mit der Herleitung von deterministischen Simulationsmodellen für die Kanalmodelle nach COST 207.

7.1　Das Ellipsen-Modell von Parsons und Bajwa

Die von der Sendeantenne abgestrahlten elektromagnetischen Wellen werden auf ihrem Übertragungsweg durch eine Vielzahl von Hindernissen beeinflusst. Je nach den geometrischen Abmessungen und den stofflichen Eigenschaften dieser Hindernisse wird dabei zwischen reflektierten, gestreuten und gebeugten Wellen unterschieden. Für unsere Zwecke ist eine genaue Unterscheidung zwischen Reflexion, Streuung und Beugung ebenso wenig hilfreich wie die genaue Kenntnis des Ortes und der Beschaffenheit eines jeden einzelnen Hindernisses. Für unsere Zwecke genügt es vielmehr nur von Streuung zu sprechen, und der Einfachheit halber elliptische Streuzonen einzuführen, was uns auf das im Bild 7.1 dargestellte Ellipsen-Modell von Parsons und Bajwa [Par82] führt (siehe auch [Par89] und [Par92]). Alle Ellipsen sind konfokal, das heißt, sie haben die gemeinsamen Brennpunkte S und E, welche in unserem Fall mit der Lage des Senders (S) und des Empfängers (E) zusammenfallen. Bekanntlich ist die Ellipse die Menge aller Punkte, für die die Summe der Abstände von den Brennpunkten S und E konstant ist. Bezogen auf das Bild 7.1 bedeutet dies, dass die Ausbreitungspfade $S - A - E$ und $S - C - E$ die gleiche Pfadlänge haben. Unterschiedlich sind hingegen die jeweiligen Einfallswinkel und folglich auch die damit verbundenen Dopplerfrequenzen, welche bekanntlich durch die Bewegung des Empfängers (Senders) hervorgerufen werden. Genau die umgekehrten Verhältnisse ergeben sich hingegen für die Ausbreitungspfade $S - A - E$ und $S - B - E$, denn in diesem Fall sind die Pfadlängen unterschiedlich und die Einfallswinkel bzw. Dopplerfrequenzen gleich.

Die Pfadlänge bestimmt die Verzögerung (Laufzeit) und im Wesentlichen auch die mittlere Leistung der eintreffenden Welle. Alle Wellen, deren Streuzonen durch die ℓ-te Ellipse beschrieben werden, erfahren die gleiche *diskrete Verzögerung*

$$\tau_\ell' = \tau_0' + \ell\,\Delta\tau'\,,\quad \ell = 0, 1, \ldots, \mathcal{L} - 1\,, \tag{7.1}$$

wobei τ_0' die Verzögerung der direkten Komponente beschreibt, $\Delta\tau'$ eine infinitesimale Verzögerung ist, und $\mathcal{L}$ die Anzahl der Pfade mit unterschiedlichen Laufzeiten kennzeichnet. Es ist einleuchtend, dass das Ellipsen-Modell an Genauigkeit gewinnt, wenn $\mathcal{L}$ steigt, und außerdem $\Delta\tau'$ kleiner wird. Im Grenzfall $\mathcal{L} \to \infty$ und $\Delta\tau' \to 0$ geht die diskrete Verzögerung τ_ℓ' in die *kontinuierliche Verzögerung* τ' über, welche auf das Intervall $[\tau_0', \tau_{max}']$ beschränkt ist. Dabei kennzeichnet τ_{max}' die von der Umgebung abhängige maximale Verzögerung, welche so gewählt wird, dass die Beiträge von Streukomponenten mit Verzögerungen τ', die größer als τ_{max}' sind, vernachlässigt werden können.

In der folgenden Diskussion werden wir sehen, dass das Ellipsen-Modell gewissermaßen die physikalische Grundlage zur Modellierung von frequenzselektiven Kanälen bildet. Insbesondere entspricht die Anzahl der Pfade $\mathcal{L}$ mit unterschiedlichen Laufzeiten genau

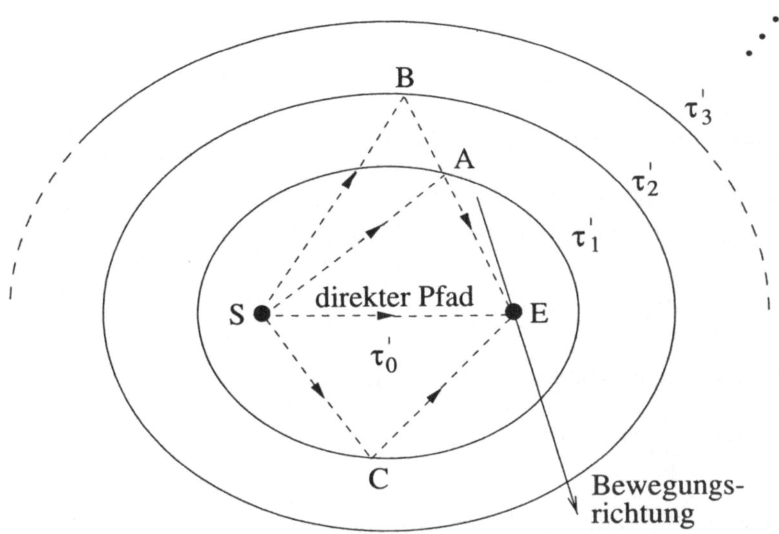

Bild 7.1: Das Ellipsen-Modell zur Beschreibung der Pfadgeometrie nach Parsons und Bajwa [Par82].

der Anzahl der Verzögerungsglieder, die für die Transversalstruktur eines zeitvarianten Filters zur Modellierung von frequenzselektiven Kanälen benötigt wird. Im Hinblick auf eine aufwandsarme Realisierung wird man daher bestrebt sein, die Größe $\mathcal{L}$ so klein wie möglich zu wählen.

7.2 Systemtheoretische Beschreibung frequenzselektiver Kanäle

Mit den von Bello [Bel63] eingeführten Systemfunktionen lassen sich die Eingangs- und Ausgangssignale von frequenzselektiven Kanälen auf unterschiedliche Weise miteinander in Beziehung setzen. Ausgangspunkt zur Herleitung der Systemfunktionen ist die Betrachtung des Kanals als lineares zeitvariantes System im äquivalenten Basisband. Bei zeitvarianten Systemen ist die mit $h_0(t_0, t)$ bezeichnete Impulsantwort eine Funktion des Zeitpunktes t_0, zu dem der Kanal mit dem Impuls $\delta(t - t_0)$ angeregt wurde, sowie des Zeitpunktes t, zu dem die Wirkung des Impulses am Ausgang des Kanals beobachtet wird. Der Zusammenhang zwischen dem Impuls $\delta(t - t_0)$ und der zugehörigen Impulsantwort $h_0(t_0, t)$ kann daher durch

$$\delta(t - t_0) \rightarrow h_0(t_0, t) \tag{7.2}$$

ausgedrückt werden. Da jeder reale Kanal kausal ist, kann der Impuls vor seinem Eintreffen noch keine Wirkung erzeugen, was durch folgende Kausalitätsbeziehung zum Ausdruck kommt

$$h_0(t_0, t) = 0 \quad \text{für} \quad t < t_0 \, . \tag{7.3}$$

Wir wollen jetzt unter Benutzung der Impulsantwort $h_0(t_0, t)$ für ein allgemeines Eingangssignal $x(t)$ das Ausgangssignal $y(t)$ des Kanals berechnen. Dazu stellen wir zunächst $x(t)$ als unendlich dichte Überlagerung von gewichteten Deltafunktionen dar, was unter Verwendung der Ausblendeigenschaft der Deltafunktionen auf

$$x(t) = \int_{-\infty}^{\infty} x(t_0)\, \delta(t - t_0)\, dt_0 \tag{7.4}$$

führt. Alternativ können wir hierfür auch den Ausdruck

$$x(t) = \lim_{\Delta t_0 \to 0} \sum_{t_0} x(t_0)\, \delta(t - t_0)\, \Delta t_0 \tag{7.5}$$

angeben. Da der Kanal eingangs als linear vorausgesetzt wurde, dürfen wir das Superpositionsprinzip [Lue90] anwenden, und können unter Verwendung von (7.2) für die Antwort auf die in (7.5) stehende Summe schreiben

$$\sum_{t_0} x(t_0)\, \delta(t - t_0)\, \Delta t_0 \to \sum_{t_0} x(t_0)\, h_0(t_0, t)\, \Delta t_0 \, . \tag{7.6}$$

Durch Bildung des Grenzübergangs $\Delta t_0 \to 0$ erhalten wir dann für den gesuchten Zusammenhang

$$x(t) \to y(t) \tag{7.7}$$

die Beziehung

$$\int_{-\infty}^{\infty} x(t_0)\, \delta(t - t_0)\, dt_0 \to \int_{-\infty}^{\infty} x(t_0)\, h_0(t_0, t)\, dt_0 \, . \tag{7.8}$$

Wenn wir jetzt noch die Kausalitätsbeziehung (7.3) verwenden, dann lautet das Ausgangssignal

$$y(t) = \int_{-\infty}^{t} x(t_0)\, h_0(t_0, t)\, dt_0 \, . \tag{7.9}$$

Die Variable t_0 ersetzen wir nun durch die Verzögerung

$$\tau' = t - t_0 \, , \tag{7.10}$$

welche den Zeitabstand ausdrückt, der seit dem Eintreffen des Impulses bis zum Zeitpunkt der Beobachtung der Antwort des Kanals verstrichen ist. Die Substitution von t_0 in (7.9) durch $t - \tau'$ ergibt

$$y(t) = \int_{0}^{\infty} x(t - \tau')\, h(\tau', t)\, d\tau' \, , \tag{7.11}$$

wobei zur Vereinfachung der Schreibweise die zeitvariante Impulsantwort $h_0(t - \tau', t)$ durch $h(\tau', t) = h_0(t - \tau', t)$ ersetzt wurde. Physikalisch kann die zeitvariante Impulsantwort $h(\tau', t)$ interpretiert werden als die Antwort des Kanals zum Zeitpunkt t auf einen Deltaimpuls, der den Kanal zum Zeitpunkt $t - \tau'$ anregte. Für die Kausalitätsbeziehung (7.3) erhalten wir nun unter Berücksichtigung von (7.10) den Ausdruck

$$h(\tau', t) = 0 \quad \text{für} \quad \tau' < 0 . \tag{7.12}$$

Aus (7.11) lässt sich nun unmittelbar die im Bild 7.2 veranschaulichte Transversalstruktur eines frequenzselektiven Kanals mit der zeitvarianten Impulsantwort $h(\tau', t)$ gewinnen.

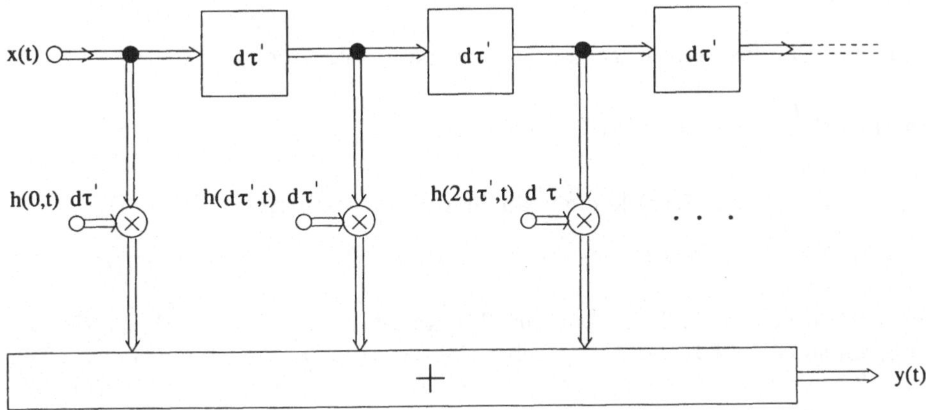

Bild 7.2: Transversalstruktur eines frequenzselektiven und zeitvarianten Kanals im äquivalenten Basisband.

Die Modellierung des Kanals als Transversalfilter mit zeitvarianten Koeffizienten gewährt einen tiefen Einblick in die durch Streukomponenten mit unterschiedlichen Laufzeiten verursachten Störungen. So erkennt man beispielsweise, dass das Empfangssignal aus unendlich vielen verzögerten und gewichteten Repliken des Sendesignals zusammengesetzt ist. Bei der digitalen Datenübertragung entstehen dadurch Intersymbol-Interferenzen, die im Empfänger, z.B. durch den Einsatz von Entzerrern, so weit wie möglich beseitigt werden müssen. Außerdem wird so der enge Zusammenhang zwischen der Transversalstruktur des Kanalmodells und dem im vorherigen Abschnitt beschriebenen Ellipsen-Modell deutlich.

Die *zeitvariante Übertragungsfunktion* $H(f', t)$ des Kanals ist definiert durch die Fouriertransformierte der zeitvarianten Impulsantwort $h(\tau', t)$ bezüglich der Verzögerungsvariable τ', d.h.

$$H(f', t) := \int_0^\infty h(\tau', t)\, e^{-j2\pi f' \tau'}\, d\tau' , \tag{7.13}$$

was symbolisch durch $h(\tau', t) \; \circ\!\!\!-\!\!\!\stackrel{\tau' \quad f'}{-\!\!\!-\!\!\!-}\!\!\!\bullet \; H(f', t)$ ausgedrückt werden soll. Dabei stellen wir fest, dass $H(f', t)$ die Bedingung $H^*(f', t) = H(-f', t)$ nur dann erfüllt, wenn $h(\tau', t)$ reell ist. Ausgehend von (7.11) können wir mit $H(f', t)$ die Beziehung zwischen dem Eingangs- und Ausgangssignal des Kanals wie folgt darstellen

$$y(t) = \int_{-\infty}^{\infty} X(f') \, H(f', t) \, e^{j2\pi f't} \, df' , \tag{7.14}$$

wobei $X(f')$ die Fouriertransformierte des Eingangssignals $x(t)$ an der Stelle $f = f'$ ist.

Sei nun $x(t)$ eine komplexe Schwingung der Form

$$x(t) = A \, e^{j2\pi f't} , \tag{7.15}$$

wobei A eine komplexe Konstante bezeichnet, dann folgt aus (7.11)

$$y(t) = A \int_{0}^{\infty} h(\tau', t) \, e^{j2\pi f'(t-\tau')} \, d\tau' . \tag{7.16}$$

Unter Verwendung von (7.13) können wir hierfür auch schreiben

$$y(t) = A \, H(f', t) \, e^{j2\pi f't} . \tag{7.17}$$

Demnach ist in diesem Fall die Antwort des Kanals darstellbar durch die Gewichtung des Eingangssignals (7.15) mit der zeitvarianten Übertragungsfunktion $H(f', t)$. Die Form (7.17) verdeutlicht somit, dass die zeitvariante Übertragungsfunktion $H(f', t)$ durch sinusförmige Anregung im interessierenden Frequenzbereich direkt messbar ist.

Weder durch die zeitvariante Impulsantwort $h(\tau', t)$ noch durch die zugehörige Übertragungsfunktion $H(f', t)$ erhalten wir einen Einblick in die Phänomene des Dopplereffektes. Um diesen Nachteil zu beseitigen, bilden wir die Fouriertransformierte von $h(\tau', t)$ bezüglich der Zeitvariable t. Auf diese Weise erhalten wir eine weitere Systemfunktion

$$s(\tau', f) := \int_{-\infty}^{\infty} h(\tau', t) \, e^{-j2\pi ft} \, dt , \tag{7.18}$$

die *dopplervariante Impulsantwort* genannt wird.

Anstatt (7.18) schreiben wir auch $h(\tau', t) \; \circ\!\!\!-\!\!\!\stackrel{t \quad f}{-\!\!\!-\!\!\!-}\!\!\!\bullet \; s(\tau', f)$. Drücken wir nun die zeitvariante Impulsantwort $h(\tau', t)$ durch die inverse Fouriertransformierte von $s(\tau', f)$ aus, so gelingt die Darstellung von (7.11) in der Form

$$y(t) = \int_{0}^{\infty} \int_{-\infty}^{\infty} x(t - \tau') \, s(\tau', f) \, e^{j2\pi ft} \, df \, d\tau' . \tag{7.19}$$

Diese Beziehung zeigt, dass das Ausgangssignal $y(t)$ dargestellt werden kann als unendliche Summe von verzögerten, gewichteten und dopplerverschobenen Repliken des Eingangssignals $x(t)$. Signale, die auf dem Übertragungsweg eine Verzögerung im Bereich $[\tau', \tau' + d\tau')$ und eine Dopplerverschiebung im Bereich $[f, f + df)$ erfahren, werden mit dem differentiellen Anteil $s(\tau', f)\, df\, d\tau'$ gewichtet. Die dopplervariante Impulsantwort $s(\tau', f)$ beschreibt daher explizit das dispersive Verhalten des Kanals in Abhängigkeit von den Verzögerungen τ' und den Dopplerfrequenzen f. Die physikalische Interpretation von $s(\tau', f)$ führt somit direkt auf das im Bild 7.1 gezeigte Ellipsen-Modell.

Eine weitere Systemfunktion, die so genannte *dopplervariante Übertragungsfunktion* $T(f', f)$, ist definiert durch die zweidimensionale Fouriertransformierte der zeitvarianten Impulsantwort $h(\tau', t)$ gemäß

$$T(f', f) := \int_{-\infty}^{\infty} \int_{0}^{\infty} h(\tau', t)\, e^{-j2\pi(ft + f'\tau')}\, d\tau'\, dt \,. \tag{7.20}$$

Wegen (7.13) und (7.18) können wir für (7.20) auch schreiben $T(f', f) \; \bullet\!\!\xrightarrow{\;f\quad t\;}\!\!\circ \; H(f', t)$ bzw. $T(f', f) \; \bullet\!\!\xrightarrow{\;f'\quad \tau'\;}\!\!\circ \; s(\tau', f)$.

Die Berechnung der Fouriertransformierten von (7.11) bezüglich der Zeitvariable t ermöglicht die Darstellung des Spektrums $Y(f)$ des Ausgangssignals $y(t)$ in der Form

$$Y(f) = \int_{-\infty}^{\infty} X(f - f')\, T(f - f', f')\, df' \,. \tag{7.21}$$

Schließlich vertauschen wir noch die Frequenzvariablen f und f' und erhalten

$$Y(f') = \int_{-\infty}^{\infty} X(f' - f)\, T(f' - f, f)\, df \,. \tag{7.22}$$

Diese Gleichung zeigt, wie mit der dopplervarianten Übertragungsfunktion $T(f', f)$ eine Beziehung zwischen dem Spektrum des Ausgangssignals und dem des Eingangssignals hergestellt werden kann. Durch (7.22) wird deutlich, dass das Spektrum des Ausgangssignals als eine Überlagerung von unendlich vielen dopplerverschobenen und gefilterten Repliken des Eingangsspektrums aufgefasst werden kann.

Am Ende dieses Abschnittes halten wir fest, dass die vier Systemfunktionen $h(\tau', t)$, $H(f', t)$, $s(\tau', f)$ und $T(f', f)$ paarweise miteinander über die Fouriertransformation in Beziehung stehen. Die bestehenden Zusammenhänge sind zur Veranschaulichung im Bild 7.3 dargestellt.

7.3 Frequenzselektive stochastische Kanalmodelle

7.3.1 Korrelationsfunktionen

Im weiteren betrachten wir den Kanal als stochastisches System. In diesem Fall sind die vier Systemfunktionen $h(\tau', t)$, $H(f', t)$, $s(\tau', f)$ und $T(f', f)$ stochastische Größen. Allgemein lassen sich diese stochastischen Systemfunktionen durch folgende Autokorrelationsfunktionen beschreiben:

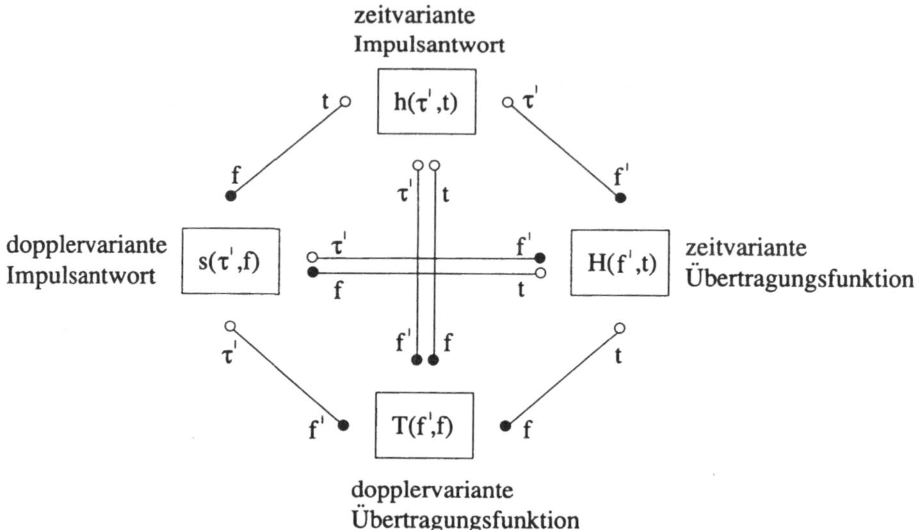

Bild 7.3:   Zusammenhänge zwischen den Systemfunktionen nach Bello [Bel63].

$$r_{hh}(\tau_1',\tau_2';t_1,t_2) \;:=\; E\{h^*(\tau_1',t_1)\,h(\tau_2',t_2)\}\,, \tag{7.23a}$$

$$r_{HH}(f_1',f_2';t_1,t_2) \;:=\; E\{H^*(f_1',t_1)\,H(f_2',t_2)\}\,, \tag{7.23b}$$

$$r_{ss}(\tau_1',\tau_2';f_1,f_2) \;:=\; E\{s^*(\tau_1',f_1)\,s(\tau_2',f_2)\}\,, \tag{7.23c}$$

$$r_{TT}(f_1',f_2';f_1,f_2) \;:=\; E\{T^*(f_1',f_1)\,T(f_2',f_2)\}\,. \tag{7.23d}$$

Da die Systemfunktionen über die Fouriertransformation miteinander in Beziehung stehen, ist es nicht verwunderlich, wenn analoge Zusammenhänge auch für die zugehörigen Autokorrelationsfunktionen gelten. Beispielsweise besteht zwischen (7.23a) und (7.23b) die Beziehung

$$
\begin{aligned}
r_{HH}(f_1',f_2';t_1,t_2) &= E\{H^*(f_1',t_1)\,H(f_2',t_2)\}\\[2mm]
&= E\left\{\int_{-\infty}^{\infty} h^*(\tau_1',t_1)\,e^{j2\pi f_1'\tau_1'}\,d\tau_1' \int_{-\infty}^{\infty} h(\tau_2',t_2)\,e^{-j2\pi f_2'\tau_2'}\,d\tau_2'\right\}\\[2mm]
&= \int_{-\infty}^{\infty}\!\!\int_{-\infty}^{\infty} E\{h^*(\tau_1',t_1)\,h(\tau_2',t_2)\}\,e^{j2\pi(f_1'\tau_1'-f_2'\tau_2')}\,d\tau_1'\,d\tau_2'\\[2mm]
&= \int_{-\infty}^{\infty}\!\!\int_{-\infty}^{\infty} r_{hh}(\tau_1',\tau_2';t_1,t_2)\,e^{j2\pi(f_1'\tau_1'-f_2'\tau_2')}\,d\tau_1'\,d\tau_2'\,. \tag{7.24}
\end{aligned}
$$

Schließlich ersetzen wir noch auf beiden Seiten der letzten Gleichung die Variable f_1' durch $-f_1'$, so dass klar wird, dass $r_{HH}(-f_1',f_2';t_1,t_2)$ die zweidimensionale Fouriertransformierte von $r_{hh}(\tau_1',\tau_2';t_1,t_2)$ bezüglich der beiden Verzögerungsvariablen τ_1' und τ_2' ist, was wir symbolisch durch die Schreibweise $r_{hh}(\tau_1', \tau_2'; t_1, t_2) \overset{\tau_1', \tau_2' \quad f_1', f_2'}{\circ\!-\!\!-\!\!-\!\!-\!\!\bullet} r_{HH}(-f_1', f_2'; t_1, t_2)$ zum Ausdruck bringen wollen. Auf ähnliche Weise lassen sich auch Transformationsbeziehungen zwischen anderen Paaren aus (7.23a)–(7.23d) herleiten. Man findet die im Bild 7.4 dargestellten Zusammenhänge zwischen den Autokorrelationsfunktionen der stochastischen Systemfunktionen.

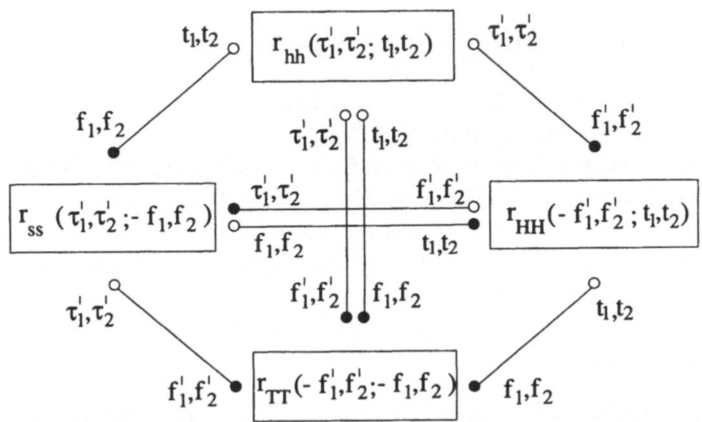

Bild 7.4:   Zusammenhänge zwischen den Autokorrelationsfunktionen der stochastischen Systemfunktionen.

Zur Beschreibung des Eingangs-Ausgangsverhaltens des stochastischen Kanals nehmen wir an, dass das Eingangssignal $x(t)$ ein stochastischer Prozess ist, dessen Autokorrelationsfunktion $r_{xx}(t_1, t_2) := E\{x^*(t_1)\, x(t_2)\}$ bekannt sein soll. Da (7.11) sowohl für deterministische als auch für stochastische Systeme gilt, können wir die Autokorrelationsfunktion $r_{yy}(t_1, t_2)$ des Ausgangssignals $y(t)$ in Abhängigkeit von $r_{xx}(t_1, t_2)$ und $r_{hh}(\tau_1', \tau_2'; t_1, t_2)$ wie folgt ausdrücken:

$$\begin{aligned}
r_{yy}(t_1, t_2) &:= E\{y^*(t_1)\, y(t_2)\} \\
&= E\left\{ \int_0^\infty \int_0^\infty x^*(t_1 - \tau_1')\, x(t_2 - \tau_2')\, h^*(\tau_1', t_1)\, h(\tau_2', t_2)\, d\tau_1'\, d\tau_2' \right\} \\
&= \int_0^\infty \int_0^\infty E\{x^*(t_1 - \tau_1')\, x(t_2 - \tau_2')\}\, E\{h^*(\tau_1', t_1)\, h(\tau_2', t_2)\}\, d\tau_1'\, d\tau_2' \\
&= \int_0^\infty \int_0^\infty r_{xx}(t_1 - \tau_1'; t_2 - \tau_2')\, r_{hh}(\tau_1', \tau_2'; t_1, t_2)\, d\tau_1'\, d\tau_2'.
\end{aligned} \tag{7.25}$$

Bei der obigen Herleitung haben wir stillschweigend vorausgesetzt, dass die zeitvariante Impulsantwort $h(\tau', t)$ des Kanals und das Eingangssignal $x(t)$ statistisch unabhängig sind.

Signifikante Vereinfachungen sind möglich, wenn wir annehmen, dass die zeitvariante Impulsantwort $h(\tau', t)$ bezüglich t stationär im weiten Sinne ist, und, dass Streukomponenten mit unterschiedlichen Verzögerungen unkorreliert sind. Auf Basis dieser Annahmen wurde von Bello in einer grundlegenden Arbeit [Bel63] über stochastische zeitvariante lineare Systeme das so genannte WSSUS-Modell eingeführt, dessen Beschreibung das Ziel des nachfolgenden Unterabschnittes ist.

7.3.2　Das WSSUS-Modell nach Bello

Das WSSUS-Modell ermöglicht die statistische Beschreibung des Eingangs-Ausgangsverhaltens von Mobilfunkkanälen für die Übertragung von Bandpasssignalen im äquivalenten Basisband über Beobachtungszeiträume, in denen die Stationarität des Kanals im weiten Sinne gewährleistet ist. Empirischen Untersuchungen zufolge [Par82], kann man den Kanal als stationär im weiten Sinne betrachten, solange die Mobilstation eine Distanz zurücklegt, die etwa der Größenordnung von einigen Zehnfachen der Wellenlänge der Trägerfrequenz entspricht.

7.3.2.1　WSS-Modelle

Ein Kanalmodell, dessen zeitvariante Impulsantwort im weiten Sinne stationär ist, heißt *WSS-Kanalmodell* (WSS, **wide-sense stationary**). Für den Begriff WSS-Kanalmodell verwenden wir auch die verkürzte Form *WSS-Modell*, da klar ist, dass dieses Modell ausschließlich zur Modellierung von Kanälen verwendet wird. Die Annahme der Stationarität im weiten Sinne führt dazu, dass die beiden Autokorrelationsfunktionen (7.23a) und (7.23b) hinsichtlich einer Translation der Zeit invariant sind, d. h., die Autokorrelationsfunktionen $r_{hh}(\tau'_1, \tau'_2; t_1, t_2)$ und $r_{HH}(f'_1, f'_2; t_1, t_2)$ hängen lediglich von der Zeitdifferenz $\tau = t_2 - t_1$ ab. Für WSS-Modelle können wir daher mit $t_1 = t$ und $t_2 = t + \tau$ auch schreiben:

$$
\begin{aligned}
r_{hh}(\tau'_1, \tau'_2; t, t+\tau) &= r_{hh}(\tau'_1, \tau'_2; \tau)\,, &\text{(7.26a)}\\
r_{HH}(f'_1, f'_2; t, t+\tau) &= r_{HH}(f'_1, f'_2; \tau)\,. &\text{(7.26b)}
\end{aligned}
$$

Das eingeschränkte Verhalten dieser beiden Autokorrelationsfunktionen hat natürlich auch Konsequenzen für die verbleibenden Autokorrelationsfunktionen (7.23c) und (7.23d). Zur Verdeutlichung dieser Tatsache betrachten wir die Fouriertransformationsbeziehung zwischen $r_{hh}(\tau'_1, \tau'_2; t_1, t_2)$ und $r_{ss}(\tau'_1, \tau'_2; f_1, f_2)$, welche nach einem kurzen Blick auf Bild 7.4 wie folgt formuliert werden kann

$$
r_{ss}(\tau'_1, \tau'_2; f_1, f_2) = \int_{-\infty}^{\infty} \int_{-\infty}^{\infty} r_{hh}(\tau'_1, \tau'_2; t_1, t_2)\, e^{j2\pi(t_1 f_1 - t_2 f_2)}\, dt_1\, dt_2\,. \tag{7.27}
$$

Die Substitution der Variablen $t_1 \to t$ und $t_2 \to t + \tau$ ergibt in Verbindung mit (7.26a)

$$
r_{ss}(\tau'_1, \tau'_2; f_1, f_2) = \int_{-\infty}^{\infty} e^{-j2\pi(f_2 - f_1)t}\, dt \int_{-\infty}^{\infty} r_{hh}(\tau'_1, \tau'_2; \tau)\, e^{-j2\pi f_2 \tau}\, d\tau\,. \tag{7.28}
$$

Das erste Integral auf der rechten Seite von (7.28) können wir als Deltafunktion $\delta(f_2 - f_1)$ identifizieren. Folglich kann $r_{ss}(\tau_1', \tau_2'; f_1, f_2)$ durch

$$r_{ss}(\tau_1', \tau_2'; f_1, f_2) = \delta(f_2 - f_1)\, S_{ss}(\tau_1', \tau_2'; f_1) \tag{7.29}$$

ausgedrückt werden, wobei $S_{ss}(\tau_1', \tau_2'; f_1)$ die Fouriertransformierte der Autokorrelationsfunktion $r_{hh}(\tau_1', \tau_2'; \tau)$ bezüglich der Variable τ ist. Die Annahme, dass die zeitvariante Impulsantwort $h(\tau', t)$ stationär im weiten Sinne ist, führt also dazu, dass die Systemfunktionen $s(\tau_1', f_1)$ und $s(\tau_2', f_2)$ statistisch unkorreliert sind, falls die Dopplerfrequenzen f_1 und f_2 verschieden sind.

Auf ähnliche Weise kann man zeigen, dass (7.23d) auf die Form

$$r_{TT}(f_1', f_2'; f_1, f_2) = \delta(f_2 - f_1)\, S_{TT}(f_1', f_2'; f_1) \tag{7.30}$$

gebracht werden kann, wobei $S_{TT}(f_1', f_2'; f_1)$ die Fouriertransformierte der Autokorrelationsfunktion $r_{HH}(f_1', f_2'; \tau)$ bezüglich τ ist. Der Beziehung (7.30) entnehmen wir, dass die Systemfunktionen $T(f_1', f_1)$ und $T(f_2', f_2)$ für unterschiedliche Dopplerfrequenzen f_1 und f_2 statistisch unkorreliert sind.

Da die zeitvariante Impulsantwort $h(\tau', t)$ aus der Überlagerung einer Vielzahl von gestreuten Komponenten hervorgeht, kann man allgemein sagen, dass die WSS-Annahme dazu führt, dass Streukomponenten mit unterschiedlichen Dopplerfrequenzen bzw. Einfallswinkeln statistisch unkorreliert sind.

7.3.2.2 US-Modelle

Eine zweite wichtige Klasse von Kanalmodellen erhält man, wenn angenommen wird, dass Streukomponenten mit unterschiedlichen Verzögerungen statistisch unkorreliert sind. Diese Kanalmodelle heißen *US-Kanalmodelle* bzw. *US-Modelle* (US, uncorrelated scattering). Die Autokorrelationsfunktionen $r_{hh}(\tau_1', \tau_2'; t_1, t_2)$ und $r_{ss}(\tau_1', \tau_2'; f_1, f_2)$ von US-Modellen können zunächst formal durch

$$\begin{aligned}
r_{hh}(\tau_1', \tau_2'; t_1, t_2) &= \delta(\tau_2' - \tau_1')\, S_{hh}(\tau_1'; t_1, t_2), & (7.31a)\\
r_{ss}(\tau_1', \tau_2'; f_1, f_2) &= \delta(\tau_2' - \tau_1')\, S_{ss}(\tau_1'; f_1, f_2) & (7.31b)
\end{aligned}$$

beschrieben werden. Das singuläre Verhalten der Autokorrelationsfunktion (7.31a) hat signifikante Auswirkungen auf die im Bild 7.2 dargestellte Transversalstruktur. Denn infolge der US-Annahme sind die zeitvarianten Koeffizienten des Transversalfilters unkorreliert. In der Praxis werden die Koeffizienten dieses Filters fast ausschließlich durch farbige Gaußprozesse modelliert. Es sei daran erinnert, dass unkorrelierte Gaußprozesse auch statistisch unabhängig sind.

Formale Ausdrücke für die Autokorrelationsfunktionen der verbleibenden Systemfunktionen $H(f', t)$ und $T(f', f)$ lassen sich leicht unter Zuhilfenahme der im Bild 7.4 dargestellten Zusammenhänge ermitteln. Mit den Substitutionen $f_1' = f'$ und $f_2' = f' + v'$ findet man:

$$r_{HH}(f', f' + v'; t_1, t_2) = r_{HH}(v'; t_1, t_2), \qquad (7.32a)$$

$$r_{TT}(f', f' + v'; f_1, f_2) = r_{TT}(v'; f_1, f_2). \qquad (7.32b)$$

Offensichtlich hängen die Autokorrelationsfunktionen der Systemfunktionen $H(f', t)$ und $T(f', f)$ nur von der durch $v' = f_2' - f_1'$ erfassten Frequenzdifferenz ab. Folglich sind US-Modelle bezüglich der Frequenz f' stationär im weiten Sinne.

Wenn wir nun die oben dargestellten Autokorrelationsfunktionen von US-Modellen mit den jeweils zuvor für WSS-Modelle hergeleiteten Autokorrelationsfunktionen vergleichen, dann erkennen wir, dass diese dual zueinander sind. Aus diesem Grund können wir sagen, dass sich die Klasse der US-Modelle dual zur Klasse der WSS-Modelle verhält.

7.3.2.3 WSSUS-Modelle

Die wichtigste Klasse von stochastischen zeitvarianten linearen Kanalmodellen bilden Modelle, die sowohl zur Klasse der WSS-Modelle als auch zur Klasse der US-Modelle gehören. Solche Kanalmodelle mit im weiten Sinne stationären Impulsantworten und unkorrelierten Streukomponenten heißen WSSUS-Kanalmodelle bzw. WSSUS-Modelle (WSSUS, **wide-sense stationary uncorrelated scattering**). Diese sind wegen ihrer Einfachheit von großer praktischer Bedeutung und werden heutzutage fast ausschließlich zur Modellierung von frequenzselektiven Mobilfunkkanälen verwendet.

Die Autokorrelationsfunktion der zeitvarianten Impulsantwort $h(\tau', t)$ muss im Falle der WSSUS-Annahme sowohl durch (7.26a) als auch durch (7.31a) beschreibbar sein. Wir können daher formal schreiben

$$r_{hh}(\tau_1', \tau_2'; t, t + \tau) = \delta(\tau_2' - \tau_1') \, S_{hh}(\tau_1', \tau), \qquad (7.33)$$

wobei $S_{hh}(\tau_1', \tau)$ *Verzögerungs-Kreuzleistungsdichtespektrum* genannt wird. Durch diese Darstellung wird deutlich, dass die zeitvariante Impulsantwort $h(\tau', t)$ von WSSUS-Modellen einerseits bezüglich der Verzögerung τ' den Charakter von nichtstationärem weißen Rauschen hat, und andererseits aber auch bezüglich der Zeit t stationär im weiten Sinne ist.

Analog können wir durch einfaches Zusammenfassen von (7.30) und (7.32b) direkt auf die Autokorrelationsfunktion von $T(f', f)$ schließen. Für WSSUS-Modelle gilt daher

$$r_{TT}(f', f' + v'; f_1, f_2) = \delta(f_2 - f_1) \, S_{TT}(v', f_1), \qquad (7.34)$$

wobei $S_{TT}(v', f_1)$ *Doppler-Kreuzleistungsdichtespektrum* genannt wird. Demnach verhält sich die Systemfunktion $T(f', f)$ von WSSUS-Modellen bezüglich der Dopplerfrequenz f wie nichtstationäres weißes Rauschen und bezüglich der Frequenz f' wie ein im weiten Sinne stationärer stochastischer Prozess.

Weiterhin können wir die Beziehungen (7.29) und (7.31b) zusammenfassen und erhalten so die Autokorrelationsfunktion von $s(\tau', f)$ in der Form

$$r_{ss}(\tau_1', \tau_2'; f_1, f_2) = \delta(f_2 - f_1)\,\delta(\tau_2' - \tau_1')\,S(\tau_1', f_1)\,. \tag{7.35}$$

Daraus schließen wir, dass die Systemfunktion $s(\tau', f)$ von WSSUS-Modellen den Charakter von nichtstationärem weißen Rauschen hat, und zwar sowohl bezüglich τ' als auch bezüglich f. Die in (7.35) auftretende Funktion $S(\tau_1', f_1)$ wurde von Bello [Bel63] *Streufunktion* (englische Bezeichnung: "scattering function") genannt.

Schließlich fassen wir noch (7.26b) und (7.32a) zusammen, woraus für die Autokorrelationsfunktion von $H(f', t)$ die Beziehung

$$r_{HH}(f', f' + v'; t, t + \tau) = r_{HH}(v', \tau) \tag{7.36}$$

folgt. Die Autokorrelationsfunktion $r_{HH}(v', \tau)$ heißt auch *Zeit-Frequenz-Korrelationsfunktion*. Durch (7.36) wird deutlich, dass die Systemfunktion $H(f', t)$ von WSSUS-Modellen bezüglich f' und t die Eigenschaften eines im weiten Sinne stationären stochastischen Prozesses hat.

Im Bild 7.4 sind die allgemein gültigen Zusammenhänge zwischen den Autokorrelationsfunktionen der vier Systemfunktionen dargestellt. Mit den Beziehungen (7.33)–(7.36) lassen sich nun auch die speziell für WSSUS-Modelle gültigen Zusammenhänge herleiten. Man betrachte hierzu das Bild 7.5, wo die Beziehungen zwischen dem Verzögerungs-Kreuzleistungsdichtespektrum $S_{hh}(\tau', \tau)$, der Zeit-Frequenz-Korrelationsfunktion $r_{HH}(v', \tau)$, dem Doppler-Kreuzleistungsdichtespektrum $S_{TT}(v', f)$ und der Streufunktion $S(\tau', f)$ dargestellt sind. Man beachte dabei, dass zur Vereinfachung der Schreibweise die Substitutionen $f_1 \to f$ und $\tau_1' \to \tau'$ durchgeführt wurden.

Aus Bild 7.5 geht anschaulich hervor, dass die Kenntnis einer der vier dort dargestellten Größen ausreicht, um die drei anderen berechnen zu können. Beispielsweise können wir aus der Streufunktion $S(\tau', f)$ das Verzögerungs-Kreuzleistungsdichtespektrum $S_{hh}(\tau', \tau)$ gewinnen, wenn auf die erstgenannte Funktion die inverse Fouriertransformation bezüglich der Dopplerfrequenz f angewendet wird, d. h.

$$S_{hh}(\tau', \tau) = \int_{-\infty}^{\infty} S(\tau', f)\, e^{j2\pi f \tau}\, df\,, \tag{7.37}$$

wobei $\tau = t_2 - t_1$.

Für $\tau = 0$ folgt aus dem Verzögerungs-Kreuzleistungsdichtespektrum $S_{hh}(\tau', \tau)$ das so genannte *Verzögerungsleistungsdichtespektrum* $S_{\tau'\tau'}(\tau')$, wobei dieses wegen (7.37) mit der Streufunktion $S(\tau', f)$ gemäß

$$S_{\tau'\tau'}(\tau') := S_{hh}(\tau', 0) = \int_{-\infty}^{\infty} S(\tau', f)\, df \tag{7.38}$$

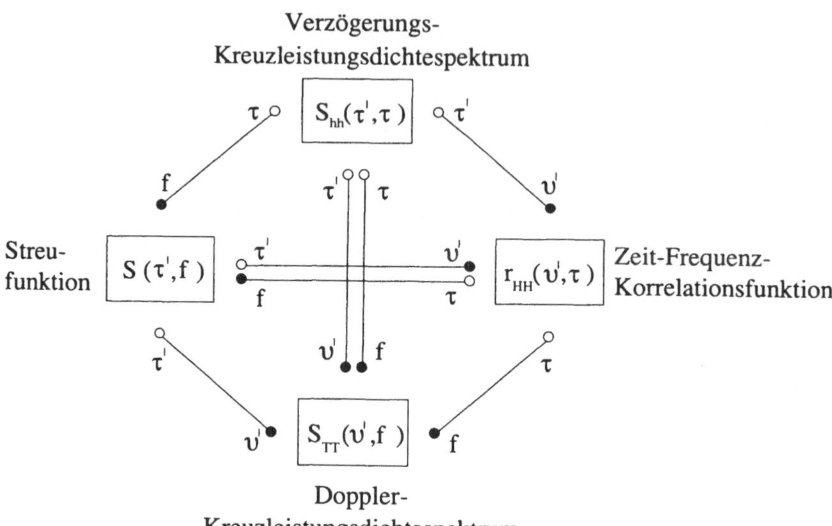

Bild 7.5:　Zusammenhänge zwischen Verzögerungs-Kreuzleistungsdichtespektrum $S_{hh}(\tau',\tau)$, Zeit-Frequenz-Korrelationsfunktion $r_{HH}(v',\tau)$, Doppler-Kreuzleistungsdichtespektrum $S_{TT}(v',f)$ und Streufunktion $S(\tau',f)$ bei WSSUS-Modellen.

in Beziehung steht. Das Verzögerungsleistungsdichtespektrum $S_{\tau'\tau'}(\tau')$ gibt an, mit welcher mittleren Leistung Streukomponenten mit der Verzögerung τ' auftreten. Man kann leicht zeigen, dass $S_{\tau'\tau'}(\tau')$ proportional zur Wahrscheinlichkeitsdichte der Verzögerungen τ' ist. Aus dem Verzögerungsleistungsdichtespektrum $S_{\tau'\tau'}(\tau')$ lassen sich zwei wichtige Kenngrößen zur Charakterisierung von WSSUS-Modellen ableiten: die *mittlere Verzögerung ("average access delay")* und die *Mehrwegeverbreiterung ("delay spread")*.

Mittlere Verzögerung: Die mittlere Verzögerung, $B^{(1)}_{\tau'\tau'}$, ist definiert durch das erste Moment von $S_{\tau'\tau'}(\tau')$, d. h.

$$B^{(1)}_{\tau'\tau'} := \frac{\int_{-\infty}^{\infty} \tau'\, S_{\tau'\tau'}(\tau')\, d\tau'}{\int_{-\infty}^{\infty} S_{\tau'\tau'}(\tau')\, d\tau'} \ . \tag{7.39}$$

Durch $B^{(1)}_{\tau'\tau'}$ erfährt man, welche mittlere Verzögerung ein Trägersignal bei der Übertragung über einen Kanal erfährt.

Mehrwegeverbreiterung: Die Mehrwegeverbreiterung, $B^{(2)}_{\tau'\tau'}$, ist definiert durch die

Wurzel aus dem zweiten Zentralmoment von $S_{\tau'\tau'}(\tau')$, d. h.

$$B_{\tau'\tau'}^{(2)} := \sqrt{\frac{\int_{-\infty}^{\infty} \left(\tau' - B_{\tau'\tau'}^{(1)}\right)^2 S_{\tau'\tau'}(\tau')\,d\tau'}{\int_{-\infty}^{\infty} S_{\tau'\tau'}(\tau')\,d\tau'}}\,. \tag{7.40}$$

Die Mehrwegeverbreiterung $B_{\tau'\tau'}^{(2)}$ gibt an, welche zeitliche Verbreiterung ein Impuls bei der Übertragung über einen Kanal erfährt.

Dem Bild 7.5 entnehmen wir, dass das Doppler-Kreuzleistungsdichtespektrum $S_{TT}(v', f)$ die Fouriertransformierte der Streufunktion $S(\tau', f)$ bezüglich der Verzögerung τ' ist, d. h., es gilt der Zusammenhang

$$S_{TT}(v', f) = \int_{-\infty}^{\infty} S(\tau', f)\, e^{-j2\pi v'\tau'}\,d\tau'\,, \tag{7.41}$$

wobei $v' = f_2' - f_1'$.

Für $v' = 0$ folgt aus dem Doppler-Kreuzleistungsdichtespektrum $S_{TT}(v', f)$ das uns bereits bekannte Dopplerleistungsdichtespektrum $S_{\mu\mu}(f)$, denn es gilt

$$S_{\mu\mu}(f) := S_{TT}(0, f) = \int_{-\infty}^{\infty} S(\tau', f)\,d\tau'\,. \tag{7.42}$$

Das Dopplerleistungsdichtespektrum $S_{\mu\mu}(f)$ gibt an, mit welcher mittleren Leistung Streukomponenten mit der Dopplerfrequenz f auftreten. Im Anhang A wurde unter anderem gezeigt, dass $S_{\mu\mu}(f)$ proportional zur Wahrscheinlichkeitsdichte der Dopplerfrequenzen f ist. Es sei daran erinnert, dass zwei wichtige charakteristische Kenngrößen aus dem Dopplerleistungsdichtespektrum $S_{\mu\mu}(f)$ abgeleitet werden können, nämlich die mittlere Dopplerverschiebung $B_{\mu\mu}^{(1)}$ [vgl. (3.13a)] und die Dopplerverbreiterung $B_{\mu\mu}^{(2)}$ [vgl. (3.13b)].

Gemäß Bild 7.5 kann aus der Streufunktion $S(\tau', f)$ die Zeit-Frequenz-Korrelationsfunktion $r_{HH}(v', \tau)$ wie folgt berechnet werden:

$$r_{HH}(v', \tau) = \int_{-\infty}^{\infty} \int_{-\infty}^{\infty} S(\tau', f)\, e^{-j2\pi(v'\tau' - f\tau)}\,d\tau'\,df\,, \tag{7.43}$$

wobei $v' = f_2' - f_1'$ und $\tau = t_2 - t_1$. Alternativ hätten wir $r_{HH}(v', \tau)$ natürlich auch über die Fouriertransformation von $S_{hh}(\tau', \tau)$ bezüglich der Verzögerung τ' bzw. über die inverse Fouriertransformation von $S_{TT}(v', f)$ bezüglich der Dopplerfrequenz f berechnen können.

Aus der Zeit-Frequenz-Korrelationsfunktion $r_{HH}(v', \tau)$ lassen sich zwei weitere Korrelationsfunktionen ableiten, welche *Frequenz-Korrelationsfunktion* und *Zeit-Korrelationsfunktion* genannt werden. Aus diesen lässt sich ihrerseits wieder je eine wichtige charakteristische Kenngröße ableiten: die *Kohärenzbandbreite* und die *Korrelationsdauer*.

Frequenz-Korrelationsfunktion: Für $\tau = t_2 - t_1 = 0$ folgt aus der Zeit-Frequenz-Korrelationsfunktion $r_{HH}(v', \tau)$ die durch

$$
\begin{aligned}
r_{HH}(v', 0) &= \int_{-\infty}^{\infty} \int_{-\infty}^{\infty} S(\tau', f)\, e^{-j2\pi v'\tau'}\, d\tau'\, df \\
&= \int_{-\infty}^{\infty} S_{\tau'\tau'}(\tau')\, e^{-j2\pi v'\tau'}\, d\tau'
\end{aligned}
\tag{7.44}
$$

bestimmte *Frequenz-Korrelationsfunktion*. Die Frequenz-Korrelationsfunktion beschreibt die Amplitudenkorrelation als Funktion der Frequenzdifferenz $v' = f_2' - f_1'$.

Kohärenzbandbreite: Die Frequenzspanne $v' = B_K$, für die gilt

$$
|r_{HH}(B_K, 0)| = \frac{1}{2} |r_{HH}(0, 0)|,
\tag{7.45}
$$

heißt *Kohärenzbandbreite*.

Da nach (7.44) die Frequenz-Korrelationsfunktion $r_{HH}(v', 0)$ und das Verzögerungsleistungsdichtespektrum $S_{\tau'\tau'}(\tau')$ ein Fouriertransformationspaar bilden, verhält sich nach dem Zeitgesetz der Nachrichtentechnik [Lue90] die Kohärenzbandbreite B_K näherungsweise umgekehrt proportional zur Mehrwegeverbreiterung $B_{\tau'\tau'}^{(2)}$. Mit Zunahme des Verhältnisses von Signalbandbreite zu Kohärenzbandbreite wächst der Aufwand, den man im Empfänger zur Signalentzerrung betreiben muss. Ein wichtiger Sonderfall liegt dann vor, wenn die Kohärenzbandbreite B_K sehr viel größer ist als die Symbolrate f_S, d. h., wenn gilt

$$
B_K \gg f_S \quad \text{bzw.} \quad B_{\tau'\tau'}^{(2)} \ll T_S,
\tag{7.46a,b}
$$

wobei $T_S = 1/f_S$ die Symboldauer bezeichnet. In diesem Fall ist der Effekt der Impulsdispersion vernachlässigbar, und die zeitvariante Impulsantwort $h(\tau', t)$ des Kanals kann näherungsweise durch

$$
h(\tau', t) = \delta(\tau') \cdot \mu(t)
\tag{7.47}
$$

dargestellt werden, wobei $\mu(t)$ ein geeigneter komplexer stochastischer Prozess ist. Unter Verwendung von (7.11) erhält man dann für das Ausgangssignal

$$
y(t) = \mu(t) \cdot x(t).
\tag{7.48}
$$

Wegen des multiplikativen Zusammenhangs zwischen $\mu(t)$ und $x(t)$ spricht man auch von *multiplikativem Schwund*. Für die zeitvariante Übertragungsfunktion $H(f', t)$ erhalten wir nach Einsetzen von (7.47) in (7.13) den von der Frequenz f' unabhängigen Ausdruck

$$
H(f', t) = \mu(t).
\tag{7.49}
$$

Man bezeichnet daher den Kanal auch als *nichtfrequenzselektiv*, weil alle Frequenzkomponenten des Sendesignals bei der Übertragung den gleichen zeitlichen Schwankungen unterliegen. Eine nichtfrequenzselektive Modellierung des Mobilfunkkanals ist immer dann angebracht, wenn die Mehrwegeverbreiterung $B^{(2)}_{\tau'\tau'}$ nicht mehr als 10 % bis 20 % der Symboldauer T_S beträgt.

Zeit-Korrelationsfunktion: Für $v' = f'_2 - f'_1 = 0$ folgt aus der Zeit-Frequenz-Korrelationsfunktion $r_{HH}(v',\tau)$ die durch

$$
\begin{aligned}
r_{HH}(0,\tau) &= \int_{-\infty}^{\infty} \int_{-\infty}^{\infty} S(\tau',f)\, e^{j2\pi f\tau}\, d\tau'\, df \\
&= \int_{-\infty}^{\infty} S_{\mu\mu}(f)\, e^{j2\pi f\tau}\, df
\end{aligned}
\tag{7.50}
$$

bestimmte *Zeit-Korrelationsfunktion*. Diese Korrelationsfunktion beschreibt die Amplitudenkorrelation als Funktion der Zeitdifferenz $\tau = t_2 - t_1$.

Korrelationsdauer: Das Zeitintervall $\tau = T_K$, für das gilt

$$
|r_{HH}(0,T_K)| = \frac{1}{2}|r_{HH}(0,0)|,
\tag{7.51}
$$

heißt *Korrelationsdauer*.

Nach (7.50) bilden die Zeit-Korrelationsfunktion $r_{HH}(0,\tau)$ und das Dopplerleistungsdichtespektrum $S_{\mu\mu}(f)$ ein Fouriertransformationspaar. Folglich verhält sich die Korrelationsdauer T_K näherungsweise umgekehrt proportional zur Dopplerverbreiterung $B^{(2)}_{\mu\mu}$. Je kleiner das Verhältnis von Korrelationsdauer T_K zu Symboldauer T_S ist, desto höher sind die Anforderungen, die an das Adaptionsverhalten des Entzerrers zu stellen sind. Ist dagegen die Korrelationsdauer T_K sehr viel größer als die Symboldauer T_S, d. h.

$$
T_K \gg T_S \quad \text{bzw.} \quad B^{(2)}_{\mu\mu} \ll f_S,
\tag{7.52a,b}
$$

so kann die Impulsantwort des Kanals für die Dauer eines Symbols als näherungsweise konstant angesehen werden. In diesem Fall spricht man auch von langsamem Signalschwund.

Im Bild 7.6 sind die in diesem Unterabschnitt hergeleiteten Zusammenhänge zwischen den Korrelationsfunktionen und Leistungsdichtespektren in Verbindung mit den daraus abgeleiteten Kenngrößen von WSSUS-Modellen nochmals dargestellt.

Aus diesem Bild geht anschaulich hervor, dass für WSSUS-Modelle die alleinige Kenntnis der Streufunktion $S(\tau',f)$ vollständig ausreicht, um sämtliche Korrelationsfunktionen und Leistungsdichtespektren sowie die daraus ableitbaren Kenngrößen wie Mehrwegeverbreiterung und Dopplerverbreiterung bestimmen zu können.

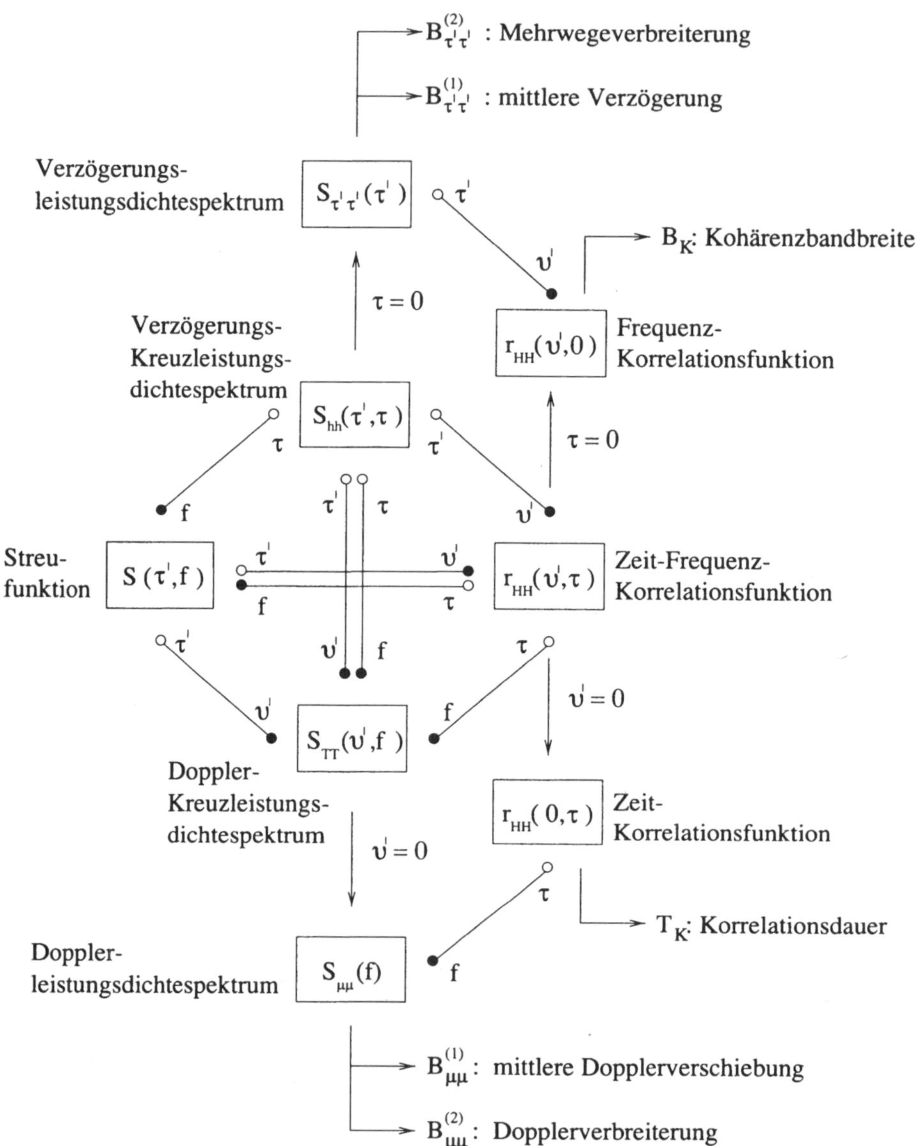

Bild 7.6:　Zusammenhänge zwischen Korrelationsfunktionen, Leistungsdichtespektren und Kenngrößen bei WSSUS-Modellen.

7.3.3 Die Kanalmodelle nach COST 207

Im Jahre 1984 wurde von der CEPT[2] die europäische Arbeitsgruppe COST[3] 207 gegründet. In dieser Arbeitsgruppe wurden seinerzeit im Hinblick auf das geplante paneuropäische Mobilfunksystem GSM geeignete Kanalmodelle erarbeitet, die für bestimmte Ausbreitungsgebiete typisch sind. Zu den typischen Ausbreitungsszenarien zählen ländliche Gebiete (RA, rural area), typische städtische Gebiete (TU, typical urban), ungünstige städtische Gebiete (BU, bad urban) sowie Gebiete im Bergland (HT, hilly terrain). Auf Basis der WSSUS-Annahme wurden für diese vier Gebietsklassen von der Arbeitsgruppe COST 207 Spezifikationen für das Verzögerungs- und Dopplerleistungsdichtespektrum erarbeitet [COS86, COS89]. Die wichtigsten Ergebnisse hierzu werden nachfolgend kurz vorgestellt.

Bei der Spezifizierung typischer Verzögerungsleistungsdichtespektren $S_{\tau'\tau'}(\tau')$ wurde angenommen, dass die zugehörige Wahrscheinlichkeitsdichte $p_{\tau'}(\tau')$, die sich wie bereits erwähnt proportional zu $S_{\tau'\tau'}(\tau')$ verhält, durch abfallende Exponentialfunktionen dargestellt werden kann. In der Tabelle 7.1 und im Bild 7.7 sind die Verzögerungsleistungsdichtespektren $S_{\tau'\tau'}(\tau')$ der Kanalmodelle nach COST 207 dargestellt. Die dort eingeführten reellen Konstanten c_{RA}, c_{TU}, c_{BU} und c_{HT} sind prinzipiell frei wählbar und können z. B. so bestimmt werden, dass die mittlere Verzögerungsleistung gleich eins ist, d. h. $\int_0^\infty S_{\tau'\tau'}(\tau')\,d\tau' = 1$. Für diesen Fall gilt:

$$c_{RA} = \frac{9.2}{1 - e^{-6.44}} \; , \qquad c_{TU} = \frac{1}{1 - e^{-7}} \; , \tag{7.53a,b}$$

$$c_{BU} = \frac{2}{3(1 - e^{-5})} \; , \qquad c_{HT} = \frac{1}{(1 - e^{-7})/3.5 + (1 - e^{-5})/10} \; . \tag{7.53c,d}$$

Bei GSM beträgt die Symboldauer $T_S = 3.7\mu s$. Wenn wir diese mit der ebenfalls in Tabelle 7.1 aufgeführten Mehrwegeverbreiterung $B_{\tau'\tau'}^{(2)}$ ins Verhältnis setzen, dann sehen wir, dass (7.46b) nur für ländliche Gebiete (RA) erfüllt ist. Folglich gehört dieser Kanal zur Klasse der nichtfrequenzselektiven Kanäle. Die anderen Kanäle (TU, BU, HT) sind dagegen frequenzselektiv.

Die Tabelle 7.2 enthält die vier von der Arbeitsgruppe COST 207 spezifizierten Dopplerleistungsdichtespektren $S_{\mu\mu}(f)$, welche zur besseren Veranschaulichung graphisch im Bild 7.8 dargestellt sind. Für die reellen Konstanten A_1 und A_2 wählt man vorzugsweise die Werte $A_1 = 50/\left(\sqrt{2\pi}3f_{max}\right)$ und $A_2 = 10^{1.5}/\left[\sqrt{2\pi}\left(\sqrt{10} + 0.15\right)f_{max}\right]$, denn dann ist gewährleistet, dass $\int_{-\infty}^{\infty} S_{\mu\mu}(f)\,df = 1$ gilt. Das klassische Jakesleistungsdichtespektrum liegt nur bei sehr kurzen Verzögerungen ($\tau' \leq 0.5\,\mu s$) vor [Bilder 7.8(a) und 7.8(d)]. Nur dann treffen die Annahmen, dass die Amplituden der Streukomponenten homogen und die Einfallswinkel von 0 bis 2π gleichverteilt sind, näherungsweise zu. Für Streukomponenten mit mittleren und langen Verzögerungen τ' wird dagegen angenommen, dass die zugehörigen Dopplerfrequenzen gaußverteilt sind, bzw., dass das

---

[2]CEPT: "Conference of European Posts and Telecommunications Administrations".
[3]COST: "European Cooperation in the Field of Scientific and Technical Research".

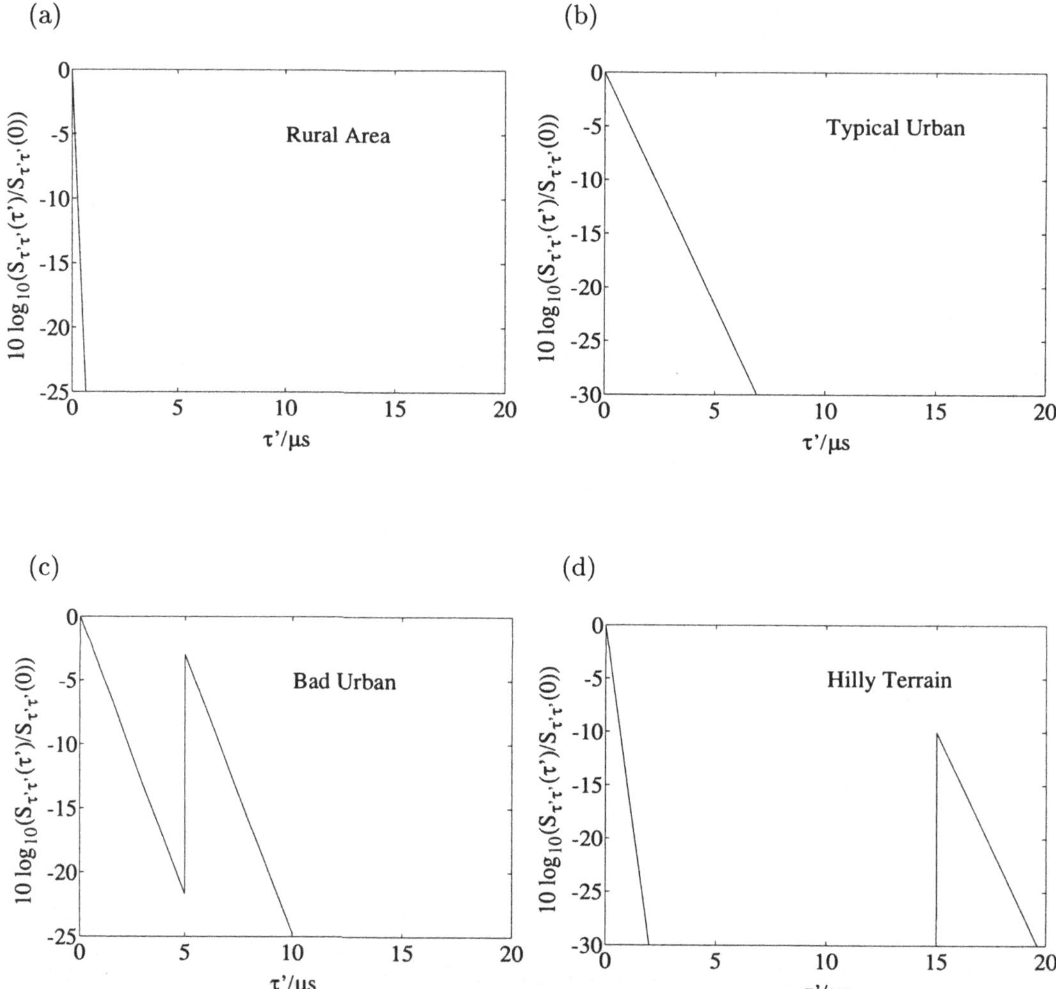

Bild 7.7: Verzögerungsleistungsdichtespektren $S_{\tau'\tau'}(\tau')$ der Kanalmodelle nach COST 207 [COS89].

Ausbreitungsgebiet	Verzögerungsleistungsdichte-spektrum $S_{\tau'\tau'}(\tau')$	Mehrwegever-breiterung $B_{\tau'\tau'}^{(2)}$
ländliche Gebiete (RA, rural area)	$c_{RA}\ e^{-9.2\tau'/\mu s},\qquad 0 \leq \tau' < 0.7\mu s$ $0,\qquad\qquad\qquad$ sonst	$0.1\ \mu s$
typische Gebiete in Städten und Vororten (TU, typical urban)	$c_{TU}\ e^{-\tau'/\mu s},\qquad 0 \leq \tau' < 7\mu s$ $0,\qquad\qquad\qquad$ sonst	$0.98\ \mu s$
typisch ungünstige Gebiete in Städten und Vororten (BU, bad urban)	$c_{BU}\ e^{-\tau'/\mu s},\qquad 0 \leq \tau' < 5\mu s$ $c_{BU}\ \frac{1}{2}e^{(5-\tau'/\mu s)},\quad 5\mu s \leq \tau' < 10\mu s$ $0,\qquad\qquad\qquad$ sonst	$2.53\ \mu s$
typische Gebiete im Bergland (HT, hilly terrain)	$c_{HT}\ e^{-3.5\tau'/\mu s},\qquad 0 \leq \tau' < 2\mu s$ $c_{HT}\ 0.1e^{(15-\tau'/\mu s)},\quad 15\mu s \leq \tau' < 20\mu s$ $0,\qquad\qquad\qquad$ sonst	$6.88\ \mu s$

Tabelle 7.1: Spezifikation typischer Verzögerungsleistungsdichtespektren $S_{\tau'\tau'}(\tau')$ nach COST 207 [COS89].

Dopplerleistungsdichtespektrum gaußförmig ist [Bilder 7.8(b) und 7.8(c)], worauf frühzeitig schon Cox [Cox73] nach umfangreichen empirischen Untersuchungen hingewiesen hat.

Aus der Tabellen 7.1 und 7.2 geht hervor, dass zwar das Verzögerungsleistungsdichtespektrum $S_{\tau'\tau'}(\tau')$ unabhängig von den Dopplerfrequenzen f ist, jedoch hat die Verzögerung τ' maßgeblich Einfluss auf die Form des Dopplerleistungsdichtespektrums $S_{\mu\mu}(f)$. Dies gilt jedoch nicht für ländliche Gebiete (RA), wo für das Dopplerleistungsdichtespektrum einzig und allein das klassische Jakesleistungsdichtespektrum verwendet wird. In diesem speziellen Fall kann die Streufunktion $S(\tau', f)$ als Produkt des Verzögerungs- und Dopplerleistungsdichtespektrums dargestellt werden, d. h., es gilt

$$S(\tau', f) = S_{\tau'\tau'}(\tau') \cdot S_{\mu\mu}(f)\,. \tag{7.54}$$

Kanäle, die eine Streufunktion der Form (7.54) besitzen, heißen *unabhängig zeit- und frequenzdispersive Kanäle*. Bei diesen Kanälen tritt der Mechanismus, welcher die unterschiedlichen Verzögerungen verursacht, getrennt von demjenigen auf, welcher den Dopplerverschiebungen zugrunde liegt [Fle90].

Im Hinblick auf den Entwurf von Hardware- oder Software-Simulationsmodellen für frequenzselektive Kanäle muss eine Diskretisierung des Verzögerungsleistungsdichtespektrums $S_{\tau'\tau'}(\tau')$ durchgeführt werden. Insbesondere müssen die Verzögerungen τ'

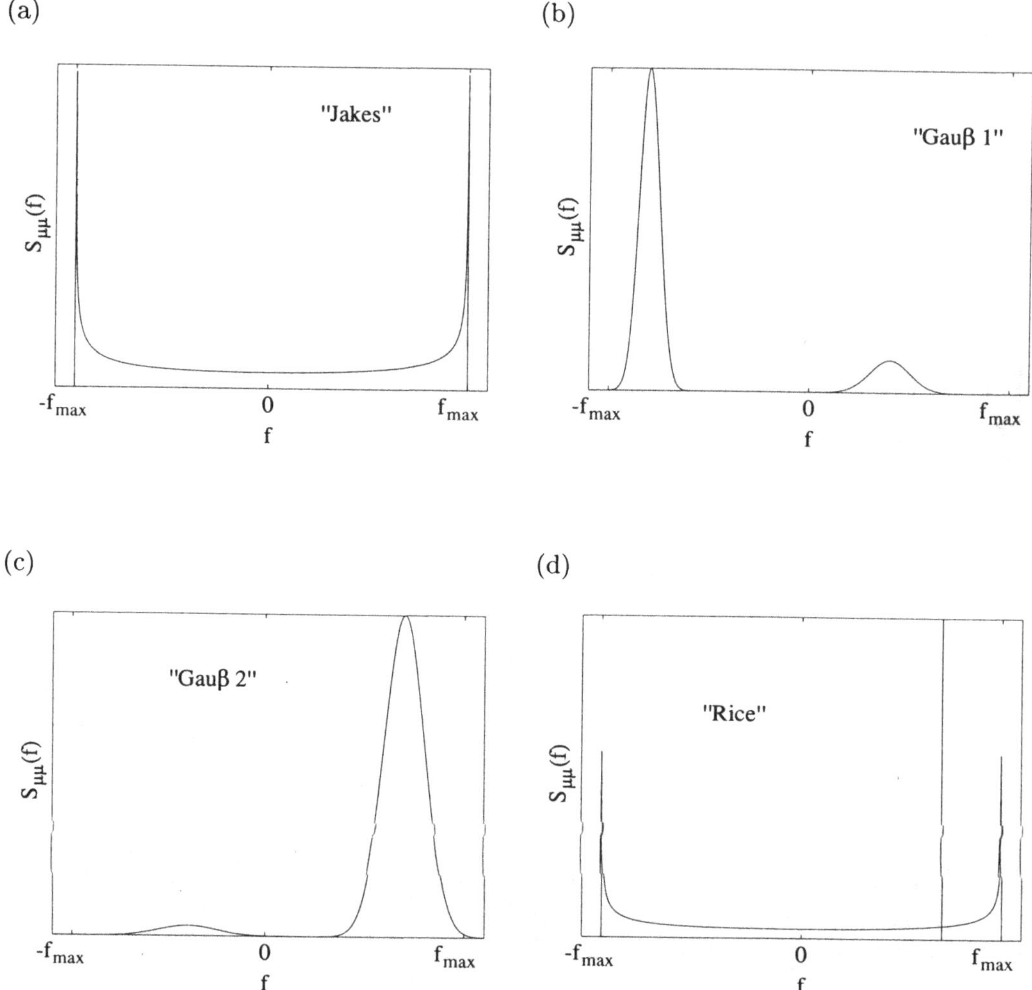

Bild 7.8:　Dopplerleistungsdichtespektren $S_{\mu\mu}(f)$ der Kanalmodelle nach COST 207 [COS89].

Typ	Dopplerleistungsdichte-spektrum $S_{\mu\mu}(f)$	Verzögerung τ'	Dopplerver-breiterung $B_{\mu\mu}^{(2)}$
"Jakes"	$\dfrac{1}{\pi f_{max}\sqrt{1-(f/f_{max})^2}}$	$0 \le \tau' \le 0.5\mu s$	$f_{max}/\sqrt{2}$
"Gauß 1"	$G\left(A_1, -0.8f_{max}, 0.05f_{max}\right)$ $+G\left(A_1/10, 0.4f_{max}, 0.1f_{max}\right)$	$0.5\mu s \le \tau' \le 2\mu s$	$0.45f_{max}$
"Gauß 2"	$G\left(A_2, 0.7f_{max}, 0.1f_{max}\right)$ $+G\left(A_2/10^{1.5}, -0.4f_{max}, 0.15f_{max}\right)$	$\tau' \ge 2\mu s$	$0.25f_{max}$
"Rice"	$\dfrac{0.41^2}{\pi f_{max}\sqrt{1-(f/f_{max})^2}}$ $+0.91^2\,\delta(f - 0.7f_{max})$	$\tau' = 0\mu s$	$0.39f_{max}$

Tabelle 7.2: Spezifikation typischer Dopplerleistungsdichtespektren $S_{\mu\mu}(f)$ nach COST 207 [COS89], wobei $G(A_i, f_i, s_i)$ durch $G(A_i, f_i, s_i) := A_i\, e^{-\frac{(f-f_i)^2}{2s_i^2}}$ definiert ist.

diskretisiert und an das Abtastintervall angepasst werden. Vor diesem Hintergrund wurden in [COS89] für die vier Ausbreitungsgebiete (RA, TU, BU, HT) diskrete $\mathcal{L}$-Pfad-Kanalmodelle spezifiziert. Einige der dort für $\mathcal{L} = 4$ und $\mathcal{L} = 6$ spezifizierten $\mathcal{L}$-Pfad-Kanalmodelle sind in der Tabelle 7.3 aufgeführt. Die dadurch festgelegten Streufunktionen $S(\tau', f)$ sind zur Veranschaulichung in den Bildern 7.9(a)–(d) dargestellt. In [COS89] wurden außerdem alternative 6-Pfad- sowie aufwendigere aber dafür genauere 12-Pfad-Kanalmodelle spezifiziert, welche zur Vollständigkeit im Anhang E wiedergegeben sind.

7.4 Frequenzselektive deterministische Kanalmodelle

In diesem Abschnitt befassen wir uns mit der Herleitung und Analyse von frequenzselektiven deterministischen Kanalmodellen. Dazu machen wir wieder von dem im Abschnitt 4.1 beschriebenen Prinzip der deterministischen Kanalmodellierung Gebrauch.

7.4.1 Systemfunktionen von frequenzselektiven deterministischen Kanalmodellen

Ausgangspunkt der Herleitung der Systemfunktionen von frequenzselektiven deterministischen Kanalmodellen ist die aus einer Summe von $\mathcal{L}$ diskreten Ausbreitungspfaden

Pfad-Nr. ℓ	Verzögerung τ'_ℓ	Pfad-leistung (lin.)	(dB)	Kategorie des Doppler-spektrums	Mehrwege-verbreiterung $B^{(2)}_{\tau'\tau'}$
(a) Rural Area					
0	0.0 μs	1	0	”Rice”	
1	0.2 μs	0.63	-2	”Jakes”	
2	0.4 μs	0.1	-10	”Jakes”	0.1 μs
3	0.6 μs	0.01	-20	”Jakes”	
(b) Typical Urban					
0	0.0 μs	0.5	-3	”Jakes”	
1	0.2 μs	1	0	”Jakes”	
2	0.6 μs	0.63	-2	”Gauß 1”	
3	1.6 μs	0.25	-6	”Gauß 1”	1.1 μs
4	2.4 μs	0.16	-8	”Gauß 2”	
5	5.0 μs	0.1	-10	”Gauß 2”	
(c) Bad Urban					
0	0.0 μs	0.5	-3	”Jakes”	
1	0.4 μs	1	0	”Jakes”	
2	1.0 μs	0.5	-3	”Gauß 1”	
3	1.6 μs	0.32	-5	”Gauß 1”	2.4 μs
4	5.0 μs	0.63	-2	”Gauß 2”	
5	6.6 μs	0.4	-4	”Gauß 2”	
(d) Hilly Terrain					
0	0.0 μs	1	0	”Jakes”	
1	0.2 μs	0.63	-2	”Jakes”	
2	0.4 μs	0.4	-4	”Jakes”	
3	0.6 μs	0.2	-7	”Jakes”	5.0 μs
4	15.0 μs	0.25	-6	”Gauß 2”	
5	17.2 μs	0.06	-12	”Gauß 2”	

Tabelle 7.3:　Spezifikation der $\mathcal{L}$-Pfad-Kanalmodelle nach COST 207 [COS89], wobei $\mathcal{L} = 4$ (RA) und $\mathcal{L} = 6$ (TU, BU, HT).

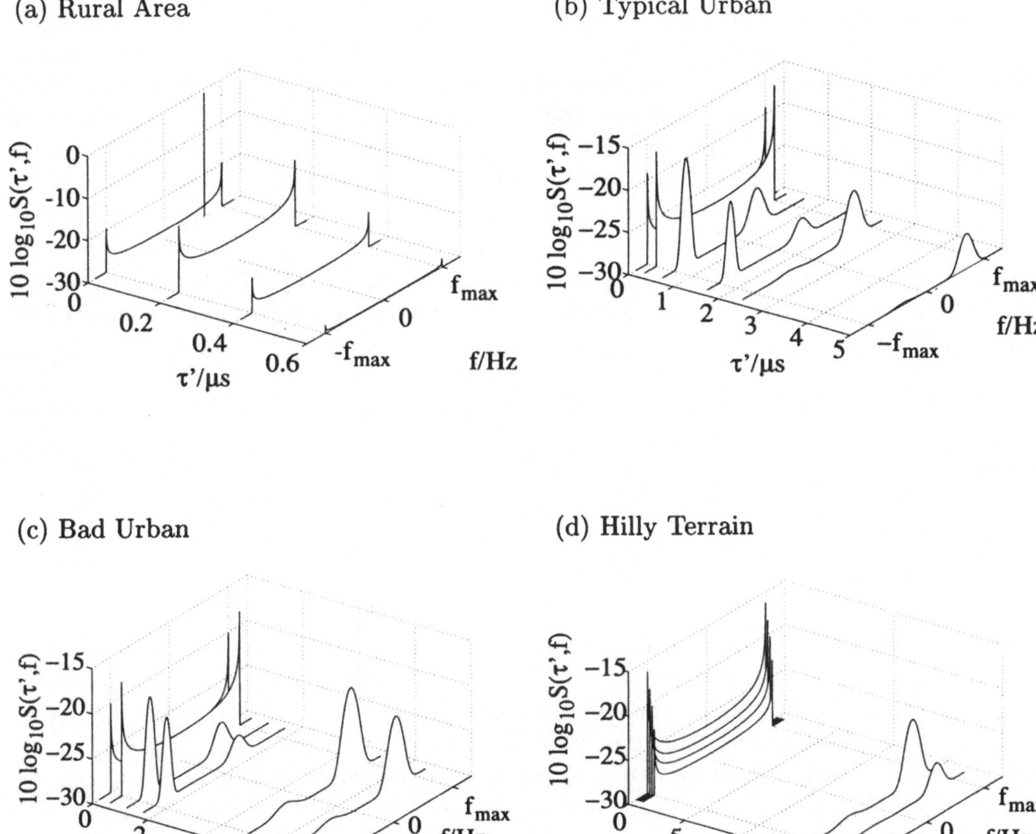

Bild 7.9: Streufunktionen $S(\tau', f)$ der $\mathcal{L}$-Pfad-Kanalmodelle nach COST 207 [COS89].

bestehende zeitvariante Impulsantwort

$$\tilde{h}(\tau',t) = \sum_{\ell=0}^{\mathcal{L}-1} \tilde{a}_\ell\, \tilde{\mu}_\ell(t)\, \delta(\tau' - \tilde{\tau}_\ell')\,. \tag{7.55}$$

Die Größen $\tilde{a}_\ell$ in (7.55) sind reell und heißen *Verzögerungskoeffizienten*. Wie wir später noch sehen werden, bestimmen diese zusammen mit den diskreten Verzögerungen $\tilde{\tau}_\ell'$ [vgl. (7.1)] das Verzögerungsleistungsdichtespektrum des frequenzselektiven deterministischen Modells. Genauer gesagt ist der Verzögerungskoeffizient $\tilde{a}_\ell$ ein Maß für die Wurzel aus der mittleren Verzögerungsleistung, die dem ℓ-ten diskreten Pfad zugeordnet wird. Allgemein kann man sagen, dass die Verzögerungskoeffizienten $\tilde{a}_\ell$ und die diskreten Verzögerungen $\tilde{\tau}_\ell'$ das auf den Effekt der Mehrwegeausbreitung zurückzuführende frequenzselektive Verhalten des Kanals bestimmen, wobei als Ursache für die Mehrwegeausbreitung in diesem Fall elliptische Streuzonen mit unterschiedlichen diskreten Achsen angenommen werden. Die durch den Dopplereffekt hervorgerufenen Kanalstörungen, also die Störungen, welche durch die Bewegung des Empfängers entstehen, werden in (7.55) unter Verwendung des Prinzips der deterministischen Kanalmodellierung durch komplexe deterministische Gaußprozesse

$$\tilde{\mu}_\ell(t) = \tilde{\mu}_{1,\ell}(t) + j\tilde{\mu}_{2,\ell}(t)\,, \quad \ell = 0,1,\ldots,\mathcal{L}-1\,, \tag{7.56a}$$

modelliert, wobei

$$\tilde{\mu}_{i,\ell}(t) = \sum_{n=1}^{N_{i,\ell}} c_{i,n,\ell} \cos(2\pi f_{i,n,\ell} t + \theta_{i,n,\ell})\,, \quad i = 1,2\,. \tag{7.56b}$$

Hierbei bezeichnet $N_{i,\ell}$ die Anzahl der harmonischen Funktionen, die dem Realteil ($i = 1$) bzw. dem Imaginärteil ($i = 2$) des ℓ-ten Ausbreitungspfades zugeordnet werden. Mit $c_{i,n,\ell}$ ist in (7.56b) der Dopplerkoeffizient der n-ten Komponente des ℓ-ten Ausbreitungspfades gemeint, und die verbleibenden Modellparameter $f_{i,n,\ell}$ und $\theta_{i,n,\ell}$ heißen genau wie bisher diskrete Dopplerfrequenzen bzw. Dopplerphasen.

Bild 7.10 zeigt in der zeitkontinuierlichen Darstellungsform die Struktur zu dem komplexen deterministischen Gaußprozess $\tilde{\mu}_\ell(t)$. Damit das weiter unten hergeleitete Simulationsmodell für einen frequenzselektiven Kanal die gleichen markanten Eigenschaften wie ein US-Modell hat, müssen die komplexen deterministischen Gaußprozesse $\tilde{\mu}_\ell(t)$ von unterschiedlichen Ausbreitungspfaden unkorreliert sein. Dazu ist es zwingend erforderlich, dass die deterministischen Prozesse $\tilde{\mu}_\ell(t)$ und $\tilde{\mu}_\lambda(t)$ so entworfen werden, dass diese für $\ell \neq \lambda$ unkorreliert sind, wobei $\ell,\lambda = 0,1,\ldots,\mathcal{L}-1$. Diese Forderung kann leicht erfüllt werden, denn man muss beim Entwurf der diskreten Dopplerfrequenzen $f_{i,n,\ell}$ lediglich dafür Sorge tragen, dass die Mengen $\{f_{i,n,\ell}\}$ für unterschiedliche Ausbreitungspfade disjunkt sind. Die Forderung nach unkorrelierter Streuausbreitung kann daher für das Simulationsmodell wie folgt formuliert werden:

$$\text{US} \quad \Longleftrightarrow \quad f_{i,n,\ell} \neq f_{j,m,\lambda} \quad \text{für} \quad \ell \neq \lambda\,, \tag{7.57}$$

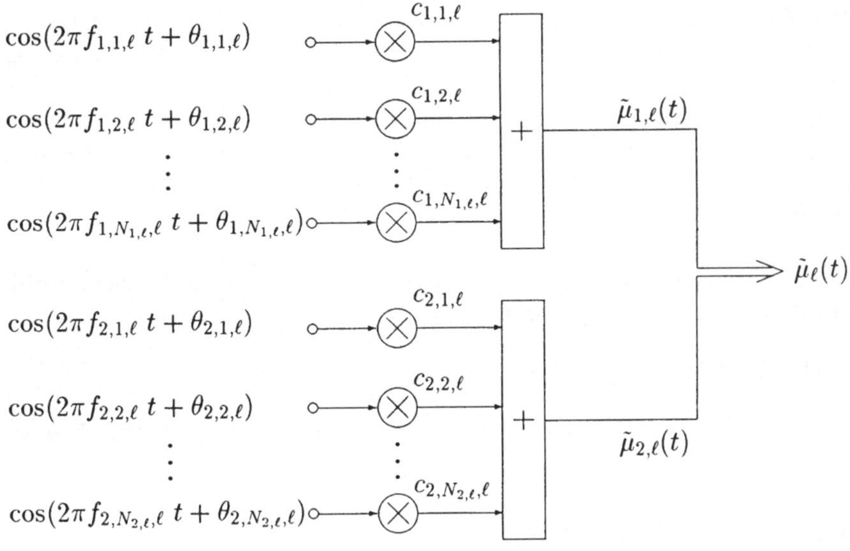

Bild 7.10:   Simulationsmodell für komplexe deterministische Gaußprozesse $\tilde{\mu}_\ell(t)$.

wobei $i, j = 1, 2$, $n = 1, 2, \ldots, N_{i,\ell}$, $m = 1, 2, \ldots, N_{j,\lambda}$ und $\ell, \lambda = 0, 1, \ldots, \mathcal{L} - 1$.

Im Folgenden setzen wir stets voraus, dass (7.57) erfüllt ist. In diesem Fall können die Korrelationseigenschaften von den durch (7.56a) eingeführten komplexen deterministischen Gaußprozessen $\tilde{\mu}_\ell(t)$ durch

$$\lim_{T \to \infty} \frac{1}{2T} \int_{-T}^{T} \tilde{\mu}_\ell^*(t)\, \tilde{\mu}_\lambda(t + \tau)\, dt = \begin{cases} \tilde{r}_{\mu_\ell \mu_\ell}(\tau), & \text{falls} \quad \ell = \lambda, \\ 0, & \text{falls} \quad \ell \neq \lambda, \end{cases} \tag{7.58}$$

beschrieben werden, wobei

$$\tilde{r}_{\mu_\ell \mu_\ell}(\tau) = \sum_{i=1}^{2} \tilde{r}_{\mu_{i,\ell} \mu_{i,\ell}}(\tau), \tag{7.59a}$$

$$\tilde{r}_{\mu_{i,\ell} \mu_{i,\ell}}(\tau) = \sum_{n=1}^{N_{i,\ell}} \frac{c_{i,n,\ell}^2}{2} \cos(2\pi f_{i,n,\ell}\tau) \tag{7.59b}$$

für $i = 1, 2$ und $\ell = 0, 1, \ldots, \mathcal{L} - 1$.

Es sei an dieser Stelle bereits erwähnt, dass sämtliche Parameter, die das Verhalten der zeitvarianten Impulsantwort $\tilde{h}(\tau', t)$ bestimmen, so berechnet werden können, dass die Streufunktion des deterministischen Systems eine vorgegebene spezifizierte oder gemessene Streufunktion approximiert. Ein Verfahren hierzu wird im Unterabschnitt 7.4.4

vorgestellt. Wir können daher annehmen, dass die oben erwähnten Parameter nicht nur bekannt sondern auch konstant sind, und für die Dauer der Kanalsimulation nicht mehr verändert werden. In diesem Fall ist die zeitvariante Impulsantwort $\tilde{h}(\tau',t)$ eine deterministische Funktion (Musterfunktion), welche wir sinngemäß als *zeitvariante deterministische Impulsantwort* bezeichnen wollen. Diese definiert eine weiteren Klasse von Kanalmodellen. Kanalmodelle mit der Impulsantwort (7.55) werden im weiteren *DGUS[4]-Modelle* genannt.

Da die diskreten Verzögerungen $\tilde{\tau}'_\ell$ in (7.55) nicht negativ werden können, erfüllt $\tilde{h}(\tau',t)$ die Kausalitätsbeziehung, d. h., es gilt

$$\tilde{h}(\tau',t) = 0 \quad \text{für} \quad \tau' < 0\,. \tag{7.60}$$

Analog zu (7.11) können wir für ein beliebiges Eingangssignal $x(t)$ das Ausgangssignal $y(t)$ mittels

$$y(t) = \int_0^\infty x(t - \tau')\,\tilde{h}(\tau',t)\,d\tau' \tag{7.61}$$

berechnen. Setzen wir nun in diese Beziehung für die zeitvariante deterministische Impulsantwort $\tilde{h}(\tau',t)$ den Ausdruck (7.55) ein, so erhalten wir

$$y(t) = \sum_{\ell=0}^{\mathcal{L}-1} \tilde{a}_\ell\,\tilde{\mu}_\ell(t)\,x(t - \tilde{\tau}'_\ell)\,. \tag{7.62}$$

Demnach kann das Ausgangssignal $y(t)$ des Kanals als Überlagerung von $\mathcal{L}$ verzögerten Versionen des Eingangssignals $x(t - \tilde{\tau}'_\ell)$ aufgefasst werden, wobei jede von diesen verzögerten Versionen mit einem konstanten Verzögerungskoeffizienten $\tilde{a}_\ell$ und einem zeitvarianten komplexen deterministischen Gaußprozess $\tilde{\mu}_\ell(t)$ gewichtet wird. Ohne Einschränkung der Allgemeinheit können wir bei diesem Modell die Laufzeit der direkten Komponente unberücksichtigt lassen. Zur Vereinfachung werden wir deshalb $\tilde{\tau}'_0 = 0$ setzen, was keine Probleme verursacht, da für das Systemverhalten ohnehin nur die Laufzeitdifferenzen $\Delta\tilde{\tau}'_\ell = \tilde{\tau}'_\ell - \tilde{\tau}'_{\ell-1}$ ($\ell = 1, 2, \ldots, \mathcal{L} - 1$) von Bedeutung sind. Aus (7.62) folgt dann die im Bild 7.11 gezeigte Transversalstruktur eines deterministischen Simulationsmodells für einen frequenzselektiven Mobilfunkkanal in der zeitkontinuierlichen Darstellungsform.

Das für Rechnersimulationen erforderliche zeitdiskrete Simulationsmodell erhält man aus der zeitkontinuierlichen Struktur beispielsweise durch die Substitutionen $\tilde{\tau}'_\ell \to \ell T'_A$, $x(t) \to x(kT'_A)$, $y(t) \to y(kT'_A)$ und $\tilde{\mu}_\ell(t) \to \tilde{\mu}_\ell(kT_A)$, wobei T_A und T'_A Abtastintervalle kennzeichnen, k eine ganze Zahl ist, und für ℓ wieder gilt $\ell = 0, 1, \ldots, \mathcal{L} - 1$. Für die Laufzeitdifferenzen $\Delta\tilde{\tau}'_\ell = \tilde{\tau}'_\ell - \tilde{\tau}'_{\ell-1}$ erhält man in diesem Fall $\Delta\tilde{\tau}'_\ell \to T'_A$ für alle $\ell = 1, 2, \ldots, \mathcal{L} - 1$. Die Abtastintervalle T_A und T'_A müssen hinreichend klein aber nicht notwendigerweise identisch sein. Wir werden daher zwischen T_A und T'_A den allgemeinen

---

[4]DGUS wird hier erstmalig als Abkürzung für die englische Bezeichnung "deterministic Gaussian uncorrelated scattering" eingeführt.

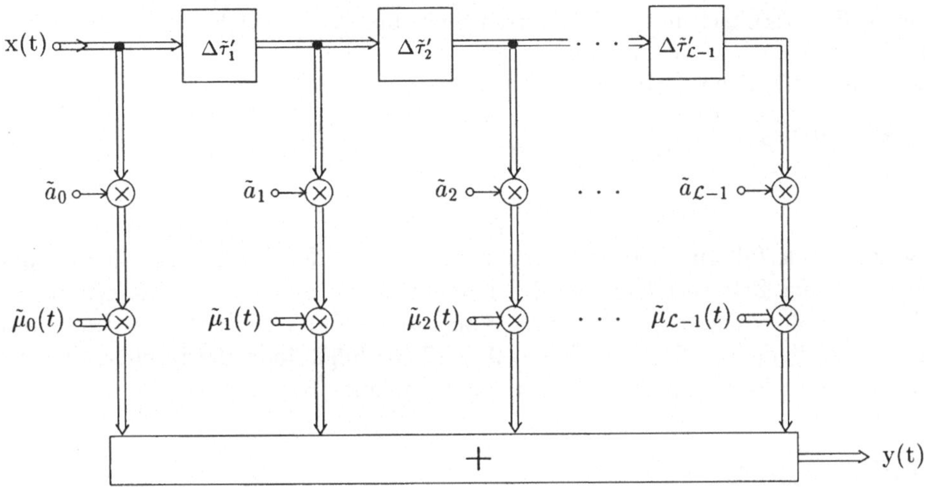

Bild 7.11:   Deterministisches Simulationsmodell für einen frequenzselektiven Mobilfunkkanal im äquivalenten Basisband.

Zusammenhang $T_A = m_A' T_A'$ herstellen und im weiteren $m_A' \in \mathbb{N}$ *Abtastratenverhältnis* nennen. Je größer (kleiner) das Abtastratenverhältnis m_A' gewählt wird, desto höher (geringer) ist die Simulationsgeschwindigkeit des Kanalsimulators und desto größer (kleiner) ist der Fehler, der bei der Diskretisierung von $\tilde{\mu}_\ell(t)$ entsteht. Durch die Einführung des Abtastratenverhältnisses m_A' erhält der Anwender einen Freiheitsgrad, der ihm die Möglichkeit bietet, einen Kompromiss zwischen Simulationsgeschwindigkeit und Präzision zu finden. In jedem Fall sollte m_A' so gewählt werden, dass das Abtastintervall T_A bei gegebener Symboldauer T_S auf den Bereich $T_A' \leq T_A \leq T_S$ begrenzt bleibt. Der Grenzfall $T_A = T_S$ entspricht der häufig gemachten Annahme, dass die Impulsantwort für die Dauer eines Datensymbols konstant ist. Diese Annahme ist jedoch nur dann gerechtfertigt, wenn das Produkt $f_{max} T_S$ sehr klein ist.

Aus dem allgemeinen Zusammenhang (7.62) lassen sich zwei wichtige Sonderfälle ableiten. Diese sind charakterisiert durch

$$\text{(i)} \quad \tilde{a}_0 \neq 0, \quad \tilde{a}_1 = \tilde{a}_2 = \ldots = \tilde{a}_{\mathcal{L}-1} = 0 \tag{7.63a}$$

und

$$\text{(ii)} \quad \tilde{\mu}_\ell(t) = \tilde{\mu}_\ell = const., \quad \forall \ell = 0, 1, \ldots, \mathcal{L} - 1. \tag{7.63b}$$

Der erste Sonderfall (i) beschreibt einen Kanal, bei dem alle Streukomponenten, die nicht durch Hindernisse aus der unmittelbaren Nähe des Empfängers verursacht werden, vernachlässigbar sind. Unter Verwendung von $\tilde{\mu}(t) := \tilde{a}_0 \tilde{\mu}_0(t)$ können wir in diesem Fall die zeitvariante deterministische Impulsantwort (7.55) durch

$$\tilde{h}(\tau', t) = \delta(\tau') \, \tilde{\mu}(t) \tag{7.64}$$

darstellen. Ein Vergleich mit (7.47) verdeutlicht uns die Tatsache, dass wir es hier mit einem nichtfrequenzselektiven Kanalmodell zu tun haben, was auch die Erklärung dafür ist, dass aus (7.61) der multiplikative Zusammenhang

$$y(t) = \tilde{\mu}(t) \cdot x(t) \tag{7.65}$$

folgt.

Der zweite Sonderfall (ii) tritt immer dann ein, wenn der Sender und der Empfänger ruhen. In diesem Fall verschwindet der Dopplereffekt, und aus den deterministischen komplexen Gaußprozessen $\tilde{\mu}_\ell(t)$ werden konstante komplexe Zahlen $\tilde{\mu}_\ell$ und zwar für alle diskreten Pfade $\ell = 0, 1, \ldots, \mathcal{L} - 1$. Aus (7.55) folgt dann die Impulsantwort eines zeitinvarianten nichtrekursiven Filters mit $\mathcal{L}$ komplexen Koeffizienten

$$\tilde{h}(\tau') = \sum_{\ell=0}^{\mathcal{L}-1} a_\ell \, \delta(\tau' - \tilde{\tau}'_\ell), \tag{7.66}$$

wobei $a_\ell := \tilde{a}_\ell \, \tilde{\mu}_\ell$ für $\ell = 0, 1, \ldots, \mathcal{L} - 1$.

Wir kehren nun zum allgemeinen Fall zurück und definieren in Analogie zu (7.13) die zeitvariante Übertragungsfunktion $\tilde{H}(f', t)$ durch die Fouriertransformierte der zeitvarianten deterministischen Impulsantwort $\tilde{h}(\tau', t)$ bezüglich der Verzögerung τ', d. h., es gilt $\tilde{h}(\tau', t) \; \circ\!\!-\!\!\overset{\tau' \; f'}{-\!\!-\!\!-}\!\!\bullet \; \tilde{H}(f', t)$. Wenn wir nun in (7.13) die Impulsantwort $h(\tau', t)$ durch die deterministische Impulsantwort $\tilde{h}(\tau', t)$ gemäß (7.55) ersetzen, dann können wir leicht eine geschlossene Lösung für die *zeitvariante Übertragungsfunktion $\tilde{H}(f', t)$ von DGUS-Modellen* in der Form

$$\tilde{H}(f', t) = \sum_{\ell=0}^{\mathcal{L}-1} \tilde{a}_\ell \, \tilde{\mu}_\ell(t) \, e^{-j 2\pi f' \tilde{\tau}'_\ell} \tag{7.67}$$

angeben. Es ist klar, dass $\tilde{H}(f', t)$ deterministisch sein muss, denn die Fouriertransformierte einer deterministischen Funktion ergibt wieder eine deterministische Funktion. Bei der Beschreibung des Eingangs-Ausgangsverhaltens von DGUS-Modellen können wir auf (7.14) zurückgreifen, wobei natürlich in (7.14) die zeitvariante Übertragungsfunktion $H(f', t)$ durch $\tilde{H}(f', t)$ ersetzt werden muss. Außerdem kann (7.62) aus (7.14) abgeleitet werden. Dazu muss man wieder in der zuletzt genannten Gleichung $H(f', t)$ durch $\tilde{H}(f', t)$ gemäß (7.67) ersetzen.

Einen Einblick in die Phänomene des Dopplereffektes erhalten wir durch die dopplervariante Impulsantwort $\tilde{s}(\tau', f)$. Diese ist definiert durch die Fouriertransformierte von $\tilde{h}(\tau', t)$ bezüglich der Zeitvariable t, d. h. $\tilde{h}(\tau', t) \; \circ\!\!-\!\!\overset{t \; f}{-\!\!-\!\!-}\!\!\bullet \; \tilde{s}(\tau', f)$. Unter Verwendung des Ausdrucks (7.55) erhalten wir folgende geschlossene Lösung für die *dopplervariante Impulsantwort $\tilde{s}(\tau', f)$ von DGUS-Modellen*:

$$\tilde{s}(\tau', f) = \sum_{\ell=0}^{\mathcal{L}-1} \tilde{a}_\ell \, \tilde{\Xi}_\ell(f) \, \delta(\tau' - \tilde{\tau}'_\ell), \tag{7.68}$$

wobei $\tilde{\Xi}_\ell(f)$ die Fouriertransformierte von $\tilde{\mu}_\ell(t)$ bezeichnet, d. h.

$$\tilde{\Xi}_\ell(f) = \tilde{\Xi}_{1,\ell}(f) + j\tilde{\Xi}_{2,\ell}(f)\,, \quad \ell = 0, 1, \ldots, \mathcal{L} - 1\,, \tag{7.69a}$$

$$\tilde{\Xi}_{i,\ell}(f) = \sum_{n=1}^{N_{i,\ell}} \frac{c_{i,n,\ell}}{2} \left[\delta(f - f_{i,n,\ell})\, e^{j\theta_{i,n,\ell}} + \delta(f + f_{i,n,\ell})\, e^{-j\theta_{i,n,\ell}} \right]\,, \quad i = 1, 2\,. \tag{7.69b}$$

Demnach ist $\tilde{s}(\tau', f)$ ein zweidimensionales Linienspektrum, wobei die Spektrallinien an den diskreten Stellen $(\tau', f) = (\tilde{\tau}'_\ell, \pm f_{i,n,\ell})$ auftreten und jeweils mit den komplexen Faktoren $\frac{1}{2}\tilde{a}_\ell c_{i,n,\ell} e^{\pm j\theta_{i,n,\ell}}$ gewichtet werden. Zur Beschreibung des Eingangs-Ausgangsverhaltens eignet sich in diesem Zusammenhang (7.19), wenn dort die dopplervariante Impulsantwort $s(\tau', f)$ durch $\tilde{s}(\tau', f)$ substituiert wird. Man beachte auch, dass (7.62) aus (7.19) folgt, wenn in die letzte Gleichung der Ausdruck (7.68) eingesetzt wird.

Schließlich betrachten wir noch die *dopplervariante Übertragungsfunktion* $\tilde{T}(f', f)$ *von DGUS-Modellen*, welche durch die zweidimensionale Fouriertransformierte der zeitvarianten deterministischen Impulsantwort $\tilde{h}(\tau', t)$ definiert ist, d. h. $\tilde{h}(\tau', t) \circ\!\!\xrightarrow{\tau',t \quad f',f}\!\!\bullet \tilde{T}(f', f)$. Wegen $\tilde{h}(\tau', t) \circ\!\!\xrightarrow{\tau' \quad f'}\!\!\bullet \tilde{H}(f', t)$ und $\tilde{h}(\tau', t) \circ\!\!\xrightarrow{t \quad f}\!\!\bullet \tilde{s}(\tau', f)$ bietet sich zur Berechnung eines Ausdrucks für $\tilde{T}(f', f)$ auch der Weg über die Transformation $\tilde{H}(f', t) \circ\!\!\xrightarrow{t \quad f}\!\!\bullet \tilde{T}(f', f)$ bzw. $\tilde{s}(\tau', f) \circ\!\!\xrightarrow{\tau' \quad f'}\!\!\bullet \tilde{T}(f', f)$ an. Für welchen Weg wir uns auch entscheiden, für die dopplervariante Übertragungsfunktion $\tilde{T}(f', f)$ des deterministischen Systems erhalten wir in jedem Fall den geschlossenen Ausdruck

$$\tilde{T}(f', f) = \sum_{\ell=0}^{\mathcal{L}-1} \tilde{a}_\ell \tilde{\Xi}_\ell(f)\, e^{-j2\pi f' \tilde{\tau}'_\ell}\,. \tag{7.70}$$

Zusammenfassend wollen wir festhalten, dass bei Kenntnis der Modellparameter $\{c_{i,n,\ell}\}$, $\{f_{i,n,\ell}\}$, $\{\theta_{i,n,\ell}\}$, $\{\tilde{a}_\ell\}$, $\{\tilde{\tau}'_\ell\}$, $\{N_{i,\ell}\}$ und $\mathcal{L}$ die vier Systemfunktionen $\tilde{h}(\tau', t)$, $\tilde{H}(f', t)$, $\tilde{s}(\tau', f)$ und $\tilde{T}(f', f)$ explizit berechnet werden können. Analog zu Bild 7.3 stehen hierbei die Systemfunktionen von deterministischen Kanalmodellen über die Fouriertransformation paarweise miteinander in Beziehung, was anschaulich im Bild 7.12 dargestellt ist.

7.4.2 Korrelationsfunktionen und Leistungsdichtespektren von DGUS-Modellen

Für die Korrelationsfunktionen und Leistungsdichtespektren von frequenzselektiven deterministischen Kanalmodellen bzw. von DGUS-Modellen gelten sinngemäß die gleichen Zusammenhänge wie für WSSUS-Modelle. Insbesondere lassen sich die Korrelationsfunktionen der vier Systemfunktionen $\tilde{h}(\tau', t)$, $\tilde{H}(f', t)$, $\tilde{s}(\tau', f)$ und $\tilde{T}(f', f)$ des deterministischen Systems durch folgende Beziehungen darstellen:

$$\tilde{r}_{hh}(\tau'_1, \tau'_2; t, t + \tau) = \delta(\tau'_2 - \tau'_1)\, \tilde{S}_{hh}(\tau'_1, \tau)\,, \tag{7.71a}$$

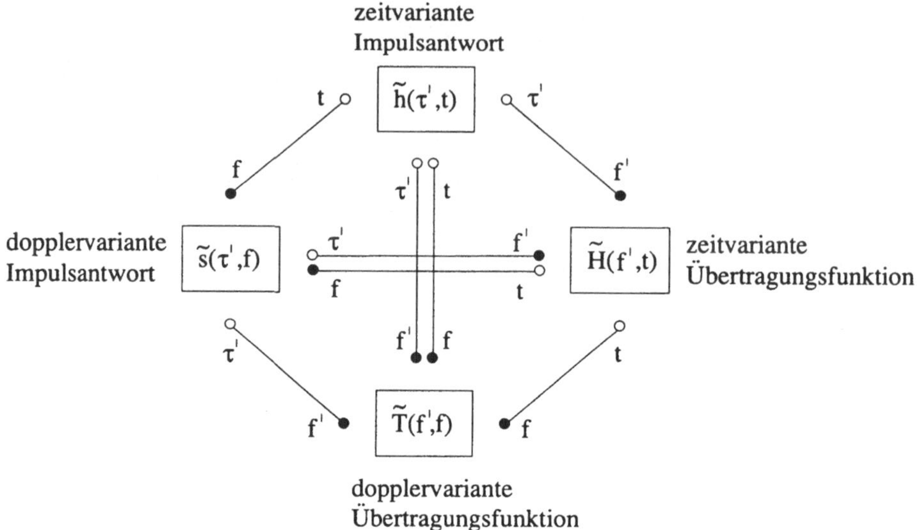

Bild 7.12:　Zusammenhänge zwischen den Systemfunktionen von frequenzselektiven deterministischen Kanalmodellen.

$$\tilde{r}_{HH}(f', f' + v'; t, t + \tau) \;=\; \tilde{r}_{HH}(v', \tau)\,, \tag{7.71b}$$

$$\tilde{r}_{ss}(\tau_1', \tau_2'; f_1, f_2) \;=\; \delta(f_2 - f_1)\,\delta(\tau_2' - \tau_1')\,\tilde{S}(\tau_1', f_1)\,, \tag{7.71c}$$

$$\tilde{r}_{TT}(f', f' + v'; f_1, f_2) \;=\; \delta(f_2 - f_1)\,\tilde{S}_{TT}(v', f_1)\,. \tag{7.71d}$$

In diesen Gleichungen kennzeichnen $\tilde{S}_{hh}(\tau_1', \tau)$ das Verzögerungs-Kreuzleistungsdichtespektrum, $\tilde{r}_{HH}(v', \tau)$ die Zeit-Frequenz-Korrelationsfunktion, $\tilde{S}(\tau_1', f_1)$ die Streufunktion und $\tilde{S}_{TT}(v', f_1)$ das Doppler-Kreuzleistungsdichtespektrum des deterministischen Systems. Je zwei dieser Größen bilden ein Fouriertransformationspaar und zwar in der gleichen Weise, wie dies bei dem WSSUS-Modell der Fall ist. In Analogie zu Bild 7.5 gelten deshalb für frequenzselektive deterministische Kanalmodelle die im Bild 7.13 dargestellten Zusammenhänge. Zur Vereinfachung der Schreibweise wurden in diesem Bild wie zuvor f_1 durch f und τ_1 durch τ ersetzt.

Die Interpretation von $\tilde{h}(\tau', t)$ als zeitvariante deterministische Funktion verschafft uns die Möglichkeit, für die Korrelationsfunktionen (7.71a)–(7.71d) und damit natürlich auch für die im Bild 7.13 dargestellten Größen einfache geschlossene Lösungen herzuleiten, mit denen die statistischen Eigenschaften des Kanalmodells analytisch untersucht werden können. Mit dieser Aufgabe werden wir uns im Folgenden befassen.

Dazu definieren wir zunächst die Autokorrelationsfunktion der zeitvarianten deterministischen Impulsantwort $\tilde{h}(\tau', t)$ wie folgt

$$\tilde{r}_{hh}(\tau_1', \tau_2'; t, t + \tau) := \lim_{T \to \infty} \frac{1}{2T} \int_{-T}^{T} \tilde{h}^*(\tau_1', t)\,\tilde{h}(\tau_2', t + \tau)\,dt\,. \tag{7.72}$$

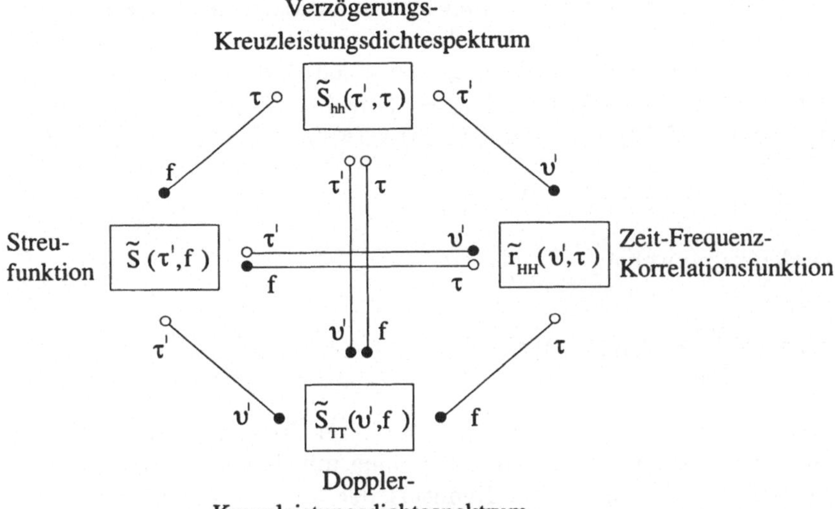

Bild 7.13: Zusammenhänge zwischen Verzögerungs-Kreuzleistungsdichtespektrum $\tilde{S}_{hh}(\tau',\tau)$, Zeit-Frequenz-Korrelationsfunktion $\tilde{r}_{HH}(v',\tau)$, Streufunktion $\tilde{S}(\tau',f)$ und Doppler-Kreuzleistungsdichtespektrum $\tilde{S}_{TT}(v',f)$ bei DGUS-Modellen.

Die hier durchzuführende zeitliche Mittelung steht im Gegensatz zu (7.23a), wo die Berechnung der Autokorrelationsfunktion der stochastischen Impulsantwort $h(\tau',t)$ über die Bildung des statistischen Erwartungswertes erfolgt. In die obige Gleichung setzen wir für $\tilde{h}(\tau',t)$ den Ausdruck (7.55) ein und erhalten

$$
\begin{aligned}
\tilde{r}_{hh}(\tau_1',\tau_2';t,t+\tau) &= \lim_{T\to\infty}\frac{1}{2T}\int_{-T}^{T}\left[\sum_{\ell=0}^{\mathcal{L}-1}\tilde{a}_\ell\,\tilde{\mu}_\ell^*(t)\,\delta(\tau_1'-\tilde{\tau}_\ell')\right] \\
&\qquad\left[\sum_{\lambda=0}^{\mathcal{L}-1}\tilde{a}_\lambda\,\tilde{\mu}_\lambda(t+\tau)\,\delta(\tau_2'-\tilde{\tau}_\lambda')\right]\,dt \\
&= \lim_{T\to\infty}\sum_{\ell=0}^{\mathcal{L}-1}\sum_{\lambda=0}^{\mathcal{L}-1}\tilde{a}_\ell\,\tilde{a}_\lambda\,\delta(\tau_1'-\tilde{\tau}_\ell')\,\delta(\tau_2'-\tilde{\tau}_\lambda') \\
&\qquad\cdot\frac{1}{2T}\int_{-T}^{T}\tilde{\mu}_\ell^*(t)\,\tilde{\mu}_\lambda(t+\tau)\,dt\,.
\end{aligned}
\tag{7.73}
$$

Unter Verwendung von (7.58) folgt hieraus

$$
\tilde{r}_{hh}(\tau_1',\tau_2';t,t+\tau) = \sum_{\ell=0}^{\mathcal{L}-1}\tilde{a}_\ell^2\,\tilde{r}_{\mu_\ell\mu_\ell}(\tau)\,\delta(\tau_1'-\tilde{\tau}_\ell')\,\delta(\tau_2'-\tilde{\tau}_\ell')\,.
\tag{7.74}
$$

Im Allgemeinen ist das Produkt von zwei Deltafunktionen nicht definiert. Die erste in (7.74) auftretende Deltafunktion ist jedoch von der Variable τ_1' abhängig, die zweite von τ_2'. Da τ_1' und τ_2' voneinander unabhängige Variablen sind, bereitet die Produktbildung keine Schwierigkeiten. Außerdem ist $\delta(\tau_1' - \tilde{\tau}_\ell')\,\delta(\tau_2' - \tilde{\tau}_\ell')$ gleichbedeutend mit $\delta(\tau_1' - \tilde{\tau}_\ell')\,\delta(\tau_2' - \tilde{\tau}_1')$, so dass (7.74) auf die mit (7.33) verwandte Form

$$\tilde{r}_{hh}(\tau_1', \tau_2'; t, t+\tau) = \delta(\tau_2' - \tilde{\tau}_1')\,\tilde{S}_{hh}(\tau_1', \tau) \tag{7.75}$$

gebracht werden kann, wobei

$$\tilde{S}_{hh}(\tau', \tau) = \sum_{\ell=0}^{\mathcal{L}-1} \tilde{a}_\ell^2\,\tilde{r}_{\mu_\ell\mu_\ell}(\tau)\,\delta(\tau' - \tilde{\tau}_\ell') \tag{7.76}$$

das *Verzögerungs-Kreuzleistungsdichtespektrum* von frequenzselektiven deterministischen Kanalmodellen kennzeichnet. In Verbindung mit den Autokorrelationsfunktionen (7.59a) und (7.59b) kann dieses bei Kenntnis der Modellparameter $\{c_{i,n,\ell}\}$, $\{f_{i,n,\ell}\}$, $\{\tilde{a}_\ell\}$, $\{\tilde{\tau}_\ell'\}$, $\{N_{i,\ell}\}$ und $\mathcal{L}$ explizit berechnet werden.

Die Fouriertransformierte des Verzögerungs-Kreuzleistungsdichtespektrums $\tilde{S}_{hh}(\tau', \tau)$ bezüglich der Verzögerung τ' ergibt die *Zeit-Frequenz-Korrelationsfunktion*

$$\tilde{r}_{HH}(v', \tau) = \sum_{\ell=0}^{\mathcal{L}-1} \tilde{a}_\ell^2\,\tilde{r}_{\mu_\ell\mu_\ell}(\tau)\,e^{-j2\pi v'\tilde{\tau}_\ell'} \tag{7.77}$$

des deterministischen Systems.

Vorzugsweise greifen wir auch auf das Verzögerungs-Kreuzleistungsdichtespektrum $\tilde{S}_{hh}(\tau', \tau)$ zurück, um damit einen analytischen Ausdruck für die Streufunktion zu berechnen. Denn die Fouriertransformierte von (7.76) bezüglich τ führt unmittelbar auf den Ausdruck

$$\tilde{S}(\tau', f) = \sum_{\ell=0}^{\mathcal{L}-1} \tilde{a}_\ell^2\,\tilde{S}_{\mu_\ell\mu_\ell}(f)\,\delta(\tau' - \tilde{\tau}_\ell')\,, \tag{7.78}$$

der die *Streufunktion* von frequenzselektiven deterministischen Kanalmodellen beschreibt. In dieser Gleichung bedeutet

$$\tilde{S}_{\mu_\ell\mu_\ell}(f) = \sum_{i=1}^{2} \sum_{n=1}^{N_{i,\ell}} \frac{c_{i,n,\ell}^2}{4}\,[\delta(f - f_{i,n,\ell}) + \delta(f + f_{i,n,\ell})]\,, \quad \ell = 0, 1, \ldots, \mathcal{L}-1\,, \tag{7.79}$$

das Dopplerleistungsdichtespektrum der ℓ-ten Streukomponente, welches durch die Fouriertransformierte der Autokorrelationsfunktion (7.59a) definiert ist. Nun wird deutlich, dass die Streufunktion $\tilde{S}(\tau', f)$ von deterministischen Kanalmodellen durch endliche Summen von gewichteten Deltafunktionen darstellbar ist. Die Deltafunktionen treten dabei in der zweidimensionalen (τ', f)-Ebene an den Stellen $(\tilde{\tau}_\ell', \pm f_{i,n,\ell})$ auf und werden jeweils mit dem konstanten Faktor $(\tilde{a}_\ell c_{i,n,\ell})^2/4$ gewichtet. Ohne Einschränkung der Allgemeinheit setzen wir im Folgenden voraus, dass die Streufunktion $\tilde{S}(\tau', f)$ so normiert ist, dass die Fläche unter $\tilde{S}(\tau', f)$ gleich eins ist, d. h., es soll gelten

$$\int_{-\infty}^{\infty} \int_{0}^{\infty} \tilde{S}(\tau', f)\, d\tau'\, df = 1\,. \tag{7.80}$$

Damit (7.80) in der Tat erfüllt ist, müssen die Dopplerkoeffizienten $c_{i,n,\ell}$ und die Verzögerungskoeffizienten $\tilde{a}_\ell$ die Randbedingungen

$$\sum_{n=1}^{N_{i,\ell}} c_{i,n,\ell}^2 = 1 \quad \text{und} \quad \sum_{\ell=0}^{\mathcal{L}-1} \tilde{a}_\ell^2 = 1 \tag{7.81a,b}$$

erfüllen.

Schließlich berechnen wir noch die Fouriertransformierte der Streufunktion $\tilde{S}(\tau', f)$ bezüglich τ' und erhalten so das *Doppler-Kreuzleistungsdichtespektrum*

$$\tilde{S}_{TT}(v', f) = \sum_{\ell=0}^{\mathcal{L}-1} \tilde{a}_\ell^2\, \tilde{S}_{\mu_\ell \mu_\ell}(f)\, e^{-j2\pi v' \tilde{\tau}_\ell'} \tag{7.82}$$

von frequenzselektiven deterministischen Kanalmodellen. Wir können uns leicht davon überzeugen, dass man das Doppler-Kreuzleistungsdichtespektrum $\tilde{S}_{TT}(v', f)$ auch dann in der Form (7.82) erhält, wenn man den alternativen Weg über die Fouriertransformierte der Zeit-Frequenz-Korrelationsfunktion $\tilde{r}_{HH}(v', \tau)$ bezüglich τ einschlägt, wobei für $\tilde{r}_{HH}(v', \tau)$ in diesem Fall die Beziehung (7.77) verwendet werden muss.

Damit ist gezeigt, dass bei Kenntnis der relevanten Modellparameter $\{c_{i,n,\ell}\}$, $\{f_{i,n,\ell}\}$, $\{\tilde{a}_\ell\}$, $\{\tilde{\tau}_\ell'\}$, $\{N_{i,\ell}\}$ und $\mathcal{L}$ die vier das deterministische System charakterisierenden Größen $\tilde{S}_{hh}(\tau', \tau)$, $\tilde{r}_{HH}(v', \tau)$, $\tilde{S}(\tau, f)$ und $\tilde{S}_{TT}(v', f)$ analytisch berechnet werden können.

7.4.3 Verzögerungsleistungsdichtespektrum, Dopplerleistungsdichtespektrum und Kenngrößen von DGUS-Modellen

In diesem Unterabschnitt werden für die grundlegenden charakteristischen Größen von DGUS-Modellen wie Verzögerungsleistungsdichtespektrum, Dopplerleistungsdichtespektrum und Mehrwegeverbreiterung einfache geschlossene Lösungen hergeleitet. Dazu diskutieren wir die im Unterabschnitt 7.3.2.3 für stochastische Modelle (WSSUS-Modelle) eingeführten Begriffe jetzt für deterministische Systeme.

Verzögerungsleistungsdichtespektrum: Sei $\tilde{S}(\tau', f)$ die Streufunktion eines deterministischen Kanalmodells, dann ist analog zu (7.38) das zugehörige *Verzögerungsleistungsdichtespektrum* $\tilde{S}_{\tau'\tau'}(\tau')$ definiert durch

$$\tilde{S}_{\tau'\tau'}(\tau') := \tilde{S}_{hh}(\tau', 0) = \int_{-\infty}^{\infty} \tilde{S}(\tau', f)\, df\,, \tag{7.83}$$

woraus nach dem Einsetzen von (7.78) und unter Berücksichtigung der Randbedingung (7.81a) folgt

$$\tilde{S}_{\tau'\tau'}(\tau') = \sum_{\ell=0}^{\mathcal{L}-1} \tilde{a}_\ell^2 \, \delta(\tau' - \tilde{\tau}_\ell') \,. \tag{7.84}$$

Das Verzögerungsleistungsdichtespektrum $\tilde{S}_{\tau'\tau'}(\tau')$ ist also ein Linienspektrum, wobei die Spektrallinien an den diskreten Stellen $\tau' = \tilde{\tau}_\ell'$ auftreten und jeweils mit dem Faktor $\tilde{a}_\ell^2$ gewichtet werden. Folglich ist das Verhalten von $\tilde{S}_{\tau'\tau'}(\tau')$ vollständig durch die Modellparameter $\tilde{a}_\ell$, $\tilde{\tau}_\ell'$ und $\mathcal{L}$ bestimmt. Es sei darauf hingewiesen, dass die Fläche unter dem Verzögerungsleistungsdichtespektrum $\tilde{S}_{\tau'\tau'}(\tau')$ wegen (7.81b) gleich eins ist, d. h. $\int_0^\infty \tilde{S}_{\tau'\tau'}(\tau') \, d\tau' = 1$.

Mittlere Verzögerung: Sei $\tilde{S}_{\tau'\tau'}(\tau')$ das Verzögerungsleistungsdichtespektrum eines deterministischen Kanalmodells, dann wird das erste Moment von $\tilde{S}_{\tau'\tau'}(\tau')$ *mittlere Verzögerung* $\tilde{B}_{\tau'\tau'}^{(1)}$ genannt. Es gilt also analog zu (7.39) die Definition

$$\tilde{B}_{\tau'\tau'}^{(1)} := \frac{\int_{-\infty}^{\infty} \tau' \, \tilde{S}_{\tau'\tau'}(\tau') \, d\tau'}{\int_{-\infty}^{\infty} \tilde{S}_{\tau'\tau'}(\tau') \, d\tau'} \,. \tag{7.85}$$

Setzen wir nun in diese Beziehung für $\tilde{S}_{\tau'\tau'}(\tau')$ die rechte Seite von (7.84) ein, dann gelingt es, unter Berücksichtigung der Randbedingung (7.81b) die mittlere Verzögerung $\tilde{B}_{\tau'\tau'}^{(1)}$ explizit durch

$$\tilde{B}_{\tau'\tau'}^{(1)} = \sum_{\ell=0}^{\mathcal{L}-1} \tilde{\tau}_\ell' \, \tilde{a}_\ell^2 \tag{7.86}$$

auszudrücken.

Mehrwegeverbreiterung: Die Wurzel aus dem zweiten Zentralmoment von $\tilde{S}_{\tau'\tau'}(\tau')$ heißt *Mehrwegeverbreiterung* $\tilde{B}_{\tau'\tau'}^{(2)}$, welche analog zu (7.40) durch

$$\tilde{B}_{\tau'\tau'}^{(2)} := \sqrt{\frac{\int_{-\infty}^{\infty} \left(\tau' - \tilde{B}_{\tau'\tau'}^{(1)}\right)^2 \tilde{S}_{\tau'\tau'}(\tau') \, d\tau'}{\int_{-\infty}^{\infty} \tilde{S}_{\tau'\tau'}(\tau') \, d\tau'}} \tag{7.87}$$

definiert ist. Daraus lässt sich mit (7.84) und (7.81b) der geschlossene Ausdruck

$$\tilde{B}_{\tau'\tau'}^{(2)} = \sqrt{\sum_{\ell=0}^{\mathcal{L}-1} (\tilde{\tau}_\ell' \, \tilde{a}_\ell)^2 - \left(\tilde{B}_{\tau'\tau'}^{(1)}\right)^2} \tag{7.88}$$

gewinnen, wobei $\tilde{B}_{\tau'\tau'}^{(1)}$ die mittlere Verzögerung gemäß (7.86) ist.

Dopplerleistungsdichtespektrum: Sei $\tilde{S}(\tau', f)$ die Streufunktion eines deterministischen Kanalmodells, dann kann daraus – analog zu (7.42) – das zugehörige *Dopplerleistungsdichtespektrum* $\tilde{S}_{\mu\mu}(f)$ über den Zusammenhang

$$\tilde{S}_{\mu\mu}(f) := \tilde{S}_{TT}(0, f) = \int_{-\infty}^{\infty} \tilde{S}(\tau', f)\, d\tau' \tag{7.89}$$

berechnet werden. Mit der durch (7.78) gegebenen Streufunktion $\tilde{S}(\tau', f)$ können wir nun für das Dopplerleistungsdichtespektrum $\tilde{S}_{\mu\mu}(f)$ des deterministischen Systems die geschlossene Lösung

$$\tilde{S}_{\mu\mu}(f) = \sum_{\ell=0}^{\mathcal{L}-1} \tilde{a}_\ell^2 \tilde{S}_{\mu_\ell \mu_\ell}(f) \tag{7.90}$$

angeben, wobei $\tilde{S}_{\mu_\ell \mu_\ell}(f)$ das durch (7.79) festgelegte Dopplerleistungsdichtespektrum der ℓ-ten Streukomponente ist. Das Dopplerleistungsdichtespektrum $\tilde{S}_{\mu\mu}(f)$ von deterministischen frequenzselektiven Kanalmodellen ist demnach gegeben durch die Überlagerung sämtlicher Dopplerleistungsdichtespektren der Streukomponenten, wobei diese im Einzelnen noch mit den Quadraten der zugehörigen Verzögerungskoeffizienten zu gewichten sind. Das Quadrat der Verzögerungskoeffizienten $\tilde{a}_\ell^2$ repräsentiert hierbei die *Pfadleistung*, welche ein Maß für die mittlere Leistung der ℓ-ten Streukomponente ist.

Aus dem Dopplerleistungsdichtespektrum $\tilde{S}_{\mu\mu}(f)$ bzw. $\tilde{S}_{\mu_\ell \mu_\ell}(f)$ können die *mittlere Dopplerverschiebung* und *Dopplerverbreiterung* berechnet werden. Die Definition, Herleitung und Diskussion dieser Kenngrößen erfolgte bereits im Abschnitt 4.2. Auf eine Wiederholung der dort erhaltenen Ergebnisse soll an dieser Stelle verzichtet werden.

Frequenz-Korrelationsfunktion: Sei $\tilde{r}_{HH}(v', \tau)$ die Zeit-Frequenz-Korrelationsfunktion eines deterministischen Kanalmodells, dann heißt die Funktion $\tilde{r}_{HH}(v', \tau)$ an der Stelle $\tau = t_2 - t_1 = 0$ *Frequenz-Korrelationsfunktion* $\tilde{r}_{HH}(v', 0)$, und es gelten in Analogie zu (7.44) die Zusammenhänge

$$\begin{aligned}
\tilde{r}_{HH}(v', 0) &= \int_{-\infty}^{\infty} \int_{-\infty}^{\infty} \tilde{S}(\tau', f)\, e^{-j2\pi v' \tau'}\, d\tau'\, df \\
&= \int_{-\infty}^{\infty} \tilde{S}_{\tau' \tau'}(\tau')\, e^{-j2\pi v' \tau'}\, d\tau'\,.
\end{aligned} \tag{7.91}$$

Einen expliziten Ausdruck für die Frequenz-Korrelationsfunktion $\tilde{r}_{HH}(v', 0)$ erhält man auf einfache Weise dadurch, dass in (7.77) $\tau = 0$ gesetzt wird. Unter Beachtung der Randbedingung (7.81a), die zur Folge hat, dass $\tilde{r}_{\mu_\ell \mu_\ell}(0) = 1$ für alle $l = 0, 1, \ldots, \mathcal{L} - 1$ gilt, erhalten wir dann

$$\tilde{r}_{HH}(v', 0) = \sum_{\ell=0}^{\mathcal{L}-1} \tilde{a}_\ell^2\, e^{-j2\pi v' \tilde{\tau}_\ell'}\,. \tag{7.92}$$

Kohärenzbandbreite: Sei $\tilde{r}_{HH}(v',0)$ die durch (7.92) gegebene Frequenz-Korrelationsfunktion, dann wird die Frequenzspanne $v' = \tilde{B}_K$, für die gilt

$$|\tilde{r}_{HH}(\tilde{B}_K,0)| = \frac{1}{2}|\tilde{r}_{HH}(0,0)|\,, \tag{7.93}$$

Kohärenzbandbreite von deterministischen Kanalmodellen genannt. Mit (7.92) und unter Beachtung der Randbedingung (7.81b) erhalten wir die transzendente Gleichung

$$\left|\sum_{\ell=0}^{\mathcal{L}-1} \tilde{a}_\ell^2\, e^{-j2\pi \tilde{B}_K \tau_\ell'}\right| - \frac{1}{2} = 0\,, \tag{7.94}$$

deren Lösung die Kohärenzbandbreite $\tilde{B}_K$ ergibt. Von einfachen Sonderfällen abgesehen, muss (7.94) im Allgemeinen mit einem numerischen Nullstellensuchverfahren gelöst werden.

Zeit-Korrelationsfunktion: Sei $\tilde{r}_{HH}(v',\tau)$ die Zeit-Frequenz-Korrelationsfunktion eines deterministischen Kanalmodells, dann heißt die Funktion $\tilde{r}_{HH}(v',\tau)$ an der Stelle $v' = f_2' - f_1' = 0$ *Zeit-Korrelationsfunktion* $\tilde{r}_{HH}(0,\tau)$, und es gelten in Analogie zu (7.50) die Zusammenhänge

$$
\begin{aligned}
\tilde{r}_{HH}(0,\tau) &= \int_{-\infty}^{\infty}\int_{-\infty}^{\infty} \tilde{S}(\tau',f)\, e^{j2\pi f\tau}\, d\tau'\, df \\
&= \int_{-\infty}^{\infty} \tilde{S}_{\mu\mu}(f)\, e^{j2\pi f\tau}\, df\,.
\end{aligned} \tag{7.95}
$$

Wir betrachten (7.77) an der Stelle $v' = 0$ und erhalten so

$$\tilde{r}_{HH}(0,\tau) = \sum_{\ell=0}^{\mathcal{L}-1} \tilde{a}_\ell^2\, \tilde{r}_{\mu_\ell\mu_\ell}(\tau)\,. \tag{7.96}$$

Korrelationsdauer: Sei $\tilde{r}_{HH}(0,\tau)$ die durch (7.96) gegebene Zeit-Korrelationsfunktion, dann heißt das Zeitintervall $\tau = \tilde{T}_K$, für das gilt

$$|\tilde{r}_{HH}(0,\tilde{T}_K)| = \frac{1}{2}|\tilde{r}_{HH}(0,0)|\,, \tag{7.97}$$

Korrelationsdauer von deterministischen Kanalmodellen. Einsetzen von (7.96) in (7.97) ergibt in Verbindung mit (7.59a) und (7.59b) die transzendente Gleichung

$$\left|\sum_{i=1}^{2}\sum_{\ell=0}^{\mathcal{L}-1}\sum_{n=1}^{N_{i,\ell}} \frac{(\tilde{a}_\ell c_{i,n,\ell})^2}{2}\cos(2\pi f_{i,n,\ell}\tilde{T}_K)\right| - \frac{1}{2} = 0\,, \tag{7.98}$$

woraus die Korrelationsdauer $\tilde{T}_K$ mittels eines numerischen Nullstellensuchverfahrens bestimmt werden kann.

Zur Erleichterung der Übersicht sind im Bild 7.14 die zuvor hergeleiteten Zusammenhänge zwischen den Korrelationsfunktionen und Leistungsdichtespektren sowie die daraus ableitbaren charakteristischen Kenngrößen von frequenzselektiven deterministischen Kanalmodellen dargestellt.

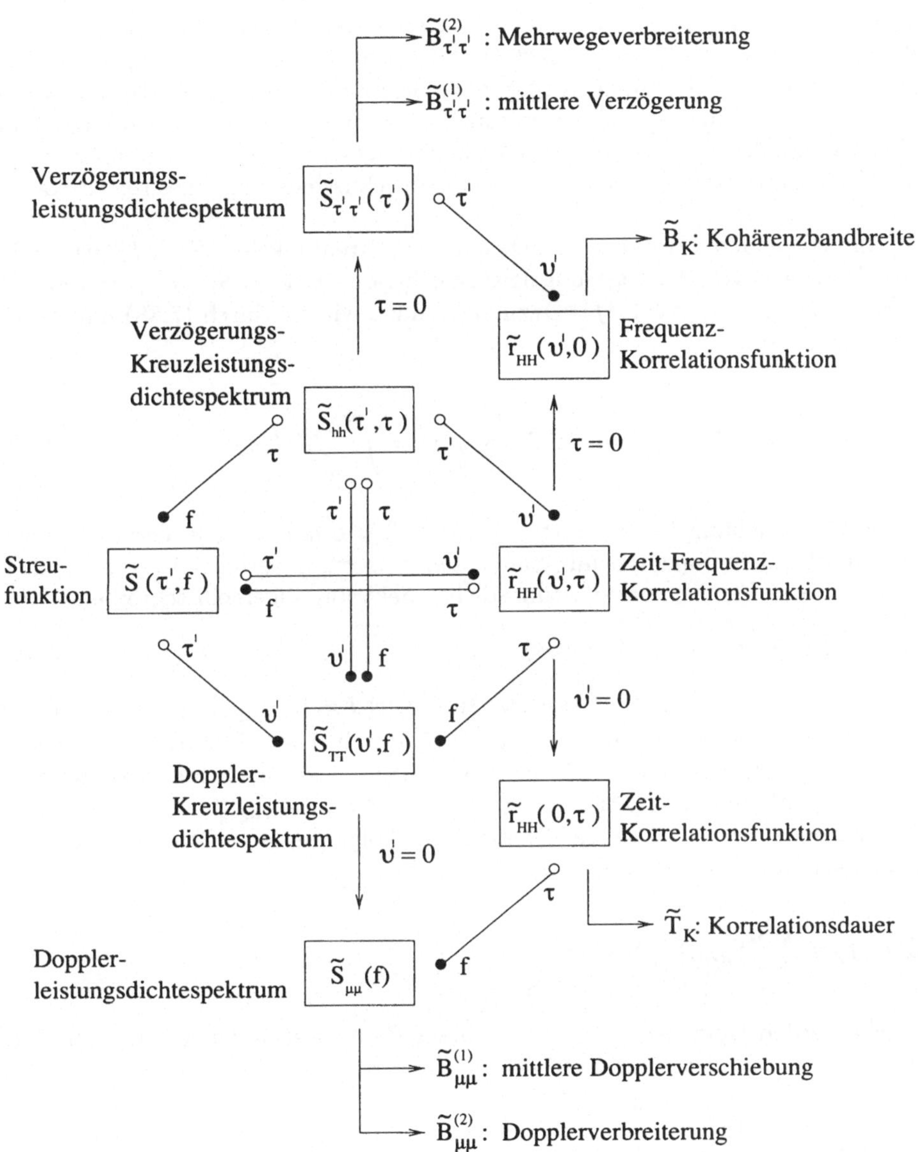

Bild 7.14: Zusammenhänge zwischen Korrelationsfunktionen, Leistungsdichtespektren und Kenngrößen bei DGUS-Modellen.

7.4.4　Bestimmung der Modellparameter von DGUS-Modellen

In diesem Unterabschnitt befassen wir uns mit der Bestimmung der Modellparameter $\tilde{\tau}_\ell'$, $\tilde{a}_\ell$, $f_{i,n,\ell}$, $c_{i,n\ell}$ und $\theta_{i,n,\ell}$ des im Bild 7.11 gezeigten deterministischen Simulationsmodells bzw. des durch (7.55) festgelegten DGUS-Modells. Ausgangspunkt des hier beschriebenen Verfahrens ist eine vorgegebene Streufunktion $S(\tau',f)$. Da das Verfahren allgemein gültig ist, kann $S(\tau',f)$ beispielsweise eine beliebig spezifizierte Streufunktion sein. Genauso gut kann die Methode aber auch angewendet werden, wenn $S(\tau',f)$ das Ergebnis der Auswertung einer einzelnen Schnappschussmessung eines realen Kanals ist.

Aus der im Folgenden als gegeben betrachteten Streufunktion $S(\tau',f)$ ermitteln wir zunächst das zugehörige Verzögerungsleistungsdichtespektrum $S_{\tau'\tau'}(\tau')$ und das Dopplerleistungsdichtespektrum $S_{\mu\mu}(f)$. Dazu verwenden wir die durch (7.38) und (7.42) definierten Zusammenhänge

$$S_{\tau'\tau'}(\tau') = \int_{-\infty}^{\infty} S(\tau',f)\, df \quad \text{und} \quad S_{\mu\mu}(f) = \int_{-\infty}^{\infty} S(\tau',f)\, d\tau'\,. \tag{7.99a,b}$$

Die Kausalitätsbeziehung (7.12) führt auf $S_{\tau'\tau'}(\tau') = 0$ falls $\tau' < 0$. Ferner nehmen wir an, dass alle Streukomponenten mit Laufzeiten $\tau' > \tau'_{max}$ vernachlässigbar sind. Dann können wir für das Verzögerungsleistungsdichtespektrum allgemein schreiben

$$S_{\tau'\tau'}(\tau') = 0 \quad \text{für} \quad \tau' \notin I = [0, \tau'_{max}]\,. \tag{7.100}$$

Als Nächstes führen wir eine Partition des Intervalls $I = [0, \tau'_{max}]$ in eine Anzahl von $\mathcal{L}$ disjunkten Teilintervallen I_ℓ gemäß $I = \bigcup_{\ell=0}^{\mathcal{L}-1} I_\ell$ durch. Diese Partition erfolgt so, dass innerhalb eines jeden Teilintervalls I_ℓ das Verzögerungsleistungsdichtespektrum $S_{\tau'\tau'}(\tau')$ und das zu I_ℓ gehörende Dopplerleistungsdichtespektrum $S_{\mu_\ell\mu_\ell}(f)$ als unabhängig voneinander betrachtet werden können. Dies hat zur Folge, dass die Streufunktion $S(\tau',f)$ in Abhängigkeit von $S_{\tau'\tau'}(\tau')$ und $S_{\mu_\ell\mu_\ell}(f)$ durch

$$S(\tau',f) = \sum_{\ell=0}^{\mathcal{L}-1} S_{\mu_\ell\mu_\ell}(f)\, S_{\tau'\tau'}(\tau') \Bigg|_{\tau'\in I_\ell} \tag{7.101}$$

ausgedrückt werden kann. Ausgehend von dieser Form bestimmen wir nun die Modellparameter des deterministischen Systems.

Bestimmung der diskreten Verzögerungen und der Verzögerungskoeffizienten: Die diskreten Verzögerungen $\tilde{\tau}_\ell'$ sind ganzzahlige Vielfache des Abtastintervalls T_A', d. h.

$$\tilde{\tau}_\ell' = \ell \cdot T_A'\,, \quad \ell = 0, 1, \dots, \mathcal{L} - 1\,, \tag{7.102}$$

wobei die Anzahl der diskreten Pfade $\mathcal{L}$ mit unterschiedlichen Laufzeiten durch

$$\mathcal{L} = \left\lfloor \frac{\tau'_{max}}{T_A'} \right\rfloor + 1 \tag{7.103}$$

gegeben ist. Das Verhältnis τ'_{max}/T'_A bestimmt demnach die Anzahl der im Bild 7.11 auftretenden Verzögerungsglieder. Dabei gilt $\mathcal{L} \to \infty$ für $T'_A \to 0$.

Mit den durch (7.102) gegebenen diskreten Verzögerungen $\tilde{\tau}'_\ell$ und dem Abtastintervall T'_A lassen sich nun die zur Durchführung der Partition des Intervalls $I = [0, \tau'_{max}] = \bigcup_{\ell=0}^{\mathcal{L}-1} I_\ell$ erforderlichen Teilintervalle I_ℓ wie folgt definieren:

$$I_\ell := \begin{cases} [0, T'_A/2) & \text{für} \quad \ell = 0\,, \\ [\tilde{\tau}'_\ell - T'_A/2, \tilde{\tau}'_\ell + T'_A/2) & \text{für} \quad \ell = 1, 2, \ldots, \mathcal{L} - 2\,, \\ [\tilde{\tau}'_\ell - T'_A/2, \tau'_{max}] & \text{für} \quad \ell = \mathcal{L} - 1\,. \end{cases} \tag{7.104}$$

Als Nächstes fordern wir, dass die Flächen unter den Verzögerungsleistungsdichtespektren $S_{\tau'\tau'}(\tau')$ und $\tilde{S}_{\tau'\tau'}(\tau')$ über jedem Teilintervall I_ℓ identisch sein sollen, d. h., es soll für alle $\ell = 0, 1, \ldots, \mathcal{L} - 1$ gelten

$$\int_{\tau' \in I_\ell} S_{\tau'\tau'}(\tau')\, d\tau' = \int_{\tau' \in I_\ell} \tilde{S}_{\tau'\tau'}(\tau')\, d\tau'\,. \tag{7.105}$$

In die rechte Seite der obigen Gleichung setzen wir für $\tilde{S}_{\tau'\tau'}(\tau')$ den Ausdruck (7.84) ein, was nach Anwendung der Ausblendeigenschaft der Deltafunktion die Berechnung der Verzögerungskoeffizienten $\tilde{a}_\ell$ über folgende Bestimmungsgleichung ermöglicht

$$\tilde{a}_\ell = \sqrt{\int_{\tau' \in I_\ell} S_{\tau'\tau'}(\tau')\, d\tau'}\,, \quad \ell = 0, 1, \ldots, \mathcal{L} - 1\,, \tag{7.106}$$

wobei I_ℓ die durch (7.104) definierten Teilintervalle sind. Der Verzögerungskoeffizient $\tilde{a}_\ell$ des ℓ-ten Ausbreitungspfades wird demnach so bestimmt, dass dessen Quadrat genau mit der Pfadleistung, die der mittleren Verzögerungsleistung im Teilintervall I_ℓ entspricht, übereinstimmt.

Wir wollen noch den Grenzwert des Verzögerungsleistungsdichtespektrums $\tilde{S}_{\tau'\tau'}(\tau')$ für $\mathcal{L} \to \infty$ bzw. $T'_A \to 0$ betrachten. Dazu setzen wir (7.106) in (7.84) ein und erhalten [Pae95b]

$$\begin{aligned} \lim_{\substack{\mathcal{L} \to \infty \\ T'_A \to 0}} \tilde{S}_{\tau'\tau'}(\tau') &= \lim_{\substack{\mathcal{L} \to \infty \\ T'_A \to 0}} \sum_{\ell=0}^{\mathcal{L}-1} \left[\int_{\tau' \in I_\ell} S_{\tau'\tau'}(\tau')\, d\tau' \right] \delta(\tau' - \tilde{\tau}'_\ell) \\ &= \lim_{\mathcal{L} \to \infty} \sum_{\ell=0}^{\mathcal{L}-1} S_{\tau'\tau'}(\tilde{\tau}'_\ell)\, \delta(\tau' - \tilde{\tau}'_\ell)\, \Delta\tilde{\tau}'_\ell \\ &= \int_0^\infty S_{\tau'\tau'}(\tilde{\tau}'_\ell)\, \delta(\tau' - \tilde{\tau}'_\ell)\, d\tilde{\tau}'_\ell \\ &= S_{\tau'\tau'}(\tau')\,. \end{aligned} \tag{7.107}$$

Damit wird klar, dass $\tilde{S}_{\tau'\tau'}(\tau')$ gegen $S_{\tau'\tau'}(\tau')$ konvergiert, falls die Anzahl der diskreten Ausbreitungspfade $\mathcal{L}$ gegen unendlich geht. Folglich gilt dies auch sinngemäß für die mittlere Verzögerung $\tilde{B}^{(1)}_{\tau'\tau'}$ und Mehrwegeverbreiterung $\tilde{B}^{(2)}_{\tau'\tau'}$ des Simulationsmodells, d. h., wir erhalten $\tilde{B}^{(1)}_{\tau'\tau'} \to B^{(1)}_{\tau'\tau'}$ bzw. $\tilde{B}^{(2)}_{\tau'\tau'} \to B^{(2)}_{\tau'\tau'}$, falls $\mathcal{L} \to \infty$ ($T'_A \to 0$). Für $\mathcal{L} < \infty$ ($T'_A > 0$) müssen wir jedoch im Allgemeinen schreiben $\tilde{B}^{(1)}_{\tau'\tau'} \approx B^{(1)}_{\tau'\tau'}$ und $\tilde{B}^{(2)}_{\tau'\tau'} \approx B^{(2)}_{\tau'\tau'}$. Speziell für die im Bild 7.7 dargestellten Verzögerungsleistungsdichtespektren $S_{\tau'\tau'}(\tau')$ der Kanalmodelle nach COST 207 (siehe auch Tabelle 7.1) konvergiert $\tilde{B}^{(i)}_{\tau'\tau'}$ gegen $B^{(i)}_{\tau'\tau'}$ für $i = 1, 2$, wie dies in den Bildern 7.15(a)–7.15(d) dargestellt ist.

Bestimmung der diskreten Dopplerfrequenzen und der Dopplerkoeffizienten: Die diskreten Dopplerfrequenzen $f_{i,n,\ell}$ und Dopplerkoeffizienten $c_{i,n,\ell}$ lassen sich mit den im Abschnitt 5.1 beschriebenen Methoden bestimmen. Vorzugsweise verwenden wir neben der Methode der exakten Dopplerverbreiterung (MEDS) auch die L_p-Norm-Methode (LPNM). Das erstgenannte Verfahren bietet sich insbesondere im Zusammenhang mit dem Jakesleistungsdichtespektrum an. Dabei muss darauf geachtet werden, dass die komplexen deterministischen Gaußprozesse $\tilde{\mu}_\ell(t)$ so entworfen werden, dass $\tilde{\mu}_\ell(t)$ und $\tilde{\mu}_\lambda(t)$ für $\ell \neq \lambda$ ($\ell, \lambda = 0, 1, \ldots, \mathcal{L} - 1$) unkorreliert sind, was immer dann der Fall ist, wenn die diskreten Dopplerfrequenzen $f_{i,n,\ell}$ die Bedingung (7.57) erfüllen. Diese Bedingung wird bei Verwendung der MEDS immer dann erfüllt, wenn die Anzahl der harmonischen Funktionen $N_{i,\ell}$ so gewählt wird, dass gilt: $N_{i,\ell} \neq N_{j,\lambda}$ für alle $i, j = 1, 2$ und $\ell, \lambda = 0, 1, \ldots, \mathcal{L} - 1$. An diese Ungleichung, die eine Einschränkung des Verfahrens bedeutet, brauchen wir uns bei Verwendung der LPNM jedoch nicht zu halten, denn auch für $N_{i,\ell} = N_{j,\lambda}$ lassen sich problemlos disjunkte Mengen $\{f_{i,n,\ell}\}$ und $\{f_{j,m,\lambda}\}$ mit $\ell \neq \lambda$ finden, so dass die resultierenden deterministischen Prozesse $\tilde{\mu}_\ell(t)$ und $\tilde{\mu}_\lambda(t)$ für $\ell \neq \lambda$ unkorreliert sind. Es genügt hierzu, entweder die Minimierung der L_p-Norm (5.61) für unterschiedliche Parameter p durchzuführen, oder für jeden Koeffizientensatz $\{f_{i,n,\ell}\}$ einen anderen Wert für τ_{max} zu wählen. In der Regel führt dann die numerische Optimierung der Autokorrelationsfunktion $\tilde{r}_{\mu_{i,\ell}\mu_{i,\ell}}(\tau)$ [siehe (7.59b)] auf die gewünschte Eigenschaft

$$\{f_{i,n,\ell}\} \bigcap \{f_{j,m,\lambda}\} = \emptyset, \quad \text{falls} \quad \ell \neq \lambda, \tag{7.108}$$

für alle $i, j = 1, 2$, $n = 1, 2, \ldots, N_{i,\ell}$, $m = 1, 2, \ldots, N_{j,\lambda}$ und $\ell, \lambda = 0, 1, \ldots, \mathcal{L} - 1$.

Bestimmung der Dopplerphasen: In den Unterabschnitten 7.4.2 und 7.4.3 wurde deutlich gemacht, dass die Dopplerphasen $\theta_{i,n,\ell}$ keinen Einfluss auf die im Bild 7.14 dargestellten Größen haben. Daraus können wir schließen, dass die wesentlichen statistischen Eigenschaften von DGUS-Modellen unabhängig von der Wahl der Dopplerphasen $\theta_{i,n,\ell}$ sind. Die im Abschnitt 5.2 gemachten Aussagen behalten also auch im frequenzselektiven Fall ihre Gültigkeit bei. Wir können daher wieder annehmen, dass die Dopplerphasen $\theta_{i,n,\ell}$ Realisierungen einer über das Intervall $(0, 2\pi]$ gleichverteilten Zufallsvariable sind. Alternativ hierzu kann die Bestimmung von $\theta_{i,n,\ell}$ aber auch mit dem im Abschnitt 5.2 beschriebenen deterministischen Verfahren erfolgen. In beiden Fällen folgen zwar aus unterschiedlichen Stichproben (Mengen) $\{\theta_{i,n,\ell}\}$ stets unterschiedliche Realisierungen (Musterfunktionen) für die zeitvariante Impulsantwort $\tilde{h}(\tau', t)$, aber nichtsdestotrotz haben alle Impulsantworten die gleichen statistischen Eigenschaften. Mit anderen Worten: Jede Realisierung der Impulsantwort $\tilde{h}(\tau', t)$ enthält die gesamte statistische Information.

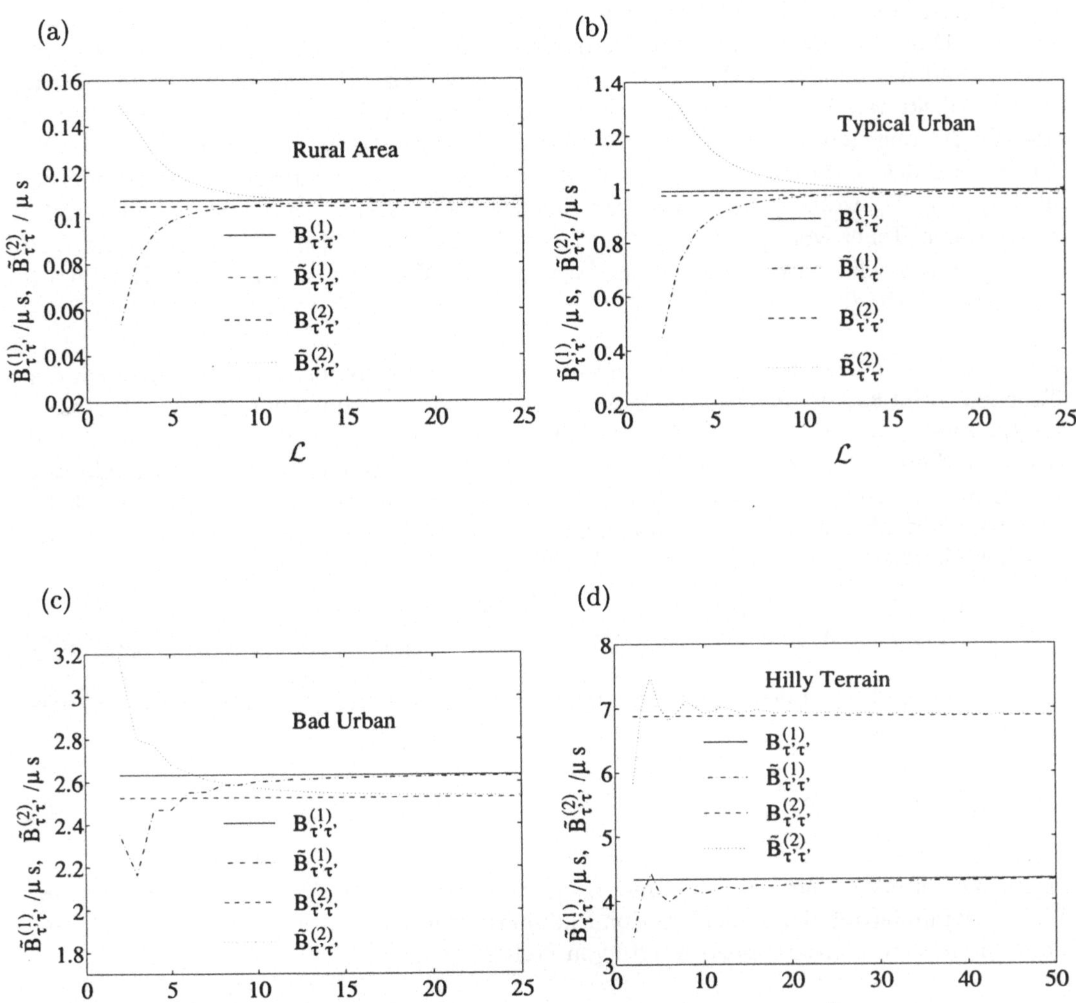

Bild 7.15: Mittlere Verzögerung $\tilde{B}_{\tau'\tau'}^{(1)}$ und Mehrwegeverbreiterung $\tilde{B}_{\tau'\tau'}^{(2)}$ der Verzögerungsleistungsdichtespektren nach COST 207 [COS89]: (a) Rural Area, (b) Typical Urban, (c) Bad Urban und (d) Hilly Terrain.

7.4.5 Deterministische Simulationsmodelle für die Kanalmodelle nach COST 207

Zum Schluss dieses Kapitels greifen wir noch einmal die Kanalmodelle nach COST 207 [COS89] auf, und zeigen, wie zu diesen geeignete Simulationsmodelle entwickelt werden können. Dazu beschränken wir uns auf die in der Tabelle 7.3 spezifizierten 4-Pfad- und 6-Pfad-Kanalmodelle (RA, TU, BU, HT). Da diese Modelle bezüglich τ' bereits in einer diskreten Form vorliegen, können die diskreten Verzögerungen $\tilde{\tau}'_\ell$ mit den in Tabelle 7.3 angegebenen Werten für τ'_ℓ direkt gleichgesetzt werden, d. h. $\tilde{\tau}'_\ell = \tau'_\ell$. Die Anpassung des Abtastintervalls T'_A an die diskreten Verzögerungen $\tilde{\tau}'_\ell$ erfolgt hierbei über $\tilde{\tau}'_\ell = q_\ell \cdot T'_A$, wobei q_ℓ eine ganze Zahl kennzeichnet, und T'_A in diesem Fall der größte gemeinsame Teiler von $\tau'_1, \tau'_2, \ldots, \tau'_{L-1}$ ist, d. h. $T'_A = \mathrm{ggT}\{\tau'_\ell\}_{\ell=1}^{L-1}$. Die zugehörigen Verzögerungskoeffizienten $\tilde{a}_\ell$ sind identisch mit der Wurzel aus der in der Tabelle 7.3 angegebenen Pfadleistung.

Die Vorgaben für die spektrale Leistungsdichte der Dopplerfrequenzen entnehmen wir der Tabelle 7.2. Im Fall des Jakesleistungsdichtespektrums bestimmen wir die Modellparameter $f_{i,n,\ell}$ und $c_{i,n,\ell}$ mit der im Unterabschnitt 5.1.5 beschriebenen L_p-Norm-Methode und beachten dabei, dass (7.108) erfüllt wird. Für die Gaußleistungsdichtespektren (Gauß 1 und Gauß 2) ist die dritte Variante der L_p-Norm-Methode (LPNM III) von Vorteil. Es sei dazu empfohlen, zunächst von einem Gaußprozess $\nu_{i,\ell}(t)$ mit einem ursprungssymmetrischen Gaußleistungsdichtespektrum der Form

$$S_{\nu_{i,\ell}\nu_{i,\ell}}(f) = A_{i,\ell}\, e^{-\frac{f^2}{2s_{i,\ell}^2}}, \quad i = 1, 2, \tag{7.109}$$

auszugehen, und anschließend die spektrale Verschiebung um $f_{i,0,\ell}$ durchzuführen, was schließlich

$$S_{\mu_\ell\mu_\ell}(f) = \sum_{i=1}^{2} S_{\nu_{i,\ell}\nu_{i,\ell}}(f - f_{i,0,\ell}) \tag{7.110}$$

ergibt. Dabei bezeichnen $A_{i,\ell}$, $s_{i,\ell}$ und $f_{i,0,\ell}$ die in der Tabelle 7.2 spezifizierten Größen. Die zur Minimierung der Fehlerfunktion (5.65) erforderliche Autokorrelationsfunktion ist dann die inverse Fouriertransformierte von (7.109), d. h.

$$r_{\nu_{i,\ell}\nu_{i,\ell}}(\tau) = \sigma_{i,\ell}^2\, e^{-2(\pi s_{i,\ell}\tau)^2}, \tag{7.111}$$

wobei $\sigma_{i,\ell}^2 = \sqrt{2\pi}\, A_{i,\ell}\, s_{i,\ell}$ die Varianz des Gaußprozesses $\nu_{i,\ell}(t)$ beschreibt. Für das Simulationsmodell bedeutet dies, dass wir zunächst die Modellparameter $f_{i,n,\ell}$ und $c_{i,n,\ell}$ des deterministischen Prozesses

$$\tilde{\nu}_{i,\ell}(t) = \sum_{n=1}^{N_{i,\ell}} c_{i,n,\ell} \cos(2\pi f_{i,n,\ell} + \theta_{i,n,\ell}) \tag{7.112}$$

mit der LPNM III bestimmen müssen. Die Anwendung des Modulationssatzes liefert dann den gesuchten komplexen deterministischen Prozess in der Form

$$\begin{aligned}
\tilde{\mu}_\ell(t) &= \sum_{i=1}^{2} \tilde{\nu}_{i,\ell}(t)\, e^{-j2\pi f_{i,0,\ell} t} \\
&= \sum_{i=1}^{2} \tilde{\nu}_{i,\ell}(t) \cos(2\pi f_{i,0,\ell} t) - j \sum_{i=1}^{2} \tilde{\nu}_{i,\ell}(t) \sin(2\pi f_{i,0,\ell} t) \,.
\end{aligned} \tag{7.113}$$

Im Bild 7.16 ist das zugehörige Simulationsmodell dargestellt.

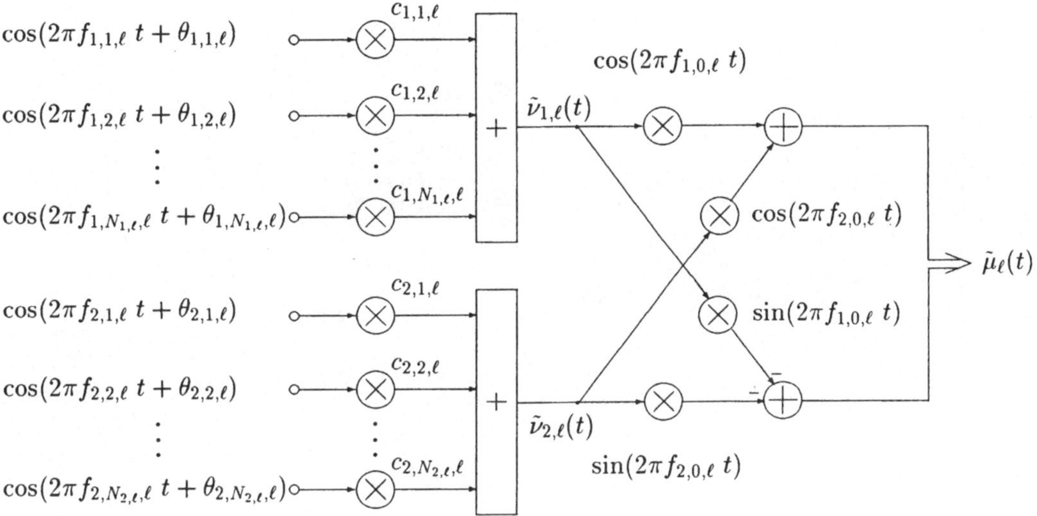

Bild 7.16: Simulationsmodell für komplexe deterministische Gaußprozesse $\tilde{\mu}_\ell(t)$ bei Verwendung der frequenzverschobenen Gaußleistungsdichtespektren gemäß COST 207 [siehe Tabelle 7.2].

Durch die Verwendung der L_p-Norm-Methode haben wir die Möglichkeit, die Anzahl der harmonischen Funktionen $N_{i,\ell}$ nicht nur für alle Ausbreitungspfade sondern auch für die jeweiligen Real- und Imaginärteile gleich zu wählen, und zwar ohne eine Verletzung der Bedingung (7.108) in Kauf nehmen zu müssen. Als Beispiel legen wir $N_{i,\ell}$ für die $\mathcal{L}$-Pfad-Kanalmodelle nach COST 207 jeweils durch $N_{i,\ell} = 10$ ($\forall i = 1, 2$ und $\ell = 0, 1, \ldots, \mathcal{L} - 1$) fest, und wählen für die maximale Dopplerfrequenz f_{max} den Wert $f_{max} = 91\,\text{Hz}$. Nun lassen sich die verbleibenden Modellparameter des Simulationsmodells mit dem oben genannten Verfahren berechnen. Mit der Kenntnis der Modellparameter können dann nicht nur die Streufunktion $\tilde{S}(\tau', f)$ [siehe(7.78)] sondern auch alle anderen im Bild 7.14 dargestellten Korrelationsfunktionen, Leistungsdichtespektren und Kenngrößen analytisch berechnet werden. Exemplarisch sind in den Bildern 7.17(a)–7.17(d) die sich ergebenden Streufunktionen $\tilde{S}(\tau', f)$ der deterministischen Simulationsmodelle für die in Tabelle 7.3 angegebenen $\mathcal{L}$-Pfad-Kanalmodelle dargestellt.

Zum Schluss dieses Kapitels sei noch bemerkt, dass die Verarbeitung des diskreten Eingangssignals $x(kT'_A)$ und des zugehörigen Ausgangssignals $y(kT'_A)$ mit der Abtastrate $f'_A = 1/T'_A$ durchgeführt wird, während die Abtastung von $\tilde{\mu}_\ell(t)$ ($\ell = 0, 1, \ldots, \mathcal{L} - 1$) zu den diskreten Zeitpunkten $t = k\,T_A = k\,m'_A\,T'_A$ erfolgt, wobei bei der Wahl des Abtastratenverhältnisses m'_A die im Unterabschnitt 7.4.1 gemachten Aussagen zu beachten sind.

(a) Rural Area   (b) Typical Urban

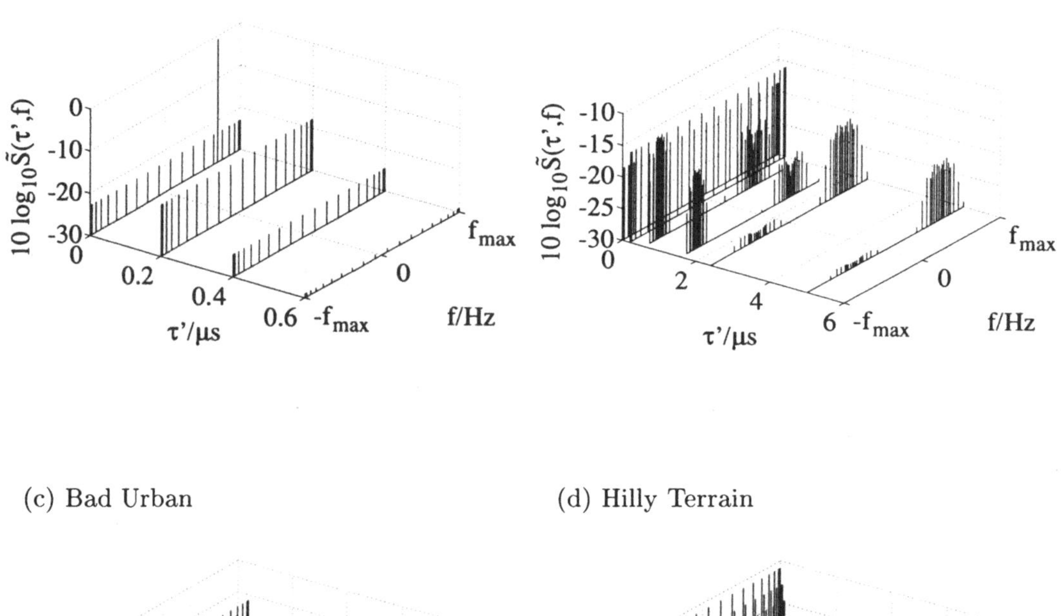

(c) Bad Urban   (d) Hilly Terrain

Bild 7.17: Streufunktion $\tilde{S}(\tau', f)$ von deterministischen Kanalmodellen auf Basis der $\mathcal{L}$-Pfad-Kanalmodelle nach COST 207 [COS89]: (a) Rural Area, (b) Typical Urban, (c) Bad Urban und (d) Hilly Terrain.

Kapitel 8

Schnelle Kanalsimulatoren

Zur Beschreibung der bisher betrachteten Kanalsimulatoren wurde stets die zeitkontinuierliche Darstellungsform gewählt. Es wurde im Abschnitt 4.1 gesagt, dass man aus einem zeitkontinuierlichen Simulationsmodell unmittelbar das für Rechnersimulationen erforderliche zeitdiskrete Simulationsmodell erhält, wenn man im ersteren die Zeitvariable t durch $t = kT_A$ ersetzt, wobei T_A das Abtastintervall bezeichnet. Diese Möglichkeit der Implementierung wird im weiteren als *direkte Realisierung* bezeichnet, und das daraus folgende Simulationsmodell nennen wir *Direktsystem*. Bei der direkten Realisierung müssen beispielsweise bei einem reellen deterministischen Gaußprozess zu jedem diskreten Zeitpunkt k insgesamt N_i harmonische Funktionen berechnet sowie eine Reihe von Multiplikationen und Additionen durchgeführt werden. Da hierbei die Anzahl der harmonischen Funktionen N_i diejenige Größe ist, welche maßgeblich die Rechenzeit bestimmt, kann eine Effizienzsteigerung im Wesentlichen nur durch Reduktion von N_i erzielt werden. Andererseits wissen wir aber aus den im Kapitel 5 durchgeführten Untersuchungen, dass durch $N_i = 7$ eine natürliche untere Grenze vorliegt, die bei Unterschreitung zu deutlichen Qualitätseinbußen führt. Demnach sind bei der direkten Realisierung mit $N_i = 7$ die Möglichkeiten zur weiteren Steigerung der Leistungsfähigkeit weitgehend ausgeschöpft. Eine Erhöhung der Geschwindigkeit des Simulators, ohne Präzisionsverluste in Kauf nehmen zu müssen, ist nur mit indirekten Realisierungsformen möglich.

In diesem Kapitel werden verschiedene Möglichkeiten der indirekten Realisierung untersucht. Die grundlegende Idee, die die Herleitung von neuen Strukturen zur Simulation von deterministischen Prozessen ermöglicht, basiert auf der Ausnutzung der Periodizitätseigenschaft von harmonischen Funktionen. Während der Initialisierungsphase wird jede der N_i harmonischen Funktionen nur einmal innerhalb ihrer jeweiligen Grundperiode abgetastet. Die Abtastwerte werden dann in N_i Tabellen gespeichert, deren Inhalte während der anschließenden Simulationsphase zyklisch gelesen und summiert werden.

Auf diese Weise gelingt es, Simulationsmodelle für komplexe Gaußprozesse nur unter Verwendung von Addierern, Speicherelementen und einem einfachen Adressgenerator zu realisieren. Zeitaufwendige trigonometrische Operationen sowie das Durchführen von Multiplikationen sind dann nicht mehr erforderlich. Das Ergebnis sind *schnelle Kanalsimu-*

latoren (fast channel simulators) [Pae98f, Pae98g, Pae99b], die für alle aus (komplexen) Gaußprozessen herleitbaren frequenzselektiven und nichtfrequenzselektiven Kanalmodelle geeignet sind. Wegen der leicht durchzuführenden Verallgemeinerung des Prinzips, werden wir uns in diesem Kapitel auf die Herleitung von schnellen Kanalsimulatoren für Rayleighkanäle beschränken.

Dazu verwenden wir die zeitdiskrete Darstellungsform und beschreiben damit im Abschnitt 8.1 die so genannten (zeit-)diskreten deterministischen Prozesse. Mit diesen Prozessen eröffnen sich neue Möglichkeiten zur indirekten Realisierung, von denen wir die drei wichtigsten im Abschnitt 8.2 kennen lernen werden. Die elementaren und statistischen Eigenschaften von diskreten deterministischen Prozessen werden dann im Abschnitt 8.3 untersucht. Abschnitt 8.4 befasst sich mit der Analyse des erforderlichen Realisierungsaufwandes sowie der Messung der Simulationsgeschwindigkeit von schnellen Kanalsimulatoren. Schließlich wird im Abschnitt 8.5 ein Vergleich mit einem auf Basis der Filter-Methode entwickelten Simulationsmodell für Rayleighprozesse durchgeführt.

8.1   Diskrete deterministische Prozesse

Ausgangspunkt ist der durch (4.4) eingeführte deterministische Gaußprozess $\tilde{\mu}_i(t)$. Durch Abtastung an den Stellen $t = kT_A$ entsteht daraus die (zeit-)diskrete Zahlenfolge

$$\tilde{\mu}_i[k] := \tilde{\mu}_i(kT_A) = \sum_{n=1}^{N_i} c_{i,n} \cos(2\pi f_{i,n} kT_A + \theta_{i,n}) \,. \tag{8.1}$$

Im Hinblick auf eine möglichst effiziente Realisierung muss der Wertebereich sowohl für die diskreten Dopplerfrequenzen $f_{i,n}$ als auch für die Dopplerphasen $\theta_{i,n}$ eingeschränkt werden. So sind beispielsweise für den Kehrwert der diskreten Dopplerfrequenzen $1/f_{i,n}$ im Folgenden nur noch ganzzahlige Vielfache des Abtastintervalls T_A zulässig. Einer ähnlichen Einschränkung unterliegen auch die Dopplerphasen $\theta_{i,n}$. Gemäß zweier Abbildungsvorschriften, die weiter unten angegeben werden, erhalten wir aus $f_{i,n} \rightarrow \bar{f}_{i,n}$ und $\theta_{i,n} \rightarrow \bar{\theta}_{i,n}$ *quantisierte Dopplerfrequenzen* $\bar{f}_{i,n}$ bzw. *quantisierte Dopplerphasen* $\bar{\theta}_{i,n}$. Falls die Abweichungen zwischen $f_{i,n}$ und $\bar{f}_{i,n}$ hinreichend klein sind, und somit $\bar{f}_{i,n} \approx f_{i,n}$ gilt, dann beschreibt

$$\bar{\mu}_i[k] := \bar{\mu}_i(kT_A) = \sum_{n=1}^{N_i} c_{i,n} \cos(2\pi \bar{f}_{i,n} kT_A + \bar{\theta}_{i,n}) \tag{8.2}$$

eine zu (8.1) (bezüglich der relevanten statistischen Eigenschaften) äquivalente Zahlenfolge, die wir im Folgenden als *diskreten deterministischen Gaußprozess* bezeichnen. Dabei sind die Dopplerkoeffizienten in (8.2) identisch mit denen in (8.1), während die quantisierten Dopplerfrequenzen $\bar{f}_{i,n}$ mit den Größen $f_{i,n}$ und T_A über

$$\bar{f}_{i,n} = \frac{1}{T_A \, \text{round} \, \{1/(f_{i,n} T_A)\}} \tag{8.3}$$

für alle $n = 1, 2, \ldots, N_i$ zusammenhängen.[1] Mit

$$L_{i,n} = \frac{1}{\bar{f}_{i,n} T_A} = \text{round}\left\{\frac{1}{f_{i,n} T_A}\right\} \tag{8.4}$$

bezeichnen wir die Periode der einzelnen diskreten harmonischen Elementarfunktionen $\bar{\mu}_{i,n}[k] = c_{i,n} \cos(2\pi \bar{f}_{i,n} k T_A + \bar{\theta}_{i,n})$, d. h., es gilt $\bar{\mu}_{i,n}[k] = \bar{\mu}_{i,n}[k + L_{i,n}]$. Man beachte, dass durch die in (8.4) durchgeführte Rundungsoperation die Periode $L_{i,n}$ stets eine natürliche Zahl ist. Im nächsten Abschnitt werden wir sehen, dass sich hierdurch deutliche Vorteile für die Realisierung ergeben.

Die quantisierten Dopplerphasen $\bar{\theta}_{i,n}$ in (8.2) werden aus den gegebenen Größen $\theta_{i,n}$ nach der Vorschrift

$$\bar{\theta}_{i,n} = \frac{2\pi}{L_{i,n}} \text{round}\left\{\frac{L_{i,n}}{2\pi} \theta_{i,n}\right\} \tag{8.5}$$

für alle $n = 1, 2, \ldots, N_i$ berechnet. Es sei daran erinnert, dass die Dopplerphasen $\theta_{i,n}$ reelle Zahlen aus dem Intervall $(0, 2\pi]$ sind. Dagegen kommen für die nach (8.5) quantisierten Größen $\bar{\theta}_{i,n}$ nur Werte aus der Menge

$$\bar{\Theta}_{i,n} = \left\{2\pi \frac{1}{L_{i,n}}, \; 2\pi \frac{2}{L_{i,n}}, \; \ldots, \; 2\pi \frac{L_{i,n} - 1}{L_{i,n}}, \; 2\pi\right\} \tag{8.6}$$

in Frage. Die Abbildung $\theta_{i,n} \to \bar{\theta}_{i,n}$ gemäß (8.5) wurde dabei so gewählt, dass $\bar{\theta}_{i,n} \in \bar{\Theta}_{i,n}$ möglichst nahe an $\theta_{i,n}$ liegt.

Unter Verwendung von $x - 1/2 \leq \text{round}\{x\} \leq x + 1/2$ kann man leicht zeigen, dass im Grenzfall $T_A \to 0$ aus (8.3) und (8.5) die Identitäten $\bar{f}_{i,n} = f_{i,n}$ und $\bar{\theta}_{i,n} = \theta_{i,n}$ folgen. Für hinreichend kleine Abtastintervalle T_A können wir schreiben $\bar{f}_{i,n} \approx f_{i,n}$ und $\bar{\theta}_{i,n} \approx \theta_{i,n}$. Wir wollen bereits an dieser Stelle darauf hinweisen, dass die Güte der Näherung $\bar{\theta}_{i,n} \approx \theta_{i,n}$ unter bestimmten Bedingungen, die im Abschnitt 8.3 näher erläutert werden, keinen Einfluss auf die statistischen Eigenschaften von $\bar{\mu}_i[k]$ hat. Dagegen sind die vom Abtastintervall T_A abhängigen Abweichungen zwischen $\bar{f}_{i,n}$ und $f_{i,n}$ so ohne weiteres nicht vernachlässigbar, was ebenfalls im Abschnitt 8.3 noch genauer begründet wird. Als geeignetes Maß zur Beschreibung der Abweichungen zwischen $\bar{f}_{i,n}$ und $f_{i,n}$ betrachten wir den im Bild 8.1 dargestellten relativen Fehler

$$\varepsilon_{\bar{f}_{i,n}} = \frac{\bar{f}_{i,n} - f_{i,n}}{f_{i,n}}. \tag{8.7}$$

Man erkennt in diesem Bild, dass mit zunehmendem Abtastintervall T_A die Approximation $\bar{f}_{i,n} \approx f_{i,n}$ schlechter wird, was auf eine Abhängigkeit der statistischen Eigenschaften von $\bar{\mu}_i[k]$ von der Größe des Abtastintervalls T_A schließen lässt. Allerdings liegt für $T_A < 1/(10 f_{i,n})$ der Betrag des relativen Fehlers $|\varepsilon_{\bar{f}_{i,n}}|$ unter einer in vielen Fällen tolerierbaren Grenze von 5 %.

---

[1]Der Operator round$\{x\}$ in (8.3) rundet die reelle Zahl x auf die nächste ganze Zahl.

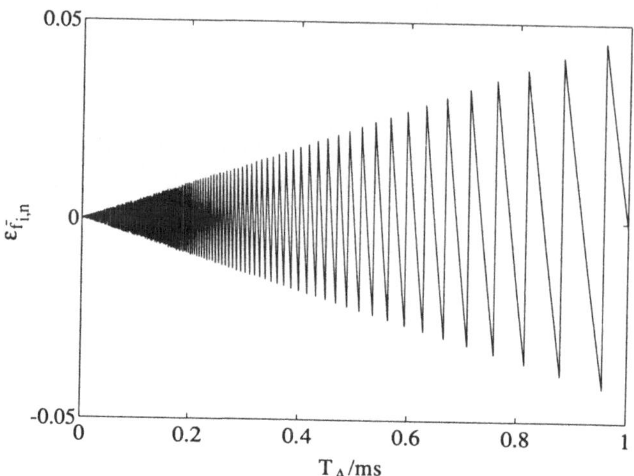

Bild 8.1:   Relativer Fehler $\varepsilon_{\bar{f}_{i,n}}$ gemäß (8.7) für $f_{i,n} = 91\,\text{Hz}$ als Funktion des Abtastintervalls T_A.

Offensichtlich lässt sich der durch (8.2) eingeführte diskrete deterministische Gaußprozess $\bar{\mu}_i[k]$ aus dem zugehörigen kontinuierlichen deterministischen Gaußprozess $\tilde{\mu}_i(t)$ dadurch gewinnen, dass Letzterer an den Stellen $t = kT_A$ abgetastet wird, und außerdem die Größen $f_{i,n}$ und $\theta_{i,n}$ durch die jeweiligen quantisierten Größen $\bar{f}_{i,n}$ bzw. $\bar{\theta}_{i,n}$ ersetzt werden, d. h.:

$$\tilde{\mu}_i(t) \xrightarrow{\;t \to kT_A\;} \tilde{\mu}_i[k] := \tilde{\mu}_i(kT_A) \xrightarrow[\;\;]{\substack{f_{i,n} \to \bar{f}_{i,n} \\ \theta_{i,n} \to \bar{\theta}_{i,n}}} \bar{\mu}_i[k] := \bar{\mu}_i(kT_A) \,. \tag{8.8}$$

Aus der Tatsache, dass $\bar{f}_{i,n}$ und $\bar{\theta}_{i,n}$ gegen $f_{i,n}$ bzw. $\theta_{i,n}$ konvergieren, falls das Abtastintervall T_A gegen null geht, folgt somit: $\bar{\mu}_i[k] \to \tilde{\mu}_i(t)$ falls $T_A \to 0$. Berücksichtigen wir noch die Ergebnisse aus Kapitel 4, so wird auch verständlich, dass der diskrete deterministische Gaußprozess $\bar{\mu}_i[k]$ gegen eine Musterfunktion des Gaußprozesses $\mu_i(t)$ strebt, falls $T_A \to 0$ und $N_i \to \infty$.

Analog nach (4.5) führen wir an dieser Stelle die komplexe Folge

$$\bar{\mu}[k] = \bar{\mu}_1[k] + j\bar{\mu}_2[k] \tag{8.9}$$

als *komplexen diskreten deterministischen Gaußprozess* ein und bezeichnen sinngemäß dessen Betrag

$$\bar{\zeta}[k] = |\bar{\mu}[k]| = |\bar{\mu}_1[k] + j\bar{\mu}_2[k]| \tag{8.10}$$

als *diskreten deterministischen Rayleighprozess*. Außerdem befassen wir uns im weiteren mit der Phase $\bar{\vartheta}[k] = \arg\{\bar{\mu}[k]\}$, die durch den diskreten deterministischen Prozess

$$\bar{\vartheta}[k] = \arctan\left\{\frac{\bar{\mu}_2[k]}{\bar{\mu}_1[k]}\right\} \tag{8.11}$$

definiert ist.

8.2 Realisierung von diskreten deterministischen Prozessen

Die zuvor eingeführten diskreten deterministischen Prozesse eröffnen neue Möglichkeiten zur Entwicklung schneller Kanalsimulatoren. Nachfolgend werden drei Verfahren vorgestellt.

8.2.1 Tabellensystem

Dem Tabellensystem liegt die Idee zugrunde, die Folgenglieder einer Periode von $\bar{\mu}_{i,n}[k] = c_{i,n}\cos(2\pi \bar{f}_{i,n}kT_A + \bar{\theta}_{i,n})$ in einer Tabelle abzulegen, deren Inhalt während der Simulation zyklisch gelesen wird [Pae98g]. Für den Entwurf eines Simulationsmodells für Rayleighkanäle sind somit $N_1 + N_2$ Tabellen anstatt $N_1 + N_2$ harmonische Funktionen erforderlich. Mit Hilfe eines Adressgenerators wird gezielt auf die in den Tabellen abgelegte Information zugegriffen. Im Bild 8.2 ist dargestellt, dass die aus den Tabellen gelesenen Einträge lediglich aufsummiert werden müssen, und so auf einfache Weise die komplexe Folge $\bar{\mu}[k] = \bar{\mu}_1[k] + j\bar{\mu}_2[k]$ zu jedem beliebigen diskreten Zeitpunkt $k = 0, 1, 2, \ldots$ rekonstruiert werden kann. Nach der üblichen Betragsbildung steht dann der gewünschte diskrete deterministische Rayleighprozess $\bar{\zeta}[k]$ zur Verfügung.

Die Tabelle, in der die Information einer Periode einer diskreten harmonischen Elementarfunktion $\bar{\mu}_{i,n}[k]$ gespeichert wird, sei mit $\text{Tab}_{i,n}$ bezeichnet. Der Eintrag der Tabelle $\text{Tab}_{i,n}$ an der Position $l \in \{0, 1, \ldots, L_{i,n} - 1\}$ entspricht dem Wert von $\bar{\mu}_{i,n}[k]$ an der Stelle $k = l$, d. h., es gilt

$$\bar{\mu}_{i,n}[l] = c_{i,n}\cos(2\pi \bar{f}_{i,n}lT_A + \bar{\theta}_{i,n}) \tag{8.12}$$

für alle $n = 1, 2, \ldots, N_i$ ($i = 1, 2$). Werden nun die Einträge aus der Tabelle $\text{Tab}_{i,n}$ zyklisch herausgelesen, so entsteht die Folge $\{\bar{\mu}_{i,n}[0], \bar{\mu}_{i,n}[1], \ldots, \bar{\mu}_{i,n}[L_{i,n} - 1], \bar{\mu}_{i,n}[L_{i,n}] = \bar{\mu}_{i,n}[0], \ldots\}$. Durch Ausnutzung der Periodizitätseigenschaft kann also $\bar{\mu}_{i,n}[k]$ für alle $k = 0, 1, 2, \ldots$ vollständig rekonstruiert werden. Die Länge der Tabelle $\text{Tab}_{i,n}$ ist hierbei identisch mit der Periode $L_{i,n}$ von $\bar{\mu}_{i,n}[k]$. Der zur Realisierung von diskreten deterministischen Prozessen $\bar{\mu}_i[k]$ insgesamt erforderliche Speicherbedarf ergibt sich folglich aus der Summe $\sum_{n=1}^{N_i} L_{i,n}$. Wegen (8.4) wird der gesamte Speicherbedarf nicht nur durch die Anzahl der verwendeten Tabellen N_i sondern auch durch die Größe des Abtastintervalls T_A bzw. der Abtastfrequenz $f_A = 1/T_A$ bestimmt. In den Bildern 8.3(a) und 8.3(b) sind die Tabellenlängen $L_{i,n}$ sowie deren jeweilige Summe für die bei Verwendung

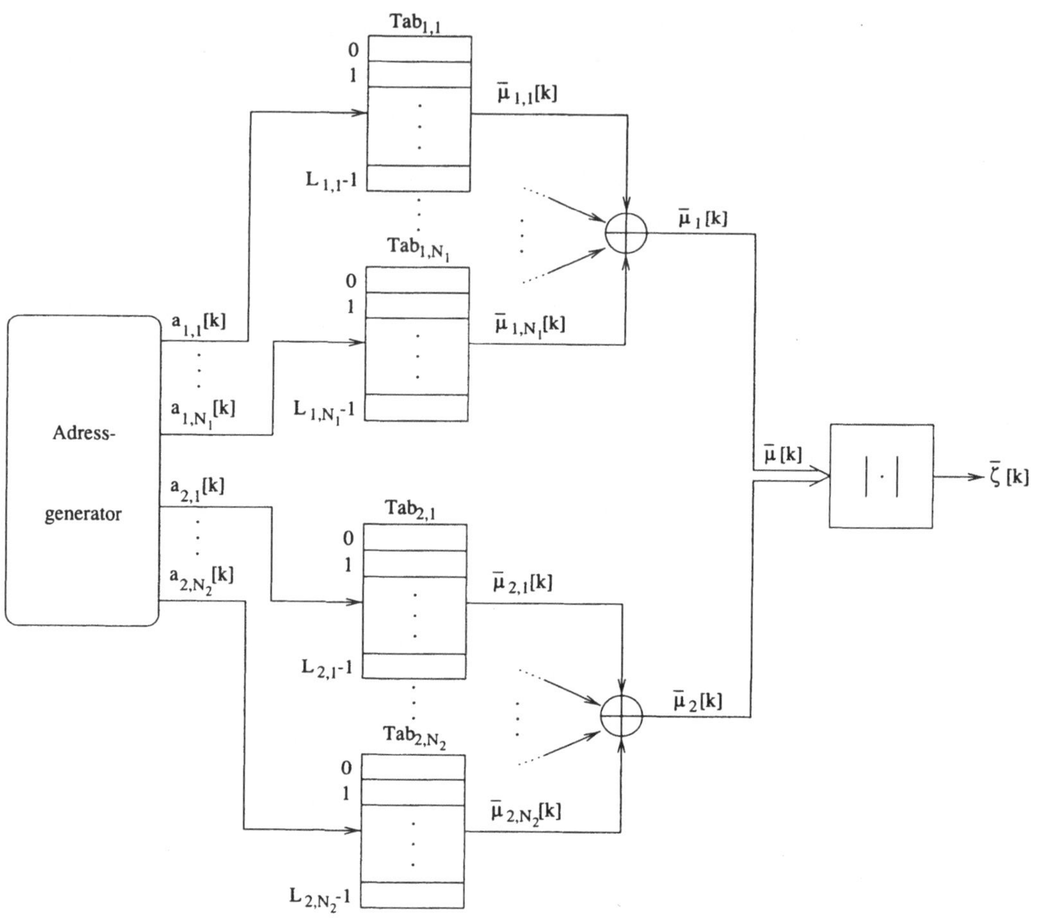

Bild 8.2:   Tabellensystem zur schnellen Simulation von Rayleighkanälen.

der MEDS üblichen Größen $N_1 = 7$ bzw. $N_2 = 8$ in Abhängigkeit von der normierten Abtastfrequenz f_A/f_{max} dargestellt.

Bei der Betrachtung der Bilder 8.3(a) und 8.3(b) fällt auf, dass im Bereich kleiner Werte für f_A/f_{max} durchaus zwei oder auch mehrere Tabellen Tab$_{i,n}$ die gleiche Länge aufweisen können. Auf die hierdurch hervorgerufenen Probleme werden wir im Unterabschnitt 8.3.2 zu sprechen kommen.

Dem im Bild 8.2 gezeigten Adressgenerator kommt die Aufgabe zu, zu jedem diskreten Zeitpunkt $k = 0, 1, 2, \ldots$ die zur Rekonstruktion von $\bar{\mu}[k] = \bar{\mu}_1[k] + j\bar{\mu}_2[k]$ erforderlichen Tabelleneinträge ausfindig zu machen. Hierzu muss der Adressgenerator zu jedem diskreten Zeitpunkt k insgesamt $N_1 + N_2$ Adressen generieren. Wie im Bild 8.2 dargestellt ist, bezeichnet $a_{i,n}[k]$ die Adresse der Tabelle Tab$_{i,n}$ zum Zeitpunkt k. Die Funktionsweise

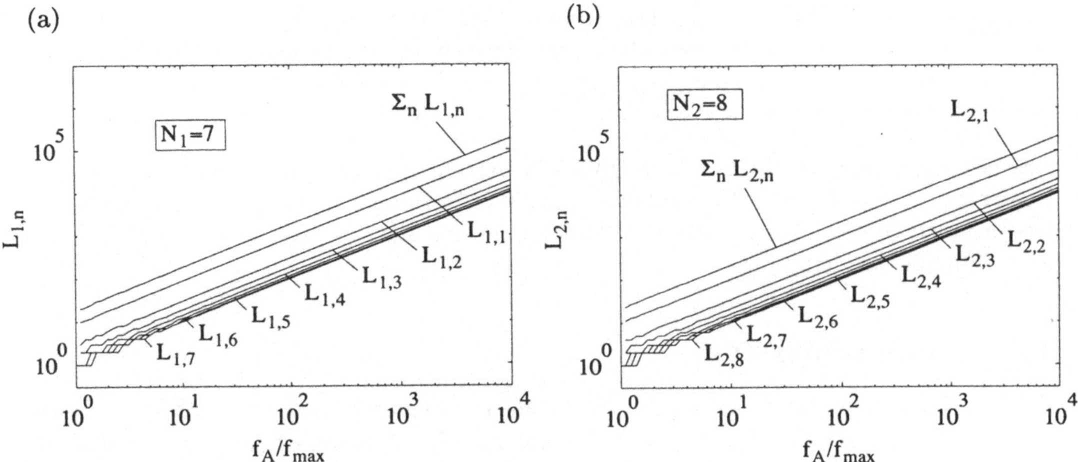

Bild 8.3: Tabellenlängen $L_{i,n}$ als Funktion der normierten Abtastfrequenz f_A/f_{max}: (a) $L_{1,n}$ für $N_1 = 7$ und (b) $L_{2,n}$ für $N_2 = 8$ (MEDS, Jakes LDS, $f_{max} = 91\,\text{Hz}$, $\sigma_0^2 = 1$).

des Adressgenerators geht anschaulich aus dem Bild 8.4 hervor.

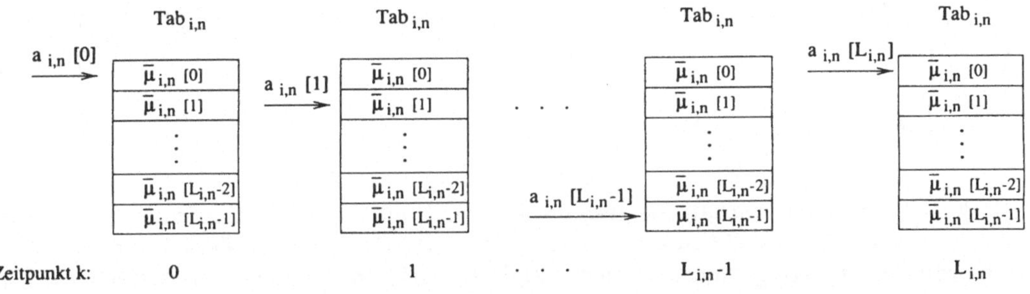

Bild 8.4: Funktionsweise des Adressgenerators.

Zum Zeitpunkt $k = 0$ zeigt die Adresse $a_{i,n}[0]$ auf den Tabelleneintrag $\bar{\mu}_{i,n}[0]$. Beim darauf folgenden Zeitpunkt $k = 1$ weist $a_{i,n}[1]$ auf $\bar{\mu}_{i,n}[1]$ usw., bis zum Zeitpunkt $k = L_{i,n} - 1$ die letzte Position mit dem Eintrag $\bar{\mu}_{i,n}[L_{i,n} - 1]$ erreicht ist. Beim nächsten Zeitpunkt $k = L_{i,n}$ wird die Adresse $a_{i,n}[L_{i,n}]$ auf $a_{i,n}[0]$ zurückgesetzt, welche somit wieder auf die Ausgangsposition $\bar{\mu}_{i,n}[0]$ zeigt.

Ausgehend von den Anfangsadressen $a_{i,n}[0] = 0$ lassen sich unter Verwendung der Modulooperation alle Adressen $a_{i,n}[k]$ zu jedem beliebigen Zeitpunkt $k > 0$ nach folgendem rekursiven Algorithmus bestimmen:

$$a_{i,n}[k] = (a_{i,n}[k - 1] + 1) \bmod L_{i,n} \tag{8.13}$$

wobei $n = 1, 2, \ldots, N_i$ $(i = 1, 2)$. Die Modulooperation in (8.13) ist an dieser Stelle nur zur Vereinfachung der mathematischen Schreibweise verwendet worden. Zur Umsetzung des Algorithmus in ein Rechnerprogramm sind zur Berechnung von $a_{i,n}[k]$ lediglich eine Addition sowie eine einfache Auswahlanweisung (*if-else*-Anweisung) erforderlich.

Das gesamte Tabellensystem (siehe Bild 8.2) besteht also nur aus Addierern, Speicherelementen und einfachen Auswahlanweisungen. Multiplikationen und trigonometrische Operationen brauchen demnach zur Berechnung von $\bar{\mu}[k] = \bar{\mu}_1[k] + j\bar{\mu}_2[k]$ nicht mehr ausgeführt zu werden.

8.2.2 Matrizensystem

Bei dem Matrizensystem werden die N_i Tabellen zu einer *Kanalmatrix* $\boldsymbol{M}_i$ zusammengefasst. Die Anzahl der Zeilen der Kanalmatrix $\boldsymbol{M}_i$ ist identisch mit der Anzahl der Tabellen N_i. Dabei enthält die n-te Zeile von $\boldsymbol{M}_i$ die Einträge der Tabelle Tab$_{i,n}$. Folglich bestimmt die längste Tabelle, d. h. $L_{i,max} = \max\{L_{i,n}\}_{n=1}^{N_i}$, die Anzahl der Spalten der Kanalmatrix $\boldsymbol{M}_i$. Ohne Einschränkung der Allgemeinheit nehmen wir im Folgenden an, dass $L_{i,max} = L_{i,1}$ gilt, was bei Verwendung der MEDS auch in der Tat der Fall ist (siehe Bild 8.3). Die ersten $L_{i,n}$ Elemente der n-ten Zeile von $\boldsymbol{M}_i$ stimmen genau mit den Einträgen der Tabelle Tab$_{i,n}$ überein; der Rest der Zeile wird mit Nullen ausgefüllt. Damit kann die Struktur der Kanalmatrix $\boldsymbol{M}_i \in \mathrm{I\!R}^{N_i \times L_{i,1}}$ wie folgt dargestellt werden:

$$\boldsymbol{M}_i = \begin{pmatrix} \bar{\mu}_{i,1}[0] & \cdots\cdots\cdots\cdots\cdots\cdots & \bar{\mu}_{i,1}[L_{i,1} - 1] \\ \bar{\mu}_{i,2}[0] & \cdots\cdots\cdots\cdots & \bar{\mu}_{i,2}[L_{i,2} - 1] \; 0 \; \cdots & 0 \\ \vdots & & \ddots & \vdots \\ \bar{\mu}_{i,N_i}[0] & \cdots \; \bar{\mu}_{i,N_i}[L_{i,N_i} - 1] & 0 \quad\quad \cdots & 0 \end{pmatrix} . \quad (8.14)$$

Die Kanalmatrix $\boldsymbol{M}_i$ enthält die gesamte Information, die zur Rekonstruktion von $\bar{\mu}_i[k]$ erforderlich ist. Damit die Rekonstruktion von $\bar{\mu}_i[k]$ für beliebige Zeiten $k = 0, 1, 2, \ldots$ auch tatsächlich gelingt, muss aus jeder Zeile von $\boldsymbol{M}_i$ an der richtigen Position ein Element herausgegriffen werden. Zu diesem Zweck führen wir eine weitere Matrix $\boldsymbol{S}_i$ ein, die im Folgenden als *Selektionsmatrix* bezeichnet wird. Die Elemente der Selektionsmatrix $\boldsymbol{S}_i$ sind zeitvariant und können nur die Werte 0 oder 1 annehmen. Zwischen dem im vorhergehenden Unterabschnitt beschriebenen Adressgenerator und der Selektionsmatrix $\boldsymbol{S}_i$ besteht ein enger Zusammenhang. Dieser äußert sich insbesondere dadurch, dass die Elemente von $\boldsymbol{S}_i = (s_{l,n}) \in \{0, 1\}^{L_{i,1} \times N_i}$ zu jedem diskreten Zeitpunkt k unter Verwendung der Adressen $a_{i,n}[k]$ (8.13) gemäß

$$s_{l,n} = s_{l,n}[k] = \begin{cases} 1 & \text{falls} \quad l = a_{i,n}[k] \\ 0 & \text{falls} \quad l \neq a_{i,n}[k] \end{cases} \qquad (8.15)$$

berechnet werden können und zwar für alle $l = 0, 1, \ldots, L_{i,1} - 1$ und $n = 1, 2, \ldots, N_i$ $(i = 1, 2)$.

Der diskrete deterministische Gaußprozess $\bar{\mu}_i[k]$ kann nun aus dem Produkt der Kanalmatrix $\boldsymbol{M}_i$ und der Selektionsmatrix $\boldsymbol{S}_i$ wie folgt gewonnen werden:

$$\bar{\mu}_i[k] = \mathrm{sp}\,(\boldsymbol{M}_i \cdot \boldsymbol{S}_i)\,, \tag{8.16}$$

wobei $\mathrm{sp}(\cdot)$ die Spur[2] [Zur92] des im Argument stehenden Matrizenproduktes ist.

Mit (8.16) lässt sich somit auch der komplexe diskrete deterministische Gaußprozess (8.9) in der alternativen Form

$$\bar{\mu}[k] = \mathrm{sp}\,(\boldsymbol{M}_1 \cdot \boldsymbol{S}_1) + j\,\mathrm{sp}\,(\boldsymbol{M}_2 \cdot \boldsymbol{S}_2) \tag{8.17}$$

darstellen. Interessant ist, dass für $T_A \to 0$ die Anzahl der Spalten (Zeilen) der Kanalmatrix $\boldsymbol{M}_i$ (Selektionsmatrix $\boldsymbol{S}_i$) gegen unendlich strebt, und auf diese Weise $\bar{\mu}_i[k]$ gegen $\tilde{\mu}_i(t)$ konvergiert. Nach den Grenzübergängen $T_A \to 0$ und $N_i \to \infty$ geht sowohl die Anzahl der Spalten und Zeilen der Kanalmatrix $\boldsymbol{M}_i$ als auch die der Selektionsmatrix $\boldsymbol{S}_i$ gegen unendlich, und der komplexe diskrete deterministische Gaußprozess $\bar{\mu}[k]$ konvergiert, wie zu erwarten war, gegen eine Musterfunktion des stochastischen komplexen Gaußprozesses $\mu(t)$.

Zu einer äquivalenten Darstellung des durch (8.10) eingeführten diskreten deterministischen Rayleighprozesses $\bar{\zeta}[k]$ kommt man durch Bildung des Betrages von (8.17), d. h.

$$\bar{\zeta}[k] = |\bar{\mu}[k]| = |\,\mathrm{sp}\,(\boldsymbol{M}_1 \cdot \boldsymbol{S}_1) + j\,\mathrm{sp}\,(\boldsymbol{M}_2 \cdot \boldsymbol{S}_2)|\,. \tag{8.18}$$

Zur Vollständigkeit geben wir noch die Phase $\bar{\vartheta}[k]$ von $\bar{\mu}[k] = \bar{\mu}_1[k] + j\bar{\mu}_2[k]$ in der Form

$$\bar{\vartheta}[k] = \arctan\left\{ \frac{\mathrm{sp}\,(\boldsymbol{M}_2 \cdot \boldsymbol{S}_2)}{\mathrm{sp}\,(\boldsymbol{M}_1 \cdot \boldsymbol{S}_1)} \right\} \tag{8.19}$$

an.

Es ist klar, dass nach dem Grenzübergang $T_A \to 0$ folgt: $\bar{\zeta}[k] \to \tilde{\zeta}(t)$ und $\bar{\vartheta}[k] \to \tilde{\vartheta}(t)$. Außerdem konvergieren $\bar{\zeta}[k]$ und $\bar{\vartheta}[k]$ für $T_A \to 0$ und $N_i \to \infty$ gegen jeweils eine Musterfunktion der zugehörigen stochastischen Prozesse $\zeta(t)$ bzw. $\vartheta(t)$.

Wir wollen noch bemerken, dass die Berechnung der diskreten deterministischen Prozesse (8.16)–(8.19) über das Produkt zweier Matrizen und anschließende Spurbildung wegen der Vielzahl der durchzuführenden Multiplikationen und Additionen nicht sinnvoll ist. Allerdings sind beträchtliche Vereinfachungen möglich, wenn von vornherein alle unnötigen Operationen wie Multiplikationen mit null oder eins vermieden werden. In diesem Fall vereinfacht sich das Matrizensystem zu dem Tabellensystem. Mit anderen Worten: Das Matrizensystem stellt keine echte Alternative zum Tabellensystem dar, sondern liefert nur neue Aspekte zur Interpretation bzw. Darstellung von diskreten deterministischen Prozessen.

---

[2]Unter der Spur einer quadratischen Matrix $\boldsymbol{A} = (a_{n,m}) \in \mathbb{R}^{N \times N}$ versteht man die Summe der Hauptdiagonalelemente $a_{n,n}$, d. h. $\mathrm{sp}(\boldsymbol{A}) = \sum_{n=1}^{N} a_{n,n}$.

8.2.3 Schieberegistersystem

Aus dem Tabellensystem (siehe Bild 8.2) folgt das im Bild 8.5 dargestellte Schieberegistersystem, wenn im ersteren die Tabellen $\text{Tab}_{i,n}$ durch rückgekoppelte *Schieberegister* $\text{Reg}_{i,n}$ ersetzt werden. Anstelle von $N_1 + N_2$ Tabellen werden nun $N_1 + N_2$ Schieberegister zur Realisierung von $\bar{\mu}[k] = \bar{\mu}_1[k] + j\bar{\mu}_2[k]$ benötigt. Die Länge des Schieberegisters $\text{Reg}_{i,n}$ ist dabei identisch mit der Länge $L_{i,n}$ der entsprechenden Tabelle $\text{Tab}_{i,n}$. In der Initialisierungsphase wird das Schieberegister $\text{Reg}_{i,n}$ an den Positionen $l \in \{0, 1, \ldots, L_{i,n} - 1\}$ mit den Werten $\bar{\mu}_{i,n}[l] = c_{i,n} \cos(2\pi \bar{f}_{i,n} l T_A + \bar{\theta}_{i,n})$ belegt, wobei wieder gilt $n = 1, 2, \ldots, N_i$ und $i = 1, 2$. Während der Simulation wird der Inhalt der Schieberegister mit jedem Takt um eine Position weiter nach rechts verschoben (siehe Bild 8.5). Durch Rückkopplung der Schieberegisterausgänge (Position 0) auf die jeweiligen Eingänge (Position $L_{i,n} - 1$) wird sichergestellt, dass die diskreten deterministischen Prozesse $\bar{\mu}_{i,n}[k]$ und somit auch $\bar{\mu}[k] = \bar{\mu}_1[k] + j\bar{\mu}_2[k]$ bzw. $\bar{\zeta}[k] = |\bar{\mu}[k]|$ für alle $k = 0, 1, 2, \ldots$ folgerichtig rekonstruiert werden.

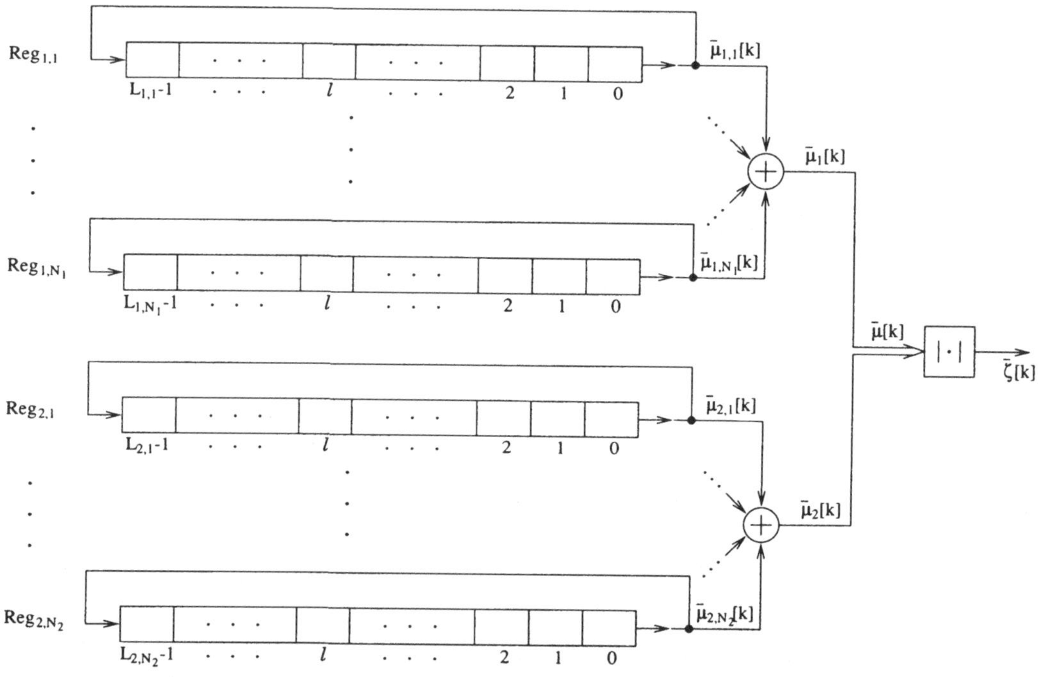

Bild 8.5: Realisierung diskreter deterministischer Rayleighprozesse $\bar{\zeta}[k]$ mit Schieberegistern.

Im Vergleich mit dem Tabellensystem entfällt zwar beim Schieberegistersystem die Realisierung des Adressgenerators, jedoch müssen bei jedem Takt insgesamt $\sum_{i=1}^{2} \sum_{n=1}^{N_i} L_{i,n}$ Registerinhalte verschoben werden, was insbesondere bei Softwarerealisierungen in Verbindung mit langen Registern zu keiner befriedigenden Lösung führt. Wir wollen deshalb das Tabellensystem gegenüber dem Schieberegistersystem vorziehen und uns als Nächstes mit der Analyse der Eigenschaften von diskreten deterministischen Prozessen befassen.

8.3 Eigenschaften von diskreten deterministischen Prozessen

Genau wie bei der für zeitkontinuierliche deterministische Prozesse durchgeführten Analyse (Kapitel 4) beginnen wir hier im Unterabschnitt 8.3.1 zunächst mit der Untersuchung der elementaren Eigenschaften und fahren dann im darauffolgenden Unterabschnitt 8.3.2 mit der Analyse der statistischen Eigenschaften von diskreten deterministischen Prozessen fort.

8.3.1 Elementare Eigenschaften von diskreten deterministischen Prozessen

Die Interpretation von $\bar{\mu}_i[k]$ als diskreten deterministischen Prozess, d. h. als eine Abbildung der Art

$$\bar{\mu}_i : \mathbb{Z} \to \mathbb{R} , \qquad k \mapsto \bar{\mu}_i[k] , \tag{8.20}$$

versetzt uns in die Lage, einen engen Bezug zu den im Abschnitt 4.2 durchgeführten Untersuchungen herzustellen. Wir gehen daher analog wie im Abschnitt 4.2 vor und leiten einfache geschlossene Lösungen für die grundlegenden charakteristischen Größen von $\bar{\mu}_i[k]$ wie etwa Mittelwert, mittlere Leistung, Autokorrelationsfolge, etc. her.

Mittelwert: Sei $\bar{\mu}_i[k]$ ein diskreter deterministischer Prozess mit $\bar{f}_{i,n} \neq 0$ ($n = 1, 2, \ldots, N_i$), dann folgt unter Verwendung von (2.77) und (8.2) für dessen Mittelwert

$$\bar{m}_{\mu_i} = \lim_{K \to \infty} \frac{1}{2K + 1} \sum_{k=-K}^{K} \bar{\mu}_i[k] = 0 . \tag{8.21}$$

Es wird im weiteren stets davon ausgegangen, dass $\bar{f}_{i,n} \neq 0$ für alle $n = 1, 2, \ldots, N_i$ und $i = 1, 2$ gilt.

Mittlere Leistung: Sei $\bar{\mu}_i[k]$ ein diskreter deterministischer Prozess, dann folgt unter Verwendung von (2.78) und (8.2) für dessen mittlere Leistung

$$\bar{\sigma}_{\mu_i}^2 = \lim_{K \to \infty} \frac{1}{2K + 1} \sum_{k=-K}^{K} \bar{\mu}_i^2[k] = \sum_{n=1}^{N_i} \frac{c_{i,n}^2}{2} . \tag{8.22}$$

Insbesondere erhalten wir bei Verwendung der MEDS wegen (5.73) das gewünschte Resultat $\bar{\sigma}_{\mu_i}^2 = \sigma_0^2$.

Autokorrelationsfolge: Sei $\bar{\mu}_i[k]$ ein diskreter deterministischer Prozess, dann folgt aus (2.79) unter Verwendung von (8.2) für die zugehörige Autokorrelationsfolge der Zusammenhang

$$\bar{r}_{\mu_i\mu_i}[\kappa] = \lim_{K\to\infty} \frac{1}{2K+1} \sum_{k=-K}^{K} \bar{\mu}_i[k]\,\bar{\mu}_i[k+\kappa]$$

$$= \sum_{n=1}^{N_i} \frac{c_{i,n}^2}{2} \cos(2\pi \bar{f}_{i,n} T_A \kappa)\,. \tag{8.23}$$

Ein Vergleich mit (4.11) zeigt, dass $\bar{r}_{\mu_i\mu_i}[\kappa]$ aus $\tilde{r}_{\mu_i\mu_i}(\tau)$ gewonnen werden kann, wenn $\tilde{r}_{\mu_i\mu_i}(\tau)$ an den Stellen $\tau = \kappa T_A$ abgetastet wird, und zusätzlich die Größen $f_{i,n}$ durch $\bar{f}_{i,n}$ substituiert werden. Man erkennt ferner, dass auch im zeitdiskreten Fall die quantisierten Dopplerphasen $\bar{\theta}_{i,n}$ keinen Einfluss auf das Verhalten der Autokorrelationsfolge $\bar{r}_{\mu_i\mu_i}[\kappa]$ haben. Außerdem gilt wieder $\bar{\sigma}_{\mu_i}^2 = \bar{r}_{\mu_i\mu_i}[0]$.

Die durch die Quantisierung der Dopplerphasen $f_{i,n}$ verursachten Abweichungen zwischen $\tilde{r}_{\mu_i\mu_i}[\kappa] := \tilde{r}_{\mu_i\mu_i}[\kappa T_A]$ und $\bar{r}_{\mu_i\mu_i}[\kappa]$ sind bei Verwendung der MEDS mit $N_i = 8$ harmonischen Funktionen bzw. Tabellen im Bild 8.6 erkennbar. Dabei fällt im Bild 8.6(a) auf, dass für hinreichend kleine Abtastintervalle ($T_A = 0.1\,$ms) keine nennenswerten Unterschiede zwischen $\tilde{r}_{\mu_i\mu_i}[\kappa]$ und $\bar{r}_{\mu_i\mu_i}[\kappa]$ im interessierenden Bereich $\tau = \kappa T_A \in [0,\, N_i/(2f_{max})]$ zu erkennen sind. Dies gilt allerdings nicht für große Abtastintervalle T_A, was z. B. bei Betrachtung des Bildes 8.6(b) deutlich wird, wo die entsprechenden Verhältnisse für $T_A = 1\,$ms gezeigt sind.

(a)   (b)

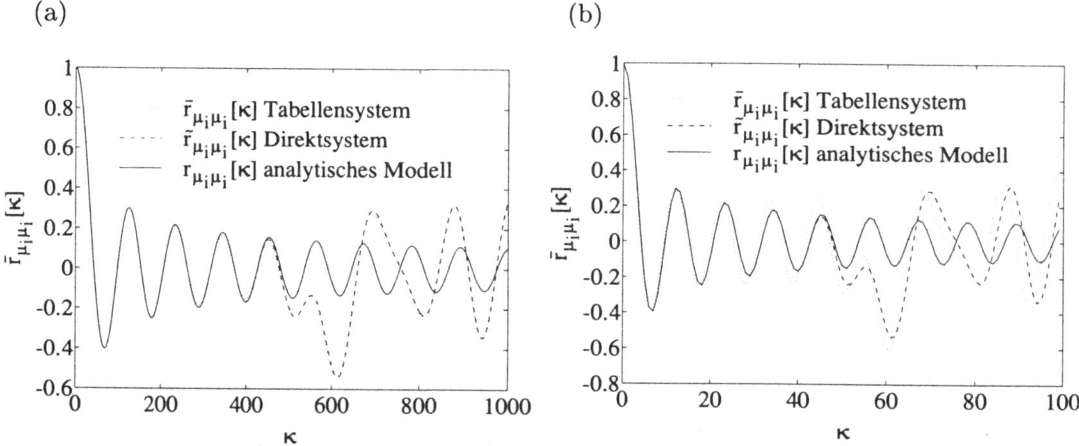

Bild 8.6:   Autokorrelationsfolge $\bar{r}_{\mu_i\mu_i}[\kappa]$ von diskreten deterministischen Gaußprozessen $\bar{\mu}_i[k]$ für (a) $T_A = 0.1\,$ms und (b) $T_A = 1\,$ms (MEDS, Jakes LDS, $N_i = 8$, $f_{max} = 91\,$Hz, $\sigma_0^2 = 1$).

Kreuzkorrelationsfolge: Seien $\bar{\mu}_1[k]$ und $\bar{\mu}_2[k]$ zwei diskrete deterministische Prozesse, dann folgt aus (2.80) in Verbindung mit (8.2) für die Kreuzkorrelationsfolge

$$\bar{r}_{\mu_1\mu_2}[\kappa] = 0\,, \tag{8.24}$$

falls $\bar{f}_{1,n} \neq \pm\bar{f}_{2,m}$ für alle $n = 1, 2, \ldots, N_1$ und $m = 1, 2, \ldots, N_2$ erfüllt ist, bzw.

$$\bar{r}_{\mu_1\mu_2}[\kappa] = \sum_{\substack{n=1 \\ \bar{f}_{1,n}=\pm\bar{f}_{2,m}}}^{\min\{N_1,N_2\}} \frac{c_{1,n}c_{2,m}}{2} \cos(2\pi\bar{f}_{1,n}T_A\kappa - \bar{\theta}_{1,n} \pm \bar{\theta}_{2,m}), \qquad (8.25)$$

falls $\bar{f}_{1,n} = \pm\bar{f}_{2,m}$ für ein oder mehrere Paare (n,m) gilt. Man beachte, dass $\bar{r}_{\mu_1\mu_2}[\kappa]$ aus $\tilde{r}_{\mu_1\mu_2}(\tau)$ folgt, wenn in (4.12) und (4.13) die kontinuierliche Variable τ durch κT_A und zusätzlich die Größen $f_{i,n}$ und $\theta_{i,n}$ durch die quantisierten Größen $\bar{f}_{i,n}$ bzw. $\bar{\theta}_{i,n}$ ersetzt werden. Zwischen den beiden Kreuzkorrelationsfolgen $\bar{r}_{\mu_1\mu_2}[\kappa]$ und $\bar{r}_{\mu_2\mu_1}[\kappa]$ besteht der Zusammenhang $\bar{r}_{\mu_2\mu_1}[\kappa] = \bar{r}_{\mu_1\mu_2}^*[-\kappa] = \bar{r}_{\mu_1\mu_2}[-\kappa]$.

Leistungsdichtespektrum: Sei $\bar{\mu}_i[k]$ ein diskreter deterministischer Prozess, dann folgt mit der zeitdiskreten Fouriertransformation (2.81) in Verbindung mit (8.23) für das Leistungsdichtespektrum

$$\bar{S}_{\mu_i\mu_i}(f) = \frac{1}{T_A} \sum_{\nu=-\infty}^{\infty} \sum_{n=1}^{N_i} \frac{c_{i,n}^2}{4} \left[\delta(f - \bar{f}_{i,n} - \nu f_A) + \delta(f + \bar{f}_{i,n} - \nu f_A)\right], \qquad (8.26)$$

wobei $f_A = 1/T_A$ die Abtastfrequenz beschreibt. Das Leistungsdichtespektrum $\bar{S}_{\mu_i\mu_i}(f)$ ist also ein symmetrisches Linienspektrum, wobei die Spektrallinien an den diskreten Stellen $f = \pm f_{i,n} + \nu f_A$ auftreten und mit dem Faktor $c_{i,n}^2/(4T_A)$ gewichtet werden. Unter Verwendung der Beziehung (2.82) gelingt mit $\tilde{S}_{\mu_i\mu_i}(f)$ nach (4.14) die Herleitung des folgenden Zusammenhangs zwischen $\bar{S}_{\mu_i\mu_i}(f)$ und $\tilde{S}_{\mu_i\mu_i}(f)$

$$\bar{S}_{\mu_i\mu_i}(f) = \frac{1}{T_A} \sum_{\nu=-\infty}^{\infty} \tilde{S}_{\mu_i\mu_i}(f - \nu f_A)\Big|_{f_{i,n}=\bar{f}_{i,n}}. \qquad (8.27)$$

Demnach erhalten wir das Leistungsdichtespektrum $\bar{S}_{\mu_i\mu_i}(f)$ von diskreten deterministischen Prozessen $\bar{\mu}_i[k]$, indem das Leistungsdichtespektrum $\tilde{S}_{\mu_i\mu_i}(f)$ des zugehörigen kontinuierlichen deterministischen Prozesses $\tilde{\mu}_i(t)$ mit $1/T_A$ gewichtet und an ganzzahligen Vielfachen der Abtastfrequenz f_A periodisch fortgesetzt wird. Darüber hinaus sind wieder die Größen $f_{i,n}$ durch $\bar{f}_{i,n}$ zu ersetzen.

Kreuzleistungsdichtespektrum: Seien $\bar{\mu}_1[k]$ und $\bar{\mu}_2[k]$ zwei diskrete deterministische Prozesse, dann folgt aus (2.81) mit (8.24) und (8.25) für das Kreuzleistungsdichtespektrum

$$\bar{S}_{\mu_1\mu_2}(f) = 0, \qquad (8.28)$$

falls $\bar{f}_{1,n} \neq \pm\bar{f}_{2,m}$ für alle $n = 1, 2, \ldots, N_1$ und $m = 1, 2, \ldots, N_2$ gilt, bzw.

$$\bar{S}_{\mu_1\mu_2}(f) = \frac{1}{4T_A} \sum_{\nu=-\infty}^{\infty} \sum_{\substack{n=1 \\ \bar{f}_{1,n}=\pm\bar{f}_{2,m}}}^{\min\{N_1,N_2\}} c_{1,n}c_{2,m} \Big[\delta(f - \bar{f}_{1,n} - \nu f_A) \cdot e^{-j(\bar{\theta}_{1,n}\mp\bar{\theta}_{2,m})}$$
$$+ \delta(f + \bar{f}_{1,n} - \nu f_A) \cdot e^{j(\bar{\theta}_{1,n}\mp\bar{\theta}_{2,m})}\Big], \qquad (8.29)$$

falls $\bar{f}_{1,n} = \pm \bar{f}_{2,m}$ für ein oder mehrere Paare (n, m) gilt. Mit (4.15), (4.16) und (2.82) lassen sich die Ergebnisse (8.28) und (8.29) wie folgt zusammenfassen

$$\bar{S}_{\mu_1\mu_2}(f) = \frac{1}{T_A} \sum_{\nu=-\infty}^{\infty} \tilde{S}_{\mu_1\mu_2}(f - \nu f_A)\Big|_{\substack{f_{i,n}=\bar{f}_{i,n} \\ \theta_{i,n}=\bar{\theta}_{i,n}}} . \tag{8.30}$$

Zwischen den Kreuzleistungsdichtespektren $\bar{S}_{\mu_1\mu_2}(f)$ und $\bar{S}_{\mu_2\mu_1}(f)$ besteht der Zusammenhang $\bar{S}_{\mu_2\mu_1}(f) = \bar{S}^*_{\mu_1\mu_2}(f)$.

Mittlere Dopplerverschiebung: Sei $\bar{\mu}_i[k]$ ein diskreter deterministischer Prozess mit der spektralen Leistungsdichte $\bar{S}_{\mu_i\mu_i}(f)$ nach (8.26), dann ist die zugehörige mittlere Dopplerverschiebung, $\bar{B}^{(1)}_{\mu_i\mu_i}$, definiert durch

$$\bar{B}^{(1)}_{\mu_i\mu_i} := \frac{\int_{-f_A/2}^{f_A/2} f\, \bar{S}_{\mu_i\mu_i}(f)\, df}{\int_{-f_A/2}^{f_A/2} \bar{S}_{\mu_i\mu_i}(f)\, df} = \frac{1}{2\pi j} \cdot \frac{\dot{\bar{r}}_{\mu_i\mu_i}[0]}{\bar{r}_{\mu_i\mu_i}[0]} . \tag{8.31}$$

Im Unterschied zu (3.13a) und (4.17), wo die Integration über den gesamten Frequenzbereich durchgeführt wird, erfolgt die Integration in (8.31) nur über den durch $[-f_A/2, f_A/2)$ definierten Nyquistbereich. Für den Sonderfall, dass das Dopplerleistungsdichtespektrum symmetrisch ist, folgt mit der Symmetrieeigenschaft $\bar{S}_{\mu_i\mu_i}(f) = \bar{S}_{\mu_i\mu_i}(-f)$ unmittelbar die Beziehung

$$\bar{B}^{(1)}_{\mu_i\mu_i} = B^{(1)}_{\mu_i\mu_i} = 0 . \tag{8.32}$$

Ein Vergleich mit (4.18) zeigt, dass weder durch die Diskretisierung der Zeit noch durch die Quantisierung der diskreten Dopplerfrequenzen die mittlere Dopplerverschiebung beeinflusst wird.

Dopplerverbreiterung: Sei $\bar{\mu}_i[k]$ ein diskreter deterministischer Prozess mit der spektralen Leistungsdichte $\bar{S}_{\mu_i\mu_i}(f)$ nach (8.26), dann ist die zugehörige Dopplerverbreiterung, $\bar{B}^{(2)}_{\mu_i\mu_i}$, definiert durch

$$\bar{B}^{(2)}_{\mu_i\mu_i} := \sqrt{\frac{\int_{-f_A/2}^{f_A/2} (f - \bar{B}^{(1)}_{\mu_i\mu_i})^2\, \bar{S}_{\mu_i\mu_i}(f)\, df}{\int_{-f_A/2}^{f_A/2} \bar{S}_{\mu_i\mu_i}(f)\, df}}$$

$$= \frac{1}{2\pi} \sqrt{\left(\frac{\dot{\bar{r}}_{\mu_i\mu_i}[0]}{\bar{r}_{\mu_i\mu_i}[0]}\right)^2 - \frac{\ddot{\bar{r}}_{\mu_i\mu_i}[0]}{\bar{r}_{\mu_i\mu_i}[0]}} . \tag{8.33}$$

Unter Verwendung von (8.31), (8.32) und $\bar{\sigma}^2_{\mu_i} = \bar{r}_{\mu_i\mu_i}[0]$ können wir speziell für symmetrische Dopplerleistungsdichtespektren die letzte Beziehung auch wie folgt formulieren

$$\bar{B}^{(2)}_{\mu_i\mu_i} = \frac{\sqrt{\bar{\beta}_i}}{2\pi\bar{\sigma}_{\mu_i}} , \tag{8.34}$$

wobei

$$\bar{\beta}_i = -\ddot{\tilde{r}}_{\mu_i\mu_i}[0] = 2\pi^2 \sum_{n=1}^{N_i} (c_{i,n}\bar{f}_{i,n})^2 \,.$$ (8.35)

Es sei daran erinnert, dass die MEDS speziell für das Jakesleistungsdichtespektrum entwickelt wurde. Im Unterabschnitt 5.1.6 haben wir erfahren, dass in diesem Fall die Dopplerverbreiterung des zeitkontinuierlichen Simulationsmodells identisch ist mit der des analytischen Modells, d. h. $\tilde{B}^{(2)}_{\mu_i\mu_i} = B^{(2)}_{\mu_i\mu_i}$. Dieser Zusammenhang ist jetzt nur noch näherungsweise gültig, denn es gilt zwar $\bar{\sigma}^2_{\mu_i} = \tilde{\sigma}^2_{\mu_i} = \sigma_0^2$, aber wegen $\bar{f}_{i,n} \approx f_{i,n}$ folgt $\bar{\beta}_i \approx \tilde{\beta}_i = \beta_i$ und somit ist

$$\bar{B}^{(2)}_{\mu_i\mu_i} \approx \tilde{B}^{(2)}_{\mu_i\mu_i} = B^{(2)}_{\mu_i\mu_i} \,.$$ (8.36)

Die Abweichungen zwischen $\bar{B}^{(2)}_{\mu_i\mu_i}$ und $B^{(2)}_{\mu_i\mu_i}$ bzw. zwischen $\bar{\beta}_i$ und β_i sind ganz wesentlich abhängig von der Größe des gewählten Abtastintervalls T_A. Genaueres hierzu erfahren wir durch die Analyse des Modellfehlers des zeitdiskreten Systems.

Modellfehler: Sei $\bar{\mu}_i[k]$ ein durch (8.2) eingeführter diskreter deterministischer Prozess, dann ist der Modellfehler, $\Delta\bar{\beta}_i$, des zeitdiskreten Systems definiert durch

$$\Delta\bar{\beta}_i := \bar{\beta}_i - \beta_i \,.$$ (8.37)

Mit (3.29) und (8.35) kann für alle im Kapitel 5 beschriebenen Parameterbestimmungsverfahren der Modellfehler $\Delta\bar{\beta}_i$ in Abhängigkeit von T_A bzw. $f_A = 1/T_A$ und N_i leicht berechnet werden. Beispielsweise weist bei Verwendung der MEDS mit $N_i = 7$ der relative Modellfehler $\Delta\bar{\beta}_i/\beta_i$ des zeitdiskreten Systems die im Bild 8.7 gezeigte Abhängigkeit von der normierten Abtastfrequenz f_A/f_{max} auf.

Das Bild 8.7 zeigt anschaulich, wie mit größer werdender Abtastfrequenz f_A der relative Modellfehler $\Delta\bar{\beta}_i/\beta_i$ kleiner wird. Im Grenzfall $f_A \to \infty$ bzw. $T_A \to 0$ erhalten wir $\Delta\bar{\beta}_i/\beta_i \to 0$, was zu erwarten war, da ja bekanntlich für $T_A \to 0$ die quantisierten Dopplerfrequenzen $\bar{f}_{i,n}$ gegen die Größen $f_{i,n}$ streben und daraus schließlich $\bar{\beta}_i \to \tilde{\beta}_i = \beta_i$ bzw. $\Delta\bar{\beta}_i \to 0$ folgt.

Periodizität: Sei $\bar{\mu}_i[k]$ ein diskreter deterministischer Prozess mit beliebigen, aber von null verschiedenen, Parametern $c_{i,n}$, $\bar{f}_{i,n}$ (und $\bar{\theta}_{i,n}$), so ist $\bar{\mu}_i[k]$ periodisch mit dem kleinsten gemeinsamen Vielfachen der Menge $\{L_{i,n}\}_{n=1}^{N_i}$, d. h., die Periode L_i von $\bar{\mu}_i[k]$ beträgt

$$L_i = \text{kgV}\,\{L_{i,n}\}_{n=1}^{N_i} \,.$$ (8.38)

Bei dem Beweis dieses Satzes haben wir zu zeigen, dass

$$\bar{\mu}_i[k] = \bar{\mu}_i[k + L_i]$$ (8.39)

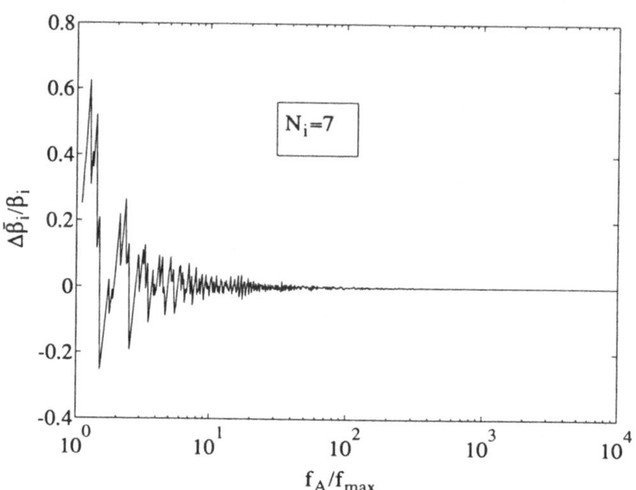

Bild 8.7:   Relativer Modellfehler $\Delta\bar{\beta}_i/\beta_i$ des zeitdiskreten Systems (MEDS, Jakes LDS, $N_i = 7$, $f_{max} = 91\,\text{Hz}$, $\sigma_0^2 = 1$).

gilt für alle $k \in \mathbb{Z}$. Da L_i das kleinste gemeinsame Vielfache der Menge $\{L_{i,n}\}_{n=1}^{N_i}$ ist, muss L_i ein ganzzahliges Vielfaches von jeder Tabellenlänge $L_{i,n}$ sein. Wir können also schreiben

$$L_{i,n} = \frac{L_i}{q_{i,n}}, \tag{8.40}$$

wobei $q_{i,n}$ eine natürliche Zahl ist, die durchaus verschieden sein kann für jedes $L_{i,n}$. Da nun die Tabellenlänge $L_{i,n}$ identisch mit der Periode von $\bar{\mu}_{i,n}[k]$ ist, so muss auch das Produkt $q_{i,n} \cdot L_{i,n}$ die Beziehung

$$\bar{\mu}_{i,n}[k] = \bar{\mu}_{i,n}[k + q_{i,n}L_{i,n}] \qquad \forall k \in \mathbb{Z} \tag{8.41}$$

erfüllen. Mit den beiden letzten Beziehungen lässt sich nun der Zusammenhang (8.39) folgendermaßen beweisen:

$$
\begin{aligned}
\bar{\mu}_i[k] &= \sum_{n=1}^{N_i} \bar{\mu}_{i,n}[k] \\
&= \sum_{n=1}^{N_i} \bar{\mu}_{i,n}[k + q_{i,n}L_{i,n}] \\
&= \sum_{n=1}^{N_i} \bar{\mu}_{i,n}[k + L_i] \\
&= \bar{\mu}_i[k + L_i] \qquad \forall k \in \mathbb{Z} \, .
\end{aligned}
\tag{8.42}
$$

Weil L_i das kleinste gemeinsame Vielfache der Menge $\{L_{i,n}\}_{n=1}^{N_i}$ ist, muss demnach auch L_i die kleinste (positive) Konstante sein für die (8.39) gilt. Folglich heißt L_i die Periode des diskreten deterministischen Prozesses $\bar{\mu}_i[k]$.

Wir wollen noch darauf hinweisen, dass eine obere Schranke für die Periode L_i (8.38) durch das Produkt

$$\hat{L}_i = \prod_{n=1}^{N_i} L_{i,n} \tag{8.43}$$

gegeben ist. In Anlehnung an das oben Gesagte, kann leicht gezeigt werden, dass $\hat{L}_i$ ebenfalls (8.39) erfüllt. Außerdem gilt immer $\hat{L}_i \geq L_i$.

Die Abhängigkeit der Tabellenlänge $L_{i,n}$ von der Abtastfrequenz f_A äußert sich nun dadurch, dass auch die Periode L_i von f_A abhängig ist. Diese Abhängigkeit wird im Bild 8.8 veranschaulicht, wo die Periode L_i und deren obere Schranke $\hat{L}_i$ über der normierten Abtastfrequenz f_A/f_{max} dargestellt sind. Dabei wurden bewusst die sich einstellenden Verhältnisse bei Verwendung einer geringen, einer mittleren und einer hohen Anzahl von Tabellen ($N_i = 7$, $N_i = 14$ bzw. $N_i = 21$) gezeigt, um deutlich zu machen, dass die Periode L_i nicht nur durch N_i sondern maßgeblich auch durch f_A bestimmt wird. Wir erkennen ferner, dass insbesondere dann, wenn N_i klein ist, die Periode L_i häufig dicht an die obere Schranke $\hat{L}_i$ heranreicht. Mit (8.43) kann deshalb die Periode L_i einfach und in der Regel auch gut abgeschätzt werden. Außerdem wird durch Bild 8.8 deutlich, dass die Periode L_i auch bei relativ kleinen Werten für f_A/f_{max} sehr groß ist. Wir können daher $\bar{\mu}_i[k]$ zu Recht als quasi-nichtperiodischen diskreten deterministischen Gaußprozess bezeichnen, falls die Abtastfrequenz f_A hinreichend groß ist, d. h. $f_A > 20 f_{max}$.

Als Nächstes befassen wir uns mit der Periode von diskreten deterministischen Rayleighprozessen $\bar{\zeta}[k]$. Dazu betrachten wir den folgenden Satz:

Gegeben seien zwei diskrete deterministische Gaußprozesse $\bar{\mu}_1[k]$ und $\bar{\mu}_2[k]$, die jeweils mit L_1 bzw. L_2 periodisch sind, dann ist der diskrete deterministische Rayleighprozess $\bar{\zeta}[k] = |\bar{\mu}_1[k] + j\bar{\mu}_2[k]|$ periodisch mit der Periode

$$L = \mathrm{kgV}\{L_1, L_2\}. \tag{8.44}$$

Der Beweis dieses Satzes verläuft ähnlich wie der vorhergehende, so dass wir uns diesmal deutlich kürzer fassen können. Wegen (8.44) existieren zwei natürliche Zahlen q_1 und q_2, die die Gleichungen $L = q_1 L_1$ und $L = q_2 L_2$ erfüllen. Es gilt also

$$\begin{aligned}
\bar{\zeta}[k] &= |\bar{\mu}_1[k] + j\bar{\mu}_2[k]| \\
&= |\bar{\mu}_1[k + L_1] + j\bar{\mu}_2[k + L_2]| \\
&= |\bar{\mu}_1[k + q_1 L_1] + j\bar{\mu}_2[k + q_2 L_2]| \\
&= |\bar{\mu}_1[k + L] + j\bar{\mu}_2[k + L]| \\
&= \bar{\zeta}[k + L] \qquad \forall k \in \mathbb{Z}.
\end{aligned} \tag{8.45}$$

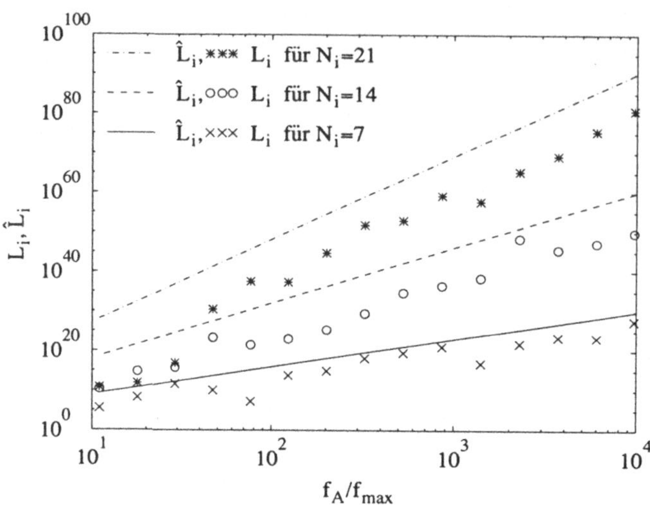

Bild 8.8: Periode L_i von $\bar{\mu}_i[k]$ und deren obere Schranke $\hat{L}_i$ als Funktion der normierten Abtastfrequenz f_A/f_{max} (MEDS, Jakes LDS, $f_{max} = 91\,\mathrm{Hz}$, $\sigma_0^2 = 1$).

Damit ist gezeigt, dass $\bar{\zeta}[k]$ periodisch mit L ist. Da nun L wegen (8.44) die kleinste ganze Zahl ist, welche (8.45) erfüllt, muss $L = \mathrm{kgV}\{L_1, L_2\}$ die Periode des diskreten deterministischen Rayleighprozesses $\bar{\zeta}[k]$ sein. Eine obere Schranke für L ist gegeben durch

$$\hat{L} = L_1 L_2 \geq L = \mathrm{kgV}\{L_1, L_2\}. \tag{8.46}$$

8.3.2 Statistische Eigenschaften von diskreten deterministischen Prozessen

Dieser Unterabschnitt beginnt mit der Analyse der Wahrscheinlichkeitsdichte und Verteilungsfunktion der Amplitude und Phase von komplexen diskreten deterministischen Gaußprozessen $\bar{\mu}[k] = \bar{\mu}_1[k] + j\bar{\mu}_2[k]$. Anschließend erfolgt die Betrachtung der Pegelunterschreitungsrate und der mittleren Fadingdauer des durch (8.10) eingeführten diskreten deterministischen Rayleighprozesses $\bar{\zeta}[k]$. Bei der Analyse der statistischen Eigenschaften von diskreten deterministischen Prozessen setzen wir noch voraus, dass alle Modellparameter ($c_{i,n}$, $\bar{f}_{i,n}$, $\bar{\theta}_{i,n}$) konstante Größen sind. Den Zugang zur Analyse der statistischen Kenngrößen erhalten wir nun dadurch, dass wir den diskreten deterministischen Gaußprozess $\bar{\mu}_i[k]$ an zufälligen diskreten Zeitpunkten k betrachten, d. h., wir nehmen in diesem Unterabschnitt an, dass k eine über dem Intervall $\mathbb{Z}$ gleichverteilte Zufallsvariable ist.

8.3.2.1 Wahrscheinlichkeitsdichte und Verteilungsfunktion der Amplitude und Phase

In diesem Unterabschnitt werden wir analytische Ausdrücke für die Wahrscheinlichkeitsdichte und Verteilungsfunktion sowohl von der Amplitude als auch von der Phase von komplexen diskreten deterministischen Gaußprozessen $\bar{\mu}[k]$ herleiten. Dazu betrachten wir zunächst eine einzelne diskrete harmonische Elementarfolge der Form

$$\bar{\mu}_{i,n}[k] = c_{i,n} \cos(2\pi \bar{f}_{i,n} k T_A + \bar{\theta}_{i,n}) \,, \tag{8.47}$$

wobei die Modellparameter $c_{i,n}$, $\bar{f}_{i,n}$ und $\bar{\theta}_{i,n}$ beliebige, aber von null verschiedene, konstante Größen sind, und k die zuvor erwähnte gleichverteilte Zufallsvariable ist. Da $\bar{\mu}_{i,n}[k]$ periodisch mit $L_{i,n}$ ist, können wir ohne Einschränkung die Zufallsvariable k auf das halb offene Intervall $[0, L_{i,n})$ begrenzen. In diesem Fall ist $\bar{\mu}_{i,n}[k]$ nicht länger als deterministische Folge zu betrachten sondern ebenfalls als Zufallsvariable, deren mögliche Elementarereignisse (Realisierungen) in der Menge $\{\bar{\mu}_{i,n}[0], \bar{\mu}_{i,n}[1], \ldots, \bar{\mu}_{i,n}[L_{i,n} - 1]\}$ enthalten sind. Hierbei gilt zu beachten, dass jedes dieser Elementarereignisse mit der Wahrscheinlichkeit $1/L_{i,n}$ eintritt. Folglich ist die Wahrscheinlichkeitsdichte von $\bar{\mu}_{i,n}[k]$ eine diskrete Funktion, die wie folgt formuliert werden kann

$$\bar{p}_{\mu_{i,n}}(x) = \frac{1}{L_{i,n}} \sum_{l=0}^{L_{i,n}-1} \delta(x - \bar{\mu}_{i,n}[l]) \,, \tag{8.48}$$

wobei $n = 1, 2, \ldots, N_i$ ($i = 1, 2$). Da mit kleiner werdendem Abtastintervall T_A die diskrete harmonische Elementarfolge $\bar{\mu}_{i,n}[k]$ gegen die zugehörige Elementarfunktion $\tilde{\mu}_{i,n}(t)$ gemäß (4.27) strebt, muss erwartungsgemäß die diskrete Wahrscheinlichkeitsdichte $\bar{p}_{\mu_{i,n}}(x)$ gegen die durch (4.28) definierte kontinuierliche Dichte $\tilde{p}_{\mu_{i,n}}(x)$ konvergieren, d. h., aus dem Grenzübergang $T_A \to 0$ folgt $\bar{p}_{\mu_{i,n}}(x) \to \tilde{p}_{\mu_{i,n}}(x)$. Ein Beispiel für die Wahrscheinlichkeitsdichte $\bar{p}_{\mu_{i,n}}(x)$ von $\bar{\mu}_{i,n}[k]$ ist im Bild 8.9(a) für den Fall $T_A = 0.1\,\mathrm{ms}$ wiedergegeben. Daneben zeigt das Bild 8.9(b) die Verhältnisse, die sich nach dem Grenzübergang $T_A \to 0$ einstellen.

In Anlehnung an die oben beschriebene Vorgehensweise erfolgt nun die Berechnung der Wahrscheinlichkeitsdichte $\bar{p}_{\mu_i}(x)$ von diskreten deterministischen Gaußprozessen $\bar{\mu}_i[k]$. Wegen der Periodizität von $\bar{\mu}_i[k]$ genügt die Betrachtung von k über dem halb offenen Intervall $[0, L_i)$. Es sei also k eine über $[0, L_i)$ gleichverteilte Zufallsvariable, dann ist $\bar{\mu}_i[k]$ gemäß (8.2) ebenfalls eine Zufallsvariable mit gleichwahrscheinlichen Elementarereignissen $\bar{\mu}_i[0], \bar{\mu}_i[1], \ldots, \bar{\mu}_i[L_i - 1]$. Analog nach (8.48) lautet dann die Wahrscheinlichkeitsdichte $\bar{p}_{\mu_i}(x)$ von diskreten deterministischen Gaußprozessen $\bar{\mu}_i[k]$

$$\bar{p}_{\mu_i}(x) = \frac{1}{L_i} \sum_{l=0}^{L_i-1} \delta(x - \bar{\mu}_i[l]) \,. \tag{8.49}$$

Die Wahrscheinlichkeitsdichte $\bar{p}_{\mu_i}(x)$ lässt sich also als gewichtete Summe von Deltafunktionen darstellen. Dabei sind die Deltafunktionen an den Stellen $\bar{\mu}_i[0], \bar{\mu}_i[1], \ldots, \bar{\mu}_i[L_i-1]$ anzutreffen und werden mit dem Kehrwert der Periode L_i gewichtet. Dazu sei angemerkt,

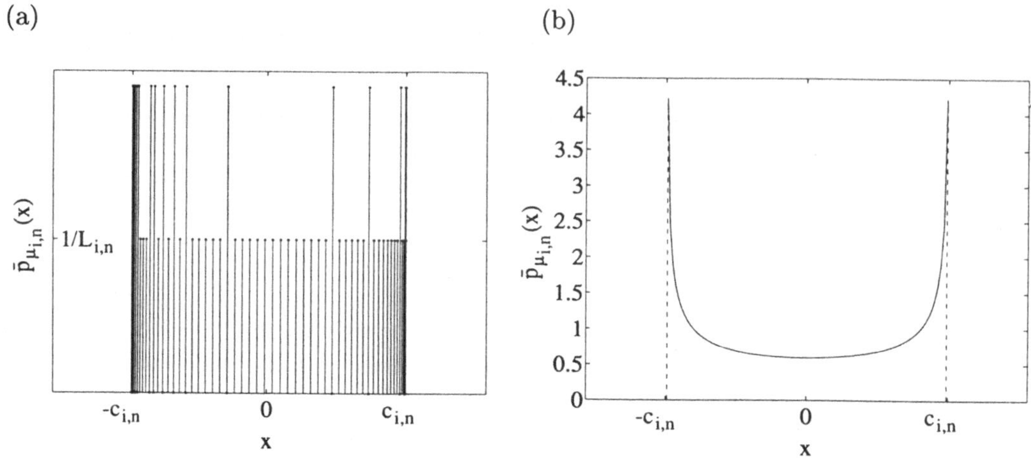

Bild 8.9: Wahrscheinlichkeitsdichte $\bar{p}_{\mu_{i,n}}(x)$ von $\bar{\mu}_{i,n}(x)$ für (a) $T_A = 0.1\,\text{ms}$ und (b) $T_A \to 0$ (MEDS, Jakes LDS, $N_i = 7$, $n = 7$, $f_{max} = 91\,\text{Hz}$, $\sigma_0^2 = 1$).

dass $\bar{p}_{\mu_i}(x)$ nicht aus der Faltung $\bar{p}_{\mu_{i,1}}(x) * \bar{p}_{\mu_{i,2}}(x) * \ldots * \bar{p}_{\mu_{i,N_i}}(x)$ hervorgeht, da die Zufallsvariablen $\bar{\mu}_{i,1}[k]$, $\bar{\mu}_{i,2}[k]$, $\ldots$, $\bar{\mu}_{i,N_i}[k]$ streng genommen nicht statistisch unabhängig sind. Die statistische Abhängigkeit äußert sich beispielsweise beim Tabellensystem dadurch, dass der Adressgenerator nicht die maximal mögliche Anzahl von unterschiedlichen Adresskombinationen (Zuständen) erzeugt. Letztlich ist dies auch der tiefere Grund, warum zwischen der tatsächlichen Periode L_i und der maximalen Periode $\hat{L}_i$ die Ungleichung $L_i \leq \hat{L}_i$ besteht. Erwähnt sei auch, dass der Grenzübergang $T_A \to 0$ auf $\bar{p}_{\mu_i}(x) \to \tilde{p}_{\mu_i}(x)$ führt, wobei $\tilde{p}_{\mu_i}(x)$ die durch (4.34) beschriebene Wahrscheinlichkeitsdichte von $\tilde{\mu}_i(t)$ ist. Ferner konvergiert $\bar{p}_{\mu_i}(x)$ für $T_A \to 0$ und $N_i \to \infty$ gegen die durch (4.36) definierte Gaußverteilung $p_{\mu_i}(x)$. Für $T_A > 0$ sind die Abweichungen zwischen den Dichten $\bar{p}_{\mu_i}(x)$ und $\tilde{p}_{\mu_i}(x)$ nicht anschaulich darstellbar. Wir betrachten daher die aus (8.49) folgende Verteilungsfunktion $\bar{F}_{\mu_i}(r)$ von diskreten deterministischen Gaußprozessen $\bar{\mu}_i[k]$

$$\bar{F}_{\mu_i}(r) = \frac{1}{L_i} \sum_{l=0}^{L_i-1} \int_0^r \delta(x - \bar{\mu}_i[l])\,dx\,, \quad r \geq 0\,, \tag{8.50}$$

und vergleichen diese im Bild 8.10 mit der Verteilungsfunktion des zugehörigen kontinuierlichen deterministischen Gaußprozesses $\tilde{\mu}_i(t)$

$$\tilde{F}_{\mu_i}(r) = \frac{1}{2} + 2r \int_0^\infty \left[\prod_{n=1}^{N_i} J_0(2\pi c_{i,n}\nu)\right] \text{si}\,(2\pi\nu r)\,d\nu\,, \quad r \geq 0\,. \tag{8.51}$$

Den oben angegebenen analytischen Ausdruck für die Verteilungsfunktion $\tilde{F}_{\mu_i}(r)$ finden wir unmittelbar nach Einsetzen der Dichte (4.34) in $\tilde{F}_{\mu_i}(r) = \int_{-\infty}^r \tilde{p}_{\mu_i}(x)\,dx$ und nachfolgender Lösung des Integrals über die unabhängige Variable x.

Stellvertretend für das analytische Modell ist im Bild 8.10 zusätzlich die Verteilungsfunktion

$$F_{\mu_i}(r) = \frac{1}{2}\left[1 + \operatorname{erf}\left(\frac{r}{\sqrt{2}\sigma_0}\right)\right], \quad r \geq 0, \tag{8.52}$$

des mittelwertfreien Gaußprozesses $\mu_i(t)$ dargestellt.

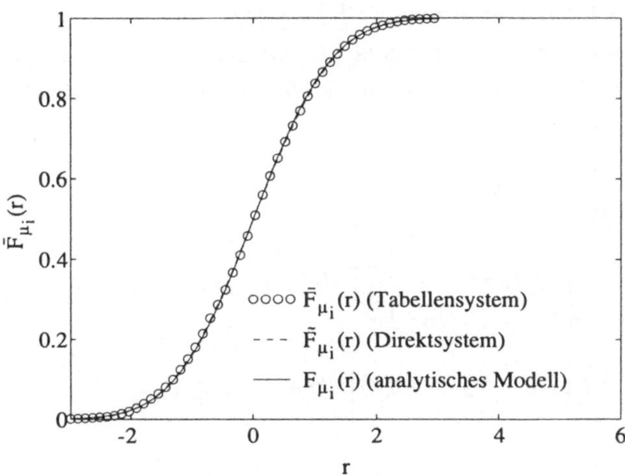

Bild 8.10: Verteilungsfunktion $\bar{F}_{\mu_i}(x)$ von diskreten deterministischen Gaußprozessen $\bar{\mu}_i[k]$ für $T_A = 0.1\,\text{ms}$ (MEDS, Jakes LDS, $N_i = 7$, $f_{max} = 91\,\text{Hz}$, $\sigma_0^2 = 1$).

Da für hinreichend kleine Abtastintervalle T_A die Periode L_i sehr groß ist (Bild 8.8), und somit die Stichprobe $\{\bar{\mu}_i[l]\}_{l=0}^{L_i-1}$ ebenfalls sehr groß ist, kann in diesen Fällen die Verteilungsfunktion (8.50) innerhalb eines vernünftig gewählten Zeitraumes nicht mehr exakt analytisch berechnet werden. Allerdings ist dies auch gar nicht erforderlich, da man bereits für $K \ll L_i$ Stichproben $\{\bar{\mu}_i[l]\}_{l=0}^{K-1}$ sehr gute Ergebnisse erhält, wie man im Bild 8.10 an der nahezu exakten Übereinstimmung zwischen $\bar{F}_{\mu_i}(r)$ und $\tilde{F}_{\mu_i}(r)$ bzw. $F_{\mu_i}(x)$ erkennen kann, obwohl (8.50) lediglich für $K = 50 \cdot 10^3$ Stichproben ausgewertet wurde.

Als Nächstes befassen wir uns mit der Wahrscheinlichkeitsdichte und der Verteilungsfunktion von diskreten deterministischen Rayleighprozessen $\bar{\zeta}[k]$. Dabei beachten wir, dass $\bar{\zeta}[k]$ periodisch mit $L = \text{kgV}\{L_1, L_2\}$ ist. Nehmen wir weiterhin an, dass k eine über das Intervall $[0, L)$ gleichverteilte Zufallsvariable ist, dann ist $\bar{\zeta}[k]$ gemäß (8.10) ebenfalls eine Zufallsvariable, wobei die möglichen Elementarereignisse $\bar{\zeta}[0]$, $\bar{\zeta}[1], \ldots, \bar{\zeta}[L-1]$ jeweils mit der gleichen Wahrscheinlichkeit $1/L$ eintreten. Für die Wahrscheinlichkeitsdichte $\bar{p}_\zeta(z)$ von diskreten deterministischen Rayleighprozessen $\bar{\zeta}[k]$ können wir somit analog nach

(8.49) schreiben

$$\bar{p}_\zeta(z) = \frac{1}{L} \sum_{l=0}^{L-1} \delta(z - \bar{\zeta}[l]), \quad z \geq 0. \tag{8.53}$$

Für die zugehörige Verteilungsfunktion gilt dann

$$\bar{F}_{\zeta_-}(r) = \frac{1}{L} \sum_{l=0}^{L-1} \int_0^r \delta(z - \bar{\zeta}[l])\, dz, \quad r \geq 0. \tag{8.54}$$

Man beachte, dass für $T_A \to 0$ wegen $\bar{\zeta}[k] \to \tilde{\zeta}(t)$ auch $\bar{p}_\zeta(z) \to \tilde{p}_\zeta(z)$ und $\bar{F}_{\zeta_-}(r) \to \tilde{F}_{\zeta_-}(r)$ folgen müssen, wobei $\tilde{p}_\zeta(z)$ aus (4.47a) für $\rho = 0$ hervorgeht, und damit die Verteilungsfunktion $\tilde{F}_{\zeta_-}(r)$ von $\tilde{\zeta}(t)$ dargestellt werden kann durch

$$\begin{aligned}
\tilde{F}_{\zeta_-}(r) &= \int_0^r \tilde{p}_\zeta(z)\, dz \\[2mm]
&= 4r \int_0^\infty J_1(2\pi r z) \int_0^{\pi/2} \left[\prod_{n=1}^{N_1} J_0(2\pi c_{1,n} z \cos\theta) \right] \\[2mm]
&\quad \left[\prod_{n=1}^{N_2} J_0(2\pi c_{2,n} z \sin\theta) \right] d\theta\, dz, \quad r \geq 0.
\end{aligned} \tag{8.55}$$

Schließlich sei noch erwähnt, dass man für $T_A \to 0$ und $N_i \to \infty$ die Identität $\bar{F}_{\zeta_-}(r) = F_{\zeta_-}(r)$ erhält, wobei

$$F_{\zeta_-}(r) = 1 - e^{-\frac{r^2}{2\sigma_0^2}}, \quad r \geq 0, \tag{8.56}$$

die Verteilungsfunktion von Rayleighprozessen beschreibt.

Im Bild 8.11 sind die Verteilungsfunktionen (8.54)–(8.56) anschaulich dargestellt. Bei der Auswertung von (8.54) wurden $K = 50 \cdot 10^3 \ll L$ Stichproben $\{\bar{\zeta}[k]\}_{k=0}^{K-1}$ verwendet. Das Abtastintervall T_A wurde hinreichend klein gewählt ($T_A = 0.1\,\text{ms}$).
An dieser Stelle wollen wir den Einfluss des Abtastintervalls T_A auf die Statistik von $\bar{\zeta}[k]$ etwas genauer analysieren. Insbesondere wollen wir der Frage nachgehen, wie groß T_A maximal werden darf, ohne dass $\bar{F}_{\zeta_-}(r)$ merklich von $\tilde{F}_{\zeta_-}(r)$ abweicht. Bisher sind wir i.d.R. davon ausgegangen, dass T_A hinreichend klein ist, ohne konkret zu sagen, was wir darunter verstehen. Wir wollen dies im Folgenden nachholen. Zur Verdeutlichung des Problems, das auftritt, wenn T_A eine bestimmte kritische Schwelle überschreitet, betrachten wir das Bild 8.12. Anders als bei der im Bild 8.11 gezeigten Verteilungsfunktion $\bar{F}_{\zeta_-}(r)$ wurden im vorliegenden Fall $K = L = 9240$ Stichproben $\{\bar{\zeta}[k]\}_{k=0}^{K-1}$ zur Berechnung von (8.54) verwendet. Allerdings wurde das Abtastintervall T_A von $T_A = 0.1\,\text{ms}$ auf $T_A = 5\,\text{ms}$ erhöht, wodurch offensichtlich Schwierigkeiten hervorgerufen werden, da nun unterschiedliche Realisierungen der quantisierten Dopplerphasen $\{\bar{\theta}_{i,n}\}_{n=1}^{N_i}$ zu unterschiedlichen Verteilungsfunktionen $\bar{F}_{\zeta_-}(r)$ führen, die teilweise beträchtlich von $\tilde{F}_{\zeta_-}(r)$

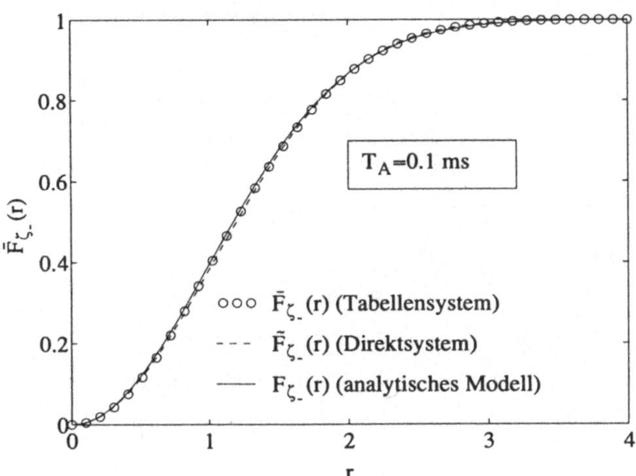

Bild 8.11: Verteilungsfunktion $\bar{F}_{\zeta_-}(r)$ von diskreten deterministischen Rayleighprozessen $\bar{\zeta}[k]$ für $T_A = 0.1$ ms (MEDS, Jakes LDS, $N_1 = 7$, $N_2 = 8$, $f_{max} = 91$ Hz, $\sigma_0^2 = 1$).

abweichen können (Bild 8.12). Man beachte, dass in diesem Beispiel das Abtasttheorem für tiefpassbegrenzte Signale [Fet96] nach wie vor erfüllt ist, denn die gewählten Größen $T_A = 5$ ms bzw. $f_A = 200$ Hz und $f_{max} = 91$ Hz genügen der Abtastbedingung (2.85), d. h., es gilt $f_A > 2f_{max}$. Durch die Einhaltung des Abtasttheorems wird zwar sichergestellt, dass die Zeitfunktion $\bar{\zeta}(t)$ aus ihren Abtastwerten $\bar{\zeta}[k]$ vollständig rekonstruiert werden kann, aber darüber hinaus sind beispielsweise bezüglich der Eindeutigkeit der Verteilungsfunktion $\bar{F}_{\zeta_-}(r)$ von $\bar{\zeta}[k]$ keine weiteren Aussagen möglich.

Die Ursache des im Bild 8.12 veranschaulichten Problems liegt letztlich darin, dass die quantisierten Dopplerfrequenzen $\bar{f}_{i,n}$ wegen (8.3) vom Abtastintervall T_A abhängig sind. Diese Abhängigkeit bewirkt, dass mit wachsendem T_A aus der Forderung

$$f_{i,n} \neq f_{j,m} \qquad\qquad\qquad (8.57)$$

nicht zwangsläufig auch die beiden Ungleichungen

$$\bar{f}_{i,n} \neq \bar{f}_{j,m} \iff L_{i,n} \neq L_{j,m} \qquad\qquad\qquad (8.58)$$

folgen, wobei $n = 1, 2, \ldots, N_i$ und $m = 1, 2, \ldots, N_j$ $(i, j = 1, 2)$. Überschreitet T_A eine bestimmte Schwelle, so gibt es ein oder mehrere Paare (n, m) für die gilt $\bar{f}_{1,n} = \bar{f}_{2,m}$ bzw. $L_{1,n} = L_{2,m}$. In diesem Fall sind die diskreten harmonischen Elementarfolgen $\bar{\mu}_{1,n}[k]$ und $\bar{\mu}_{2,n}[k]$ bis auf eine Phasenverschiebung identisch, woraus folgt, dass die diskreten deterministischen Gaußprozesse $\bar{\mu}_1[k]$ und $\bar{\mu}_2[k]$ korreliert sind. Genau so gut kann mit wachsendem T_A der Fall $\bar{f}_{i,n} = \bar{f}_{i,m} \Leftrightarrow L_{i,n} = L_{i,m}$ für $i = 1, 2$ und $n \neq m$ eintreten,

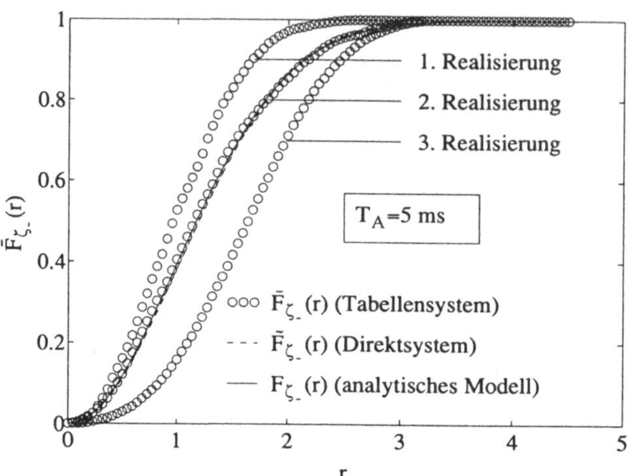

Bild 8.12: Verteilungsfunktion $\bar{F}_{\zeta_-}(r)$ von diskreten deterministischen Rayleighprozessen $\bar{\zeta}[k]$ für $T_A = 5\,\mathrm{ms}$ und unterschiedliche Realisierungen der diskreten Dopplerphasen $\{\bar{\theta}_{i,n}\}_{n=1}^{N_i}$ (MEDS, Jakes LDS, $N_1 = 7$, $N_2 = 8$, $f_{max} = 91\,\mathrm{Hz}$, $\sigma_0^2 = 1$).

was übrigens anschaulich auch bei Betrachtung der Bilder 8.3(a) und 8.3(b) im Bereich $f_A/f_{max} < 10$ deutlich wird.

Zur Berechnung einer unteren Grenze für die Abtastfrequenz $f_{A,min}$ ist die Hilfsfunktion

$$\Delta_{n,m}^{(i,j)} := L_{i,n} - L_{j,m} \tag{8.59}$$

nützlich, für die wir unter Verwendung von (8.4) auch schreiben können

$$\Delta_{n,m}^{(i,j)} = \mathrm{round}\left\{\frac{f_A}{f_{i,n}}\right\} - \mathrm{round}\left\{\frac{f_A}{f_{j,m}}\right\}, \tag{8.60}$$

wobei $n = 1, 2, \ldots, N_i$ und $m = 1, 2, \ldots, N_j$ $(i, j = 1, 2)$. Die untere Grenze der Abtastfrequenz $f_{A,min}$ wird nun durch diejenigen Paare (n, m) und (i, j) bestimmt, für die mit kleiner werdender Abtastfrequenz f_A die Hilfsfunktion (8.60) erstmalig null wird. Somit ist

$$f_{A,min} = \max\left\{f_A \,\middle|\, \Delta_{n,m}^{(i,j)} = 0 \quad \forall i, j = 1, 2\right\}_{n,m=1}^{N_i,N_j}. \tag{8.61}$$

Wir fassen dieses Ergebnis in der folgenden Aussage zusammen: Gegeben seien zwei Mengen $\{f_{1,n}\}_{n=1}^{N_1}$ und $\{f_{2,m}\}_{m=1}^{N_2}$ mit der Eigenschaft $f_{i,n} \neq f_{j,m}$, dann besitzen die zugehörigen Mengen $\{\bar{f}_{1,n}\}_{n=1}^{N_1}$ und $\{\bar{f}_{2,m}\}_{m=1}^{N_2}$ die gleiche Eigenschaft $\bar{f}_{i,n} \neq \bar{f}_{j,m}$ für alle $n = 1, 2, \ldots, N_1$ und $m = 1, 2, \ldots, N_2$ $(i, j = 1, 2)$, falls die Abtastfrequenz f_A oberhalb der durch (8.61) definierten Schwelle liegt, d.h. $f_A > f_{A,min}$. Insbesondere folgt dann aus der Unkorreliertheit der Prozesse $\tilde{\mu}_1(t)$ und $\tilde{\mu}_2(t)$ die Unkorreliertheit der Folgen $\tilde{\mu}_1[k]$ und $\tilde{\mu}_2[k]$.

Zwei Beispiele zur Auswertung von (8.61) sind bei Verwendung der MEDS im Bild 8.13 gezeigt. Speziell bei der MEDS wird die untere Grenze der Abtastfrequenz $f_{A,min}$ durch denjenigen von oben kommenden Wert f_A festgelegt, bei dem die Hilfsfunktion $\Delta_{N_1,N_2}^{(1,2)}$ erstmalig null wird. Die durch Korrelation hervorgerufenen Probleme (Bild 8.12) lassen sich also durchaus vermeiden, wenn die Abtastfrequenz f_A oberhalb der im Bild 8.13 dargestellten Schwelle liegt, was bei dem im Bild 8.12 zur Veranschaulichung gezeigten Negativbeispiel nicht der Fall ist.

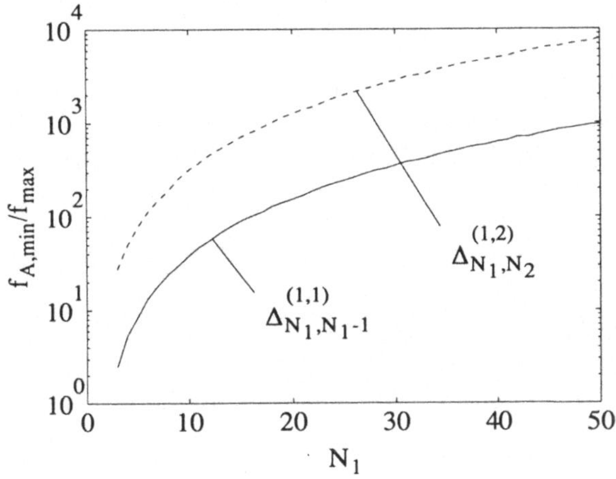

Bild 8.13:   Untere Grenze der Abtastfrequenz $f_{A,min}$ als Funktion von N_1 (MEDS, Jakes LDS, $N_2 = N_1 + 1$, $f_{max} = 91\,\mathrm{Hz}$, $\sigma_0^2 = 1$).

Zu diesem Thema sei abschließend noch bemerkt, dass die nach (8.61) berechnete untere Grenze $f_{A,min}$ hinreichend aber nicht notwendig zur Erfüllung der Forderung (8.58) ist, d. h., es ist nicht auszuschließen, dass auch Werte für f_A existieren, die mitunter deutlich unterhalb von $f_{A,min}$ liegen und trotzdem die beiden Ungleichungen in (8.58) erfüllt werden. Wir wollen dieses Problem an dieser Stelle nicht weiter betrachten, zumal sich in der Praxis die Daumenregel $f_A > 20 f_{max}$ in den meisten Fällen als völlig ausreichend bewährt hat. Unter einer hinreichend großen Abtastfrequenz verstehen wir daher alle Werte für f_A, die oberhalb von $20 f_{max}$ liegen.

Wir fahren fort mit der Analyse der Wahrscheinlichkeitsdichte $\bar{p}_\vartheta(\theta)$ der Phase von komplexen diskreten deterministischen Gaußprozessen $\bar{\mu}[k]$. Selbstverständlich führen ähnliche Argumente wie die, die uns zu dem Ergebnis (8.53) verholfen haben, auch hier zum Ziel. Alternativ bietet sich aber auch die einfachere Möglichkeit an, in (8.53) die Amplitude $\bar{\zeta}[l]$ direkt durch die Phase $\bar{\vartheta}[l]$ zu ersetzen, was uns unmittelbar für die

Wahrscheinlichkeitsdichte $\bar{p}_\vartheta(\theta)$ der Phase den folgenden Ausdruck liefert

$$\bar{p}_\vartheta(\theta) = \frac{1}{L} \sum_{l=0}^{L-1} \delta(\theta - \bar{\vartheta}[l]), \quad |\theta| \leq \pi, \tag{8.62}$$

wo $\bar{\vartheta}[l] = \arctan\{\bar{\mu}_2[l]/\bar{\mu}_1[l]\}$ die Phase des komplexen diskreten deterministischen Gauß-prozesses $\bar{\mu}[k] = \bar{\mu}_1[k] + j\bar{\mu}_2[k]$ zu den diskreten Zeitpunkten $k = l \in \{0, 1, \ldots, L-1\}$ kennzeichnet. Mit (8.62) folgt für die zugehörige Verteilungsfunktion

$$\bar{F}_\vartheta(\varphi) = \frac{1}{L} \sum_{l=0}^{L-1} \int_{-\pi}^{\varphi} \delta(\theta - \bar{\vartheta}[l]) \, d\varphi, \quad |\varphi| \leq \pi. \tag{8.63}$$

Es sei bemerkt, dass für $T_A \to 0$ wegen $\bar{\vartheta}[k] \to \tilde{\vartheta}(t)$ auch $\bar{p}_\vartheta(\theta) \to \tilde{p}_\vartheta(\theta)$ bzw. $\bar{F}_\vartheta(\varphi) \to \tilde{F}_\vartheta(\varphi)$ folgt, wobei man $\tilde{p}_\vartheta(\theta)$ aus (4.47b) für den Sonderfall $\rho = 0$ erhält, und die Verteilungsfunktion $\tilde{F}_\vartheta(\varphi)$ der Phase $\tilde{\vartheta}(t)$ von $\tilde{\mu}(t) = \tilde{\mu}_1(t) + j\tilde{\mu}_2(t)$ wie folgt formuliert werden kann

$$\begin{aligned}
\tilde{F}_\vartheta(\varphi) &= \int_{-\pi}^{\varphi} \tilde{p}_\vartheta(\theta) \, d\theta \\
&= 4 \int_{-\pi}^{\varphi} \int_0^{\infty} z \left\{ \int_0^{\infty} \left[\prod_{n=1}^{N_1} J_0(2\pi c_{1,n}\nu_1) \right] \cos(2\pi\nu_1 z \cos\theta) \, d\nu_1 \right\} \\
&\quad \left\{ \int_0^{\infty} \left[\prod_{m=1}^{N_2} J_0(2\pi c_{2,m}\nu_2) \right] \cos(2\pi\nu_2 z \sin\theta) \, d\nu_2 \right\} dz \, d\theta, \quad |\varphi| \leq \pi. \tag{8.64}
\end{aligned}$$

Für $T_A \to 0$ und $N_i \to \infty$ folgt $\bar{F}_\vartheta(\varphi) = F_\vartheta(\varphi)$, wobei

$$F_\vartheta(\varphi) = \frac{1}{2}\left(1 + \frac{\varphi}{\pi}\right), \quad |\varphi| \leq \pi, \tag{8.65}$$

die Verteilungsfunktion der gleichverteilten Phase von mittelwertfreien komplexen Gauß-prozessen $\mu(t) = \mu_1(t) + j\mu_2(t)$ ist.

Bild 8.14 dient zur Veranschaulichung der Verteilungsfunktionen (8.63)–(8.65). Die Auswertung von (8.63) erfolgte unter Verwendung von $K = 50 \cdot 10^3 \ll L$ Stichproben $\{\bar{\vartheta}[k]\}_{k=0}^{K-1}$. Für das Abtastintervall T_A wurde der Wert $T_A = 0.1$ ms gewählt. Damit liegt bei Verwendung der MEDS mit den in der Bildunterschrift von Bild 8.14 angegebenen Parametern das Verhältnis f_A/f_{max} in der Nähe der Schwelle $f_{A,min}/f_{max}$ (Bild 8.13).

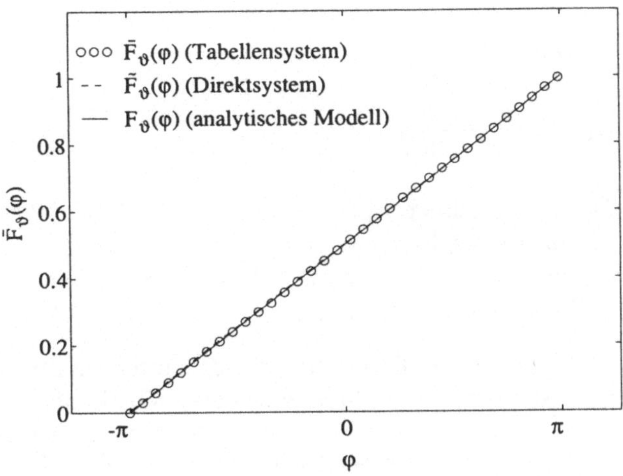

Bild 8.14: Verteilungsfunktion $\bar{F}_\vartheta(\varphi)$ der Phase $\vartheta[k]$ von komplexen diskreten deterministischen Gaußprozessen $\bar{\mu}[k] = \bar{\mu}_1[k] + j\bar{\mu}_2[k]$ für $T_A = 0.1\,\text{ms}$ (MEDS, Jakes LDS, $N_1 = 7$, $N_2 = 8$, $f_{max} = 91\,\text{Hz}$, $\sigma_0^2 = 1$).

8.3.2.2 Pegelunterschreitungsrate und mittlere Fadingdauer

Im Gegensatz zu zeitkontinuierlichen deterministischen Rayleighprozessen, für deren Pegelunterschreitungsrate und mittlere Fadingdauer exakte analytische Ausdrücke hergeleitet werden konnten (Anhang C), existieren bislang für diskrete deterministische Rayleighprozesse keine vergleichbaren Lösungen. Wir begnügen uns hier mit der Herleitung von Näherungslösungen und setzen dabei voraus, dass die normierte Abtastfrequenz f_A/f_{max} oberhalb der im Bild 8.13 gezeigten Schwelle liegt. Außerdem soll die Anzahl der harmonischen Funktionen (Tabellen) N_i wieder hinreichend groß sein, d. h. $N_i \geq 7$. Wir setzen ferner voraus, dass der relative Modellfehler $\Delta\bar{\beta}_i/\beta_i$ des zeitdiskreten Systems klein ist, was insbesondere bei der MEDS unter der Bedingung $f_A > f_{A,min}$ auch tatsächlich der Fall ist (Bild 8.7). Beachten wir noch, dass die Wahrscheinlichkeitsdichte $\bar{p}_{\mu_i}(x)$ von diskreten deterministischen Prozessen $\bar{\mu}_i[k]$ asymptotisch gleich der Wahrscheinlichkeitsdichte $\tilde{p}_{\mu_i}(x)$ von zeitkontinuierlichen deterministischen Prozessen $\tilde{\mu}_i(t)$ ist, d. h. $\bar{p}_{\mu_i}(x) \sim \tilde{p}_{\mu_i}(x)$, dann können wir das oben Gesagte wie folgt zusammenfassen:

$$\text{(i)} \qquad \bar{p}_{\mu_i}(x) \sim \tilde{p}_{\mu_i}(x) \approx p_{\mu_i}(x)\,, \tag{8.66a}$$

$$\text{(ii)} \qquad \bar{\beta} = (\bar{\beta}_1 + \bar{\beta}_2)/2 \approx \beta = \beta_1 = \beta_2\,. \tag{8.66b}$$

Unter diesen Voraussetzungen sind die Pegelunterschreitungsrate $\bar{N}_\zeta(r)$ und die mittlere Fadingdauer $\bar{T}_{\zeta_-}(r)$ von diskreten Rayleighprozessen $\zeta[k]$ auch weiterhin durch die entsprechenden Näherungen (4.66) und (4.70) gegeben, wenn wir dort den Fall $\rho = 0$ betrachten und den Modellfehler $\Delta\beta$ durch $\Delta\bar{\beta}$ ersetzen. Dann gilt

$$\bar{N}_\zeta(r) \quad \approx \quad N_\zeta(r)\left(1 + \frac{\Delta\bar{\beta}}{2\beta}\right), \tag{8.67a}$$

$$\bar{T}_{\zeta_-}(r) \quad \approx \quad T_{\zeta_-}(r)\left(1 - \frac{\Delta\bar{\beta}}{2\beta}\right), \tag{8.67b}$$

wo $\Delta\bar{\beta} = \bar{\beta} - \beta$. Dabei bezeichnet $N_\zeta(r)$ in (8.67a) die durch (2.60) gegebene Pegelunterschreitungsrate von Rayleighprozessen, und für die in (8.67b) verwendete mittlere Fadingdauer $T_{\zeta_-}(r)$ gilt der Ausdruck (2.65). Für $T_A \to 0$ und $N_i \to \infty$ folgen die Grenzwerte $\bar{N}_\zeta(r) = N_\zeta(r)$ und $\bar{T}_{\zeta_-} = T_{\zeta_-}(r)$.

Bild 8.15(a) zeigt ein Beispiel für die normierte Pegelunterschreitungsrate $\bar{N}_\zeta(r)/f_{max}$ von diskreten deterministischen Rayleighprozessen $\tilde{\zeta}[k]$. Wie in den vorhergehenden Beispielen wurde auch hier die MEDS mit $N_1 = 7$ und $N_2 = 8$ zur Berechnung der Modellparameter verwendet. Das Abtastintervall T_A betrug wieder $T_A = 0.1$ ms. Die zugehörige normierte mittlere Fadingdauer $\bar{T}_{\zeta_-}(r) \cdot f_{max}$ ist im Bild 8.15(b) dargestellt.

(a)   (b)

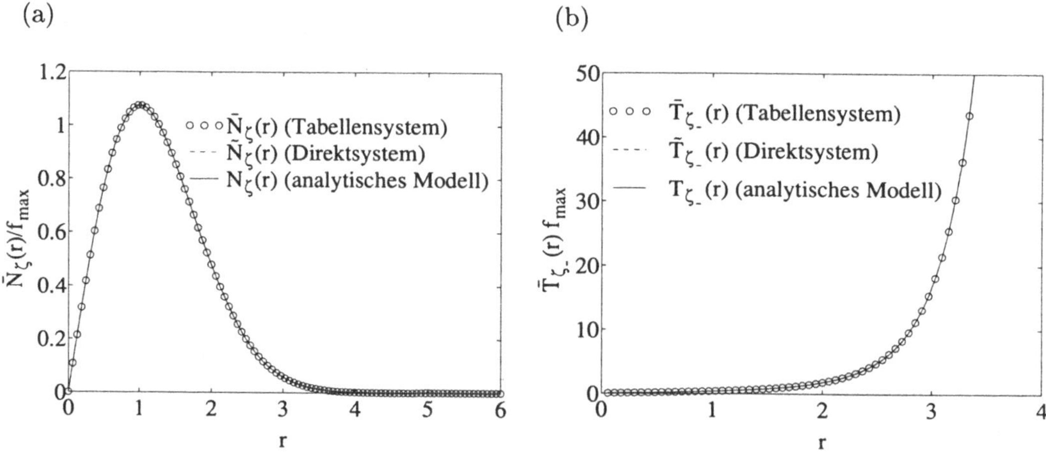

Bild 8.15:   (a) Normierte Pegelunterschreitungsrate $\bar{N}_\zeta(r)/f_{max}$ und (b) normierte mittlere Fadingdauer $\bar{T}_{\zeta_-}(r) \cdot f_{max}$ von diskreten deterministischen Rayleighprozessen $\tilde{\zeta}[k]$ für $T_A = 0.1$ ms (MEDS, Jakes LDS, $N_1 = 7$, $N_2 = 8$, $f_{max} = 91$ Hz, $\sigma_0^2 = 1$).

8.4   Realisierungsaufwand und Simulationsgeschwindigkeit

In diesem Abschnitt befassen wir uns eingehend mit der Effizienz des Tabellensystems (Bild 8.2) und vergleichen diese mit der des zugehörigen zeitdiskreten Direktsystems, welches man erhält, wenn im Bild 4.3 die kontinuierliche Zeitvariable t durch kT_A ersetzt wird und dort zudem der Einfluss der direkten Komponente durch die Wahl von $\rho = 0$ unberücksichtigt bleibt. Wir gehen im weiteren davon aus, dass die Initialisierungsphase abgeschlossen ist und beschränken uns auf die Untersuchung des zur Erzeugung der jeweiligen komplexen Kanalausgangsfolge erforderlichen Rechenaufwandes.

Wie dem Bild 8.2 leicht entnommen werden kann, müssen zur Berechnung des komplexen diskreten deterministischen Gaußprozesses $\bar{\mu}[k] = \bar{\mu}_1[k] + j\bar{\mu}_2[k]$ zu jedem diskreten Zeitpunkt k die in Tabelle 8.1 aufgeführten Operationen ausgeführt werden. Man erkennt, dass lediglich Additionen und einfache Auswahlanweisungen (*if-else*-Anweisungen) erforderlich sind. Die Additionen fallen hierbei sowohl bei der Berechnung der Adressen im Adressgenerator als auch bei der Summation der Tabellenausgänge an. Dagegen werden die Auswahlanweisungen nur zur Erzeugung der Adressen innerhalb des Adressgenerators benötigt.

In der Tabelle 8.1 ist auch die Anzahl der entsprechenden Operationen aufgeführt, die zur Erzeugung der komplexen Folge $\tilde{\mu}[k] = \tilde{\mu}_1[k] + j\tilde{\mu}_2[k]$ bei Verwendung des Direktsystems erforderlich ist. Dabei wurden normierte diskrete Dopplerfrequenzen $\Omega_{i,n} = 2\pi f_{i,n} T_A$ verwendet, um unnötige Multiplikationen, die sonst in den jeweiligen Argumenten der harmonischen Funktionen anfallen würden, vor vornherein zu vermeiden.

Anzahl der Operationen	Tabellensystem	Direktsystem
# Multiplikationen	0	$2(N_1 + N_2)$
# Additionen	$2(N_1 + N_2) - 2$	$2(N_1 + N_2) - 2$
# Trig. Operationen	0	$N_1 + N_2$
# Auswahlanweisungen	$N_1 + N_2$	0

Tabelle 8.1: Anzahl der Operationen zur Berechnung von $\bar{\mu}[k]$ (Tabellensystem) und $\tilde{\mu}[k]$ (Direktsystem).

Die Ergebnisse der Tabelle 8.1 lassen sich wie folgt zusammenfassen: Sämtliche Multiplikationen lassen sich vermeiden, die Anzahl der Additionen bleibt unverändert, und die trigonometrischen Operationen können durch einfache Auswahlanweisungen ersetzt werden, wenn anstatt des Direktsystems das Tabellensystem zur Erzeugung von komplexen Kanalausgangsfolgen verwendet wird. Es ist daher nicht verwunderlich, wenn sich im Folgenden herausstellt, dass das Tabellensystem gegenüber dem Direktsystem deutliche Vorteile bezüglich der Simulationsgeschwindigkeit aufweist.

Als geeignetes Maß zur Messung der Simulationsgeschwindigkeit von Kanalsimulatoren betrachten wir die durch

$$\Delta T_{Sim} = \frac{T_{Sim}}{K} \tag{8.68}$$

definierte *Iterationsdauer*, wobei mit T_{Sim} die Simulationsdauer bezeichnet wird, die zur Berechnung von K Abtastwerten der komplexen Kanalausgangssequenz erforderlich ist. Mit ΔT_{Sim} wird also die Rechenzeit pro komplexem Kanalausgangswert erfasst. Im Bild 8.16 ist die Iterationsdauer ΔT_{Sim} sowohl für das Direktsystem als auch für das Tabellensystem in Abhängigkeit von der Anzahl der harmonischen Funktionen (Tabellen) N_1 dargestellt. Die Berechnung der Modellparameter $f_{i,n}$ und $c_{i,n}$ erfolgte unter Verwendung der MEDS mit $N_2 = N_1 + 1$ und der JM mit $N_2 = N_1$. Die Algorithmen der Kanalsimulatoren wurden mit dem Entwicklungswerkzeug MATLAB auf einer Workstation (HP 730) implementiert. Simuliert wurden jeweils $K = 10^4$ Abtastwerte der komplexen Kanalausgangssequenz.

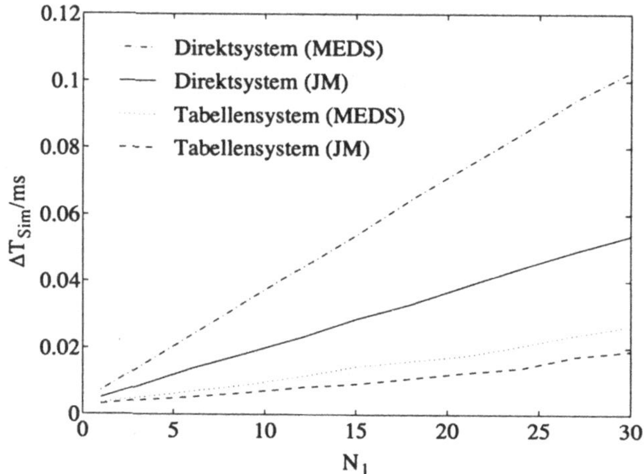

Bild 8.16:   Iterationsdauer ΔT_{Sim} als Funktion von der Anzahl der harmonischen Funktionen (Tabellen) N_1 (MEDS mit $N_2 = N_1 + 1$, JM mit $N_2 = N_1$, $f_{max} = 91\,\text{Hz}$, $\sigma_0^2 = 1$, $T_A = 0.1\,\text{ms}$).

Die im Bild 8.16 dargestellten Ergebnisse machen die Geschwindigkeitsunterschiede der betrachteten Kanalsimulatoren deutlich. Beispielsweise ist bei Verwendung der MEDS die Simulationsgeschwindigkeit des Tabellensystems um etwa das 3.8-fache höher als die des Direktsystems. Bei der Verwendung der JM kann die Tatsache ausgenutzt werden, dass die diskreten Dopplerfrequenzen $f_{1,n}$ und $f_{2,n}$ identisch und die Dopplerphasen $\theta_{1,n}$ und $\theta_{2,n}$ null sind für alle $n = 1, 2, \ldots, N_1$ ($N_1 = N_2$). Als Konsequenz für das Direktsystem folgt daraus, dass nur N_1 anstatt wie sonst üblich $N_1 + N_2$ harmonische Funktionen zu jedem diskreten Zeitpunkt k berechnet werden müssen. Die Geschwindigkeit des Direktsystems lässt sich daher näherungsweise um den Faktor zwei (Bild 8.16) erhöhen. Die Eigenschaften der JM ($f_{1,n} = f_{2,n}$, $c_{1,n} \neq c_{2,n}$, $\theta_{1,n} = \theta_{2,n} = 0$, $N_1 = N_2$) implizieren ferner, dass bei dem Tabellensystem die Tabellen $\text{Tab}_{1,n}$ und $\text{Tab}_{2,n}$ die gleichen Längen aufweisen, d.h., es gilt $L_{1,n} = L_{2,n}$ für alle $n = 1, 2, \ldots, N_1$ ($N_1 = N_2$). Da außerdem aus $\theta_{i,n} = 0$ auch $\bar{\theta}_{i,n} = 0$ folgt, braucht der Adressgenerator nur die Hälfte der sonst üblichen Adressen zu berechnen. Dadurch erhöht sich die Geschwindigkeit des

Tabellensystems nochmals um ca. 40 % (Bild 8.16).

Zusammenfassend können wir sagen, dass das Tabellensystem bei Verwendung der MEDS (JM) näherungsweise viermal (dreimal) so schnell ist, wie das zugehörige Direktsystem. Diesem Geschwindigkeitsvorteil steht der erhöhte Speicherbedarf des Tabellensystems als einziger erwähnenswerter Nachteil gegenüber. Dazu sei daran erinnert, dass der gesamte Speicherbedarf proportional zur Abtastfrequenz ist (Bild 8.3). Wird nun die Abtastfrequenz f_A knapp oberhalb von $f_{A,min}$ gewählt, dann erhält man den minimalen Speicherbedarf, ohne einen nennenswerten Präzisionsverlust in Kauf nehmen zu müssen. Bei Verwendung des so entworfenen Kanalsimulators als Bindeglied zwischen Sender und Empfänger eines Mobilfunksystems, muss dann gegebenenfalls eine Abtastratenerhöhung mittels Interpolationsfilter an die am Ausgang des Senders bzw. am Eingang des Empfängers vorliegende Abtastrate durchgeführt werden.

8.5   Vergleich mit der Filter-Methode

An dieser Stelle ist ein Vergleich mit der Filter-Methode angebracht, die ebenfalls häufig zum Entwurf von Simulationsmodellen für Mobilfunkkanäle verwendet wird. Wir beschränken uns hier auf die Modellierung von Rayleighprozessen und betrachten dazu die im Bild 8.17 abgebildete zeitdiskrete Struktur.

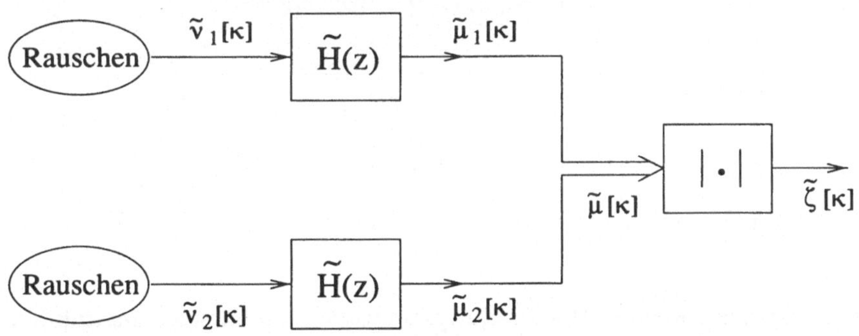

Bild 8.17:   Ein Simulationsmodell für Rayleighprozesse auf Basis der Filter-Methode.

Da weißes gaußsches Rauschen streng genommen nicht realisierbar ist, betrachten wir $\tilde{v}_1[k]$ und $\tilde{v}_2[k]$ als zwei reale Rauschfolgen, deren statistische Eigenschaften hinreichend gut mit denen von weißen gaußschen Rauschprozessen übereinstimmen sollen. Insbesondere fordern wir, dass diese pseudozufälligen Sequenzen $\tilde{v}_i[k]$ ($i = 1, 2$) unkorreliert sind, eine sehr lange Periode haben und die Eigenschaften $E\{\tilde{v}_i[k]\} = 0$ und $\mathrm{Var}\{\tilde{v}_i[k]\} = 1$ aufweisen.

Im Bild 8.17 kennzeichnet $\tilde{H}(z)$ die z-Übertragungsfunktion eines digitalen Filters. Zur Modellierung von schmalbandigen Rauschprozessen werden häufig rekursive Digitalfilter verwendet, deren Übertragungsfunktion im z-Bereich wie folgt dargestellt werden kann:

$$\tilde{H}(z) = A_0 \frac{\displaystyle\prod_{n=1}^{N_0/2} \left(z - \rho_{0n}\, e^{j\varphi_{0n}}\right)\left(z - \rho_{0n}\, e^{-j\varphi_{0n}}\right)}{\displaystyle\prod_{n=1}^{N_0/2} \left(z - \rho_{\infty n}\, e^{j\varphi_{\infty n}}\right)\left(z - \rho_{\infty n}\, e^{-j\varphi_{\infty n}}\right)} . \tag{8.69}$$

Dabei bezeichnet N_0 den Filtergrad, und A_0 ist eine Konstante, die so bestimmt wird, dass die mittlere Leistung am Ausgang des Digitalfilters gleich σ_0^2 ist. Bei der Filter-Methode besteht bekanntlich die Aufgabe darin, die Koeffizienten der Übertragungsfunktion des Filters so zu bestimmen, dass die Abweichungen zwischen dem Betrag der Übertragungsfunktion $|\tilde{H}(e^{j2\pi f T_A})|$ und der Wurzel aus dem gewünschten Dopplerleistungsdichtespektrum $\sqrt{S_{\mu_i\mu_i}(f)}$ hinsichtlich eines geeigneten Fehlerkriteriums minimal bzw. möglichst klein ist. Zur Lösung dieses Problems werden im Allgemeinen numerische Optimierungsverfahren wie z. B. der Fletcher-Powell-Algorithmus [Fle63] oder das Austauschverfahren nach Remez eingesetzt. Eine Übersicht über gängige Optimierungsverfahren findet der Leser in [Ent76].

Speziell für das häufig verwendete Jakesleistungsdichtespektrum (3.8) wurde in [Bre86a] ein rekursives Digitalfilter achter Ordnung entworfen, welches den gewünschten Frequenzgang in sehr guter Näherung approximiert. In der Tabelle 8.2 sind die aus [Hae88] entnommenen Koeffizienten des rekursiven Digitalfilters für eine auf die Abtastfrequenz f_A normierte Grenzfrequenz f_g von $f_g = f_A/(110.5)$ wiedergegeben.

n	ρ_{0n}	φ_{0n}	$\rho_{\infty n}$	$\varphi_{\infty n}$
1	1.0	$5.730778 \cdot 10^{-2}$	0.991177	$4.542547 \cdot 10^{-2}$
2	1.0	$7.151706 \cdot 10^{-2}$	0.980664	$1.912862 \cdot 10^{-2}$
3	1.0	0.105841	0.998042	$5.507401 \cdot 10^{-2}$
4	1.0	0.264175	0.999887	$5.670618 \cdot 10^{-2}$

Tabelle 8.2: Koeffizienten der Übertragungsfunktion des rekursiven Digitalfilters achter Ordnung [Hae88].

Der resultierende Verlauf des Betragsquadrates der Übertragungsfunktion $|\tilde{H}(e^{j2\pi f T_A})|^2$ ist im Bild 8.18(a) zusammen mit dem gewünschten Jakesleistungsdichtespektrum (3.8) dargestellt. Die sehr gute Übereinstimmung zwischen den zugehörigen Autokorrelationsfolgen zeigt Bild 8.18(b).

Die Grenzfrequenz f_g wird im Falle des Jakesleistungsdichtespektrums mit der maximalen Dopplerfrequenz f_{max} gleichgesetzt. Dies bedeutet, dass bei einem Wechsel von f_{max} bzw. f_g die Koeffizienten der Übertragungsfunktion $\tilde{H}(z)$ mit den üblichen Tiefpass-Tiefpass-Transformationen neu berechnet werden müssen [Opp75]. Dabei gilt zu beachten, dass aufgrund dieser Frequenztransformation nichtlineare Frequenzverzerrungen auftreten, die insbesondere bei sehr kleinen Verhältnissen f_g/f_A nicht vernachlässigt werden können.

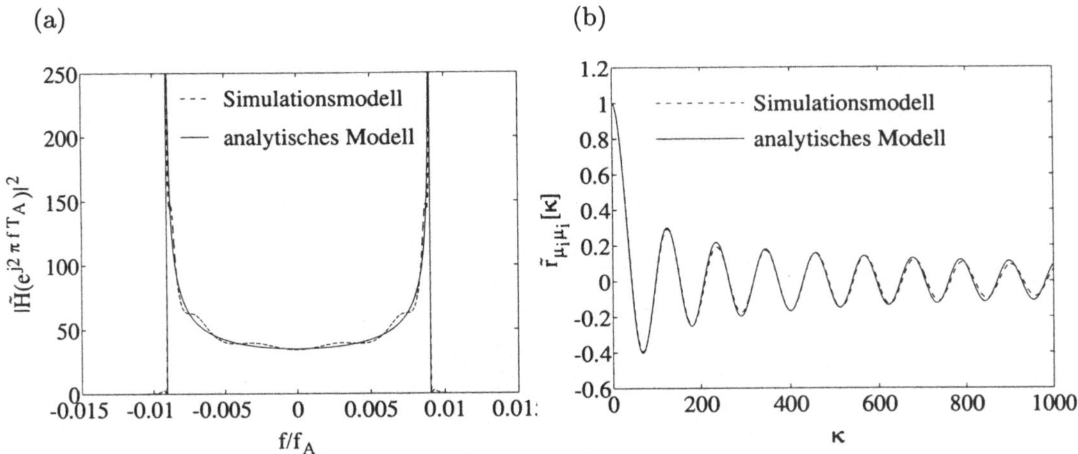

Bild 8.18:   (a) Betragsquadrat der Übertragungsfunktion $|\tilde{H}(e^{j2\pi f T_A})|^2$ des rekursiven Digitalfilters achter Ordnung und (b) Autokorrelationsfolge $\tilde{r}_{\mu_i\mu_i}[\kappa]$ des gefilterten Rauschprozesses $\tilde{\mu}_i[\kappa]$ $(i = 1,2)$ [Bre86a].

In der Praxis wird dieses Problem durch Abtastratenwandlung gelöst. Dabei wird das Digitalfilter mit einer niedrigen Abtastrate betrieben, welche anschließend durch Abtastratenerhöhung mittels eines Interpolators an die gewünschte, meistens sehr viel höhere, Abtastrate angepasst wird. Auf Einzelheiten der Abtastratenwandlung wollen wir hier nicht eingehen, zumal diese bei dem hier angestrebten Vergleich der Rechengeschwindigkeit zwischen verschiedenen Kanalsimulatoren aus Gründen der Fairness ohnehin außer Acht gelassen werden muss. Andernfalls müsste dem Tabellensystem und dem Direktsystem ebenfalls ein Interpolator nachgeschaltet werden, was zwar prinzipiell immer möglich ist, aber bei einer Messung der Rechengeschwindigkeit nur dazu führt, dass diese neben anderen Faktoren auch noch vom gewählten Interpolationsfaktor abhängig wird.

In [Pae98g] wurde die im Bild 8.17 gezeigte Struktur mit dem oben beschriebenen rekursiven Digitalfilter achter Ordnung unter Verwendung von MATLAB auf einer Workstation (HP 730) implementiert und die Iterationsdauer ΔT_{Sim} nach der Vorschrift (8.68) gemessen. Als Ergebnis kam dabei der Wert $\Delta T_{Sim} = 0.02\,\text{ms}$ heraus. Es zeigte sich auch, dass näherungsweise 70 % der gesamten Rechenzeit zur Berechnung der realen Rauschfolgen $\tilde{\nu}_1[k]$ und $\tilde{\nu}_2[k]$ benötigt werden, während deren Filterung nur die verbleibenden 30 % der Rechenzeit in Anspruch nimmt. Daraus schließen wir, dass durch Reduzierung der Filterordnung die Iterationsdauer ΔT_{Sim} nicht wesentlich verkürzt werden kann.

Setzen wir nun die für das Filtersystem der Ordnung acht ermittelte Iterationsdauer mit den entsprechenden Kenngrößen des Direktsystems und des Tabellensystems ins Verhältnis, so zeigt sich, dass bei Verwendung der MEDS ($N_1 = 7$, $N_2 = 8$) das Direktsystem etwa 25 % langsamer ist als das Filtersystem, während die Schnelligkeit des Tabellensystems die des Filtersystems um ca. 300 % übertrifft.

Anhang A

Herleitung des Jakesleistungsdichtespektrums und der zugehörigen Autokorrelationsfunktion

Bei der Herleitung des Jakesleistungsdichtespektrums werden folgende Annahmen gemacht:

(i) Die Ausbreitung der elektromagnetischen Wellen findet in der zweidimensionalen (horizontalen) Ebene statt, und der Empfänger liegt im Zentrum eines isotropen Streugebietes.

(ii) Die Einfallswinkel α der auf die Empfangsantenne treffenden Wellen sind gleichverteilt über das Intervall $[-\pi, \pi)$.

(iii) Die Richtcharakteristik der Empfangsantenne ist zirkularsymmetrisch (Rundstrahlantenne).

Wegen der Annahme, dass die Einfallswinkel α Zufallsvariablen mit der Wahrscheinlichkeitsdichte

$$p_\alpha(\alpha) = \begin{cases} \dfrac{1}{2\pi}, & \alpha \in [-\pi, \pi), \\ 0, & \text{sonst}, \end{cases} \tag{A.1}$$

sind, folgt, dass die durch

$$f = f(\alpha) := f_{max} \cos(\alpha) \tag{A.2}$$

definierten Dopplerfrequenzen ebenfalls Zufallsvariablen sein müssen. Die im weiteren mit $p_f(f)$ bezeichnete Wahrscheinlichkeitsdichte der Dopplerfrequenzen f lässt sich unter

Zuhilfenahme von (2.38) leicht berechnen. Die Anwendung von (2.38) auf die hier vorliegende Verhältnisse ergibt zunächst für die Wahrscheinlichkeitsdichte $p_f(f)$ den Ausdruck

$$p_f(f) = \sum_{\nu=1}^{m} \frac{p_\alpha(\alpha_\nu)}{\left|\frac{d}{d\alpha}f(\alpha)\right|_{\alpha=\alpha_\nu}} \,, \tag{A.3}$$

wo m die Anzahl der Lösungen der Gleichung (A.2) ist. Für $|f| > f_{max}$ hat die Gleichung $f = f_{max}\cos(\alpha)$ keine reelle Lösung, und somit ist $p_f(f) = 0$ für $|f| > f_{max}$. Für $|f| < f_{max}$ existieren dagegen wegen der Mehrdeutigkeit der Umkehrfunktion der Kosinusfunktion im Intervall $[-\pi, \pi)$ zwei Lösungen

$$\alpha_1 = -\alpha_2 = \arccos\left(f/f_{max}\right), \tag{A.4}$$

so dass $m = 2$ ist. Mit (A.1)–(A.4) finden wir dann nach elementarer Rechnung für die Wahrscheinlichkeitsdichte $p_f(f)$ der Dopplerfrequenzen das Ergebnis

$$p_f(f) = \begin{cases} \dfrac{1}{\pi f_{max}\sqrt{1-(f/f_{max})^2}}, & |f| < f_{max}, \\ 0, & |f| > f_{max}. \end{cases} \tag{A.5}$$

Wir können uns leicht klarmachen, dass die Wahrscheinlichkeitsdichte $p_f(f)$ der Dopplerfrequenzen direkt proportional zu der spektralen Leistungsdichte $S_{\mu\mu}(f)$ der von der Empfangsantenne empfangenen gestreuten Komponenten $\mu(t) = \mu_1(t)+j\mu_2(t)$ sein muss. Dazu stellen wir uns vor, dass $\mu(t)$ durch eine Überlagerung von unendlich vielen Exponentialfunktionen gemäß

$$\mu(t) = \lim_{N\to\infty} \sum_{n=1}^{N} c_n\, e^{j(2\pi f_n t+\theta_n)} \tag{A.6}$$

dargestellt werden kann. Bedingt durch die idealisierte Annahme einer isotropen Streuausbreitung sind alle Amplituden $c_n = \sigma_0\sqrt{2/N}$ gleich groß. Die Dopplerfrequenzen f_n in (A.6) sind Zufallsvariablen, deren Wahrscheinlichkeitsdichte durch (A.5) festliegt. Ebenfalls sind die Phasen θ_n zufällig, jedoch gleichverteilt über das Intervall $[0, 2\pi)$. Man beachte, dass die spektrale Leistungsdichte $S_{\mu\mu}(f)$ von (A.6) aus unendlich vielen diskreten Spektrallinien besteht, und dass in einem infinitesimalen Frequenzintervall df die Leistung $S_{\mu\mu}(f)\,df$ vorliegt, welche proportional zur Anzahl der in df enthaltenen Spektrallinien sein muss. Andererseits ist mit (A.5) die Anzahl der in das Frequenzintervall df fallenden Spektrallinien auch darstellbar durch $p_f(f)\,df$. Folglich gilt

$$S_{\mu\mu}(f)\,df \sim p_f(f)\,df \tag{A.7}$$

bzw.

$$S_{\mu\mu}(f) \sim p_f(f)\,. \tag{A.8}$$

Damit folgt wegen $\int_{-\infty}^{\infty} S_{\mu\mu}(f)\,df = 2\sigma_0^2$ und $\int_{-\infty}^{\infty} p_f(f)\,df = 1$ der Zusammenhang

$$S_{\mu\mu}(f) = 2\sigma_0^2\, p_f(f)\,. \tag{A.9}$$

Hieraus erhalten wir mit (A.5) das in der Literatur häufig als Jakesleistungsdichtespektrum bezeichnete Leistungsdichtespektrum

$$S_{\mu\mu}(f) = \begin{cases} \dfrac{2\sigma_0^2}{\pi f_{max}\sqrt{1-(f/f_{max})^2}}, & |f| \leq f_{max}, \\ 0, & |f| > f_{max}. \end{cases} \qquad (A.10)$$

Streng genommen hätten wir in der obigen Gleichung für $|f| \leq f_{max}$ die weniger strenge Ungleichung $|f| < f_{max}$ verwenden müssen. Jedoch werden häufig in anderen Arbeiten die Polstellen bei $f = \pm f_{max}$ dem Wertebereich des Jakesleistungsdichtespektrums zugeordnet. Ohne auf eine genaue Analyse von $S_{\mu\mu}(f)$ an den Stellen $f = \pm f_{max}$ näher eingehen zu wollen, werden wir uns an die konventionelle Schreibweise halten, zumal diese geringe Abwandlung auf die nachfolgenden Rechnungen ohnehin keine Auswirkung hat.

Für die spektrale Leistungsdichte des Real- bzw. Imaginärteils von $\mu(t) = \mu_1(t) + j\mu_2(t)$ gilt der Zusammenhang

$$S_{\mu_i\mu_i}(f) = \frac{S_{\mu\mu}(f)}{2} = \begin{cases} \dfrac{\sigma_0^2}{\pi f_{max}\sqrt{1-(f/f_{max})^2}}, & |f| \leq f_{max}, \\ 0, & |f| > f_{max}, \end{cases} \qquad (A.11)$$

für $i = 1, 2$.

Abschließend berechnen wir noch die Autokorrelationsfunktion $r_{\mu\mu}(\tau)$ von der gestreuten Komponente $\mu(t) = \mu_1(t) + j\mu_2(t)$. Wir wählen dazu den Weg über die inverse Fouriertransformation des Jakesleistungsdichtespektrums (A.10) und erhalten unter Berücksichtigung, dass $S_{\mu\mu}(f)$ eine gerade Funktion ist, den Ausdruck

$$\begin{aligned} r_{\mu\mu}(\tau) &= \int_{-\infty}^{\infty} S_{\mu\mu}(f)\, e^{j2\pi f\tau}\, df \\ &= \frac{4\sigma_0^2}{\pi f_{max}} \int_0^{f_{max}} \frac{\cos(2\pi f\tau)}{\sqrt{1-(f/f_{max})^2}}\, df. \end{aligned} \qquad (A.12)$$

Die Substitution $f = f_{max}\cos(\alpha)$ führt uns zunächst auf

$$r_{\mu\mu}(\tau) = \sigma_0^2 \frac{4}{\pi} \int_0^{\pi/2} \cos(2\pi f_{max}\tau\cos\alpha)\, d\alpha, \qquad (A.13)$$

woraus mit der Integraldarstellung der Besselfunktion erster Gattung 0-ter Ordnung [Gra81, Gl. (3.715.19)]

$$J_0(z) = \frac{2}{\pi} \int_0^{\pi/2} \cos(z\cos\alpha)\, d\alpha \qquad (A.14)$$

unmittelbar das Ergebnis

$$r_{\mu\mu}(\tau) = 2\sigma_0^2 \, J_0(2\pi f_{max}\tau) \tag{A.15}$$

folgt.

Eine hierzu alternative Rechnung ist die Folgende. Mit der durch (2.48) definierten Autokorrelationsfunktion

$$r_{\mu\mu}(\tau) = E\{\mu^*(t)\mu(t+\tau)\} \tag{A.16}$$

und (A.6) finden wir

$$r_{\mu\mu}(\tau) = \lim_{N\to\infty} \lim_{M\to\infty} \sum_{n=1}^{N} \sum_{m=1}^{M} c_n c_m \, E\left\{e^{j[2\pi(f_m-f_n)t+2\pi f_m\tau+\theta_m-\theta_n]}\right\} . \tag{A.17}$$

Die Berechnung des Erwartungswertes muss sowohl bezüglich der gleichverteilten Phasen als auch bezüglich der nach (A.5) verteilten Dopplerfrequenzen erfolgen. Wir bilden zunächst den Erwartungswert bezüglich θ_m und θ_n und erhalten $r_{\mu\mu}(\tau) = 0$ für $n \neq m$ bzw.

$$r_{\mu\mu}(\tau) = \lim_{N\to\infty} \sum_{n=1}^{N} c_n^2 \, E\left\{e^{j2\pi f_n\tau}\right\} \tag{A.18}$$

für $n = m$. Mit der Wahrscheinlichkeitsdichte (A.5) können wir nach einer kurzen Zwischenrechnung, die sehr ähnlich verläuft, wie die bei dem ersten Lösungsweg, den Erwartungswert in (A.18) darstellen durch

$$E\left\{e^{j2\pi f_n\tau}\right\} = \int_{-\infty}^{\infty} p_f(f) \, e^{j2\pi f\tau} \, df = J_0(2\pi f_{max}\tau) . \tag{A.19}$$

Schließlich erinnern wir uns noch daran, dass die Amplituden c_n gemäß der zuvor gemachten Annahme durch $c_n = \sigma_0\sqrt{2/N}$ festliegen, so dass aus (A.18) unter Beachtung von (A.19) der Ausdruck

$$r_{\mu\mu}(\tau) = 2\sigma_0^2 \, J_0(2\pi f_{max}\tau) \tag{A.20}$$

folgt, welcher mit dem zuvor erhaltenen Ergebnis (A.15) genau übereinstimmt.

Anhang B

Herleitung der Pegelunterschreitungsrate von Riceprozessen mit unterschiedlicher Färbung der erzeugenden Gaußprozesse

Gegeben seien zwei unkorrelierte, mittelwertfreie Gaußprozesse $\mu_1(t)$ und $\mu_2(t)$ mit identischen Varianzen aber unterschiedlichen spektralen Färbungen, d. h., die zugehörigen Autokorrelationsfunktionen unterliegen den folgenden Bedingungen:

$$(\text{i}) \qquad r_{\mu_1\mu_1}(0) = r_{\mu_2\mu_2}(0) = \sigma_0^2 \,, \tag{B.1}$$

$$(\text{ii}) \qquad r_{\mu_1\mu_1}(\tau) \neq r_{\mu_2\mu_2}(\tau)\,, \quad \text{falls } \tau > 0\,, \tag{B.2}$$

$$(\text{iii}) \qquad \frac{d^n}{d\tau^n}\, r_{\mu_1\mu_1}(\tau) \neq \frac{d^n}{d\tau^n}\, r_{\mu_2\mu_2}(\tau)\,, \quad \text{falls } \tau \geq 0\,, \quad n = 1, 2, \dots \,. \tag{B.3}$$

Zur weiteren Vereinfachung der Rechnung nehmen wir an, dass $f_\rho = 0$ ist, d. h., die direkte Komponente m soll zeitinvariant und somit durch (3.3) gegeben sein.

Der Ausgangspunkt für die Berechnung der Pegelunterschreitungsrate des resultierenden Riceprozesses ist die Verbundwahrscheinlichkeitsdichte der stationären Prozesse $\mu_{\rho_1}(t)$, $\mu_{\rho_2}(t)$, $\dot{\mu}_{\rho_1}(t)$ und $\dot{\mu}_{\rho_2}(t)$ [siehe (3.4)] zum gleichen Zeitpunkt t. Dabei gilt Folgendes zu beachten: wenn $\mu_{\rho_i}(t)$ ein reeller (stationärer) Gaußprozess mit Mittelwert $E\{\mu_{\rho_i}(t)\} = m_i \neq 0$ und Varianz $\mathrm{Var}\,\{\mu_{\rho_i}(t)\} = \mathrm{Var}\,\{\mu_i(t)\} = r_{\mu_i\mu_i}(0) = \sigma_0^2$ ist, dann ist dessen zeitliche Ableitung $\dot{\mu}_{\rho_i}(t)$ ebenfalls ein reeller (stationärer) Gaußprozess allerdings mit Mittelwert $E\{\dot{\mu}_{\rho_i}(t)\} = \dot{m}_i = 0$ und Varianz $\mathrm{Var}\,\{\dot{\mu}_{\rho_i}(t)\} = \mathrm{Var}\,\{\dot{\mu}_i(t)\} = r_{\dot{\mu}_i\dot{\mu}_i}(0) = -\ddot{r}_{\mu_i\mu_i}(0) = \beta_i$ $(i = 1, 2)$. Wegen (B.3) gilt für β_i die Ungleichung $\beta_1 \neq \beta_2$. Ferner sind die Prozesse $\mu_{\rho_i}(t)$ und $\dot{\mu}_{\rho_i}(t)$ zum gleichen Zeitpunkt t paarweise unkorreliert. Hieraus folgt, dass die Verbundwahrscheinlichkeitsdichte $p_{\mu_{\rho_1}\mu_{\rho_2}\dot{\mu}_{\rho_1}\dot{\mu}_{\rho_2}}(x_1, x_2, \dot{x}_1, \dot{x}_2)$ gegeben ist durch die multivariate Gaußverteilung, welche unter Verwendung von (2.20) wie folgt dargestellt werden kann

$$p_{\mu_{\rho_1}\mu_{\rho_2}\dot{\mu}_{\rho_1}\dot{\mu}_{\rho_2}}(x_1, x_2, \dot{x}_1, \dot{x}_2) = \frac{e^{-\frac{(x_1-m_1)^2}{2\sigma_0^2}}}{\sqrt{2\pi}\,\sigma_0} \cdot \frac{e^{-\frac{(x_2-m_2)^2}{2\sigma_0^2}}}{\sqrt{2\pi}\,\sigma_0} \cdot \frac{e^{-\frac{\dot{x}_1^2}{2\beta_1}}}{\sqrt{2\pi\beta_1}} \cdot \frac{e^{-\frac{\dot{x}_2^2}{2\beta_2}}}{\sqrt{2\pi\beta_2}} \,. \tag{B.4}$$

Die Transformation der kartesischen Koordinaten (x_1, x_2) in Polarkoordinaten (z, θ) mittels $z = \sqrt{x_1^2 + x_2^2}$ und $\theta = \arctan(x_2/x_1)$ führt für $z \geq 0$ und $|\theta| \leq \pi$ auf das Gleichungssystem

$$\begin{aligned} x_1 &= z\cos\theta\,, & \dot{x}_1 &= \dot{z}\cos\theta - \dot{\theta}z\sin\theta\,, \\ x_2 &= z\sin\theta\,, & \dot{x}_2 &= \dot{z}\sin\theta + \dot{\theta}z\cos\theta\,. \end{aligned} \tag{B.5}$$

Die Anwendung der Transformationsvorschrift (2.38) ergibt dann die Verbundwahrscheinlichkeitsdichte

$$p_{\xi\dot{\xi}\vartheta\dot{\vartheta}}(z, \dot{z}, \theta, \dot{\theta}) = |J|^{-1} p_{\mu_{\rho_1}\mu_{\rho_2}\dot{\mu}_{\rho_1}\dot{\mu}_{\rho_2}}(z\cos\theta, z\sin\theta, \dot{z}\cos\theta - \dot{\theta}z\sin\theta, \dot{z}\sin\theta + \dot{\theta}z\cos\theta)\,, \tag{B.6}$$

wobei

$$J = J(z) = \begin{vmatrix} \frac{\partial x_1}{\partial z} & \frac{\partial x_1}{\partial \dot{z}} & \frac{\partial x_1}{\partial \theta} & \frac{\partial x_1}{\partial \dot{\theta}} \\[4pt] \frac{\partial x_2}{\partial z} & \frac{\partial x_2}{\partial \dot{z}} & \frac{\partial x_2}{\partial \theta} & \frac{\partial x_2}{\partial \dot{\theta}} \\[4pt] \frac{\partial \dot{x}_1}{\partial z} & \frac{\partial \dot{x}_1}{\partial \dot{z}} & \frac{\partial \dot{x}_1}{\partial \theta} & \frac{\partial \dot{x}_1}{\partial \dot{\theta}} \\[4pt] \frac{\partial \dot{x}_2}{\partial z} & \frac{\partial \dot{x}_2}{\partial \dot{z}} & \frac{\partial \dot{x}_2}{\partial \theta} & \frac{\partial \dot{x}_2}{\partial \dot{\theta}} \end{vmatrix}^{-1} = -\frac{1}{z^2} \tag{B.7}$$

die jacobische Determinante [siehe (2.39)] bezeichnet. Einsetzen von (B.5) und (B.7) in (B.6) ergibt nach einigen algebraischen Umformungen für die Verbundwahrscheinlichkeitsdichte $p_{\xi\dot{\xi}\vartheta\dot{\vartheta}}(z, \dot{z}, \theta, \dot{\theta})$ den folgenden Ausdruck

$$\begin{aligned} p_{\xi\dot{\xi}\vartheta\dot{\vartheta}}(z, \dot{z}, \theta, \dot{\theta}) &= \frac{z^2}{(2\pi\sigma_0)^2\,\sqrt{\beta_1\beta_2}}\, e^{-\frac{1}{2\sigma_0^2}[z^2+\rho^2-2z\rho\cos(\theta-\theta_\rho)]} \\ &\quad \cdot\, e^{-\frac{\dot{z}^2}{2}\left(\frac{\cos^2\theta}{\beta_1}+\frac{\sin^2\theta}{\beta_2}\right) - z^2\dot{\theta}^2\left(\frac{\cos^2\theta}{\beta_2}+\frac{\sin^2\theta}{\beta_1}\right) - z\dot{z}\dot{\theta}\left(\frac{\beta_1-\beta_2}{\beta_1\beta_2}\right)\cos\theta\sin\theta} \end{aligned} \tag{B.8}$$

für $z \geq 0$, $|\dot{z}| < \infty$, $|\theta| \leq \pi$ und $|\dot{\theta}| < \infty$. Unter Verwendung von (2.40) können wir jetzt die Verbundwahrscheinlichkeitsdichte der Prozesse $\xi(t)$ und $\dot{\xi}(t)$ zum gleichen Zeitpunkt t gemäß der Vorschrift

$$p_{\xi\dot{\xi}}(z, \dot{z}) = \int\limits_{-\infty}^{\infty} \int\limits_{-\pi}^{\pi} p_{\xi\dot{\xi}\vartheta\dot{\vartheta}}(z, \dot{z}, \theta, \dot{\theta})\, d\theta\, d\dot{\theta}\,, \quad z \geq 0\,, \quad |\dot{z}| < \infty\,, \tag{B.9}$$

berechnen. Einsetzen von (B.8) in (B.9) ergibt schließlich

$$p_{\xi\dot{\xi}}(z,\dot{z}) = \frac{z}{(2\pi)^{3/2}\,\sigma_0^2}\,e^{-\frac{z^2+\rho^2}{2\sigma_0^2}}\int\limits_{-\pi}^{\pi} e^{\frac{z\rho}{\sigma_0^2}\cos(\theta-\theta_\rho)}\cdot\frac{e^{-\frac{\dot{z}^2}{2(\beta_1\cos^2\theta+\beta_2\sin^2\theta)}}}{\sqrt{\beta_1\cos^2\theta+\beta_2\sin^2\theta}}\,d\theta\,. \qquad \text{(B.10)}$$

Für den Riceprozess $\xi(t)$ erhalten wir mit dem obigen Ausdruck (B.10) für die durch

$$N_\xi(r) := \int\limits_0^\infty \dot{z}\,p_{\xi\dot{\xi}}(r,\dot{z})d\dot{z}\,,\quad r\geq 0\,, \qquad \text{(B.11)}$$

definierte Pegelunterschreitungsrate $N_\xi(r)$ im Falle $\beta_1\neq\beta_2$ das Ergebnis

$$N_\xi(r) = \frac{r\,e^{-\frac{r^2+\rho^2}{2\sigma_0^2}}}{(2\pi)^{3/2}\sigma_0^2}\cdot\int\limits_{-\pi}^{\pi} e^{\frac{r\rho}{\sigma_0^2}\cos(\theta-\theta_\rho)}\sqrt{\beta_1\cos^2\theta+\beta_2\sin^2\theta}\,d\theta\,. \qquad \text{(B.12)}$$

Ohne Einschränkung der Allgemeinheit können wir annehmen, dass gilt $\beta_1\geq\beta_2$. Unter dieser Voraussetzung können wir (B.12) auch wie folgt ausdrücken

$$N_\xi(r) = \sqrt{\frac{\beta_1}{2\pi}}\cdot\frac{r}{\sigma_0^2}e^{-\frac{r^2+\rho^2}{2\sigma_0^2}}\cdot\frac{1}{\pi}\int\limits_0^{\pi}\cosh\left[\frac{r\rho}{\sigma_0^2}\cos(\theta-\theta_\rho)\right]\sqrt{1-k^2\sin^2\theta}\,d\theta\,,\ r\geq 0, \qquad \text{(B.13)}$$

wobei $k=\sqrt{(\beta_1-\beta_2)/\beta_1}$.

Es sei erwähnt, dass für $\beta=\beta_1=\beta_2$, d.h. $k=0$, der obige Ausdruck für die Pegelunterschreitungsrate $N_\xi(r)$ unter Verwendung der Beziehung [Abr72, Gl. (9.6.16)]

$$I_0(z) = \frac{1}{\pi}\int\limits_0^{\pi}\cosh(z\cos\theta)\,d\theta \qquad \text{(B.14)}$$

wieder auf die Form (3.27) gebracht werden kann, was auch zu erwarten war.

Zum Schluss des Anhangs B betrachten wir noch eine Näherung für den Fall, dass die relative Abweichung zwischen β_1 und β_2 sehr gering ist. Für eine positive Zahl ε mit $\varepsilon/\beta_1 << 1$ soll also gelten

$$\beta_1 = \beta_2 + \varepsilon\,. \qquad \text{(B.15)}$$

Dann können wir wegen $k=\sqrt{(\beta_1-\beta_2)/\beta_1}=\sqrt{\varepsilon/\beta_1}<<1$ die Approximation

$$\sqrt{1-k^2\sin^2\theta}\approx 1-\frac{k^2}{2}\sin^2\theta = 1-\frac{\varepsilon}{2\beta_1}\sin^2\theta \qquad \text{(B.16)}$$

verwenden und die Beziehung (B.13) für $\theta_\rho = 0$ durch die folgende Näherung vereinfachen

$$
\begin{aligned}
N_\xi(r)|_{\beta_1 \approx \beta_2} &\approx \sqrt{\frac{\beta_1}{2\pi}} \cdot \frac{r}{\sigma_0^2}\, e^{-\frac{r^2+\rho^2}{2\sigma_0^2}} \left[I_0\left(\frac{r\rho}{\sigma_0^2}\right) - \frac{\varepsilon}{2\beta_1} I_1\left(\frac{r\rho}{\sigma_0^2}\right) \Big/ \left(\frac{r\rho}{\sigma_0^2}\right) \right] \\
&\approx \sqrt{\frac{\beta_1}{2\pi}} \cdot \frac{r}{\sigma_0^2}\, e^{-\frac{r^2+\rho^2}{2\sigma_0^2}}\, I_0\left(\frac{r\rho}{\sigma_0^2}\right) \\
&\approx \sqrt{\frac{\beta_1}{2\pi}} \cdot p_\xi(r)\,.
\end{aligned}
\tag{B.17}
$$

Bei der Herleitung dieser Beziehung haben wir von der Integraldarstellung der modifizierten Besselfunktion 1-ter Ordnung [Abr72, Gl. (9.6.18)]

$$
I_1(z) = \frac{z}{\pi} \int_0^\pi e^{\pm z \cos\theta} \sin^2\theta \; d\theta
\tag{B.18}
$$

Gebrauch gemacht.

Gl. (B.17) besagt also, dass für die Pegelunterschreitungsrate von Riceprozessen $\xi(t)$ im Fall $\beta_1 \approx \beta_2$ näherungsweise (3.27) gilt, wenn dort β durch β_1 ersetzt wird.

Anhang C

Herleitung der exakten Lösung für die Pegelunterschreitungsrate und die mittlere Fadingdauer von deterministischen Riceprozessen

Es folgt zunächst die Herleitung der exakten Lösung für die Pegelunterschreitungsrate von deterministischen Riceprozessen bei Verwendung einer endlichen Anzahl harmonischer Funktionen. Dabei werden die zur Vereinfachung der Rechnung im Unterabschnitt 4.3.2 getroffenen Annahmen (4.61a) und (4.61b) fallen gelassen. Im Anschluss daran erfolgt die Berechnung der zugehörigen mittleren Fadingdauer.

Gegeben seien zwei unkorrelierte, mittelwertfreie, deterministische Gaußprozesse

$$\tilde{\mu}_i(t) = \sum_{n=1}^{N_i} c_{i,n} \cos(2\pi f_{i,n} t + \theta_{i,n}) \,, \quad i = 1, 2 \,, \tag{C.1}$$

mit den Varianzen $\mathrm{Var}\,\{\tilde{\mu}_i(t)\} = \tilde{\sigma}_{\mu_i}^2 = \sum_{n=1}^{N_i} c_{i,n}^2/2$, wobei die Parameter $c_{i,n}$, $f_{i,n}$ und $\theta_{i,n}$ von null verschiedene reelle Konstanten sein sollen. Von den diskreten Dopplerfrequenzen $f_{i,n}$ wird gefordert, dass diese für alle $n = 1, 2, \ldots, N_i$ und $i = 1, 2$ voneinander verschieden sind, so dass insbesondere die Mengen $\{f_{1,n}\}_{n=1}^{N_1}$ und $\{f_{2,n}\}_{n=1}^{N_2}$ disjunkt sind, wodurch die Unkorreliertheit der deterministischen Prozesse $\tilde{\mu}_1(t)$ und $\tilde{\mu}_2(t)$ gewährleistet wird. Nach (4.34) lautet die Wahrscheinlichkeitsdichte von $\tilde{\mu}_i(t)$

$$\tilde{p}_{\mu_i}(x) = 2 \int_0^\infty \left[\prod_{n=1}^{N_i} J_0(2\pi c_{i,n} \nu) \right] \cos(2\pi \nu x) d\nu \,, \quad i = 1, 2 \,. \tag{C.2}$$

Da die Differentiation nach der Zeit eine lineare Operation ist, folgt aus (C.1), dass durch

$$\dot{\tilde{\mu}}_i(t) = -2\pi \sum_{n=1}^{N_i} c_{i,n} f_{i,n} \sin(2\pi f_{i,n} t + \theta_{i,n}), \quad i = 1, 2,$$

(C.3)

ebenfalls zwei unkorrelierte, mittelwertfreie, deterministische Gaußprozesse beschrieben werden, wobei jetzt die jeweilige Varianz $\text{Var}\{\dot{\tilde{\mu}}_i(t)\} = \tilde{\beta}_i = 2\pi^2 \sum_{n=1}^{N_i} (c_{i,n} f_{i,n})^2$ beträgt, und für die zugehörige Wahrscheinlichkeitsdichte $\tilde{p}_{\dot{\mu}_i}(x)$ der Ausdruck

$$\tilde{p}_{\dot{\mu}_i}(x) = 2 \int_0^\infty \left[\prod_{n=1}^{N_i} J_0 \left[(2\pi)^2 c_{i,n} f_{i,n} \nu \right] \right] \cos(2\pi\nu x)\, d\nu, \quad i = 1, 2,$$

(C.4)

gilt.

Hierbei ist zu beachten, dass die Kreuzkorrelationsfunktion von $\tilde{\mu}_i(t)$ und $\dot{\tilde{\mu}}_i(t)$ mittels (4.13) durch

$$\tilde{r}_{\mu_i \dot{\mu}_i}(\tau) = \dot{\tilde{r}}_{\mu_i \mu_i}(\tau) = -\pi \sum_{n=1}^{N_i} c_{i,n}^2 f_{i,n} \sin(2\pi f_{i,n} \tau)$$

(C.5)

ausgedrückt werden kann, und so deutlich wird, dass $\tilde{\mu}_i(t)$ und $\dot{\tilde{\mu}}_i(t)$ im Allgemeinen korreliert sind. Bei der Berechnung der Pegelunterschreitungsrate interessiert uns jedoch nur das Verhalten von $\tilde{\mu}_i(t_1)$ und $\dot{\tilde{\mu}}_i(t_2)$ zum gleichen Zeitpunkt $t = t_1 = t_2$, was gleichbedeutend ist mit $\tau = t_2 - t_1 = 0$. Da aus (C.5) $\tilde{r}_{\mu_i \dot{\mu}_i}(\tau) = 0$ für $\tau = 0$ folgt, sind also die deterministischen Prozesse $\tilde{\mu}_i(t)$ und $\dot{\tilde{\mu}}_i(t)$ zum gleichen Zeitpunkt t unkorreliert. Folglich sind auch die deterministischen Prozesse $\tilde{\mu}_1(t)$, $\tilde{\mu}_2(t)$, $\dot{\tilde{\mu}}_1(t)$ und $\dot{\tilde{\mu}}_2(t)$ zum gleichen Zeitpunkt t paarweise unkorreliert. Im Allgemeinen kann von der Unkorreliertheit nicht auf die statistische Unabhängigkeit geschlossen werden. Nur im Fall der Gaußverteilung folgt aus der Unkorreliertheit stets auch die statistische Unabhängigkeit [Bro91, S. 673]. Da aber die statistischen Eigenschaften von deterministischen Gaußprozessen für $N_i \geq 7$ nahezu identisch sind mit denen von idealen Gaußprozessen, können wir annehmen, dass $\tilde{\mu}_1(t)$, $\tilde{\mu}_2(t)$, $\dot{\tilde{\mu}}_1(t)$ und $\dot{\tilde{\mu}}_2(t)$ zum gleichen Zeitpunkt t paarweise statistisch unabhängig sind. Folglich erhält man die Verbundwahrscheinlichkeitsdichte dieser Prozesse aus dem Produkt der einzelnen Wahrscheinlichkeitsdichten, d. h.

$$\tilde{p}_{\mu_1 \mu_2 \dot{\mu}_1 \dot{\mu}_2}(x_1, x_2, \dot{x}_1, \dot{x}_2) = \tilde{p}_{\mu_1}(x_1) \cdot \tilde{p}_{\mu_2}(x_2) \cdot \tilde{p}_{\dot{\mu}_1}(\dot{x}_1) \cdot \tilde{p}_{\dot{\mu}_2}(\dot{x}_2).$$

(C.6)

Bei der Berücksichtigung der direkten Komponente (3.2) nehmen wir zur weiteren Vereinfachung an, dass $f_\rho = 0$ gelten soll, so dass $m = m_1 + jm_2$ eine komplexe Konstante ist, deren Real- und Imaginärteil durch die diskrete Wahrscheinlichkeitsdichte $p_{m_i}(x_i) = \delta(x_i - m_i)$, $i = 1, 2$, charakterisiert wird. Für die Dichten der komplexen deterministischen Prozesse $\tilde{\mu}_{\rho_i}(t) = \tilde{\mu}_i(t) + m_i$ und $\dot{\tilde{\mu}}_{\rho_i}(t) = \dot{\tilde{\mu}}_i(t) + \dot{m}_i = \dot{\tilde{\mu}}_i(t)$ gelten jetzt für $i = 1, 2$ die Zusammenhänge

$$\begin{aligned}
\tilde{p}_{\mu_{\rho_i}}(x_i) &= \tilde{p}_{\mu_i}(x_i) * p_{m_i}(x_i) = \tilde{p}_{\mu_i}(x_i - m_i), & \text{(C.7a)} \\
\tilde{p}_{\dot{\mu}_{\rho_i}}(\dot{x}_i) &= \tilde{p}_{\dot{\mu}_i}(\dot{x}_i) * p_{\dot{m}_i}(\dot{x}_i) = \tilde{p}_{\dot{\mu}_i}(\dot{x}_i). & \text{(C.7b)}
\end{aligned}$$

Also können wir für die Verbundwahrscheinlichkeitsdichte der deterministischen Prozesse $\tilde{\mu}_{\rho_1}(t)$, $\tilde{\mu}_{\rho_2}(t)$, $\dot{\tilde{\mu}}_{\rho_1}(t)$ und $\dot{\tilde{\mu}}_{\rho_2}(t)$ schreiben

$$\tilde{p}_{\mu_{\rho_1}\mu_{\rho_2}\dot{\mu}_{\rho_1}\dot{\mu}_{\rho_2}}(x_1,x_2,\dot{x}_1,\dot{x}_2) = \tilde{p}_{\mu_1}(x_1 - m_1) \cdot \tilde{p}_{\mu_2}(x_2 - m_2) \cdot \tilde{p}_{\dot{\mu}_1}(\dot{x}_1) \cdot \tilde{p}_{\dot{\mu}_2}(\dot{x}_2). \tag{C.8}$$

Die Transformation der kartesischen Koordinaten $(x_1,x_2,\dot{x}_1,\dot{x}_2)$ in Polarkoordinaten $(z,\dot{z},\theta,\dot{\theta})$ [vgl. Anhang B, Gl. (B.5)] ergibt die Verbundwahrscheinlichkeitsdichte der Prozesse $\tilde{\xi}(t)$, $\dot{\tilde{\xi}}(t)$, $\tilde{\vartheta}(t)$ und $\dot{\tilde{\vartheta}}(t)$ zum gleichen Zeitpunkt t gemäß

$$\tilde{p}_{\xi\dot{\xi}\vartheta\dot{\vartheta}}(z,\dot{z},\theta,\dot{\theta}) = z^2 \cdot \tilde{p}_{\mu_1}(z\cos\theta - \rho\cos\theta_\rho) \cdot \tilde{p}_{\mu_2}(z\sin\theta - \rho\sin\theta_\rho)$$
$$\cdot \tilde{p}_{\dot{\mu}_1}(\dot{z}\cos\theta - \dot{\theta}z\sin\theta) \cdot \tilde{p}_{\dot{\mu}_2}(\dot{z}\sin\theta + \dot{\theta}z\cos\theta), \tag{C.9}$$

für $0 \le z < \infty$, $|\dot{z}| < \infty$, $|\theta| \le \pi$ und $|\dot{\theta}| < \infty$. Aus dieser Beziehung lässt sich nach Anwendung der Regel (2.40) die Verbundwahrscheinlichkeitsdichte $\tilde{p}_{\xi\dot{\xi}}(z,\dot{z})$ der deterministischen Prozesse $\tilde{\xi}(t)$ und $\dot{\tilde{\xi}}(t)$ gewinnen

$$\tilde{p}_{\xi\dot{\xi}}(z,\dot{z}) = z^2 \int_{-\infty}^{\infty} \int_{-\pi}^{\pi} \tilde{p}_{\mu_1}(z\cos\theta - \rho\cos\theta_\rho) \cdot \tilde{p}_{\mu_2}(z\sin\theta - \rho\sin\theta_\rho)$$
$$\cdot \tilde{p}_{\dot{\mu}_1}(\dot{z}\cos\theta - \dot{\theta}z\sin\theta) \cdot \tilde{p}_{\dot{\mu}_2}(\dot{z}\sin\theta + \dot{\theta}z\cos\theta)\, d\theta\, d\dot{\theta}, \tag{C.10}$$

wobei $0 \le z < \infty$ und $|\dot{z}| < \infty$. Setzen wir die obige Gleichung in die allgemein durch

$$\tilde{N}_{\xi}(r) := \int_0^{\infty} \dot{z}\, \tilde{p}_{\xi\dot{\xi}}(r,\dot{z})\, d\dot{z}, \quad r \ge 0, \tag{C.11}$$

definierte Pegelunterschreitungsrate für deterministische Riceprozesse $\tilde{\xi}(t)$ ein, so erhalten wir den Ausdruck

$$\tilde{N}_{\xi}(r) = r^2 \int_{-\pi}^{\pi} \tilde{p}_{\mu_1}(r\cos\theta - \rho\cos\theta_\rho) \cdot \tilde{p}_{\mu_2}(r\sin\theta - \rho\sin\theta_\rho)$$
$$\cdot \int_0^{\infty} \dot{z} \int_{-\infty}^{\infty} \tilde{p}_{\dot{\mu}_1}(\dot{z}\cos\theta - \dot{\theta}r\sin\theta) \cdot \tilde{p}_{\dot{\mu}_2}(\dot{z}\sin\theta + \dot{\theta}r\cos\theta)\, d\dot{\theta}\, d\dot{z}\, d\theta. \tag{C.12}$$

Zur weiteren Vereinfachung bringen wir (C.12) auf die Form

$$\tilde{N}_{\xi}(r) = r^2 \int_{-\pi}^{\pi} w_1(r,\theta)\, w_2(r,\theta) \int_0^{\infty} \dot{z}\, f(r,\dot{z},\theta)\, d\dot{z}\, d\theta, \tag{C.13}$$

wobei die Hilfsfunktionen $w_1(r,\theta)$, $w_2(r,\theta)$ und $f(r,\dot{z},\theta)$ für

$$w_1(r,\theta) = \tilde{p}_{\mu_1}(r\cos\theta - \rho\cos\theta_\rho), \tag{C.14a}$$
$$w_2(r,\theta) = \tilde{p}_{\mu_2}(r\sin\theta - \rho\sin\theta_\rho) \tag{C.14b}$$

bzw.

$$f(r, \dot{z}, \theta) \;=\; 2 \int_0^\infty \left[\prod_{n=1}^{N_1} J_0(4\pi^2 c_{1,n} f_{1,n} \nu_1) \right] \int_0^\infty \left[\prod_{m=1}^{N_2} J_0(4\pi^2 c_{2,m} f_{2,m} \nu_2) \right]$$

$$\cdot \int_{-\infty}^\infty \Big\{ \cos\left[2\pi\dot{z}(\nu_1 \cos\theta - \nu_2 \sin\theta) - 2\pi\dot{\theta} r(\nu_1 \sin\theta + \nu_2 \cos\theta) \right]$$

$$+ \cos\left[2\pi\dot{z}(\nu_1 \cos\theta + \nu_2 \sin\theta) - 2\pi\dot{\theta} r(\nu_1 \sin\theta - \nu_2 \cos\theta) \right] \Big\} \, d\dot{\theta} \, d\nu_1 \, d\nu_2 \quad (C.15)$$

stehen. Die Integration über $\dot{\theta}$ in (C.15) ergibt

$$\int_{-\infty}^\infty \cos\left[2\pi\dot{z}(\nu_1 \cos\theta \mp \nu_2 \sin\theta) - 2\pi\dot{\theta} r(\nu_1 \sin\theta \pm \nu_2 \cos\theta) \right] d\dot{\theta}$$

$$= \cos[2\pi\dot{z}(\nu_1 \cos\theta \mp \nu_2 \sin\theta)] \cdot \delta[r(\nu_1 \sin\theta \pm \nu_2 \cos\theta)] . \quad (C.16)$$

Unter Verwendung des Zusammenhangs

$$\delta[r(\nu_1 \sin\theta \pm \nu_2 \cos\theta)] = \frac{\delta(\tan\theta \pm \nu_1/\nu_2)}{|r\nu_1 \cos\theta|} \quad (C.17)$$

nimmt nach der Variablentransformation $\varphi = \tan\theta$ die Beziehung (C.13) folgende Gestalt an:

$$\tilde{N}_\xi(r) \;=\; 2r^2 \int_{-\infty}^\infty w_1(r, \arctan\varphi) \, w_2(r, \arctan\varphi)$$

$$\cdot \int_0^\infty \dot{z} \, f(r, \dot{z}, \arctan\varphi) \, \cos^2(\arctan\varphi) \, d\dot{z} \, d\varphi , \quad (C.18)$$

wobei

$$f(r, \dot{z}, \arctan\varphi) = 2 \int_0^\infty \int_0^\infty \frac{\left[\prod_{n=1}^{N_1} J_o(4\pi^2 c_{1,n} f_{1,n} \nu_1) \right] \left[\prod_{m=1}^{N_2} J_o(4\pi^2 c_{2,m} f_{2,m} \nu_2) \right]}{|r\nu_1 \cos(\arctan\varphi)|}$$

$$\cdot \Big\{ \cos\left[2\pi\dot{z}\nu_2 \cos(\arctan\varphi) \left(\frac{\nu_1}{\nu_2} - \varphi \right) \right] \cdot \delta\left(\varphi + \frac{\nu_2}{\nu_1} \right)$$

$$+ \cos\left[2\pi\dot{z}\nu_2 \cos(\arctan\varphi) \left(\frac{\nu_1}{\nu_2} + \varphi \right) \right] \cdot \delta\left(\varphi - \frac{\nu_2}{\nu_1} \right) \Big\} \, d\nu_1 \, d\nu_2 . \quad (C.19)$$

Setzen wir nun (C.19) in (C.18) ein und transformieren anschließend die kartesischen Koordinaten (ν_1, ν_2) in Polarkoordinaten (z, θ) mittels $(\nu_1, \nu_2) \to (z\cos\theta, z\sin\theta)$, so erhalten wir

$$\tilde{N}_\xi(r) = 2r \int_0^\infty \int_0^\pi w_1(r,\theta)\,[w_2(r,\theta) + w_2(r,-\theta)]$$

$$\cdot \int_0^\infty j_1(z,\theta)\,j_2(z,\theta)\,\dot{z}\,\cos(2\pi z\dot{z})\,dz\,d\theta\,d\dot{z}\,, \tag{C.20}$$

wobei

$$j_1(z,\theta) = \prod_{n=1}^{N_1} J_0(4\pi^2 c_{1,n} f_{1,n} z \cos\theta)\,, \tag{C.21a}$$

$$j_2(z,\theta) = \prod_{n=1}^{N_2} J_0(4\pi^2 c_{2,n} f_{2,n} z \sin\theta)\,, \tag{C.21b}$$

und $w_1(r,\theta)$, $w_2(r,\theta)$ die durch (C.14a) bzw. (C.14b) definierten Funktionen sind. Bei der Herleitung von (C.20) haben wir die Tatsache ausgenutzt, dass $w_1(r,\theta)$ eine gerade Funktion in θ ist, d. h. $w_1(r,\theta) = w_1(r,-\theta)$. Da $w_2(r,\theta)$ für $\rho \neq 0$ (oder $\theta_\rho \neq k\pi$, $k = 0, \pm 1, \pm 2, \ldots$) weder gerade noch ungerade in θ ist, können wir für die Pegelunterschreitungsrate von deterministischen Riceprozessen auch schreiben [Pae97d]

$$\tilde{N}_\xi(r) = 2r \int_0^\infty \int_{-\pi}^\pi w_1(r,\theta)\,w_2(r,\theta) \int_0^\infty j_1(z,\theta)\,j_2(z,\theta)\,\dot{z}\,\cos(2\pi z\dot{z})\,dz\,d\theta\,d\dot{z}\,. \tag{C.22}$$

Für die Pegelunterschreitungsrate $\tilde{N}_\zeta(r)$ von deterministischen Rayleighprozessen sind wegen $\rho = 0$ weitere wenn auch nur geringfügige Vereinfachungen möglich, denn in diesem Fall ist $w_2(r,\theta)$ ebenfalls eine gerade Funktion in θ, so dass aus (C.20) bzw. aus (C.22) der Ausdruck

$$\tilde{N}_\zeta(r) = 4r \int_0^\infty \int_0^\pi w_1(r,\theta)\,w_2(r,\theta) \int_0^\infty j_1(z,\theta)\,j_2(z,\theta)\,\dot{z}\,\cos(2\pi z\dot{z})\,dz\,d\theta\,d\dot{z} \tag{C.23}$$

gewonnen werden kann, wobei $w_1(r,\theta)$ und $w_2(r,\theta)$ nach (C.14a) bzw. (C.14b) für $\rho = 0$ zu berechnen sind, und mit $j_1(z,\theta)$, $j_2(z,\theta)$ wieder die Funktionen (C.21a) bzw. (C.21b) gemeint sind.

Durch die exakte Lösung der Pegelunterschreitungsrate $\tilde{N}_\xi(r)$ von deterministischen Riceprozessen $\tilde{\xi}(t)$ wird nun deutlich, dass $\tilde{N}_\xi(r)$ außer von ρ und der Anzahl der harmonischen Funktionen N_i auch noch von den Größen $c_{i,n}$ und $f_{i,n}$ abhängig ist. Im Gegensatz dazu haben die Dopplerphasen $\theta_{i,n}$ keinen Einfluss. Für eine gegebene Anzahl von harmonischen Funktionen N_i werden demnach die Abweichungen zwischen der Pegelunterschreitungsrate des Simulationsmodells und der des Referenzmodells ganz entscheidend durch das Verfahren bestimmt, mit dem die Modellparameter $c_{i,n}$ und $f_{i,n}$ berechnet werden. Zur Veranschaulichung und zur Bestätigung der Richtigkeit der gefundenen Lösungen sind im Bild C.1 die nach (C.22) und (C.23) berechneten normierten

Pegelunterschreitungsraten zusammen mit den entsprechenden Simulationsergebnissen dargestellt. Die dabei verwendeten Methoden (MEDS, MEA, MCM) zur Bestimmung der Modellparameter $c_{i,n}$ und $f_{i,n}$ sind im Kapitel 5 ausführlich beschrieben. Zur MCM sei noch angemerkt, dass die im Bild C.1 gezeigten Ergebnisse nur für eine bestimmte Realisierung der Menge der diskreten Dopplerfrequenzen $\{f_{i,n}\}_{n=1}^{N_i}$ gültig sind. Da nach der MCM die diskreten Dopplerfrequenzen $f_{i,n}$ Zufallsvariablen sind, folgt, dass die Abweichungen zwischen $\tilde{N}_\xi(r)$ und $N_\xi(r)$ von der zufälligen Wahl der Stichprobe $\{f_{i,n}\}_{n=1}^{N_i}$ abhängig sind. Näheres hierzu ist im Unterabschnitt 5.1.4 beschrieben.

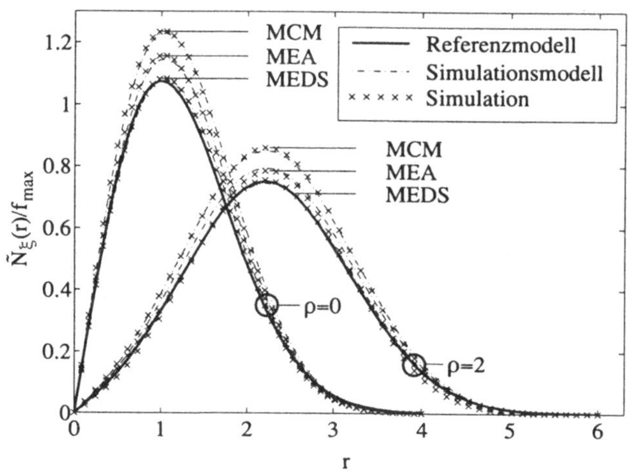

Bild C.1:   Normierte Pegelunterschreitungsrate von deterministischen Rice- und Rayleighprozessen mit $N_1 = 7$ und $N_2 = 8$ (Jakes LDS, $f_{max} = 91\,\mathrm{Hz}$, $\sigma_0^2 = 1$, $\theta_\rho = \pi/4$).

Als Nächstes wollen wir zeigen, dass in der Tat die Pegelunterschreitungsrate von deterministischen Riceprozessen gegen die des Referenzmodells konvergiert, falls $N_i \rightarrow \infty$, d. h.

$$\tilde{N}_\xi(r) = N_\xi(r)\,, \quad N_i \rightarrow \infty\,. \tag{C.24}$$

Dazu setzen wir lediglich voraus, dass die Autokorrelationsfunktion $\tilde{r}_{\mu_i\mu_i}(\tau)$ von $\tilde{\mu}_i(t)$ die beiden folgenden Forderungen erfüllt:

$$\text{(i)} \qquad \tilde{r}_{\mu_i\mu_i}(0) = r_{\mu_i\mu_i}(0) \quad \Longleftrightarrow \quad \tilde{\sigma}_{\mu_i}^2 = \tilde{\sigma}_0^2 = \sigma_0^2\,, \tag{C.25a}$$

$$\text{(ii)} \qquad \ddot{\tilde{r}}_{\mu_i\mu_i}(0) = \ddot{r}_{\mu_i\mu_i}(0) \quad \Longleftrightarrow \quad \tilde{\beta}_i = \tilde{\beta} = \beta\,. \tag{C.25b}$$

Durch (C.25a) wird dem Simulationsmodell die Leistungsbedingung auferlegt, welche besagt, dass die mittlere Leistung des deterministischen Prozesses $\tilde{\mu}_i(t)$ identisch ist mit der Varianz des stochastischen Prozesses $\mu_i(t)$. In Analogie zu der Leistungsbedingung (C.25a) bezeichnen wir im weiteren (C.25b) als Krümmungsbedingung. Es sei erwähnt, dass für die Gültigkeit der Beziehung (C.24) die Leistungsbedingung notwendig und die Krümmungsbedingung hinreichend ist.

Bei dem Beweis von (C.24) betrachten wir wieder die Zeitvariable t als gleichverteilte Zufallsvariable und erinnern uns daran, dass nach dem zentralen Grenzwertsatz (2.16) die Dichte von (C.1) für $N_i \to \infty$ gegen eine Gaußverteilung mit dem Erwartungswert null und der Varianz $\tilde{\sigma}_0^2$ konvergiert, d. h.

$$\lim_{N_i \to \infty} \tilde{p}_{\mu_i}(x_i) = \frac{1}{\sqrt{2\pi}\tilde{\sigma}_0} e^{-\frac{x_i^2}{2\tilde{\sigma}_0^2}} , \quad i = 1, 2, \tag{C.26}$$

wobei

$$\tilde{\sigma}_0^2 = \lim_{N_i \to \infty} \tilde{r}_{\mu_i \mu_i}(0) = \lim_{N_i \to \infty} \sum_{n=1}^{N_i} \frac{c_{i,n}^2}{2} . \tag{C.27}$$

Setzen wir nun das Ergebnis (C.26) in (C.14a) und (C.14b) ein, so folgen

$$w_1(r, \theta) = \frac{1}{\sqrt{2\pi}\tilde{\sigma}_0} e^{-\frac{(r\cos\theta - \rho\cos\theta_\rho)^2}{2\tilde{\sigma}_0^2}} , \quad \text{falls } N_1 \to \infty , \tag{C.28a}$$

$$w_2(r, \theta) = \frac{1}{\sqrt{2\pi}\tilde{\sigma}_0} e^{-\frac{(r\sin\theta - \rho\sin\theta_\rho)^2}{2\tilde{\sigma}_0^2}} , \quad \text{falls } N_2 \to \infty . \tag{C.28b}$$

Durch Anwendung der Fouriertransformation auf die jeweils rechte Seite von (C.2) und (C.26) kommen wir zu der Erkenntnis, dass (4.38) auch allgemeiner durch

$$\lim_{N_i \to \infty} \prod_{n=1}^{N_i} J_0(2\pi c_{i,n}\nu) = e^{-2(\pi\tilde{\sigma}_0\nu)^2} \tag{C.29}$$

ausgedrückt werden kann, wobei $\tilde{\sigma}_0^2$ wie in (C.27) gegeben ist. Ersetzen wir weiterhin in (C.29) die Größen $c_{i,n}$ durch $2\pi c_{i,n} f_{i,n}$, so lässt sich auf einfache Weise die Beziehung

$$\lim_{N_i \to \infty} \prod_{n=1}^{N_i} J_0(4\pi^2 f_{i,n} c_{i,n}\nu) = e^{-2\tilde{\beta}_i(\pi\nu)^2} \tag{C.30}$$

herleiten, wobei $\tilde{\beta}_i$ gemäß (4.22) vorliegt. Damit wird klar, dass im Grenzfall $N_i \to \infty$ die Funktionen $j_1(z, \theta)$ und $j_2(z, \theta)$ [siehe (C.21a) bzw. (C.21b)] gegen

$$j_1(z, \theta) = e^{-2\tilde{\beta}_1(\pi z \cos\theta)^2} , \quad \text{falls } N_1 \to \infty , \tag{C.31a}$$

$$j_2(z, \theta) = e^{-2\tilde{\beta}_2(\pi z \sin\theta)^2} , \quad \text{falls } N_2 \to \infty , \tag{C.31b}$$

konvergieren. Setzen wir dabei nun die erhaltenen Zwischenergebnisse (C.28a), (C.28b), (C.31a) und (C.31b) in $\tilde{N}_\xi(r)$ gemäß (C.22) ein, so folgt unter der Nebenbedingung $\tilde{\beta} = \tilde{\beta}_1 = \tilde{\beta}_2$ der Ausdruck

$$\lim_{N_i \to \infty} \tilde{N}_\xi(r) = \frac{r}{\pi \tilde{\sigma}_0^2} e^{-\frac{r^2+\rho^2}{2\tilde{\sigma}_0^2}} \int_0^\infty \int_{-\pi}^{\pi} \dot{z}\, e^{\frac{r\rho}{\tilde{\sigma}_0^2} \cos(\theta-\theta_\rho)}$$
$$\int_0^\infty e^{-2\tilde{\beta}(\pi z)^2} \cos(2\pi z \dot{z})\, dz\, d\theta\, d\dot{z}. \tag{C.32}$$

Mit dem Integral [Gra81, Gl. (3.896.4)]

$$\int_0^\infty e^{-ux^2} \cos(bx)\, dx = \frac{1}{2}\sqrt{\frac{\pi}{u}}\, e^{-\frac{b^2}{4u}}, \quad \mathrm{Re}\,\{u\} > 0, \tag{C.33}$$

gelingt die Vereinfachung von (C.32) zu

$$\lim_{N_i \to \infty} \tilde{N}_\xi(r) = \frac{r}{\sqrt{2\pi\tilde{\beta}\tilde{\sigma}_0^2}} e^{-\frac{r^2+\rho^2}{2\tilde{\sigma}_0^2}} \cdot \frac{1}{2\pi} \int_{-\pi}^{\pi} e^{\frac{r\rho}{\tilde{\sigma}_0^2} \cos(\theta-\theta_\rho)}\, d\theta \cdot \int_0^\infty \dot{z}\, e^{-\frac{\dot{z}^2}{2\tilde{\beta}}}\, d\dot{z}. \tag{C.34}$$

Die verbleibenden zwei Integrale über θ und $\dot{z}$ können mit der Integraldarstellung der modifizierten Besselfunktion erster Gattung 0-ter Ordnung [Abr72, Gl. (9.6.16)]

$$I_0(z) = \frac{1}{\pi} \int_0^\pi e^{\pm z \cos\theta}\, d\theta \tag{C.35}$$

und dem Integral [Gra81, Gl. (3.461.3)]

$$\int_0^\infty x^{2n+1}\, e^{-px^2}\, dx = \frac{n!}{2p^{n+1}}, \quad p > 0, \tag{C.36}$$

ohne großen Aufwand gelöst werden. Man erhält schließlich

$$\lim_{N_i \to \infty} \tilde{N}_\xi(r) = \sqrt{\frac{\tilde{\beta}}{2\pi}} \cdot \frac{r}{\tilde{\sigma}_0^2} e^{-\frac{r^2+\rho^2}{2\tilde{\sigma}_0^2}} I_0\left(\frac{r\rho}{\tilde{\sigma}_0^2}\right). \tag{C.37}$$

Mit der Leistungsbedingung (C.25a) und der Krümmungsbedingung (C.25b) kann nun die rechte Seite der obigen Gleichung unmittelbar mit (2.62) identifiziert werden, womit die Gültigkeit von (C.24) bewiesen ist.

Zur Vollständigkeit geben wir noch die exakte Lösung für die mittlere Fadingdauer $\tilde{T}_{\xi_-}(r)$ von deterministischen Riceprozessen $\tilde{\xi}(t)$ an. Da wir hierzu einen Ausdruck für die Verteilungsfunktion $\tilde{F}_{\xi_-}(r)$ von $\tilde{\xi}(t)$ benötigen, wollen wir diesen zunächst herleiten, indem wir (4.50) in

$$\tilde{F}_{\xi_-}(r) = \int_0^r \tilde{p}_\xi(z)\, dz \tag{C.38}$$

einsetzen. Die Integration über z kann dabei unter Verwendung des unbestimmten Integrals [Gra81, Gl. (5.56.2)]

$$\int z\, J_0(z)\, dz = z\, J_1(z) \tag{C.39}$$

geschlossen durchgeführt werden, so dass man nach einer kurzen Rechnung zu folgendem Ergebnis kommt:

$$\tilde{F}_{\xi_-}(r) = 2r \int_0^\infty J_1(2\pi r y) \int_0^\pi h_1(y,\theta)\, h_2(y,\theta)\, \cos[2\pi \rho y \cos(\theta - \theta_\rho)]\, d\theta\, dy, \tag{C.40}$$

wobei

$$h_1(y,\theta) = \prod_{n=1}^{N_1} J_0(2\pi c_{1,n} y \cos\theta), \tag{C.41a}$$

$$h_2(y,\theta) = \prod_{n=1}^{N_2} J_0(2\pi c_{2,n} y \sin\theta). \tag{C.41b}$$

Mit der oben angegebenen Verteilungsfunktion (C.40) und der zuvor gefundenen Lösung für die Pegelunterschreitungsrate (C.22) kann nun die mittlere Fadingdauer $\tilde{T}_{\xi_-}(r)$ von deterministischen Riceprozessen $\tilde{\xi}(t)$ nach der allgemein gültigen Vorschrift

$$\tilde{T}_{\xi_-}(r) = \frac{\tilde{F}_{\xi_-}(r)}{\tilde{N}_\xi(r)} \tag{C.42}$$

analytisch bestimmt werden.

Zur Veranschaulichung der gefundenen Ergebnisse betrachten wir das Bild C.2, wo die nach (C.42) berechnete normierte mittlere Fadingdauer von deterministischen Rice- und Rayleighprozessen zusammen mit den zugehörigen Simulationsergebnissen dargestellt ist.

Abschließend wollen wir noch beweisen, dass unter den getroffenen Annahmen (C.25a) und (C.25b) die mittlere Fadingdauer $\tilde{T}_{\xi_-}(r)$ von deterministischen Riceprozessen $\tilde{\xi}(t)$ für $N_i \to \infty$ gegen die mittlere Fadingdauer $T_{\xi_-}(r)$ von stochastischen Riceprozessen $\xi(t)$ konvergiert, d. h.

$$\tilde{T}_{\xi_-}(r) = T_{\xi_-}(r), \quad N_i \to \infty. \tag{C.43}$$

Wegen (C.24) und wegen des allgemeinen Zusammenhangs (C.42) genügt es hierzu zu zeigen, dass

$$\tilde{F}_{\xi_-}(r) = F_{\xi_-}(r), \quad N_i \to \infty, \tag{C.44a}$$

bzw.

$$\tilde{p}_\xi(r) = p_\xi(r), \quad N_i \to \infty, \tag{C.44b}$$

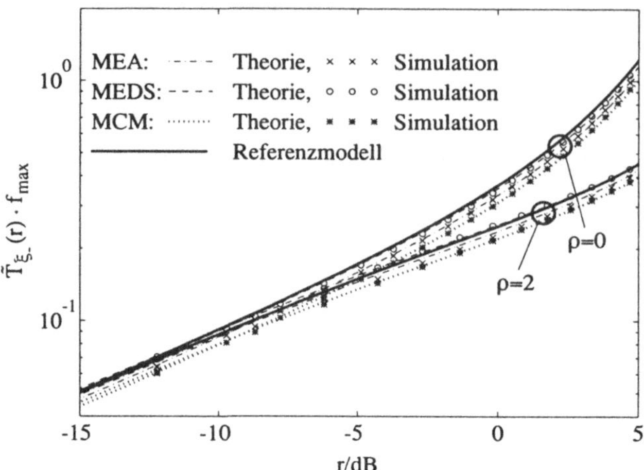

Bild C.2:   Normierte mittlere Fadingdauer von deterministischen Rice- und Rayleighprozessen mit $N_1 = 7$ und $N_2 = 8$ (Jakes LDS, $f_{max} = 91\,\text{Hz}$, $\sigma_0^2 = 1$, $\theta_\rho = \pi/4$).

gilt. Dazu stellen wir zunächst fest, dass nach dem Grenzübergang $N_i \to \infty$ die Funktionen $h_1(y,\theta)$ und $h_2(y,\theta)$ [siehe (C.41a) bzw. (C.41b)] wegen (C.29) gegen

$$h_1(y,\theta) = e^{-2(\pi\tilde{\sigma}_0 y \cos\theta)^2}, \quad N_1 \to \infty, \tag{C.45a}$$

bzw.

$$h_2(y,\theta) = e^{-2(\pi\tilde{\sigma}_0 y \sin\theta)^2}, \quad N_2 \to \infty, \tag{C.45b}$$

konvergieren. Mit dieser Erkenntnis folgt aus (4.50)

$$\lim_{N_i \to \infty} \tilde{p}_\xi(z) = (2\pi)^2 z \int_0^\infty e^{-2(\pi\tilde{\sigma}_0 y)^2} J_0(2\pi z y) \frac{1}{\pi} \int_0^\pi \cos[2\pi\rho y \cos(\theta - \theta_\rho)]d\theta\, y\, dy\,. \tag{C.46}$$

Die Integraldarstellung der Besselfunktion 0-ter Ordnung [Abr72, Gl. (9.1.18)]

$$J_0(z) = \frac{1}{\pi} \int_0^\pi \cos(z \cos\theta)\, d\theta \tag{C.47}$$

verhilft uns dazu, den Ausdruck (C.46) auf die Form

$$\lim_{N_i \to \infty} \tilde{p}_\xi(z) = (2\pi)^2 z \int_0^\infty e^{-2(\pi\tilde{\sigma}_0 y)^2} J_0(2\pi z y)\, J_0(2\pi\rho y)\, y\, dy \tag{C.48}$$

zu bringen. Das verbleibende Integral kann unter Verwendung von [Gra81, Gl. (6.633.2)]

$$\int_0^\infty e^{-(ax)^2} J_0(\alpha x)\, J_0(\beta x)\, x\, dx = \frac{1}{2a^2} e^{-\frac{\alpha^2+\beta^2}{4a^2}} I_0\left(\frac{\alpha\beta}{2a^2}\right) \tag{C.49}$$

gelöst werden, so dass wir schließlich

$$\tilde{p}_\xi(z) = \frac{z}{\tilde{\sigma}_0^2}\, e^{-\frac{z^2+\rho^2}{2\tilde{\sigma}_0^2}}\, I_0\left(\frac{z\rho}{\tilde{\sigma}_0^2}\right)\,, \quad N_i \to \infty\,, \tag{C.50}$$

erhalten. Mit der Leistungsbedingung (C.25a), d. h. $\tilde{\sigma}_0^2 = \sigma_0^2$, folgt aus der rechten Seite von (C.50) die Riceverteilung (2.26), womit die Gültigkeit von (C.44b) und somit auch von (C.43) bewiesen ist.

Anhang D

Analyse des relativen Modellfehlers bei Verwendung der Monte-Carlo-Methode im Zusammenhang mit dem Jakesleistungsdichtespektrum

Wir betrachten den relativen Modellfehler

$$\frac{\Delta\beta_i}{\beta} = \frac{\tilde{\beta}_i - \beta}{\beta}, \quad i = 1, 2, \tag{D.1}$$

wobei die Größen β und $\tilde{\beta}_i$ speziell für das Jakesleistungsdichtespektrum durch

$$\beta = 2(\pi\sigma_0 f_{max})^2 \tag{D.2}$$

bzw.

$$\tilde{\beta}_i = \frac{2\beta}{f_{max}^2 N_i} \sum_{n=1}^{N_i} f_{i,n}^2 \tag{D.3}$$

gegeben sind. Bei der Monte-Carlo-Methode sind die diskreten Dopplerfrequenzen $f_{i,n}$ Zufallsvariablen, die der Wahrscheinlichkeitsdichte

$$p_{f_{i,n}}(f_{i,n}) = \begin{cases} \dfrac{2}{\pi f_{max}\sqrt{1 - (f_{i,n}/f_{max})^2}}, & 0 < f \leq f_{max}, \\ 0, & \text{sonst}, \end{cases} \tag{D.4}$$

genügen.

Mit der tschebyscheffschen Ungleichung (2.15) gilt für jedes $\varepsilon > 0$ der Zusammenhang

$$P\left(\left|\frac{\Delta\beta_i}{\beta} - E\left\{\frac{\Delta\beta_i}{\beta}\right\}\right| \geq \varepsilon\right) \leq \frac{\mathrm{Var}\left\{\Delta\beta_i/\beta\right\}}{\varepsilon^2} . \tag{D.5}$$

Unter Verwendung von (D.4) finden wir

$$E\left\{f_{i,n}^2\right\} = \frac{f_{max}^2}{2} \tag{D.6}$$

und

$$\begin{aligned}
\mathrm{Var}\left\{f_{i,n}^2\right\} &= E\left\{f_{i,n}^4\right\} - \left(E\left\{f_{i,n}^2\right\}\right)^2 \\
&= \frac{3}{8}f_{max}^4 - \frac{f_{max}^4}{4} \\
&= \frac{f_{max}^4}{8} .
\end{aligned} \tag{D.7}$$

Damit ergeben sich in Verbindung mit (D.3) für den Mittelwert und die Varianz des relativen Modellfehlers $\Delta\beta_i/\beta$ [vgl. (D.1)] die Ausdrücke

$$E\left\{\frac{\Delta\beta_i}{\beta}\right\} = 0 \tag{D.8}$$

bzw.

$$\begin{aligned}
\mathrm{Var}\left\{\frac{\Delta\beta_i}{\beta}\right\} &= \mathrm{Var}\left\{\frac{\beta_i}{\beta}\right\} \\
&= \left(\frac{2}{f_{max}^2 N_i}\right)^2 \mathrm{Var}\left\{\sum_{n=1}^{N_i} f_{i,n}^2\right\} \\
&= \left(\frac{2}{f_{max}^2 N_i}\right)^2 \sum_{n=1}^{N_i} \mathrm{Var}\left\{f_{i,n}^2\right\} \\
&= \frac{1}{2N_i} .
\end{aligned} \tag{D.9}$$

Also folgt mit der tschebyscheffschen Ungleichung (D.5) die Beziehung

$$P\left(\left|\frac{\Delta\beta_i}{\beta}\right| \geq \varepsilon\right) \leq \frac{1}{2N_i\varepsilon^2} . \tag{D.10}$$

Sei beispielsweise $\varepsilon = 0.02$ und $N_i = 2500$ (!), dann besagt die obige Ungleichung: Die Wahrscheinlichkeit dafür, dass der Betrag des relativen Modellfehlers $|\Delta\beta_i/\beta|$ größer gleich 2 % ist, ist kleiner gleich 50 %.

Anhang E

Spezifikation weiterer $\mathcal{L}$-Pfad-Kanalmodelle nach COST 207

Neben den in Tabelle 7.3 angegebenen 4- und 6-Pfad-Kanalmodellen wurden in COST 207 [COS89] weitere $\mathcal{L}$-Pfad-Kanalmodelle spezifiziert, die in diesem Anhang zur Vollständigkeit wiedergegeben sind.

Pfad-Nr. ℓ	Verzögerung τ_ℓ'	Pfad-leistung (lin.)	(dB)	Kategorie des Doppler-spektrums	Mehrwege-verbreiterung $B_{\tau'\tau'}^{(2)}$
Rural Area: 6-Pfad-Kanalmodell (alternativ)					
0	$0\ \mu s$	1	0	"Rice"	
1	$0.1\ \mu s$	0.4	-4	"Jakes"	
2	$0.2\ \mu s$	0.16	-8	"Jakes"	$0.1\ \mu s$
3	$0.3\ \mu s$	0.06	-12	"Jakes"	
4	$0.4\ \mu s$	0.03	-16	"Jakes"	
5	$0.5\ \mu s$	0.01	-20	"Jakes"	

Tabelle E.1: Ländliche Gebiete (rural area).

Pfad-Nr. ℓ	Verzögerung τ'_ℓ	Pfad-leistung (lin.)	(dB)	Kategorie des Doppler-spektrums	Mehrwege-verbreiterung $B^{(2)}_{\tau'\tau'}$
(i) Typical Urban: 12-Pfad-Kanalmodell					
0	$0\ \mu s$	0.4	-4	"Jakes"	
1	$0.2\ \mu s$	0.5	-3	"Jakes"	
2	$0.4\ \mu s$	1	0	"Jakes"	
3	$0.6\ \mu s$	0.63	-2	"Gauß 1"	
4	$0.8\ \mu s$	0.5	-3	"Gauß 1"	
5	$1.2\ \mu s$	0.32	-5	"Gauß 1"	
6	$1.4\ \mu s$	0.2	-7	"Gauß 1"	$1.0\ \mu s$
7	$1.8\ \mu s$	0.32	-5	"Gauß 1"	
8	$2.4\ \mu s$	0.25	-6	"Gauß 2"	
9	$3.0\ \mu s$	0.13	-9	"Gauß 2"	
10	$3.2\ \mu s$	0.08	-11	"Gauß 2"	
11	$5.0\ \mu s$	0.1	-10	"Gauß 2"	
(ii) Typical Urban: 12-Pfad-Kanalmodell (alternativ)					
0	$0\ \mu s$	0.4	-4	"Jakes"	
1	$0.1\ \mu s$	0.5	-3	"Jakes"	
2	$0.3\ \mu s$	1	0	"Jakes"	
3	$0.5\ \mu s$	0.55	-2.6	"Jakes"	
4	$0.8\ \mu s$	0.5	-3	"Gauß 1"	
5	$1.1\ \mu s$	0.32	-5	"Gauß 1"	
6	$1.3\ \mu s$	0.2	-7	"Gauß 1"	$1.0\ \mu s$
7	$1.7\ \mu s$	0.32	-5	"Gauß 1"	
8	$2.3\ \mu s$	0.22	-6.5	"Gauß 2"	
9	$3.1\ \mu s$	0.14	-8.6	"Gauß 2"	
10	$3.2\ \mu s$	0.08	-11	"Gauß 2"	
11	$5.0\ \mu s$	0.1	-10	"Gauß 2"	
(iii) Typical Urban: 6-Pfad-Kanalmodell (alternativ)					
0	$0\ \mu s$	0.5	-3	"Jakes"	
1	$0.2\ \mu s$	1	0	"Jakes"	
2	$0.5\ \mu s$	0.63	-2	"Jakes"	$1.0\ \mu s$
3	$1.6\ \mu s$	0.25	-6	"Gauß 1"	
4	$2.3\ \mu s$	0.16	-8	"Gauß 2"	
5	$5.0\ \mu s$	0.1	-10	"Gauß 2"	

Tabelle E.2:   Typische Gebiete in Städten und Vororten (typical urban).

Pfad-Nr. ℓ	Verzögerung τ'_ℓ	Pfad-leistung (lin.)	(dB)	Kategorie des Doppler-spektrums	Mehrwege-verbreiterung $B^{(2)}_{\tau'\tau'}$
(i) Bad Urban: 12-Pfad-Kanalmodell					
0	$0\ \mu s$	0.2	-7	”Jakes”	
1	$0.2\ \mu s$	0.5	-3	”Jakes”	
2	$0.4\ \mu s$	0.79	-1	”Jakes”	
3	$0.8\ \mu s$	1	0	”Gauß 1”	
4	$1.6\ \mu s$	0.63	-2	”Gauß 1”	
5	$2.2\ \mu s$	0.25	-6	”Gauß 2”	$2.5\ \mu s$
6	$3.2\ \mu s$	0.2	-7	”Gauß 2”	
7	$5.0\ \mu s$	0.79	-1	”Gauß 2”	
8	$6.0\ \mu s$	0.63	-2	”Gauß 2”	
9	$7.2\ \mu s$	0.2	-7	”Gauß 2”	
10	$8.2\ \mu s$	0.1	-10	”Gauß 2”	
11	$10.0\ \mu s$	0.03	-15	”Gauß 2”	
(ii) Bad Urban: 12-Pfad-Kanalmodell (alternativ)					
0	$0\ \mu s$	0.17	-7.7	”Jakes”	
1	$0.1\ \mu s$	0.46	-3.4	”Jakes”	
2	$0.3\ \mu s$	0.74	-1.3	”Jakes”	
3	$0.7\ \mu s$	1	0	”Gauß 1”	
4	$1.6\ \mu s$	0.59	-2.3	”Gauß 1”	
5	$2.2\ \mu s$	0.28	-5.6	”Gauß 2”	$2.5\ \mu s$
6	$3.1\ \mu s$	0.18	-7.4	”Gauß 2”	
7	$5.0\ \mu s$	0.72	-1.4	”Gauß 2”	
8	$6.0\ \mu s$	0.69	-1.6	”Gauß 2”	
9	$7.2\ \mu s$	0.21	-6.7	”Gauß 2”	
10	$8.1\ \mu s$	0.1	-9.8	”Gauß 2”	
11	$10.0\ \mu s$	0.03	-15.1	”Gauß 2”	
(iii) Bad Urban: 6-Pfad-Kanalmodell (alternativ)					
0	$0\ \mu s$	0.56	-2.5	”Jakes”	
1	$0.3\ \mu s$	1	0	”Jakes”	
2	$1.0\ \mu s$	0.5	-3	”Gauß 1”	$2.5\ \mu s$
3	$1.6\ \mu s$	0.32	-5	”Gauß 1”	
4	$5.0\ \mu s$	0.63	-2	”Gauß 2”	
5	$6.6\ \mu s$	0.4	-4	”Gauß 2”	

Tabelle E.3:   Typische ungünstige Gebiete in Städten und Vororten (bad urban).

Pfad-Nr. ℓ	Verzögerung τ_ℓ'	Pfad-leistung (lin.)	(dB)	Kategorie des Doppler-spektrums	Mehrwege-verbreiterung $B_{\tau'\tau'}^{(2)}$
(i) Hilly Terrain: 12-Pfad-Kanalmodell					
0	0 μs	0.1	-10	"Jakes"	
1	0.2 μs	0.16	-8	"Jakes"	
2	0.4 μs	0.25	-6	"Jakes"	
3	0.6 μs	0.4	-4	"Gauß 1"	
4	0.8 μs	1	0	"Gauß 1"	
5	2.0 μs	1	0	"Gauß 1"	5.0 μs
6	2.4 μs	0.4	-4	"Gauß 2"	
7	15.0 μs	0.16	-8	"Gauß 2"	
8	15.2 μs	0.13	-9	"Gauß 2"	
9	15.8 μs	0.1	-10	"Gauß 2"	
10	17.2 μs	0.06	-12	"Gauß 2"	
11	20.0 μs	0.04	-14	"Gauß 2"	
(ii) Hilly Terrain: 12-Pfad-Kanalmodell (alternativ)					
0	0 μs	0.1	-10	"Jakes"	
1	0.1 μs	0.16	-8	"Jakes"	
2	0.3 μs	0.25	-6	"Jakes"	
3	0.5 μs	0.4	-4	"Jakes"	
4	0.7 μs	1	0	"Gauß 1"	
5	1.0 μs	1	0	"Gauß 1"	5.0 μs
6	1.3 μs	0.4	-4	"Gauß 1"	
7	15.0 μs	0.16	-8	"Gauß 2"	
8	15.2 μs	0.13	-9	"Gauß 2"	
9	15.7 μs	0.1	-10	"Gauß 2"	
10	17.2 μs	0.06	-12	"Gauß 2"	
11	20.0 μs	0.04	-14	"Gauß 2"	
(iii) Hilly Terrain: 6-Pfad-Kanalmodell (alternativ)					
0	0 μs	1	0	"Jakes"	
1	0.1 μs	0.71	-1.5	"Jakes"	
2	0.3 μs	0.35	-4.5	"Jakes"	
3	0.5 μs	0.18	-7.5	"Jakes"	5.0 μs
4	15 μs	0.16	-8.0	"Gauß 2"	
5	17.2 μs	0.02	-17.7	"Gauß 2"	

Tabelle E.4:   Typische Gebiete im Bergland (hilly terrain).

MATLAB-Programme

Es folgt eine Auswahl von MATLAB-Programmen (*m-files*), die dem Anwender den Programmieraufwand, der bei der Umsetzung der im Buch behandelten Methoden zum Entwurf der Modellparameter von deterministischen Prozessen anfällt, weitgehend abnimmt, und ihm außerdem den Einstieg in die Simulation und Analyse von Kanalmodellen erleichtert. MATLAB steht für **mat**rix **lab**oratory, eine Interpretersprache von The Math Works, Inc., zur numerischen Berechnung und Visualisierung von Matrizen. Die unten angegebenen *m-files* erfordern die *Signal Processing Toolbox* sowie die *Optimization Toolbox*.

Hinweise auf benötigte Unterprogramme (*functions*) und eine Beschreibung der Ein- und Ausgabeparameter der vorliegenden Programme erfolgt jeweils im Programmkopf.

Zunächst werden *m-files* zur Berechnung der Modellparameter unter Verwendung der im Kapitel 5 beschriebenen Methoden vorgestellt. Hier findet eine Unterteilung in Abhängigkeit von der spektralen Leistungsdichte (Jakes/Gauß) der zu realisierenden deterministischen Gaußprozesse statt.
Daran anschließend befinden sich Funktionen zur Zeitbereichssimulation verschiedener nichtfrequenzselektiver (Kapitel 6) und frequenzselektiver (Kapitel 7) Mobilfunkkanäle.
Abschließend werden Werkzeuge zur Verfügung gestellt, mit denen die entworfenen Kanalsimulatoren bezüglich ihrer statistischen Eigenschaften wie Wahrscheinlichkeitsdichte, Verteilungsfunktion, Pegelunterschreitungsrate und mittlere Fadingdauer analysiert werden können.

```
%-------------------------------------------------------------------
% parameter_Jakes.m ------------------------------------------------
%
% Programm zur Berechnung der diskreten Dopplerfrequenzen,
% Dopplerkoeffizienten und Dopplerphasen bei Verwendung des Jakes-
% leistungsdichtespektrums.
%
% Benoetigte(s) m-File(s): LPNM_opt_jakes.m, fun_Jakes.m,
%                          grad_Jakes.m, acf_mue.m
%-------------------------------------------------------------------
% [f_i_n,c_i_n,theta_i_n]=parameter_Jakes(METHODE,N_i,sigma_0_2,...
```

```
%                                     f_max,PHASE,PLOT)
%-----------------------------------------------------------------
% Erlaeuterung der Eingabeparameter:
%
% METHODE:
% |--------------------------------------------|-----------------|
% | Methoden zur Berechnung der diskreten       |    Eingabe      |
% | Dopplerfrequenzen und Dopplerkoeffizienten  |                 |
% |--------------------------------------------|-----------------|
% |--------------------------------------------|-----------------|
% | Methode der gleichen Abstaende (MED)        |    'ed_j'       |
% |--------------------------------------------|-----------------|
% | Methode des mittleren quadratischen         |    'ms_j'       |
% | Fehlers (MSEM)                              |                 |
% |--------------------------------------------|-----------------|
% | Methode der gleichen Flaechen (MEA)         |    'ea_j'       |
% |--------------------------------------------|-----------------|
% | Monte-Carlo-Methode (MCM)                   |    'mc_j'       |
% |--------------------------------------------|-----------------|
% | Lp-Norm-Methode (LPNM)                      |    'lp_j'       |
% |--------------------------------------------|-----------------|
% | Methode der exakten Dopplerverbreiterung    |    'es_j'       |
% | (MEDS)                                      |                 |
% |--------------------------------------------|-----------------|
% |   Jakes Methode (JM)                        |    'jm_j'       |
% |--------------------------------------------|-----------------|
%
% N_i: Anzahl der diskreten Dopplerfrequenzen
% sigma_0_2: mittlere Leistung des reellen deterministischen
%            Gaussprozesses mu_i(t)
% f_max: maximale Dopplerfrequenz
%
% PHASE:
% |--------------------------------------------|-----------------|
% | Methoden zur Berechnung der Dopplerphasen   |    Eingabe      |
% |--------------------------------------------|-----------------|
% |--------------------------------------------|-----------------|
% | zufaellige Dopplerphasen                    |    'rand'       |
% |--------------------------------------------|-----------------|
% | permutierte Dopplerphasen                   |    'perm'       |
% |--------------------------------------------|-----------------|
%
% PLOT: Darstellung der AKF und des LDS von mu_i(t), falls PLOT==1

function [f_i_n,c_i_n,theta_i_n]=parameter_Jakes(METHODE,N_i,...
```

```matlab
                              sigma_0_2,f_max,PHASE,PLOT)

if nargin<6,
   error('zu wenige Eingabeparameter')
end


sigma_0=sqrt(sigma_0_2);

% Methode der gleichen Abstaende (MED)
if      METHODE=='ed_j',
        n=(1:N_i)';
        f_i_n=f_max/(2*N_i)*(2*n-1);
        c_i_n=2*sigma_0/sqrt(pi)*(asin(n/N_i)-asin((n-1)/N_i)).^0.5;
        K=1;

% Methode des mittleren quadratischen Fehlers (MSEM)
elseif METHODE=='ms_j',
        n=(1:N_i)';
        f_i_n=f_max/(2*N_i)*(2*n-1);
        Tp=1/(2*f_max/N_i);
        t=linspace(0,Tp,5E3);
        Jo=besselj(0,2*pi*f_max*t);
        c_i_n=zeros(size(f_i_n));
        for k=1:length(f_i_n),
            c_i_n(k)=2*sigma_0*...
                    sqrt(1/Tp*( trapz( t,Jo.*...
                    cos(2*pi*f_i_n(k)*t )) ));
        end
        K=1;

% Methode der gleichen Flaechen (MEA)
elseif METHODE=='ea_j'
        n=(1:N_i)';
        f_i_n=f_max*sin(pi*n/(2*N_i));
        c_i_n=sigma_0*sqrt(2/N_i)*ones(size(n));
        K=1;

% Monte-Carlo-Methode (MCM)
elseif METHODE=='mc_j'
        n=rand(N_i,1);
        f_i_n=f_max*sin(pi*n/2);
        c_i_n=sigma_0*sqrt(2/N_i)*ones(size(n));

        K=1;
```

```matlab
% Lp-Norm-Methode (LPNM)
elseif METHODE=='lp_j',
        if   exist('fminu')~=2
             disp([' =====> Diese Methode erfordert ',...
                  'die Optimization Toolbox !!'])
             return
        else
             N=1E3;
             p=2;    % Norm
             s_o=1;
             [f_i_n,c_i_n]=LPNM_opt_jakes(N,f_max,sigma_0,p,N_i,s_o);
             K=1;
        end

% Methode der exakten Dopplerverbreiterung (MEDS)
elseif METHODE=='es_j',
        n=(1:N_i)';
        f_i_n=f_max*sin(pi/(2*N_i)*(n-1/2));
        c_i_n=sigma_0*sqrt(2/(N_i))*ones(size(f_i_n));
        K=1;

% Jakes Methode (JM)
elseif METHODE=='jm_j',
        n=1:N_i-1;
        f_i_n=f_max*[[cos(pi*n/(2*(N_i-1/2))),1]',...
                    [cos(pi*n/(2*(N_i-1/2))),1]'];
        c_i_n=2*sigma_0/sqrt(N_i-1/2)*[[sin(pi*n/(N_i-1)),1/2]',...
                                      [cos(pi*n/(N_i-1)),1/2]'];
        K=1;
        theta_i_n=zeros(size(f_i_n));
        PHASE='none';

else
        error('Die angegebene Methode ist unbekannt')
end

% Berechnung der Dopplerphasen:
if      PHASE=='rand',
        theta_i_n=rand(N_i,1)*2*pi;

elseif PHASE=='perm',
        n=(1:N_i)';
        Z=rand(size(n));
        [dummy,I]=sort(Z);
        theta_i_n=2*pi*n(I)/(N_i+1);
```

```matlab
end;

if PLOT==1,
   if  METHODE=='jm_j'
       subplot(2,3,1)
       stem([-f_i_n(N_i:-1:1,1);f_i_n(:,1)],...
             1/4*[c_i_n(N_i:-1:1,1);c_i_n(:,1)].^2)
       title('i=1')
       xlabel('f/Hz')
       ylabel('LDS')
       subplot(2,3,2)
       stem([-f_i_n(N_i:-1:1,2);f_i_n(:,2)],...
             1/4*[c_i_n(N_i:-1:1,2);c_i_n(:,2)].^2)
       title('i=2')
       xlabel('f/Hz')
       ylabel('LDS')
       tau_max=N_i/(K*f_max);
       tau=linspace(0,tau_max,500);
       r_mm=sigma_0^2*besselj(0,2*pi*f_max*tau);

       r_mm_tilde1=acf_mue(f_i_n(:,1),c_i_n(:,1),tau);
       subplot(2,3,4)
       plot(tau,r_mm,'r-',tau,r_mm_tilde1,'g--')
       title('i=1')
       xlabel('tau/s')
       ylabel('AKF')
       r_mm_tilde2=acf_mue(f_i_n(:,2),c_i_n(:,2),tau);
       subplot(2,3,5)
       plot(tau,r_mm,'r-',tau,r_mm_tilde2,'g--')
       title('i=2')
       xlabel('tau/s')
       ylabel('AKF')
       subplot(2,3,3)
       stem([-f_i_n(N_i:-1:1,1);f_i_n(:,1)],...
             1/4*[c_i_n(N_i:-1:1,1);c_i_n(:,1)].^2+...
             1/4*[c_i_n(N_i:-1:1,2);c_i_n(:,2)].^2)
       title('i=1,2')
       xlabel('f/Hz')
       ylabel('LDS')
       subplot(2,3,6)
       plot(tau,2*r_mm,'r-',tau,r_mm_tilde1+r_mm_tilde2,'g--')
       title('i=1,2')
       xlabel('tau/s')
       ylabel('AKF')
   else
```

```matlab
        subplot(1,2,1)
        stem([-f_i_n(N_i:-1:1);f_i_n],...
            1/4*[c_i_n(N_i:-1:1);c_i_n].^2)
        xlabel('f/Hz')
        ylabel('LDS')
        tau_max=N_i/(K*f_max);
        tau=linspace(0,tau_max,500);
        r_mm=sigma_0^2*besselj(0,2*pi*f_max*tau);
        r_mm_tilde=acf_mue(f_i_n,c_i_n,tau);
        subplot(1,2,2)
        plot(tau,r_mm,'r-',tau,r_mm_tilde,'g--')
        xlabel('tau/s')
        ylabel('AKF')
    end
end


%------------------------------------------------------------------
% LPNM_opt_jakes.m -------------------------------------------------
%
% Programm zur Berechnung der diskreten Dopplerfrequenzen
% bei Verwendung des Jakesleistungsdichtespektrums mittels
% einer numerischen Optimierung.
%
% Benoetigte(s) m-File(s): parameter_Jakes.m, fun_Jakes.m,
%                          grad_Jakes.m, acf_mue.m
%------------------------------------------------------------------
% [f_i_n,c_i_n]=LPNM_opt_jakes(N,f_max,sigma_0_2,p,N_i,PLOT)
%------------------------------------------------------------------
% Erlaeuterung der Eingabeparameter:
%
% N: Laenge des Vektors tau
% f_max: maximale Dopplerfrequenz
% sigma_0_2: mittlere Leistung des reellen Gaussprozesses mu_i(t)
% p: Parameter der Lp-Norm (hier: p=2,4,6,...)
% N_i: Anzahl der diskreten Dopplerfrequenzen
% PLOT: Anzeige der Zwischenergebnisse der Optimierung, falls
%       PLOT==1

function [f_i_n,c_i_n]=LPNM_opt_jakes(N,f_max,sigma_0_2,p,N_i,PLOT)

tau=linspace(0,N_i/(2*f_max),N);
Jo=sigma_0_2*besselj(0,2*pi*f_max*tau);
c_i_n=sqrt(sigma_0_2)*sqrt(2/N_i)*ones(N_i,1);

save data Jo tau N_i c_i_n p PLOT
```

```matlab
% Startwerte:
[f_i_n,dummy1,dummy2]=parameter_Jakes('es_j',N_i,...
                      sqrt(sigma_0_2),f_max,'none',0);
o=foptions;
o(1)=1;
o(1)=0;
o(2)=1e-9;
o(14)=N_i/10*200;
o(9)=0;


xo=f_i_n;


x=fminu('fun_Jakes',xo,o,'grad_Jakes');


load x


f_i_n=x;


%----------------------------------------------------------------------
% fun_Jakes.m ---------------------------------------------------------
%
% Berechnung der Fehlerfunktion nach Gl.(5.61) zur Optimierung
% der diskreten Dopplerfrequenzen (Jakes LDS).
%
% Benoetigte(s) m-File(s): acf_mue.m
%----------------------------------------------------------------------
% F=fun_Jakes(x)
%----------------------------------------------------------------------
% Erlaeuterung der Eingabeparameter:
%
% x: zu optimierender Parametervektor

function F=fun_Jakes(x)

load data

f_i_n=x;
r=acf_mue(f_i_n,c_i_n,tau);
F=norm(abs(Jo-r),p);
if PLOT==1,
   subplot(1,2,1)
   stem(f_i_n,c_i_n)
   xlabel('f_i_n')
   ylabel('c_i_n')
   title(['N_i = ',num2str(N_i)])
   subplot(1,2,2)
```

```
      plot(tau,Jo,tau,r)
      xlabel('tau/s')
      ylabel('AKF')
      title(['Fehlernorm=',num2str(F)])
      pause(0)
end

save x x

%-------------------------------------------------------------------
% grad_Jakes.m -----------------------------------------------------
%
% Berechnung des Gradienten der Fehlerfunktion zur Opti-
% mierung der diskreten Dopplerfrequenzen (Jakes LDS).
%
% Benoetigte(s) m-File(s): acf_mue.m
%-------------------------------------------------------------------
% G=grad_Jakes(x)
%-------------------------------------------------------------------
% Erlaeuterung der Eingabeparameter:
%
% x: zu optimierender Parametervektor

function G=grad_Jakes(x)

load data

f_i_n=x;
r=acf_mue(f_i_n,c_i_n,tau);
D=Jo-r;
F=norm(D,p);
G=[];
for k=1:N_i,
    g=F^(1-p)*D.^(p-1)*(2*pi*c_i_n(k)^2*tau.*...
      sin(2*pi*f_i_n(k)*tau)).';
    G=[G;g];
end

%-------------------------------------------------------------------
% acf_mue.m --------------------------------------------------------
%
% Berechnung der AKF von deterministischen Gaussprozessen mu_i(tau)
%
%-------------------------------------------------------------------
% r_mm=acf_mue(f,c,tau)
%-------------------------------------------------------------------
```

```
% Erlaeuterung der Eingabeparameter:
%
% f: diskrete Dopplerfrequenzen
% c: Dopplerkoeffizienten
% tau: Zeitdifferenz zwischen zwei Zeitpunkten

function r_mm=acf_mue(f,c,tau)

r_mm=0;
for n=1:length(c),
    r_mm=r_mm+0.5*c(n)^2*cos(2*pi*f(n)*tau);
end

%---------------------------------------------------------------
% parameter_Gauss.m --------------------------------------------
%
% Programm zur Berechnung der diskreten Dopplerfrequenzen,
% Dopplerkoeffizienten und Dopplerphasen bei Verwendung des Gauss-
% leistungsdichtespektrums.
%
% Benoetige(s) m-File(s): LPNM_opt_gauss.m, fun_gauss.m,
%                         grad_gauss.m, acf_mue.m
%---------------------------------------------------------------
% [f_i_n,c_i_n,theta_i_n]=parameter_Gauss(METHODE,N_i,sigma_0_2,...
%                                 f_max,f_c,PHASE,PLOT)
%---------------------------------------------------------------
% Erlaeuterung der Eingabeparameter:
%
% METHODE:
% |-------------------------------------------|-------------------|
% | Methoden zur Berechnung der diskreten     | Eingabe           |
% | Dopplerfrequenzen und Dopplerkoeffizienten|                   |
% |-------------------------------------------|-------------------|
% |-------------------------------------------|-------------------|
% | Methode der gleichen Abstaende (MED)      | 'ed_g'            |
% |-------------------------------------------|-------------------|
% | Methode des mittleren quadratischen       | 'ms_g'            |
% | Fehlers (MSEM)                            |                   |
% |-------------------------------------------|-------------------|
% | Methode der gleichen Flaechen (MEA)       | 'ea_g'            |
% |-------------------------------------------|-------------------|
% | Monte-Carlo-Methode (MCM)                 | 'mc_g'            |
% |-------------------------------------------|-------------------|
% | Lp-Norm-Methode (LPNM)                    | 'lp_g'            |
% |-------------------------------------------|-------------------|
% | Methode der exakten Dopplerverbreiterung  | 'es_g'            |
```

```
% | (MEDS)                                           |                   |
% |--------------------------------------------------|-------------------|
%
% N_i: Anzahl der Dopplerfrequenzen
% sigma_0_2: mittlere Leistung des reellen deterministischen
%            Gaussprozesses mu_i(t)
% f_max: maximale Dopplerfrequenz
% f_c: 3-dB-Grenzfrequenz
% PHASE:
% |--------------------------------------------------|-------------------|
% | Methoden zur Berechnung der Dopplerphasen        |     Eingabe       |
% |--------------------------------------------------|-------------------|
% |--------------------------------------------------|-------------------|
% | zufaellige Dopplerphasen                         |      'rand'       |
% |--------------------------------------------------|-------------------|
% | permutierte Dopplerphasen                        |      'perm'       |
% |--------------------------------------------------|-------------------|
%
% PLOT: Darstellung der AKF und des LDS von mu_i(t), falls PLOT==1

function [f_i_n,c_i_n,theta_i_n]=parameter_Gauss(METHODE,N_i,...
                                sigma_0_2,f_max,f_c,PHASE,PLOT)

if nargin<7,
   error('zu wenige Eingabeparameter')
end

sigma_0=sqrt(sigma_0_2);
kappa_c=f_max/f_c;

% Methode der gleichen Abstaende (MED)
if      METHODE=='ed_g',
        n=(1:N_i)';
        f_i_n=kappa_c*f_c/(2*N_i)*(2*n-1);
        c_i_n=sigma_0*sqrt(2)*sqrt(erf(n*kappa_c*...
            sqrt(log(2))/N_i)-erf((n-1)*kappa_c*...
            sqrt(log(2))/N_i) );
        K=1;

% Methode des mittleren quadratischen Fehlers (MSEM)
elseif METHODE=='ms_g',
        n=(1:N_i)';
        f_i_n=kappa_c*f_c/(2*N_i)*(2*n-1);
        tau_max=N_i/(2*kappa_c*f_c);
        N=1E3;
```

```matlab
    tau=linspace(0,tau_max,N);
    f1=exp(-(pi*f_c*tau).^2/log(2));
    c_i_n=zeros(size(f_i_n));
    for k=1:length(c_i_n),
        c_i_n(k)=2*sigma_0*sqrt(trapz(tau,f1.*...
                cos(2*pi*f_i_n(k)*tau))/tau_max);
    end
    K=1;

% Methode der gleichen Flaechen (MEA)
elseif METHODE=='ea_g'
    n=(1:N_i)';
    c_i_n=sigma_0*sqrt(2/N_i)*ones(size(n));
    f_i_n=f_c/sqrt(log(2))*erfinv(n/N_i);
    f_i_n(N_i)=f_c/sqrt(log(2))*erfinv(0.9999999);
    K=1;

% Monte-Carlo-Methode (MCM)
elseif METHODE=='mc_g'
    n=rand(N_i,1);
    f_i_n=f_c/sqrt(log(2))*erfinv(n);
    c_i_n=sigma_0*sqrt(2/N_i)*ones(size(n));
    K=1;

% Lp-Norm-Methode (LPNM)
elseif METHODE=='lp_g',

    if   exist('fminu')~=2
        disp([' =====> Diese Methode erfordert ',...
            'die Optimization Toolbox !!'])
        return
    else
        N=1e3;
        p=2;
        [f_i_n,c_i_n]=LPNM_opt_gauss(N,f_max,f_c,...
                    sigma_0_2,p,N_i,PLOT);
        K=2;
    end
% Methode der exakten Dopplerverbreiterung (MEDS)
elseif METHODE=='es_g',
    n=(1:N_i)';
    c_i_n=sigma_0*sqrt(2/N_i)*ones(size(n));
    f_i_n=f_c/sqrt(log(2))*erfinv((2*n-1)/(2*N_i));
    K=1;
else
```

```matlab
         error([setstr(10),'Die angegebene Methode ist unbekannt'])
end

% Berechnung der Dopplerphasen:
if      PHASE=='rand',
        theta_i_n=rand(N_i,1)*2*pi;

elseif PHASE=='perm',
        n=(1:N_i)';
        Z=rand(size(n));
        [dummy,I]=sort(Z);
        theta_i_n=2*pi*n(I)/(N_i+1);
end

if PLOT==1,
   subplot(1,2,1)
   stem([-f_i_n(N_i:-1:1);f_i_n],...
        1/4*[c_i_n(N_i:-1:1);c_i_n].^2)
   xlabel('f/Hz')
   ylabel('LDS')
   tau_max=N_i/(K*kappa_c*f_c);
   tau=linspace(0,tau_max,500);
   r_mm=sigma_0_2*exp(-(pi*f_c/sqrt(log(2))*tau).^2);
   r_mm_tilde=acf_mue(f_i_n,c_i_n,tau);
   subplot(1,2,2)
   plot(tau,r_mm,'r-',tau,r_mm_tilde,'g--')
   xlabel('tau/s')
   ylabel('AKF')
end

%-------------------------------------------------------------------
% LPNM_opt_gauss.m -------------------------------------------------
%
% Programm zur Berechnung der diskreten Dopplerfrequenzen
% bei Verwendung des Gaussleistungsdichtespektrums mittels
% einer numerischen Optimierung.
%
% Benoetigte(s) m-File(s): parameter_Gauss.m, fun_Gauss.m,
%                          grad_Gauss.m, acf_mue.m
%-------------------------------------------------------------------
% [f_i_n,c_i_n]=LPNM_opt_gauss(N,f_max,f_c,sigma_0_2,p,N_i,PLOT)
%-------------------------------------------------------------------
% Erlaeuterung der Eingabeparameter:
%
% N: Laenge des Vektors tau
% f_max: maximale Dopplerfrequenz
```

```matlab
% f_c: 3-dB-Grenzfrequenz
% sigma_0_2: mittlere Leistung des reellen Gaussprozesses mu_i(t)
% p: Parameter der Lp-Norm (hier: p=2,4,6,...)
% N_i: Anzahl der diskreten Dopplerfrequenzen
% PLOT: Anzeige der Zwischenergebnisse der Optimierung, falls PLOT==1


function [f_i_n,c_i_n]=LPNM_opt_gauss(N,f_max,f_c,sigma_0_2,...
                                      p,N_i,PLOT)


kappa_c=f_max/f_c;

F_list=[];
save F_list F_list

tau_max=N_i/(2*kappa_c*f_c);
tau=linspace(0,tau_max,N);
r_mm=sigma_0_2*exp(-(pi*f_c/sqrt(log(2))*tau).^2);


[f_i_n,c_i_n,dummy]=parameter_Gauss('es_g',N_i,sigma_0_2,f_max,...
                                    f_c,'none',PLOT);


save data r_mm tau N_i c_i_n p PLOT

o=foptions;
o(1)=1;
o(1)=0;
o(2)=1e-9;
o(14)=N_i/10*200;
o(9)=0;

xo=f_i_n;

x=fminu('fun_gauss',xo,o,'grad_gauss');

load x

f_i_n=sort(abs(x));

%------------------------------------------------------------------
% fun_gauss.m ------------------------------------------------------
%
% Berechnung der Fehlerfunktion nach Gl.(5.61) zur Optimierung
% der diskreten Dopplerfrequenzen (Gauss LDS).
%
% Benoetigte(s) m-File(s): acf_mue.m
%------------------------------------------------------------------
```

```
% F=fun_gauss(x)
%----------------------------------------------------------------------
% Erlaeuterung der Eingabeparameter:
%
% x: zu optimierender Parametervektor

function F=fun_gauss(x)

load data

f_i_n=x;

r=acf_mue(f_i_n,c_i_n,tau);
F=norm(abs(r_mm-r),p);
if PLOT==1,
   subplot(1,2,1)
   stem(f_i_n,c_i_n)
   xlabel('f_i_n')
   ylabel('c_i_n')

   title(['N_i = ',num2str(N_i)])
   subplot(1,2,2)
   plot(tau,r_mm,tau,r)
   xlabel('tau/s')
   ylabel('AKF')
   title(['Fehlernorm=',num2str(F)])
   pause(0)

end

%----------------------------------------------------------------------
% grad_gauss.m --------------------------------------------------------
%
% Berechnung des Gradienten der Fehlerfunktion zur Opti-
% mierung der diskreten Dopplerfrequenzen (Gauss LDS).
%
% Benoetigte(s) m-File(s): acf_mue.m
%----------------------------------------------------------------------
% G=grad_gauss(x)
%----------------------------------------------------------------------
% Erlaeuterung der Eingabeparameter:
%
% x: zu optimierender Parametervektor

function G=grad_gauss(x)
```

```
load data

f_i_n=x;
r=acf_mue(f_i_n,c_i_n,tau);
D=r_mm-r;
F=norm(D,p);
G=[];
for k=1:N_i,
    g=F^(1-p)*D.^(p-1)*(2*pi*c_i_n(k)^2*tau.*...
      sin(2*pi*f_i_n(k)*tau)).';
    G=[G;g];
end

%----------------------------------------------------------------
% Mu_i_t.m --------------------------------------------------------
%
% Programm zur Simulation von reellen deterministischen Gauss-
% prozessen mu_i(t) (vgl. Bild 4.2b) ).
%----------------------------------------------------------------
% mu_i_t=Mu_i_t(c,f,th,T_A,T_sim,PLOT)
%----------------------------------------------------------------
% Erlaeuterung der Eingabeparameter:
%
% f:   diskrete Dopplerfrequenzen
% c:   Dopplerkoeffizienten
% th: Dopplerphasen
% T_A: Abtastintervall
% T_sim: Simulationsdauer
% PLOT: Darstellung des deterministischen Gaussprozesses
%        mu_i(t), falls PLOT==1

function mu_i_t=Mu_i_t(c,f,th,T_A,T_sim,PLOT)

if nargin==5,
   PLOT=0;
end

N=ceil(T_sim/T_A);
t=(0:N-1)*T_A;
mu_i_t=0;
for k=1:length(f),
    mu_i_t=mu_i_t+c(k)*cos(2*pi*f(k)*t+th(k));
end

if PLOT==1,
   plot(t,mu_i_t)
```

```matlab
    xlabel('t/s')
    ylabel('mu_i(t)')
end


%-------------------------------------------------------------------
% rice_proc.m -------------------------------------------------------
%
% Programm zur Simulation von deterministischen Riceprozessen
% xi(t) (vgl. Bild 4.3).
%
% Benoetige(s) m-File(s): Mu_i_t.m
%-------------------------------------------------------------------
% xi_t=rice_proc(f1,c1,th1,f2,c2,th2,rho,f_rho,theta_rho,T_A,T_sim,PLOT)
%-------------------------------------------------------------------
% Erlaeuterung der Eingabeparameter:
%
% f1, c1, th1: diskrete Dopplerfrequenzen, Dopplerkoeffizienten und
%              Dopplerphasen fuer mu_1(t)
% f2, c2, th2: diskrete Dopplerfrequenzen, Dopplerkoeffizienten und
%              Dopplerphasen fuer mu_2(t)
% rho: Amplitude der direkten Komponente m(t)
% f_rho: Dopplerfrequenz der direkten Komponente m(t)
% theta_rho: Phase der direkten Komponente m(t)
% T_A: Abtastintervall
% T_sim: Simulationsdauer
% PLOT: Darstellung des deterministischen Riceprozesses xi(t),
%       falls PLOT==1

function xi_t=rice_proc(f1,c1,th1,f2,c2,th2,rho,f_rho,theta_rho,...
                        T_A,T_sim,PLOT)

if nargin==10,
   PLOT=0;
end


N=ceil(T_sim/T_A);
t=(0:N-1)*T_A;
arg=2*pi*f_rho*t+theta_rho;

xi_t =  abs(Mu_i_t(c1,f1,th1,T_A,T_sim)+rho*cos(arg)+...
          j*(Mu_i_t(c2,f2,th2,T_A,T_sim)+rho*sin(arg)) );

if PLOT==1,
   plot(t,20*log10(xi_t))
   xlabel('t/s')
   ylabel('20 log xi(t)')
```

```
end

%----------------------------------------------------------------
% suz_typ_I.m ---------------------------------------------------
%
% Programm zur Simulation von deterministischen erweiterten Suzuki-
% prozessen vom Typ I (vgl. Bild 6.9).
%
% Benoetige(s) m-File(s): parameter_Jakes.m, parameter_Gauss.m,
%                         Mu_i_t.m
%----------------------------------------------------------------
% eta_t=suz_typ_I(N_1,N_2,N_3,sigma_0_2,kappa_0,f_max,sigma_3,m_3,...
%                 rho,f_rho,theta_rho,f_c,T_A,T_sim,PLOT)
%----------------------------------------------------------------
% Erlaeuterung der Eingabeparameter:
%
% N_1, N_2, N_3: jeweilige Anzahl der harmonischen Funktionen der
%                reellen Gaussprozesse nu_1(t), nu_2(t) und nu_3(t)
% sigma_0_2: mittlere Leistung der reellen deterministischen Gauss-
%            prozesse mu_1(t) und mu_2(t)
% kappa_0: Frequenzverhaeltnis f_min/f_max (0<=kappa_0<=1)
% f_max: maximale Dopplerfrequenz
% sigma_3: Wurzel aus der mittleren Leistung des reellen Gauss-
%          prozesses nu_3(t)
% m_3: Mittelwert des dritten reellen Gaussprozesses
% rho: Amplitude der direkten Komponente m(t)
% f_rho: Dopplerfrequenz der direkten Komponente m(t)
% theta_rho: Phase der direkten Komponente m(t)
% f_c: 3-dB-Bandbreite
% T_A: Abtastintervall
% T_sim: Simulationsdauer
% PLOT: Darstellung des deterministischen erweiterten
%       Suzukiprozesses eta(t) vom Typ I, falls PLOT==1

function eta_t=suz_typ_I(N_1,N_2,N_3,sigma_0_2,kappa_0,f_max,...
                sigma_3,m_3,rho,f_rho,theta_rho,f_c,T_A,T_sim,PLOT)

if nargin==14,
   PLOT=0;
end

[f1,c1,th1]=parameter_Jakes('es_j',N_1,sigma_0_2,f_max,'rand',0);
c1=c1/sqrt(2);

N_2_s=ceil(N_2/(2/pi*asin(kappa_0)));
[f2,c2,th2]=parameter_Jakes('es_j',N_2_s,sigma_0_2,f_max,'rand',0);
```

```matlab
f2 =f2(1:N_2);
c2 =c2(1:N_2)/sqrt(2);
th2=th2(1:N_2);

[f3,c3,th3]=parameter_Gauss('es_g',N_3,1,f_max,f_c,'rand',0);
gaMma=(2*pi*f_c/sqrt(2*log(2)))^2;
f3(N_3)=sqrt(gaMma*N_3/(2*pi)^2-sum(f3(1:N_3-1).^2));

N=ceil(T_sim/T_A);
t=(0:N-1)*T_A;

arg=2*pi*f_rho*t+theta_rho;

xi_t=abs(Mu_i_t(c1,f1,th1,T_A,T_sim)+...
        Mu_i_t(c2,f2,th2,T_A,T_sim)+rho*cos(arg)+...
        j*(Mu_i_t(c1,f1,th1-pi/2,T_A,T_sim)-...
        Mu_i_t(c2,f2,th2-pi/2,T_A,T_sim)+rho*sin(arg)));
lambda_t=exp(Mu_i_t(c3,f3,th3,T_A,T_sim)*sigma_3+m_3);

eta_t=xi_t.*lambda_t;

if PLOT==1,
   plot(t,20*log10(eta_t),'b-')
   xlabel('t/s')
   ylabel('20 log eta(t)')
end

%-------------------------------------------------------------------
% suz_typ_II.m --------------------------------------------------------
%
% Programm zur Simulation von deterministischen erweiterten Suzuki-
% prozessen vom Typ II (vgl. Bild 6.23).
%
% Benoetige(s) m-File(s): parameter_Jakes.m, parameter_Gauss.m,
%                         Mu_i_t.m
%-------------------------------------------------------------------
% eta_t=suz_typ_II(N_1,N_3,sigma_0_2,kappa_0,theta_0,f_max,...
%                  sigma_3,m_3,rho,theta_rho,f_c,T_A,T_sim,PLOT)
%-------------------------------------------------------------------
% Erlaeuterung der Eingabeparameter:
%
% N_1, N_3: jeweilige Anzahl der harmonischen Funktionen der reellen
%           Gaussprozesse nu_0(t) und nu_3(t)
% sigma_0_2: mittlere Leistung des reellen deterministischen Gauss-
%            prozesses nu_0(t) (fuer kappa_0=1)
% kappa_0: Frequenzverhaeltnis f_min/f_max (0<=kappa_0<=1)
```

```
% theta_0: Phasenverschiebung zwischen mu_1_n(t) und mu_2_n(t)
% f_max: maximale Dopplerfrequenz
% sigma_3: Wurzel aus der mittleren Leistung des reellen
%          Gaussprozesses nu_3(t)
% m_3: Mittelwert des dritten reellen Gaussprozesses
% rho: Amplitude der direkten Komponente m(t)
% theta_rho: Phase der direkten Komponente m(t)
% f_c: 3-dB-Bandbreite
% T_A: Abtastintervall
% T_sim: Simulationsdauer
% PLOT: Darstellung des deterministischen erweiterten Suzuki-
%       prozesses eta(t) vom Typ II, falls PLOT==1

function eta_t=suz_typ_II(N_1,N_3,sigma_0_2,kappa_0,theta_0,f_max,...
                          sigma_3,m_3,rho,theta_rho,f_c,T_A,...
                          T_sim,PLOT)
if nargin==13,
   PLOT=0;
end

N_1_s=ceil(N_1/(2/pi*asin(kappa_0)));
[f1,c1,th1]=parameter_Jakes('es_j',N_1_s,sigma_0_2,f_max,'rand',0);
f1 =f1(1:N_1);
c1 =c1(1:N_1);
th1=th1(1:N_1);

[f3,c3,th3]=parameter_Gauss('es_g',N_3,1,f_max,f_c,'rand',0);
gaMma=(2*pi*f_c/sqrt(2*log(2)))^2;
f3(N_3)=sqrt(gaMma*N_3/(2*pi)^2-sum(f3(1:N_3-1).^2));

N=ceil(T_sim/T_A);
t=(0:N-1)*T_A;

xi_t=abs(Mu_i_t(c1,f1,th1,T_A,T_sim)+rho*cos(theta_rho)+...
         j*(Mu_i_t(c1,f1,th1-theta_0,T_A,T_sim)+...
            rho*sin(theta_rho) ) );

lambda_t=exp(Mu_i_t(c3,f3,th3,T_A,T_sim)*sigma_3+m_3);

eta_t=xi_t.*lambda_t;


if PLOT==1,
   plot(t,20*log10(eta_t),'b-')
   xlabel('t/s')
```

```matlab
    ylabel('20 log eta(t)')
end

%--------------------------------------------------------------------
% ver_ric_proc.m --------------------------------------------------
%
% Programm zur Simulation von deterministischen verallgemeinerten
% Riceprozessen (vgl. Bild 6.29).
%
% Benoetige(s) m-File(s): parameter_Jakes.m, Mu_i_t.m
%--------------------------------------------------------------------
% xi_t=ver_ric_proc(N_1,N_2,sigma_1_2,sigma_2_2,kappa_0,...
%                   theta_0,rho,theta_rho,f_max,...
%                   T_A,T_sim,PLOT)
%--------------------------------------------------------------------
% Erlaeuterung der Eingabeparameter:
%
% N_1, N_2: jeweilige Anzahl der harmonischen Funktionen der reellen
%           Gaussprozesse nu_1(t) und nu_2(t)
% sigma_1_2: mittlere Leistung des reellen deterministischen Gauss-
%            prozesses nu_1(t)
% sigma_2_2: mittlere Leistung des reellen deterministischen Gauss-
%            prozesses nu_2(t)
% kappa_0: Frequenzverhaeltnis f_min/f_max (0<=kappa_0<=1)
% theta_0: Phasenverschiebung zwischen mu_1(t) und mu_2(t)
% rho: Amplitude der direkten Komponente m(t)
% theta_rho: Phase der direkten Komponente m(t)
% f_max: maximale Dopplerfrequenz
% T_A: Abtastintervall
% T_sim: Simulationsdauer
% PLOT: Darstellung des deterministischen verallgemeinerten Rice-
%       prozesses xi(t), falls PLOT==1

function xi_t=ver_ric_proc(N_1,N_2,sigma_1_2,sigma_2_2,kappa_0,...
                           theta_0,rho,theta_rho,f_max,T_A,...
                           T_sim,PLOT)

if nargin==11,
   PLOT=0;
end

[f1,c1,th1]=parameter_Jakes('es_j',N_1,sigma_1_2,f_max,'rand',0);
c1=c1/sqrt(2);

N_2_s=ceil(N_2/(2/pi*asin(kappa_0)));
[f2,c2,th2]=parameter_Jakes('es_j',N_2_s,sigma_2_2,f_max,'rand',0);
```

```matlab
f2 =f2(1:N_2);
c2 =c2(1:N_2)/sqrt(2);
th2=th2(1:N_2);

N=ceil(T_sim/T_A);
t=(0:N-1)*T_A;

xi_t=abs(Mu_i_t(c1,f1,th1,T_A,T_sim)+...
        Mu_i_t(c2,f2,th2,T_A,T_sim)+rho*cos(theta_rho)+...
        j*(Mu_i_t(c1,f1,th1-theta_0,T_A,T_sim)+...
        Mu_i_t(c2,f2,th2+theta_0,T_A,T_sim)+...
        rho*sin(theta_rho)));

if PLOT==1,
   plot(t,20*log10(xi_t),'b-')
   xlabel('t/s')
   ylabel('20 log xi(t)')
end

%------------------------------------------------------------
% det_mod_loo.m ---------------------------------------------
%
% Programm zur Simulation von modifizierten Loo-Prozessen
%
% Benoetige(s) m-File(s): parameter_Jakes.m, parameter_Gauss.m,
%                         Mu_i_t.m
%------------------------------------------------------------
% rho_t=det_mod_loo(N_1,N_2,N_3,sigma_1_2,kappa_1,sigma_2_2,...
%                   kappa_2,f_max,sigma_3,m_3,f_rho,...
%                   theta_rho,f_c,T_A,T_sim,PLOT)
%------------------------------------------------------------
% Erlaeuterung der Eingabeparameter:
%
% N_1, N_2, N_3: jeweilige Anzahl der harmonischen Funktionen der
%                reellen Gaussprozesse nu_1(t), nu_2(t) und nu_3(t)
% sigma_1_2: mittlere Leistung des reellen deterministischen Gauss-
%            prozesses nu_1(t)
% kappa_1: Frequenzverhaeltnis f_min/f_max (0<=kappa_0<=1)
%          von nu_1(t)
% sigma_2_2: mittlere Leistung des reellen deterministischen Gauss-
%            prozesses nu_1(t)
% kappa_2: Frequenzverhaeltnis f_min/f_max (0<=kappa_0<=1)
%          von nu_2(t)
% f_max: maximale Dopplerfrequenz
% sigma_3: Wurzel aus der mittleren Leistung des reellen Gauss-
%          prozesses nu_3(t)
```

```matlab
% m_3: Mittelwert des dritten reellen Gaussprozesses
% f_rho: Dopplerfrequenz der direkten Komponente m(t)
% theta_rho: Phase der direkten Komponente m(t)
% f_c: 3-dB-Bandbreite
% T_A: Abtastintervall
% T_sim: Simulationsdauer
% PLOT: Darstellung des Zeitsignals rho(t), falls PLOT==1

function rho_t=det_mod_loo(N_1,N_2,N_3,sigma_1_2,kappa_1,...
                sigma_2_2,kappa_2,f_max,sigma_3,m_3,f_rho,...
                theta_rho,f_c,T_A,T_sim,PLOT)

if nargin==15,
   PLOT=0;
end

sigma_1=sqrt(sigma_1_2);
sigma_2=sqrt(sigma_2_2);

N_1_s=ceil(N_1/(2/pi*asin(kappa_1)));
[f1,c1,th1]=parameter_Jakes('es_j',N_1_s,sigma_1_2,f_max,'rand',0);
f1 =f1(1:N_1);
c1 =c1(1:N_1)/sqrt(2);
th1=th1(1:N_1);

N_2_s=ceil(N_2/(2/pi*asin(kappa_2)));
[f2,c2,th2]=parameter_Jakes('es_j',N_2_s,sigma_2_2,f_max,'rand',0);
f2 =f2(1:N_2);
c2 =c2(1:N_2)/sqrt(2);
th2=th2(1:N_2);

[f3,c3,th3]=parameter_Gauss('es_g',N_3,1,f_max,f_c,'rand',0);
gaMma=(2*pi*f_c/sqrt(2*log(2)))^2;
f3(N_3)=sqrt(gaMma*N_3/(2*pi)^2-sum(f3(1:N_3-1).^2));

N=ceil(T_sim/T_A);
t=(0:N-1)*T_A;

arg=2*pi*f_rho*t+theta_rho;

RHO_t=exp(Mu_i_t(c3,f3,th3,T_A,T_sim)*sigma_3+m_3);

rho_t=abs(Mu_i_t(c1,f1,th1,T_A,T_sim)+...
          Mu_i_t(c2,f2,th2,T_A,T_sim)+RHO_t.*cos(arg)+...
          j*(Mu_i_t(c1,f1,th1-pi/2,T_A,T_sim)-...
```

```
            Mu_i_t(c2,f2,th2-pi/2,T_A,T_sim)+RHO_t.*sin(arg)));

if PLOT==1,
   plot(t,20*log10(rho_t),'b-',t,20*log10(RHO_t),'y--')
   xlabel('t/s')
   ylabel('20 log rho(t)')
end

%------------------------------------------------------------------
% F_S_K.m ---------------------------------------------------------
%
% Programm zur Simulation von frequenzselektiven deterministischen
% Mobilfunkkanaelen.
%
% Benoetige(s) m-File(s):
%------------------------------------------------------------------
% [y_t,T,t_0]=F_S_K(x_t,f_max,m_A,T,t_0,q_1,...
%                   C1,F1,TH1,C2,F2,TH2,F01,F02,RHO,F_RHO,PLOT)
%------------------------------------------------------------------
% Erlaeuterung der Eingabeparameter:
%
% x_t: Zeitsignal am Eingang des Kanalmodells (abgetastet mit
%      T_A=0.2E-6 s)
% f_max: maximale Dopplerfrequenz
% m_A: Abtastratenverhaeltnis
% T: Inhalt der Verzoegerungsglieder des zeitvarianten FIR-Filters
% t_0: zeitlicher Offset
% q_1: q_1=tau_1/T_A+1
%------------------------------------------------------------------
% Folgende Parametermatrizen werden in F_S_K_p.m erzeugt:
% F1, F2: diskrete Dopplerfrequenzen
% C1, C2: Dopplerkoeffizienten
% TH1, TH2: Dopplerphasen
% F01, F02: Mittelwert der spektralen Leistungsdichten
%           fuer Gauss 1 und Gauss 2
% RHO: Leistung der direkten Komponente
% F_RHO: Phase der direkten Komponente
%------------------------------------------------------------------
% PLOT: Darstellung des Ausgangssignals des Kanalmodells
%       falls PLOT==1

function [y_t,T,t_0]=F_S_K(x_t,f_max,m_A,T,t_0,q_1,...
                    C1,F1,TH1,C2,F2,TH2,F01,F02,RHO,F_RHO,PLOT)


T_A=0.2E-6;
```

```
% Initalisierung:
mu_l=zeros(size(q_l));
y_t=zeros(size(x_t));

for n=0:length(x_t)-1,
    if rem(n/m_A,m_A)-fix(rem(n/m_A,m_A))==0,
        mu_l=sum((C1.*cos(2*pi*F1*f_max*(n*T_A+t_0)+TH1)).').*...
            exp(-j*2*pi*F01*f_max*(n*T_A+t_0))+j*...
            (sum((C2.*cos(2*pi*F2*f_max*(n*T_A+t_0)+TH2)).').*...
            exp(-j*2*pi*F02*f_max*(n*T_A+t_0)))+...
            RHO.*exp(j*2*pi*F_RHO*f_max*(n*T_A+t_0));
    end
    T(1)=x_t(n+1);
    y_t(n+1)=sum(mu_l.*T(q_l));
    T(2:length(T))=T(1:length(T)-1);
end

t_0=length(x_t)*T_A+t_0;

if PLOT==1,
    plot((0:length(y_t)-1)*T_A,lilg(abs(y_t)),'g-')
end

%----------------------------------------------------------------
% F_S_K_p.m ------------------------------------------------------
%
% Programm zur Erzeugung der Parametermatrizen, die in dem Programm
% F_S_K.m verwendet werden.
%
% Benoetige(s) m-File(s): pCOST207.m
%----------------------------------------------------------------
% [C1,F1,TH1,C2,F2,TH2,F01,F02,RHO,F_RHO,q_l,T]=
%                   KANAL_F_S_parameter(N_1,AREA,f_max)
%----------------------------------------------------------------
% Erlaeuterung der Eingabeparameter:
%
% N_1: minimale Anzahl der Dopplerfrequenzen
% AREA: nach COST 207 werden 4 Kanaele spezifiziert:
%               1) Rural Area:    'ra'
%               2) Typical Urban: 'tu'
%               3) Bad Urban:     'bu'
%               4) Hilly Terrain: 'ht'
% f_max: maximale Dopplerfrequenz

function [C1,F1,TH1,C2,F2,TH2,F01,F02,RHO,F_RHO,q_l,T]=...
        F_S_K(N_1,AREA,f_max)
```

```
% Groesster gemeinsamer Teiler der Taps -> T_A:
T_A=0.2E-6;

if      all(lower(AREA)=='ra'),
        a_l=[1,0.63,0.1,0.01];
        tau_l=[0,0.2,0.4,0.6]*1E-6;
        DOPP_KAT=['RI';'JA';'JA';'JA'];
elseif  all(lower(AREA)=='tu'),
        a_l=[0.5,1,0.63,0.25,0.16,0.1];
        tau_l=[0,0.2,0.6,1.6,2.4,5]*1E-6;
        DOPP_KAT=['JA';'JA';'G1';'G1';'G2';'G2'];
elseif  all(lower(AREA)=='bu'),
        a_l=[0.5,1,0.5,0.32,0.63,0.4];
        tau_l=[0,0.4,1.0,1.6,5.0,6.6]*1E-6;
        DOPP_KAT=['JA';'JA';'G1';'G1';'G2';'G2'];
elseif  all(lower(AREA)=='ht'),
        a_l=[1,0.63,0.4,0.2,0.25,0.06];
        tau_l=[0,0.2,0.4,0.6,15,17.2]*1E-6;
        DOPP_KAT=['JA';'JA';'JA';'JA';'G2';'G2'];
end

% Parameter laden und in die Matrizen sortieren:
num_of_taps=length(DOPP_KAT);
F1=zeros(num_of_taps,N_1+2*num_of_taps-1);
F2=F1;C1=F1;C2=F1;TH1=F1;TH2=F1;
F01=zeros(1,num_of_taps);F02=F01;
RHO=zeros(1,num_of_taps);F_RHO=RHO;
NN1=N_1+2*(num_of_taps-1):-2:N_1;
for k=1:num_of_taps,
    [f1,f2,c1,c2,th1,th2,rho,f_rho,f01,f02]=...
    parameter_COST207(DOPP_KAT(k,:),NN1(k));
    F1(k,1:NN1(k))=f1;
    C1(k,1:NN1(k))=c1*sqrt(a_l(k));
    TH1(k,1:NN1(k))=th1;
    F2(k,1:NN1(k)+1)=f2;
    C2(k,1:NN1(k)+1)=c2*sqrt(a_l(k));
    TH2(k,1:NN1(k)+1)=th2;
    F01(k)=f01;F02(k)=f02;
    RHO(k)=rho;F_RHO(k)=f_rho;
end

% Indizes der Abgriffe des FIR-Filters:
q_l=tau_l/T_A+1;
```

```
% Initialisierung der Verzoegerungsglieder des FIR-Filters:
T=zeros(1,max(q_l));

%-----------------------------------------------------------------
% pCOST207.m -----------------------------------------------------
%
% Programm zur Bestimmung der Kanalparameter fuer die in COST 207
% festgelegten Dopplerleistungsdichtespektren.
%
%-----------------------------------------------------------------
%[f1,f2,c1,c2,th1,th2,rho,f_rho,f01,f02]=pCOST207(D_S_T,N_i)
%-----------------------------------------------------------------
% Erlaeuterung der Eingabeparameter:
%
% D_S_T: Typ des Dopplerspektrums:
%               Jakes: D_S_T = 'JA'
%               Rice: D_S_T = 'RI'
%               Gauss 1: D_S_T = 'G1'
%               Gauss 2: D_S_T = 'G2'
% N_i: Anzahl der diskreten Dopplerfrequenzen

function [f1,f2,c1,c2,th1,th2,rho,f_rho,f01,f02]=pCOST207(D_S_T,N_i)

if      all(lower(D_S_T)=='ri'), % RICE
        n=(1:N_i);
        f1=sin(pi/(2*N_i)*(n-1/2));
        c1=0.41*sqrt(1/N_i)*ones(1,N_i);
        th1=rand(1,N_i)*2*pi;
        n=(1:N_i+1);
        f2=sin(pi/(2*(N_i+1))*(n-1/2));
        c2=0.41*sqrt(1/(N_i+1))*ones(1,N_i+1);
        th2=rand(1,N_i+1)*2*pi;
        f01=0;f02=0;
        rho=0.91;f_rho=0.7;
elseif all(lower(D_S_T)=='ja'), % JAKES
        n=(1:N_i);
        f1=sin(pi/(2*N_i)*(n-1/2));
        c1=sqrt(1/N_i)*ones(1,N_i);
        th1=rand(1,N_i)*2*pi;
        n=(1:N_i+1);
        f2=sin(pi/(2*(N_i+1))*(n-1/2));
        c2=sqrt(1/(N_i+1))*ones(1,N_i+1);
        th2=rand(1,N_i+1)*2*pi;
        f01=0;f02=0;
        rho=0;f_rho=0;
elseif all(lower(D_S_T)=='g1'), % GAUSS 1
```

```matlab
        n=(1:N_i);
        sgm_0_2=5/6;
        c1=sqrt(sgm_0_2*2/N_i)*ones(1,N_i);
        f1=sqrt(2)*0.05*erfinv((2*n-1)/(2*N_i));
        th1=rand(1,N_i)*2*pi;
        sgm_0_2=1/6;
        c2=[sqrt(sgm_0_2*2/N_i)*ones(1,N_i),0]/j;
        f2=[sqrt(2)*0.1*erfinv((2*n-1)/(2*N_i)),0];
        th2=[rand(1,N_i)*2*pi,0];
        f01=0.8;f02=-0.4;
        rho=0;f_rho=0;
elseif all(lower(D_S_T)=='g2'), % GAUSS 2
        n=(1:N_i);
        sgm_0_2=10^0.5/(sqrt(10)+0.15);
        c1=sqrt(sgm_0_2*2/N_i)*ones(1,N_i);
        f1=sqrt(2)*0.1*erfinv((2*n-1)/(2*N_i));
        th1=rand(1,N_i)*2*pi;
        sgm_0_2=0.15/(sqrt(10)+0.15);
        c2=[sqrt(sgm_0_2*2/N_i)*ones(1,N_i),0]/j;
        f2=[sqrt(2)*0.15*erfinv((2*n-1)/(2*N_i)),0];
        th2=[rand(1,N_i)*2*pi,0];
        f01=-0.7;f02=0.4;
        rho=0;f_rho=0;
end


%------------------------------------------------------------------
% cdf_sim.m -------------------------------------------------------
%
% Programm zur Berechnung der Verteilungsfunktion F(r).
%
%------------------------------------------------------------------
% F_r=cdf_sim(xi_t,r,PLOT)
%------------------------------------------------------------------
% Erlaeuterung der Eingabeparameter:
%
% xi_t: zu analysierender deterministischer Prozess bzw. Zeitsignal
%       von dem die Verteilungsfunktion F(r) ermittelt werden soll
% r: Pegelvektor
% PLOT: Darstellung der Verteilungsfunktion F(r), falls PLOT==1

function F_r=cdf_sim(xi_t,r,PLOT)

if nargin==2,
   PLOT=0;
end
```

```matlab
F_r=zeros(size(r));

for l=1:length(r),
    F_r(l)=length(find(xi_t<=r(l)));
end


F_r=F_r/length(xi_t);

if PLOT==1,
   plot(r,F_r,'rx')
   xlabel('r')
   ylabel('F(r)')
end

%-----------------------------------------------------------------
% pdf_sim.m ------------------------------------------------------
%
% Programm zur Berechnung der Wahrscheinlichkeitsdichte p(z).
%
%-----------------------------------------------------------------
% p_z=pdf_sim(xi_t,z,PLOT)
%-----------------------------------------------------------------
% Erlaeuterung der Eingabeparameter:
%
% xi_t: zu analysierender deterministischer Prozess bzw. Zeitsignal
%       von dem die Wahrscheinlichkeitsdichte p(z) ermittelt werden
%       soll
% z: aequidistanter Pegelvektor
% PLOT: Darstellung der Wahrscheinlichkeitsdichte p(z), falls PLOT==1

function p_z=pdf_sim(xi_t,z,PLOT)

if nargin==2,
   PLOT=0;
end

p_z=hist(xi_t,z)/length(xi_t)/abs(z(2)-z(1));

if PLOT==1,
   plot(z,p_z,'mx')
   xlabel('z')
   ylabel('p(z)')
end

%-----------------------------------------------------------------
% lcr_sim.m ------------------------------------------------------
```

```
%
% Programm zur Berechnung der Pegelunterschreitungsrate N(r).
%
%------------------------------------------------------------------
% N_r=lcr_sim(xi_t,r,T_sim,PLOT)
%------------------------------------------------------------------
% Erlaeuterung der Eingabeparameter:
% xi_t: zu analysierender deterministischer Prozess bzw.
%       Zeitsignal von dem die Pegelunterschreitungsrate
%       N(r) ermittelt werden soll
% r: Pegelvektor
% T_sim: Simulationsdauer

function N_r=lcr_sim(xi_t,r,T_sim,PLOT)

if nargin==3,
   PLOT=0;
end

N_r=zeros(size(r));

for k=1:length(r),
    N_r(k)=sum(xi_t(2:length(xi_t)) < r(k) & ...
               xi_t(1:length(xi_t)-1) >= r(k) );
end

N_r=N_r/T_sim;

if PLOT==1,
   plot(r,N_r,'yx')
   xlabel('r')
   ylabel('N(r)')
end

%------------------------------------------------------------------
% adf_sim.m -------------------------------------------------------
%
% Programm zur Berechnung der mittleren Fadingdauer T_(r).
%
% Benoetigte(s) m-File(s): cdf_sim.m, lcr_sim.m
%------------------------------------------------------------------
% adf=adf_sim(xi_t,r,T_sim)
%------------------------------------------------------------------
% Erlaeuterung der Eingabeparameter:
%
% xi_t: zu analysierender deterministischer Prozess bzw. Zeitsignal
```

```
%         von dem die mittleren Fadingdauer T_(r) ermittelt werden
%         soll
% r: aequidistanter Pegelvektor
% T_sim: Simulationsdauer

function adf=adf_sim(xi_t,r,T_sim)

cdf=cdf_sim(xi_t,r);
lcr=lcr_sim(xi_t,r,T_sim);

adf=cdf./lcr;
```

Abkürzungen

AKF	Autokorrelationsfunktion
BU	Bad Urban
CEPT	Conference of European Posts and Telecommunications Administrations
COST	European Cooperation in the Field of Scientific and Technical Research
DCS	Digital Cellular System
DECT	Digital European Cordless Telecommunications
DGUS	Deterministic Gaussian Uncorrelated Scattering
ETSI	European Telecommunications Standard Institute
FPLMTS	Future Public Land Mobile Telecommunications Systems
GSM	Global System for Mobile Communication (früher: Groupe Spécial Mobile)
GWSSUS	Gaussian Wide-Sense Stationary Uncorrelated Scattering
HT	Hilly Terrain
IMT 2000	International Mobile Telecommunications 2000
INMARSAT	International Maritime Satellite Organisation
JM	Jakes-Methode
LDS	Leistungsdichtespektrum
LEO	Low Earth Orbit
LPNM	L_p-Norm-Methode
MBS	Mobile Broadband System
MCM	Monte-Carlo-Methode
MEA	Methode der gleichen Flächen (Method of Equal Areas)
MED	Methode der gleichen Abstände (Method of Equal Distances)
MEDS	Methode der exakten Dopplerverbreiterung (Method of Exact Doppler Spread)
MEO	Medium Earth Orbit
MMEA	Modifizierte Methode der gleichen Flächen (Modified Method of Equal Areas)

MSEM	Methode des mittleren quadratischen Fehlers (Mean Square Error Method)
PCN	Personal Communications Network
RA	Rural Area
TU	Typical Urban
UMTS	Universal Mobile Telecommunications System
WGR	Weißes gaußsches Rauschen
WSSUS	Wide-Sense Stationary Uncorrelated Scattering

Formelzeichen

Mengensymbole

$\mathbb{C}$ Körper der komplexen Zahlen

$\mathbb{N}$ Menge der natürlichen Zahlen

$\mathbb{R}$ Körper der reellen Zahlen

$\mathbb{Z}$ Menge der ganzen Zahlen

$\in$ ist Element von

$\notin$ ist nicht Element von

$\forall$ für alle

$\subseteq$ ist Teilmenge von

$\subset$ ist echte Teilmenge von

$\cup$ Vereinigung

$\cap$ Durchschnitt

$A \setminus B$ Menge A ohne die Menge B

$\emptyset$ leere Menge

$[a,b]$ Menge der reellen Zahlen im abgeschlossenen Intervall von a bis b, d.h. $[a,b] = \{x \in \mathbb{R} \mid a \leq x \leq b\}$

$[a,b)$ Menge der reellen Zahlen im rechtsseitig halb offenen Intervall von a bis b, d.h. $[a,b) = \{x \in \mathbb{R} \mid a \leq x < b\}$

$\{x_n\}_{n=1}^{N}$ Menge der Elemente $x_1, x_2, \ldots, x_N$

Operatoren und Symbole

$\arg\{x\}$ Argument von $x = x_1 + jx_2$

$\mathrm{Cov}\{x_1, x_2\}$ Kovarianz von x_1 und x_2

$\exp\{x\}$ Exponent von x

$E\{x\}$ Erwartungswert von x

$F\{x(t)\}$ Fouriertransformation von $x(t)$

$F^{-1}\{X(f)\}$	inverse Fouriertransformation von $X(f)$
$\mathrm{ggT}\,\{x_n\}_{n=1}^{N}$	größter gemeinsamer Teiler von $x_1, x_2, \ldots, x_N$
$\mathrm{Im}\{x\}$	Imaginärteil von $x = x_1 + jx_2$
$\mathrm{kgV}\,\{x_n\}_{n=1}^{N}$	kleinstes gemeinsames Vielfaches von $x_1, x_2, \ldots, x_N$
$\ln x$	natürlicher Logarithmus von x
$\max\{x_1, x_2\}$	Maximum von x_1 und x_2
$\min\{x_1, x_2\}$	Minimum von x_1 und x_2
mod	Modulooperation
$\mathrm{Re}\{x\}$	Realteil von $x = x_1 + jx_2$
$\mathrm{round}\{x\}$	Rundungsoperator; rundet x auf die nächste ganze Zahl
$\mathrm{sgn}\,(x)$	Vorzeichen von x
$\mathrm{Var}\,\{x\}$	Varianz von x
$x_1(t) * x_2(t)$	zeitkontinuierliche Faltung von $x_1(t)$ und $x_2(t)$
x^*	komplexe Konjugation von $x = x_1 + jx_2$
$|x|$	Betrag von x
$\sqrt{x}$	Hauptwert der Quadratwurzel aus x, d. h. $\sqrt{x} \geq 0$ für $x \geq 0$
$\prod_{n=1}^{N}$	mehrfaches Produkt
$\sum_{n=1}^{N}$	mehrfache Summe
$\int_a^b x(t)dt$	bestimmtes Integral der Funktion $x(t)$ über das Intervall $[a, b]$
$\dot{x}(t)$	Ableitung der Funktion $x(t)$ nach der Zeitvariablen t
$\breve{x}(t)$	Hilberttransformierte von $x(t)$
$x \to a$	x nähert sich dem Grenzwert a, oder x geht gegen a
$\lceil x \rceil$	kleinste ganze Zahl, die größer gleich x ist
$\lfloor x \rfloor$	größte ganze Zahl, die kleiner gleich x ist
$!$	Fakultät
$\approx$	ungefähr gleich
$\sim$	asymptotisch gleich
$\circ\!\!-\!\!\bullet$	Fouriertransformation

Matrizen und Vektoren

$\boldsymbol{A}^T$	Transponierte der Matrix $\boldsymbol{A}$
$\boldsymbol{A}^{-1}$	Inverse der Matrix $\boldsymbol{A}$
$\boldsymbol{C}_{\mu_\rho}$	Kovarianzmatrix des Vektorprozesses $\boldsymbol{\mu}_\rho(t) = (\mu_{\rho_1}(t), \mu_{\rho_2}(t), \dot{\mu}_{\rho_1}(t), \dot{\mu}_{\rho_2}(t))^T$
$\det \boldsymbol{A}$	Determinante der Matrix $\boldsymbol{A}$

J jacobische Determinante oder Funktionaldeterminante

$\boldsymbol{m}$ Spaltenvektor von $m_1, m_2, \dot{m}_1$ und $\dot{m}_2$, d. h. $\boldsymbol{m} = (m_1, m_2, \dot{m}_1, \dot{m}_2)^T$

$\boldsymbol{R}_\mu$ Autokorrelationsmatrix des Vektorprozesses $\boldsymbol{\mu}(t) = (\mu_1(t), \mu_2(t), \dot{\mu}_1(t), \dot{\mu}_2(t))^T$

$\text{sp}(\boldsymbol{A})$ Spur der Matrix $\boldsymbol{A} = (a_{n,m}) \in \mathrm{IR}^{N \times N}$, d. h. $\text{sp}(\boldsymbol{A}) = \sum_{n=1}^{N} a_{n,n}$

$\boldsymbol{x}$ Spaltenvektor von $x_1, x_2, \dot{x}_1$ und $\dot{x}_2$, d. h. $\boldsymbol{x} = (x_1, x_2, \dot{x}_1, \dot{x}_2)^T$

Ω Parametervektor

Funktionen

$\text{erf}(\cdot)$ gaußsches Fehlerintegral

$E(\cdot, \cdot)$ elliptisches Integral zweiter Gattung

$\boldsymbol{E}(\cdot)$ vollständiges elliptisches Integral zweiter Gattung

$F(\cdot, \cdot; \cdot; \cdot)$ hypergeometrische Funktion

$H_0(\cdot)$ struvesche Funktion 0-ter Ordnung

$I_\nu(\cdot)$ modifizierte Besselfunktion erster Gattung ν-ter Ordnung

$J_\nu(\cdot)$ Besselfunktion erster Gattung ν-ter Ordnung

$Q_m(\cdot, \cdot)$ verallgemeinerte marcumsche Q-Funktion

$\text{rect}(\cdot)$ Rechteckfunktion

$\text{si}(\cdot)$ si-Funktion

$\delta(\cdot)$ Deltafunktion

$\Gamma(\cdot)$ Gammafunktion

Stochastische Prozesse

B_K Kohärenzbandbreite

$B_{\mu_i \mu_i}^{(1)}$ mittlere Dopplerverschiebung von $\mu_i(t)$

$B_{\mu_i \mu_i}^{(2)}$ Dopplerverbreiterung von $\mu_i(t)$

$B_{\tau' \tau'}^{(1)}$ mittlere Verzögerung

$B_{\tau' \tau'}^{(2)}$ Mehrwegeverbreiterung

c_0 Lichtgeschwindigkeit

c_R Ricefaktor

$E_2(\Omega)$ Fehlerfunktion

f Dopplerfrequenz

f_0 Trägerfrequenz

f_c 3-dB-Grenzfrequenz des Gaußleistungsdichtespektrums

f_{max}	maximale Dopplerfrequenz
f_{min}	untere Grenzfrequenz des linksseitig eingeschränkten Jakesleistungsdichtespektrums
f_A	Abtastrate
f_S	Symbolrate
f_ρ	Dopplerfrequenz der direkten Komponente $m(t)$
$F_{\zeta_-}(r)$	Verteilungsfunktion von Rayleighprozessen $\zeta(t)$
$F_{\eta_-}(r)$	Verteilungsfunktion von Suzukiprozessen $\eta(t)$
$F_{\eta_+}(r)$	komplementäre Verteilungsfunktion von Suzukiprozessen $\eta(t)$
$F_\vartheta(\varphi)$	Verteilungsfunktion der Phase $\vartheta(t)$ von $\mu(t) = \mu_1(t) + j\mu_2(t)$
$F_{\mu_i}(r)$	Verteilungsfunktion von Gaußprozessen $\mu_i(t)$
$F_{\xi_-}(r)$	Verteilungsfunktion von Riceprozessen $\xi(t)$
$F_{\xi_+}(r)$	komplementäre Verteilungsfunktion von Riceprozessen $\xi(t)$
$F_{\varrho_-}(r)$	Verteilungsfunktion von Looprozessen $\varrho(t)$
$F_{\varrho_+}(r)$	komplementäre Verteilungsfunktion von Looprozessen $\varrho(t)$
$h(\tau')$	zeitinvariante Impulsantwort
$h(\tau',t)$	zeitvariante Impulsantwort
$H(f)$	Übertragungsfunktion von reellen, linearen, zeitinvarianten, stabilen Systemen
$H(f',t)$	zeitvariante Übertragungsfunktion
$\breve{H}(f)$	Hilberttransformator
$\mathcal{L}$	Anzahl der diskreten Pfade
$m(t)$	(zeitvariante) direkte Komponente
m'_A	Abtastratenverhältnis, d. h. $m'_A = f'_A/f_A = T_A/T'_A$
m_{μ_i}	Mittelwert von $\mu_i(t)$
$N_\zeta(r)$	Pegelunterschreitungsrate von Rayleighprozessen $\zeta(t)$
$N_\eta(r)$	Pegelunterschreitungsrate von Suzukiprozessen $\eta(t)$
$N_\xi(r)$	Pegelunterschreitungsrate von Riceprozessen $\xi(t)$
$N_\varrho(r)$	Pegelunterschreitungsrate von Looprozessen $\varrho(t)$
$p_{0_-}(\tau_-;r)$	Wahrscheinlichkeitsdichte der Fadingintervalle τ_- von Rayleighprozessen $\zeta(t)$
$p_{1_-}(\tau_-;r)$	Näherungslösung für $p_{0_-}(\tau_-;r)$
$p_\zeta(z)$	Rayleighverteilung
$p_\eta(z)$	Suzukiverteilung
$p_\lambda(z)$	Lognormalverteilung

$p_\vartheta(\theta)$	Wahrscheinlichkeitsdichte der Phase $\vartheta(t)$
$p_{\mu_i}(x)$	Gaußverteilung
$p_{\mu_{\rho_1}\mu_{\rho_2}\dot\mu_{\rho_1}\dot\mu_{\rho_2}}$	Verbundwahrscheinlichkeitsdichte von $\mu_{\rho_1}(t)$, $\mu_{\rho_2}(t)$, $\dot\mu_{\rho_1}(t)$ und $\dot\mu_{\rho_2}(t)$
$p_\xi(z)$	Riceverteilung
$p_\varrho(z)$	Wahrscheinlichkeitsdichte von Looprozessen $\varrho(t)$
$p_\omega(z)$	Nakagamiverteilung
$p_{\xi\dot\xi}(z,\theta)$	Verbundwahrscheinlichkeitsdichte von $\xi(t)$ und $\dot\xi(t)$
$p_{\xi\dot\xi\vartheta\dot\vartheta}(z,\dot z,\theta,\dot\theta)$	Verbundwahrscheinlichkeitsdichte von $\xi(t)$, $\dot\xi(t)$, $\vartheta(t)$ und $\dot\vartheta(t)$
$Q_m(\cdot,\cdot)$	verallgemeinerte marcumsche Q Funktion
r	Amplitudenpegel
$r_{hh}(\cdot,\cdot;\cdot,\cdot)$	Autokorrelationsfunktion von $h(\tau',t)$
$r_{HH}(0,\tau)$	Zeit-Korrelationsfunktion
$r_{HH}(v',0)$	Frequenz-Korrelationsfunktion
$r_{HH}(v',\tau)$	Zeit-Frequenz-Korrelationsfunktion von WSSUS-Modellen
$r_{HH}(\cdot,\cdot;\cdot,\cdot)$	Autokorrelationsfunktion von $H(f',t)$
$r_{ss}(\cdot,\cdot;\cdot,\cdot)$	Autokorrelationsfunktion von $s(\tau',f)$
$r_{TT}(\cdot,\cdot;\cdot,\cdot)$	Autokorrelationsfunktion von $T(f',f)$
$r_{xx}(t_1,t_2)$	Autokorrelationsfunktion von $x(t)$, d.h. $r_{xx}(t_1,t_2) = E\{x^*(t_1)x(t_2)\}$
$r_{yy}(t_1,t_2)$	Autokorrelationsfunktion von $y(t)$, d.h. $r_{yy}(t_1,t_2) = E\{y^*(t_1)y(t_2)\}$
$r_{\mu\mu}(\tau)$	Autokorrelationsfunktion von $\mu(t) = \mu_1(t) + j\mu_2(t)$
$r_{\mu_1\mu_2}(\tau)$	Kreuzkorrelationsfunktion von $\mu_1(t)$ und $\mu_2(t)$.
$r_{\mu_i\mu_i}(\tau)$	Autokorrelationsfunktion von $\mu_i(t)$
$\hat r_{\mu_i\mu_i}(\tau)$	Autokorrelationsfunktion von $\hat\mu_i(t)$
$s(\tau',f)$	dopplervariante Impulsantwort
$S(\tau',f)$	Streufunktion von WSSUS-Modellen
$S_{hh}(\tau',\tau)$	Verzögerungs-Kreuzleistungsdichtespektrum von WSSUS-Modellen
$S_{TT}(v',f)$	Doppler-Kreuzleistungsdichtespektrum von WSSUS-Modellen
$S_{\tau'\tau'}(\tau')$	Verzögerungsleistungsdichtespektrum
$S_{\mu\mu}(f)$	Leistungsdichtespektrum von $\mu(t) = \mu_1(t) + j\mu_2(t)$
$S_{\mu_i\mu_i}(f)$	Leistungsdichtespektrum von $\mu_i(t)$
$S_{\mu_1\mu_2}(f)$	Kreuzleistungsdichtespektrum von $\mu_1(t)$ und $\mu_2(t)$
t	Zeitvariable
$T(f',f)$	dopplervariante Übertragungsfunktion
T_A	Abtastintervall

T_K	Korrelationsdauer
T_S	Symboldauer
$T_{\zeta_-}(r)$	mittlere Fadingdauer von Rayleighprozessen $\zeta(t)$
$T_{\eta_-}(r)$	mittlere Fadingdauer von Suzukiprozessen $\eta(t)$
$T_{\xi_-}(r)$	mittlere Fadingdauer von Riceprozessen $\xi(t)$
$T_{\varrho_-}(r)$	mittlere Fadingdauer von Looprozessen $\varrho(t)$
u_n	gleichverteilte Zufallsvariable über das Intervall $(0,1]$
v	Fahrzeuggeschwindigkeit
$W_i(\cdot)$	Gewichtsfunktion
$x(t)$	Eingangssignal
$y(t)$	Ausgangssignal
β	negative Krümmung der Autokorrelationsfunktion $r_{\mu_i\mu_i}(\tau)$ im Ursprung, d.h. $\beta = \beta_i = -\ddot{r}_{\mu_i\mu_i}(0)\quad (i=1,2)$
γ	negative Krümmung der Autokorrelationsfunktion $r_{\nu_3\nu_3}(\tau)$ im Ursprung, d.h. $\gamma = -\ddot{r}_{\nu_3\nu_3}(0)$
$\zeta(t)$	Rayleighprozess
$\eta(t)$	Suzukiprozess
θ_ρ	Phase der direkten Komponente $m(t)$
$\vartheta(t)$	Phase von $\mu_\rho(t)$, d.h. $\vartheta(t) = \arg\{\mu_\rho(t)\}$
κ_0	Frequenzverhältnis f_{min} zu f_{max}
κ_c	Frequenzverhältnis f_{max} zu f_c
$\lambda(t)$	Lognormalprozess
$\mu(t)$	komplexer Gaußprozess mit Mittelwert 0
$\mu_i(t)$	reeller Gaußprozess (stochastisches analytisches Modell)
$\hat{\mu}_i(t)$	reeller, stochastischer Prozess (stochastisches Simulationsmodell)
$\mu_\rho(t)$	komplexer Gaußprozess mit Mittelwert $m(t)$
$\nu_i(t)$	weißes gaußsches Rauschen
$\xi(t)$	Riceprozess
ρ	Amplitude der direkten Komponente $m(t)$
$\varrho(t)$	Looprozess
σ_0^2	mittlere Leistung von $\mu_i(t)$
τ	Zeitdifferenz zwischen den Zeitpunkten t_2 und t_1, d.h. $\tau = t_2 - t_1$
τ_-	Fadingintervall bzw. Fadingdauer
τ_+	Verbindungsintervall bzw. Verbindungsdauer
$\tau_q(r)$	Zeitintervall, das $q\,\%$ aller Fadingdauern von $\zeta(t)$ beim Pegel r einschließt

τ'	kontinuierliche Verzögerung (Laufzeit)
τ'_ℓ	diskrete Verzögerung (Laufzeit) des ℓ-ten Pfades
τ'_{max}	maximale Verzögerung (Laufzeit)
$\Delta\tau'_\ell$	Laufzeitdifferenz zwischen τ'_ℓ und $\tau'_{\ell-1}$, d. h. $\Delta\tau'_\ell = \tau'_\ell - \tau'_{\ell-1}$
ϕ_0	Abkürzung für die Kreuzkorrelationsfunktion $r_{\mu_1\mu_2}(\tau)$ an der Stelle $\tau = 0$
ψ_0	Abkürzung für die Autokorrelationsfunktion $r_{\mu_i\mu_i}(\tau)$ an der Stelle $\tau = 0$
$\Psi_{\mu_i}(\nu)$	charakteristische Funktion von $\mu_i(t)$

Zeitdiskrete deterministische Prozesse

$a_{i,n}[k]$	Adresse der Tabelle $\mathrm{Tab}_{i,n}$ zum diskreten Zeitpunkt k
$\bar{B}^{(1)}_{\mu_i\mu_i}$	mittlere Dopplerverschiebung von $\bar{\mu}_i[k]$
$\bar{B}^{(2)}_{\mu_i\mu_i}$	Dopplerverbreiterung von $\bar{\mu}_i[k]$
$c_{i,n}$	Dopplerkoeffizient der n-ten Komponente von $\bar{\mu}_i[k]$
$\bar{f}_{i,n}$	quantisierte Dopplerfrequenz der n-ten Komponente von $\bar{\mu}_i[k]$
f_A	Abtastfrequenz
$f_{A,min}$	minimale Abtastfrequenz
$\bar{F}_{\zeta_-}(r)$	Verteilungsfunktion von diskreten deterministischen Rayleighprozessen $\bar{\zeta}[k]$
$\bar{F}_\vartheta(\varphi)$	Verteilungsfunktion der Phase $\bar{\vartheta}[k]$ von $\bar{\mu}[k] = \bar{\mu}_1[k] + j\bar{\mu}_2[k]$
$\bar{F}_{\mu_i}(r)$	Verteilungsfunktion von diskreten deterministischen Gaußprozessen $\bar{\mu}_i[k]$
k	diskrete Zeitvariable ($t = kT_A$)
K	Länge des simulierten diskreten deterministischen Prozesses
L	Periode von $\bar{\zeta}[k]$
$\hat{L}$	obere Schranke der Periode von $\bar{\zeta}[k]$
L_i	Periode von $\bar{\mu}_i[k]$
$\hat{L}_i$	obere Schranke der Periode von $\bar{\mu}_i[k]$
$L_{i,n}$	Periode der n-ten Komponente von $\bar{\mu}_i[k]$
$\bar{m}_{\mu_i}$	Mittelwert der Folge $\bar{\mu}_i[k]$
$\boldsymbol{M}_i$	Kanalmatrix; enthält die gesamte Information zur Rekonstruktion von $\bar{\mu}_i[k]$
$\bar{N}_\zeta(r)$	Pegelunterschreitungsrate von diskreten deterministischen Rayleighprozessen $\bar{\zeta}[k]$
$\bar{p}_\zeta(z)$	Wahrscheinlichkeitsdichte von diskreten deterministischen Rayleighprozessen $\bar{\zeta}[k]$
$\bar{p}_\vartheta(\theta)$	Wahrscheinlichkeitsdichte der Phase $\bar{\vartheta}[k]$ von $\bar{\mu}[k] = \bar{\mu}_1[k] + j\bar{\mu}_2[k]$

$\bar{p}_{\mu_i}(x)$	Wahrscheinlichkeitsdichte von diskreten deterministischen Gaußprozessen $\bar{\mu}_i[k]$
$\mathrm{Reg}_{i,n}$	Register; enthält eine Periode der harmonischen Elementarfolge $\bar{\mu}_{i,n}[k]$
$\bar{r}_{\mu_i\mu_i}[\kappa]$	Autokorrelationsfolge von $\bar{\mu}_i[k]$
$\bar{r}_{\mu_1\mu_2}[\kappa]$	Kreuzkorrelationsfolge von $\bar{\mu}_1[k]$ und $\bar{\mu}_2[k]$
$\boldsymbol{S}_i$	Selektionsmatrix
$\bar{S}_{\mu_i\mu_i}(f)$	Leistungsdichtespektrum von $\bar{\mu}_i[k]$
$\bar{S}_{\mu_1\mu_2}(f)$	Kreuzleistungsdichtespektrum von $\bar{\mu}_1[k]$ und $\bar{\mu}_2[k]$
$\mathrm{Tab}_{i,n}$	Tabelle; enthält eine Periode der harmonischen Elementarfolge $\bar{\mu}_{i,n}[k]$
T_A	Abtastintervall
T_{Sim}	Simulationsdauer
ΔT_{Sim}	Iterationsdauer
$\bar{T}_{\zeta_-}(r)$	mittlere Fadingdauer von diskreten deterministischen Rayleighprozessen $\bar{\zeta}[k]$
$\bar{\beta}_i$	negative Krümmung der Autokorrelationsfolge $\bar{r}_{\mu_i\mu_i}[\kappa]$ im Ursprung, d. h. $\bar{\beta}_i = -\ddot{\bar{r}}_{\mu_i\mu_i}[0]$ $(i = 1, 2)$
$\Delta\bar{\beta}_i$	Modellfehler von $\ddot{\bar{r}}_{\mu_i\mu_i}[0]$, d. h. $\Delta\bar{\beta}_i = \bar{\beta}_i - \beta$
$\Delta_{n,m}^{(i,j)}$	Hilfsfunktion zur Bestimmung der minimalen Abtastfrequenz $f_{A,min}$
$\varepsilon_{\bar{f}_{i,n}}$	relativer Fehler der quantisierten Dopplerfrequenzen $\bar{f}_{i,n}$
$\bar{\zeta}[k]$	zeitdiskreter deterministischer Rayleighprozess
$\bar{\theta}_{i,n}$	quantisierte Dopplerphase der n-ten Komponente von $\bar{\mu}_i[k]$
$\bar{\vartheta}[k]$	Phase von $\bar{\mu}[k] = \bar{\mu}_1[k] + j\bar{\mu}_2[k]$, d. h. $\bar{\vartheta}[k] = \arg\{\bar{\mu}[k]\}$
κ	Zeitdifferenz zwischen den diskreten Zeitpunkten k_2 und k_1, d. h. $\kappa = k_2 - k_1$
$\bar{\mu}[k]$	komplexer zeitdiskreter deterministischer Gaußprozess
$\bar{\mu}_i[k]$	reeller zeitdiskreter deterministischer Gaußprozess
$\bar{\mu}_{i,n}[k]$	n-te harmonische Elementarfolge von $\bar{\mu}_i[k]$
$\bar{\sigma}_{\mu_i}^2$	mittlere Leistung von $\bar{\mu}_i[k]$

Zeitkontinuierliche deterministische Prozesse

$\tilde{a}_\ell$	Verzögerungskoeffizient des ℓ-ten Pfades
$\tilde{B}_K$	Kohärenzbandbreite von DGUS-Modellen
$\tilde{B}_{\mu_i\mu_i}^{(1)}$	mittlere Dopplerverschiebung von $\tilde{\mu}_i(t)$
$\tilde{B}_{\mu_i\mu_i}^{(2)}$	Dopplerverbreiterung von $\tilde{\mu}_i(t)$
$\tilde{B}_{\tau'\tau'}^{(1)}$	mittlere Verzögerung von DGUS-Modellen

$\tilde{B}^{(2)}_{\tau'\tau'}$	Mehrwegeverbreiterung von DGUS-Modellen
$c_{i,n}$	Dopplerkoeffizient der n-ten Komponente von $\tilde{\mu}_i(t)$
$c_{i,n,\ell}$	Dopplerkoeffizient der n-ten Komponente von $\tilde{\mu}_{i,\ell}(t)$
$E_{p_{\mu_i}}$	mittlerer quadratischer Fehler von $\tilde{p}_{\mu_i}(x)$
$E_{r_{\mu_i\mu_i}}$	mittlerer quadratischer Fehler von $\tilde{r}_{\mu_i\mu_i}(\tau)$
$f_{i,n}$	diskrete Dopplerfrequenz der n-ten Komponente von $\tilde{\mu}_i(t)$
$f_{i,n,\ell}$	diskrete Dopplerfrequenz der n-ten Komponente von $\tilde{\mu}_{i,\ell}(t)$
F_i	größter gemeinsamer Teiler von $f_{i,1}, f_{i,2}, \ldots, f_{i,N_i}$, d.h. $F_i = \mathrm{ggT}\{f_{i,n}\}_{n=1}^{N_i}$
$\tilde{F}_{\zeta_-}(r)$	Verteilungsfunktion von deterministischen Rayleighprozessen $\tilde{\zeta}(t)$
$\tilde{F}_{\eta_-}(r)$	Verteilungsfunktion von deterministischen Suzukiprozessen $\tilde{\eta}(t)$
$\tilde{F}_\vartheta(\varphi)$	Verteilungsfunktion der Phase $\tilde{\vartheta}(t)$ von $\tilde{\mu}(t) = \tilde{\mu}_1(t) + j\tilde{\mu}_2(t)$
$\tilde{F}_{\mu_i}(r)$	Verteilungsfunktion von deterministischen Gaußprozessen $\tilde{\mu}_i(t)$
$\tilde{F}_{\xi_-}(r)$	Verteilungsfunktion von deterministischen Riceprozessen $\tilde{\xi}(t)$
$\tilde{F}_{\varrho_-}(r)$	Verteilungsfunktion von deterministischen Looprozessen $\tilde{\varrho}(t)$
$\tilde{h}(\tau')$	zeitinvariante Impulsantwort von DGUS-Modellen
$\tilde{h}(\tau',t)$	zeitvariante Impulsantwort von DGUS-Modellen
$\tilde{H}(f',t)$	zeitvariante Übertragungsfunktion von DGUS-Modellen
$\tilde{m}_{\mu_i}$	Mittelwert von $\tilde{\mu}_i(t)$
N	Minimum von N_1 und N_2, d.h. $N = \min\{N_1, N_2\}$
N_A	Anzahl der Abtastwerte
N_i	Anzahl der harmonischen Funktionen von $\tilde{\mu}_i(t)$
$N_{i,\ell}$	Anzahl der harmonischen Funktionen von $\tilde{\mu}_{i,\ell}(t)$
N_i'	virtuelle Anzahl harmonischer Funktionen von $\tilde{\mu}_i(t)$
$\tilde{N}_\zeta(r)$	Pegelunterschreitungsrate von deterministischen Rayleighprozessen $\tilde{\zeta}(t)$
$\tilde{N}_\eta(r)$	Pegelunterschreitungsrate von deterministischen Suzukiprozessen $\tilde{\eta}(t)$
$\tilde{N}_\xi(r)$	Pegelunterschreitungsrate von deterministischen Riceprozessen $\tilde{\xi}(t)$
$\tilde{N}_\varrho(r)$	Pegelunterschreitungsrate von deterministischen Looprozessen $\tilde{\varrho}(t)$
$\tilde{p}_{0_-}(\tau_-;r)$	Wahrscheinlichkeitsdichte der Fadingdauern τ_- von $\tilde{\zeta}(t)$
$\tilde{p}_{0_{-+}}(\tau_-,\tau_+;r)$	Verbundwahrscheinlichkeitsdichte der Fading- und Verbindungsdauern von $\tilde{\zeta}(t)$
$\tilde{p}_{1_-}(\tau_-;r)$	Näherungslösung für $\tilde{p}_{0_-}(\tau_-;r)$
$\tilde{p}_\zeta(z)$	Wahrscheinlichkeitsdichte von deterministischen Rayleighprozessen $\tilde{\zeta}(t)$
$\tilde{p}_\eta(z)$	Wahrscheinlichkeitsdichte von deterministischen Suzukiprozessen $\tilde{\eta}(t)$

$\tilde{p}_\vartheta(\theta)$	Wahrscheinlichkeitsdichte der Phase $\tilde{\vartheta}(t)$ von $\tilde{\mu}(t) = \tilde{\mu}_1(t) + j\tilde{\mu}_2(t)$
$\tilde{p}_{\mu_i}(x)$	Wahrscheinlichkeitsdichte von deterministischen Gaußprozessen $\tilde{\mu}_i(t)$
$\tilde{p}_\xi(z)$	Wahrscheinlichkeitsdichte von deterministischen Riceprozessen $\tilde{\xi}(t)$
$\tilde{p}_\varrho(z)$	Wahrscheinlichkeitsdichte von deterministischen Looprozessen $\tilde{\varrho}(t)$
$\tilde{p}_{\xi\dot{\xi}}(z,\theta)$	Verbundwahrscheinlichkeitsdichte von $\tilde{\xi}(t)$ und $\dot{\tilde{\xi}}(t)$
$\tilde{r}_{hh}(\cdot,\cdot;\cdot,\cdot)$	Autokorrelationsfunktion von $\tilde{h}(\tau',t)$
$\tilde{r}_{HH}(0,\tau)$	Zeit-Korrelationsfunktion von DGUS-Modellen
$\tilde{r}_{HH}(v',0)$	Frequenz-Korrelationsfunktion von DGUS-Modellen
$\tilde{r}_{HH}(v',\tau)$	Zeit-Frequenz-Korrelationsfunktion von DGUS-Modellen
$\tilde{r}_{ss}(\cdot,\cdot;\cdot,\cdot)$	Autokorrelationsfunktion von $\tilde{s}(\tau',f)$
$\tilde{r}_{TT}(\cdot,\cdot;\cdot,\cdot)$	Autokorrelationsfunktion von $\tilde{T}(f',f)$
$\tilde{r}_{\mu_i\mu_i}(\tau)$	Autokorrelationsfunktion von $\tilde{\mu}_i(t)$
$\tilde{r}_{\mu_{i,\ell}\mu_{i,\ell}}(\tau)$	Autokorrelationsfunktion von $\tilde{\mu}_{i,\ell}(t)$
$\tilde{r}_{\mu_\ell\mu_\ell}(\tau)$	Autokorrelationsfunktion von $\tilde{\mu}_\ell(t)$
$\tilde{r}_{\mu_1\mu_2}(\tau)$	Kreuzkorrelationsfunktion von $\tilde{\mu}_1(t)$ und $\tilde{\mu}_2(t)$
$\tilde{s}(\tau',f)$	dopplervariante Impulsantwort von DGUS-Modellen
$\tilde{S}(\tau',f)$	Streufunktion von DGUS-Modellen
$\tilde{S}_{hh}(\tau',\tau)$	Verzögerungs-Kreuzleistungsdichtespektrum von DGUS-Modellen
$\tilde{S}_{TT}(v',f)$	Doppler-Kreuzleistungsdichtespektrum von DGUS-Modellen
$\tilde{S}_{\mu_i\mu_i}(f)$	Leistungsdichtespektrum von $\tilde{\mu}_i(t)$
$\tilde{S}_{\mu_\ell\mu_\ell}(f)$	Leistungsdichtespektrum von $\tilde{\mu}_\ell(t)$
$\tilde{S}_{\mu_1\mu_2}(f)$	Kreuzleistungsdichtespektrum von $\tilde{\mu}_1(t)$ und $\tilde{\mu}_2(t)$
$\tilde{S}_{\tau'\tau'}(\tau')$	Verzögerungsleistungsdichtespektrum von DGUS-Modellen
$\tilde{T}(f',f)$	dopplervariante Übertragungsfunktion von DGUS-Modellen
T_i	Periode von $\tilde{\mu}_i(t)$
$T_A,\ T_A'$	Abtastintervalle
$\tilde{T}_K$	Korrelationsdauer von DGUS-Modellen
T_{Sim}	Simulationsdauer
$\tilde{T}_{\zeta_-}(r)$	mittlere Fadingdauer von deterministischen Rayleighprozessen $\tilde{\zeta}(t)$
$\tilde{T}_{\eta_-}(r)$	mittlere Fadingdauer von deterministischen Suzukiprozessen $\tilde{\eta}(t)$
$\tilde{T}_{\xi_-}(r)$	mittlere Fadingdauer von deterministischen Riceprozessen $\tilde{\xi}(t)$
$\tilde{T}_{\varrho_-}(r)$	mittlere Fadingdauer von deterministischen Looprozessen $\tilde{\varrho}(t)$
$\tilde{\beta}_i$	negative Krümmung der Autokorrelationsfunktion $\tilde{r}_{\mu_i\mu_i}(\tau)$ im Ursprung, d.h. $\tilde{\beta}_i = -\ddot{\tilde{r}}_{\mu_i\mu_i}(0)$ $(i = 1,2)$

$\Delta\beta_i$ — Modellfehler des Simulationsmodells bzw. von $\ddot{\tilde{r}}_{\mu_i\mu_i}(0)$, d. h. $\Delta\beta_i = \tilde{\beta}_i - \beta$

$\tilde{\gamma}$ — negative Krümmung der Autokorrelationsfunktion $\tilde{r}_{\nu_3\nu_3}(\tau)$ im Ursprung, d. h. $\tilde{\gamma} = -\ddot{\tilde{r}}_{\nu_3\nu_3}(0)$

ε_{N_ξ} — relativer Fehler der Pegelunterschreitungsrate $\tilde{N}_\xi(r)$

$\varepsilon_{T_{\xi_-}}$ — relativer Fehler der mittleren Fadingdauer $\tilde{T}_{\xi_-}(r)$

$\tilde{\zeta}(t)$ — zeitkontinuierlicher deterministischer Rayleighprozess

$\tilde{\eta}(t)$ — zeitkontinuierlicher deterministischer Suzukiprozess

θ_0 — Phasenverschiebung zwischen $\tilde{\mu}_{1,n}(t)$ und $\tilde{\mu}_{2,n}(t)$

$\theta_{i,n}$ — Dopplerphase der n-ten Komponente von $\tilde{\mu}_i(t)$

$\theta_{i,n,\ell}$ — Dopplerphase der n-ten Komponente von $\tilde{\mu}_{i,\ell}(t)$

$\vec{\theta}_i$ — Dopplerphasenvektor

$\vec{\Theta}_i$ — Standardphasenvektor

$\tilde{\vartheta}(t)$ — Phase von $\tilde{\mu}_\rho(t)$, d. h. $\tilde{\vartheta}(t) = \arg\{\tilde{\mu}_\rho(t)\}$

$\tilde{\lambda}(t)$ — zeitkontinuierlicher deterministischer Lognormalprozess

$\tilde{\mu}(t)$ — komplexer zeitkontinuierlicher deterministischer Gaußprozess mit Mittelwert 0

$\tilde{\mu}_i(t)$ — reeller zeitkontinuierlicher deterministischer Gaußprozess mit Mittelwert 0

$\tilde{\mu}_{i,\ell}(t)$ — reeller deterministischer Gaußprozess des ℓ-ten Pfades von DGUS-Modellen

$\tilde{\mu}_{i,n}(t)$ — n-te harmonische Elementarfunktion von $\tilde{\mu}_i(t)$

$\tilde{\mu}_\ell(t)$ — komplexer deterministischer Gaußprozess des ℓ-ten Pfades von DGUS-Modellen

$\tilde{\mu}_\rho(t)$ — komplexer zeitkontinuierlicher deterministischer Gaußprozess mit Mittelwert $m(t)$

$\tilde{\xi}(t)$ — zeitkontinuierlicher deterministischer Riceprozess

$\tilde{\varrho}(t)$ — zeitkontinuierlicher deterministischer Looprozess

$\tilde{\sigma}_\mu^2$ — mittlere Leistung von $\tilde{\mu}(t)$

$\tilde{\sigma}_{\mu_i}^2$ — mittlere Leistung von $\tilde{\mu}_i(t)$

$\tilde{\tau}'_\ell$ — diskrete Verzögerung des ℓ-ten Pfades

$\Delta\tilde{\tau}'_\ell$ — Laufzeitdifferenz zwischen $\tilde{\tau}'_\ell$ und $\tilde{\tau}'_{\ell-1}$, d. h. $\Delta\tilde{\tau}'_\ell = \tilde{\tau}'_\ell - \tilde{\tau}'_{\ell-1}$

$\tilde{\tau}_q(r)$ — Zeitintervall, das $q\,\%$ aller Fadingdauern von $\tilde{\zeta}(t)$ beim Pegel r einschließt

$\tilde{\phi}_0$ — Abkürzung für die Kreuzkorrelationsfunktion $\tilde{r}_{\mu_1\mu_2}(\tau)$ an der Stelle $\tau = 0$

$\tilde{\psi}_0$ — Abkürzung für die Autokorrelationsfunktion $\tilde{r}_{\mu_i\mu_i}(\tau)$ an der Stelle $\tau = 0$

$\tilde{\Xi}_\ell(f)$ — Fouriertransformierte von $\tilde{\mu}_\ell(t)$

$\tilde{\Psi}_{\mu_i}(\nu)$ charakteristische Funktion von $\tilde{\mu}_i(t)$

$\Omega_{i,n}$ normierte diskrete Dopplerfrequenz, d. h. $\Omega_{i,n} = 2\pi f_{i,n} T_A$

Literaturverzeichnis

[Abr72]   M. Abramowitz und I.A. Stegun, *Handbook of Mathematical Functions with Formulas, Graphs, and Mathematical Tables*. Washington: National Bureau of Standards, 1972.

[Aka97]   Y. Akaiwa, *Introduction to Digital Mobile Communication*. New York: John Wiley & Sons, 1997.

[Akk86]   A.S. Akki und F. Haber, "A statistical model of mobile to mobile land communication channel", *IEEE Trans. Veh. Technol.*, Bd. VT-35, Nr. 1, S. 2–7, Feb. 1986.

[Akk94]   A.S. Akki, "Statistical properties of mobile-to-mobile land communication channels", *IEEE Trans. Veh. Technol.*, Bd. VT-43, Nr. 4, S. 826–831, Nov. 1994.

[Ald82]   M. Aldinger, "Die Simulation des Mobilfunk-Kanals auf einem Digitalrechner", *FREQUENZ*, Bd. 36, Nr. 4/5, S. 145–152, 1982.

[And95]   J.B. Andersen, T.S. Rappaport und S. Yoshida, "Propagation measurements and models for wireless communications channels", *IEEE Commun. Mag.*, Bd. 33, Nr. 1, S. 42–49, Jan. 1995.

[Arr73]   G. Arredondo, W. Chriss und E. Walker, "A multipath fading simulator for mobile radio", *IEEE Trans. Veh. Technol.*, Bd. VT-22, Nr. 4, S. 241–244, Mai 1973.

[Aul79]   T. Aulin, "A modified model for the fading signal at the mobile radio channel", *IEEE Trans. Veh. Technol.*, Bd. VT-28, Nr. 3, S. 182–203, Aug. 1979.

[Baj82]   A.S. Bajwa und J.D. Parsons, "Small-area characterisation of UHF urban and suburban mobile radio propagation", *Inst. Elec. Eng. Proc.*, Bd. 129, Nr. 2, S. 102–109, Apr. 1982.

[Bei97]   F. Beichelt, *Stochastische Prozesse für Ingenieure*. Stuttgart: Teubner, 1997.

[Bel63]   P.A. Bello, "Characterization of randomly time-variant linear channels", *IEEE Trans. Comm. Syst.*, Bd. CS-11, Nr. 4, S. 360–393, Dez. 1963.

[Bel73]   P.A. Bello, "Aeronautical channel characterization", *IEEE Trans. Commun.*, Bd. COM-21, S. 548–563, Mai 1973.

[Ben48]   W.R. Bennett, "Distribution of the sum of randomly phased components", *Quart. Appl. Math.*, Bd. 5, S. 385–393, Mai 1948.

[Ber86]   D. Berthoumieux und J.M. Pertoldi, "Hardware propagation simulator of the frequency-selective fading channel at 900 MHz", in *Proc. 2nd Nordic Seminar on land mobile radio communications*, Stockholm, Schweden, 1986, S. 214–217.

[Bla72]   D.M. Black und D.O. Reudink, "Some characteristics of mobile radio propagation at 836 MHz in the Philadelphia area", *IEEE Trans. Veh. Technol.*, Bd. VT-21, S. 45–51, Feb. 1972.

[Boe98]   J.F. Böhme, *Stochastische Signale*. Stuttgart: Teubner, 2. Auflage, 1998.

[Bra91]   W.R. Braun und U. Dersch, "A physical mobile radio channel model", *IEEE Trans. Veh. Technol.*, Bd. VT-40, Nr. 2, S. 472–482, Mai 1991.

[Bre70]   H. Brehm, *Ein- und zweidimensionale Verteilungsdichten von Nulldurchgangsabständen stochastischer Signale*. Dissertation, Universität Frankfurt am Main, Juni 1970.

[Bre78]   H. Brehm, *Sphärisch invariante stochastische Prozesse*. Habilitationsschrift, Universität Frankfurt am Main, Frankfurt, 1978.

[Bre86a] H. Brehm, W. Stammler und M. Werner, "Design of a highly flexible digital simulator for narrowband fading channels", in *Signal Processing III: Theories and Applications*, Amsterdam: Elsevier Science Publishers (North-Holland), EURASIP, Sept. 1986, S. 1113–1116.

[Bre86b] H. Brehm und M. Werner, "Generalized Rayleigh fading in a mobile radio channel", in *Proc. 2nd Nordic Seminar on Digital Land Mobile Radio Communication, Stockholm*, Okt. 1986, S. 210–214.

[Bre89]   H. Brehm, "Pegelkreuzungen bei verallgemeinerten Gauß-Prozessen", *Archiv Elektr. Übertr.*, Bd. AEÜ-43, Nr. 5, S. 271–277, 1989.

[Bro91]   I.N. Bronstein und K.A. Semendjajew, *Taschenbuch der Mathematik*. Frankfurt/Main: Harri Deutsch, 25. Auflage, 1991.

[But83]   J.S. Butterworth und E.E. Matt, "The characterization of propagation effects for land mobile satellite services", in *Inter. Conf. on Satellite Systems for Mobile Commun. and Navigations*, Juni 1983, S. 51–54.

[Cap80]   E. Caples, K. Massad und T. Minor, "A UHF channel simulator for digital mobile radio", *IEEE Trans. Veh. Technol.*, Bd. VT-29, Nr. 2, S. 281–289, Mai 1980.

[Cas88]   E.F. Casas und C. Leung, "A simple digital fading simulator for mobile radio", in *Proc. IEEE Vehicular Technology Conference*, Sept. 1988, S. 212–217.

[Cas90]   E.F. Casas und C. Leung, "A simple digital fading simulator for mobile radio", *IEEE Trans. Veh. Technol.*, Bd. VT-39, Nr. 3, S. 205–212, Aug. 1990.

[Cha79]   U. Charash, "Reception through Nakagami fading multipath channels with random delays", *IEEE Trans. Commun.*, Bd. COM-27, Nr. 4, S. 657–670, Apr. 1979.

[Cla68]   R.H. Clarke, "A statistical theory of mobile-radio reception", *Bell Syst. Tech. Journal*, Bd. 47, S. 957–1000, Juli/Aug. 1968.

[Cor94]   G.E. Corazza und F. Vatalaro, "A statistical model for land mobile satellite channels and its application to nongeostationary orbit systems", *IEEE Trans. Veh. Technol.*, Bd. VT-43, Nr. 3, S. 738–742, Aug. 1994.

[COS86]   COST 207 WG1, "Proposal on channel transfer functions to be used in GSM tests late 1986", *COST 207 TD (86)51 Rev. 3*, Sept. 1986.

[COS89]   COST 207, "Digital land mobile radio communications", *Office for Official Publications of the European Communities*, Abschlußbericht, Luxemburg, 1989.

[Cox72]   D.C. Cox, "Delay Doppler characteristics of multipath propagation at 910 MHz in a suburban mobile radio environment", *IEEE Trans. Antennas Propagat.*, Bd. AP-20, Nr. 5, S. 625–635, Sept. 1972.

[Cox73]   D.C. Cox, "910 MHz urban mobile radio propagation: Multipath characteristic in New York city", *IEEE Trans. Veh. Technol.*, Bd. VT-22, Nr. 4, S. 104–110, Nov. 1973.

[Cre95]   P.M. Crespo und J. Jiménez, "Computer simulation of radio channels using a harmonic decomposition technique", *IEEE Trans. Veh. Technol.*, Bd. VT-44, Nr. 3, S. 414–419, Aug. 1995.

[Cyg88]   D. Cygan, M. Dippold und J. Finkenzeller, "Kanalmodelle für die satellitengestützte Kommunikation landmobiler Teilnehmer", *Archiv Elek. Übertr.*, Bd. AEÜ-42, Nr. 6, S. 329–339, Nov./Dez. 1988.

[Dav58]   W.B. Davenport und W.L. Root, *An Introduction to the Theory of Random Signals and Noise.* New York: McGraw-Hill, 1958.

[Dav70]   W.B. Davenport, *Probability and Random Processes.* New York: McGraw-Hill, 1970.

[Dav87]   F. Davarian, "Channel simulation to facilitate mobile - satellite communications research", *IEEE Trans. Commun.*, Bd. COM-35, Nr. 1, S. 47–56, Jan. 1987.

[Den93] P. Dent, G.E. Bottomley und T. Croft, "Jakes fading model revisited", *Electronics Letters*, Bd. 29, Nr. 13, S. 1162–1163, Juni 1993.

[Der93] U. Dersch und R.J. Rüegg, "Simulations of the time and frequency selective outdoor mobile radio channel", *IEEE Trans. Veh. Technol.*, Bd. VT-42, Nr. 3, S. 338–344, Aug. 1993.

[Ehr82] L. Ehrman, L.B. Bates, J.F. Eschle und J.M. Kates, "Real-time software simulation of the HF radio channel", *IEEE Trans. Commun.*, Bd. COM-30, Nr. 8, S. 1809–1817, Aug. 1982.

[Ent76] W. Entenmann, *Optimierungsverfahren*. Heidelberg: Hüthig-Verlag, 1976.

[Ert98] R.B. Ertel, P. Cardieri, K.W. Sowerby, T.S. Rappaport und J.H. Reed, "Overview of spatial channel models for antenna array communication systems", *IEEE Personal Commun.*, S. 10–22, Feb. 1998.

[Fec93a] S.A. Fechtel, "A novel approach to modeling and efficient simulation of frequency-selective fading radio channels", *IEEE J. Select. Areas Commun.*, Bd. SAC-11, Nr. 3, S. 422–431, Apr. 1993.

[Fec93b] S.A. Fechtel, *Verfahren und Algorithmen der robusten Synchronisation für die Datenübertragung über dispersive Schwundkanäle*. Dissertation, Rheinisch-Westfälische Technische Hochschule Aachen, Aachen, 1993.

[Feh95] K. Feher, *Wireless Digital Communications: Modulation and Spread Spectrum Applications*. Englewood Cliffs, New Jersey: Prentice-Hall, 1995.

[Fel94] T. Felhauer, *Optimale erwartungstreue Algorithmen zur hochauflösenden Kanalschätzung mit Bandspreizsignalformen*. Düsseldorf: VDI-Verlag, Fortschritt-Berichte, Reihe 10, Nr. 278, 1994.

[Fet96] A. Fettweis, *Elemente nachrichtentechnischer Systeme*. Stuttgart: Teubner, 2. Auflage, 1996.

[Fle63] R. Fletcher und M.J.D. Powell, "A rapidly convergent descent method for minimization", *Computer Journal*, Bd. CJ-6, Nr. 2, S. 163–168, 1963.

[Fle90] B.H. Fleury, *Charakterisierung von Mobil- und Richtfunkkanälen mit schwach stationären Fluktuationen und unkorrelierter Streuung (WSSUS)*. Dissertation, Eidgenössische Technische Hochschule Zürich, Zürich, 1990.

[Fle96] B.H. Fleury und P.E. Leuthold, "Radiowave propagation in mobile communications: An overview of European research", *IEEE Commun. Mag.*, Bd. 34, Nr. 2, S. 70–81, Feb. 1996.

[Fli91] N. Fliege, *Systemtheorie*. Stuttgart: Teubner, 1991.

[For72] G.D. Forney, "Maximum-likelihood sequence estimation for digital sequences in the presence of intersymbol interference", *IEEE Trans. Inform. Theory*, Bd. IT-18, S. 363–378, Mai 1972.

[Gan72]   M.J. Gans, "A power-spectral theory of propagation in the mobile-radio environment", *IEEE Trans. Veh. Technol.*, Bd. VT-21, Nr. 1, S. 27–38, Feb. 1972.

[Gel82]   H.J. Gelbrich, K. Löw und R.W. Lorenz, "Funkkanalsimulation und Bitfehler-Strukturmessungen an einem digitalen Kanal", *FREQUENZ*, Bd. 36, Nr. 4/5, S. 130–138, 1982.

[Gib96]   J. D. Gibson, Ed., *The Mobile Communications Handbook*. CRC Press in Cooperation with IEEE Press, 1996.

[Goe92a] M. Göller und K.D. Masur,   "Ergebnisse von Funkkanalmessungen im 900 MHz Bereich auf Neubaustrecken der Deutschen Bundesbahn", *Nachrichtentechnik–Elektronik*, Bd. 42, Nr. 4, S. 146–149, 1992.

[Goe92b] M. Göller und K.D. Masur,   "Ergebnisse von Funkkanalmessungen im 900 MHz Bereich auf Neubaustrecken der Deutschen Bundesbahn", *Nachrichtentechnik–Elektronik*, Bd. 42, Nr. 5, S. 206–210, 1992.

[Gol89]   J. Goldhirsh und W.J. Vogel,   "Mobile satellite system fade statistics for shadowing and multipath from roadside trees at UHF on L-band", *IEEE Trans. Antennas Propagat.*, Bd. AP-37, Nr. 4, S. 489–498, Apr. 1989.

[Gol92]   J. Goldhirsh und W.J. Vogel, "Propagation effects for land mobile satellite systems: Overview of experimental and modeling results", *NASA Reference Publication 1274*, Feb. 1992.

[Gra81]   I.S. Gradstein und I.M. Ryshik, *Tables of Series, Products, and Integrals*. Frankfurt: Harri Deutsch, 5. Auflage, Bd. I und II, 1981.

[Gre78]   L.J. Greenstein, "A multipath fading channel model for terrestrial digital radio systems", *IEEE Trans. Commun.*, Bd. COM-26, Nr. 8, S. 1247–1250, 1978.

[Hae88]   R. Häb, *Kohärenter Empfang bei Datenübertragung über nichtfrequenzselektive Schwundkanäle*. Dissertation, Rheinisch-Westfälische Technische Hochschule Aachen, Aachen, 1988.

[Hae97]   E. Hänsler, *Statistische Signale*. Berlin: Springer-Verlag, 1997.

[Hag82]   J. Hagenauer und W. Papke, "Der gespeicherte Kanal – Erfahrungen mit einem Simulationsverfahren für Fading-Kanäle", *FREQUENZ*, Bd. 36, Nr. 4/5, S. 122–129, 1982.

[Han77]   F. Hansen und F.I. Meno, "Mobile fading – Rayleigh and lognormal superimposed", *IEEE Trans. Veh. Technol.*, Bd. VT-26, Nr. 4, S. 332–335, Nov. 1977.

[Hed99] R. Heddergott und P. Truffer, "Comparison of high resolution channel parameter measurements with ray tracing simulations in a multipath environment", in *Proc. 3rd European Personal Mobile Communications Conference, EPMCC '99*, Paris, Frankreich, März 1999, S. 167–172.

[Hes80] G.C. Hess, "Land-mobile satellite excess path loss measurements", *IEEE Trans. Veh. Technol.*, Bd. VT-29, Nr. 2, S. 290–297, Mai 1990.

[Hes93] G.C. Hess, *Land – Mobile Radio System Engineering*. Boston: Artech House, 1993.

[Hoe90] P. Höher, *Kohärenter Empfang trelliscodierter PSK-Signale auf frequenzselektiven Mobilfunkkanälen – Entzerrung, Decodierung und Kanalparameterschätzung*. Düsseldorf: VDI-Verlag, Fortschritt-Berichte, Reihe 10, Nr. 147, 1990.

[Hoe92] P. Höher, "A statistical discrete-time model for the WSSUS multipath channel", *IEEE Trans. Veh. Technol.*, Bd. VT-41, Nr. 4, S. 461–468, Nov. 1992.

[Huc83] R.W. Huck, J.S. Butterworth und E.E. Matt, "Propagation measurements for land mobile satellite services", in *Proc. IEEE 33rd Vehicular Technology Conference*, Toronto, Kanada, 1983, S. 265–268.

[Jah95] A. Jahn, "Propagation data and channel model for LMS systems", *ESA Purchase Order 141742*, Final Report, DLR, Institute for Communications Technology, Jan. 1995.

[Jak93] W.C. Jakes, Ed., *Microwave Mobile Communications*. New Jersey: IEEE Press, 1993.

[Joh94] G.E. Johnson, "Constructions of particular random processes", *Proc. of the IEEE*, Bd. 82, Nr. 2, S. 270–285, Feb. 1994.

[Jun97] P. Jung, *Analyse und Entwurf digitaler Mobilfunksysteme*. Stuttgart: Teubner, 1997.

[Kad91] G. Kadel und R.W. Lorenz, "Breitbandige Ausbreitungsmessungen zur Charakterisierung des Funkkanals beim GSM-System", *FREQUENZ*, Bd. 45, Nr. 7/8, S. 158–163, 1991.

[Kad92] G. Kadel und R.W. Lorenz, "Wideband propagation measurements of the mobile radio channel", in *Proc. ISAP-92*, Sapporo, 1992, S. 81–84.

[Kai80] T. Kailath, *Linear Systems*. Englewood Cliffs, New Jersey: Prentice-Hall, 1980.

[Kam96] K.D. Kammeyer, *Nachrichtenübertragung*. Stuttgart: Teubner, 2. Auflage, 1996.

[Kam98] K.D. Kammeyer und K. Kroschel, *Digitale Signalverarbeitung*. Stuttgart: Teubner, 4. Auflage, 1998.

[Kat95]   R. Kattenbach und H. Früchting, "Calculation of system and correlation functions for WSSUS channels from wideband measurements", *FREQUENZ*, Bd. 49, Nr. 3/4, S. 42–47, 1995.

[Kit82]   L. Kittel, "Analoge und diskrete Kanalmodelle für die Signalübertragung beim beweglichen Funk", *FREQUENZ*, Bd. 36, Nr. 4/5, S. 153–160, 1982.

[Kra88]   A. Krantzik und D. Wolf, "Simulation and analysis of Suzuki fading processes", in *Proc. of the 1988 IEEE Int. Conf. on Acoustics, Speech, and Signal Processing*, New York, 1988, S. 2184–2187.

[Kra90a] A. Krantzik und D. Wolf, "Distribution of the fading-intervals of modified Suzuki processes", in *Signal Processing V: Theories and Applications*, L. Torres, E. Masgrau und M.A. Lagunas, Eds., Amsterdam: Elsevier Science Publishers, B.V, 1990, S. 361–364.

[Kra90b] A. Krantzik und D. Wolf, "Statistische Eigenschaften von Fadingprozessen zur Beschreibung eines Landmobilfunkkanals", *FREQUENZ*, Bd. 44, Nr. 6, S. 174–182, Juni 1990.

[Kuc82]   H.P. Kuchenbecker, "Statistische Eigenschaften von Schwund- und Verbindungsdauer beim Mobilfunk-Kanal", *FREQUENZ*, Bd. 36, Nr. 4/5, S. 138–144, 1982.

[Lam97]   U. Lambrette, S. Fechtel und H. Meyer, "A frequency domain variable data rate frequency hopping channel model for the mobile radio channel", in *Proc. IEEE 47th Veh. Technol. Conf., VTC'97*, Phoenix, Arizona, USA, Mai 1997.

[Lau94]   D.I. Laurenson und G.J.R. Povey, "Channel modelling for a predictive rake receiver system", in *Proc. 5th IEEE Int. Symp. Personal, Indoor, and Mobile Radio Commun. PIMRC'94*, Den Haag, Niederlande, Sept. 1994, S. 715–719.

[Lee82]   W.C.Y. Lee, *Mobile Communications Engineering*. New York: McGraw-Hill, 1982.

[Lee93]   W.C.Y. Lee, *Mobile Communications Design Fundamentals*. New York: John Wiley & Sons, 2. Auflage, 1993.

[Lee95]   W.C.Y. Lee, *Mobile Cellular Telecommunications: Analog and Digital Systems*. New York: McGraw-Hill, 2. Auflage, 1995.

[Lon62]   M.S. Longuet-Higgins, "The distribution of intervals between zeros of a stationary random function", *Phil. Trans. Royal. Soc.*, Bd. A 254, S. 557–599, 1962.

[Loo85]   C. Loo, "A statistical model for a land mobile satellite link", *IEEE Trans. Veh. Technol.*, Bd. VT-34, Nr. 3, S. 122–127, Aug. 1985.

[Loo87]   C. Loo, "Measurements and models of a land mobile satellite channel and their applications to MSK signals", *IEEE Trans. Veh. Technol.*, Bd. VT-35, Nr. 3, S. 114–121, Aug. 1987.

[Loo90]   C. Loo, "Digital transmission through a land mobile satellite channel", *IEEE Trans. Commun.*, Bd. COM-38, Nr. 5, S. 693–697, Mai 1990.

[Loo91]   C. Loo und N. Secord, "Computer models for fading channels with applications to digital transmission", *IEEE Trans. Veh. Technol.*, Bd. VT-40, Nr. 4, S. 700–707, Nov. 1991.

[Loo96]   C. Loo, "Statistical models for land mobile and fixed satellite communications at Ka band", in *Proc. IEEE 46th Veh. Technol. Conf., VTC'96*, Atlanta, Georgia, USA, Apr./Mai 1996, S. 1023–1027.

[Loo98]   C. Loo und J.S. Butterworth, "Land mobile satellite channel measurements and modeling", *Proc. of the IEEE*, Bd. 86, Nr. 7, S. 1442–1463, Juli 1998.

[Lor79]   R.W. Lorenz, "Theoretische Verteilungsfunktionen von Mehrwegeschwundprozessen im beweglichen Funk und die Bestimmung ihrer Parameter aus Messungen", *Technischer Bericht des Forschungsinstituts der DBP beim FTZ, FI 455 TBr 66*, März 1979.

[Lor85]   R.W. Lorenz, "Zeit- und Frequenzabhängigkeit der Übertragunsfunktion eines Funkkanals bei Mehrwegeausbreitung mit besonderer Berücksichtigung des Mobilfunkkanals", *Der Fernmelde-Ingenieur*, Verlag für Wissenschaft und Leben Georg Heidecker, Bd. 39, Heft 4, Apr. 1985.

[Lor86]   R.W. Lorenz, "Modell und Simulation des Mobilfunkkanals zur Analyse von Signalverzerrungen durch frequenzselektiven Schwund", *FREQUENZ*, Bd. 40, Nr. 9/10, S. 241–248, 1986.

[Lue90]   H.D. Lüke, *Signalübertragung — Grundlagen der digitalen und analogen Nachrichtensysteme*. Berlin: Springer, 1990.

[Lut85]   E. Lutz und E. Plöchinger, "Generating Rice processes with given spectral properties", *IEEE Trans. Veh. Technol.*, Bd. VT-34, Nr. 4, S. 178–181, Nov. 1985.

[Lut91]   E. Lutz, D. Cygan, M. Dippold, F. Dolainsky und W. Papke, "The land mobile satellite communication channel — recording, statistics, and channel model", *IEEE Trans. Veh. Technol.*, Bd. VT-40, Nr. 2, S. 375–386, Mai 1991.

[Man95]   Mannesmann Mobilfunk, *Geschäftsbericht*. Düsseldorf, 1995.

[Mar92]   U. Martin, "Ein System zur Messung der Eigenschaften von Mobilfunkkanälen und ein Verfahren zur Nachverarbeitung der Meßdaten", *FREQUENZ*, Bd. 46, Nr. 7/8, S. 178–188, 1992.

[Mar94a]   U. Martin, *Ausbreitung in Mobilfunkkanälen: Beiträge zum Entwurf von Meßgeräten und zur Echoschätzung*. Dissertation, Universität Erlangen–Nürnberg, Erlangen, 1994.

[Mar94b]   U. Martin, "Modeling the mobile radio channel by echo estimation", *FREQUENZ*, Bd. 48, Nr. 9/10, S. 198–212, Sept./Okt. 1994.

[Mar99]   U. Martin, J. Fuhl, I. Gaspard, M. Haardt, A. Kuchar, C. Math, A.F. Molisch und R. Thomä, "Model scenarios for direction-selective adaptive antennas in cellular mobile communication systems — Scanning the literature", *Wireless Personal Communications*, Special Issue on Space Division Multiple Access, eingereicht und akzeptiert zur Veröffentlichung, 1999.

[McF56]   J.A. McFadden, "The axis-crossing intervals of random functions I", *Trans. Inst. Rad. Eng.*, Bd. IT-2, S. 146–150, 1956.

[McF58]   J.A. McFadden, "The axis-crossing intervals of random functions II", *Trans. Inst. Rad. Eng.*, Bd. IT-4, S. 14–24, 1958.

[Meh94]   A. Mehrotra, *Cellular Radio Performance Engineering*. Boston: Artech House, 1994.

[Mey95]   H. Mey, "Chancen der europäischen Industrie im Bereich mobiler Endgeräte", in *Proc. 2. ITG-Fachtagung Mobile Kommunikation'95*, Neu-Ulm, Sept. 1995, S. 11.

[Mid60]   D. Middleton, *An Introduction to Statistical Communication Theory*. New York: McGraw-Hill, 1960.

[Mil95]   M.J. Miller, B. Vucetic und L. Berry, Eds., *Satellite Communications: Mobile and Fixed Services*. Boston: Kluwer Academic Publishers, 3. Auflage, 1995.

[Mun82]   T. Munakata und D. Wolf, "A novel approach to the level-crossing problem of random processes", in *Proc. of the 1982 IEEE Int. Symp. on Inf. Theory*, Les Arcs, France, 1982, Bd. IEEE-Cat. 82 CH 1767-3 IT, S. 149–150.

[Mun83]   T. Munakata und D. Wolf, "On the distribution of the level-crossing time-intervals of random processes", in *Proc. of the 7th Int. Conf. on Noise in Physical Systems*, Montpellier 1983, M. Savelli, G. Lecoy und J.P. Nougier, Eds., North-Holland Publ. Co., Amsterdam, 1983, S. 49–52.

[Mun86]   T. Munakata, *Mehr-Zustände-Modelle zur Beschreibung des Pegelkreuzungsverhaltens stationärer stochastischer Prozesse*. Dissertation, Universität Frankfurt am Main, Frankfurt, März 1986.

[Nak60]   M. Nakagami, "The m-distribution: A general formula of intensity distribution of rapid fading", in *Statistical Methods in Radio Wave Propagation*, W.G. Hoffman, Ed., Oxford, England: Pergamon Press, 1960.

[Neu87]   A. Neul, J. Hagenauer, W. Papke, F. Dolainsky und F. Edbauer, "Aeronautical channel characterization based on measurement flights", *IEEE Conf. GLOBECOM'87*, Tokyo, Japan, S. 1654–1659, Nov. 1987.

[Neu89]   A. Neul, *Modulation und Codierung im aeronautischen Satellitenkanal*. Dissertation, Universität der Bundeswehr München, München, Sept. 1989.

[Nie78] D. Nielson, "Microwave propagation measurements for mobile digital radio application", *IEEE Trans. Veh. Technol.*, Bd. VT-27, Nr. 3, S. 117–131, Aug. 1978.

[Nie92] M.J.J. Nielen, "UMTS: A third generation mobile system", in *Proc. 3rd IEEE Int. Symp. Personal, Indoor, and Mobile Radio Commun., PIMRC'92*, Boston, 1992, S. 17–21.

[NyL68] H.W. NyLund, "Characteristics of small-area signal fading on mobile circuits in the 150 MHz band", *IEEE Trans. Veh. Technol.*, Bd. VT-17, S. 24–30, Okt. 1968.

[Oht80] K. Ohtani und H. Omori, "Distribution of burst error lengths in Rayleigh fading radio channels", *Electronics Letters*, Bd. 16, Nr. 23, S. 889–891, 1980.

[Oht81] K. Ohtani, K. Daikoku und H. Omori, "Burst error performance encountered in digital land mobile radio channel", *IEEE Trans. Veh. Technol.*, Bd. VT-23, Nr. 1, S. 156–160, 1981.

[Oku68] Y. Okumura, E. Ohmori, T. Kawano und K. Fukuda, "Field strength and its variability in VHF and UHF land mobile radio services", *Rev. Elec. Commun. Lab.*, Bd. 16, S. 825–873, Sept./Okt. 1968.

[Opp75] A.V. Oppenheim und R.W. Schafer, *Digital Signal Processing.* Englewood Cliffs, New Jersey: Prentice-Hall, 1975.

[Pad95] J.E. Padgett, C.G. Günther und T. Hattori, "Overview of wireless personal communications", *IEEE Communication Magazine*, Bd. 33, Nr. 1, S. 28–41, Jan. 1995.

[Pae94a] M. Pätzold, U. Killat, Y. Shi und F. Laue, "A discrete simulation model for the WSSUS multipath channel derived from a specified scattering function", in *Proc. 8. Aachener Kolloquium über Mobile Kommunikationssysteme*, RWTH Aachen, März 1994, S. 347–351.

[Pae94b] M. Pätzold, U. Killat und F. Laue, "A deterministic model for a shadowed Rayleigh land mobile radio channel", in *Proc. 5th IEEE Int. Symp. Personal, Indoor, and Mobile Radio Commun., PIMRC'94*, Den Haag, Niederlande, Sept. 1994, S. 1202–1210.

[Pae95a] M. Pätzold, U. Killat und F. Laue, "Ein erweitertes Suzukimodell für den Satellitenmobilfunkkanal", in *Proc. 40. Internationales Wissenschaftliches Kolloquium*, Technische Universität Ilmenau, Ilmenau, Sept. 1995, Bd. I, S. 321–328.

[Pae95b] M. Pätzold, U. Killat und F. Laue, "A new deterministic simulation model for WSSUS multipath fading channels", in *Proc. 2. ITG-Fachtagung Mobile Kommunikation '95*, Neu-Ulm, Sept. 1995, S. 301–312.

[Pae96a] M. Pätzold, U. Killat, Y. Shi und F. Laue, "A deterministic method for the derivation of a discrete WSSUS multipath fading channel model", *European Trans. Telecommun. and Related Technologies (ETT)*, Bd. ETT-7, Nr. 2, S. 165–175, März/Apr. 1996.

[Pae96b] M. Pätzold, U. Killat, F. Laue und Y. Li, "An efficient deterministic simulation model for land mobile satellite channels", in *Proc. IEEE 46th Veh. Technol. Conf., VTC'96*, Atlanta, Georgia, USA, Apr./Mai 1996, S. 1028–1032.

[Pae96c] M. Pätzold, U. Killat, F. Laue und Y. Li, "A new and optimal method for the derivation of deterministic simulation models for mobile radio channels", in *Proc. IEEE 46th Veh. Technol. Conf., VTC'96*, Atlanta, Georgia, USA, Apr./Mai 1996, S. 1423–1427.

[Pae96d] M. Pätzold, U. Killat und F. Laue, "A deterministic digital simulation model for Suzuki processes with application to a shadowed Rayleigh land mobile radio channel", *IEEE Trans. Veh. Technol.*, Bd. VT-45, Nr. 2, S. 318–331, Mai 1996.

[Pae96e] M. Pätzold, U. Killat, F. Laue und Y. Li, "On the problems of Monte Carlo method based simulation models for mobile radio channels", in *Proc. IEEE 4th Int. Symp. on Spread Spectrum Techniques & Applications, ISSSTA'96*, Mainz, Sept. 1996, S. 1214–1220.

[Pae97a] M. Pätzold, U. Killat, Y. Li und F. Laue, "Modeling, analysis, and simulation of nonfrequency-selective mobile radio channels with asymmetrical Doppler power spectral density shapes", *IEEE Trans. Veh. Technol.*, Bd. VT-46, Nr. 2, S. 494–507, Mai 1997.

[Pae97b] M. Pätzold, F. Laue und U. Killat, "A frequency hopping Rayleigh fading channel simulator with given correlation properties", in *Proc. IEEE Int. Workshop on Intelligent Signal Processing and Communication Systems, ISPACS'97*, Kuala Lumpur, Malaysia, Nov. 1997, S. S8.1.1–S8.1.6.

[Pae97c] M. Pätzold und F. Laue, "Generalized Rice processes and generalized Suzuki processes for modeling of frequency-nonselective mobile radio channels", *IEEE Trans. Veh. Technol.*, eingereicht zur Veröffentlichung, Dez. 1997.

[Pae97d] M. Pätzold und F. Laue, "Level-crossing rate and average duration of fades of deterministic simulation models for Rice fading channels", *IEEE Trans. Veh. Technol.*, eingereicht und akzeptiert zur Veröffentlichung, 1997.

[Pae97e] M. Pätzold und F. Laue, "Fundamental design methods for fading channel models with Gaussian Doppler power spectrum", *IEEE Trans. Veh. Technol.*, eingereicht zur Veröffentlichung, Sept. 1997.

[Pae98a] M. Pätzold, *Stochastische und deterministische Modelle zur Modellierung von nichtfrequenzselektiven Mobilfunkkanälen.* Habilitationsschrift, Technische Universität Hamburg-Harburg, Hamburg, 1998.

[Pae98b] M. Pätzold, U. Killat, F. Laue und Y. Li, "On the statistical properties of deterministic simulation models for mobile fading channels", *IEEE Trans. Veh. Technol.*, Bd. VT-47, Nr. 1, S. 254–269, Feb. 1998.

[Pae98c] M. Pätzold, Y. Li und F. Laue, "A study of a land mobile satellite channel model with asymmetrical Doppler power spectrum and lognormally distributed line-of-sight component", *IEEE Trans. Veh. Technol.*, Bd. VT-47, Nr. 1, S. 297–310, Feb. 1998.

[Pae98d] M. Pätzold, U. Killat und F. Laue, "An extended Suzuki model for land mobile satellite channels and its statistical properties", *IEEE Trans. Veh. Technol.*, Bd. VT-47, Nr. 2, S. 617–630, Mai 1998.

[Pae98e] M. Pätzold und F. Laue, "Statistical properties of Jakes' fading channel simulator", in *Proc. IEEE 48th Veh. Technol. Conf., VTC'98*, Ottawa, Ontario, Kanada, Mai 1998, S. 712–718.

[Pae98f] M. Pätzold und R. García, "A new procedure for the design of fast simulation models for Rayleigh fading channels", in *Proc. IEEE Int. Symp. on Wireless Com.*, ISWC '98, Montreal, Quebec, Kanada, Mai 1998, S. 28.

[Pae98g] M. Pätzold, R. García und F. Laue, "Design of high-speed simulation models for mobile fading channels by using table look-up techniques", *IEEE Trans. Veh. Technol.*, eingereicht zur Veröffentlichung, Juni 1998.

[Pae99a] M. Pätzold, A. Szczepanski und F. Laue, "Flexible stationäre und nicht-stationäre Kanalmodelle für den Satellitenmobilfunkkanal und deren Anpassung an die statistischen Eigenschaften von gemessenen Kanälen", in *Proc. ITG-Diskussionssitzung Meßverfahren im Mobilfunk*, Günzburg, März 1999, S. 59–60.

[Pae99b] M. Pätzold und R. García, "Design and performance of fast channel simulators for Rayleigh fading channels", in *Proc. 3rd European Personal Mobile Communications Conference*, EPMCC '99, Paris, Frankreich, März 1999, S. 280–285.

[Pap77] A. Papoulis, *Signal Analysis*. New York: McGraw-Hill, 1977.

[Pap91] A. Papoulis, *Probability, Random Variables, and Stochastic Processes*. New York: McGraw-Hill, 3. Auflage, 1991.

[Par82] J.D. Parsons und A.S. Bajwa, "Wideband characterisation of fading mobile radio channels", *Inst. Elec. Eng. Proc.*, Bd. 129, Nr. 2, S. 95–101, Apr. 1982.

[Par89] J.D. Parsons und J.G. Gardiner, *Mobile Communication Systems*. Glasgow: Blackic & Son, 1989.

[Par92] J.D. Parsons, *The Mobile Radio Propagation Channel*. London: Pentech Press, 1992.

[Pro95]   J. Proakis, *Digital Communications.* New York: McGraw-Hill, 3. Auflage, 1995.

[Rai65]   A.J. Rainal, "Axis-crossing intervals of Rayleigh processes", *Bell Syst. Tech. J.*, Bd. 44, S. 1219–1224, 1965.

[Rap96]   T.S. Rappaport, *Wireless Communications: Principles and Practice.* Englewood Cliffs, New Jersey: Prentice-Hall, 1996.

[Red95]   S.M. Redl, M.K. Weber und M.W. Oliphant, *An Introduction to GSM.* Boston: Artech House, 1995.

[Reu72]   D.O. Reudink, "Comparison of radio transmission at X-Band frequencies in suburban and urban areas", *IEEE Trans. Ant. Prop.*, Bd. AP-20, S. 470–473, Juli 1972.

[Ric44]   S.O. Rice, "Mathematical analysis of random noise", *Bell Syst. Tech. J.*, Bd. 23, S. 282–332, Juli 1944.

[Ric45]   S.O. Rice, "Mathematical analysis of random noise", *Bell Syst. Tech. J.*, Bd. 24, S. 46–156, Jan. 1945.

[Ric48]   S.O. Rice, "Statistical properties of a sine wave plus random noise", *Bell Syst. Tech. J.*, Bd. 27, S. 109–157, Jan. 1948.

[Ric58]   S.O. Rice, "Distribution of the duration of fades in radio transmission: Gaussian noise model", *Bell Syst. Tech. J.*, Bd. 37, S. 581–635, Mai 1958.

[Sad98]   J.S. Sadowsky und V. Kafedziski, "On the correlation and scattering functions of the WSSUS channel for mobile communications", *IEEE Trans. Veh. Technol.*, Bd. VT-47, Nr. 1, S. 270–282, Feb. 1998.

[Sch89]   H.W. Schüßler, J. Thielecke, K. Preuss, W. Edler und M. Gerken, "A digital frequency-selective fading simulator", *FREQUENZ*, Bd. 43, Nr. 2, S. 47–55, 1989.

[Sch90]   R. Schwarze, *Ein Systemvorschlag zur Verkehrsinformationsübertragung mittels Rundfunksatelliten.* Dissertation, Gesamthochschule Paderborn, Paderborn, 1990.

[Sch91]   H.W. Schüßler, *Netzwerke, Signale und Systeme, Bd. 2: Theorie kontinuierlicher und diskreter Systeme.* Berlin: Springer-Verlag, 1991.

[Schu89] H. Schulze, "Stochastische Modelle und digitale Simulation von Mobilfunkkanälen", in *U.R.S.I/ITG Conf. in Kleinheubach 1988,* Germany (FR), Proc. Kleinheubacher Reports of the German PTT, Darmstadt, Germany, 1989, Bd. 32, S. 473–483.

[Sha88]   K.S. Shanmugan und A. Breipohl, *Random Signals: Detection, Estimation, and Data Analysis.* New York: John Wiley & Sons, 1988.

[She77]   N.H. Shepherd, "Radio wave loss deviation and shadow loss at 900 MHz", *IEEE Trans. Veh. Technol.*, Bd. VT-26, Nr. 4, Nov. 1977.

[Ste87]   S. Stein, "Fading channel issues in system engineering", *IEEE J. Select. Areas Commun.*, Bd. SAC-5, Nr. 2, S. 68–89, Feb. 1987.

[Ste94]   H. Steffan, "Adaptive generative radio channel models", in *Proc. 5th IEEE Int. Symp. Personal, Indoor, and Mobil Radio Commun. (PIMRC '94)*, The Hague, Netherlands, Sept. 1994, S. 268–273.

[Stee94]   R. Steele, Ed., *Mobile Radio Communications.* New Jersey: IEEE Press, 1994.

[Stu96]   G.L. Stüber, *Principles of Mobile Communications.* Boston: Kluwer Academic Publishers, 1996.

[Suz77]   H. Suzuki, "A statistical model for urban radio propagation", *IEEE Trans. Commun.*, Bd. COM-25, Nr. 7, S. 673–680, Juli 1977.

[Tez87]   R. Tetzlaff, J. Wehhofer und D. Wolf, "Simulation and analysis of Rayleigh fading processes", in *Proc. of the 9th Int. Conf. on Noise in Physical Systems*, Montreal, 1987, S. 113–116.

[The92]   C.W. Therrien, *Discrete Random Signals and Statistical Signal Processing.* Englewood Cliffs, New Jersey: Prentice-Hall, 1992.

[Tho99]   R.S. Thomä und U. Martin, "Richtungsaufgelöste Messung von Mobilfunkkanälen", in *Proc. ITG-Diskussionssitzung Meßverfahren im Mobilfunk*, Günzburg, März 1999, S. 34–36.

[Unb90]   R. Unbehauen, *Systemtheorie.* München: R. Oldenbourg Verlag, 5. Auflage, 1990.

[Vog88]   W.J. Vogel und J. Goldhirsh, "Fade measurements at L-band and UHF in mountainous terrain for land mobile satellite systems", *IEEE Trans. Antennas Propagat.*, Bd. AP-36, Nr. 1, S. 104–113, Jan. 1988.

[Vog90]   W.J. Vogel und J. Goldhirsh, "Mobile satellite system propagation measurements at L-band using MARECS-B2", *IEEE Trans. Antennas Propagat.*, Bd. AP-38, Nr. 2, S. 259–264, Feb. 1990.

[Vog95]   W.J. Vogel und J. Goldhirsh, "Multipath fading at L band for low elevation angle, land mobile satellite scenarios", *IEEE J. Select. Areas Commun.*, Bd. SAC-13, Nr. 2, S. 197–204, Feb. 1995.

[Vuc90]   B. Vucetic und J. Du, "Channel modeling and simulation in satellite mobile communication systems", in *Proc. Int. Conf. Satel. Mobile Commun.*, Adelaide, Australia, Aug. 1990, S. 1–6.

[Vuc92]   B. Vucetic und J. Du, "Channel modeling and simulation in satellite mobile communication systems", *IEEE J. Select. Areas in Commun.*, Bd. SAC-10, Nr. 8, S. 1209–1218, Okt. 1992.

[Wer91]   M. Werner, *Modellierung und Bewertung von Mobilfunkkanälen*. Dissertation, Technische Fakultät der Universität Erlangen–Nürnberg, Erlangen, 1991.

[Wol83a]   D. Wolf, T. Munakata und J. Wehhofer, "Die Verteilungsdichte der Pegelunterschreitungszeitintervalle bei Rayleigh-Fadingkanälen", *NTG-Fachberichte 84*, S. 23–32, 1983.

[Wol83b]   D. Wolf, T. Munakata und J. Wehhofer, "Statistical properties of Rice fading processes", in *Signal Processing II: Theories and Applications, Proc. Eusipco-83 Second European Signal Processing Conference*, H.W. Schüßler, Erlangen, Ed., Elsevier Science Publishers B.V. (North-Holland), 1983, S. 17–20.

[Yip95]   K.-W. Yip und T.-S. Ng, "Efficient simulation of digital transmission over WSSUS channels", *IEEE Trans. Commun.*, Bd. COM-43, Nr. 12, S. 2907–2913, Dez. 1995.

[You52]   W.R. Young, "Comparison of mobile radio transmission at 150, 450, 900, and 3700 MHz", *Bell Syst. Tech. J.*, Bd. 31, S. 1068–1085, Nov. 1952.

[You96]   N. Youssef, T. Munakata und M. Takeda, "Fade statistics in Nakagami fading environments", in *Proc. IEEE 4th Int. Symp. on Spread Spectrum Techniques & Applications, ISSSTA '96*, Mainz, Germany, Sept. 1996, S. 1244–1247.

[Zol93]   E. Zollinger, *Eigenschaften von Funkübertragungsstrecken in Gebäuden*. Dissertation, Eidgenössische Technische Hochschule Zürich, Zürich, 1993.

[Zur92]   R. Zurmühl und S. Falk, *Matrizen und ihre Anwendungen 1*. Berlin: Springer-Verlag, 1992.

Sachwortverzeichnis

A

Abtastbedingung, 29, 315
Abtastfrequenz, 29, 69, 297
Abtastintervall, 27, 57, 69, 274, 293
Abtastrate, 29
Abtastratenverhältnis, 275, 292
Abtasttheorem, 29
Adressgenerator, 298
analytisches Modell, 7
    — für erweiterte Suzukiprozesse vom Typ I, 175
    — für erweiterte Suzukiprozesse vom Typ II, 201
    — für Gaußprozesse, 54, 55
    — für klassische Looprozesse, 225
    — für modifizierte Looprozesse, 223
    — für verallgemeinerte Riceprozesse, 214
Autokorrelationsfolge
    — von deterministischen Folgen, 28
    — von diskreten deterministischen Prozessen, 303
Autokorrelationsfunktion
    — des Ausgangssignals von frequenzselektiven stochastischen Kanalmodellen, 255
    — von deterministischen Prozessen, 58, 273
    — von deterministischen Signalen, 26
    — von Lognormalprozessen, 173
    — von stochastischen Prozessen, 21
    — von zeitvarianten deterministischen Impulsantworten, 278
Autokorrelationsfunktionen
    — von US-Modellen, 257ff

    — von WSS-Modellen, 256ff
average access delay, *siehe* mittlere Verzögerung
average duration of fades, *siehe* mittlere Fadingdauer

B

bad urban, 265, 351
Basisbanddarstellung, 159
Besselfunktion, 35, 162
    — Integraldarstellung, 129, 329, 344
    — modifizierte, 16
    — — Integraldarstellung, 68, 333, 334
    — — Reihendarstellung, 50
    — Näherung, 109
bivariate Dichte, *siehe* Verbundwahrscheinlichkeitsdichte
bivariate Dichtefunktion, *siehe* Verbundwahrscheinlichkeitsdichte
bivariate Verteilungsfunktion, *siehe* Verbundverteilungsfunktion
Bündelfehler, 6

C

channel sounder, *siehe* Kanalsonde
charakteristische Funktion, 14
    — von deterministischen Gaußprozessen, 63
    — von gaußverteilten Zufallsvariablen, 63
    — von harmonischen Elementarfunktionen, 63
charakteristische Kenngrößen
    — von deterministischen Gaußprozessen, 180, 207, 219

Ausführliche und exakte Darstellung der Grundlagen

Otto Mildenberger

Übertragungstechnik

Grundlagen analog und digital

1997. XIV, 357 S. mit 172 Abb. (Studium Technik) Br. DM 49,80
ISBN 3-528-03855-1

Inhalt: Klassifizierung von Signalen - Signalbeschreibung im Frequenzbereich - Diskontinuierliche Signale - Übertragungssysteme - Zufallsprozesse - Digitale Basisbandsignale - Pulsmodulationsverfahren - Analoge Modulationsverfahren - Digitale Modulationsverfahren

Schwerpunkt des Buches ist eine saubere Darstellung der theoretischen Grundlagen moderner Übertragungstechnik.

Über den Autor: Prof. Dr.-Ing. Otto Mildenberger lehrt an der Fachhochschule Wiesbaden in den Fachbereichen Elektrotechnik und Informatik.

Abraham-Lincoln-Straße 46
D-65189 Wiesbaden
Fax 0611. 78 78-400
www.vieweg.de

Stand 1.6.99
Änderungen vorbehalten.
Erhältlich im Buchhandel oder beim Verlag.

Kommunikationstechnik in praktischen Anwendungen und fundierter Theorie

Martin Meyer

**Kommunikations-
technik**

Konzepte der modernen
Nachrichtenübertragung

1999. XII, 493 S. Geb. DM 78,00
ISBN 3-528-03865-9

Das Buch behandelt die wichtigsten Gebiete der modernen Nachrichtentechnik und ihre Zusammenhänge. Dabei liegt der Akzent auf den modernen digitalen Verfahren in der Nachrichtentechnik. Übertragungsverfahren werden auf allen Ebenen ausführlich besprochen: Quellen, Quellen-, Kanal-, Leitungscodierung, Modulation, Übertragungsmedien, Empfangsgeräte. Das theoretisch fundierte Buch enthält eine große Anzahl von Beispielen aus aktuellen Anwendungen.

Inhalt: Grundlagen - Basisbandübertragung von digitalen Signalen - Modulation - Codierung - Übertragungssysteme und -medien - Nachrichtennetze

Über den Autor: Prof. Dr. Martin Meyer ist Dozent für Nachrichtentechnik an der FH Aargau für Technik und Wirtschaft (Schweiz).

Abraham-Lincoln-Straße 46
D-65189 Wiesbaden
Fax 0611. 78 78-400
www.vieweg.de

Stand 1.6.99
Änderungen vorbehalten.
Erhältlich im Buchhandel oder beim Verlag.